科学出版社"十三五"普通高等教育本科规划教材

供检验、药学、生物技术、心理学、医学管理、信息等非临床专业本科生使用

现代免疫学概论

主　编　张燕燕
副主编　郑　芳　汪　蕾　田　昕
编　者（按姓氏笔画排序）

王志刚　湖北中医药大学	田　昕　北京中医药大学
付金容　武汉大学人民医院	刘媛媛　武汉大学病毒所
江绍伟　湖北中医药大学	孙玉洁　湖北中医药大学
孙利华　广州军区广州总医院一五七分院	严娟娟　武汉大学人民医院
李红英　湖北省妇幼保健院	杨慧敏　湖北中医药大学
肖　凌　湖北中医药大学	邹进晶　武汉大学人民医院
汪　蕾　湖北中医药大学	张燕燕　湖北中医药大学
陈　莉　湖北省中山医院	陈红霞　湖北科技学院
陈会敏　湖北中医药大学	郑　芳　华中科技大学同济医学院
姜　倩　武汉市第一医院	高尚民　湖北中医药大学
彭慧兰　湖北省妇幼保健院	熊阿莉　武汉市中心医院

科　学　出　版　社

北　京

内 容 简 介

本教材是科学出版社"十三五"普通高等教育本科规划教材之一,全书内容共分40章。第一章至第十六章为基础免疫学部分,主要介绍基本免疫学原理,重点讲述固有免疫和特异性免疫应答的基本过程;第十七章至第四十章为临床免疫学部分,从免疫学的角度来阐明临床疾病的发病机制、相应的临床检测和免疫治疗措施,简明扼要地介绍免疫学经典理论和原理,强调基础免疫学与临床相结合。本书的特点是通过不同系统的常见多发病进行分别叙述,有针对性地从免疫学的角度来解释临床疾病的发病机制、相关检测项目的筛选,评估免疫学诊断项目的诊断价值。另外,对于目前临床上的热门话题,如肿瘤免疫与防治、衰老与免疫生殖和免疫治疗也做了适当介绍,反映了免疫学在这些前沿领域的应用,实用性强。

本书适用于检验、药学、生物技术、心理学、医学管理、信息、预防、中医、中西医结合等非临床专业本科生使用,也可作为成人教材,或供基层医务人员参考使用。

图书在版编目(CIP)数据

现代免疫学概论 / 张燕燕主编 . —北京:科学出版社,2017.3
ISBN 978-7-03-052345-7

Ⅰ . ①现⋯　Ⅱ . ①张⋯　Ⅲ . ①免疫学 – 医学院校 – 教材　Ⅳ . ① Q939.91

中国版本图书馆CIP数据核字(2017)第054126号

责任编辑:郭海燕 / 责任校对:钟　洋
责任印制:赵　博 / 封面设计:陈　敬

科 学 出 版 社 出版
北京东黄城根北街 16 号
邮政编码:100717
http://www.sciencep.com

北京凌奇印刷有限责任公司印刷

科学出版社发行　各地新华书店经销
*
2017年3月第 一 版　开本:787×1092　1/16
2025年1月第四次印刷　印张:28 3/4
字数:792 000
定价:79.80元
(如有印装质量问题,我社负责调换)

前　言

免疫学是医学类专业的一门支柱性学科，主要阐述人体的功能，探讨疾病的发病机制，从而为医学诊断和治疗提供线索和依据。

目前的医学免疫学教材力求为五年制本科临床医学专业的课程体系服务，同时为适应未来构建"5+3"（5年制本科教学衔接3年制研究生教学）为主体的临床医学人才培养体系而组织编写，内容上兼顾与研究生教材的衔接，对免疫学最新的突破和进展都有广泛涉及。但是对于学时较少，专业培养目标偏重临床技能的检验、药学专业学生和医学相关的非临床专业学生而言，本书的基础免疫学部分内容相对偏多，难度较深，在一些发展迅速的前沿领域，如免疫调节和免疫耐受章节，信息量大，概念比较抽象。在涉及与医技专业学生联系密切的临床免疫学范畴时，偏重于讲述机制、学说和进展，较少涉及与免疫相关的检测原理和项目的分析与介绍。

因此，我们根据检验、中医、药学及医学相关专业的学科发展特点，组织编写了《现代免疫学概论》教材。全书主要包括基础免疫学部分和临床免疫学部分，力求兼顾"三基"（基本理论、基本知识、基本技能）的同时，突出"三特定"（特定的对象、特定的要求、特定的限制）的原则。在基础免疫学部分，强调通俗易懂，深入浅出，以简明扼要的形式提供基本的免疫学知识，以抛砖引玉的形式介绍学科发展的前沿动态。对于概念抽象的免疫调节和免疫耐受章节，考虑到学时数量的限制，删减部分较深的内容，减少罗列各种相关的机制，简明扼要地讲述经典的理论和原理，并辅以适当解释和说明。在临床免疫学部分，介绍与临床诊疗密切相关的前沿知识，总结和概括公认的诊断标准和新理论。对于临床病例，主要从免疫学的角度分析发病机制、诊断要领和防治原则，并且评估诊断项目的诊断价值。通过对典型病例的分析，增强学生灵活应用基础免疫学知识的能力。此外，本书还适当介绍了肿瘤、移植、生殖及衰老等与免疫学密切相关的问题。

对于较前沿的研究热点则在小结中采取提问的方式引发读者思考，同时推荐相关的参考文献，给学生留有自学的空间，避免加重学生负担，混淆对基础知识的理解。在形式上，全书以图文并茂的形式来帮助初学者理解抽象的免疫学概念，力求使用各种生动的图示，明确重点和主线，同时注重总结和归纳，在每章内容后面列出要点，在内容上简明扼要，便于记忆。

《现代免疫学概论》教材是科学出版社"十三五"普通高等教育本科规划教材之一，主要针对医学检验专业学生，同时为了使教材具有广泛的实用性和代表性，对于中医和中西医结合的各类临床专业、药学、医学生物技术、医学心理学及医事法学等与医学相关的非临床专业学生，以及临床一线工作者均可使用，具有较大的参考价值。

在本书的编写过程中，主要参考国内外高等院校相关教材及专著，并得到了湖北中医药大学、华中科技大学同济医学院、武汉大学人民医院、湖北省妇幼保健院、武汉市第一医院等高校和临床教学机构大力支持，均在此表示诚挚的谢意！

我们衷心希望广大师生在教学实践中提出宝贵的意见，使教材更趋完善。

编　者
2016 年 10 月

目　　录

第一章 免疫学概论

第一节 免疫学发展简史

一、免疫与免疫学

免疫（immunity），来源于拉丁文 immunitas（免除劳役、苛税）。在医学上，免疫广义指的是免于疾患，狭义特指免于感染性疾病。参与免疫的分子、细胞和器官组成了免疫系统（immune system）。免疫系统的成员分工协作，对抗原（antigen），包括入侵的微生物、大分子物质、某些自身成分等作出反应，称为免疫应答（immune response）。若免疫应答的结果是清除了抗原，对机体无明显损伤，称为生理性免疫应答；若免疫应答的结果是清除抗原的同时，明显损伤机体，则称为病理性免疫应答。

免疫学（immunology），是关于机体（动物和植物）免疫系统的组成、结构和功能，免疫系统识别抗原及发生免疫应答的过程及其机制的科学，是生命科学中一门独立的前沿学科。人体免疫学又称为医学免疫学，是医学的主要课程之一，具体阐述人体如何防御（免除）疾病特别是病原体感染性疾病。研究回答下列问题：人体如何保护自己不被病原体感染或抗原入侵？如何清除病原体或抗原？如何在被病原体感染或抗原刺激后，"吃一堑，长一智"？

二、免疫学的发展简史

（一）免疫学的起源

人类对感染性疾病的认知，特别是对烈性传染病天花的预防奠定了免疫学基础并推动了其发展。免疫学究竟发源于何时何地，众说纷纭，如有历史学家认为在公元前 5 世纪，古希腊的修昔底德（Thucydides）首次提到对鼠疫的免疫。而对保护性免疫的认知可以追溯至中国唐代，唐代有人观察到：患天花的幸存者此生不再罹患该病，遂即开始对这一免疫现象的认识和经验性应用，发现取天花患者痘疱痂屑置于健康人鼻孔中，幸愈者可终生不再患天花病，开创了"人痘"预防天花的先河。宋真宗时代（998 ～ 1022 年）此法已被广泛采用，并于明代隆庆年间（1567 ～ 1572 年）逐渐传至亚洲、非洲及欧洲诸国。而免疫学作为一门以实验为基础的学科得以出现和发展，学界共识应归功于英国人爱德华·詹纳（Edward Jenner）对天花的预防。其在 18 世纪后期观察到患过牛痘的挤牛奶女工不会患天花。他推测人工主动接种较温和的牛痘，能够预防致死性的天花，并且在 1796 年发明了疫苗接种（vaccination），证明了这个假说。疫苗接种指的是用较弱的或减弱了致病性的抗原接种健康人以预防疾病。因为牛痘接种在世界范围内的广泛使用，人类最终战胜了天花。1979 年，世界卫生组织（WHO）宣布天花已被消灭，这是现代医学最大的胜利。詹纳之后，若干代表性人物的重要发现标志着免疫学在不断发展。

（二）感染性疾病病原体的发现

虽然詹纳发明了疫苗接种，但当时对感染性疾病的病原体仍一无所知。直至 19 世纪后期，Robert Koch 发现感染性疾病是由微生物引起的。目前已知引起疾病的四大类病原体包括病毒、细菌、真菌和寄生虫。Koch 和其他 19 世纪伟大的微生物学家将疫苗接种的策略扩展至其他疾病。如 19 世纪 80 年代，Louis Pasteur 设计了预防鸡霍乱的疫苗、预防狂犬病的疫苗，这些疫苗的成功使用激发了对其保护机制的研究，促进了免疫学作为一门学科的发展。

（三）抗体和巨噬细胞的发现

在 19 世纪 90 年代，Emil von Behring 和 Shibasaburo Kitasato 发现对白喉和破伤风免疫的动物血清中含有一种特异的"抗毒活性"，将这种血清注射给未免疫者能够短时保护人体不受白喉和破伤风毒素的影响，开启了体液免疫的研究与发展。现在已经知道这种"抗毒活性"由抗体介导。抗体能够特异性结合毒素，中和其毒性。在 Emil von Behring 发明血清疗法治疗白喉的同时，俄国免疫学家 Elie Metchnikoff 发现许多微生物可以被吞噬细胞吞噬和降解，将这些吞噬细胞称为巨噬细胞，建立了细胞免疫理论。

（四）克隆选择学说与人工制备单克隆抗体成功

20 世纪 50 年代，Macfarlane Burnet 提出克隆选择学说，每一个淋系祖先细胞都能生成大量的淋巴细胞，每一个淋巴细胞都携带一个与众不同的抗原受体。携带自身抗原受体的淋巴细胞在完全成熟之前即被清除，以保证对自身抗原的耐受。当一个外源性抗原与一个成熟的未致敏淋巴细胞表面的受体结合时，细胞被激活并且开始分裂增殖，形成一个具有相同前体的克隆，该克隆中所有细胞的抗原受体是相同的，具有相同的抗原结合特异性，发挥免疫效应。一旦抗原被清除，大部分增殖的免疫细胞死亡，少量长期存活保留以介导免疫记忆。克隆选择学说奠定了抗体生成的理论基础。

1975 年，Georges Kohler 和 César Milstein 建立了杂交瘤技术。将抗原致敏的脾细胞与骨髓瘤细胞融合，通过适当的筛选，获得杂交瘤细胞。每个杂交瘤细胞由一个脾细胞和一个骨髓瘤细胞融合而成，兼具脾细胞生成特异性抗体的能力和骨髓瘤细胞无限增殖并持续分泌抗体的能力。即便大量增殖，仍属一个克隆，因此能够产生结构和功能完全相同的抗体分子，即单克隆抗体。人工制备单克隆抗体的成功具有革命性的意义，也证明了克隆选择学说的正确性。目前单克隆抗体在科学研究、临床诊疗等方面应用广泛。

（五）三类淋巴细胞的发现

20 世纪是免疫学迅速发展的世纪。40 年代，Merrill Chase 和 Karl Landsteiner 进行细胞转输实验时发现，只有活细胞才能介导迟发型超敏反应，死细胞或者抗血清不能，进而提出适应性免疫应答分细胞介导的和体液介导的两种。50 年代中期，Bruce Glick 发现新孵出小鸡的腔上囊（bursa of fabricius，又称法氏囊）被移除后，无法产生正常的抗体应答。遂将腔上囊的囊壁中存在的，介导抗体生成的淋巴细胞称为腔上囊依赖的淋巴细胞，简称为 B 细胞。人的 B 细胞来源于骨髓。现已知 B 细胞是介导体液免疫应答的关键细胞。60 年代通过动物胸腺切除实验，和对先天性胸腺缺陷患者的观察，发现了胸腺依赖的淋巴细胞，简称为 T 细胞。T 细胞是介导细胞免疫应答的关键细胞。70 年代，在研究细胞介导的抗肿瘤效应时，Hugh Pross 等在人和小鼠都发现了第三类淋巴细胞，该细胞无需预先激活即可杀伤肿瘤细胞，所以称为自然杀伤细胞（natural killer cell）。

（六）对固有免疫的认识

虽然对 T 细胞、B 细胞和特应性免疫应答的研究获得了丰硕的成果，但特异性的免疫应答如何获取微生物的相关信息这一问题迟迟没有找到答案。直至 20 世纪 70 年代 Steinman 发现了树突状细胞，该细胞具有强大的摄取微生物和提呈抗原的能力，80 年代，Charles Janeway 提出了固有免疫及模式识别理论，指出固有免疫系统通过模式识别受体结合微生物所表达的病原相关分子模式对入侵的微生物进行识别，获取微生物的相关信息，继而启动针对该微生物的特异性免疫应答。如固有免疫系统中的树突状细胞可结合并摄取微生物，将相关信息进行提取并呈递给特应性 T 细胞，导致其活化并产生特异性免疫效应以清除微生物。90 年代，Matzinger 提出了危险模式识别理论，阐述了组织损伤时，释放危险信号分子，通过刺激固有免疫细胞，进而激活针对损伤组织的特异性免疫应答。

（七）揭示"免疫"本质的历程

"免疫"的本质究竟是什么？对"免疫"本质的揭示是依赖人类主要罹患的疾病变化而展开的。百年以前，人类罹患的疾病主要是感染性疾病，由外源性病原体所致。免疫就是"免除瘟疫（传染性疾病）"。因此最初认为免疫的本质是免疫系统识别区分"自己"（self）与"非己"（non-self），对"自己"成分没有应答，谓之免疫耐受；识别"非己"成分并作出相应反应清除之，谓之免疫应答。随着抗生素的广泛使用，感染性疾病得到有效遏制，非感染性疾病越来越多，如自身免疫病、肿瘤、无菌性的炎症等，对"免疫"本质的认识在"自己非己学说"的基础上进一步拓展，即免疫系统既要识别区分"自己"与"非己"，也要识别区分"危险"与"不危险"，如果机体遭受伤害，处于危险之中，释放危险信号。免疫系统也会对"自己"的成分产生免疫应答，这就是"危险信号学说"。

第二节 免疫学基本概念

一、免疫系统

免疫系统由免疫器官、免疫细胞和免疫分子组成。

免疫器官分为中枢免疫器官和外周免疫器官。人的中枢免疫器官是胸腺和骨髓，外周免疫器官包括脾脏、淋巴结、扁桃体和黏膜相关淋巴组织；黏膜相关淋巴组织又分为呼吸道、消化道和泌尿生殖道黏膜相关淋巴组织。中枢免疫器官是免疫细胞新生和发育成熟的场所，外周免疫器官是成熟免疫细胞定居和发生免疫应答的场所。

免疫细胞都起源于骨髓的多能造血干细胞（HSC）。HSC 分裂生成共同淋巴样祖细胞（CLP）和共同髓样祖细胞（CMP）。CLP 发育为淋巴细胞，包括 T 淋巴细胞、B 淋巴细胞和自然杀伤细胞。CMP 可以发育为巨噬细胞、粒细胞、肥大细胞和树突状细胞。

免疫分子包括细胞表面的膜分子和存在于体液中的可溶性分子。膜分子主要包括主要组织相容性分子、细胞因子受体、黏附分子等。可溶性分子主要有抗体、补体和细胞因子等。

根据发生应答的时相和机制差异，免疫系统又可分为固有免疫系统和适应性免疫系统。固有免疫系统包括机体的屏障结构、补体系统和固有免疫细胞等。固有免疫细胞主要包括树突状细胞、巨噬细胞、肥大细胞、粒细胞、NK 细胞等。适应性免疫系统主要包括特异性免疫细胞，如 T 细胞和 B 细胞等。

二、免疫系统的功能

免疫系统的功能包括免疫自稳、免疫监视和免疫防御。

（1）免疫自稳：免疫系统维持自身正常的结构，细胞组成、数量和功能的能力。

（2）免疫监视：及时清除病毒感染细胞与恶变细胞的能力。

（3）免疫防御：对外来抗原或病原体入侵作出应答并清除之的能力。

只有免疫系统自身稳定，才能正常发挥监视功能，保证机体其他系统良好运行，共同以最佳状态防御外敌入侵。

三、免疫应答

固有免疫应答：遭受微生物或抗原刺激时，能够立即发生的应答，由固有免疫系统介导。天然的，与生俱来的固有免疫应答，又称为天然免疫应答；没有抗原特异性的固有免疫应答，又称为非特异性免疫应答。固有免疫应答是机体抗感染的第一道防线，在抗感染的同时，启动第二道防线，即适应性免疫应答。

适应性免疫应答：遭受微生物或抗原刺激后，经过一定潜伏期才出现的，有针对性的应答，由适应性免疫系统介导。有抗原特异性的适应性免疫应答，又称为特异性免疫应答。

适应性免疫应答分为体液免疫应答和细胞免疫应答两类。体液免疫应答主要由 B 细胞介导，因其应答产物是抗体，存在于体液中，故得名。细胞免疫应答主要由 T 细胞介导，应答产物是效应 T 细胞。

适应性免疫应答有记忆性，所以有初次应答和再次应答之分。初次免疫应答是机体第一次接触抗原所发生的特异性应答，潜伏期长，应答较弱，产生的抗体量少，亲和力低，以 IgM 为主，维持时间短。再次免疫应答是机体又一次接触抗原所发生的特异性应答，潜伏期短，应答较强，产生的抗体量多，亲和力高，以 IgG 为主，维持时间长。

适应性免疫应答的时相：适应性免疫应答的过程分为五个时相：抗原识别阶段、淋巴细胞活化阶段、抗原清除阶段（又称效应阶段）、应答消退恢复稳态阶段、记忆阶段。各阶段具体的细胞和分子机制将在后续章节介绍，在此只做概述。

（1）抗原识别阶段：抗原被抗原提呈细胞摄取加工处理，供特异性的 T 细胞结合识别；抗原无需处理，直接被特异性的 B 细胞结合识别。整体表现为潜伏期。

（2）淋巴细胞活化阶段：结合识别了抗原的特异性 T、B 细胞活化、增殖、分化。T 细胞分化为效应 T 细胞，B 细胞分化为浆细胞。

（3）抗原清除阶段：效应 T 细胞通过释放细胞因子或直接杀伤病原体侵犯的细胞，以清除病原体；浆细胞释放抗体，由抗体介导对病原体的清除。

（4）应答消退恢复稳态阶段：大部分抗原已被清除，对免疫细胞的刺激作用减弱。活化的淋巴细胞发生凋亡，数量显著减少，免疫系统趋向稳定，接近应答前的状态，但不会完全恢复。

（5）记忆阶段：少量的效应 T 细胞和活化的 B 细胞成为记忆细胞，长期存活，维持免疫记忆。当同样的抗原再次入侵时，这些记忆细胞会快速作出应答，是再次应答的主力军。记忆细胞的存在意味着免疫系统能够"吃一堑，长一智"。

针对病原体的初次应答的基本过程是，当病原体突破解剖学屏障侵入体内时，固有免疫应答即时发生，血液、细胞外液中存在的或上皮细胞分泌的一些可溶性分子可立即杀伤病原体。如溶菌酶可直接消化细菌的细胞壁、防御素可直接裂解细菌的细胞膜、补体系统激活可直接裂解细菌等。随后，固有免疫细胞被募集至病原体所在部位，通过识别病原相关分子模式（PAMP），激活自身，增强对病原体的吞噬和降解；分泌促炎因子，引起炎症，促进对病原体的清除。进而，病原体可独立或被固有免疫细胞中的抗原提呈细胞（APC），如树突状细胞吞噬携带，通过淋巴管进入引流淋巴结，在此分别被特异性的 B 细胞或 T 细胞识别；T 细胞和 B 细胞活化，克隆增殖，分化为效应 T 细胞或浆细胞；效应 T 细胞和浆细胞分泌的抗体发挥作用，特异性地清除病原体。

四、免疫调节

生理性的免疫应答是一个有序可控的过程。免疫系统内有多种成分对应答的各个阶段进行调节，以使应答的强度和时程维持在适当的范围。如属于固有免疫应答的补体系统活化时，多种补体灭活因子对活化的补体成分及时调控可保证不对正常细胞造成伤害。在适应性免疫应答阶段，特异性的淋巴细胞被激活的同时，各种调节性的淋巴细胞也会逐渐增加，如调节性的 T 细胞、调节性的 B 细胞等，通过抑制效应细胞的数量和功能而达到控制免疫应答强度的效果。而效应性的 T 细胞过度活化，也会启动自身的死亡程序，称为活化诱导的细胞死亡（AICD），使免疫应答及时终止，避免伤及无辜。

神经内分泌系统对免疫系统的功能也有调节作用。例如，应激状态下，下丘脑释放促肾上腺皮质激素释放激素，刺激腺垂体释放促肾上腺皮质激素，促进肾上腺释放糖皮质激素，而糖皮质激素可通过抑制细胞因子释放等抑制免疫应答。

生理性免疫应答一旦失调，就会发展为病理性免疫应答，不仅不能"免疫"，反而会导致疾病。

第三节　免疫学发展趋势

随着研究手段和技术的不断精进，未来在免疫学的多个领域将会取得长足的进步与发展。未来免疫学的研究不仅会延续免疫系统对其他系统、对外部环境的作用，而且会拓展至免疫系统所遭受的反作用，即外环境，特别是微生物对免疫系统的塑造与调控。在研究方法方面，免疫学不仅会解析至基因、分子甚至原子水平，而且会加强整合研究，揭示分子网络、细胞网络的关键节点与特征；免疫系统与其他系统的相互影响，相互协作，相互调控。在研究节点方面，不再局限于时间的横断面，将会拓展至动态观察免疫学现象，揭示其动力学特征。免疫学在疾病的临床诊断、治疗和预防等方面会得到更广泛的应用。

一、基础免疫研究的深入与扩展

（1）传统免疫器官的精细结构：细胞组成、细胞间的相互作用等会得到进一步揭示。固有免疫应答和适应性免疫应答的相关分子机制会愈加明晰。会有更多的实验证据支持克隆选择学说，也可能有新的学说诞生，补充、完善甚至替代"自我非自我学说"或"危险信号学说"，阐明免疫应答的本质。传统非免疫器官的免疫功能将会逐渐被认知，如肝脏的免疫功能等。也可能发现一些新的免疫相关结构。会不断有新的免疫细胞亚群、新的免疫分子被发现。

（2）对黏膜免疫的研究将会阐明寄生在消化道、呼吸道和泌尿生殖道的正常菌群对局部免疫组织的结构与功能发育的调控作用；揭示无害抗原持续刺激下，即"脏"环境中针对有害抗原的免疫应答和外周免疫器官相对洁净环境中的免疫应答相同与不同之处；揭示局部黏膜的免疫状态对整体免疫系统和系统性疾病的影响及机制。

二、应用研究的深入与扩展

（1）疾病预防：疫苗的研发依然是免疫学应用研究的主要方向。针对各种传染病病原体，特别是变异速度快、程度大的病原体的疫苗研发依然任重而道远。未来对疾病的防治原则将更加强调以防为主，利用疫苗防患于未然。

（2）疾病诊断：随着各种免疫相关疾病发病机制的明晰和多种分子标志物的发现，再结合大规模高通量的免疫检测技术与方法的应用，对自身免疫病、肿瘤和变态反应性疾病的诊断将会更加快速与准确。

（3）疾病治疗：未来对疾病的治疗将是个体化精准医疗，同时也更强调针对病因进行治疗。免疫生物治疗是个体化精准医疗的重要方式，而抗体和特异性免疫细胞将会是免疫生物治疗的主要手段。

思 考 题

1. 试述免疫系统的组成。
2. 免疫系统的功能有哪些？

（郑　芳）

第二章 免疫器官和组织

免疫系统（immune system）由免疫器官和组织、免疫细胞（如淋巴细胞、树突状细胞、NK细胞、单核巨噬细胞、粒细胞、肥大细胞等）及免疫分子（如免疫球蛋白、补体、各种膜分子及细胞因子等）组成，其作用是执行免疫功能。本章重点介绍免疫器官和组织的结构与功能，免疫细胞和免疫分子在后续相关章节介绍（图2-1）。

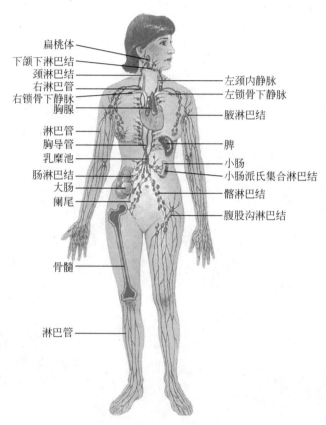

图 2-1　人体的免疫器官和组织

第一节　中枢免疫器官和组织

中枢免疫器官（central immune organ）或称初级淋巴器官（primary lymphoid organ），是免疫细胞发生、分化、发育和成熟的场所。人或其他哺乳类动物的中枢免疫器官包括骨髓和胸腺。

一、骨　髓

骨髓是各类血细胞（包括免疫细胞）的发源地，也是人类和哺乳动物B细胞发育成熟的场所。

（一）骨髓的结构与细胞组成

骨髓位于骨髓腔中，分为红骨髓和黄骨髓。红骨髓具有活跃的造血功能，由造血组织和血窦组成。造血组织主要由造血细胞和基质细胞组成。基质细胞包括网状细胞、成纤维细胞、血窦内皮细胞、巨噬细胞等。基质细胞及其所分泌的多种造血生长因子［白细胞介素 -3（interleukin-3，IL-3）、IL-4、IL-6、IL-7、干细胞因子（stemcell factor，SCF）、粒细胞 / 巨噬细胞集落刺激因子（GM-CSF）等］与细胞外基质共同构成了造血细胞赖以分化发育和成熟的环境，称为造血诱导微环境。

（二）骨髓的功能

1. 各类血细胞和免疫细胞发生的场所　在骨髓造血诱导微环境中，造血干细胞最初分化为定向干细胞，包括髓样干细胞（myeloid stem cell）和淋巴样干细胞（lymphoid stem cell）。髓样干细胞最终分化为粒细胞、单核细胞、红细胞和血小板等。淋巴样干细胞分化为祖 B 细胞（pro-B）和祖 T 细胞（pro-T）。祖 B 细胞在骨髓继续分化为成熟 B 细胞；祖 T 细胞则经血液循环迁移至胸腺，在胸腺微环境诱导下进一步分化为成熟 T 细胞。成熟的 B 细胞、T 细胞离开骨髓或胸腺，经血液循环迁移并定居于外周免疫器官。尚未接触过抗原的成熟 T、B 细胞被称为初始淋巴细胞，树突状细胞分别来源于髓样干细胞和淋巴样干细胞（图 2-2）。

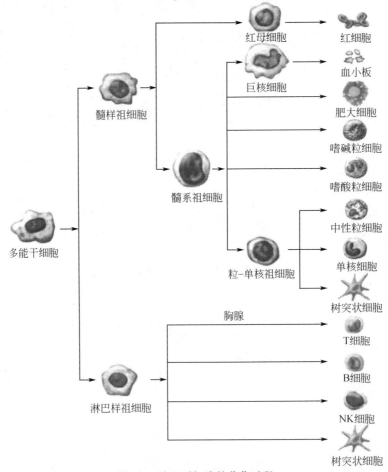

图 2-2　造血干细胞的分化过程

2. B 细胞和 NK 细胞分化成熟的场所 在骨髓造血微环境中，祖 B 细胞经历前 B 细胞、未成熟 B 细胞，最终发育为成熟 B 细胞。部分淋巴样干细胞在骨髓中发育为成熟 NK 细胞。有关 T、B 细胞分化与发育的具体过程见第十章和第十一章。

3. 体液免疫应答发生的场所 骨髓是发生再次体液免疫应答和抗体产生的主要部位。记忆性 B 细胞在外周免疫器官受抗原再次刺激而被活化，随后经淋巴液和血液迁移至骨髓，在此分化为成熟浆细胞，持久地产生大量抗体（主要是 IgG 和 IgA）并释放至血液循环，是血清抗体的主要来源。而在外周免疫器官发生的再次免疫应答，其抗体产生速度快，但持续的时间相对较短。

骨髓功能缺陷时，不仅会严重损害机体的造血功能，而且导致严重的细胞免疫和体液免疫功能缺陷。如大剂量放射线照射可使机体的造血功能和免疫功能同时受到抑制或丧失，这时只有植入正常骨髓才能重建造血和免疫功能。

二、胸　　腺

胸腺（thymus）是 T 细胞分化、发育、成熟的场所。胸腺位于胸骨后、心脏上方。人胸腺的大小和结构随年龄的不同而有明显差异。老年期胸腺明显缩小，皮质和髓质被脂肪组织取代，胸腺微环境改变，T 细胞发育成熟减弱，导致老年个体免疫功能减退。

（一）胸腺的结构

胸腺分左右两叶，表面覆盖一层结缔组织被膜，被膜伸入胸腺实质，将实质分隔成若干胸腺小叶。胸腺小叶的外层为皮质，内层为髓质，皮－髓质交界处含有大量血管（图 2-3）。

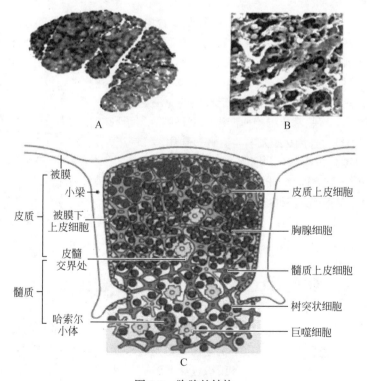

图 2-3　胸腺的结构

1. 皮质   胸腺皮质分为浅皮质区和深皮质区。皮质内 85% ～ 90% 的细胞为胸腺细胞（主要为未成熟 T 细胞），并含有 TEC、巨噬细胞（Mø）和树突状细胞（DC）等。胸腺浅皮质区内的胸腺上皮细胞可包绕胸腺细胞，称为胸腺抚育细胞，可产生某些促进胸腺细胞分化发育的激素和细胞因子。深皮质区内主要为体积较小的皮质胸腺细胞。

2. 髓质   髓质内常见胸腺小体，又称哈索尔小体，由聚集的上皮细胞呈同心圆状包绕排列而成，是胸腺结构的重要特征。胸腺小体在胸腺炎症或肿瘤时消失。

（二）胸腺微环境

胸腺微环境主要由胸腺基质细胞(TSC)、细胞外基质及局部活性因子组成，是决定 T 细胞分化、增殖和选择性发育的重要条件。胸腺上皮细胞是胸腺微环境最重要的组分，其以两种方式影响胸腺细胞的分化、发育。

1. 分泌细胞因子和胸腺肽类分子   胸腺上皮细胞可产生 SCF、IL-1、IL-2、IL-6、IL-7、TNF-α、GM-CSF 和趋化因子等多种细胞因子，这些细胞因子通过与胸腺细胞表面的相应受体结合，调节胸腺细胞的发育和细胞间相互作用。胸腺上皮细胞分泌的胸腺肽类分子包括胸腺素、胸腺肽、胸腺生成素等，具有促进胸腺细胞增殖、分化和发育等功能。

2. 细胞 - 细胞间相互接触   胸腺上皮细胞与胸腺细胞间可通过细胞表面分子的相互作用，诱导和促进胸腺细胞的分化、发育和成熟。

细胞外基质也是胸腺微环境的重要组成部分，包括多种胶原、网状纤维蛋白、葡萄糖胺聚糖等。它们可促进上皮细胞与胸腺细胞接触，并帮助胸腺细胞由皮质向髓质移行及成熟。

（三）胸腺的功能

1. T 细胞分化、成熟的场所   胸腺是 T 细胞发育的主要场所。从骨髓迁入到胸腺的 T 细胞前体（胸腺细胞）循被膜下→皮质→髓质移行，在胸腺微环境中经过阳性选择和阴性选择过程，约 90% 以上的胸腺细胞发生凋亡，少部分胸腺细胞获得自身免疫耐受和主要组织相容性复合体（MHC）限制性抗原识别能力，发育成熟为初始 T 细胞，离开胸腺经血液循环至外周免疫器官。若胸腺发育不全或缺失，则导致 T 细胞缺乏和细胞免疫功能缺陷。

2. 免疫调节作用   胸腺基质细胞所产生的多种细胞因子和胸腺肽类分子，不仅能调控胸腺细胞的分化、发育，而且对外周免疫器官也有调节作用。

3. 自身耐受的建立与维持   T 细胞在胸腺发育过程中，自身反应性 T 细胞通过其抗原受体（TCR）与胸腺基质细胞表面表达的自身抗原肽 -MHC 复合物发生高亲和力结合，引发阴性选择，启动细胞程序性死亡，导致自身反应性 T 细胞克隆消除或被抑制，形成对自身抗原的中枢耐受。在胸腺基质细胞缺陷时，阴性选择机制发生障碍，不能消除或抑制自身反应性 T 细胞克隆，出生后易患自身免疫性疾病。

第二节   外周免疫器官和组织

外周免疫器官（peripheral immune organ）或称次级淋巴器官（secondary lymphoid organ），是成熟淋巴细胞（T 细胞、B 细胞）定居的场所，也是这些淋巴细胞针对外来抗原刺激后启动初次免疫应答的主要部位。外周免疫器官和组织包括淋巴结、脾和黏膜相关淋巴组织等。

一、淋 巴 结

（一）淋巴结的结构

淋巴结的实质分为皮质区和髓质区两个部分（图 2-4）。

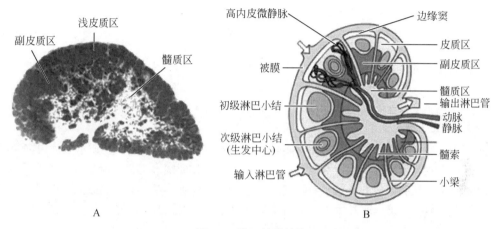

图 2-4 淋巴结的结构

淋巴结表面覆盖有致密的结缔组织被膜，被膜结缔组织深入实质，构成小梁，作为淋巴结的支架。被膜外侧有数条输入淋巴管，输出淋巴管则由淋巴结门部离开。

1. 皮质区 皮质区分为浅皮质区和深皮质区。靠近被膜下为浅皮质区，是 B 细胞定居的场所，称为非胸腺依赖区。在该区内，有初级淋巴滤泡和次级淋巴滤泡。

浅皮质区与髓质之间的深皮质区又称副皮质区，是 T 细胞定居的场所，称为胸腺依赖区。副皮质区含有自组织迁移而来的树突状细胞，高表达 MHC Ⅱ类分子，是专职性抗原提呈细胞。副皮质区有许多由内皮细胞组成的呈非连续状的毛细血管后微静脉（PCV），也称高内皮微静脉（HEV），是沟通血液循环和淋巴循环的重要通道，血液中的淋巴细胞可由此部位进入淋巴结实质。

2. 髓质区 髓质区由髓索和髓窦组成。髓索由致密聚集的淋巴细胞组成，主要为 B 细胞和浆细胞，也含部分 T 细胞及巨噬细胞。髓窦内富含巨噬细胞，有较强的捕捉、清除病原体的作用。

（二）淋巴结的功能

1. T 细胞和 B 细胞定居的场所 淋巴结是成熟 T 细胞和 B 细胞的主要定居场所。其中 T 细胞约占淋巴结内淋巴细胞总数的 75%，B 细胞约占 25%。

2. 免疫应答发生的场所 淋巴结是淋巴细胞接受抗原刺激、发生适应性免疫应答的主要部位之一。存在于组织中的游离抗原经淋巴液进入局部引流淋巴结，可被副皮质区内的树突状细胞摄取，或抗原在组织中被树突状细胞摄取，随后树突状细胞迁移至副皮质区，将加工后的抗原肽提呈给 T 细胞，使其活化、增殖，分化为效应细胞通过 T-B 细胞的相互作用，B 细胞在浅皮质区大量增殖形成生发中心，并分化为浆细胞。浆细胞一部分迁移至髓质区并分泌抗体，其寿命较短，而大部分则经输出淋巴管→胸导管→血液循环，迁移至骨髓，长期、持续性产生高亲和力抗体，称为抗体的主要来源。效应 T 细胞除在淋巴结内发挥免疫效应外，多数经输出淋巴管→胸导管，进入血液循环并分布于全身，发挥免疫效应。

3. 参与淋巴细胞再循环 淋巴结深皮质区的 HEV 在淋巴细胞再循环中起重要作用。来自血液循环的淋巴细胞穿过 HEV 进入淋巴结实质，然后通过输出淋巴管汇入胸导管，最后经左锁骨下静脉返回血液循环。

4. 过滤作用 入侵机体的病原微生物、毒素或其他有害异物，通常随组织淋巴液进入局部引流淋巴结。淋巴液在淋巴窦中缓慢移动，有利于窦内巨噬细胞吞噬、杀伤病原微生物，清除抗原性异物，起到净化淋巴液、防止病原体扩散的作用。

二、脾

脾是胚胎时期的造血器官，自骨髓开始造血后，脾是人体最大的淋巴器官，也是血液循环的一个滤器，其无输入淋巴管，也无淋巴窦，但富有大量血窦。

（一）脾的结构

脾外层为结缔组织被膜，被膜向脾内伸展形成若干小梁（图 2-5）。脾实质可分为白髓和红髓。

1. 白髓 中央动脉周围有厚层弥散淋巴组织，称为动脉周围淋巴鞘（PALS），主要由密集的 T 细胞构成，为 T 细胞区。在 PALS 旁侧有淋巴小结，又称脾小结，为 B 细胞区。未受抗原刺激时为初级淋巴滤泡，受抗原刺激后中央部出现生发中心，为次级淋巴滤泡。

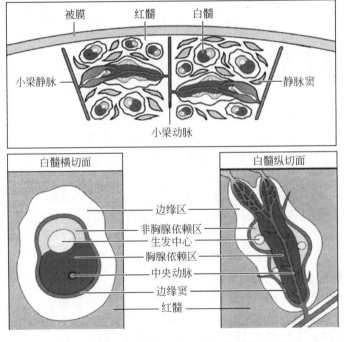

图 2-5　脾内淋巴组织结构示意图

白髓与红髓交界的狭窄区域为边缘区，内含 T 细胞、B 细胞和较多巨噬细胞。中央动脉的侧支末端在此处膨大形成边缘窦，是淋巴细胞由血液进入淋巴组织的重要通道。

2. 红髓 红髓分布于被膜下、小梁周围及白髓边缘区外侧的广大区域，由脾索和脾血窦组成。脾索为索条状组织，主要含 B 细胞、浆细胞、巨噬细胞和树突状细胞。脾索之间为脾血窦，其内充满血液。脾索和脾血窦中的巨噬细胞能吞噬和清除衰老的血细胞、抗原抗体复合物或其他异物，并具有抗原提呈作用。

（二）脾的功能

脾脏除能储存和调节血量外，还具有重要的免疫功能。

1. T、B 细胞居住和产生应答的重要场所　脾脏是成熟淋巴细胞定居的场所。其中 B 细胞约占脾淋巴细胞总数的 60%，T 细胞约占 40%。脾脏的功能及其对抗原刺激的应答过程类似于淋巴结，主要区别在于脾脏是对血源性抗原产生应答的主要场所，而淋巴结还可对淋巴液中的抗原产生应答。

2. 合成某些生物活性物质　脾脏能合成吞噬细胞增强激素，此物质能增强巨噬细胞和中性粒细胞的吞噬作用。此外脾脏还可合成干扰素、补体成分、细胞因子等免疫活性物质。

3. 过滤作用　红髓中巨噬细胞和 DC 负责清除血液中的外来抗原、发生突变和衰老的自身细胞、免疫复合物及其他异物，对血液起到过滤作用，使血液得到净化。

三、黏膜相关淋巴组织

黏膜相关淋巴组织（MALT）亦称黏膜免疫系统（MIS），主要指呼吸道、胃肠道及泌尿生殖道黏膜固有层和上皮细胞下散在的无被膜淋巴组织，以及某些带有生发中心的器官化的淋巴组织，如扁桃体、小肠派氏集合淋巴结（PP）及阑尾等。

（一）MALT 的组成

MALT 主要包括肠相关淋巴组织、鼻相关淋巴组织和支气管相关淋巴组织等。

1. 肠相关淋巴组织　肠相关淋巴组织（GALT）包括派氏集合淋巴结、淋巴小结（淋巴滤泡）、上皮间淋巴细胞、固有层中弥散分布的淋巴细胞等。GALT 的主要作用是抵御侵入肠道的病原微生物感染（图 2-6）。

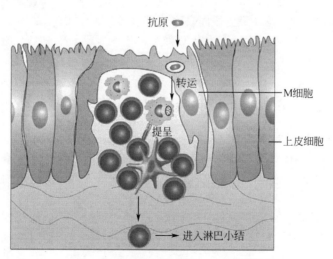

图 2-6　肠黏膜 M 细胞的功能示意图

2. 鼻相关淋巴组织　鼻相关淋巴组织（NALT）包括咽扁桃体、腭扁桃体、舌扁桃体及鼻后部其他淋巴组织，它们共同组成韦氏环。

3.支气管相关淋巴组织 支气管相关淋巴组织（BALT）主要分布于各肺叶的支气管上皮下。

（二）MALT 的功能及其特点

1.参与黏膜局部免疫应答 可参与对抗原刺激的应答。MALT 在肠道、呼吸道和泌尿生殖道黏膜形成了一道免疫屏障。MALT 是局部免疫应答的主要场所，在黏膜局部抗感染免疫中发挥关键作用。此外，黏膜免疫系统各组分共同参与局部免疫，并与整个机体免疫系统紧密联系。

2.产生分泌型 IgA 分泌型 IgA（sIgA）在抵御消化道和呼吸道病原体侵袭中发挥重要作用，也是通过母乳使婴儿获得被动免疫的关键成分。肠腔黏膜表面积极大，可产生大量 sIgA，正常成年人每天约分泌 3g sIgA，占输出抗体的 60% ～ 70%。

第三节　淋巴细胞归巢与再循环

成熟淋巴细胞离开中枢免疫器官后，经血液循环趋向性迁移并定居于外周免疫器官或组织的特定区域，称为淋巴细胞归巢（lymphocyte homing）。定居在外周免疫器官（淋巴结）的淋巴细胞，可由输出淋巴管经淋巴干、胸导管或右淋巴导管进入血液循环；淋巴细胞随血液循环到达外周免疫器官后，可穿越 HEV，并重新分布于全身淋巴器官和组织。淋巴细胞在血液、淋巴液、淋巴器官或组织间反复循环的过程称为淋巴细胞再循环。淋巴细胞在机体内的迁移和流动是发挥免疫功能的重要条件。

一、淋巴细胞归巢

成熟 T 细胞和 B 细胞进入外周淋巴器官后将定向分布于不同的特定区域，如 T 细胞定居于副皮质区，B 细胞则定居于浅皮质区；不同功能的淋巴细胞亚群也可选择性迁移至不同的淋巴组织，如产生 sIgA 的 B 细胞可定向分布于 MALT。

淋巴细胞归巢现象的分子基础是淋巴细胞表面的归巢受体与内皮细胞表面相应黏附分子——血管地址素的相互作用。如初始 T 细胞表面表达 L- 选择素，而 HEV 中的内皮细胞表达 L- 选择素的配体 CD34 和 GlyCAM-1，两者相互作用，促使 T 淋巴细胞黏附于 HEV，继而迁移至淋巴结内的 T 细胞区。

二、淋巴细胞再循环及其生物学意义

1.淋巴细胞再循环途径有多条通路 包括：①在淋巴结，淋巴细胞（T、B 细胞）可随血液循环进入深皮质区，穿过 HEV 进入相应区域定居，随后再移向髓窦，经输出淋巴管汇入胸导管，最终由左锁骨下静脉返回血液循环；②在脾脏，随脾动脉进入脾脏的淋巴细胞穿过血管壁进入白髓，然后移向脾索，再进入脾血窦，最后由脾静脉返回血液循环，只有少数淋巴细胞从脾输出淋巴管进入胸导管返回血液循环；③在其他组织，随血流进入毛细血管的淋巴细胞可穿过毛细血管壁进入组织间隙，随淋巴液回流至局部引流淋巴结后，再经输出淋巴管进入胸导管和血液循环（图 2-7）。

2.淋巴细胞再循环的生物学意义 参与再循环的淋巴细胞主要是 T 细胞，约占 80% 以上。通过淋巴细胞再循环，使体内淋巴细胞在外周免疫器官和组织的分布更趋合理。淋巴组织可不断地从循环池中得到新的淋巴细胞补充，有助于增强整个机体的免疫功能。带有各种特异性抗原受体

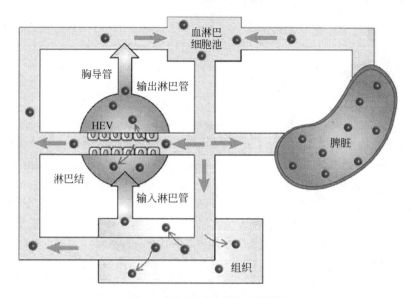

图 2-7 淋巴细胞再循环模式图

的 T 细胞和 B 细胞，包括记忆细胞，通过再循环，增加了与抗原和抗原提呈细胞（APC）接触的机会，这些细胞接触相应抗原后，即进入淋巴组织，发生活化、增殖和分化，从而产生初次或再次免疫应答；有些部位（如肠黏膜）淋巴细胞接受抗原刺激后，通过淋巴细胞再循环后仍可返回到原来部位，在那里发挥效应淋巴细胞的作用；通过淋巴细胞再循环，使机体所有免疫器官和组织联系成为一个有机的整体，并将免疫信息传递给全身各处的淋巴细胞和其他免疫细胞，有利于动员各种免疫细胞和效应细胞迁移至病原体、肿瘤或其他抗原性异物所在部位，从而发挥免疫效应。

思 考 题

1. 简述中枢免疫器官和外周免疫器官的组成及功能。
2. 淋巴细胞再循环的概念及生物学意义是什么？

（张燕燕）

第三章 抗　原

抗原（antigen，Ag）是指能与 T、B 淋巴细胞抗原受体 TCR 或 BCR 特异性结合，并能诱导发生免疫应答的物质，抗原亦称为免疫原（immunogen）。抗原具有两种很重要的免疫性能：①免疫原性：即抗原刺激机体产生抗体及效应 T 淋巴细胞的能力；②免疫反应性：是指抗原与抗体或效应 T 淋巴细胞发生特异性结合的能力，亦称为反应原性。免疫反应性是免疫原性的属性，具有免疫原性的物质均具有免疫反应性。有些物质，尤其是一些小分子有机化合物，只具有免疫反应性，无免疫原性，这样的物质称为半抗原或不完全抗原。半抗原与具有免疫原性的物质结合之后，可获得免疫原性，免疫动物可获得抗半抗原的特异性抗体。半抗原连接的具有免疫原性的物质称为载体（carrier），通常用蛋白质作载体，如卵白蛋白、牛血清白蛋白等。

第一节　抗原的免疫原性

免疫原性是抗原最重要的性质，一种抗原能否诱导机体产生免疫应答主要取决于三方面因素：①抗原的理化性质；②宿主的反应性；③免疫方式。其中前两者是构成抗原免疫原性的基础，后者是条件。

一、抗原的理化性质

一种物质要具有免疫原性，必须具有适宜的理化特性，是构成抗原免疫原性的物质基础。当具有这样的物质基础之后，才有可能刺激适宜的宿主产生免疫应答。构成抗原免疫原性的理化特性有：

（一）相对分子质量要大

抗原是相对分子质量较大的生物物质，分子质量一般大于 10kDa 才具有免疫原性，且相对分子质量越大，免疫原性越强。免疫原分子质量的最低限度在 0.5～1kDa，如血管紧张肽 Ⅱ（分子质量约 1.0kDa）仍有一定的免疫原性。相对分子质量大，免疫原性强的原因：①抗原表位的种类和数量多；②结构相对比较稳定；③降解和排除速率较慢，有利于被抗原提呈细胞（APC）捕获，刺激免疫应答。

（二）化学组成要复杂

抗原分子不仅要求相对分子质量大，而且化学组成要复杂。复杂的化学组成可以使分子的结构更趋于稳定、多样化，从而构建起更多的抗原表位，提高免疫原性。例如，明胶由直链氨基酸组成，缺乏芳香族氨基酸，虽分子质量达 100kDa 以上，但其免疫原性却很弱。如在明胶分子中加入少量（2%）酪氨酸后，其免疫原性明显增强。胰岛素的分子质量仅 5.7kDa，因氨基酸组成复杂，故有免疫原性。由单一氨基酸合成的线性同聚物（如多聚 L- 赖氨酸、多聚 L- 谷氨酸）均无免疫原性，由多种氨基酸组成的共聚物可有免疫原性，并随氨基酸种类的增加，免疫原性会随之增强，尤其加入酪氨酸等芳香族氨基酸，免疫原性增强更加明显。天然大生物分子中蛋白质的免疫原性通常最强，因为由约 20 种氨基酸组成，结构最复杂，多糖、核酸、脂类等大分子的免疫原性则弱得多，因它们的化学组成相对简单，但与蛋白质复合后免疫原性会明显增强。

（三）抗原表位要表露

抗原表位是抗原分子刺激免疫应答的有效结构成分，B 细胞抗原受体（BCR）和抗体识别的表位必须表露在分子表面，才能刺激 B 细胞应答或与抗体结合。例如，人工合成的分叉多聚赖氨酸-多聚丙氨酸复合物。当酪氨酸、谷氨酸残基暴露于分子表面或易于 B 细胞接近时才有较强的免疫原性（图 3-1）。天然抗原像溶菌酶、鲸肌红蛋白等的结构研究也表明，与 BCR 和抗体结合的表位均暴露在分子表面。

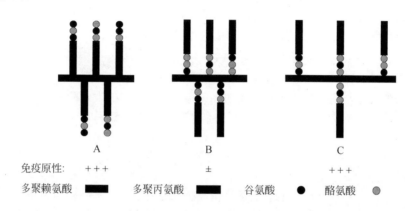

免疫原性: A +++ B ± C +++

多聚赖氨酸 ▬ 多聚丙氨酸 ▬ 谷氨酸 ● 酪氨酸 ●

图 3-1 抗原氨基酸残基位置和间距与免疫原性的关系

T 细胞识别抗原表位的方式不同于 B 细胞和抗体对抗原表位的识别，需要通过 APC 预处理暴露于细胞表面才被 T 细胞识别，从这个意义上讲 T 细胞识别的表位亦须要表露出来。

（四）物理性状

免疫原性的强弱亦与抗原的物理性状有关。例如，聚合状态的蛋白质较其单体免疫原性强；颗粒性的抗原较可溶性抗原免疫原性强。

二、宿主的反应性

（一）异物性

抗原除具有一定理化特性之外，还需被宿主免疫系统认为是一种"异物"才能激发免疫应答。成熟的免疫系统能识别自身和非自身物质。机体识别抗原性异物的能力主要是在胚胎期 T、B 细胞抗原受体多样性发生，并由抗原物质对淋巴细胞的选择作用决定的，凡在胚胎期与淋巴细胞接触过的物质为"自身"物质，机体对它们形成免疫耐受，未与淋巴细胞接触过的物质则被免疫系统认作是"异物"。这是免疫学意义上的概念，与其他自身、非自身概念不同。例如，机体的眼晶状体、甲状腺球蛋白、精子等是自身成分，在正常情况下不与淋巴细胞接触，但释放入血则可引起免疫应答；外来抗原物质进入胚胎，并与淋巴细胞充分接触过，机体也会把它看作是自身物质，形成免疫耐受。

此外，抗原的异物性程度亦取决于其与宿主的亲缘关系。从生物进化角度来看，抗原与机体之间的亲缘关系越远，其组织成分的化学结构差异就越大，异物性程度即免疫原性也越强。例如，各种微生物及其代谢产物、马血清等异种蛋白质，对人来说多为强抗原；灵长类组织成分对人是弱抗原，鸭血清蛋白对鸡是弱抗原，而对兔为强抗原；临床同种器官移植供者与受者血缘关系越远排斥反应程度越强。利用这一规律可研究动物进化过程及亲缘关系。

（二）宿主的遗传因素

个体对抗原的应答性受遗传因素控制。例如，不同品系的小鼠对同一种抗原的反应程度或性质可截然不同，有的反应强烈，有的反应弱，有的则无反应。父母双方是特应性体质，其子女发生超敏反应的频率约为50%；父母双方有一人是特应性体质，其子女发生超敏反应的频率约为30%；父母双方无特应性体质，其子女发生超敏反应的频率约为15%。

（三）宿主的免疫状态

对抗原的应答性也与宿主的免疫状态密切相关。例如，个体的发育阶段，是否有免疫缺陷或用免疫抑制剂，是否曾经接触过该抗原，均影响个体对抗原的应答性。

三、免疫方式

抗原应具备的理化性质和宿主的反应性是构成抗原免疫原性的基础，因为缺乏任何一方都不能刺激机体发生免疫应答。免疫方式仅是抗原免疫原性的影响因素或条件，一般并不决定抗原免疫原性的有无。

同一种抗原物质免疫方式不同，其刺激机体产生免疫应答的强度和效果各异。抗原进入机体的途径、剂量、次数、间隔时间、是否应用佐剂等均影响机体对抗原的应答性。例如，抗原经皮内、皮下、肌肉或腹腔等非肠道途径进入机体容易诱导免疫应答，口服则易诱发免疫耐受；适量抗原诱导免疫应答，注入剂量太大可引起免疫耐受，静脉小剂量反复注射也可诱发免疫耐受。所以疫苗接种为获得理想免疫效果对免疫途径、接种剂量、免疫次数、间隔时间及注意事项等均有详细说明。

第二节　抗原的特异性

免疫原性和免疫反应性均具有一个重要的性质——特异性，免疫原性和免疫反应性的特异性是统一的、相互一致的，这是应用疫苗预防传染病、应用体外抗原抗体反应诊断疾病的理论基础。例如，机体接种破伤风类毒素疫苗可以预防破伤风，但不能预防白喉，而且免疫产生的抗体只结合破伤风毒素，不能结合白喉毒素。现在知道抗原的特异性是由抗原表位决定的。

一、半抗原与载体

（一）抗原特异性研究

抗原特异性主要是应用半抗原与载体的交联物免疫动物，利用抗原抗体反应进行研究的（图3-2），在20世纪初免疫学先驱Landsteiner开创并进行了这方面的长期研究，对于了解抗原分子结构与抗原特异性之间的关系作出了巨大贡献，并为20世纪70年代初半抗原 - 载体效应的研究奠定了基础。研究的结果表明，①抗原的特异性不是由整个抗原分子决定的，而是由分子的局部结构或化学基团决定的；②抗原的特异性非常强（表3-1、表3-2）。

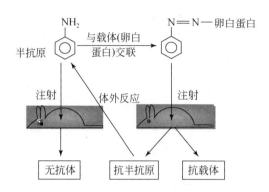

图 3-2 利用人工抗原对抗原特异性的研究举例

表 3-1 不同化学基团对抗原特异性的影响

抗血清	NH_2	NH_2 COOH	NH_2 SO_3H	NH_2 AsO_3H
抗苯胺血清	+++	−	−	−
抗对氨基苯甲酸血清	−	+++	−	−
抗对氨基苯磺酸血清	−	−	+++	−
抗对氨基苯砷酸血清	−	−	−	+++

表 3-2 半抗原不同化学基团及其空间位置对抗原特异性的影响

R = 基团	NH_2 —R	NH_2 R	NH_2 R
R = SO_3H	++	+++	±
R = AsO_3H_2	−	+	−
R = COOH	−	±	−

注：用抗间位 - 氨基苯磺酸抗体测定结果。

（二）半抗原 - 载体效应

蛋白质载体与半抗原交联使半抗原获得免疫原性的能力称为半抗原 - 载体效应或载体效应。将半抗原 2, 4- 二硝基苯酚（DNP）共价交联于卵白蛋白（OVA）和牛血清白蛋白（BSA）大分子载体上分组免疫小鼠，对半抗原 - 载体效应进行了深入研究。研究结果阐明，①T、B 细胞识别抗原的不同部位，B 细胞识别半抗原，T 细胞识别载体；②载体不仅赋予半抗原免疫原性，而且 T 细胞通过识别载体还辅助 B 细胞形成免疫记忆（表 3-3）。

表 3-3　半抗原 – 载体效应

首次免疫	再次免疫	抗 DNP 抗体
DNP		−
OVA		−
OVA-DNP		+
OVA-DNP	OVA-DNP	++++
OVA-DNP	BSA-DNP	+
OVA	OVA-DNP	++++
OVA	BSA-DNP	+

现在已经清楚自然界的绝大多数抗原物质在激发抗体产生的免疫应答中均需要 T、B 细胞共同参与，B 细胞产生抗体和形成记忆性必须有 T 细胞辅助；而且 T、B 细胞对这些抗原的识别部位是不同的，例如，胰高血糖素由 29 个氨基酸组成，T 细胞识别该激素的羧基端（19 ～ 29 氨基酸序列），B 细胞识别氨基端（1 ～ 18 氨基酸残基）。

二、抗原表位

半抗原 – 载体效应研究揭示了 T、B 细胞识别抗原不是识别整个抗原分子，而是识别抗原分子的不同部位，借助现代科学技术现在对天然抗原表位有了更深刻的认识。抗原分子中能被抗体及 T、B 细胞抗原受体特异性识别的部位称为表位，亦称为抗原决定基。根据 T、B 细胞对表位识别的不同可将表位分为两类：T 细胞表位和 B 细胞表位。

（一）B 细胞表位

抗原分子表面能被 BCR 和抗体分子识别的部位称为 B 细胞表位或 B 细胞决定基。B 细胞和抗体除特异性识别线性表位或顺序表位外，主要特异性识别构象表位。B 细胞线性表位通常由顺序相邻的 5 ～ 7 个氨基酸残基或单糖组成，至多不超过 20 个氨基酸残基，一般只占有大约 3nm×1.5nm×0.7nm 的空间。构象表位是由抗原分子表面空间相邻的氨基酸残基组成的三维结构状态决定的，当蛋白质抗原变性或降解之后，构象表位即被破坏，不能再被相应的 B 细胞和抗体识别（图 3-3）。所以在临床、科研实践中对蛋白质抗原的分离、提纯和保存特别要注意防止蛋白质变性或裂解。

抗原分子表面表位的数目称为抗原的结合价，理论上讲一个 B 细胞表位能结合抗体分子上的一个抗原结合点。抗原结合价的数目及其所包含的种类反映了抗原的免疫潜能及其与抗体的结合能力。但在实际诱导宿主免疫应答中，只有

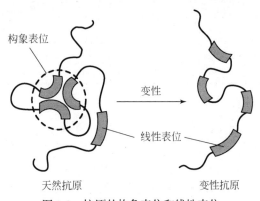

图 3-3　抗原的构象表位和线性表位

少数几个表位起主要作用，使宿主产生以该特异性为主的免疫应答，这种现象称为免疫显性或免疫优势，这些起关键作用的表位称为免疫显性表位。同理，在一个表位中也可存在有免疫显性基团，当其被置换时会明显改变表位的特异性，例如，人 A 型和 B 型血红细胞表面抗原的区别仅在于在 H 血型抗原上前者添加的是 N- 乙酰半乳糖胺，后者是 L- 岩藻糖；上述半抗原就是在表位中起免疫显性基团的作用。天然抗原通常有多个抗原结合价，结合价的多少常与抗原分子的大小呈正相关，例如，鸡卵白蛋白的分子质量为 42kDa，有 5 个表位，甲状腺球蛋白的分子质量为 700kDa，大约有 40 个表位。天然抗原当结构发生改变后，不仅特异性可发生改变，结合价也可随之发生改变。

（二）T 细胞表位

蛋白质分子中被 MHC 分子提呈并被 TCR 识别的肽段称为 T 细胞表位或 T 细胞决定基。T 细胞表位一般含有 8 ~ 17 个氨基酸残基。T 细胞只识别线性表位，不识别构象表位，蛋白质变性不影响 T 细胞对抗原的识别。蛋白质抗原中也可有多个 T 细胞表位，其中也可有免疫显性表位，表位的特异性是由肽段氨基酸序列决定的，其中也可有免疫显性基团。T 细胞和 B 细胞表位的主要特性见表 3-4。

表 3-4 T、B 细胞抗原表位的比较

	T 细胞表位	B 细胞表位
表位识别受体	TCR	BCR 和抗体
识别方式	由 MHC 分子或 CD1 分子提呈给 TCR	由 BCR 和抗体直接结合
表位性质	线性表位	主要是构象表位
表位存在部位	识别与表位在抗原中存在部位无关	须存在于抗原分子表面才被识别
表位的大小	8 ~ 12 个氨基酸（被 CD8$^+$T 细胞识别） 12 ~ 17 个氨基酸（被 CD4$^+$T 细胞识别）	5 ~ 15 个氨基酸、5 ~ 7 个单糖或核苷酸

三、共同抗原与交叉反应

如上所述，抗原的特异性是由表位决定的，并表现出高度的特异性，不同的抗原物质常具有不同的表位，故表现出各自的特异性。天然抗原物质往往具有多种表位，有时不同的抗原物质可具有相同的或结构类似的表位，称为共同表位，带有共同表位的抗原称为共同抗原或交叉抗原。同一种属或近缘种属中存在的共同抗原称为类属抗原，不同远缘种属中存在的共同抗原称为异嗜性抗原。若某一抗原刺激产生的抗体（或效应 T 细胞）与其他抗原结合，这种现象称为交叉反应，发生交叉反应的物质基础是因为它们之间存在有共同表位（图 3-4）。

在自然界发生交叉反应的现象是很普遍的，尤其是亲缘关系相近或进化保守的结构成分之间，

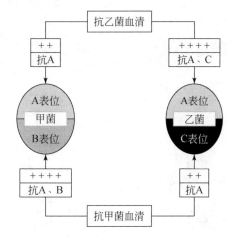

图 3-4 交叉反应

含有共同表位的抗原之间反应性较弱有交叉反应，因特异性表位不参与反应，故交叉

特别是微生物中很常见。例如，沙门菌可根据其 O 抗原分为 40 多个血清组，2000 多个血清型，同一组成员都有共同的 O 抗原表位，是由特定的单糖决定的。再如，人类、动物、植物和微生物之间广泛存在着一种以发现者名字命名的 forssman 抗原，其共同表位是神经酰胺五糖、乙酰半乳糖胺 -α-（1→3）N- 乙酰半乳糖胺 -β-（1→3）半乳糖 -α-（1→4）半乳糖 -β-（1→1）葡萄糖 -（1→1）神经酰胺。

第三节　抗原的分类

自然界抗原物质繁多，可根据不同标准对它们进行分类。

一、根据诱导免疫应答的性能分类

（一）胸腺依赖性抗原

胸腺依赖性抗原（TD-Ag）含有 B 细胞表位和 T 细胞表位，须在 APC 及 T_H 细胞参与下才能激活 B 细胞产生抗体。绝大多数天然抗原属于 TD-Ag，如病原微生物、血细胞、血清蛋白等。其特点是相对分子质量大，结构复杂，表位种类多，但每种表位的数量不多且分布不均匀。TD-Ag 不仅能刺激机体产生抗体，主要产生 IgG 类抗体，而且还能诱发细胞免疫应答和刺激形成免疫记忆。

（二）胸腺非依赖性抗原

胸腺非依赖性抗原（TI-Ag）只含有 B 细胞表位，刺激 B 细胞产生抗体时不需 T_H 细胞辅助。仅少数天然抗原物质属 TI-Ag。这类抗原的共同特点是相对分子质量大，分子结构呈长链，B 细胞表位单一且重复排列，能与多个 BCR 交联，故能单独激活 B 细胞产生 IgM 类抗体，但不能形成免疫记忆。

TI-Ag 又分为两型：TI-1 抗原和 TI-2 抗原。TI-1 抗原典型的如细菌脂多糖（LPS），高浓度时可多克隆激活 B 细胞；低浓度时刺激 B 细胞产生特异性抗体。TI-2 抗原如荚膜多糖、聚合鞭毛素，含有重复的 B 表位，与 BCR 交联使 B 细胞活化产生抗体。TI-Ag 无 T 细胞表位，不引起细胞免疫应答。

（三）超抗原

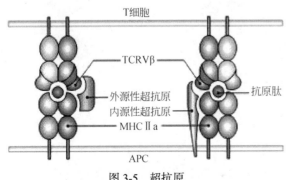

图 3-5　超抗原

超抗原（SAg）是指那些能同时与 MHC Ⅱ类分子及 TCRVβ 结构域结合，从而激活多克隆 T 细胞的蛋白质分子。

已发现的 SAg 可分为两类：①外源性超抗原（SAg）：如金黄色葡萄球菌肠毒素和中毒性休克综合征毒素 1、A 族链球菌 M 蛋白和致热性外毒素 A～C、关节炎支原体丝裂原等；②内源性超抗原：如小鼠乳腺瘤逆转录病毒，感染之后可使小鼠子代细胞表面遗传表达病毒蛋白，与某些 TCRVβ 结合，刺激 T 细胞增殖（图 3-5）。

　　超抗原对 T 细胞的刺激作用与普通抗原不同，不需经 APC 处理，只与 MHC Ⅱ类分子结合，MHC Ⅰ类分子不参与作用，结合部位在 MHC Ⅱ类分子肽结合槽的外侧，不是在槽沟内。SAg 仅与 TCRβ 链的 V 区结合，不涉及 Dβ、Jβ 区和 TCRα 链。人的 Vβ 基因片段有 46 个，每种 SAg 至少针对一种 Vβ 基因片段编码产物，故活化 T 细胞的能力远高于普通抗原（表 3-5）。

表 3-5　超抗原与普通抗原的比较

特点	普通抗原	超抗原
化学性质	蛋白质、多糖	细菌外毒素、逆转录病毒蛋白
应答特点	由 APC 处理提呈被 T 细胞识别	直接刺激 T 细胞活化
反应细胞	T 细胞、B 细胞	CD4$^+$T 细胞
T 细胞反应频率	$10^{-6}\sim10^{-4}$	5%～20%（1%～40%）
与 MHC Ⅱ类分子结合部位	多态区肽结合槽	α_1 区非多态区外侧
与 TCR 结合部位	α 链的 V、J 区和 β 链的 V、D、J 区	β 链的 V 区
MHC 限制性	＋	－

　　此外，近年来还报道了作用于 TCRγδT 细胞的超抗原和 B 细胞超抗原。前者如热休克蛋白（HSP）；后者如金黄色葡萄球菌蛋白 A（SPA）和人类免疫缺陷病毒（HIV）gp120。

　　超抗原除参与病原感染的毒性作用和炎症反应外，可能还与自身免疫病、免疫抑制、人类免疫缺陷综合征（AIDS）、肿瘤等的发病有关。

二、根据抗原与机体的亲缘关系分类

（一）异种抗原

　　异种抗原（xenoantigen）指与宿主非同一种属来源的抗原物质。通常情况下，异种抗原的免疫原性比较强，容易引起较强的免疫应答。与医学有关的异种抗原主要有以下几类：

　　1. 病原微生物　如细菌、病毒和其他微生物都是良好的抗原。微生物的结构虽然简单，但其化学组成却相当复杂，都是由多种抗原组成的复合体。以细菌为例，它们的不同结构如菌体、鞭毛、菌毛、荚膜等均具有免疫原性，而每一种结构又可由多种抗原成分组成，不同种属的细菌其结构都基本类似，但所含的抗原成分却常不相同，它们在感染宿主的同时可诱导机体发生免疫应答，因此可用免疫学方法对传染病进行诊断或防治。

　　2. 细菌的外毒素和类毒素　细菌外毒素是某些细菌生长繁殖过程中分泌到菌体外的毒性很强、免疫原性很强、具有一定致病特征的蛋白质。外毒素经低浓度（0.3%～0.4%）甲醛长时间处理可消除其毒性，保留免疫原性，即成类毒素。细菌感染产生的外毒素或免疫接种类毒素都可刺激宿主产生较强的免疫力。常用于免疫预防的类毒素有白喉类毒素和破伤风类毒素。

　　3. 抗毒素　临床应用的抗毒素是用类毒素免疫动物（常用马）制备的免疫血清或精制抗体。抗毒素具有免疫二重性：既可中和相应外毒素，具有防治作用；又可作为异种抗原刺激宿主发生超敏反应。

（二）同种异型抗原

　　同种异型抗原指同一种属不同个体来源的抗原物质。常见的人类同种异型抗原有血型抗原和主要组织相容性抗原（HLA）等。血型抗原有 40 余个系统，主要有 ABO 和 Rh 系统，对输血安全极为重要，血型不符可引起输血反应。HLA 是人类中最为复杂的同种异型抗原，除引起移植排斥反应外，还具有提呈抗原、调节免疫应答等作用。

（三）自身抗原

自身抗原是指宿主体内能诱发自身免疫应答的自身物质。在正常情况下，机体免疫系统对自身组织成分不会产生免疫应答，即处于自身耐受状态。但是在感染、外伤、服用某些药物等影响下，可使隐蔽的自身抗原暴露、释放，或使自身组织的抗原结构改变、修饰，均可诱发对自身抗原的免疫应答，甚至引起自身免疫病。

（四）异嗜性抗原

异嗜性抗原是指一类与种属特异性无关，存在于人、动物、植物和微生物之间的共同抗原，亦可称为 Forssman 抗原。

有些微生物与人体的某些组织有共同抗原，感染后可引起自身免疫性疾病。例如，A 族溶血性链球菌表面与肾小球基底膜及心肌组织有异嗜性抗原，故在链球菌感染后刺激宿主产生抗体，可与有共同抗原的心、肾组织发生交叉反应，引起心肌炎或肾小球肾炎；大肠杆菌 O_{14} 型脂多糖与人结肠黏膜有异嗜性抗原，可导致溃疡性结肠炎。

另外，临床上常利用异嗜性交叉凝集反应辅助诊断某些疾病。例如，MG 株链球菌与肺炎支原体、变形杆菌某些 OX 菌株的菌体抗原与立克次体之间均存在共同抗原，可用这些菌株作诊断抗原分别辅助诊断非典型肺炎和某些立克次体病。

三、其他分类方法

（一）根据抗原的理化性质分类

按照物理性质抗原可分为颗粒性抗原和可溶性抗原。根据抗原的化学性质可分为蛋白质抗原、多糖抗原、核酸抗原、脂类抗原等。多糖、核酸、脂类的免疫原性均较弱或只起半抗原作用，与蛋白质结合后有较强的免疫原性。

（二）根据抗原的产生方式分类

按照抗原的产生方式可将抗原分为天然抗原、人工抗原和合成抗原三个类型。天然抗原是不加修饰的天然物质；人工抗原是经人工修饰的天然抗原，如碘化蛋白、偶氮化蛋白等，现在常见的重组蛋白也属于人工抗原；合成抗原是经化学合成的高分子氨基酸聚合物，由一种氨基酸组成的聚合物称为同聚物，有两种或两种以上氨基酸组成的聚合物称为共聚物。

（三）根据 APC 加工抗原的来源分类

按照 APC 加工抗原的来源可分为外源性抗原和内源性抗原。

外源性抗原是指被 APC 摄入、经 MHC Ⅱ类分子途径加工提呈的抗原，非 APC 自身所产生，如胞外感染的微生物及其产物、异种动物蛋白、植物花粉、同种异型抗原等。

内源性抗原是指 APC 或靶细胞内自身产生的、经 MHC Ⅰ类分子途径加工提呈的抗原，如 APC 或靶细胞内产生的自身抗原、肿瘤抗原、病毒感染细胞合成的病毒蛋白等。

此外，按照免疫应答效果可将抗原分为抗原和半抗原，或免疫原、变应原和耐受原。根据免疫应答性质和特点有的又称为移植抗原、肿瘤抗原、隐蔽抗原等。

第四节 淋巴细胞多克隆激活剂和免疫佐剂

一、淋巴细胞多克隆激活剂

在自然条件下，活化淋巴细胞最重要的物质是外来抗原，当它们进入机体后被 T、B 细胞表面的抗原受体特异性识别、结合，引起它们的活化、增殖。在实验条件下，通过交联 T、B 细胞表面的某些分子可体外使它们活化、增殖。活化的淋巴细胞体积增大、胞质增多、DNA 合成增加，即形态出现返祖现象，通常称为淋巴细胞转化，进而分裂增殖。

能使 T、B 细胞活化的交联剂主要有两类（表 3-6），一类是凝集素，亦称为丝裂原或有丝分裂原，通过交联 T 细胞或 B 细胞或两者表面的糖蛋白分子使它们活化；另一类是针对 T 细胞或 B 细胞某些表面标志的多价抗体，使细胞表面的标志分子交联，从而活化 T 细胞或 B 细胞。这些交联剂能使某一群淋巴细胞的所有克隆活化，所以它们属于非特异性多克隆活化剂。这一性质常被用于体外检测淋巴细胞的应答能力，并以此评价机体的免疫功能。

表 3-6 体外活化淋巴细胞的多克隆活化剂

多克隆活化剂	活化的细胞群
凝集素	
刀豆素 A（ConA）	T 细胞
植物血凝素（PHA）	T 细胞
美洲商陆（PWM）	T、B 细胞
单克隆抗体	
抗 Ig 抗体	B 细胞
抗 CD3 抗体	T 细胞

二、免疫佐剂

预先或与抗原一起注入机体，可增强机体对抗原的免疫应答或改变免疫应答类型的物质称为免疫佐剂（immunoadjuvant），简称佐剂（adjuvant）。佐剂属于非特异性免疫增强剂。

（一）佐剂的种类

1. 无机佐剂 如氢氧化铝、磷酸铝、明矾等。

2. 生物性佐剂 包括：①微生物及其产物，如卡介苗、短小棒状杆菌、百日咳杆菌、革兰阴性菌细胞壁的脂多糖（LPS）、霍乱毒素的 B 亚单位（CTB）、源于分枝杆菌的胞壁酰二肽、细菌 CpG 基序等；②细胞因子和热休克蛋白，细胞因子如 IL-1、IL-2、IFN-γ、IL-12、GM-CSF 等。

3. 人工合成佐剂 如双链多聚肌苷酸：胞苷酸（poly I：C）、双链多聚腺苷酸：尿苷酸（poly A：U）等。

4. 脂质体和免疫刺激复合物 脂质体由不同比例的磷脂和胆固醇组成，可形成直径从 20nm 到超过 10μm 的微粒。将皂苷加到脂质体中形成免疫刺激复合物（ISCOM），微粒的平均直径约 40nm。皂苷是从南美皂树皮中提取出来的，能非常有效地非特异性刺激免疫应答，但是由于毒性太大不能用于人。从中进一步提纯的 Quil A 毒性较低，作为佐剂被广泛用于兽医疫苗中，现在也主要被用于制备 ISCOM。Quil A 进一步纯化至少分为 22 种成分，其中 QS21 毒性更小，活性最强，已被用于临床。脂质体和 ISCOM 作为抗原或疫苗的载体而被应用。

5. 弗氏（Freund）佐剂 是动物实验中最常用的佐剂，包括弗氏不完全佐剂和弗氏完全佐剂。前者由油剂（液体石蜡或花生油）和乳化剂（羊毛脂或吐温 -80）制成，后者是在前者的基础上加入死卡介苗或结核分枝杆菌制成的。

虽然佐剂种类较多，但能安全用于人体的仅限于氢氧化铝、磷酸铝、双链多聚肌苷酸、胞苷酸、胞壁酰二肽、QS21、细胞因子、热休克蛋白等，CTB 和 ISCOM 可用于口服疫苗。

（二）佐剂的作用机制

佐剂增强免疫应答的机制尚未完全了解，不同佐剂，其作用机制也不尽相同。主要作用机制包括：①改变抗原的物理性状，可提高抗原的免疫原性；抗原在体内的存留时间延长，使其与免疫细胞相互作用增强。②活化 APC，增强对抗原的处理和提呈能力。③刺激淋巴细胞增殖和分化。

（三）佐剂的应用

主要用于：①增强特异性免疫应答，用于疫苗接种及免疫动物制备抗血清；②作为非特异性免疫增强剂，用于抗肿瘤和抗慢性感染的辅助治疗。

思 考 题

1. 简述抗原的定义及免疫性能。
2. 试述 T、B 细胞抗原表位的区别。

（江绍伟）

第四章 免疫球蛋白

抗体（antibody，Ab）是 B 细胞接受抗原刺激后增殖分化为浆细胞所产生的糖蛋白，通过与相应抗原特异性结合，发挥体液免疫功能。血清电泳时，抗体活性主要在 γ 球蛋白区，也有少量可延伸到 β 区和 α₂ 区，故抗体又称为丙种球蛋白。1968 年和 1972 年世界卫生组织（WHO）和国际免疫学联合会的专门委员会先后决定，将具有抗体活性或化学结构与抗体相似的球蛋白称为免疫球蛋白（immunoglobulin，Ig）。免疫球蛋白可分为分泌型（secreted Ig，sIg）和膜型（membrane Ig，mIg）。前者主要存在于血液及组织液中，具有抗体的各种功能；后者构成 B 细胞膜上的抗原受体（BCR）。

第一节 免疫球蛋白的结构

一、免疫球蛋白的基本结构

免疫球蛋白是由四肽链分子组成的"Y"形结构，由两条相同的重链和两条相同的轻链藉二硫键连接而成，重链和轻链近氨基端 1/4 或 1/2 氨基酸序列变化大，为可变区，其他部分氨基酸序列相对恒定，为恒定区（图 4-1）。

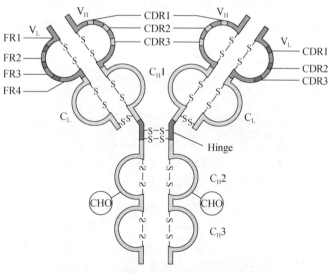

图 4-1　免疫球蛋白基本结构示意图

（一）重链和轻链

1. 重链（heavy chain，H 链）　为 450～550 氨基酸，根据重链恒定区氨基酸组成和排列顺序（抗原性）不尽相同，可将免疫球蛋白分为五类：IgM、IgD、IgG、IgA、IgE，相应重链分别为 μ、δ、γ、α、ε 链。

2. 轻链（light chain，L 链） 约 214 个氨基酸，根据轻链恒定区抗原性不同，分为 κ 和 λ 两型，一个免疫球蛋白分子上两条轻链型别相同。不同种属生物体内两型轻链的比例不同，正常人血清免疫球蛋白 κ : λ 约为 2 : 1。

（二）可变区和恒定区

1. 可变区（variable region，V 区） 位于免疫球蛋白分子 N 端，占轻链 1/2 和重链 1/4；不同抗体其 IgV 区氨基酸组成和排列有较大差异，并决定抗体与抗原结合的特异性。在 V_L 和 V_H 中，各有 3 个区域的氨基酸组成排列顺序高度可变，称为高变区（HVR），亦可称为互补决定区（CDR）。H 和 V_L 的 3 个 CDR 共同组成免疫球蛋白的抗原结合部位，决定抗体的特异性，负责识别和结合抗原。V 区中 CDR 之外区域的氨基酸组成和排列相对不易变化称为骨架区（FR），V_H 和 V_L 各有 4 个 FR。

2. 恒定区（constant region，C 区） 位于免疫球蛋白分子 C 端，占轻链 1/2 和重链 3/4（IgA、IgD）或 4/5（IgM、IgE）。同一种属的个体，所产生针对不同抗原的同一类别免疫球蛋白，V 区各异，C 区恒定。抗人 IgG，可与针对不同抗原产生的人 IgG 抗体结合，针对同一抗原表位的不同类别免疫球蛋白，V 区相同，C 区不同。

（三）铰链区

铰链区位于 C_H1 和 C_H2 之间可转动的区，含丰富的脯氨酸，易伸展弯曲，有利于两臂同时结合两个抗原表位；对蛋白酶敏感。

（四）结构域

免疫球蛋白的多肽链分子可折叠为数个球形结构域。每个结构域具有相应功能，形成 "β 桶状" 二级结构，亦称免疫球蛋白折叠，具有这类独特折叠结构的分子统称为免疫球蛋白超家族（IgSF）。

二、免疫球蛋白的其他成分

（一）J 链

J 链是一富含半胱氨酸的多肽链，由浆细胞合成，主要功能是将单体免疫球蛋白分子连接成二聚体或多聚体。IgA 的二聚体和 IgM 的五聚体均含有 J 链。IgD、IgG 和 IgE 为单体，不含 J 链。

（二）分泌片

分泌片（SP）是分泌型 IgA 分子的辅助成分，由黏膜上皮细胞合成和分泌，并结合于 IgA 二聚体上，具有保护分泌型 IgA 免受酶的降解，促其从黏膜下转运至黏膜表面。

三、免疫球蛋白的水解片段

（一）木瓜蛋白酶水解片段

木瓜蛋白酶水解片段水解免疫球蛋白的部位在铰链区二硫键连接的重链近 N 端将免疫球蛋白

裂解为两个相同的 Fab 段和一个 Fc 段，如图 4-2。Fab 段即抗原结合片段，由一条完整的轻链和重链的 V_H 和 C_H1 结构域组成。一个 Fab 为单价，可与抗原结合但不形成凝集反应或沉淀反应；Fc 片段即可结晶片段，相当于 IgG 的 C_H2 和 C_H3 结构域，无抗原结合活性，是免疫球蛋白与效应分子或细胞相互作用的部位（图 4-2）。

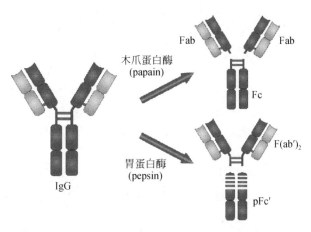

图 4-2 免疫球蛋白的酶解片段

（二）胃蛋白酶水解片段

胃蛋白酶水解免疫球蛋白的部位在铰链区二硫键连接的重链近 C 端将免疫球蛋白裂解为一个 F（ab'）2 和一个些小片段 pFc'，如图 4-2。F（ab'）2 由两个 Fab 及铰链区组成，是双价的，可同时结合两个抗原表位，因而形成凝集反应或沉淀反应；pFc' 最终被降解，不能发挥生物学效应，如图 4-2。

四、免疫球蛋白的异质性与血清型

（一）免疫球蛋白的异质性

免疫球蛋白的异质性表现在：不同抗原表位诱生的同一类型的免疫球蛋白，其识别抗原的特异性不同（V 区不同），C 区相同；同一抗原表位刺激所产生不同类型的免疫球蛋白分子，重链类别和轻链型别不同（C 区不同）；V 区相同。

1. 抗体可变区的异质性 自然界存在千变万化的抗原分子和抗原表位，抗原刺激机体后，其所含的每一种表位均可选择表达相应 BCR 的 B 细胞，使其增殖分化并产生针对该表位的特异性抗体。因此，天然抗原免疫动物后，机体可产生针对该抗原不同表位的多种抗体。

2. 抗体恒定区的异质性 根据恒定区免疫球蛋白的免疫原性不同，可将其分为不同类、亚类、型和亚型。

（1）同类：同一种属所有个体，Ig 重链 C 区所含抗原表位不同，据此可将重链分为 γ、μ、α、δ、ε 链五种，与此对应 Ig 分为五类，即 IgG、IgM、IgA、IgD 和 IgE。

（2）亚类：同一类免疫球蛋白其重链的抗原性及二硫键数目和位置不同，据此可将免疫球蛋白分为亚类。人 IgG 有 IgG1、IgG2、IgG3、IgG4 四个亚类；IgA 有 IgA1、IgA2 两个亚类；IgM 有 IgM1、IgM2 两个亚类。

（3）型：同一种属内，根据轻链 C 区抗原表位不同，将免疫球蛋白轻链分为两种：κ 和 λ，与此对应的免疫球蛋白分为两型：κ 型和 λ 型。

（4）亚型：同一型免疫球蛋白中，根据其轻链 C 区 N 端氨基酸排列差异，又可分为亚型，其中 κ 型有亚型。

（二）免疫球蛋白的血清型

免疫球蛋白既可与相应的抗原发生特异性结合，其本身又作为抗原，免疫异种动物、同种异体动物或在自身体内激发特异性免疫应答。根据免疫球蛋白不同抗原决定基存在部位及在异种、同种异体或自体中产生免疫的差别，将免疫球蛋白的血清型分为三类（图 4-3）。

1. 同种型　指同一种属所有个体的免疫球蛋白分子共有的抗原特异性标志，即同一种属所有个体同一类或同一型免疫球蛋白的 C 区氨基酸组成和排列顺序绝大多数是相同的，可刺激异种动物产生相应抗体。

2. 同种异型　指同一种属不同个体间免疫球蛋白分子所具有的不同的抗原特异性标志，即同一种属不同个体同一类或同一型免疫球蛋白的 C 区有极少数氨基酸组成和排列顺序不同，可刺激异种、同种异体产生相应抗体。

3. 独特型　指每个免疫球蛋白分子所特有的抗原特异性标志，存在于 IgV 区，可刺激异体、同种异体甚至同一个体产生相应抗体。

同种型　　　　　　同种异型　　　　　　独特型

图 4-3　免疫球蛋白的血清型示意图

第二节　免疫球蛋白的功能

一、免疫球蛋白 V 区和 C 的功能

免疫球蛋白的功能与其结构密切相关，V 区和 C 区的作用，构成了免疫球蛋白的生物学功能（图 4-4）。

（一）免疫球蛋白 V 区的功能

识别并特异性结合抗原是免疫球蛋白的主要功能，这种特异性结合是由 IgV 区特别是 CDR 的空间构型所决定的。抗原结合价是免疫球蛋白结合抗原表位的个数，免疫球蛋白单体可结合 2 个抗原表位为双价；分泌型 IgA 为 4 价，五聚体 IgM 理论上为 10 价，由于立体构型的空间位阻，一般为 5 价。抗体通过 V 区结合相应抗原分子，发挥中和毒素、阻断病原入侵、清除病原微生物等免疫防御功能。B 细胞膜表面 IgM 和 IgG 构成 B 细胞抗原识别受体，特异性识别抗原分子。在体外可发生抗原抗体结合反应，利于抗原或抗体的检测和功能判断。

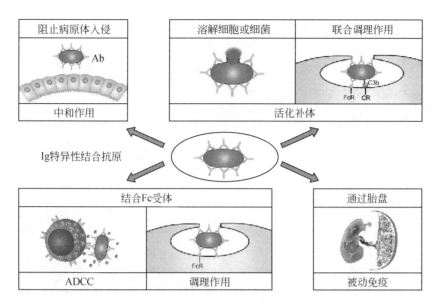

图 4-4　免疫球蛋白的主要生物学功能

（二）免疫球蛋白 C 区的功能

1. 激活补体　IgM、IgG1、IgG2、IgG3 与相应抗原结合后，可因构型改变，使 CH2 和 CH3 结构域内补体结合位点暴露，从而通过经典途径激活补体系统，其中 IgM 补体激活能力强于 IgG1 和 IgG3，而 IgG2 较弱。凝聚的 IgA、IgE 或 IgG4 能通过旁路途径激活补体系统。

2. 结合 Fc 段受体

（1）调理作用：IgG 的 Fc 段与吞噬细胞表面 FcR 结合，从而增强吞噬细胞的吞噬作用。

（2）抗体依赖的细胞介导的细胞毒作用（ADCC）：具有杀伤活性的细胞如 NK 细胞通过其表面的 Fc 受体识别结合于靶抗原上抗体的 Fc 段，直接杀伤靶抗原。

（3）介导 Ⅰ 型超敏反应：IgE 通过 Fc 与肥大细胞和嗜碱粒细胞表面 Fc ε R 结合，当相同变应原再次进入时，与 V 区结合，发挥效应。

3. 穿过胎盘和黏膜　人类 IgG 是唯一能从母体通过胎盘转移到胎儿体内的免疫球蛋白；IgG 通过选择性与胎盘母体侧的滋养细胞表达的新生 Fc 段受体（FcRn）结合，转移至滋养层细胞内，并进入胎儿血循环，属于重要的自然被动免疫。sIgA 能穿过呼吸道、消化道黏膜，是黏膜局部免疫的重要因素。

二、各类免疫球蛋白的特性与功能

（一）IgG 的特性和功能

IgG 在出生后 3 个月开始合成，3 ～ 5 岁接近成人水平；是血清和胞外液中含量最高的抗体（75% ～ 80%）；半衰期长（20 ～ 23 天），是再次免疫应答产生的主要抗体；多数抗菌、抗病毒、抗毒素抗体均属 IgG 类；是唯一能通过胎盘的免疫球蛋白，发挥自然被动免疫功能；具有活化补体经典途径的能力（IgG3 > IgG1 > IgG2），具有调理作用、ADCC 作用；其 Fc 段与葡萄球菌蛋白 A（SPA）结合，借之可纯化抗体，并用于免疫诊断；可参与 Ⅱ 型、Ⅲ 型超敏反应，某些自身免疫病的抗体也属 IgG。

（二）IgM 的特性和功能

IgM 占血清免疫球蛋白的 5%～10%，单体以膜型表达于 B 细胞表面，构成 BCR。分泌型为五聚体，相对分子质量最大，称为巨球蛋白，不能通过血管壁，主要存在于血清中。IgM 比 IgG 更易激活补体，天然血型抗体是 IgM，血型不符的输血可发生严重的溶血反应。IgM 是个体发育中最先出现的免疫球蛋白，胚胎晚期即能产生，脐带血 IgM 增高提示宫内感染（如风疹病毒、巨细胞病毒感染等）。抗原初次刺激机体时，IgM 是体内最先产生的免疫球蛋白；血清 IgM 升高说明有近期感染。未成熟 B 细胞仅表达 mIgM，记忆 B 细胞 mIgM 消失。

（三）IgA 的特性和功能

IgA 分为单体的血清型（占血清免疫球蛋白总量的 10%～15%）和二聚体的分泌型 IgA（sIgA）。sIgA 存在于胃肠道和支气管分泌液、初乳、唾液和泪液中，是外分泌液中的主要抗体，参与黏膜局部抗感染免疫，在黏膜表面可有中和毒素作用。婴儿可从母亲初乳中获得 sIgA，发挥自然被动免疫作用。

（四）IgD 的特性和功能

IgD 血清含量低，占血清免疫球蛋白总量的 0.3%，IgD 分为两型：血清型 IgD 生物学作用尚不清楚；膜结合型 IgD（mIgD），构成 BCR，是 B 细胞分化成熟的标记，未成熟 B 细胞仅表达 mIgM，成熟 B 细胞同时表达 mIgM 和 mIgD，被称为初始型 B 细胞（naïve B cell），活化的 B 细胞和记忆 B 细胞 mIgD 消失。

（五）IgE 的特性和功能

IgE 是血清中含量最低的免疫球蛋白，约占血清免疫球蛋白总量的 0.02%；主要由黏膜下淋巴组织中的浆细胞分泌；属嗜细胞抗体，可与肥大细胞、嗜碱粒细胞表面 FcεR 结合，当结合再次进入机体的抗原后可介导 Ⅰ 型超敏反应。此外，IgE 可能与机体抗寄生虫免疫有关。

第三节　免疫球蛋白基因及抗体的多样性

一、免疫球蛋白胚系基因结构

人免疫球蛋白重链基因定位于第 14 号染色体长臂，由编码可变区的 V 基因片段（variable gene segment）、D 基因片段（diversity gene segment）、J 基因片段（joining gene segment）及编码恒定区的 C 基因片段组成。人轻链基因分为 κ 基因和 λ 基因，分别定位于第 2 号染色体长臂和第 22 号染色体短臂。轻链 V 区基因只有 V、J 基因片段。

轻重链每种基因片段以多拷贝的形式存在，其中编码重链 V 区的 V_H、D_H 和 J_H 的基因片段数分别为 65、30 和 6 个；编码 κ 轻链 V 区的 $V_κ$ 和 $J_κ$ 基因片段数分别是 50 和 5 个；编码 λ 轻链 V 区的 $V_λ$ 和 $J_λ$ 基因片段数分别是 30 和 4 个；重链 C 基因片段数有 9 个，其排列顺序是 5′-Cμ-Cδ-Cγ3-Cγ1-Cα1-Cγ2-Cγ4-Cξ-Cα2-3′。

二、免疫球蛋白基因重排

免疫球蛋白的胚系基因以被分隔开的基因片段的形式存在，通过重组酶的作用，可以从众多的 V（D）J 基因片段中将 1 个 V 片段、1 个 D 片段（轻链无 D 片）和 1 个 J 片段重排在一起，形成 V（D）J 连接，再与 C 基因片段连接，才能编码完整的免疫球蛋白多肽链。

三、抗体多样性产生的机制

引起抗体多样性的机制主要包括组合多样性、连接多样性和体细胞高频突变。组合多样性产生于胚系基因库中众多 V、D、J、C 基因家族成员极端多样性的排列组合；免疫球蛋白基因在 V-D-J 重排过程中可出现不同的连接点，以及同一连接点上发生核苷酸的缺失、插入和倒转，可形成连接多样性；体细胞高频突变则是已成熟的 B 细胞受抗原刺激后，在发育过程中重排的基因所发生的突变，这种突变可促进抗体亲和力成熟。

四、抗体类别转换

B 细胞在 IgV 区基因重排完成后，其子代细胞均表达同一个 IgV 区基因，但 IgC 基因（恒定区基因）的表达在子代细胞受抗原刺激而成熟并增殖的过程中是可变的。B 细胞接受抗原刺激后，首先分泌 IgM，但随后可表达 IgG、IgA 或 IgE，而其 V 区不发生改变，可变区不变（结合抗原的特异性相同），但其重链类别（恒定区）发生改变的过程称为抗体类别转换。其遗传学基础是同一 V 区基因与不同重链 C 区基因的重排。

第四节　人工制备抗体

一、多克隆抗体

天然抗原含有多种不同抗原特异性的抗原表位，用该抗原物质免疫动物，刺激多个 B 细胞克隆被激活，产生针对不同抗原表位的免疫球蛋白，是为多克隆抗体（polyclonal antibody，pAb）。多克隆抗体主要来源于动物免疫血清，恢复期患者血清或免疫接种人群。其特点是来源广泛，制备容易；特异性不高。

二、单克隆抗体

解决多克隆抗体特异性不高的理想方法是制备单一表位特异性抗体。Kohler 和 Milstein 将可产生特异性抗体但短寿的 B 细胞与无抗原特异性但长寿的恶性骨髓瘤细胞融合，建立可产生单克隆抗体的 B 淋巴细胞杂交瘤细胞，且在体外能无限增殖。每个杂交瘤细胞由一个 B 细胞融合，而每个 B 细胞克隆仅识别一种抗原表位，故经筛选和克隆化的杂交瘤细胞仅能合成及分泌抗单一抗原表位的特异性抗体，即单克隆抗体（monoclonal antibody，mAb）。其特点是纯度高，特异性强，可大量生产。

三、基因工程抗体

由于单克隆抗体是鼠源性的，虽可广泛用于免疫学检测领域，但用于免疫学治疗时，可引起人抗小鼠抗体的产生。DNA 重组技术发展，使得有可能通过基因工程技术制备基因工程抗体（genetic engineering antibody），如人 - 鼠嵌合性抗体、人源化抗体、双特异性抗体及小分子抗体。基因工程的基本思路是将部分或全部人源抗体的编码基因，克隆到真核或原核表达系统中，体外表达人 - 鼠嵌合抗体或人源化抗体，或转基因至剔除自身抗体编码基因又敲入人免疫球蛋白基因的小鼠体内，抗原免疫，小鼠脾脏中 B 细胞产生特异性人抗体，再将免疫小鼠 B 细胞与人骨髓瘤细胞融合，可获得分泌特异性完全抗体的杂交瘤，通过规模化培养获得大量特异性人抗体。

思 考 题

1. 试述免疫球蛋白的基本结构。

2. 简述免疫球蛋白的水解片段。

3. 试述免疫球蛋白的 V 区和 C 区的功能。

4. 试述各类免疫球蛋白的异同点。

5. 试述乙肝疫苗刺激机体产生的抗体如何发挥免疫保护作用？

6. 简述抗体多样性产生的机制。

7. 简述单克隆抗体的概念。

（肖　凌）

第五章　补体系统

第一节　补体概述

补体（complement，C）是存在于正常人或动物血清中的一组被激活后具有酶活性的球蛋白。Charles Bordet 在 19 世纪末研究发现，在新鲜血清中存在一种不耐热的成分，此成分可帮助特异性抗体对相应菌细胞产生溶菌作用，这种血清蛋白成分能协助和补充特异性抗体介导的免疫溶血作用，故称为补体。后来发现，补体是由 30 余种可溶性蛋白和膜结合蛋白组成的多分子系统，其中包括直接参与补体激活的各种补体固有成分、调控补体激活的各种灭活因子、抑制因子及分布于多种细胞表面的补体受体等，故称为补体系统（complement system）。

在正常生理情况下，多数补体成分以非活化形式存在。在补体系统激活过程中，可产生多种生物活性物质，引起一系列生物学效应，参与机体的抗微生物防御反应，扩大体液免疫效应，调节免疫应答。同时，也可介导炎症反应，导致组织损伤。补体系统过度活化或补体组分缺陷和功能障碍与多种疾病的发生、发展密切相关。

一、补体系统的组成

根据补体系统蛋白分子的生物学功能，将补体系统主要分为以下三类：补体固有成分、补体调节蛋白和补体受体。

（一）补体固有成分

补体固有成分是指存在于血浆和体液中，参与补体级联酶促反应，构成补体基本组成的蛋白质，包括经典激活途径所具有的 C1q、C1r、C1s、C2、C4；旁路激活途径的 B 因子、D 因子和 P 因子；甘露聚糖结合凝集素激活途径（MBL 途径）的 MBL、MASP1、MASP2；补体活化的共同组分，补体 C3、C5、C6、C7、C8 和 C9。

（二）补体调节蛋白

补体调节蛋白指存在于血浆中、细胞膜表面，参与抑制补体活化或效应发挥的一类蛋白质分子，包括 C1 抑制物、I 因子、C4 结合蛋白、H 因子、S 蛋白、过敏毒素灭活因子等；细胞膜表面的补体调节蛋白主要包括衰变加速因子（DAF）、膜辅助蛋白（MCP）和膜反应性溶解抑制物（MIRL）等。

（三）补体受体

补体受体（CR）是指存在于某些细胞膜表面，能与某些补体活化裂解片段结合介导产生多种生物学效应的受体分子，包括补体受体 1 ~ 4（CR1 ~ CR4）和过敏毒素受体（C3aR、C5aR）等。

二、补体系统的命名

补体通常以符号"C"表示。参与激活经典途径的补体固有成分按其发现的先后顺序,分别命名为C1(q、r、s)、C2、C3、C4、C5、C6、C7、C8和C9。参与补体替代途径激活的补体其他成分以该成分英文单词大写首字母表示,分别称为B因子、D因子、P因子等。

补体调节蛋白多以其功能命名,如C4结合蛋白、膜辅助蛋白(MCP)、衰变加速因子等。补体被激活后,至少可形成两个裂解片段,一般用英文小写字母"a"表示,用"b"表示大片段。如C3被激活后可形成较小的C3a和较大的C3b,但C2例外。C2被激活后可形成较小的C2b和较大的C2a。已失活的补体成分则在其符号前冠以"i"(mactiVated的首字母)表示,如I因子可将C3b水解为无活性的iC3b。

三、补体系统的理化特性和生物合成

大约90%的血浆补体成分由肝细胞合成,少数由巨噬细胞、小肠上皮细胞及脾细胞等产生。补体固有成分均为球蛋白,在感染和组织损伤状态下,血浆某些补体组分(如MBL等)含量升高。补体各组分含量和相对分子质量差异较大,其中C3含量最高(550～1200mg/L)、D因子含量最低(1～2mg/L),C1q分子质量最大(410kDa)、D因子分子质量最小(25kDa)。补体性质不稳定,56℃温浴30min即被灭活,在室温下也会很快失活;在0～10℃条件下,补体活性只能保持3～4天,故补体应保存在-20℃以下,冷冻干燥后能保存较长时间。许多理化因素如机械震荡、紫外线照射、强酸强碱、乙醇及蛋白酶等均可使补体失活。

不同动物血清的补体含量各有差异,豚鼠血清中补体含量丰富,故实验用的补体多取自豚鼠新鲜血清。人类胚胎发育早期即可合成补体各成分,出生后3～6个月达到成人水平。多种炎性细胞因子(如IFN-γ、IL-1、TNF-α、IL-6等)可刺激补体基因转录和表达。感染、组织损伤急性期及炎症状态下,补体产生增多,血清补体水平升高。

第二节 补体激活及调节因素

一、补体系统的激活

补体系统激活是指在激活物刺激作用下,补体固有成分按一定顺序、以级联酶促反应方式依次活化,表现出一系列生物学活性的过程。补体系统有以下三条激活途径:即从C1q活化启动的经典激活途径;从甘露糖结合凝集素(MBL)活化启动的凝集素激活途径;从C3自发水解或活化启动的旁路激活途径。

（一）补体激活的经典途径

经典激活途径(classical pathway, CP)是以抗原–抗体复合物为主要激活物,使补体固有成分按C1(C1q、C1r、C1s)、C4、C2、C3、C5～C9顺序发生级联酶促反应,形成C3/C5转化酶和攻膜复合物产生一系列生物学效应的补体活化途径。细菌脂多糖、某些病毒蛋白和C反应蛋白也能通过直接与C1大分子中C1q胶原样区结合的作用方式,启动补体经典途径活化。

完整的过程包括识别单位的激活、C3 转化酶的形成、C5 转化酶的形成及攻膜复合体的形成（图 5-1）。

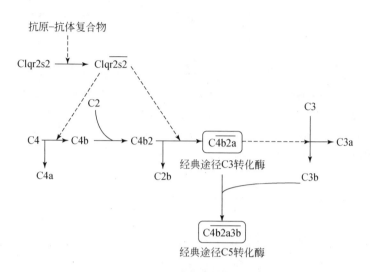

图 5-1　补体激活的经典途径

1. 识别阶段　C1 识别 IC 而活化形成 C1 酯酶的阶段。抗体（IgG）与病原体等抗原结合后，可因其补体结合点暴露而使 C1 活化，形成具有丝氨酸蛋白酶活性的 C1 复合物，即 C1 酯酶，其天然作用底物为 C4 和 C2。每一个 C1q 分子必须同时与两个或两个以上免疫球蛋白的 Fc 段结合，才能启动补体系统的活化。由于 IgM 分子为五聚体，至少可同时提供 5 个 Fc 段的补体结合点，故一个五聚体的 IgM 分子与抗原结合即可有效启动经典途径。IgG 分子为单体，与抗原结合则需两个相邻的 IgG 分子共同与 C1q 桥联，才能使 C1 活化。C1q 只能与 IgM 的 CH3 区、IgG 的 CH2 区结合，而且对 IgG 亚类的亲和力不同，依次为 IgG3 ＞ IgG1 ＞ IgG2。IgG4 和 IgA、IgE、IgD 等不能通过经典途径激活补体。

2. 活化阶段　活化的 C1 依次裂解 C4、C2，形成具有酶活性的 C3 转化酶（C4b2a），后者进一步裂解 C3 并形成 C5 转化酶（C4b2a3b），即经典途径的活化阶段。C1 酯酶裂解 C4，至少产生两个片段，小分子片段 C4a 游离于液相；大分子片段 C4b 可与邻近细胞膜表面的蛋白质或多糖共价结合，使补体活化稳定而有效地进行，未能与膜结合的 C4b 在液相中很快被灭活。在 Mg^{2+} 存在下，C2 与结合在细胞膜上的 C4b 结合，继而被 C1 酯酶裂解为大分子 C2a 和小分子 C2b。C2b 释放入液相，C2a 具有丝氨酸蛋白酶活性，与邻近结合在细胞表面的 C4b 结合，形成稳定的 C4b2a 复合物，此即经典途径的 C3 转化酶。C4b2a 中的 C4b 可与 C3 结合s 由 C2a 裂解 C3。C3 是 C3 转化酶的天然底物，在激活过程中，小片段 C3a 游离在液相中 5 大片段 C3b 与细胞膜上的 C4b2a 共价结合，形成 C4b2a3b 三分子复合物，即 C5 转化酶。此外，C3b 还可逐级降解为 C3c、C3d 和 C3dg 等片段，其中 C3d 参与适应性体液免疫应答的启动。

3. 膜攻击阶段　是补体激活过程中的最后一个反应阶段，是形成攻膜复合体（MAC），导致靶细胞溶解的过程。C5 是 C4b2a3b 的天然底物，受其作用而裂解成 C5a、C5b 两个片段。C5a 游离于液相，具有过敏毒素和趋化作用；C5b 首先与 C6 结合成 C5b6 复合物，继而与 C1 结合形成 C5b67 三分子复合物，并通过 C7 上的疏水片段插入靶细胞膜脂质双层结构中。膜上的 C5b67 复合物对 C8 具有高亲和力，C8 结合到此复合物上，并通过其 γ 链插入靶细胞膜中，使 C5b678 复合物牢固地黏附在靶细胞膜上。C5b678 复合物作为 C9 的受体，能催化 C9 聚合。C9 是一种有聚合倾向的糖蛋白，它与 C5b678 结合并进行环状聚合，结果共同组成 1 个大相对分子质量的攻膜复合体。

MAC 在细胞膜上形成一个内径约 11nm 的亲水性穿膜孔道，能使水和电解质通过而不让蛋白质类大分子逸出，最终可因胞内渗透压改变而使细胞溶解破坏。

（二）凝集素激活途径

凝集素激活途径又称 MBL 途径，是指血浆中甘露糖结合凝集素（MBL）或纤维胶原素（FCN）与病原体表面甘露糖、岩藻糖残基或 *N*- 乙酰葡糖胺、*N*- 乙酰半乳糖胺等糖类物质结合后，依次活化 MBL 相关丝氨酸蛋白酶（MBL-associated serine protease，MASP）、C4、C2 形成 C3 转化酶，引发级联酶促反应的补体活化途径（图 5-2）。

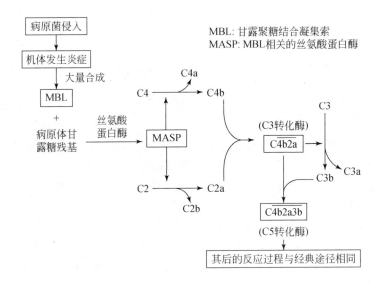

图 5-2　凝集素激活途径

MBL 激活途径的主要激活物为含 *N*- 氨基半乳糖或甘露糖基的病原微生物。MBL 分子的结构类似于 C1q 分子；依赖于 Ca^{2+} 存在，MBL 可与多种病原微生物表面的 *N*- 氨基半乳糖或甘露糖结合，并发生构型改变，导致 MBL 相关的丝氨酸蛋白酶（MASP）活化。MASP 有两类：活化的 MASP2 能以类似于 C1s 的方式裂解 C4 和 C2，生成类似经典途径的 C3 转化酶，进而激活后续补体成分；活化的 MASP1 能直接裂解 C3 生成 C3b，形成旁路途径 C3 转化酶，参与并加强旁路途径正反馈环路。其后的反应过程与经典途径相同，从而介导细菌凝集、诱导炎症反应及活化补体等免疫调节作用。因此，MBL 途径对补体经典途径和旁路途径活化具有交叉促进作用。

（三）旁路激活途径

旁路激活途径又称替代激活途径，与经典途径的不同之处在于，其不依赖于抗体，乃微生物或外源异物直接激活 C3，由 B 因子、D 因子和备解素参与，形成 C3 与 C5 转化酶的级联酶促反应过程。种系发生上，旁路途径是最早出现的补体活化途径。旁路途径的"激活物"，实际上是为补体激活提供保护性环境和接触表面的成分，如某些细菌、内毒素、酵母多糖、葡聚糖等（图 5-3）。

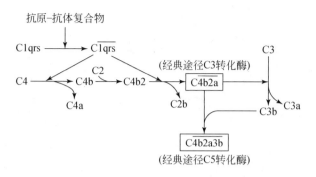

图 5-3　旁路激活途径

在生理条件下，血清中的 C3 可受蛋白酶等作用，缓慢、持续地裂解为少量 C3b，释入液相中的 C3b 速被 I 因子灭活。在 Mg^{2+} 存在下，B 因子可与 C3b 结合形成 C3bB 复合体。体液中同时存在着无活性的 D 因子和有活性的 D 因子（B 因子转化酶）。D 因子作用于 C3bB，可使此复合物中的 B 因子裂解成 Ba 和 Bb 两个片段，前者游离于液相，后者形成 C3bBb，即替代途经的液相 C3 转化酶。C3bBb 可不断裂解 C3 产生低水平的 C3b，但此酶很不稳定，效率低。C3bBb 可与正常血清中活化的 P 因子（备解素）结合成 C3bBbP，而使其趋于稳定，半衰期延长。体液中存在的 H 因子可置换 C3bBb 复合物中的 Bb，使 C3b 与 Bb 解离，解离或游离的 C3b 立即被 I 因子灭活。C3 的低速度裂解和低浓度 C3bBb 的形成，对补体的激活具有重要意义，是生理情况下的准备阶段。

替代途径的激活物为 C3b 或 C3bBb 提供了不易被 I 因子、H 因子灭活的保护性微环境，使替代途径从缓和进行的准备阶段过渡到正式激活阶段。结合于细胞表面的 C3bBb 或 C3bBbP，即固相 C3 转化酶，可使 C3 大量裂解，并与其裂解产物 C3b 结合形成多分子复合物 C3bBb3b，此即替代途径的 C5 转化酶，其作用类似经典途径的 C4b2a3b。C5 转化酶一旦形成，其后续激活过程及效应与经典途径完全相同。

（四）补体系统三条激活途径的比较

补体是一种相对独立的天然免疫防御机制，在种系进化中，三条激活途径出现的顺序是旁路途径-MBL 途径-经典途径。通常补体旁路激活途径和凝集素激活途径在感染初期和早期发挥作用，对机体抗御原发性感染具有重要意义；补体经典激活途径激活有赖于特异性抗体的产生，故在感染中、晚期或在感染持续过程中发挥作用（图 5-4）。

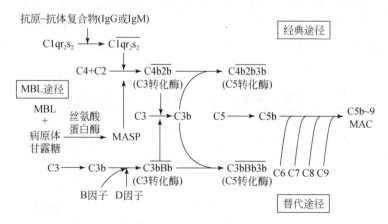

图 5-4　补体系统三条激活途径

三条途径起点各异，但相互交叉，并具有共同的末端过程。具体的比较见表 5-1。

表 5-1　补体系统三条激活途径的比较

比较项目	经典途径	MBL 途径	旁路途径
激活物质	免疫复合物等	细菌表面甘露糖	细菌脂多糖、酵母多糖等
参与的补体成分	C1-9、C2-9	MBL、丝氨酸蛋白酶	C3、B 因子、D 因子、P 因子、C5-9
所需离子	Ca^{2+}、Mg^{2+}	Ca^{2+}、Mg^{2+}	Mg^{2+}
C3 转化酶	C4b2a	C4b2a/C3bBb	C3bBb
C5 转化酶	C4b2a3b	C4b2a3b/C3bBb3b	C3bBb3b
作用	参与特异性体液免疫疾病持续阶段发挥作用	参与非特异性体液免疫感染早期发挥作用	参与特异性体液免疫感染早期发挥作用

二、补体激活的调节

补体系统的激活在体内受到一系列调节机制的严格控制，以保持补体系统激活与灭活的动态平衡，防止补体成分过度消耗和对自身组织的损伤。这是机体自身稳定功能的主要表现之一。补体系统激活的调控可通过补体自身衰变，以及体液中和细胞膜上存在的各种调节因子来实现。主要包括：控制补体活化的启动；补体活性片段发生自发性衰变；血浆和细胞膜表面存在多种补体调节蛋白，通过控制级联酶促反应过程中酶活性和 MAC 组装等关键步骤而发挥调节作用。当这些调节因子缺陷时就会引起相应的临床病症。

（一）补体自身衰变的调节

补体系统活性成分的自身衰变（decay）是补体系统自我控制的重要机制。补体活化片段 C3b、C4b、C5b 极不稳定，若不与细胞结合，很快就会失去活性；两条激活途径中的 C3 转化酶（C4b2a、C3bBb）和 C5 转化酶（C4b2a3b、C3bnBb）均易衰变失活，从而限制了后续补体成分的连锁反应。

（二）体液中补体调节因子和膜结合性调节蛋白的调节

体内存在多种可溶性及膜结合的补体调节因子，以特定方式与不同的补体成分相互作用，使补体的激活与抑制处于精细的平衡状态，从而既防止对自身组织造成损害，又能有效地杀灭外来微生物。调节蛋白的缺失有时是某些疾病发生的原因。目前已发现的补体调节蛋白有十余种，按其作用特点可分为防止或限制补体在液相中自发激活的抑制剂；抑制或增强补体对底物正常作用的调节剂（表 5-2）。

表 5-2　补体调节因子和膜结合型调节蛋白

种类	分布	作用的靶分子	功能
C1 抑制物	血清	C1r、C1s	抑制 C1r、C1s 与无活性 C1 结合
C4 结合蛋白	血清	C4b	加速 C4b2a 衰变，辅助 I 因子介导的 C4b 裂解
H 因子	血清	C3b	加速 C3bBb 衰变，辅助 I 因子介导的 C3b 裂解

续表

种类	分布	作用的靶分子	功能
I 因子	血清	C3b、C4b	裂解 C3 和灭活 C3b、C4b
过敏毒素灭活因子	血清	C3a、C4a、C5a	灭活过敏毒素
S 蛋白	血清	C5b-7	连接 C5b-7 复合物，防止 MAC 插入细胞膜
SP-40	血清	C5b-9	调节 MAC 的形成
CR1（CD35）	多数血细胞、肥大细胞	C3b、C4b iC3b	加速 C3 转化酶解离，辅助 I 因子介导 C3b、C4b 降解
膜辅助因子（MCP，CD46）	除红细胞的血细胞、上皮细胞、成纤维细胞	C3b、C4b	辅助 I 因子介导 C3b、C4b 降解
促衰变因子（DAF）	多数血细胞	C4b2a、C3bBb	加速 C3 转化酶降解
同源限制因子（HRF，C8bp）	红细胞、淋巴细胞、单核细胞、血小板、中性粒细胞	C8、C9	抑制旁观者细胞溶解、阻止 C9 与 C8 结合、防止 MAC 插入自身血细胞膜和细胞溶解，限于同种的 C8、C9
膜反应性溶解抑制物（MIRU，CD59）	红细胞、淋巴细胞、单核细胞、血小板、中性粒细胞	C7、C8	抑制旁观者细胞溶解
			阻断 C7、C8 与 C5b 结合
			防止 MAC 形成及其溶解细胞作用

（三）补体激活的放大

替代途径的激活过程是补体系统的重要放大机制。因此在有激活物质存在的情况下，C3bBb 能不断地裂解 C3，产生更多的 C3b 分子，C3b 又可在 B 因子、D 因子参与作用下合成更多的 C3bBb，继而进一步使 C3 裂解产生 C3b。这样，C3b 既是 C3 转化酶的组成成分，又是 C3 转化酶的作用产物，由此形成了替代途径的正反馈放大环路，称为 C3b 正反馈环或称 C3b 正反馈途径。此外，经典途径激活产生的 C3b 也能启动替代途径，替代途径 C3 转化酶对经典途径也起放大作用。

第三节　补体的生物学意义

补体是执行固有免疫作用的效应分子，在适应性免疫应答过程中也发挥重要作用。补体活化过程中产生的功能性裂解片段和攻膜复合物可介导产生多种生物学作用。

一、补体的功能

（一）溶菌、溶解病毒的细胞毒作用

补体激活产生的攻膜复合物（C5b6789）在细菌或细胞表面形成穿膜亲水孔道，可对多种靶细胞，包括红细胞、白细胞、血小板、细菌、支原体、病毒和某些肿瘤细胞等起作用。溶菌和溶细胞作用是机体抗感染的重要机制之一。菌细胞、病毒感染或寄生虫等靶细胞的溶解破坏，可产生对机体有益的抗感染免疫保护作用；若使正常组织细胞溶解破坏则可产生对机体有害的病理性免疫损伤。

（二）调理作用

补体裂解片段 C3b/C4b 是一种非特异性调理素。它们通过其断裂端与病原体等颗粒性抗原结合后，可被具有相应补体受体（CR1，C3bR/C4bR）的吞噬细胞识别结合，从而有效促进吞噬细胞对上述病原体等颗粒性抗原的吞噬杀伤或清除作用。补体成分 C3b、C4b、iC3b 均有调理作用，这种调理作用在机体的抗感染过程中具有重要意义。

（三）免疫黏附及其对循环免疫复合物的清除作用

免疫黏附作用是指抗原 – 抗体复合物激活补体后，可通过 C3b 或 C4b 黏附于具有 CR1 的红细胞、血小板或某些淋巴细胞上，形成较大的聚合物，易被吞噬细胞吞噬和清除。免疫黏附在抗感染免疫和免疫病理过程中具有重要意义。补体成分的存在，可减少免疫复合物的产生，并能使已生成的复合物溶解，发挥自我稳定作用，借以避免因免疫复合物过度生成和沉积所造成的组织损伤。已经证实，C3b 可嵌入免疫复合物的网格结构，与免疫球蛋白分子结合，致使抗体与抗原之间的亲和力降低，复合物中的一部分抗原与抗体分离，导致复合物变小，易于排出和降解。此外，免疫复合物可通过 C3b 介导的免疫黏附作用结合于红细胞上，随血液进入肝和脾脏，被吞噬细胞吞噬和清除。循环中的红细胞数量大，受体丰富，因此是清除免疫复合物的主要参与者（图 5-5）。

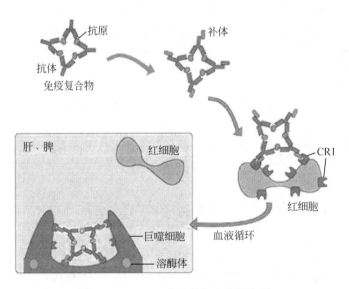

图 5-5　C3b/CR1 介导的免疫黏附作用

（四）炎症介质作用

1. 激素样作用　C2 裂解所产生的小分子片段 C2b 具有激肽样作用，能增加血管通透性，引起炎症性充血，故称为补体激肽。遗传性血管神经性水肿症，即因先天缺乏 C1INH，血中 C2b 增高而导致水肿。

2. 过敏毒素作用 C3a、C5a 均具有过敏毒素作用，可使肥大细胞、嗜碱粒细胞释放组胺、白三烯及前列腺素等介质，有增加毛细血管通透性、引起血管扩张、平滑肌痉挛、局部水肿等作用，其过敏毒素作用可被抗组胺药物所阻断。

3. 趋化作用 C3a、C5a 和 C5b67 有趋化因子的活性，能吸引中性粒细胞和单核巨噬细胞等向炎症部位聚集，发挥吞噬作用，增强炎症反应。

补体的炎症介质作用见图 5-6。

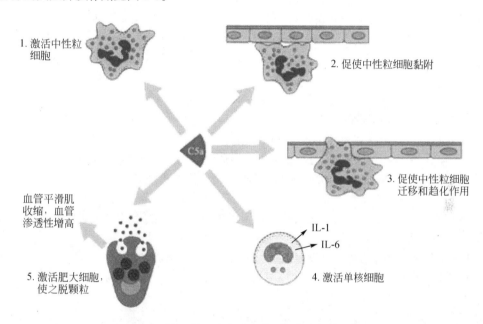

1. 激活中性粒细胞

2. 促使中性粒细胞黏附

3. 促使中性粒细胞迁移和趋化作用

血管平滑肌收缩，血管渗透性增高

5. 激活肥大细胞，使之脱颗粒

IL-1
IL-6

4. 激活单核细胞

图 5-6 补体的炎症介质作用

（五）参与适应性免疫应答

补体活化产物可通过以下几种作用方式参与适应性免疫应答：

（1）C3b/C4b 介导的调理作用可促进抗原呈递细胞对抗原的摄取和呈递，有助于适应性免疫应答的启动。

（2）抗原 -C3d 复合物与 B 细胞表面 BCR 和 BCR 辅助受体（CD21/CD19/CD81 复合物）中 CD21（C3dR）交联结合，可促进 B 细胞活化。

（3）滤泡树突状细胞可通过 C3bR（CR1）将抗原 - 抗体 -C3b 复合物滞留于细胞表面，供抗原特异性 B 细胞识别启动适应性体液免疫应答。

二、补体的病理生理学意义

（一）机体抗感染防御的主要机制

在抗感染防御机制中，补体是天然免疫和获得性免疫间的桥梁。进化过程中，补体作为相对独立的天然免疫防御机制，其出现远早于特异性免疫。种系发生学研究已证实，无脊椎动物和低等脊椎动物体内已能检出补体活性，且三条补体激活途径各具特点：

（1）旁路途径是最早出现的 C3 活化途径。

（2）MBL 途径将原始的、凝集素介导的防御功能与补体相联系，进一步显示补体作为天然免疫防御机制的重要性。

（3）补体经典途径在种系发生上出现最晚，它将非特异的补体与特异的适应性免疫相联系，成为体液免疫应答的重要效应机制。

病原微生物侵入机体后，在特异性抗体出现前数天内，机体有赖于天然免疫机制发挥抗感染效应。补体旁路途径或 MBL 途径通过识别微生物表面或其糖链组分而触发级联反应，所产生的裂解片段和复合物通过调理吞噬、炎症反应和溶解细菌而发挥抗感染作用。在特异性抗体产生之后，可通过经典途径触发 C3 活化，与旁路途径中 C3 正反馈环路协同作用，形成更为有效的抗感染防御机制。

（二）参与特异性免疫应答

补体活化产物、补体受体及补体调节蛋白可通过不同机制参与特异性免疫应答。

（1）补体介导的调理作用可促进抗原提呈细胞摄取和提呈抗原，启动特异性免疫应答。

（2）与抗原结合的 C3d 可介导 BCR 与 CR2/CD19/CD81 复合物的交联，促进 B 细胞活化。

（3）补体调节蛋白 CD55、CD46 和 CD59 能参与 T 细胞活化。

（4）滤泡树突状细胞（FDC）表面的 CR1 和 CR2 可将免疫复合物固定于生发中心，从而诱导和维持记忆性 B 细胞。

（5）感染灶的过敏毒素可招募炎症细胞，促进抗原的清除。

（6）补体可抑制高相对分子质量免疫复合物形成，并促进已沉淀的复合物溶解，从而在免疫复合物处理中发挥重要作用等。

（三）补体系统与血液中其他级联反应系统的相互作用

补体系统与体内凝血系统、纤溶系统和激肽系统存在密切关系：

（1）四个系统的活化均依赖多种成分级联的蛋白酶裂解作用，且均借助丝氨酸蛋白酶结构域发挥效应。

（2）一个系统的活化成分可对另一系统发挥效应，某些疾病状态下（如弥散性血管内凝血、急性呼吸窘迫综合征等），四个系统的伴行活化具有重要的病理生理意义。

综上所述，补体的生物学意义远超出单纯非特异性防御的范畴，涉及包括免疫应答在内的广泛生理功能。补体系统既是天然免疫防御的一部分，又是特异性体液免疫应答的重要效应机制；补体可调节特异性免疫应答，并与体内其他蛋白系统相互联系。

思 考 题

1. 简述补体的主要生物学活性。
2. 比较补体三条激活途径的区别。
3. 试述补体系统在抗感染过程中的作用。

（田 昕）

第六章 细胞因子、白细胞分化抗原与黏附分子

细胞因子（cytokine，CK）是由免疫原、丝裂原或其他因子刺激细胞所产生的低相对分子质量可溶性蛋白质，具有调节固有免疫和适应性免疫应答，促进造血，以及刺激细胞活化、增殖和分化等功能。细胞因子是有多种生物学活性的小分子多肽或糖蛋白，通常以游离形式存在于体液中，有些细胞因子也能以膜结合形式表达于细胞表面，它们可通过与靶细胞表面相应受体结合的作用方式发挥生物学效应。近年来，应用某些重组细胞因子治疗肿瘤、自身免疫病、免疫缺陷病等，显示出广阔的应用前景。

第一节 细胞因子的共同特点

很多细胞能产生细胞因子：免疫细胞（如 T/B 细胞、NK 细胞、单核巨噬细胞等）、非免疫细胞（如血管内皮细胞、表皮细胞及成纤维细胞等）、某些肿瘤细胞（如白血病、淋巴瘤、骨髓瘤细胞）。免疫细胞是细胞因子的主要来源。抗原、有丝分裂原、感染、炎症等多种因素均可刺激上述细胞产生细胞因子，各细胞因子间也可相互诱生。

虽然细胞因子来源很多，但都有一些共同的特点：

（1）绝大多数细胞因子为分子质量小于 25kDa 的糖蛋白，分子质量低者如 IL-8 仅 8kDa。多数细胞因子以单体形式存在，少数细胞因子如 IL-5、IL-12、M-CSF 和 TGF-β 等以双体形式发挥生物学作用。

（2）在较低浓度下即有生物学活性，一般在 pM（$10 \sim 12$pM）水平即有明显的生物学作用，体现高效能。

（3）通过结合细胞表面高亲和力受体发挥生物学效应。

（4）以自分泌、旁分泌或内分泌形式发挥作用。例如，T 细胞产生的 IL-2 可刺激其自身的生长，表现自分泌的作用（autocrine action）；树突状细胞产生的 IL-12 刺激邻近的 T 细胞分化，表现旁分泌的作用；肿瘤坏死因子（TNF）在高浓度时可通过血流作用于远处的靶细胞，表现内分泌作用。

（5）具有多效性、重叠性、拮抗性或协同性。一种细胞因子可作用于不同的靶细胞，产生不同的生物学效应，这种性质被称为细胞因子的多效性，如干扰素-γ（IFN-γ）刺激多种细胞上调 MHC Ⅰ类和Ⅱ类分子的表达，也激活巨噬细胞和 NK 细胞。几种不同的细胞因子可作用于同一种靶细胞，产生相同或相似的生物学效应，这种性质被称为细胞因子的重叠性。一种细胞因子诱导或抑制另一种细胞因子的产生，如 TGF-β 抑制 T 细胞 IL-2 的产生，表现拮抗性；一种细胞因子可增强另一种细胞因子的功能，表现协同性。众多细胞因子在体内相互促进或相互制约，形成十分复杂的细胞因子调节网络。

（6）重叠的免疫调节作用：如 IL-2、IL-4、IL-9 和 IL-12 都能维持和促进 T 淋巴细胞的增殖。细胞因子与激素、神经肽、神经递质共同组成了细胞间信号分子系统。

（7）多重的调节作用：细胞因子不同的调节作用与其本身浓度、作用靶细胞的类型及同时存在的其他细胞因子种类有关。有时动物种属不一，相同的细胞因子的生物学作用可有较大的差异，如人 IL-5 主要作用于嗜酸粒细胞，而鼠 IL-5 还可作用于 B 细胞。

第二节　细胞因子的分类

至今发现的细胞因子，已有 200 余种，种类很多，其分类方法尚未完全统一。根据目前结构和生物学功能的分类方法（得到多数学者的赞同），可将细胞因子分为以下六类：白细胞介素、干扰素、肿瘤坏死因子、集落刺激因子、趋化因子、生长因子。

一、白细胞介素

白细胞介素（interleukin，IL）最初是指由白细胞产生又在白细胞间发挥调节作用的细胞因子。后来发现，除白细胞外，其他细胞也可以产生白细胞介素，并对白细胞之外的其他靶细胞产生作用，如内皮细胞、成纤维细胞和神经细胞等。目前已发现的白细胞介素有 30 余种，在 1979 年第二届淋巴因子国际会议上正式对白细胞介素进行命名，报道的白细胞介素已有 38 种之多（表 6-1）。

表 6-1　白细胞介素的名称及主要生物学效应

名称	主要来源	主要生物学功能
IL-1	巨噬细胞 树突状细胞 上皮细胞	活化内皮细胞，促进黏附分子表达和趋化因子释放；介导炎症反应，刺激肝细胞产生急性期蛋白；刺激下丘脑体温调节中枢，引起发热
IL-2	NK 细胞 T_{H_1} 细胞	诱导 T 细胞增殖、分化和产生细胞因子；促进 B 细胞增殖分化和产生抗体；激活 NK 细胞和巨噬细胞，增强其杀伤活性
IL-4	肥大细胞 T_{H_2} 细胞 NKT 细胞	诱导初始 T 细胞分化为 T_{H_2} 细胞，参与体液免疫应答；促进活化 B 细胞增殖细胞增殖分化，诱导产生 IgE 类抗体；协同 IL-3 诱导肥大细胞增殖
IL-5	肥大细胞 T_{H_2} 细胞	促进 B 细胞增殖分化，诱导产生 IgA 类抗体 促进嗜酸粒细胞增殖分化
IL-6	巨噬细胞 成纤维细胞 T_{H_2} 细胞 内皮细胞	促进 B 细胞增殖分化和产生抗体；介导炎症反应，刺激肝细胞产生急性期蛋白；刺激下丘脑体温调节中枢，引起发热；促进造血干细胞和肿瘤细胞增生
IL-7	骨髓基质细胞 胸腺基质细胞	诱导前 B 细胞和胸腺细胞发育分化
IL-8	单核巨噬细胞 上皮 / 内皮细胞	募集活化中性粒细胞、T 细胞和肥大细胞

二、干　扰　素

干扰素（interferon，IFN）是 1957 年发现的最早的细胞因子，因其具有干扰病毒的感染和复制的功能而得名。根据来源和理化性质可将干扰素分为 α、β、γ 三种类型：其中 IFN-α 和 IFN-β 主要由白细胞、成纤维细胞和病毒感染的组织细胞产生，又称 I 型干扰素，一共有 13 个亚型；

IFN-γ 主要由活化的 T_{H_1} 细胞、CTL 和 NK 细胞产生，又称 II 型干扰素或免疫干扰素。 I 型和 II 型干扰素均被成功应用于临床，发挥抗病毒和免疫调节作用。这三种干扰素的产生细胞和功能见表 6-2。

表 6-2　干扰素的类型及其主要功能

名称	类型	主要产生细胞	主要功能
IFN-α	I 型干扰素	浆细胞样树突状细胞	抗病毒；免疫调节
		淋巴细胞	促进 MHC I 类分子和 II 类分子的表达
		单核巨噬细胞	
IFN-β	I 型干扰素	成纤维细胞	抗病毒；抗细胞增殖；免疫调节；促进 MHC I 类分子和 II 类分子的表达
IFN-γ	II 型干扰素	活化 T 细胞	激活巨噬细胞；抗病毒；促进 MHC 分子表达和抗原提呈；诱导 T_{H_1} 细胞分化；抑制 T_{H_2} 细胞分化
		NK 细胞	

三、肿瘤坏死因子

肿瘤坏死因子（TNF）是在 1975 年发现的一种能使肿瘤组织发生出血、坏死的细胞因子。其家族成员约 30 个，根据来源和结构可将 TNF 分为 TNF-α 和 TNF-β 两种：TNF-α 主要由脂多糖（LPS）激活的单核巨噬细胞产生，生物学活性极为广泛，可参与免疫应答、介导炎症反应、抗肿瘤、抗病毒，并参与内毒素休克和恶病质等病理过程的发生和发展。TNF-β 又称淋巴毒素 -α（LT-α），主要由抗原或丝裂原激活的 T 细胞产生，其生物学活性与 TNF-α 相似。TNF-α 和 TNF-β 为同源三聚体分子，两者识别结合的受体相同。目前发现的 TNF 家族成员已有 30 余种，其中 CD40L 和 FasL 在调节免疫应答和诱导靶细胞凋亡过程中发挥重要作用。

四、集落刺激因子

集落刺激因子（CSF）是指能够选择性刺激多能造血干细胞和不同发育阶段造血干细胞定向增殖分化、在半固体培养基中形成不同细胞集落的细胞因子，包括粒细胞集落刺激因子（G-CSF）、巨噬细胞集落刺激因子（M-CSF）、粒细胞 / 巨噬细胞集落刺激因子（GM-CSF）、IL-3（又称多能集落刺激因子，multi-CSF）、干细胞因子（SCF）、红细胞生成素（EPO）、血小板生成素（TPO）等。它们均可选择性刺激造血干细胞或不同分化阶段的造血前体细胞分化、增殖，也具有增强相应成熟细胞功能的作用。

五、趋化因子

趋化因子（chemokine）的英文名来源于 chemoattractant cytokine，故也称为趋化性细胞因子，是一类结构具有较大同源性、可由白细胞和某些组织细胞分泌、对不同靶细胞具有趋化作用的细胞因子。趋化因子是一个包括 60 多个成员的蛋白质家族，分子质量为 8～12kDa，目前发现的趋化因子多达几十种，趋化因子除介导免疫细胞迁移外，还参与调节血细胞发育、胚胎期器官发育、血管生成、细胞凋亡等，并在肿瘤发生、发展、转移、病原微生物感染、移植排斥反应等病理过程中发挥作用。

根据趋化因子多肽链近氨基端两个半胱氨酸（C）残基的排列方式，可将其分为 C、CC、CXC 和 CX3C 四个亚家族（表 6-3）。

表 6-3　四类趋化因子的结构特点比较

亚家族分类	结构特征	举例
CXC 亚家族（α-亚家族）	Cys　X　Cys	IL-8
CC 亚家族（β-亚家族）	Cys　Cys	单核细胞趋化蛋白 -1（MCP-1）
C 亚家族（γ-亚家族）	Cys	淋巴细胞趋化蛋白
CX3C 亚家族	Cys　X　X　X　Cys	FLK

（一）C 亚家族

C 亚家族（也称 γ-亚家族）趋化因子多肽链氨基端只有一个半胱氨酸残基（C），该残基能与多肽链羧基端半胱氨酸残基（C）形成一个链内二硫键。淋巴细胞趋化因子（LTN）是该亚家族代表成员，被命名为 XCL1，其主要作用是趋化 / 激活 T 细胞、髓样 DC 和 NK 细胞。

（二）CC 亚家族

CC 亚家族（也称 β-亚家族）趋化因子多肽链氨基端具有 C-C 结构（C 代表半胱氨酸），即两个半胱氨酸残基紧密相邻为其结构特征。该亚家族成员如下：

（1）单核细胞趋化蛋白 -1（MCP-1）和巨噬细胞炎症蛋白 -1α/β（macrophage inflammatory protein 1α/β，MIP-1α/MIP-1β）：分别命名为 CCL2 和 CCL3，其主要作用是趋化 / 激活单核巨噬细胞和未成熟树突状细胞，对 T 细胞和嗜碱粒细胞也有一定的趋化和激活作用。

（2）树突状细胞来源的细胞因子 1（DC-CK1）：命名为 CCL18，其主要作用是趋化募集初始 T 细胞。

（3）巨噬细胞炎症蛋白 -3β（MIP-3β）和二级淋巴组织来源的趋化因子（SLC）：分别命名为 CCL19 和 CCL21，其主要作用是诱导 T 细胞和未成熟树突状细胞归巢进入外周免疫器官。

（4）RANTES：被命名为 CCL5，其主要作用是趋化募集 T 细胞和粒细胞，参与免疫应答和炎症反应。

（三）CXC 亚家族

CXC 亚家族（也称 α-亚家族）趋化因子多肽链氨基端具有 C-X-C 结构（C 代表半胱氨酸、X 代表其他任一氨基酸），即两个半胱氨酸残基被其他任一氨基酸残基隔开为其结构特征。IL-8 是该亚家族代表成员，被命名为 CXCL8，其主要功能是趋化并激活中性粒细胞，对 T 细胞、肥大细胞和单核细胞也有一定趋化和激活作用。

（四）CX3C 亚家族

CX3C 亚家族（也称 δ-亚家族）趋化因子多肽链氨基端具有 C-X-X-X-C 结构，即两个半胱氨酸残基被其他三个氨基酸残基隔开为其结构特征。分形素（FLK）是该亚家族成员，被命名为 CX3CL1，其主要作用是趋化并激活单核细胞和 T 细胞。

六、生长因子

生长因子（GF）指一类可介导不同类型细胞生长和分化的细胞因子，其种类较多，根据功能和作用靶细胞的不同有不同的命名，包括转化生长因子-β（TGF-β）、表皮生长因子（EGF）、血管内皮细胞生长因子（VEGF）、成纤维细胞生长因子（FGF）、神经生长因子（NGF）、血小板源性生长因子（PDGF）等。

其中TGF-β是一种对免疫细胞具有负向调节作用的细胞因子，可抑制多种免疫细胞（如造血干细胞、T/B细胞、单核巨噬细胞等）增殖分化和生物学效应的发挥。TGF-β来源广泛，功能多样，在调节细胞生长、分化及调节免疫功能方面起重要作用，在细胞因子网络中发挥重要的下调免疫应答的作用。某些肿瘤细胞也可分泌TGF-β，可能与肿瘤细胞的免疫逃逸有关。

第三节　细胞因子的生物学活性

细胞因子具有多种生物学功能，在调节固有免疫应答-适应性免疫应答、刺激造血、诱导细胞凋亡、直接杀伤靶细胞和促进损伤组织的修复等方面发挥着重要作用。

一、调节固有免疫应答

多种细胞因子通过激活相应固有免疫细胞而间接发挥效应。参与机体固有免疫应答的细胞主要有树突状细胞（dendritic cell，DC）、单核巨噬细胞、中性粒细胞、NK细胞、NKT细胞、γδT细胞、B-1细胞、嗜酸粒细胞和嗜碱粒细胞等。

（一）树突状细胞

广泛分布在人体各处的未成熟树突状细胞（iDC），在摄取抗原后逐渐成熟，并经血液和淋巴循环，迁移并归巢到淋巴结、脾、派氏集合淋巴结中的T细胞区，将抗原提呈给初始T细胞，启动适应性免疫应答。在摄取抗原的过程中IL-1β和TNF-α等可诱导iDC成熟分化。在抗原提呈过程中，IFN-γ上调树突状细胞MHC I类和II类分子表达。趋化因子调节树突状细胞的迁移和归巢。

（二）单核巨噬细胞

趋化因子如单核细胞趋化蛋白（MCP）可趋化单核细胞到达某些炎症部位发挥作用。IL-2、IFN-γ、M-CSF、GM-CSF等都是巨噬细胞的活化因子。IFN-γ通过上调MHC I类和II类分子的表达，促进单核巨噬细胞的抗原提呈作用。IL-10和IL-13可抑制巨噬细胞的功能，发挥负调节作用。

（三）中性粒细胞

在急性炎症发生时，中性粒细胞迁移到急性炎症部位发挥杀伤和清除病原生物的作用。在此过程中，炎症局部产生的IL-1β、IL-8和TNF-α等细胞因子可通过上调血管内皮细胞的黏附分子，促进中性粒细胞和单核细胞外渗进入病原体感染部位，发挥抗感染免疫作用，可作用于下丘脑体温调节中枢引起发热，产生抑制病原体生长和有助于启动适应免疫应答的免疫保护作用。G-CSF可激活中性粒细胞。

（四）NK 细胞

在 NK 细胞分化过程中，IL-15 是关键的早期促分化因子，还有 IL-2、IL-12、IL-15 和 IL-18，通过激活 NK 细胞和促进效应 CTL 生成等方式，可促进 NK 细胞对肿瘤细胞和病毒感染细胞的杀伤作用。

（五）$\gamma\delta$T 细胞

巨噬细胞或肠道上皮细胞产生的 IL-1、IL-7、IL-12 和 IL-15 等对 $\gamma\delta$T 细胞有很强的激活作用。

二、调节适应性免疫应答

细胞因子调控 B 细胞和 $\gamma\delta$T 细胞的发育、分化和效应功能的发挥。

（一）B 细胞

IL-4、IL-5、IL-6、IL-13 和肿瘤坏死因子超家族的 B 细胞活化因子（BAFF）等可促进 B 细胞的活化、增殖和分化为抗体产生细胞。多种细胞因子调控 B 细胞分泌免疫球蛋白的类别转换，如 IL-4 可诱导 IgG1 和 IgE 产生、TGF-β 和 IL-5 可诱导 IgA 的产生。

（二）T 细胞

IL-2、IL-7、IL-18 等活化 T 细胞并促进其增殖。IL-12 和 IFN-γ 诱导 T_{H_0} 向 T_{H_1} 亚群分化，而 IL-4 促进 T_{H_0} 向 T_{H_2} 亚群分化。在小鼠，TGF-β 与 IL-6 联合作用，促进 T_{H_0} 向 $T_{H_{17}}$ 亚群分化（在人类是 IL-1β 和 IL-6 联合促进 $T_{H_{17}}$ 的分化），IL-23 促进 $T_{H_{17}}$ 细胞的扩增。TGF-β 促进调节性 T 细胞（Treg）的分化。IL-2、IL-6 和 IFN-γ 明显促进 CTL 的分化并增强其杀伤功能。

三、刺激造血功能

造血主要在中枢免疫器官骨髓和胸腺中进行。骨髓和胸腺微环境中产生的细胞因子，尤其是集落刺激因子对调控造血细胞的增殖和分化起着关键作用。

1. 主要作用于造血干细胞和祖细胞的细胞因子　IL-3 和干细胞因子（SCF）等主要作用于多能造血干细胞及多种定向的祖细胞。

2. 主要作用于髓样祖细胞和髓系细胞的细胞因子　GM-CSF 可作用于髓样细胞前体及多种髓样谱系细胞；G-CSF 主要促进中性粒细胞生成，促进中性粒细胞吞噬功能和 ADCC 活性；M-CSF 促进单核巨噬细胞的分化和活化。

3. 主要作用于淋巴样干细胞的细胞因子　IL-7 是 T 细胞和 B 细胞发育过程中的早期促分化因子。

4. 作用于单个谱系的细胞因子　红细胞生成素（EPO）促进红细胞生成；血小板生成素（TPO）和 IL-11 促进巨核细胞分化和血小板生成；IL-15 促进 NK 细胞的分化。

四、促进凋亡、直接杀伤靶细胞

在肿瘤坏死因子超家族（TNFSF）中，有几种细胞因子可直接杀伤靶细胞或诱导细胞凋亡。

如 TNF-α 和 LT-α 可直接杀伤肿瘤细胞或病毒感染细胞。活化 T 细胞表达的 Fas 配体（FasL）可通过膜型或可溶型形式结合靶细胞上的 Fas，诱导其凋亡。

五、促进创伤的修复

多种细胞因子在组织损伤的修复中扮演重要角色。如转化生长因子 -β（TGF-β）可通过刺激成纤维细胞和成骨细胞促进损伤组织的修复。血管内皮细胞生长因子（VEGF）可促进血管和淋巴管的生成。成纤维细胞生长因子（FGF）促进多种细胞的增殖，有利于慢性软组织溃疡的愈合。表皮生长因子（EGF）促进上皮细胞、成纤维细胞和内皮细胞的增殖，促进皮肤溃疡和创口的愈合。

第四节　白细胞分化抗原的概念和功能

免疫应答过程有赖于免疫系统中细胞间的相互作用，包括细胞间直接接触和通过分泌细胞因子或其他生物活性分子介导的作用，免疫细胞之间相互识别的分子基础是表达于细胞表面多种多样的功能分子。细胞表面膜分子可以介导细胞与细胞间相互作用，接受相应可溶性细胞因子或其他生物活性介质刺激，在这个过程中，细胞表面功能分子是产生应答的重要物质基础，也称为细胞表面标记（cell surface marker）。

免疫细胞表面膜分子主要包括参与识别及信号转导的受体分子，介导细胞间或细胞与细胞外基质间相互作用和参与信号转导的黏附分子。不同谱系免疫细胞和不同分化成熟阶段同一谱系免疫细胞表面膜分子有所不同，上述膜分子可用相应单克隆抗体分析鉴定，称之为白细胞分化抗原。

一、白细胞分化抗原的概念

白细胞分化抗原（leukocyte differentiation antigen）主要是指造血干细胞在分化成熟为不同谱系、各个谱系分化不同阶段，以及成熟细胞活化过程中，出现或消失的细胞表面分子。

目前已知白细胞分化抗原不仅存在于白细胞表面，还广泛分布于红细胞、血小板、血管内皮细胞、上皮细胞、成纤维细胞和神经内分泌细胞等多种细胞表面，很显然，白细胞分化抗原并非指只表达在白细胞表面的分子。

白细胞分化抗原大都是跨膜的糖蛋白，含胞膜外区、跨膜区和胞质区，有些白细胞分化抗原以糖基磷脂肌醇（GPI）连接方式锚定在细胞膜上。少数白细胞分化抗原是糖类。

根据人白细胞分化抗原胞膜外区的结构特点，可将白细胞分化抗原分为不同的家族或超家族。常见的有免疫球蛋白超家族（IgSF）、细胞因子受体家族、C 型凝集素超家族、整合素家族、肿瘤坏死因子超家族（TNFSF）和肿瘤坏死因子受体超家族（TNFRSF）等。

1975 年，Kohler 和 Milstein 建立的单克隆抗体技术极大地推动了人们对白细胞分化抗原的研究，他们也因此获得了 1984 年的诺贝尔生理学或医学奖。国际专门命名机构将来自不同实验室的单克隆抗体所识别鉴定的同一种分化抗原归为同一个分化群，简称 CD。单克隆抗体及其识别的相应抗原表位通常共用一个 CD 编号，即一个 CD 编号既可代表某种单克隆抗体，又可代表该种单克隆抗体识别鉴定的细胞膜表面分子。具体的人 CD 分组见表6-4。

表 6-4　人 CD 分组

分组	CD 分子（举例）
T 细胞	CD2、CD3、CD4、CD5、CD8、CD28、CD152（CTLA-4）、CD154（CD40L）、CD278（ICOS）
B 细胞	CD19、CD20、CD21、CD40、CD79a（Igα）、CD79b（Igβ）、CD80（B7-1）、CD86（B7-2）
髓样细胞	CD14、CD35（CR1）、CD64（FcγRI）、CD284（TLR4）
血小板	CD36、CD41（整合素αⅡb）、CD51（整合素αv）、CD61（整合素β3）、CD62P（P- 选择素）
NK 细胞	CD16（FcγRⅢ）、CD56（NCAM-1）、CD94、CD158（KIR）、CD161（NKR-P1A）、CD314（NKG2D）、CD335（NKp46）、CD336（NKp44）、CD337（NKp30）
非谱系黏附分子	CD30、CD32（FcγRⅡ）、CD45RO、CD46（MCP）、CD55（DAF）、CD59、CD279（PD-1）、CD11a～CD11c、CD15s（sLe^x）、CD18（整合素β$_2$）、CD29（整合素β$_1$）、CD49a～CD49f
细胞因子 / 趋化因子受体	CD54（ICAM-1）、CD62E（E- 选择素）、CD62L（L- 选择素）、CD25（IL-2Rα）、CD95（Fas）、CD178（FasL）、CD183（CXCR3）、CD184（CXCR4）、CD195（CCR5）
内皮细胞	CD106（VCAM-1）、CD140（PDGFR）、CD144（YE 钙黏蛋白）
糖类结构	CD15U、CD60a～CD60C、CD75
树突状细胞	CD83、CD85（ILT/LIR）、CD206（苷露糖受体）
干细胞 / 祖细胞	CD34、CD117（SCF 受体）、CD133、CD243
基质细胞	CD331～CD334（FGFR1～FGFR4）
红细胞	CD233～CD242（多种血型抗原和血型糖蛋白）

二、人白细胞分化抗原的功能

根据功能特征可将人白细胞分化抗原大致分为受体和黏附分子两类：其中参与识别和信号转导的受体分子主要包括 TCR-CD3 复合体、BCR-Igα/Igβ 复合体、TCR/BCR 辅助受体、NK 细胞杀伤活化受体、模式识别受体如 Toll 样受体（TLR）、IgGFc 受体、补体受体、细胞因子受体和死亡受体。可介导细胞间或细胞与细胞外基质间的相互作用和与信号转导相关的黏附分子主要包括共刺激分子、归巢受体和地址素等。人白细胞细胞表面与其识别相关的黏附分子及作用（表 6-5）。

表 6-5　与免疫功能相关的 CD 分子及其功能

表面分子种类	分布细胞	CD 分子及其参与的功能
细胞受体		
T 细胞受体（TCR）复合物及辅助受体	T 细胞	CD3 参与 TCR 信号转导，CD4 和 CD8 辅助 TCR 识别抗原，参与信号转导

续表

表面分子种类	分布细胞	CD 分子及其参与的功能
B 细胞受体（BCR）复合物及辅助受体	B 细胞	CD79a 和 CD79b 参与 BCR 信号转导，CD19/CD21/CD81 复合物辅助 BCR 识别抗原，参与信号转导
NK 细胞受体	NK 细胞	CD94、CD158 ~ CD161、CD226、CD 314（NKG2D）和 CD335 ~ CD337（NCR1 ~ NCR3）等，调节 NK 细胞杀伤活性，参与信号转导
补体受体（CR）	吞噬细胞	CR1 ~ CR4（分别为 CD35、CD21、CD11b/CD18 和 CD11c/CD18），参与调理吞噬、活化免疫细胞
Ig Fc 受体（FcR）	吞噬细胞，DC，NK 细胞，B 细胞，肥大细胞	IgGFc 受体（CD64、CD32、CD16）、IgAFc 受体（CD 89）、IgE Fc 受体（Fc ε R I CD23），参与调理吞噬、ADCC 和超敏反应
细胞因子受体	广泛	包括多种白细胞介素受体、集落刺激因子受体、肿瘤坏死因子超家族受体、趋化因子受体等，介导细胞因子刺激后的信号转导，参与造血，以及细胞活化、生长、分化和趋化等
模式识别受体（PRR）	吞噬细胞 DC	TLR-1 ~ TLR-11（CD281 ~ CD291），参与固有免疫，感应危险信号及
死亡受体	广泛	TNFR I（CD121a）、Fas（CD95）等，分别结合 TNF 和 FasL，诱导细胞凋亡
黏附分子		
共刺激分子	T 细胞，B 细胞 APC	T 细胞（CD40L）-B 细胞（CD40），T 细胞（CD28，CTLA-4）-APC（CD80，CD86），参与 T 细胞活化和 T-B 细胞间协作
归巢受体和地址素	白细胞，内皮细胞	白细胞（LFA-1，即 CD11a/CD18）-内皮细胞（ICAM-1/CD54），初始 T 细胞（L- 选择素）-高内皮微静脉（CD34 等），参与淋巴细胞再循环和炎症

第五节　黏附分子的概念和功能

细胞黏附分子（cell adhesion molecule，CAM）是众多介导细胞间或细胞与细胞外基质（extracellular matrix，ECM）间相互接触和结合分子的统称，简称黏附分子。黏附分子多为跨膜糖蛋白。黏附分子广泛分布于几乎所有细胞表面，某些情况下也可从细胞表面脱落至体液中，成为可溶性黏附分子。黏附分子以配体-受体结合的形式发挥作用，使细胞与细胞间或细胞与基质间发生黏附，参与细胞的识别、细胞的活化和信号转导、细胞的增殖与分化、细胞的伸展与移动，是免疫应答、炎症发生、凝血、肿瘤转移及创作愈合等一系列重要生理和病理过程的分子基础。

黏附分子属白细胞分化抗原，依据其生物学功能命名，多数已有 CD 编号，根据黏附分子的结构特点可将其分为免疫球蛋白超家族、整合素家族、选择素家族和钙黏蛋白家族等。

一、黏附分子的类别及特征

（一）整合素家族

整合素家族是介导细胞与细胞外基质黏附的最主要分子，因使细胞得以附着形成整体而得名，广泛参与细胞活化、增殖、分化、吞噬与炎症等。该家族均为 α、β 链（或亚单位）经非共价键连接组成的异源二聚体，整合素与其配体的相互作用为干细胞的非分化增殖提供了适当的微环境。整合素家族至少有 17 种 α 亚单位和 8 种 β 亚单位，以含有 β 亚单位的不同可将整合素家族分为 8 个组（β1～β8组）。同一个组不同成员中 β 链均相同，α 链不同。大部分 α 链结合一种 β 链。有的 α 链可分别结合两种或两种以上的 β 链。已知 α 链和 β 链之间有 24 种之多的组合形式。整合素家族成员的结构、分布、相应配体和主要功能（表6-6）。

表 6-6　整合素家族成员的主要特征（举例）

分组	成员	α/β 亚单位分子质量（kDa）	亚单位结构	分布	配体	主要功能
VLA组（β1组）（有12个成员）	VLA-4	150/130（CD49d/CD29）	$\alpha_4\beta_1$	淋巴细胞，胸腺细胞，单核细胞，嗜酸粒细胞	FN，VCAM-1，MAdCAM-1	参与免疫细胞黏附，为 T 细胞活化提供协同刺激信号
白细胞黏附受体组（β2组）（有4个成员）	LFA-I	180/95（CD11a/CD18）	$\alpha_L\beta_2$	淋巴细胞髓样细胞	ICAM-1，ICAM-2，ICAM-3	为 T 细胞活化提供协同刺激信号，参与淋巴细胞再循环和炎症
	Mac-1（CR3）	170/95（CD11b/CD18）	$\alpha_M\beta_2$	髓样细胞淋巴细胞	iC3b，Fg ICAM-1	参与免疫细胞黏附、炎症和调理吞噬
血小板糖蛋白组（β3组）（有 Ⅲa 2个成员）	gpⅡb	125+22/105（CD41/CD61）	$\alpha_{Ⅱ}\beta\beta_3$	血小板，内皮细胞，巨核细胞	Fg，FN，vWF TSP	血小板活化和凝集

（二）选择素家族

选择素家族成员有 L-选择素、P-选择素和 E-选择素，在白细胞与内皮细胞黏附、炎症发生及淋巴细胞归巢中发挥重要作用。L、P 和 E 分别表示这三种选择素最初发现表达在白细胞、血小板或血管内皮细胞。选择素家族成员为跨膜分子，其胞膜外区均由 C 型凝集素样（CL）结构域、表皮生长因子（EGF）样结构域和补体调节蛋白（CCP）结构域组成，其中胞外区 CL 结构域是与相应配体结合的部位，其胞质区与细胞骨架相连。其配体是某些寡糖基团，选择素与其配体结合可参与炎症发生、淋巴细胞归巢、凝血及肿瘤转移等。三种选择素的分布、配体及其主要功能（表6-7）。

表 6-7　选择素的分布及其识别的配体和主要功能

选择素	细胞分布	配体	主要功能
E-选择素（CD62E）	活化内皮细胞	CD15s（sLe^x）、CLA、PSGL-1、ESL-1	介导白细胞与小静脉内皮细胞黏附，参与炎症反应
L-选择素（CD62L）	白细胞（活化后下调）	CD15s（sLe^x）、CD34、GlyCAM-1	介导白细胞与小静脉内皮细胞黏附。参与淋巴细胞归巢、再循环和炎症反应
P-选择素（CD62P）	血小板、巨核细胞、活化内皮细胞	CD 15s（sLe^x）、CD15、PSGL-1	介导白细胞与内皮细胞黏附，参与炎症反应

（三）免疫球蛋白超家族

免疫球蛋白超家族（IgSF）是一类结构和氨基酸组成与免疫球蛋白可变区或恒定区结构域相

类似的同源蛋白分子。IgSF 某些黏附分子属 IgSF 成员，在免疫细胞众多膜分子中所占比例最大，其种类繁多、分布广泛、功能各异，其识别的配体多为 IgSF 分子或整合素分子，IgSF 成员主要参与淋巴细胞对抗原的识别、免疫细胞间的相互作用和细胞活化信号的转导。T 细胞与 APC 结合相互作用过程中所涉及的 IgSF 黏附分子及其主要功能（表 6-8）。

表 6-8 T 细胞与 APC 结合过程中涉及的 IgSF 黏附分子及其主要功能

属于 IgSF 黏附分子	细胞分布	配体	主要功能
CD4，CD8	T 细胞	APC 表面 MHC II / I 类分子	促进 T 细胞活化第一信号产生
CD28，LFA-2（CD2），LFA-1（CD11a/CD18）	T 细胞	APC 表面 B7-1/2（CD80/86），LFA-3，ICAM-1（CD54）	诱导产生 T 细胞活化第二信号
CD40L，ICOS（CD278）	活化 T 细胞	B 细胞表面 CD40，APC 表面 ICOSL（B7-H2）	诱导产生 B 细胞活化第二信号，促进 B 细胞增殖分化
CTLA-4（CD152），PD-1（CD279）	活化 T 细胞	APC 表面 B7-1/2（CD80/86），PDL-1/2（CD247/273）	抑制 T 细胞活化和增殖

（四）黏蛋白样家族

黏蛋白样家族是一组富含丝氨酸和苏氨酸的糖蛋白，为新归类的一类黏附分子，其成员为：

（1）CD34：是 L- 选择素的配体，主要分布于造血干细胞（HSC）、定向祖细胞（骨髓基质细胞）和某些淋巴结的血管内皮细胞表面，参与早期造血的调控和淋巴细胞归巢，某些白血病细胞和血管来源的肿瘤细胞也表达 CD34。

（2）糖酰化依赖的细胞黏附分子 -1（GlyCAM-1）：表达于某些淋巴结内皮细胞表面，其配体与 CD34 相同。

（3）P- 选择素糖蛋白配体（PSGL-1）：主要表达于中性粒细胞，是 E- 选择素和 P- 选择素的配体，能介导中性粒细胞向炎症部位迁移。

（五）钙黏蛋白家族

钙黏蛋白或钙黏素家族是一类钙离子依赖的黏附分子家族，其成员在体内有各自独特的组织分布，且可随细胞生长、发育状态而改变。钙黏蛋白含 Ca^{2+} 结合位点和结合配体的部位，能介导相同分子的黏附，称同型黏附作用。该家族中与免疫相关的成员是 E-Cadherin、N-Cadherin 和 P-Cadherin。钙黏蛋白在调节胚胎形态发育和实体组织形成与维持中具有重要作用。此外，肿瘤细胞钙黏蛋白表达改变与肿瘤细胞浸润和转移有关。

某些尚未归类的黏附分子，如外周淋巴结地址素（PNAd）、皮肤淋巴细胞相关抗原（CLA）、CD36 和 CD44 等，分别具有介导炎症和淋巴细胞归巢等功能。

二、黏附分子的主要功能

黏附分子种类繁多，但具有某些共同的作用特点：①通过受体与配体间相互结合而发挥效应，且其生物学作用往往有赖于多对受体和配体共同协作而完成；②生物学效应呈可逆性、低特异性；③同一黏附分子在不同细胞表面可发挥不同作用，同一生物学作用也可能由不同黏附分子所介导；④黏附分子与相应配体结合可启动信号转导，其所介导的黏附作用及信号转导均和黏附分子密度及其配体的亲和力相关。

黏附分子生物学作用广泛，通常以受体 - 配体结合方式发挥作用，参与免疫应答、炎症反应和肿瘤转移等一系列重要生理和病理过程，具体如下。

（一）介导 T 细胞与 APC 结合启动适应性免疫应答

抗原提呈细胞表面黏附分子与 T 细胞表面相应黏附分子互补结合，是启动适应性免疫应答的关键步骤，其过程简述如下：T 细胞进入外周免疫器官后，首先通过表面 LFA-1 和 LFA-2 等黏附分子与 APC 表面 ICAM-1 和 LFA-3 等相应黏附分子松散结合，使两者发生滚动和可逆性黏附为 T 细胞表面 TCR-CD3 复合体，为 APC 表面相应抗原肽 -MHC 分子复合物的特异性识别创造了条件；T 细胞通过表面 TCR-CD3 复合体从 APC 表面众多抗原肽 -MHC Ⅱ / Ⅰ 类分子复合物（pMHC）中挑选出相应抗原肽 -MHC Ⅱ / Ⅰ 类分子复合物，并与之特异性结合后诱导产生 T 细胞活化第一信号。上述活化信号可使 T 细胞和 APC 表面某些黏附分子构象改变，聚集在 TCR-pMHC 周围形成免疫突触（immunological synapse），并由此导致 T 细胞表面黏附分子 CD28、LFA-2、LFA-1 与 APC 表面黏附分子 B7、LFA-3、ICAM-1 间的亲和力显著增强，成为诱导产生 T 细胞活化第二信号的共刺激分子，从而有效激活抗原特异性 T 细胞启动适应性免疫应答。

（二）介导血管内中性粒细胞向感染炎症部位迁移

特定细胞上的黏附分子是不同类型炎症发生过程中重要的分子基础。以中性粒细胞为例，在炎症发生初期，中性粒细胞表面的唾液酸化的路易斯寡糖（SLex）与内皮细胞表面炎症介质所诱导表达的 E- 选择素的相互作用，介导了中性粒细胞沿血管壁的滚动和最初结合。随后，中性粒细胞 IL-8 受体结合内皮细胞表面膜型 IL-8，通过 IL-8 受体介导的信号途径刺激中性粒细胞表面 LFA-1 和 Mac-1 等整合素分子表达上调和活化，并同内皮细胞表面由促炎因子诱导表达的 ICAM-1 结合，LFA-1 或 Mac-1 同 ICAM-1 的结合，对于中性粒细胞与内皮细胞紧密的黏附和穿出血管内皮细胞到炎症部位发挥关键作用，具体的过程见图 6-1。

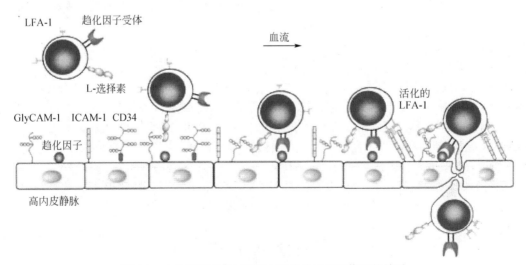

图 6-1　中性粒细胞参与炎症与黏附分子相互作用的关系

上述变化导致中性粒细胞骨架重组，使其趴伏在内皮细胞表面形成紧密黏附，产生以下两种作用：

（1）刺激内皮细胞连接处一种称为 VE- 钙黏素复合物的蛋白发生短暂而可逆性解离，从而导致内皮细胞间隙开放，为中性粒细胞外渗提供了"方便之门"。

（2）中性粒细胞表面 LFA-1 与内皮细胞表面 ICAM-1 之间的亲和力显著降低。

同时，在感染部位巨噬细胞和血管内皮细胞分泌的高浓度 IL-8 等趋化因子的作用下，中性粒细胞从血管内皮细胞间隙渗出，进入感染部位发挥抗感染免疫作用。血管内单核细胞和 T 淋巴细胞也能以类似于上述中性粒细胞外渗迁移的方式进入感染部位发挥作用。

（三）介导淋巴细胞归巢

淋巴细胞归巢是指初始 T、B 淋巴细胞离开中枢免疫器官后，经血液循环定向迁移到外周免疫器官和淋巴组织的过程。淋巴细胞可借助黏附分子从血液回归至淋巴组织，在这个过程中起作用的黏附分子被称为淋巴细胞归巢受体（LHR），包括 L-选择素、LFA-1、CD44 等。LHR 的配体称为地址素，包括表达于淋巴结高内皮小静脉内皮细胞表面的外周淋巴结血管地址素（PNAd，CD34）、糖基化依赖性细胞黏附分子-1（GlyCAM-1）、ICAM-1、ICAM-2，以及表达于派氏小结高内皮小静脉和黏膜固有层小静脉内皮细胞表面的黏膜地址素细胞黏附分子-1（MAdCAM-1）。通过 LFA-1/ICAM-1、L-选择素 /PNAd、CD44/MAdCAM-1、LFA-1/ICAM-1 等相互作用，介导淋巴细胞黏附并穿越 HEV 管壁回归至淋巴结中，继而再经淋巴管、胸导管进入血液，进行淋巴细胞再循环。

初始 T 细胞与高内皮小静脉内皮细胞间的相互作用如图 6-2 所示：

（1）首先通过其表面 L-选择素与血管内皮细胞表面 GlyCAM-1/CD34 松散结合，沿血管壁发生滚动黏附。

（2）进而通过表面趋化因子受体与内皮细胞表面膜型次级淋巴组织趋化因子，诱导 T 细胞表面 LFA-1 活化，使之与血管内皮细胞表面相应黏附分子 ICAM-1 紧密结合，导致 T 细胞与血管内皮细胞紧密黏附。

（3）在淋巴结深皮质区高内皮小静脉内皮细胞和成纤维网状细胞分泌的 CCL21 和 CCL19 的作用下，初始 T 细胞穿过血管内皮细胞进入淋巴结深皮质区，参与适应性免疫应答。

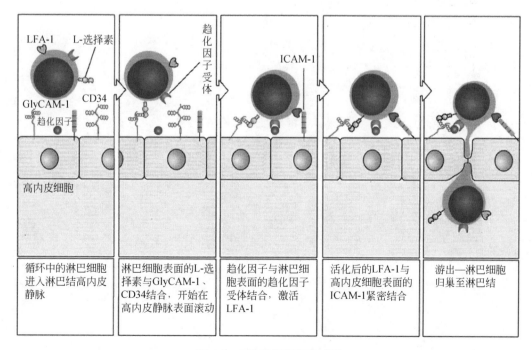

图 6-2 T 淋巴细胞归巢过程

初始 B 细胞也能通过与初始 T 细胞类似的作用方式进入淋巴结深皮质区。但初始 B 细胞低表达 CCR7 而高表达 CXCR5，因此在滤泡树突状细胞（FDC）分泌的 B 淋巴细胞趋化因子 -1（BLC-1）即 CXC13 的作用下，能够从深皮质区继续迁移进入淋巴滤泡，参与适应性体液免疫应答。

（四）其他作用

黏附分子具有其他多种生物学功能。例如，IgSF 黏附分子参与诱导胸腺细胞的分化、成熟；gp Ⅱ b/ Ⅲ a、VNR β 3 等整合素分子参与凝血及伤口修复过程；胚胎发育过程中，Cadherin 等参与细胞黏附及有序组合，对胚胎细胞发育并形成组织和器官至关重要；黏附分子还参与细胞迁移和细胞凋亡的调节等。

思 考 题

1. 简述细胞因子的概念，细胞因子在医学上的应用范围。
2. 简述人白细胞分化抗原和 CD 的概念，以及黏附分子的概念。
3. 试述黏附分子的主要功能。

（田　昕）

第七章　固有免疫系统及其应答

第一节　概　　述

　　一个健康的机体虽然每天会遭遇到多种微生物，但是鲜有疾病发生。侵袭机体的大多数微生物在数分钟到数小时内就被机体的防御系统感知和清除掉了。这种防御机制不依赖抗原特异性淋巴细胞的克隆性增殖，是机体先天性具备的防御能力，称为固有免疫。在识别病原体的过程中，固有免疫和特异性免疫都能区分"非我"（病原体）和"自我"（自身成分），但是在识别方式上有所不同。固有免疫依赖一系列遗传而来的种系编码的有限的受体和分泌的蛋白成分来识别多种病原体所具有的共同特征。然而特异性免疫利用体细胞的基因重排来产生数量庞大的抗原受体，通过这些受体来发现和识别极其相近的分子之间的微小差别。尽管如此，这种固有免疫在区分机体本身和病原体之间仍然是非常有效的，不仅能够提供第一时间的防御功能，并且对于诱导和启动后续的特异性免疫应答也是必不可少的。固有免疫的某些成分缺失，哪怕特异性免疫的功能正常，也会导致罹患感染的概率增加。

　　机体遭遇新的病原体后发生的反应分为三个阶段。当一种病原体成功打破宿主的某种解剖学屏障后，一部分固有免疫的机制已经开始发挥效应了。第一阶段最初的防御效应主要由一些在血液和细胞外液中已经存在的可溶性分子和上皮细胞的分泌物来介导，这些成分能杀伤或损伤病原体。溶菌酶等抗微生物的酶已经开始消化细菌的细胞壁了，防御素等抗菌蛋白也开始裂解细菌的细胞膜了，补体系统开始攻击裂解病原体并通过调理作用促进固有免疫细胞吞噬病原体（具体在补体章节叙述）。在第二阶段，固有免疫系统通过模式识别受体（pattern recognition receptor，PRR）来感知病原体上的病原相关分子模式（pathogen-associated molecular pattern，PAMP）并活化。PRR 与 PAMP 的相互识别和作用是启动固有免疫应答的关键。固有免疫细胞活化后可以通过多种效应来清除感染。但固有免疫中无论是可溶性的还是细胞性的成分都无法产生长期的具有保护效应的免疫记忆。大多数感染止于上述两个阶段。只有当病原体打破了上述两道防线，才能诱导特异性免疫应答，也就是进入了针对病原体反应的第三阶段，在这个阶段中抗原特异性的淋巴细胞扩增产生有针对性的免疫应答并产生记忆细胞，为机体提供特异性的持久的保护功能。

第二节　固有免疫的早期应答——免疫系统最初的防线

一、病原体在体内繁殖引起感染性疾病

　　引起疾病的病原体主要分为病毒、细菌、真菌和寄生虫。每一种病原体的传播途径、复制及发病机制是不同的，这些不同的特征加上它们在体内拥有各自的生命周期及处于不同的部位意味着机体会应用一系列不同的固有免疫和特异性免疫的机制来控制和摧毁它们。病原体可以在机体的任何部位生长，目前划分为胞内生长和胞外生长。固有免疫和特异性免疫对于两者都有一系列

处理方式。大多数细菌细胞外生长，要么在组织内要么在机体隐窝内覆盖的上皮细胞表面繁殖。细胞外生长的细菌很容易被固有免疫的一项重要功能——吞噬效应所杀灭。但有一些细菌，如葡萄球菌属，利用表面的多糖组织抵御吞噬作用，这时机体的补体成分通过黏附在细菌表面通过调理作用促进其被吞噬。到了特异性免疫应答环节，特异性抗体和补体的联合调理作用会使得这种吞噬进一步加强。

感染性疾病的症状和结果取决于病原体在体内繁殖的部位和对组织造成的损伤。胞内生长的病原体往往损害和杀伤自身感染的细胞，有的病原体，如分枝杆菌能同时在胞内和胞外生长。固有免疫系统主要依赖两种方式来杀伤胞内生长的病原体。一种方式是发生在病原体感染细胞之前，利用可溶性的如抗微生物的肽来发挥防御作用，也通过吞噬细胞来吞噬和杀灭病原体。另一种方式是发生在病原体感染细胞之后，可以通过 NK 细胞来杀伤感染了病原体的宿主细胞，这在特异性 T 细胞接手之前，对于控制病毒感染是至关重要的。

多数非常危险的胞外寄生菌通过释放蛋白毒素引起损伤，被释放的毒素称为外毒素。固有免疫对于外毒素几乎没有防御效应，机体有赖于特异性免疫应答的产物（抗体）来中和毒素。另外，特定的病原体引起的损伤与它所处的部位也有很大关系，肺炎链球菌在肺内会引起肺炎，在血液内则能引起脓毒血症。细菌结构中一些非分泌性的成分称为内毒素，主要是促发吞噬细胞释放细胞因子引起局部及系统性的炎症。细菌脂多糖（LPS）是一种有重要意义的内毒素，位于革兰阴性菌的细胞膜表面。

大多数病原体能够突破固有免疫的屏障后继续增殖导致机体患病。这时需要特异性免疫来清除病原体并阻止再次感染。但是机体无法完全清除掉某些病原体，这些病原体会持续在机体内存在数年，一般情况下这些病原体并非是致命性的。在数千年的进化过程中，它们和机体妥协，达成了一种平衡，选择在机体内不断接受免疫系统的攻击，而不是快速导致机体死亡，这样才能方便自身有足够的时间感染其他宿主。看起来，我们已经适应了与病原体"共存"，然而近年来一些特殊类型的感染，如禽流感，2002～2003 年由蝙蝠携带的冠状病毒导致人类急性肺炎等疾病提醒我们新的致死性疾病可能会经动物传染给人类。此外，人类免疫缺陷综合征（AIDS）也在提醒人类自身始终是"易受攻击"的。

二、病原体突破宿主固有免疫的防御系统后才能建立局部感染

我们的机体不断地暴露在周围环境的微生物中，包括感染者释放出来的病原体。这些微生物与机体外在的和内在的上皮细胞表面相接触，并且只有结合在或穿过上皮层才能侵犯机体。空气来源的病原体可以经呼吸道表面的上皮入侵，食物和水中的病原体经胃肠道的上皮层入侵。病原体可以借助昆虫叮咬及表皮的伤口穿过皮肤，也可以经过皮肤、肠道和生殖道在人与人之间传播。而有的微生物是健康人肠道内正常的寄生菌群，这些共生微生物为肠道提供了一道抵御病原体的屏障，它们可以与病原体竞争营养物质及肠壁上的附着点，还可以刺激机体的免疫系统增强上皮层的防御功能（具体见黏膜免疫章节）。

上皮层为机体提供了一个非常有效的屏障，而且上皮层在损伤后能快速修复，即使病原体成功地穿过了上皮层，大多数会被位于组织下的固有免疫系统清除。这样的感染根本就没有任何症状，而且也无法检测，因此目前很难判断有多少感染是通过这些方式清除掉的。但至少有一点是清楚的，机体虽然不断地接触和暴露在病原体中，但是发生感染性疾病的概率并不高。

当微生物成功侵入机体，超过了固有免疫的防御能力时，即可在局部发生感染。有的病原体

通过繁殖并获得了进一步在体内传播的能力后能引发各种严重疾病。病原体和周围环境中的大多数微生物的不同之处在于，它们已经获得了一些特殊的侵犯机体的能力（甚至掌握了一些逃避免疫系统的能力）。有的感染如真菌引起的足癣，如果只局限于局部，则不会引起严重的病理学改变。但是有的病原体如破伤风杆菌，在引起局部感染并大量繁殖后一旦通过淋巴管和血液系统播散，则能侵入机体的各个组织，其释放的强大的神经毒素会严重破坏机体的功能。

之前提到，机体遭遇新的病原体后发生的反应分为三个阶段。在第二阶段，病原体的播散往往诱发并伴随着炎症反应。这种炎症效应会招募固有免疫系统内更多的效应细胞和分子经血液循环来到感染部位，同时诱导小血管内形成微血栓来阻止病原体经过血液循环系统在体内播散（图7-1）。固有免疫的这种效应往往持续数天，在此过程中病原体的抗原经树突状细胞经过淋巴管道带入局部的引流淋巴结逐步引起特异性免疫应答。特异性免疫应答与固有免疫应答的区别在于，前者能够针对病原体特殊、独特及突变的分子结构产生特异性的效应细胞和抗体，从而最终清除感染，并产生免疫记忆保护机体免受相同病原体的再次感染。

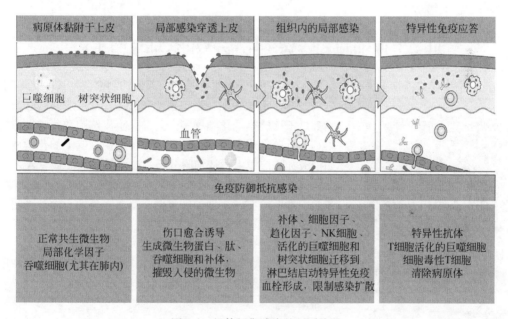

图 7-1　机体抵御感染的不同阶段

三、上皮层为抵御感染提供了第一道防线

机体表面的上皮层作为一个物理屏障将内部的微环境和含有病原微生物的外环境分隔开。皮肤及机体的各种管道结构（胃肠道、呼吸道和泌尿生殖道）都覆盖有上皮。上皮细胞之间有紧密的连接，这样使之形成一个完整的覆盖来抵御外在环境。之前提到过，病原体只有在定居并且穿过上皮屏障后才能引发感染。鉴于皮肤的外层是干燥、牢固、难以打破的，因此很大程度上病原体穿过组织屏障是发生在机体内具有巨大面积的上皮细胞表面。当上皮层遭受烧伤、损伤及完整性丧失的情况下，是引起感染的主要原因。但是也有些病原体能够在上皮层未遭受损伤的情况下引发感染。这时，病原体躲避了机体内气流及液体的冲刷作用，特异性地黏附和聚集在上皮细胞表面，甚至有的病原体能利用上皮细胞表面特定的分子结构作为侵入细胞或上皮下组织的立足点。

体内的上皮也被称为黏膜上皮，因为它们能分泌有活性的黏液，里面含有被称为黏液素的肽聚糖。黏液能发挥一系列保护作用，使得微生物难以黏附在上皮表面，在呼吸道内，通过纤毛驱动黏液的流动能够将病原体排除出去。在临床上患有遗传性囊泡性纤维症的患者，由于分泌的黏液层过厚或者纤毛运动受抑制，呼吸道排除病原体的能力则显著降低。即使细菌未穿过上皮层，只是定居在其表面，这些患者亦常常发生肺部感染。肠腔的蠕动也是确保食物和病原体通过肠道的重要机制。蠕动功能减弱会伴随肠腔内病原菌的过度增长。

　　大多数健康的上皮表面都有为数众多的非致病性的细菌，也就是共生菌。它们不仅可以与病原体竞争营养，争夺在上皮表面的黏附位点，还能产生抗菌物质。如阴道内的乳酸杆菌产生的乳酸，某些细菌还能产生抗菌肽。共生菌还能通过刺激上皮细胞分泌抗菌肽来加强上皮的屏障功能。当抗生素杀灭了共生菌之后，致病菌常常会取代它们并引起疾病。但是在机体的免疫系统不能控制共生菌生长的情况下，原本是正常的共生菌也能引发疾病。共生菌在上皮表面的生存是机体固有免疫及特异性免疫清除共生菌，以及共生细菌自身生长繁殖之间达成的一种平衡状态。如果这种平衡被打破，如在某些遗传性的固有免疫蛋白成分缺失的患者身上，可以看到原本是非致病菌的过度增殖导致疾病发生。

四、上皮细胞和吞噬细胞能产生多种抗菌蛋白

上皮层不仅仅是抵御感染的物理屏障，它们还能产生一系列杀菌或抑制细菌生长的化学物质。

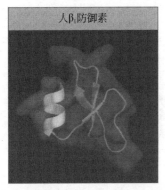

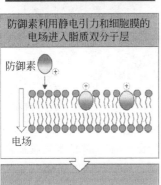

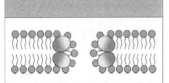

图 7-2　两性分子防御素破坏微生物的胞膜结构

位于上消化道的胃酸、消化酶、胆汁盐、脂肪酸和溶血磷脂都是抵御感染的化学屏障。此外，上皮细胞和吞噬细胞能分泌具有抗菌作用的酶来特异性地裂解细菌胞壁上的化学成分。如泪液和唾液中由吞噬细胞分泌的溶血酵素和磷脂酶 A_2。溶血酵素属于糖苷酶，能剪切细菌胞壁上肽聚糖之间特定的化学键。革兰阳性菌含有肽聚糖的细胞壁是暴露在外的，而革兰阴性菌的肽聚糖被细菌脂多糖（LPS）覆盖。因此溶血酵素对于革兰阳性菌的裂解作用更强。小肠隐窝内异化的上皮细胞、潘氏细胞（Paneth）能分泌多种抗菌蛋白，其中包括溶血酵素和磷脂酶 A_2。后者能够进入细菌的细胞壁接近并水解细胞膜上的磷脂，从而杀灭细菌。

　　另一类由上皮细胞和吞噬细胞分泌的抗菌成分是抗菌肽。抗菌肽是一种古老的防御感染的形式。上皮细胞将这些肽分泌至黏膜表面的液体中，而巨噬细胞则在组织中分泌这些肽。哺乳动物体内三种主要的抗菌肽为防御素、cathelicidins 和组胺素。

　　防御素是由多种哺乳动物、昆虫和植物的真核组织制造的一种古老的进化上高度保守的抗菌肽。这种由 30～40 个氨基酸组成的阳离子肽段由三个二硫键来形成一个稳定的两性分子结构（一端是疏水区，另一端是含阳离子的亲水区）。防御素能在数分钟之内将其疏水端插入脂质双分子层导致膜出现裂孔，从而破坏细菌、真菌和某些病毒表面的被膜结构（图 7-2）。防御素的亚家族成员包括 α、β 和 θ 防御素，每一个亚类还有多种成员，每一种都有不同的活性，分别能抵御革兰阳性菌、革兰阴性菌和真菌。包括防御素在内的抗菌肽都是由无活性的形式经过蛋白裂解作用获得活性的。人的中性粒细胞能够将 90

个氨基酸左右的肽链经过裂解去掉一个带负电荷的蛋白片段后生成成熟的阳离子 α 防御素，然后将其储存在初级颗粒内。这种有被膜结构的颗粒存储有除了防御素以外的多种抗菌成分，类似于溶酶体，能够和中性粒细胞的吞噬小体融合，从而将吞噬的细菌杀灭。人小肠内的潘氏细胞将 α 防御素分泌至肠腔之前经过了胰蛋白酶的剪切作用。β 防御素没有 α 防御素那样长的蛋白前片段，总的来说 β 防御素需要微生物产物的直接刺激后才能产生。除了肠腔的上皮细胞外，呼吸道、泌尿生殖道、皮肤和舌的上皮层都能分泌 β 防御素及一部分 α 防御素。表皮内的角质细胞和肺内的 II 型肺细胞产生的 β 防御素被包装成层状小体。随着富含脂质的分泌性囊泡被释放到表皮和肺泡内的疏水性活性表面。θ 防御素在灵长类动物中才开始出现，但是人类唯一的一个编码基因已经突变失活了。

cathelicidins 家族成员缺少用来稳定防御素的二硫键，发生感染时中性粒细胞、巨噬细胞、胃肠和肺内的上皮细胞及皮肤的角质细胞产生 cathelicidins。在中性粒细胞中，cathelicidins 的前体被储存在次级囊泡内，当次级囊泡和吞噬小体融合后并且遭遇到吞噬小体内来自于初级囊泡的弹性蛋白酶时才被剪切活化。这种机制确保了 cathelicidins 只在需要的时候活化。被剪切后的 cathelicidins 有的留在吞噬小体内，有的经胞吐作用被释放至细胞外。在角质细胞内，cathelicidins 和 β 防御素一样被包装成层状小体。经过剪切后的 cathelicidins 其羧基端是含有阳离子的两性分子，能破坏胞膜，具有广泛的抗微生物功能。而氨基端与组织蛋白酶 L 的抑制剂 cathelin 结构相似，但是其功能不清楚，推测其也能发挥免疫防御作用。

另一类抗菌肽是组胺素，由口腔隐窝内的腮腺、舌下腺和下颌下腺分泌，这些较短的富含组氨酸的肽段的主要功能是抵御真菌感染。此外，固有免疫系统还能够提供与糖类特异性结合的抗菌物质。如凝集素家族，C 型凝集素具有能特异性与糖结合的区域 CRD，在钙离子存在的条件下结合到微生物表面的糖结构。

第三节　固有免疫的中期应答——诱导性反应

在上一节中已经讨论过了上皮屏障、抗菌蛋白及补体系统在固有免疫的最早期反应中发挥的作用，上皮层下的吞噬细胞也能吞噬和消化入侵的病原体。在杀伤病原体的同时，吞噬细胞通过释放炎症介质启动了下一个阶段的固有免疫反应。炎症反应能够招募到新的吞噬细胞及循环系统中的效应分子到达感染部位。在本章中，将重点讨论固有免疫系统的吞噬细胞利用模式识别受体来发现病原微生物并将其与自身抗原区分开，以及刺激这些受体对于巨噬细胞和树突状细胞朝着有利于抗原提呈方向转化的作用。当树突状细胞和巨噬细胞向 T 细胞提呈抗原后才能启动特异性免疫应答。最后，本章讨论活化的吞噬细胞和树突状细胞释放的细胞因子和趋化因子诱导的固有免疫晚期反应，以及自然杀伤细胞（NK 细胞）抗病毒和抗胞内寄生病原体的作用。

一、固有免疫系统的模式识别受体

虽然固有免疫系统缺少特异性免疫系统高度的特异性及伴随产生的免疫记忆，但是它们仍然能够很好地区别"自我"和"非我"。补体能够辨别外来病原体（见补体章节）。本章提到的是细胞表面能够识别病原体或传导信号，最终启动细胞的固有免疫反应的受体。通常情况下，病原微生物表面常规的分子结构不会出现在自身的细胞上。识别这些结构的蛋白通常以受体的形式出现在巨噬细胞、中性粒细胞和树突状细胞表面，或者是以可溶性分子的形式出现在血清和组织液中（如甘露糖结合凝集素，MBL）。

这些固有免疫细胞上能识别病原体某些共用特定分子结构的受体称为模式识别受体（PRR）。而病原体上这些特定的高度保守的分子结构称为病原相关分子模式（PAMP）。固有免疫细胞通过 PRR 感知 PAMP 并活化。PRR 根据在细胞上的部位和功能分为四类：血清中可溶性受体（如MBL）、膜结合型的吞噬性受体、膜结合型的信号转导受体及胞浆内的信号转导受体。

二、大多数病原体在进入机体后被吞噬细胞识别、吞噬和消化

　　进入上皮层内的病原体大多被上皮下的吞噬细胞立即杀灭。固有免疫系统内有三类主要的吞噬性细胞。第一类为单核巨噬细胞。血液中的单核细胞进入组织后分化为巨噬细胞，巨噬细胞是定居在组织内的主要的吞噬性细胞群体。巨噬细胞在不同的组织内有不同的名称，如神经系统内的小胶质细胞、肝脏内的 Kupffer 细胞。巨噬细胞在组织的连接处数量尤为丰富：如肠上皮的黏膜下层、支气管的黏膜下层、肺间质、肝脏的血管窦和遍布整个脾脏的区域。第二类为粒细胞，包括中性粒细胞、嗜酸粒细胞和嗜碱粒细胞。中性粒细胞又称多形核白细胞，寿命短，主要位于血液中，正常组织内没有，具有最强的吞噬效应，第一时间出现在抗感染的反应中。巨噬细胞和粒细胞在固有免疫反应中发挥重要作用，因为它们无需特异性免疫应答的帮助即能识别和杀灭病原体。第三类为组织内未成熟的树突状细胞。树突状细胞来源于髓系或淋系来源的祖细胞，分为经典树突状细胞（cDC）和浆细胞样树突状细胞（pDC），随血流进入外周淋巴结或者各处组织。虽然树突状细胞也能消化病原体，但是它们的主要任务不是像巨噬细胞和中性粒细胞那样在第一线发挥大规模的杀伤作用。cDC 的主要任务是处理消化的病原体，将其抗原提呈并活化相应的 T 细胞，并在受到病原体刺激的同时释放细胞因子。因此 cDC 也被认为是连接固有免疫和特异性免疫之间的桥梁。而 pDC 则是抗病毒干扰素的主要来源。

　　大多数微生物是通过肠道和呼吸道系统的黏膜下进入机体的，因此这些黏膜下组织内的巨噬细胞是第一批接触到它们的细胞，大量的中性粒细胞随之被招募过来。所有细胞的吞噬过程都是通过细胞表面受体来识别和区分病原体，接下来病原体被吞噬细胞的胞膜包裹，进而内吞形成吞噬体，随后逐步酸化，接下来与一个或多个溶酶体融合形成吞噬溶酶体，利用溶酶体内的物质杀死病原体。此外还有其他调理性受体介导的内吞及非特异性的巨胞饮作用介导的内吞作用。

　　巨噬细胞和中性粒细胞组成性地表达许多与吞噬和杀伤病原体相关的受体，其中一些受体同时也起到信号转导作用，启动细胞因子合成等效应。吞噬性的受体主要是一些 C 型凝集素家族的成员（图 7-3）。

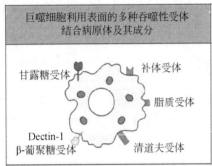

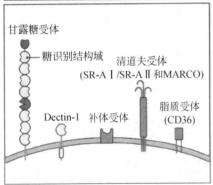

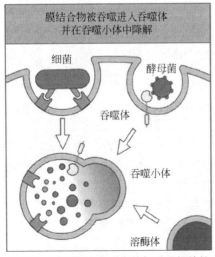

图 7-3　巨噬细胞表达多种与吞噬相关的受体来吞噬病原体

巨噬细胞和中性粒细胞高表达 Dectin-1，可以识别真菌细胞壁上的一种共有成分 β-1，3-多聚糖。DC 也表达 Dectin-1 等 C 型凝集素家族样的吞噬性受体，这些受体与 DC 的抗原摄取和提呈有关。甘露糖受体（MR）是另外一种表达在 DC 和巨噬细胞上的 C 型凝集素，能够识别多种表达在真菌、细菌和病毒上的甘露糖配体。以前认为这些甘露糖受体都是用来对抗病原微生物的，但是现在发现，巨噬细胞上甘露糖受体的主要作用是用以清除宿主的葡萄糖醛酸酶和溶酶体水解酶。在炎症加重的条件下来源于宿主自身的这些酶释放增加，这些酶的糖蛋白上含有甘露糖侧链，能够被巨噬细胞识别和结合。

巨噬细胞上另一类和吞噬相关的受体是清道夫受体，识别多种阴离子的多聚物和乙酰化的低密度脂蛋白。这些受体的结构差异大，至少含有六种不同的分子家族。A 类清道夫受体是具有三聚体胶原结构的膜表面蛋白，包括 SR-A I、SR-A II 和 MARCO，能够结合多种细菌细胞壁上的成分从而触发内吞细菌，但是特异性地与这些受体结合的细菌成分并不清楚。B 类清道夫受体与高密度脂蛋白结合介导脂类的内吞，CD36 属于这类受体，能够结合包括长链脂肪酸在内的多种配体。

巨噬细胞和中性粒细胞第三类重要的受体是补体受体，能够结合被补体包被的病原体（具体见补体章节）。补体受体 CR3 同时还能介导吞噬细胞识别和吞噬带有 β-葡聚糖的病原体。所有这些受体协同作用协助固有免疫吞噬众多的病原体。

三、模式识别受体对配体的识别及组织损伤启动炎症反应

病原体与巨噬细胞之间的相互作用能诱导巨噬细胞及其他免疫细胞活化并释放出细胞因子、趋化因子及其他化学介质，由此引起炎症反应。这种相互作用的基础是巨噬细胞的模式识别受体与病原体上的病原相关分子模式之间的作用。炎症反应通常在感染和机体遭受损伤后的数小时内发生，通过炎症效应吸引更多的单核细胞、中性粒细胞和各种血浆内的蛋白离开血液循环到达感染部位。

炎症反应有三个主要的基本特征。第一是从血液中吸引更多的效应分子和细胞到达感染部位从而增强对病原体的杀伤；第二是诱导局部的血栓形成一道物理屏障阻止病原体播散进入血液循环；第三是促进组织的修复。炎症反应在外科学中被描述为红肿热痛，这也反映了局部血管的变化特点（图 7-4）。第一，血管直径增加导致局部的血流增加（引起红肿和热）和局部血流速度减慢（尤其是微血管管壁内侧的流速减慢）；第二，血管内皮细胞活化后黏附分子表达上调，有利于淋巴细胞在内皮上的滚动。减慢的血流和黏附分子的表达最终导致淋巴细胞的滚动、黏附和变性游走出血管。这些过程都有赖于活化巨噬细胞释放出促炎因子和趋化因子。

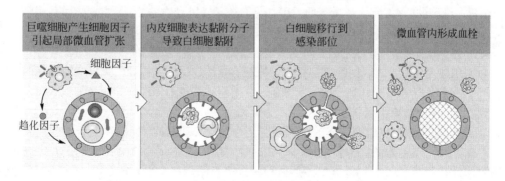

图 7-4 受感染刺激的巨噬细胞释放出细胞因子和趋化因子引起炎症反应

　　一旦炎症发生，最初到达感染部位的是中性粒细胞，接下来是单核细胞。单核细胞在组织中分化为巨噬细胞，也可以分化为树突状细胞，这有赖于微环境。如 GM-CSF 和 IL-4 可以诱导其分化为树突状细胞，M-CSF 诱导其分化为巨噬细胞。在炎症晚期嗜酸粒细胞及淋巴细胞等白细胞进入感染部位，局部血管的通透性明显增加。原本连接紧密的内皮细胞间出现裂隙，导致血管内的液体和蛋白渗出聚集在组织内，导致水肿和疼痛。渗出的补体成分和 MBL 能增加局部的防御能力。炎症导致的内皮层的变化被称为内皮细胞的活化。最后局部微血栓的形成能阻止病原体经血流播散。

　　上述炎症介质介导的变化都源于巨噬细胞对病原体的识别及后续中性粒细胞和其他血细胞的参与。巨噬细胞和中性粒细胞都能释放出脂质类的炎症介质（前列腺素、白三烯和血小板活化因子），这些物质能够快速地通过酶解的方式产生并且能降解细胞膜上的磷脂。接下来，巨噬细胞合成和释放的细胞因子（TNF-α）和趋化因子会加强这些炎症介质的后续反应。

　　C5a 是一种重要的炎症介质，除了能刺激吞噬细胞的呼吸氧暴发及趋化吸引中性粒细胞和单核细胞外，C5a 还能通过增加血管通透性和诱导内皮表达黏附分子来促进炎症反应；还能够活化局部的肥大细胞释放含有组胺和 TNF-α 等炎症分子的颗粒。

　　血管组织的损伤同样也能立即触发两类具有保护效应的酶"瀑布式激活"反应的发生。第一种是激肽系统的激活，激肽系统类似于补体系统，活化前以酶原或无活性形式存在，随着系统被激活逐步呈现瀑布式激活的效应，导致包括缓激肽在内的一系列炎症介质的释放。缓激肽能进一步增加血管通透性，导致疼痛，引起患者对受伤部位的关注随之自然而然地固定患肢，这样也有利于限制感染的扩散。血凝系统是另一个被触发的酶"瀑布式激活"系统，可以导致血纤维蛋白凝块的形成。激肽和凝血系统在没有组织损伤的情况下也能直接被活化的内皮系统激活，因此在没有损伤的条件下，针对病原体的炎症反应足以活化它们。

　　因此，在病原体进入机体的数分钟内，炎症反应能引起蛋白和细胞进入组织控制感染，并形成血栓这样的物理屏障阻止感染扩散，同时引起患者对于局部感染的警觉。

四、哺乳动物的 Toll 样受体可以被多种病原相关
分子模式活化

　　人体有 10 种 Toll 样受体（TLR）基因，其产物 TLR 能识别多种病原体，如革兰阳性和阴性菌、真菌及病毒表达的病原相关分子模式（PAMPs）。细菌的细胞壁和细胞膜上有多种重复出现的蛋白、糖和脂类，大多数并没有出现在动物细胞上。其中革兰阳性菌细胞壁上的脂磷壁酸和革兰阴性菌细胞外膜上的 LPS 就是被固有免疫系统的 TLRs 识别的重要分子。细菌的鞭毛由多个重复的蛋白亚单位组成，细菌的 DNA 有大量重复的去甲基化 CpG（哺乳动物的 DNA 主要是甲基化序列）。病毒总是恒定地在生命周期中的某个时间段生成双链 RNA（不同于健康哺乳动物的特点）。这些在健康人体上不出现或很难产生的特征即为 TLRs 所识别的物质基础。

　　TLR 基因缺少多样性，因此其识别相应配体的特异性远远不及特异性免疫应答系统的抗原受体。然而 TLR 却表达在巨噬细胞、树突状细胞、B 细胞和某些上皮细胞等众多细胞表面，并且能识别大多数病原体上的相应成分。

　　TLRs 是存在于细胞外的病原体的感知装置。一些哺乳动物的 TLRs 存在于细胞膜表面。但是有一些却存在于细胞器的细胞膜表面，感知通过吞噬、受体介导的内吞和胞饮方式进入细胞内的病原体及其成分（图 7-5）。TLRs 是一种一次跨膜的蛋白，膜外段含有 18～25 个重复的亮氨酸片段。哺乳动物的 TLRs 与相应配体结合后活化形成二聚体或寡聚体，TLRs 在胞内段的

尾部都有一个 TIR（Toll-IL-1 受体样）的区域，不同的 TLR 和信号分子之间可以通过 TIR 相互作用。之所以称为 Toll-IL-1 受体样结构是因为之前发现的 IL-1β 受体的胞内段也有一段 TIR 这样的结构。

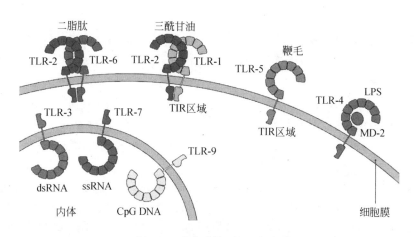

图 7-5 哺乳动物 TLRs 的定位

哺乳动物的 TLR-1、TLR-2 和 TLR-6 表达在巨噬细胞、树突状细胞、嗜酸粒细胞、嗜碱粒细胞和肥大细胞的细胞膜表面，能结合革兰阴性菌的磷壁酸、二脂肽和三脂肽成分。结合后的 TLR-2 和 TLR-1 之间，以及 TLR-2 和 TLR-6 之间形成异二聚体，同时胞内的 TIR 区域相互靠近传导信号，图 7-6 显示的是 TLR-2 和 TLR-1 之间对于脂蛋白的识别。

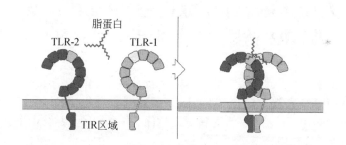

图 7-6 TLR-1 和 TLR-2 识别配体脂蛋白形成二聚体

TLR-5 表达在巨噬细胞、树突状细胞和肠道上皮细胞表面，能识别鞭毛蛋白的一个隐藏的高度保守的区域，这意味着当细菌在细胞外被酶解破坏后 TLR-5 才能与相应鞭毛蛋白配体结合。

并非所有的 TLRs 都位于细胞膜表面，识别核酸的 TLRs 位于内体的膜表面，识别部位凸向内体内部，并可以通过内质网转运。巨噬细胞、肠上皮细胞、树突状细胞和 NK 细胞内的内体上表达的 TLR-3 能识别病毒的双链 DNA（dsDNA）。TLR-7 和 TLR-9 表达在浆细胞样树突状细胞、NK 细胞、B 细胞和嗜酸粒细胞上，和 TLR-3 一样也能识别核酸。TLR-7 能识别单链 RNA（ssRNA），健康的哺乳动物细胞内的 ssRNA 局限在核内和细胞质中，不会存在于内体内。但是很多病毒，如黄病毒和狂犬病毒，是 ssRNA。当细胞外的病毒颗粒被巨噬细胞和树突状细胞内吞随后进入晚期内体和溶酶体后，病毒的 ssRNA 基因组即可被 TLR-7 识别。在病理条件下，TLR-7 也能被自身的 ssRNA 识别。在鼠类的狼疮肾炎模型中发现，自身凋亡细胞释放的 ssRNA 能够被 RNA 酶降解，经内吞后能活化 TLR-7，诱导针对自身成分的免疫应答。但是在人体中是否也是同样的致病机制还不是很清楚。TLR-9 识别非甲基化的 CpG 二核苷酸序列。哺乳动物的基因组内，由于甲基化转移酶的作用 CpG 序列上的胞嘧啶是高度甲基化的。但细菌和很多病毒的基因组内 CpG 呈现非甲基化状态，因此对于人体来说是一种病原相关分子模式。

五、TLR-4 识别细菌的 LPS 需要辅助蛋白 MD-2 和 CD14 的帮助

并非所有的 TLRs 都能直接与配体相结合。TLR-4 能识别多种细菌的成分。其中识别 LPS 时，部分是直接识别，部分是非直接识别。系统性地注射 LPS，可以引起呼吸循环衰竭。在临床上可以看到，难以控制的全身性细菌感染，可以引起 LPS 相关的内毒素性的脓毒血症，体内出现大量（包括 TNF-α 在内）细胞因子。

不同细菌的 LPS 结构上有差异，但是都有一个多糖的核心贴着脂质 A 分子，脂质分子 A 是一个带着不同数量脂肪酸长链的两性分子。识别 LPS 时，TLR-4 卷曲的胞外段与 MD-2 相结合形成复合物，LPS 的五个脂肪链随即结合到 MD-2 形成的疏水性口袋内，而不是直接结合到 TLR-4，同时脂肪链和部分 LPS 的多糖骨架也直接与第二个 TLR-4 分子的胞外段结合。因此 TLR-4 二聚体的活化需要与 LPS 直接和间接接触。LPS 是革兰阴性菌细胞外膜上的成分，但在感染过程中它可以从膜上脱落下来。血清或细胞外液中的 LPS 结合蛋白结合 LPS 后又将其转移至巨噬细胞、中性粒细胞和树突状细胞表面，与 CD14 分子结合。CD14 既是一个吞噬性受体，同时也是 TLR-4 的辅助蛋白。

六、TLRs 活化转录因子 NF-κB、AP-1 和 IRF 诱导产生促炎因子和 IFN-I

TLR 的信号转导经多个不同的信号通路来活化转录因子。其中一条通路是活化 NF-κB，此外干扰素调节因子（IRF）家族、AP-1（如 c-jun）家族或者是 MAPKs 家族都可以被哺乳动物的 TLRs 活化。NF-κB 和 AP-1 的活化主要是诱导产生促炎细胞因子和趋化因子。IRF 在诱导抗病毒的 IFN-I 生成中发挥重要作用。

TLR 识别配体后，TLR 在内体内凸起的区域形成二聚体，随之 TLR 胞浆段的 TIR 区域相互靠拢，并得以与胞浆内含有 TIR 结合位点的接头分子相作用。哺乳动物的细胞内主要有四类这样的接头分子：MyD88、MAL、TRIF 和 TRAM。不同的 TLRs 分别与不同的接头分子及其组合相结合。TLR-5、TLR-7 和 TLR-9 只与 MyD88 相作用。TLR-3 与 MyD88 和 MAL 组合相作用，或者与 TRIF 和 TRAM 组合相作用。TLR-2/TLR-1 和 TLR-2/TLR-6 形成的异二聚体需要 MyD88/MAL。TLR-4 需要 MyD88/MAL 和 TRIF/TRAM。不同的接头分子的招募和活化决定了后续活化信号通路及其生物学效应。图 7-7 所示为 TLR-3 和 TLR-7 信号转导过程中招募了不同的接头分子，发挥了不同的生物学效应。

七、NOD 样的感受器和 RIG-I 样的解螺旋酶感受器

所有的 TLRs 都位于细胞膜或者是胞内囊泡的膜表面。但是还有另外的一大类利用 LRR 折叠蛋白结构域来识别病原体产物的受体称 NOD 样受体（NLRs），位于胞浆内。NOD 样的感受器是

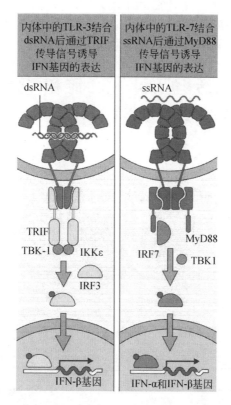

内体中的TLR-3结合dsRNA后通过TRIF传导信号诱导IFN基因的表达

内体中的TLR-7结合ssRNA后通过MyD88传导信号诱导IFN基因的表达

图 7-7 病毒核酸通过不同的 TLRs 诱导抗病毒干扰素的生成

针对细菌感染时的胞内感受器，NLRs 含有一个位于中部的核苷酸结合寡聚化结构域（NOD）和一个位于羧基端的 LRR 结构域。NLRs 是位于细胞内的微生物产物的感受器，也能以类似 TLRs 的方式活化 NF-κB 启动相同的炎症反应。

TLR-3、TLR-7 和 TLR-9 感知的 RNAs 和 DNAs 主要是经内吞途径进入细胞的病毒成分，而不是病毒在被感染的细胞内复制产生的位于胞质中的核酸成分。位于胞质中的核酸成分有赖于 RIG-I 样的解螺旋酶来感知，它们通过 RNA 解螺旋酶样的结构域来结合病毒的 RNA，通过两个氨基端的 CARD 结构域来与接头分子结合并启动信号转导。

八、巨噬细胞和树突状细胞内 TLRs 和 NLRs 活化后的基因转导对于后续免疫反应有着深远的影响

巨噬细胞和树突状细胞通过 TLR 和 NOD 途径活化 NF-κB 后不仅产生了大量在固有免疫中发挥重要作用的细胞因子和趋化因子，而且也产生了很多影响后续特异性免疫应答的细胞因子，如 IL-12。

NF-κB 活化后对特异性免疫还有一个重要影响是诱导巨噬细胞和树突状细胞表达协同刺激分子，其中 B7-1（CD80）和 B7-2（CD86）对于诱导特异性免疫至关重要，协同刺激分子连同表达在树突状细胞上的 MHC- 病原体肽复合物能够活化初始的 CD4$^+$T 细胞，并启动大多数的特异性免疫反应。

TLR-4 活化后诱导产生的 TNF-α，在固有免疫中发挥巨大功能，同时它还能刺激树突状细胞迁移至淋巴系统内附近的引流淋巴结，以便与循环的初始淋巴细胞相遇。因此特异性免疫的启动源于最初固有免疫系统对病原体识别后活化产生的效应分子。

九、经病原体活化后的巨噬细胞和树突状细胞释放一系列细胞因子发挥多种生物学效应

巨噬细胞和树突状细胞经模式识别受体活化后产生大量细胞因子，包括 IL-1β、IL-6、IL-12 和 TNF-α，以及趋化因子 IL-8（CXCL8）。这些细胞因子可以通过旁分泌、自分泌及内分泌的方式与相应受体结合后发挥广泛的生物学效应（图 7-8）。

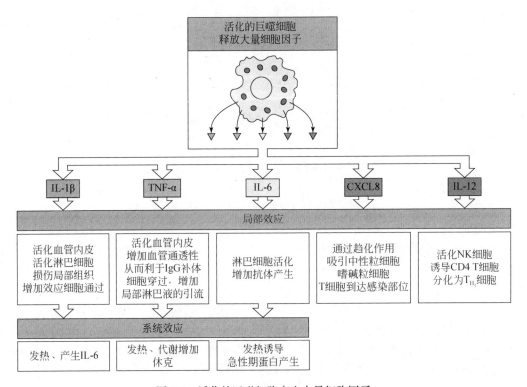

图 7-8 活化的巨噬细胞产生大量细胞因子

十、NK 细胞在固有免疫系统中的重要作用

NK 细胞通过释放胞毒颗粒内的杀伤介质来杀伤靶细胞，这一点和细胞毒性的 T 细胞类似。胞毒颗粒里含有各种具有细胞毒效应的颗粒酶和穿孔素。在 NK 细胞遭遇靶细胞时，胞毒颗粒被转运至与靶细胞接触的突触部位，随后释放胞毒颗粒里含有的细胞毒性物质。这些细胞毒性物质进入靶细胞后诱导细胞凋亡。但是与 T 细胞不同的是，NK 细胞是通过遗传而来的种系编码的自身受体来识别感染或恶性转换细胞表面的分子。这些受体没有重排，恒定不变，因此 NK 细胞属于固有免疫系统的一部分。干扰素和巨噬细胞释放的一些细胞因子能活化 NK 细胞。虽然 NK 细胞能直接杀死靶细胞，但是在早期感染阶段，由巨噬细胞和树突状细胞释放的 IFN-α 和 IFN-β，

以及 IL-12 的活化作用下，NK 细胞的杀伤活性能够增强 20～100 倍。在特异性 T 细胞和抗体发挥作用之前，NK 细胞对于控制某些病毒的感染发挥重要作用（图 7-9）。

恶性转化、病毒和细菌感染带给细胞的代谢压力可以导致细胞膜表面糖蛋白的变化，这些变化能够为 NK 细胞所识别。此外 MHC 作为自身表达的糖蛋白分子，其变化也能被 NK 细胞所识别。

MHC Ⅰ 类抗原表达在所有的有核细胞上，MHC Ⅱ 类抗原主要表达在抗原提呈细胞上。很多病原体在生存过程中具备了干扰 MHC Ⅰ 类抗分子提呈抗原供 T 细胞识别的能力，因此受到胞内寄生抗原感染的细胞几乎都会出现 MHC Ⅰ 类分子的改变。这同时也为 NK 细胞区别自身健康细胞和受感染细胞提供了分子基础。

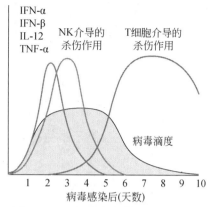

图 7-9　NK 细胞在宿主对抗病毒感染的早期发挥重要作用

NK 细胞能感知并整合识别 MHC Ⅰ 类分子的活化性受体和抑制性受体传入的信号，同时这些受体也兼具控制 NK 杀伤活性和产生细胞因子的功能。刺激活化性受体可以导致 NK 细胞释放 IFN-γ 等细胞因子，同时释放胞毒颗粒杀伤靶细胞。

NK 细胞表面还有 FcR，能够识别被抗体包被的靶细胞，通过 ADCC 效应杀伤靶细胞。抑制性受体能够阻止 NK 细胞损伤机体正常的细胞。不同的抑制性受体可以识别多种 MHC Ⅰ 类分子，这可以解释为什么 NK 细胞会杀伤 MHC Ⅰ 类分子表达减少的细胞。

正常细胞表面 MHC Ⅰ 类分子的表达水平越高，越能够保护自身不被 NK 细胞杀伤。IFN-γ 一方面能加强 NK 细胞对病毒感染细胞的杀伤，另一方面又能通过上调正常细胞表面的 MHC Ⅰ 类分子的水平，加强对正常细胞的保护。

NK 细胞的受体从分子结构上看包括杀伤细胞免疫球蛋白样受体（KIRs）和杀伤细胞 C 型凝集素样受体（KLR）。

理解 NK 细胞受体时有一点比较复杂的地方在于，相同结构家族的受体里面既有活化性受体也有抑制性受体。

如免疫球蛋白样受体和 C 型凝集素样受体里面都是既有活化性也有抑制性受体。那么相同结构家族的受体究竟是活化作用还是抑制作用取决于它们的胞浆段特定的信号转导基序。

如 KIR 家族里面，抑制性受体在胞浆内含有一段长的尾部，含有免疫受体络氨酸抑制基序（ITIM），传导抑制信号；而 KIR 家族里面的活化性受体的胞浆段较短，但是能招募接头蛋白 DAP12，DAP12 含有免疫受体络氨酸活化基序（ITAM），传导激活信号。

KLR 家族也一样，NKG2A 含有 ITIM，属于抑制性受体；NKG2C 和 NKG2D 能招募含有 ITAM 的 DAP12，属于活化性受体。不同的受体分别识别不同的经典的 MHC Ⅰ 类分子或非经典的 MHC Ⅰ 类样分子或者是 MICA/MICB 等其他分子。

此外，NK 分子表面还有一些细胞毒类受体（NCRs），NKp30、NKp44 和 NKp46，都属于活化性受体，分别识别病原体上的某些特定的分子结构（具体结构目前尚未明确）。

总而言之，NK 细胞表面可以表达一系列受体，但是不同的 NK 细胞可以表达不同的受体。也就是说每个 NK 细胞只表达出了一部分 NK 细胞所具有的受体。无论如何，NK 细胞是活化还是抑制，取决于这些受体之间激活信号和抑制信号之间的平衡，也就是说最后以活化信号为主则启动杀伤，以抑制信号为主则不启动杀伤（图 7-10）。

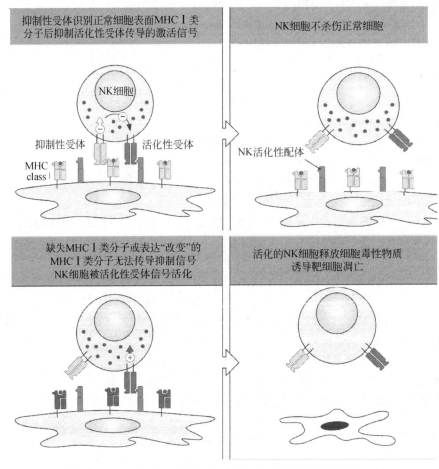

图 7-10　NK 细胞是否活化取决于激活信号和抑制信号之间的平衡

十一、固有样淋巴细胞

受体的基因重排是参与特异性免疫应答的淋巴细胞最重要的特征。通过基因重排，T 淋巴细胞和 B 淋巴细胞能产生数量巨大的识别抗原的受体，而且不同的克隆具有不同的抗原受体。然而少数淋巴细胞亚群的受体多样性很少，它们的受体只是由一些少量基因进行为数有限的重排形成的。由于这些细胞的受体相对恒定不变，加上它们一般只位于机体特定的部位而且在遭遇抗原之前不需要经历克隆性扩增，因此这些特殊的淋巴细胞亚群被称为固有样淋巴细胞（innate-like lymphocytes，ILLs），包括 γ：δ T、B1 和 iNKT 细胞等。总的来说这些细胞有 RAG-1 和 RAG-2 这样的基因主导的受体基因重排，因此，准确来讲它们属于特异性免疫应答的细胞，但是行为和生物学功能很像固有免疫系统的一部分。

思　考　题

1. "Toll 样受体代表了宿主免疫系统最古老的防御方式"。谈谈你对这句话的理解。

2. 机体的红细胞不表达 MHC Ⅰ 类分子，为什么 NK 细胞不杀伤自身的红细胞？

（汪　蕾）

第八章 主要组织相容性复合体

20世纪初发现组织不相容现象，即同一种属不同个体间进行组织移植会发生排斥反应。其后证明，该排斥现象本质上是一种免疫应答，由细胞表面同种异型抗原所诱导。这种代表个体特异性的抗原称为组织相容性抗原。其中凡能引起强烈而迅速排斥反应的抗原被称为主要组织相容性抗原，引起较弱和缓慢排斥反应的抗原被称为次要组织相容性抗原。

在哺乳动物，编码主要组织相容性抗原的基因位于同一染色体上，称为主要组织相容性复合体（major histocompatibility complex，MHC），是一组决定移植组织是否相容、与免疫应答密切相关、紧密连锁的基因群。人类MHC称为人类白细胞抗原（human leukocyte antigen，HLA）基因复合体，编码HLA抗原；小鼠MHC称为H-2基因复合体，编码H-2抗原。所有脊椎动物均检测出MHC，而器官移植术并非自然现象，提示MHC编码产物必然具有重要生物学功能。现代免疫学认为，MHC的产物是参与抗原肽提呈和T细胞激活的关键分子。

第一节 人类MHC结构及其遗传特性

HLA复合体位于人第六号染色体短臂6p21.31，全长3600kb，共有224个基因座（locus），其中128个为功能性基因，其他为假基因。MHC结构复杂，显示多态性和多基因性，复合体由多个紧密相邻的基因座位组成，编码产物具有相同或相似的功能。传统上将HLA基因分为HLA-I类基因、HLA-II类基因和HLA-III类基因。近来倾向以两种类型概括：一类是经典HLA-I类基因、HLA-II类基因，其产物具有抗原提呈功能，显示丰富多态性，直接参与T细胞的激活和分化，参与调控适应性免疫应答；另一类是免疫功能相关基因，包括传统的HLA-III类基因，参与调控固有免疫应答，或参与抗原加工，不显示或仅显示有限多态性。

一、经典的 HLA-I 类和 II 类基因

（一）经典 HLA-I 类基因

经典HLA-I类基因集中在远离着丝点的一端，按序列包括HLA-B、HLA-C、HLA-A，产物称为HLA-I类分子。I类基因仅编码HLA-I类分子异二聚体的重链。轻链称为β_2微球蛋白，由第15号染色体上的基因编码，参与递呈内源性抗原。

（二）经典 HLA-II 类基因

经典HLA-II类基因集中在靠近着丝点的一端，由HLA-DP、HLA-DQ、HLA-DR三个亚区组成。每个亚区包括A和B两种功能基因座位，编码II类分子的α链和β链，形成异二聚体蛋白，参与递呈外源性抗原（图8-1）。

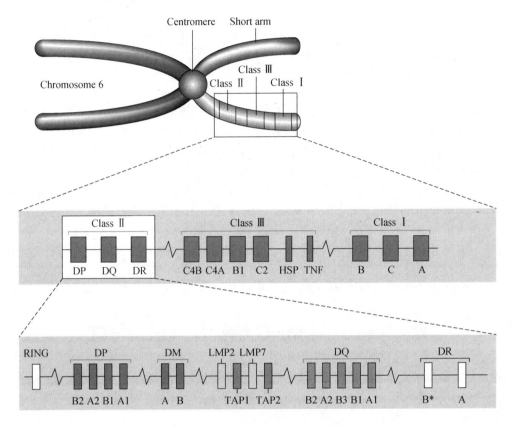

图 8-1　HLA 基因结构示意图

二、免疫功能相关基因

（一）血清补体成分编码基因

此类基因属经典 HLA- Ⅲ类基因，位于Ⅲ类基因，所表达产物包括 C4B、C4A、Bf 和 C2 等补体组分。

（二）抗原加工提呈相关基因

1. 蛋白酶体 β 亚单位（PSMB）基因　包括 PSMB8 和 PSMB9，编码胞质溶胶中蛋白酶体 β 亚单位。

2. 蛋白加工相关转运体（TAP）基因　是内质网膜上的一个异二聚体分子，分别由 *TAP*1 和 *TAP*2 基因编码。

3. *HLA-DM* 基因　包括 DMA 和 DMB 两个基因座位，产物参与 APC 对外源性抗原的加工。

4. *HLA-DO* 基因　包括 DOA 和 DOB 两个基因座位，产物编码 HLA-DM 行使功能的调节蛋白。

5. TAP 相关蛋白基因　产物称为 tapasin。

上述免疫功能相关基因均坐落在 HLA 系统的 Ⅱ类基因区。

（三）非经典Ⅰ类基因

1. HLA-E 产物由重链（α 链）和 β$_2$M 组成，已检出 11 种等位基因。其分子表达于各种组织细胞，其中羊膜和滋养层细胞表面高表达。HLA-E 分子是 NK 细胞表面 C 型凝集素受体家族（CD94/NKG2）的专一性配体。

2. HLA-G 结构和经典 HLA-A2 基因高度同源，产物由重链（α 链）和 β$_2$-MG 组成。主要分布于母胎界面绒毛外滋养层细胞，在母胎耐受中发挥功能。

（四）炎症相关基因

1. 肿瘤坏死因子基因家族 包括 TNF、LTA 和 LTB 三个座位。

2. 转录调节基因或类转录因子基因家族 包括调节 NF-κB 活性的类Ⅰ κB 基因(Ⅰ κBL)等。

3. MHC Ⅰ类链相关分子（MIC）基因家族 包括 *MICA* 和 *MICB* 基因，其中 MICA 座位已检测到 84 个等位基因。起产物是 NK 细胞活化受体 NKG2D 的配体。

4. 热休克蛋白基因家族 包括 *HSP*70 基因，其产物参与炎症和应激反应，并作为分子伴侣在内源性抗原的加工提呈中发挥作用。另外，组织损伤过程中，胞内 HSP 被释放至胞外，可作为损伤相关模式分子，通过与靶细胞表面相应 Toll 受体结合而参与炎症和应激反应。

三、人类 MHC 的遗传特点

（一）HLA 的多态性

多态性：指群体中单个基因座位存在两个以上不同等位基因的现象，即可编码两种以上产物。HLA 多态性形成的遗传学基础为：

1. 复等位基因 位于同源染色体上对应位置的一对基因称为等位基因，由于群体中出现突变，同一座位可能出现的基因系列称为复等位基因。HLA 复合体的每一座位均存在为数众多的复等位基因，这是 HLA 高度多态性的主要表现。例如，HLA-A、HLA-B、HLA-C 座位已分别鉴定出 2132、2798、1672 个等位基因（表 8-1）。

表 8-1 多态性的 HLA 基因座位及已获正式命名的等位基因数（2012 年）

经典Ⅰ类基因			经典Ⅱ类基因							免疫功能相关基因				其他
A	B	C	DRA	DRB1	DRB3	DQA1	DQB1	DPA1	DPB1	E	G	MICA	MICB	
基因数 2132	2798	1672	7	1196	58	49	179	36	158	11	50	84	40	242 8712

注：其他包括 DRB4-DRB9、DOA/DOB、DMA/DMB、TAP1/TAP2 及 C2/C4A/C4B/Bf 等。

2. 多基因性 指 HLA 具有众多紧密连锁的基因座位。已经进行基因克隆并命名的 HLA 基因座位数达 100 个以上，仅经典的 HLA 基因座位有 6 个，一个个体最多拥有的经典Ⅰ类和Ⅱ类等位基因产物有 12 种。

3. 共显性遗传 两条同源染色体上同一基因座位的每一个等位基因均为显性基因，均能编码和表达各自的 HLA 分子。

HLA 复合体是人体多态性最丰富的基因系统，因其遗传背景高度多样性，极大地扩展了处于病原体感染威胁的个体和群体对抗原肽提呈的范围，利于维持种群生存与延续。另外，人群中不同个体 HLA 型别全相同的概率极低，故每一个个体与非亲缘关系个体间进行组织和器官移植，得到两个完全相同等位基因的概率几乎为零。

在蛋白水平，HLA 多态性表现为各种等位基因产物在结构上存在差异，HLA 分子抗原结合槽的氨基酸残基组成和序列不同。针对性扩增相应基因片段后，通过测序或探针检测，确定等位基因特异性，找出属于个体的 12 种 I 类和 II 类分子编码基因，称为 HLA 基因分型。

（二）单元型遗传和连锁不平衡

HLA 复合体是一组紧密连锁的基因群，这些连锁在一条染色体上的等位基因很少发生同源染色体之间的交换，从而构成一个单体型。换言之，单体型即同一染色体上紧密连锁的 MHC 等位基因的组合。其在遗传过程中作为一个完整的遗传单位由亲代传给子代。MHC 等位基因的构成和分部还有两个特点。

1. 等位基因的非随机性表达　同群体中各等位基因并不以相同的频率出现，如 HLA-DRB1 和 HLA-DQB1 座值的等位基因数分别是 1196 和 179（表 8-1），其中两个等位基因 DRBl*0901 和 DQBl*0701 在群体中的频率，按随机分配的原则，应该是 0.1%（1/1196）和 0.6%（1/158），然而，在我国北方汉族人群中它们的频率分别高达 156% 和 21.9%。不同人种中优势表达的等位基因及其组成单体型可不同。

2. 连锁不平衡　分属两个或两个以上基因座位的等位基因，同时出现在一条染色体上的概率高于随机出现的频率。例如，上面提到北方汉族人中高频率表达的等位基因 DRBl*0901 和 DQBl*0701 同时出现在一条染色体上的概率，按随机分配规律，应是其频率的乘积，为 3.4%（0.156×0.219=0.034），然而实际两者同时出现的频率是 11.3%，为理论值的 3.3 倍。

非随机性表达的等位基因和构成连锁不平衡的基因，因人种和地理族群的不同而出现差异，属长期自然选择的结果，其意义在于：利于群体适应复杂多变的环境及应付各种病原体的侵袭，从而维持种群的生存，并作为人种种群基因结构的一个特征；高频表达的等位基因如果与特定疾病相关，可借此开展疾病的诊断和防治；可用于个体识别；利于寻找 HLA 相匹配的移植物供者，但不利于寻找同种移植物供者。

第二节　人类 MHC 产物 –HLA 分子

一、HLA 分子的分布

I 类分子组织分布：共显性表达于所有有核细胞表面，识别和递呈内源性抗原，与辅助受体 CD8 结合，对 CTL 的识别起限制作用。

II 类分子组织分布：共显性表达于专职 APC（树突状细胞、巨噬细胞、B 细胞）、活化 T 细胞和胸腺上皮细胞，识别和提呈外源性抗原肽，与辅助受体 CD4 结合，对 T_H 的识别起限制作用。

二、MHC 分子的结构及其和抗原肽的相互作用

（一）HLA 分子的结构

1. I 类分子　含有两条多肽链，由 HLA 基因编码的 α 链和由第 15 号染色体上非 HLA 基因所编码的 β 链即 β_2 微球蛋白组成。I 类分子重链（α 链）胞外段有 3 个结构域（α1、α2、 α3）。

（1）肽结合区（α1/α2）：α1和α2结构域构成抗原结合槽，其为HLA与抗原肽结合的部位，也是被TCR识别的部位，两端封闭，其大小和形状适合容纳被处理后的内源性抗原片断（8～10个氨基酸残基），其I类分子多态性（即不同型别HLA分子的差异）主要位于该区域。

（2）免疫球蛋白样区（α3）：该结构域序列高度保守，与免疫球蛋白有同源型，是HLA-I类分子与T细胞表面CD8分子结合的部位。

（3）跨膜区：由25个氨基酸残基组成，形成螺旋状穿过脂质双层，固定HLA-I类抗原于膜上。

（4）胞浆区：α链羧基末端含有30个氨基酸残基，可能参与调节HLA分子与其他膜蛋白的作用及信号转导。

（5）β₂微球蛋白：并不插入胞膜，以非共价键与α3区相互作用，维持I类分子空间构型的稳定性。

2. II类分子　是由α和β链组成的异源二聚体，两条链各有两个胞外结构域（α1、α2；β1、β2）。

（1）肽结合区（α1/β1）：构成抗原结合槽，其为HLA与抗原肽结合的部位，也是被TCR识别的部位，两端开放，其大小和形状适合容纳被处理后的外源性抗原片断（13～17个氨基酸残基），其I类分子多态性（即不同型别HLA分子的差异）主要位于该区域。

（2）免疫球蛋白样区（α2/β2）：该结构域序列高度保守，与免疫球蛋白有同源型，其中β2是HLA-II分子与T细胞表面CD4分子结合的部位。

（3）跨膜区：固定HLA-II类抗原于膜上。

（4）胞浆区：参与跨膜信号转导。

（二）HLA与抗原肽的相互作用

MHC分子的抗原结合凹槽选择性地结合抗原肽→形成MHC分子-抗原肽复合物→以MHC限制性的方式供T细胞识别→启动特异性免疫应答。锚定位在抗原肽-MHC分子复合物中，HLA的抗原结合槽与抗原肽互补结合，其中有两个或两个以上为抗原肽结合的关键部位。不同MHC分子其氨基酸结构的差异主要体现在槽的大小、形状和电荷各异。锚定残基由MHC分子抗原结合槽中该抗原肽与HLA分子结合的氨基酸残基组成。以小鼠MHC I类分子接纳8肽或9肽抗原为例，接纳8肽抗原的锚定位在p5（锚定残基Y或F）和p8（锚定残基L）；9肽的锚定位在p2（锚定残基Y）和p9（锚定残基V、I或L）。因此，两种I类分子接纳抗原肽时，各自有特定的共用基序，分别为x-x-x-x-Y/F-x-x-L和x-Y-x-x-x-x-x-x-V、I/L（x代表任意氢基酸残基）（图8-2）。

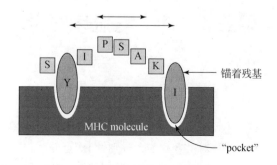

图8-2　锚着残基结构示意图

特定 HLA 分子选择性结合具有某共同基序的抗原肽，显示一定的专一性。一种 MHC 分子可同时结合携带特定共同基序的一群肽段，显示一定的兼容性。具有某类 HLA 等位基因的个体，对某种抗原不发生有效免疫应答。不同 MHC 分子可提呈同一抗原分子的不同表位，造成对同一抗原应答差异，这实际上是 HLA 以其多态性参与和调控免疫应答的一种重要机制。MHC 分子识别一群带有特定共同基序的肽段，构成两者相互作用的包容性能够被某一 HLA 分子所识别，呈递的抗原肽，也可被其所属家族中的其他分子所提呈，这一点，为应用肽疫苗或 T 细胞疫苗进行免疫预防和免疫治疗提供了便利。

三、HLA 分子的功能

（一）作为抗原提呈分子参与适应性免疫应答

1. MHC 限制性　T 细胞以其 TCR 实现对抗原肽和 MHC 分子的双重识别，即 TCR 识别抗原肽和自身 MHC 分子，即 MHC 限制遗传背景一致的细胞相互作用。MHC 制约相互作用的细胞类型，即 MHC I 类分子将内源性抗原肽提呈给 $CD4^+T$ 细胞，MHC II 类分子将外源性抗原肽提呈给 $CD8^+T$ 细胞。

2. 参与 T 细胞在胸腺中的选择和分化　MHC 抗原参与早期 T 细胞在胸腺的发育过程。I 类和 II 类分子阳性细胞分别参与 $CD8^+T$ 细胞和 $CD4^+T$ 细胞分化发育，并参与建立 T 细胞对自身抗原的中枢性耐受。

3. 决定疾病易感性个体差异　近代确认的许多疾病关联原发成分属于特定的 HLA 等位基因（或与之紧密链锁的疾病易感基因），以及这些基因的产物。这些基因的作用和 HLA 分子的抗原提呈功能密切相关。

4. 参与构成种群基因结构的异质性　由于不同 MHC 分子加工提呈的抗原肽往往不同，这一特点赋予不同个体抗病能力的差异，这在群体水平有助于增强物种的适应能力。

（二）作为调节分子参与固有免疫应答

（1）经典的 III 类基因为补体成分编码，参与炎症反应和对病原体的杀伤，与免疫性疾病的发生有关。

（2）非经典 I 类基因和 MICA 基因产物可作为配体分子，以不同的亲和力结合激活性和抑制性受体，调节 NK 细胞和部分杀伤细胞的活性。

（3）炎症相关基因参与启动和调控炎症反应，并在应激反应中发挥作用。

第三节　HLA 与临床医学

一、HLA 与器官移植

器官移植的成败主要取决于供、受者间的组织相容性，其中 HLA 等位基因的匹配程度尤为重要，组织相容性程度的确定，涉及对供者和受者分别做 HLA 分型和进行供受间交叉配合试验。另外，测定血清中可溶型 HLA 分子的含量，有助于监测移植物的排斥危象。

二、HLA 分子的异常表达和临床疾病

一方面，所有有核细胞表面表达 HLA- I 类分子，但恶变细胞 I 类分子的表达往往减弱甚至缺如，以致不能有效激活特异性 CD_8^+ CTL，造成肿瘤逃逸免疫监视。另一方面，某些自身免疫病时，原先不表达 HLA- II 类分子的某些细胞，可被诱导表达 II 类分子，如胰岛素依赖性糖尿病中的胰岛 B 细胞。

三、HLA 和疾病关联

HLA 是人体对疾病易感的主要免疫遗传学成分。带有某些特定 HLA 等位基因或单体型的个体易患某一疾病（称为阳性关联）或对该疾病有较强的抵抗力（称为阴性关联）皆称为 HLA 和疾病关联。典型例子是强直性脊柱炎（AS）。患者人群中 HLA-B27 抗原阳性率高达 58% ～ 97%，而在健康人群中仅为 1% ～ 8%，由此确定 AS 和 HLA-B27 属阳性关联。换言之，带有 B27 等位基因的个体易于患 AS。经计算，其相对风险率（RR）为 55 ～ 376（因不同人种而异），即 B27 阳性个体较之 B27 阴性个体罹患 AS 的机会要大 55 ～ 376 倍，表明 HLA-B27 是决定 AS 疾病易感性的关键遗传因素。

四、HLA 与亲子鉴定和法医

HLA 系统所显示的多基因性和多态性，意味着两个无亲缘关系个体之间在所有 HLA 基因座位上拥有相同等位基因的机会几乎等于零。而且，每个人所拥有的 HLA 等位基因型别一般终身不变，意味着特定等位基因及其以共显性形式表达的产物，可以成为不同个体显示其个体性的遗传标志，在法医学上被用于亲子鉴定和对死亡者"验明正身"。

思　考　题

1. 试述主要组织相容性复合体（MHC）的定义。
2. HLA 分子的功能有哪些？

（肖　凌）

第九章　抗原提呈细胞与抗原提呈

抗原提呈细胞（antigen-presenting cell，APC）是指能够捕捉、加工、处理抗原并以抗原肽-MHC分子复合物的形式将抗原肽提呈给特异性淋巴细胞的一类细胞，在机体的免疫识别、免疫应答与免疫调节中起重要作用。抗原提呈细胞包括表达MHC Ⅱ类分子提呈外源性抗原的APC和表达MHC Ⅰ类分子提呈内源性抗原的APC。前者又分为专职APC（professional APC）和非专职APC（non-professional APC），专职APC包括树突状细胞、单核巨噬细胞和B淋巴细胞；非专职APC包括内皮细胞、上皮细胞、成纤维细胞等多种细胞，它们安静状态下不表达或低表达MHC Ⅱ类分子，但在被激活或是某些细胞因子的作用下可被诱导表达MHC Ⅱ类分子、共刺激分子和黏附分子，抗原提呈能力较弱。

第一节　抗原递呈细胞

一、专职性抗原提呈细胞

（一）树突状细胞

树突状细胞（dendritic cell，DC）是具有较强提呈抗原功能的专职APC，其抗原提呈的能力远强于巨噬细胞、B细胞等。DC广泛存在于血液、淋巴、肝脾及皮肤黏膜等组织，能激活功能性淋巴细胞，并产生细胞毒作用，提高机体免疫水平。DC的来源见图9-1。

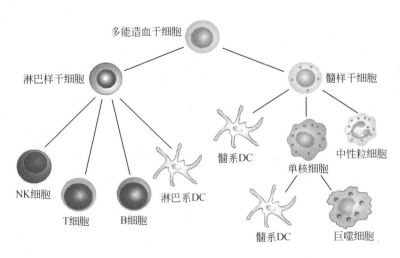

图 9-1　树突状细胞的来源

1. DC的类型　根据形态和功能特点，DC主要分为两大类，即经典DC（cDC）和浆细胞样DC（pDC）。

2. 经典DC的分化、发育、迁移和成熟

（1）前体期：髓系前体细胞存在于骨髓、外周血、脐血及胎肝中。

（2）未成熟期：未成熟DC主要存在于多种实体器官及非淋巴组织，其可通过受体（如FCrRⅡ、人甘露糖受体等）介导的内吞作用（见后述）或吞饮、吞噬作用摄取抗原。正常情况下，体内绝大多数DC处于未成熟状态，它们具有很强的内吞、加工、处理抗原的能力，但由于仅表达低水平共刺激分子和黏附分子，故刺激初始T细胞和在体外激发混合淋巴细胞反应（MLR）的能力较弱。

（3）迁移期：迁移期的DC主要存在于输入淋巴管、外周血、肝血液及淋巴组织，经过淋巴和血液循环，从输入淋巴管进入淋巴结。

（4）成熟期：受炎症等因素影响，未成熟DC能从非淋巴组织进入次级淋巴组织并逐渐成熟，未成熟DC在摄取抗原后，也可自发成熟。成熟DC主要存在于淋巴结、脾及派氏集合淋巴结，其生物学特征为：MHC分子及黏附分子表达上调，迁移能力增强，由外周逐渐向次级淋巴器官归巢，同时其摄取、处理完整蛋白抗原的能力下调。成熟DC高表达MHCⅠ类和Ⅱ类分子、共刺激分子（B7、CD40、ICAM-1）等，其细胞表面标志是CD1a、CD11c及CD83。在次级淋巴器官内，成熟DC能有效地将抗原递呈给初始T细胞并使之激活（图9-2）。

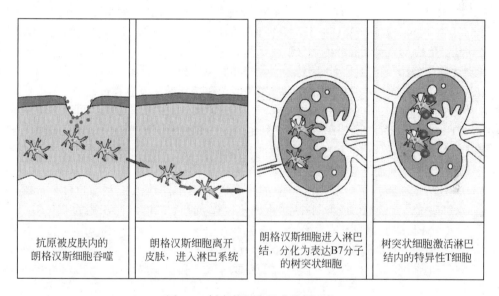

| 抗原被皮肤内的朗格汉斯细胞吞噬 | 朗格汉斯细胞离开皮肤，进入淋巴系统 | 朗格汉斯细胞进入淋巴结，分化为表达B7分子的树突状细胞 | 树突状细胞激活淋巴结内的特异性T细胞 |

图9-2 树突状细胞的成熟与迁移

3. DC的生物学功能

（1）抗原递呈功能：DC通过受体介导的内吞作用、巨吞饮及吞噬作用捕获可溶性抗原。可溶性抗原多数在富含MHCⅡ类分子的细胞内隔室中被降解成多肽，并与MHCⅡ类分子结合成复合物表达于DC表面，提呈给CD4阳性T淋巴细胞（CD4+T），少数通过MHCⅠ类分子途径提呈给CD8阳性T淋巴细胞（CD8+T）。

（2）免疫激活作用：DC是体内激活初始T细胞最重要的APC，它既能提供初始T细胞活化的抗原刺激信号（第一活化信号），也能提供共刺激信号。

（3）调节免疫应答：DC分泌的多种细胞因子和趋化因子，通过细胞间直接接触的方式或者可溶性因子间接作用的方式，调节其他免疫细胞的功能。

（4）诱导自身免疫耐受：DC是体内唯一能激活静息型T细胞产生初次免疫应答的细胞，并且能通过点状放大刺激，激活 T 细胞增殖。因此，在诱导 T 细胞活化或耐受过程中，DC 发挥着十分重要的作用。未成熟 DC 诱导免疫激活的能力较弱。有学者推测，未成熟 DC 很可能在免疫耐受的产生中发挥了重要作用，目前无直接证据支持这一理论。有观点认为 DC 的不同成熟状态有着不同的功能，DC 的不同成熟状态不仅决定 T 细胞的激活程度，而且决定 T 细胞的反应类型。存在于非淋巴组织中（如肝、肾、皮肤、血液等）的 DC 是一群未成熟 DC，具有极强的摄取、处理和一定的提呈抗原的能力。由于缺乏 B7 等共刺激分子，不能活化 T 细胞，反而使 T 细胞功能失活，诱导 T 细胞耐受，被认为是"耐受性 DC"。

（二）单核巨噬细胞系统

单核巨噬细胞系统（MPS）包括骨髓中的前单核细胞、外周血中的单核细胞及组织内的巨噬细胞（Mφ），是体内具有最活跃生物学功能的细胞类型之一。

1. 来源及组织分布 MPS 由骨髓造血干细胞衍生而来。静息 Mφ 在某些炎症因子影响下，能趋化至炎症部位。Mφ 的迁移、活化及功能的发挥均受到精密调控，从而在机体免疫防御中发挥重要作用。

2. 生物学特征

（1）表面标志：单核吞噬细胞（尤其是 Mφ）表达多种表面标志，并藉此发挥各种生物学功能。

（2）产生多种酶及分泌产物：单核吞噬细胞能产生各种溶酶体酶、溶菌酶、髓过氧化物酶等。Mφ（尤其是活化的 Mφ）还能产生和分泌近百种生物活性物质。

3. 主要生物学作用 单核巨噬细胞是参与非特异性免疫和特异性免疫的重要细胞。

（1）吞噬消化作用：Mφ 具有强大的吞噬功能。在特异性免疫应答过程中，Mφ 吞噬和杀灭病原体的能力可被增强，其主要机制是：①覆盖于病原体表面的抗体或补体可通过与 Mφ 表达FcR 或补体 C3bR 结合而发挥调理作用；②T 细胞释放的细胞因子可激活 Mφ 使病原体易被 Mφ吞噬和消化。除抵御侵入体内的病原体外，Mφ 还能吞噬清除体内代谢过程中不断产生的衰老、死亡细胞或颓变物质，从而维持机体内环境稳定。

（2）杀伤肿瘤细胞：充分活化的 Mφ 能杀伤肿瘤细胞，其机制为：①Mφ 分泌 TNF、NO 及蛋白水解酶等，直接杀伤或抑制肿瘤细胞生长；②抗肿瘤抗体与 Mφ 表面 FcR 结合，介导ADCC 效应；③Mφ 递呈肿瘤抗原，激活 T 细胞产生 TNF-α、IFN-γ、穿孔素、特异性巨噬细胞武装因子等，激活巨噬细胞并可协同作用杀伤肿瘤细胞。

（3）加工和递呈抗原：Mφ 是一类重要的专职 APC，可经吞噬、胞饮或受体介导的胞吞作用摄取抗原。

（4）调节免疫应答：Mφ 对免疫应答具有双向调节作用：①正调节，即提呈抗原、激发免疫应答；②负调节，指过度活化的 Mφ 可分泌前列腺素、TGF-α、活性氧分子等免疫抑制性物质，抑制免疫细胞活化和增殖，或直接损伤淋巴细胞，从而抑制免疫应答。

（5）介导炎症反应：在趋化因子、病原体组分等作用下，Mφ 可定向移行至炎症部位，是浸润炎症灶局部的重要炎症细胞。

（三）淋巴细胞

B 细胞是参与体液免疫应答的重要免疫细胞，也是一类重要的专职 APC。B 细胞能持续表达MHC II 类分子，能摄取、加工处理抗原，并将抗原肽 -MHC II 复合物表达于细胞表面，提呈给 T_H 细胞。一般情况下，B 细胞不表达共刺激分子 B7-1 和 B7-2，但受刺激后可表达。B 细胞无吞噬功能，主要通过 BCR 途径摄取抗原，在再次免疫应答中，尤其是抗原浓度较低时（0.001 μg/ml），B 细胞高效摄取并提呈抗原的作用具有重要生物学意义。B 细胞能提呈多种抗原，包括半抗原、大分子蛋白质、微生物抗原及自身抗原等。

二、非专职性抗原提呈细胞

机体某些细胞通常情况下不表达 MHC Ⅱ 类分子，也无抗原提呈功能，但在炎症过程中，或受某些细胞因子刺激后，可表达 MHC Ⅱ 类分子，并能处理和提呈抗原。这些细胞即非专职 APC，主要有血管内皮细胞、各种上皮细胞和间质细胞、皮肤的成纤维细胞及活化的 T 细胞。这些非专职 APC 可能参与炎症反应或某些自身免疫病的发生。

第二节　抗原的加工与提呈

细胞将胞浆内自身产生或摄入胞内的抗原消化降解为一定大小的抗原肽片段，以适合与胞内 MHC 分子结合，此过程称为抗原加工。

抗原肽与 MHC 分子结合成抗原肽 -MHC 分子复合物，并表达在细胞表面，以供 T 细胞 TCR 识别，此过程称为抗原提呈；同时 APC 表达的共刺激分子与 T 细胞表面相应配体结合，进而激活抗原特异性 T 细胞，产生免疫应答。在 TD 依耐性抗原诱导的特异性免疫应答中，抗原提呈起到关键作用。

根据抗原来源于 APC 外或 APC 内，APC 提呈的抗原可分为外源性抗原和内源性抗原，两者被 APC 加工和提呈的机制不同，分别称为胞质溶胶途径（MHC Ⅰ 类分子途径）和溶酶体途径（MHC Ⅱ 类分子途径）（图 9-3）。

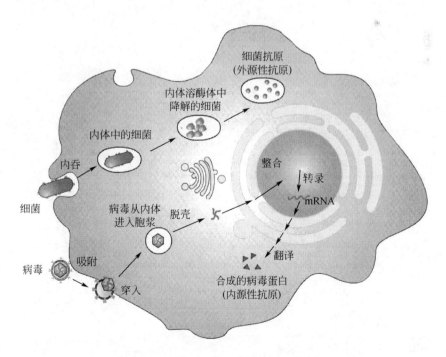

图 9-3　外源性抗原和内源性抗原的产生

一、胞质溶胶途径（MHC Ⅰ类分子途径）

（一）内源性抗原的加工处理和转运

胞内合成的内源性抗原在胞浆内被处理和转运。内源性蛋白通过蛋白酶体的孔道，可被降解为含 6～30 个氨基酸的多肽片段。经蛋白酶体降解的抗原肽片段须进入内质网（ER）才能与 MHC Ⅰ 类分子结合，该过程依赖于内质网的抗原加工相关转运体（TAP）转移至 ER 腔内与新组装的 MHC Ⅰ 分子结合。

（二）MHC Ⅰ类分子的生成和组装

MHC Ⅰ 类分子的重链（α 链）和轻链（$\beta_2 M$）在粗面 ER 中合成后，被转运至光面 ER。

（三）MHC Ⅰ类分子组装和递呈抗原肽

在伴侣蛋白参与下，MHC Ⅰ 类分子组装为二聚体，其 α 链的 α1 及 α2 功能区构成抗原肽结合沟槽，与合适的抗原肽结合形成复合物。MHC Ⅰ 类分子与 ER 上的 TAP 相连，再与经 TAP 转运的抗原肽结合，形成抗原肽 -MHC Ⅰ 分子复合物，然后与 TAP、伴侣蛋白解离，移行至高尔基体，通过分泌囊泡再移行至细胞表面，递呈给 CD8[+]T 细胞（图 9-4）。

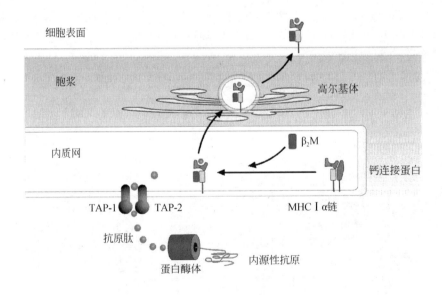

图 9-4　内源性抗原的加工及提呈过程

二、溶酶体途径（MHC Ⅱ类分子途径）

（一）外源性抗原的加工处理

外源性抗原被 APC 以胞吞作用或称内化作用而摄入体内，具体包括吞噬、吞饮或受体介导的内吞作用。所摄入的外源性抗原由胞浆膜包裹，在胞内内化形成内体，逐渐向胞浆深处移行，并与溶酶体融合形成内体/溶酶体。内体/溶酶体中含有组织蛋白酶、过氧化氢酶等多种酶，且为酸性环境，可使蛋白抗原降解为含 13～18 个氨基酸的肽段，适合与 MHC Ⅱ 类分子结合。

（二）MHC Ⅱ 类分子的合成与转运

MHC Ⅱ 类分子 α 链和 β 链在粗面 ER 中生成，并在钙联蛋白参与下折叠成异二聚体，插入粗面 ER 膜中。粗面 ER 膜上存在 Ia 相关的恒定链（Ia-associated invariant chain，Ii 链），与 MHC Ⅱ 类分子结合，形成九聚体（αβIi）3 复合物。Ii 链的作用是：①参与 α 链和 β 链折叠和组装，促进 MHC Ⅱ 类分子二聚体形成；②阻止粗面 ER 中内源性肽与 MHC Ⅱ 类分子结合；③促进 MHC Ⅱ 类分子从 ER 移行，经高尔基体进入 M Ⅱ C（APC 内一种被称为 MHC Ⅱ 类小室富含 MHC Ⅱ 类分子的溶酶体样细胞器，MHC class Ⅱ compartment，M Ⅱ C）。

胞内合成的 MHC Ⅱ 分子被高尔基体转运至一囊泡样腔室，后者称为 MHC Ⅱ 类分子腔室（M Ⅱ C）。含外来抗原多肽的内体/溶酶体可与 M Ⅱ C 融合。随后，在酸性蛋白酶作用下，使与 MHC Ⅱ 类分子结合的 Ii 链被部分降解，仅在 MHC Ⅱ 类分子抗原肽结合槽中残留一小段，称为Ⅱ类分子相关的恒定链多肽（CLIP）。

（三）MHC Ⅱ 类分子组装和提呈抗原肽

MHC Ⅱ 类分子的 α1 和 β1 功能区折叠形成抗原肽结合沟槽，其两端为开放结构，使与之结合的多肽在 N 端及 C 端可适当延伸，最适的多肽长度为 13～18 个氨基酸。

存在于 M Ⅱ C 中的 MHC Ⅱ 类分子，其抗原肽结合槽由 CLIP 占据，故不能与抗原肽结合。HLA-DM 分子（属非经典 MHC Ⅱ 类分子）可使 CLIP 与抗原肽结合沟槽离解，此时抗原肽才可与 MHC Ⅱ 类分子结合为复合物。

抗原肽-MHC Ⅱ 类分子复合物随 M Ⅱ C 向细胞表面移行，通过胞吐作用而表达于细胞表面，供 CD4$^+$T 细胞识别，完成外源性抗原肽提呈过程（图 9-5）。

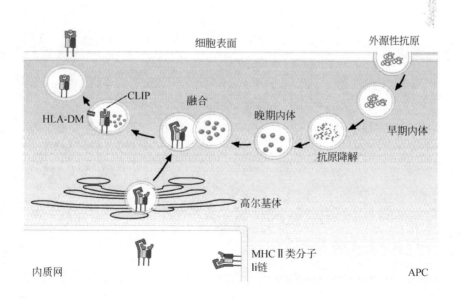

图 9-5 外源性抗原的加工及提呈过程

三、非经典抗原提呈途径——MHC 分子交叉提呈抗原的途径

（一）内源性抗原的非经典递呈途径

在某些情况下，胞质内蛋白抗原可进入自吞小泡，后者与内体/溶酶体融合，使内源性抗原按外源性抗原递呈途径进行加工、处理。形成内源性抗原肽 -MHC Ⅱ类分子复合物，移行至细胞表面并递呈给 CD4⁺T 细胞。

（二）外源性抗原的非经典递呈途径

某些外源性抗原（如分枝杆菌抗原和肿瘤抗原）可从内体/溶酶体中逸出而进入胞质，或某些外源性抗原直接穿越胞膜而进入胞质，使外源性抗原按内源性抗原递呈途径进行加工和处理。形成外源性抗原肽 -MHC Ⅰ类分子复合物，递呈给 CD8⁺T 细胞。

另外，脂类抗原在胞内无明显的加工过程，CD1 分子对外源性脂类抗原和自身脂类抗原均可以提呈。其提呈过程不依赖于 ATP 或 HLA-DM 分子，主要通过新合成的 CD1 分子在细胞表面 -内体或吞噬体 – 细胞表面的再循环过程中结合脂类抗原，进而转运至细胞膜表面参与抗原提呈。

思 考 题

1. 机体内主要的专职抗原提呈细胞有哪些？各有什么样的特点？
2. 内源性抗原是如何通过 MHC Ⅰ类分子途径加工和提呈的？
3. 外源性抗原是如何通过 MHC Ⅱ类分子途径加工和提呈的？

（陈红霞）

第十章 T 淋巴细胞

T 淋巴细胞（T lymphocyte）来源于胸腺（thymus），故称 T 细胞。成熟 T 细胞定居于外周免疫器官的胸腺依赖区，它们不但介导适应性细胞免疫应答，在胸腺依赖性抗原诱导的体液免疫应答中亦发挥重要的辅助作用。T 细胞缺陷既影响机体细胞免疫应答，也影响体液免疫应答，可导致对多种病原微生物甚至条件致病微生物（如白色念珠菌和卡氏肺囊虫）的易感性、抗肿瘤效应减弱等病理现象。

第一节 T 细胞的分化发育

骨髓多能造血干细胞（hematopoietic stem rell，HSC）在骨髓中分化成淋巴样祖细胞（lymphoid progenitor cell）。HSC 和淋巴样祖细胞均可经血液循环进入胸腺，在胸腺中完成 T 细胞的发育，成为成熟 T 细胞，再随血液循环进入外周淋巴器官，主要定居于外周淋巴器官的胸腺依赖区，接受抗原刺激发生免疫应答。整个过程中 T 细胞在胸腺中的发育至关重要。

一、T 细胞在胸腺中的发育

正常机体的成熟 T 细胞既要对多样性的非我抗原发生免疫应答，又要对自身抗原发生免疫耐受。为达到此要求，在胸腺 T 细胞的发育过程中，首先要经历其抗原识别受体（TCR）基因重排，表达多样性 TCR，然后经历阳性选择和阴性选择。因此，T 细胞在胸腺中发育的最核心事件是获得多样性 TCR 的表达、自身 MHC 限制性（阳性选择）及自身免疫耐受（阴性选择）的形成。

（一）T 细胞在胸腺中的发育和 TCR 的重排

在胸腺微环境的影响下，T 细胞的发育经历淋巴样祖细胞 - 祖 T 细胞（pro-T）- 前 T 细胞（pre-T）- 未成熟 T 细胞 - 成熟 T 细胞等阶段，不同阶段 T 细胞表达不同的表型和功能。依据 CD4 和 CD8 的表达，胸腺中的 T 细胞又可分为双阴性细胞（DN 细胞）、双阳性细胞（DP 细胞）和单阳性细胞（SP 细胞）三个阶段。

1. CD4⁻CD8⁻ 双阴性细胞阶段 pre-T 以前的 T 细胞均为 DN 细胞。其中 pro-T 重排 TCR 基因：γδT 细胞重排 γ 和 δ 链基因；而 αβT 细胞重排 β 链基因，此处为 γδT 细胞和 αβT 细胞分化的分支点。在胸腺中，αβT 细胞占 T 细胞总数的 95%~99%，γδT 细胞占 1%～5%。

αβT 细胞表达的 β 链与前 T 细胞 α 链（pre-T cell α，pTα）组装成前 TCR（pTα：β），成功表达前 TCR 的细胞即是 pre-T。在 IL-7 等细胞因子的诱导下，pre-T 增殖活跃，并表达 CD4 和 CD8，细胞进入 DP 细胞阶段。

2. CD4⁺CD8⁺ 双阳性细胞阶段 DP 的 pre-T 细胞停止增殖，开始重排 α 基因，并与 β 链组装成 TCR（α：β TCR）。成功表达 TCR 的细胞即是未成熟 T 细胞。未成熟 T 细胞经历阳性选择并进一步分化为 SP 细胞。

3. CD4⁺ CD8⁻ 或 CD4⁻CD8⁺ CD4⁻CD8⁺ 单阳性细胞阶段 SP 细胞经历阴性选择后成为成熟 T 细胞，通过血液循环进入外周免疫器官。

（二）T细胞发育过程中的αβTCR基因重排

TCR 基因群与 BCR 基因群的结构相似，其重排的过程也相似。TCRβ 基因群包括 Vβ、Dβ 和 Jβ 三类基因片段。重排时先从 Dβ 和 Jβ 中各选 1 个片段，重排成 D-J，然后与 Vβ 中的一个片段重排成 V-D-J，再与 Cβ 重排成完整的 β 链，最后与 pTα 仅组装成前 TCR，表达于 pre-T 表面。TCRα 基因群包括 Vα 和 Jα 两类基因片段。重排时从 Vα 和 Jα 中各选一个片段，重排成 V-J，再与 Cα 重排成完整的 α 链，最后与 β 链组装成完整的 TCR，表达于未成熟 T 细胞表面。TCR 的多样性形成机制主要是组合多样性和连接多样性，但其 N 序列插入的概率远高于 BCR 和免疫球蛋白，故 TCR 的多样性可达 10^{16}，而此阶段的 BCR 多样性只有 10^{11}。

（三）T细胞发育过程中的阳性选择

阳性选择（positive selection）指在胸腺皮质中，未成熟 DP 细胞表达的随机多样特异性的 TCR 与胸腺上皮细胞表面的自身抗原肽、自身 MHC Ⅰ 类分子复合物或自身抗原肽 - 自身 MHC Ⅱ 类分子复合物相互作用，能以适当亲和力结合的 DP 成活并分化为 $CD8^+$ 或 $CD4^+$ 的 SP 细胞；不能结合或高亲和力结合的 DP 细胞发生凋亡。凋亡细胞占 DP 细胞的 95% 以上。在此过程中，与 Ⅰ 类分子结合的 DP 细胞 CD8 表达水平升高，CD4 表达水平下降直至丢失；而与 Ⅱ 类分子结合的 DP 细胞 CD4 表达水平升高，CD8 表达水平下降最后丢失。因此，阳性选择的意义是：①获得 MHC 限制性；② DP 细胞分化为 SP 细胞。

（四）T细胞发育过程中的阴性选择

阴性选择，经过阳性选择的 SP 细胞在皮质髓质交界处及髓质区，与胸腺树突状细胞、巨噬细胞等表面的自身抗原肽、MHC Ⅰ 类复合物或自身抗原肽 -MHC Ⅱ 类分子复合物相互作用。高亲和力结合的 SP 细胞（即自身反应性 T 细胞）发生凋亡，少部分分化为调节性 T 细胞；而不能结合的 SP 细胞（阴性）存活成为成熟 T 细胞并进入外周免疫器官，因此，阴性选择的意义是清除自身反应性 T 细胞，保留多样性的抗原反应性 T 细胞，以维持 T 细胞的中暑免疫耐受，经过胸腺发育的 $CD4^+T$ 细胞或 $CD8^+T$ 细胞，进入胸腺髓质区，成为能特异性识别抗原肽 -MHC Ⅱ 类分子复合物或抗原肽 -MHC Ⅰ 类分子复合物、具有自身 MHC 限制性及自身免疫耐受性的初始 T 细胞，迁出胸腺，进入外周 T 细胞库。

二、T细胞在外周免疫器官中的增殖分化

从胸腺进入外周免疫器官尚未接触抗原的成熟 T 细胞称初始 T 细胞，主要定居于外周免疫器官的胸腺依赖区。T 细胞的定居与它在胸腺发育中获得相应的淋巴细胞归巢受体（如 L- 选择素等黏附分子和 CCR7 等趋化因子受体）有关，T 细胞在外周免疫器官与抗原接触后，最终分化为具有不同功能的效应 T 细胞亚群、调节性 T 细胞或记忆 T 细胞。

第二节　T淋巴细胞的表面分子及其作用

T 细胞表面具有许多重要的膜分子，它们参与 T 细胞识别抗原，活化、增殖、分化，以及效应功能的发挥。其中，一些膜分子还是区分 T 细胞及 T 细胞亚群的重要标志。

一、TCR-CD3复合物

（一）TCR的结构和功能——T细胞通过TCR识别抗原

与BCR不同，TCR并不能直接识别抗原表面的表位，只能特异性识别APC或靶细胞表面提呈的抗原肽-MHC分子复合物（pMHC）。因此，TCR识别pMHC时具有双重特异性，即既要识别抗原肽，也要识别自身MHC分子的多态性部分，称为MHC限制性（MHC restriction）。TCR是由两条不同肽链构成的异二聚体，构成TCR的肽链有α、β、γ、δ四种。根据所含肽链的不同，TCR分为TCRαβ和TCRγδ，表达相应TCR的T细胞分别称为αβT细胞和γδT细胞。构成TCR的两条肽链均是跨膜蛋白，由二硫键相连。每条肽链的胞膜外区各含一个可变（V）区和一个恒定（C）区。V区中含有三个互补决定区（CDR1、CDR2和CDR3），是TCR识别pMHC的功能区。两条肽链的跨膜区具有带正电荷的氨基酸残基（赖氨酸或精氨酸）。通过盐桥与CD3分子的跨膜区连接，形成TCR-CD3复合体。构成TCR的两条肽链的胞质区很短，不具备转导活化信号的功能。TCR识别抗原所产生的活化信号由CD3传导至T细胞内。

（二）CD3的结构和功能

CD3具有五种肽链，即γ、δ、ε、ζ和η链，均为跨膜蛋白，跨膜区具有带负电荷的氨基酸残基（天冬氨酸），与TCR跨膜区带有正电荷的氨基酸残基形成盐桥。γ、δ、ε、ζ和η肽链的胞质区均含有免疫受体酪氨酸激活模体（ITAM）。其酪氨酸残基（Y）被细胞内的酪氨酸蛋白激酶磷酸化后，可募集其他含有SH2结构域的酪氨酸蛋白激酶（如ZAP-70），通过一系列信号转导过程激活T细胞。ITAM的磷酸化和与ZAP-70的结合是T细胞活化信号转导过程早期阶段的重要生化反应之一。因此，CD3分子的功能是转导TCR识别抗原所产生的活化信号。

二、CD4、CD8

成熟T细胞只表达CD4或CD8，即CD4$^+$T细胞或CD8$^+$T细胞。CD4和CD8的主要功能是辅助TCR识别抗原和参与T细胞活化信号的传导，因此又称为TCR共受体。CD4是单链跨膜蛋白，胞膜外区具有四个免疫球蛋白样结构域，其中远膜端的两个结构域能够与MHC Ⅱ类分子β2结构域结合。CD8是由α和β肽链组成的异二聚体，两条肽链均为跨膜蛋白，由二硫键连接，膜外区各含一个免疫球蛋白样结构域，能够与MHC Ⅰ类分子重链的α3结构域结合。

CD4和CD8分别与MHC Ⅱ类和MHC Ⅰ类分子结合，可增强T细胞与APC或靶细胞之间的相互作用并辅助TCR识别抗原。CD4和CD8的胞质区可结合酪氨酸蛋白激酶p56lck。p56lck激活后，可催化CD3胞质区ITAM中酪氨酸残基的磷酸化，参与TCR识别抗原所产生的活化信号的转导过程。CD4还是人类免疫缺陷病毒（HIV）的受体。HIV的gp120蛋白结合CD4是HIV侵入并感染CD4$^+$T细胞或CD4$^+$巨噬细胞的重要机制。

三、共刺激分子

共刺激分子是为T（或B）细胞完全活化提供共刺激信号的细胞表面分子及其配体。初始T细胞的完全活化需要两种活化信号的协同作用。第一信号（或抗原刺激信号）由TCR识别APC提呈的pMHC而产生，经CD3转导信号，CD4或CD8起辅助作用。第一信号使T细胞初步活化，代表适应性免疫应答的严格特异性。第二信号（或共刺激信号）则由 APC 或靶细胞表面的共刺激分子与 T 细胞表面相应的共刺激分子相互作用而产生。共刺激信号使 T 细胞完全活化，只有完全活化的 T 细胞才能进一步分泌细胞因子和表达细胞因子受体，在细胞因子的作用下分化和增殖。没有共刺激信号，T 细胞不能活化而克隆失能。

T 细胞表面的共刺激分子大多是免疫球蛋白超家族（IgSF）成员，如 CD28 家族成员（CD28、CTLA-4、ICOS 和 PD-1）、CD2 和 ICAM 等，CD28 家族的配体为 CD80（B7-1）、CD86（B7-2）、ICOSL、PD-L1 和 PD-L2 等。此外，还有肿瘤坏死因子超家族（TNFSF）成员（如 CD40L 和 FasL）和整合素家族成员（如 LFA-I）等。

1. CD28 是由两条相同肽链组成的同源二聚体，表达于 90% 的 $CD4^+$T 细胞和 50% 的 $CD8^+$T 细胞。CD28 的配体是 CD80 和 CD86，后者主要表达于专职 APC。CD28 产生的共刺激信号在 T 细胞活化中发挥重要作用，诱导 T 细胞表达抗细胞凋亡蛋白（Bcl-XL 等），防止细胞凋亡；刺激 T 细胞合成 IL-2 等细胞因子，促进 T 细胞的增殖和分化。

2. CTLA-4（CD152） CTLA-4 表达于活化的 $CD4^+$ 和 $CD8^+$T 细胞，其配体亦是 CD80 和 CD86，但 CTLA-4 与配体结合的亲和力显著高于 CD28。由于 CTLA-4 的胞质区有免疫受体酪氨酸抑制基序（ITIM），故传递抑制性信号。通常 T 细胞活化并发挥效应后才表达 CTLA-4，所以其作用是下调或终止 T 细胞活化。

3. ICOS 表达于活化 T 细胞，配体为 ICOSL。初始 T 细胞的活化主要依赖 CD28 提供共刺激信号，而 ICOS 则在 CD28 之后起作用，调节活化 T 细胞多种细胞因子的产生，并促进 T 细胞增殖。

4. PD-1 表达于活化 T 细胞，配体为 PD-L1 和 PD-L2。PD-1 与配体结合后，可抑制 T 细胞的增殖，以及 IL-2 和 IFN-γ 等细胞因子的产生，并抑制 B 细胞的增殖、分化和免疫球蛋白的分泌。PD-1 还参与外周免疫耐受的形成。

5. CD2 又称淋巴细胞功能相关抗原 -2（LFA-2），配体为 LFA-3（CD58）或 CD48（小鼠和大鼠）。CD2 表达于 95% 成熟 T 细胞、50% ~ 70% 胸腺细胞及部分 NK 细胞，除介导 T 细胞与 APC 或靶细胞之间的黏附外，还为 T 细胞提供活化信号。

6. CD40 配体 CD40 配体（CD40L，CD154）主要表达于活化的 $CD4^+$T 细胞，而 CD40 表达于 APC。CD40L 与 CD40 的结合所产生的效应是双向性的。一方面，促进 APC 活化，促进 CD80/CD86 表达和细胞因子（如 IL-12）分泌；另一方面，也促进 T 细胞的活化。在 TD-Ag 诱导的免疫应答中，活化 T_H 细胞表达的 CD40L 与 B 细胞表面的 CD40 的结合可促进细胞的增殖、分化、抗体生成和抗体类别转换，诱导记忆 B 细胞的产生。

7. LFA-1 和 ICAM-1 T 细胞表面的淋巴细胞功能相关抗原（LFA-1）与 APC 表面的细胞间黏附分子 -1（ICAM-1）相互结合，介导 T 细胞与 APC 或靶细胞的黏附。T 细胞也可表达 ICAM-1，同 APC、靶细胞或其他 T 细胞表达的 LFA-1 结合。

四、丝裂原受体及其他表面分子

T 细胞还表达多种丝裂原受体，丝裂原可非特异性直接诱导静息 T 细胞活化和增殖，刀豆蛋白 A（Con A）和植物血凝素（PHA）是最常用的 T 细胞丝裂原。商陆丝裂原（PMW）除诱导 T 细胞活化外，还可诱导 B 细胞活化。

T 细胞活化后还表达许多与效应功能有关的分子。例如，与其活化、增殖和分化密切相关的细胞因子受体（IL-1R、IL-2R、IL-4R、IL-6R、IL-7R、IL-12R、IFN-7R 和趋化因子受体等）及可诱导细胞凋亡的 FasL（CD95L）等。T 细胞也表达 Fc 受体（如 Fcγ R 等）和补体受体（CR1）等。

第三节 T细胞的分类和功能

T细胞具有高度异质性，按照不同的分类方法，T细胞可分为若干亚群，各亚群之间相互调节，共同发挥其免疫学功能。

一、根据所处的活化阶段分类

（一）初始T细胞

初始T细胞是指从未接受过抗原刺激的成熟T细胞，处于细胞周期的G0期，存活期短，表达CD45RA和高水平的L-选择素（CD62L），参与淋巴细胞再循环，主要功能是识别抗原。初始T细胞在外周淋巴器官内接受DC提呈的pMHC刺激而活化，并最终分化为效应T细胞和记忆T细胞。

（二）效应T细胞

效应T细胞存活期短，除表达高水平的高亲和力IL-2受体外，还表达整合素，是行使免疫效应的主要细胞。效应T细胞主要是向外周炎症部位或某些器官组织迁移，并不再循环至淋巴结。

（三）记忆T细胞

记忆T细胞（T cell，Tm）可能由效应T细胞分化而来，也可能由初始T细胞接受抗原刺激后直接分化而来。其存活期长，可达数年，接受相同抗原刺激后可迅速活化，并分化为效应T细胞，介导再次免疫应答。Tm表达CD45RO和黏附分子如CD44，参与淋巴细胞再循环。即使没有抗原或MHC分子的刺激，Tm仍可长期存活，通过自发增殖维持一定数量。

二、根据TCR类型分类

根据TCR类型，T细胞可分为表达TCRαβ的T细胞和表达TCRγδ的T细胞，分别简称αβT细胞和γδT细胞。

（一）αβT细胞

αβT细胞即通常所称的T细胞，占脾脏、淋巴结和循环T细胞的95%以上，如未特指，本书所述的各类T细胞均为αβT细胞。

（二）γδT细胞

γδT细胞主要分布于皮肤和黏膜组织，其抗原受体缺乏多样性，识别抗原无MHC限制性，主要识别CD1分子提呈的多种病原体表达的共同抗原成分，包括糖脂、某些病毒的糖蛋白、分枝杆菌的磷酸糖和核苷酸衍生物，热休克蛋白（HSP）等。大多数γδT细胞为$CD4^-CD8^-$，少数可表达CD8。γδT细胞具有抗感染和抗肿瘤作用，可杀伤病毒或细胞内细菌感染的靶细胞，表达热休克蛋白和异常表达CD1分子的靶细胞，以及杀伤某些肿瘤细胞。活化的γδT细胞通过分泌多种细胞因子（包括IL-2、IL-3、IL-4、IL-5、IL-6、CM-CSF、TNF-α和IFN-γ等）发挥免疫调节作用和介导炎症反应。

三、根据 CD 分子分亚群

根据是否表达 CD4 或 CD8，T 细胞分为 CD4$^+$T 细胞和 CD8$^+$T 细胞。

（一）CD4$^+$T 细胞

CD4 表达于 60% ～ 65% 的 T 细胞及部分 NKT 细胞，巨噬细胞和树突状细胞亦可表达 CD4，但表达水平较低。CD4$^+$T 细胞识别由 13 ～ 17 个氨基酸残基组成的抗原肽，受自身 MHC Ⅱ 类分子的限制，活化后，分化为 T$_H$ 细胞，但也有少数 CD4$^+$ 效应 T 细胞具有细胞毒作用和免疫抑制作用。

（二）CD8$^+$T 细胞

CD8 表达于 30% ～ 35% 的 T 细胞。CD8$^+$T 细胞识别由 8 ～ 10 个氨基酸残基组成的抗原肽，受自身 MHC Ⅰ 类分子的限制，活化后，分化为细胞毒性 T 细胞（CTL），具有细胞毒作用，可特异性杀伤靶细胞。

四、根据功能特征分亚群

根据功能的不同，T 细胞可分为辅助 T 细胞、细胞毒性 T 细胞和调节性 T 细胞。这些细胞实际上是初始 CD4$^+$T 细胞或初始 CD8$^+$T 细胞活化后分化成的效应细胞。

（一）辅助 T 细胞

辅助 T 细胞（helper T cell，T$_H$）均表达 CD4，通常所称的 CD4$^+$T 细胞即指 T$_H$。未受抗原刺激的初始 CD4$^+$T 细胞为 T$_{H_0}$。T$_{H_0}$ 向不同谱系的分化受抗原性质和细胞因子等因素的调控，而最重要的影响因素是细胞因子的种类和细胞因子之间的平衡。例如，胞内病原体和肿瘤抗原，以及 IL-12、IFN-γ 诱导 T$_{H_0}$ 向 T$_{H_1}$ 分化，其中 IL-12 主要由 APC 产生。普通细菌和可溶性抗原，以及 IL-4 诱导 T$_{H_0}$ 向 T$_{H_2}$ 分化，其中 IL-4 主要由局部环境中 NKT 细胞及嗜酸粒细胞和嗜碱粒细胞等所产生。TGF-β、IL-4 和 IL-10 诱导 T$_{H_0}$ 向 T$_{H_3}$ 分化。TGF-β 和 IL-6 诱导 T$_{H_0}$ 分化为 TH17。TGF-β 和 IL-2 诱导 T$_{H_0}$ 分化为 Treg。IL-21 和 IL-6 诱导 T$_{H_0}$ 分化为 Tfh。除细胞因子外，APC 表达的共刺激分子对 T$_{H_0}$ 的分化方向亦发挥调节作用。例如，ICOS 可促进 T$_{H_2}$ 的分化，而 4-1BB 可能与 T$_{H_1}$ 的分化有关。

（1）T$_{H_1}$ 主要分泌 T$_{H_1}$ 型细胞因子，包括 IFN-γ、TNF、IL-2 等。它们能促进 T$_{H_1}$ 的进一步增殖，进而发挥细胞免疫效应，同时还能抑制 T$_{H_2}$ 增殖。

T$_{H_1}$ 细胞的主要效应是通过分泌的细胞因子增强细胞介导的抗感染免疫，特别是抗胞内病原体的感染。例如，IFN-γ 活化巨噬细胞，增强其杀伤已吞噬的病原体的能力。IFN-γ 还能促进 IgG 的生成。IL-2、IFN-γ 和 IL-12 可增强 NK 细胞的杀伤能力。IL-2 和 IFN-γ 协同刺激 CTL 的增殖和分化。TNF 除直接诱导靶细胞凋亡外，还能促进炎症反应。另外，T$_{H_1}$ 也是迟发型超敏反应中的效应 T 细胞，故也称为迟发型超敏反应 T 细胞（TDTH）。在病理情况下，T$_{H_1}$ 参与许多自身免疫病的发生和发展，如类风湿关节炎和多发性硬化症等。

（2）T$_{H_2}$ 主要分泌 T$_{H_2}$ 型细胞因子，包括 IL-4、IL-5、IL-10 及 IL-13 等。它们能促进 T$_{H_2}$ 细胞的增殖，进而辅助 B 细胞活化，发挥体液免疫的作用，同时抑制 T$_{H_1}$ 增殖。

T_{H_2} 的主要效应是辅助 B 细胞活化，其分泌的细胞因子也可促进 B 细胞的增殖、分化和抗体的生成。T_{H_2} 在变态反应及抗寄生虫感染中也发挥重要作用。IL-4 和 IL-5 可诱导 IgE 生成和嗜酸粒细胞活化；特应性皮炎和支气管哮喘的发病与 T_{H_2} 型细胞因子分泌过多有关。

（3）T_{H_3} 主要分泌大量 TGF-β，起免疫抑制的作用，有人将其归入 Treg 的亚群。

（4）$T_{H_{17}}$ 通过分泌 IL-17（包括 IL-17A~IL-17F）、IL-21、IL-22、IL-26、TNF-α 等多种细胞因子参与固有免疫和某些炎症的发生，在免疫病理损伤，特别是自身免疫病的发生和发展中起重要作用。

（5）T_{FH}：是一种存在于外周免疫器官淋巴滤泡的 $CD4^+T$ 细胞，其产生的 IL-21 在 B 细胞分化为浆细胞、产生抗体和免疫球蛋白类别转换中发挥重要作用，是辅助 B 细胞应答的关键细胞。

需要指出的是，不同亚群的 T_H 分泌不同的细胞因子，只不过反映了这些细胞处于不同分化状态，这种分化状态不是恒定不变的，在一定条件下是可以相互转变的。

（二）细胞毒性 T 细胞

细胞毒性 T 细胞（cytoloxic T lymphocyte，CTL）表达 CD8，通常所称的 $CD8^+T$ 细胞即指 CTL，而同样有细胞毒作用的 γδT 细胞和 NKT 细胞不属于 CTL。CTL 的主要功能是特异性识别内源性抗原肽 -MHC I 类分子复合物，进而杀伤靶细胞（细胞内寄生病原体感染的细胞或肿瘤细胞）。杀伤机制主要有两种：一是分泌穿孔素、颗粒酶、粒溶素及淋巴毒素 LTα）等物质直接杀伤靶细胞；二是通过 Fas/FasL 途径诱导靶细胞凋亡。CTL 在杀伤靶细胞的过程中自身不受伤害，可连续杀伤多个靶细胞。

（三）调节性 T 细胞

调节性 T 细胞（regulatory T cell，Treg）是 $CD4^+CD25^+Foxp3^+$ 的 T 细胞。Foxp3（forkhead box p3）是一种转录因子，不仅是 Treg 的重要标志，也参与 Treg 的分化和功能。Foxp3 缺陷会使得 Treg 减少或缺如，从而导致人、小鼠发生严重的自身免疫病。Treg 主要通过两种方式负调控免疫应答：直接接触抑制靶细胞活化；分泌 TGF-β、IL-10 等细胞因子抑制免疫应答。在免疫耐受、自身免疫病、感染性疾病、器官移植及肿瘤等多种疾病中发挥重要作用。根据来源可分为两类：

（1）自然调节性 T 细胞：直接从胸腺分化而来，占外周血 $CD4^+T$ 细胞的 5% ~ 10%。

（2）诱导性调节性 T 细胞或称适应性调节性 T 细胞：由初始 $CD4^+T$ 细胞在外周经抗原及其他因素（如 TGF-β 和 IL-2）诱导产生。Treg 还包括 T_{rl} 相 T_{H_3} 两种亚群。

1）Tr1 主要分泌 IL-10 及 TGF-β，主要抑制炎症性自身免疫反应和由 T_{Hl} 介导的淋巴细胞增殖及移植排斥反应。此外，Tr1 分泌的 IL-10 可能在防治超敏反应性疾病中起作用。

2）T_{H_3} 主要产生 TGF-β，通常在口服耐受和黏膜免疫中发挥作用。

思 考 题

1. T 细胞在胸腺中发育要经过哪三个阶段？
2. 试述 T 细胞的分类。

（肖 凌）

第十一章 B淋巴细胞

B淋巴细胞（B lymphocyte）由哺乳动物骨髓或禽类法氏囊（bursa of Fabricius）中的淋巴样干细胞分化发育而来。成熟B细胞主要定居于外周淋巴器官的淋巴滤泡内，约占外周淋巴细胞总数的20%。B细胞表面的多种膜分子在其分化和功能执行中有重要作用。B细胞不仅能通过产生抗体发挥特异性体液免疫功能，同时也是重要的抗原提呈细胞，并参与免疫调节。

第一节　B细胞的分化发育

哺乳动物的B细胞是在中枢免疫器官——骨髓中发育成熟的。骨髓中基质细胞表达的细胞因子和黏附分子是诱导B细胞发育的必要条件。B细胞在中枢免疫器官中的分化发育过程中发生的主要事件是功能性B细胞受体（B cell receptor，BCR）的表达和B细胞自身免疫耐受的形成。

一、BCR的基因结构及其重排

BCR是表达于B细胞表面的免疫球蛋白，即膜型免疫球蛋白（mIg）。B细胞通过BCR识别抗原，接受抗原刺激，启动体液免疫应答。编码BCR的基因群在胚系阶段以分隔的、数量众多的基因片段的形式存在。基因重排是指在B细胞的分化发育过程中，BCR基因片段发生重新排列和组合，从而产生数量巨大、能识别特异性抗原的BCR。TCR和BCR基因结构及重排的机制十分相似，见图11-1。

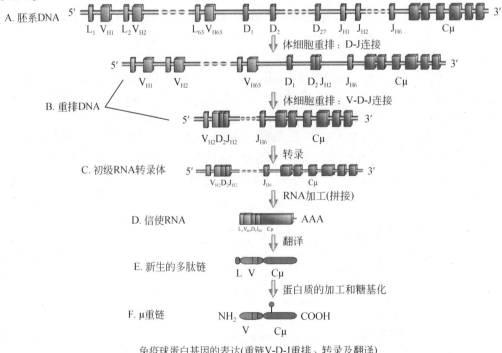

免疫球蛋白基因的表达(重链V-D-J重排、转录及翻译)

图11-1　免疫球蛋白基因重链重排和表达示意图

（一）BCR 的基因结构

人免疫球蛋白重链基因群位于第 14 号染色体长臂，由编码可变区的 V 基因片段（V_H）、D 基因片段（D_H）和 J 基因片段（J_H），以及编码恒定区的 C 基因片段组成。人免疫球蛋白轻链基因群分为 κ 基因和 λ 基因，分别定位于第 2 号染色体短臂和第 22 号染色体长臂。轻链 V 区基因只有 V、J 基因片段。轻重链基因分别由多个基因片段组成，其中人的 V_H、D_H 和 J_H 的基因片段数分别为 45、23 和 6 个；Vκ 和 Jκ 基因片段数分别为 40 和 5 个，Vλ 和 Jλ 基因片段数分别为 30 和 4 个；重链 C 基因片段数有 9 个，其排列顺序是 5′-cμ-Cδ-Cγ3-Cγ1-Cα1-Cγ2-Cγ4-Cε-Cα2-3′。Cκ 基因片段数只有 1 个，Cλ 基因片段数有 4 个（Cλ1、Cλ2、Cλ3 和 Cλ7）。

（二）BCR 的基因重排机制

免疫球蛋白的胚系基因是以被分隔开的基因片段的形式成簇存在的，只有通过基因重排形成 V-D-J（重链）或 V-J（轻链）连接后，再与 C 基因片段连接，才能编码完整的免疫球蛋白多肽链，进一步加工、组装成有功能的 BCR。免疫球蛋白 V 区基因的重排主要是通过重组酶的作用来实现的，其作用包括识别位于 V（D）J 基因片段两端的保守序列，切断、连接及修复 DNA 等。重组酶包括：①重组激活酶基因（RAG）编码重组激活酶：有 RAG_1 和 RAG_2 两种，形成 RAG_1/RAG_2 复合物；②末端脱氧核苷酸转移酶（TdT）：可将数个至十数个核苷酸（N 序列，即未知序列）通过一种非模板编码的方式捕入到 V、D、J 基因重排过程中出现的 DNA 断端；③其他：DNA 外切酶、DNA 合成酶等。

通过重组酶的作用，从众多 V（D）J 基因片段中选择一个 V 片段、一个 D 片段（轻链无 D 片段）和一个 J 片段重排在一起，形成 V（D）J 连接，最终表达为有功能的 BCR。

免疫球蛋白胚系基因重排的发生具有明显的程序化，首先是重链可变区发生基因重排，随后是轻链重排，经过免疫球蛋白胚系基因的重排，B 细胞的 DNA 序列与其他体细胞有很大不同。

（三）等位排斥和同型排斥

一个 B 细胞克隆只表达一种 BCR，只分泌一种抗体。对于遗传上是杂合子的个体来说，保证 B 细胞克隆单一的特异性及只表达一种 κ 型的轻链，主要是通过等位排斥和同型排斥的机制来实现的。等位排斥是指 B 细胞中一条染色体上的重链（或轻链）基因重排成功后，抑制另一条同源染色体上重链（或轻链）基因的重排。同种型排斥是指 κ 轻链基因重排成功后抑制 X 轻链基因的重排。

二、抗原识别受体多样性产生的机制

免疫系统中 T 细胞库和 B 细胞库分别包含所有特异性不同的 T 细胞克隆和 B 细胞克隆。这种抗原识别受体的多样性在基因重排过程中产生，其机制主要包括组合多样性、连接多样性、受体编辑和体细胞高频突变。

（一）组合多样性

组合多样性指在免疫球蛋白 V、（D）、J 基因片段重排时，只能分别在众多 V、（D）、J 基因片段中各取用一个，因而可产生众多 V 区基因片段组合。以人类免疫球蛋白重链 V 区为例，其排列组合的种类可达 40（V_H）×25（V_D）×6（V_J）=6000 种之多。以此类推，$V_κ$ 和 $V_λ$ 的 J 基因片段的组合种类分别达 200 种和 120 种。理论上，IgV 区基因片段的组合加上轻重链组合后的多样性约为 $1.9×10^6$。

（二）连接多样性

基因片段之间的连接往往有插入、替换或缺失核苷酸的情况发生，从而产生新的序列，称为连接多样性。连接多样性包括：①密码子错位：待接 DNA 断端替换或缺失 $3×n$ 个核苷酸，使其产物增加或减少 n 个氨基酸，后续序列不变；②框架移位：替换或缺失 I 或 $2+3×n$ 个核苷酸，后续序列完全改变；③N 序列插 A，TdT 能将 Ⅳ 序列插入待接 DNA 的断端，从而显著增加了 BCR 和免疫球蛋白的多样性。

（三）受体编辑

受体编辑指一些完成基因重排并成功表达 BCR（mIgM）的 B 细胞识别自身抗原后未被克隆清除，而是发生 RAC 基因重新活化，导致轻链 Ⅵ 再次重排，合成新的轻链，替代自身反应性轻链，从而使 BCR 获得新的特异性。若受体编辑不成功，则该细胞凋亡。受体编辑使 BCR 的多样性进一步增加。

（四）体细胞高频突变

体细胞高频突变形成的多样性是在已完成坫基因重排的基础上，成熟 B 细胞在外周淋巴器官生发中心接替抗原刺激后发生。体细胞高频突变的方式是主要在编码 V 区 CDR 部位的基因序列发生碱基的点突变。体细胞高频突变不仅能增加抗体的多样性，而且可导致抗体的亲和力成熟。

三、B 细胞在中枢免疫器官中的分化发育

B 细胞在骨髓中的发育经历了祖 B 细胞（pro-Bcell）、前 B 细胞（pre-B cell）、未成熟 B 细胞（immature B cell）和成熟 B 细胞（mature B cell）等几个阶段。

（一）祖 B 细胞

早期 pro-B 开始重排重链可变区基因 D-J，晚期 pro-B 的 V-D-J 基因发生重排，但此时没有 mIgM 的表达。pro-B 开始表达 Ig α/Ig β 异源二聚体，是 B 细胞的重要标记。

（二）前 B 细胞

前 B 细胞的特征是表达前 B 细胞受体（pre-BCR），并经历大 pre-B 和小 pre-B 两个阶段。pre-BCR 由 μ 链和替代轻链组成，可抑制另一条重链基因的重排，促进 B 细胞的增殖。大 pre-B 细胞进一步发育成为小 pre-B 细胞，小 pre-B 细胞开始发生轻链基因重排，但依然不能表达功能性 BCR。

（三）未成熟 B 细胞

未成熟 B 细胞的特征是可以表达完整 BCR（mIgM），此时如受抗原刺激，则引发凋亡而导致克隆清除，形成自身免疫耐受。

（四）成熟 B 细胞

成熟 B 细胞又称初始 B 细胞（naive B cell）。成熟 B 细胞表面可同时表达 mIgM 和 mIgD，其可变区完全相同。前 B 细胞表面表达重链和替代轻链（由 λ5 和 Vpre-B 组成），未成熟 B 细胞表达完整的重链和轻链。

B 细胞在骨髓的分化发育过程不受外来抗原影响，称为 B 细胞分化的抗原非依赖期。B 细胞在骨髓微环境诱导下发育为初始 B 细胞，离开骨髓，到达外周免疫器官的 B 细胞区定居，在那里接受外来抗原的刺激而活化、增殖，进一步分化成熟为浆细胞和记忆 B 细胞，此过程称为 B 细胞分化的抗原依赖期。

B 细胞在骨髓中的发育不依赖抗原，经历了祖 B 细胞，前 B 细胞、未成熟 B 细胞和成熟 B 细胞等阶段，成熟 B 细胞迁移到外周，在抗原的刺激下进一步分化成浆细胞和记忆 B 细胞。

四、B 细胞中枢免疫耐受的形成——B 细胞发育过程中的阴性选择

前 B 细胞在骨髓中发育至未成熟 B 细胞后，其表面仅表达完整的 mIgM。此时的 mIgM 若与骨髓中的自身抗原结合，即导致细胞凋亡，形成克隆清除。其中一些识别自身抗原的未成熟 B 细胞可通过受体编辑改变 BCR 特异性。另外一些与自身抗原结合的未成熟 B 细胞可引起 mIgM 表达下调，这类细胞可进入外周免疫器官，但对抗原刺激不产生应答，称为失能。因此在骨髓中发育的未成熟 B 细胞通过克隆清除、受体编辑和失能等机制形成对自身抗原的免疫耐受，成熟的 B 细胞进入外周淋巴组织仅被外来抗原激活，发挥体液免疫应答。

第二节　B 细胞的表面分子及其作用

B 细胞表面有众多膜分子，它们在 B 细胞识别抗原、活化、增殖及抗体产生等过程中发挥作用。

一、B 细胞抗原受体复合物

B 细胞表面最重要的分子是 B 细胞抗原受体（B cell receptor，BCR）复合物。BCR 复合物由识别和结合抗原的 mIg 和传递抗原刺激信号的 Igα/Igβ（CD79a/CD79b）异二聚体组成。

（一）膜表面免疫球蛋白

膜表面免疫球蛋白（mIg）是 B 细胞的特征性表面标志。mIg 以单体形式存在，能特异性结合抗原，但由于其胞质区很短，不能直接将抗原刺激的信号传递到 B 细胞内，需要其他分子的辅助来完成抗原后信号的传递。在抗原刺激下，B 细胞最终分化为浆细胞，浆细胞不表达 mIg。

（二）Igα/Igβ（CD79a/CD79b）

Igα 和 Igβ 均属免疫球蛋白超家族，有胞外区、跨膜区和相对较长的胞质区。Igα 和 Igβ 在胞外区的近胞膜处借二硫键相连，构成二聚体。跨膜区均有极性氨基酸，借静电吸引而组成毡定的 BCR 复合物。胞质区含有免疫受体酪氨酸激活基序（ITAM），通过募集下游信号分子，转

导抗原与 BCR 结合所产生的信号，见图 11-2。

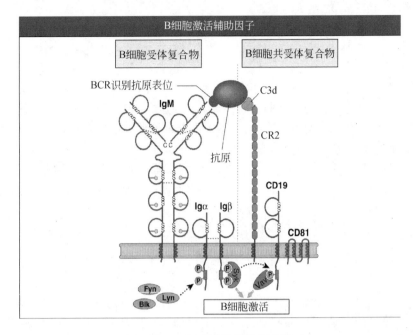

图 11-2　BCR 复合物结构示意图

二、B 细胞共受体

共受体能促进 BCR 对抗原的识别及 B 细胞的活化。B 细胞表面的 CD19 与 CD21 及 CD81 非共价相连，形成 B 细胞的多分子共受体，能增强 BCR 与抗原结合的稳定性，与 Igα/Igβ 共同传递 B 细胞活化的第一信号。其中 CD21 可结合 C3d，形成 CD21-C3d- 抗原 -BCR 复合物，发挥共受体作用；CD19 传递活化信号；此外 CD21 与 EB 病毒受体病毒选择性感染 B 细胞有关。

三、共刺激分子

抗原与 B 细胞 BCR 结合，所产生的信号经由 CD79a/b 和 CD19 转导至细胞内。此即为 B 细胞活化的第一信号，但仅有第一信号不足以使 B 细胞活化，还需要第二信号。第二信号主要由 T_H 细胞和 B 细胞表面的共刺激分子间的相互作用产生。在共刺激信号的作用下，B 细胞活化增殖产生适应性体液免疫应答。而作为 APC，B 细胞可以通过共刺激分子促进 T 细胞的增殖。

1. CD40　属肿瘤坏死因子受体超家族（TNFRSF），组成性地表达于成熟 B 细胞。CD40 的配体（CD40 即 CD154）表达于活化 T 细胞。CD40 与 CD40L 的结合是 B 细胞活化的第二信号，对 B 细胞分化成熟和抗体产生起重要作用。

2. CD80 和 CD86　CD80（B7-1）和 CD86（B7-2）在静息 B 细胞不表达或低表达，在活化 B 细胞表达增强，它与 T 细胞表面 CD28 和 CTLA-4 相互作用，CD28 提供 T 细胞活化的第二信号，CTLA-4 抑制 T 细胞活化信号。

3. 黏附分子　T_H 细胞对 B 细胞的辅助及活化 B 细胞向 T 细胞提呈抗原，均需要细胞间的接触，黏附分子在此过程中起很大的作用。表达于 B 细胞的黏附分子有 ICAM-1（CD54）、LFA-1（CD11a/

CD18）等，这些黏附分子也具有共刺激作用。

四、其他表面分子

1. CD20　表达于除浆细胞外各发育阶段的 B 细胞，可调节钙离子跨膜流动，从而调控 B 细胞的增殖和分化，CD20 是 B 细胞特异性标志，是治疗性单抗识别的靶分子。

2. CD22　特异性表达于 B 细胞，其胞内段含有 ITIM，是 B 细胞的抑制性受体，能负调节 CD19/CD21/CD81 共受体。

3. CD32　有 a、b 两个亚型，其中 CD32b 即 FcγR Ⅱ B，能负反馈调节 B 细胞活化及抗体的分泌。

第三节　B 细胞的分类

外周的成熟 B 细胞分为两个亚群。根据是否表达 CD5 分子，可分为 $CD5^+$ 的 B1 细胞和 $CD5^-$ 的 B2 细胞两个亚群。B1 细胞主要产生低亲和力的 IgM，参与固有免疫；B2 细胞即通常所指的 B 细胞，是参与适应性体液免疫的主要细胞。

一、B1　细　胞

B1 细胞占 B 细胞总数的 5% ～ 10%，主要定居于腹膜腔、胸膜腔和肠道黏膜固有层中。B1 细胞在个体发育胚胎期即产生，具有自我更新能力。B1 细胞表达的免疫球蛋白可变区相对保守，主要针对糖类（如细菌多糖等）产生较强的应答，无需 T_H 细胞的辅助，不发生免疫球蛋白的类别转换。B1 细胞合成的低亲和力免疫球蛋白能与多种不同的抗原表位结合，表现为多反应性，在无明显外源性抗原刺激的情况下，B1 细胞能自发分泌针对微生物脂多糖和某些自身抗原的 IgM，这些抗体称为天然抗体。B1 细胞属固有免疫细胞，在免疫应答的早期发挥作用，尤其在腹膜腔等部位能对微生物感染迅速产生抗体，构成了机体免疫的第一道防线。B1 细胞也能产生多种针对自身抗原的抗体，与自身免疫病的发生有关。

二、B2　细　胞

B2 细胞是分泌抗体参与体液免疫应答的主要细胞。B2 细胞在个体发育中出现得相对较晚，定位于外周淋巴器官。在抗原刺激和 T_H 细胞的辅助下，B2 细胞最终分化成抗体形成细胞——浆细胞，产生抗体，行使体液免疫功能。初次免疫应答后保留下来的部分高亲和力细胞分化成为记忆 B 细胞，当再次感染时记忆 B 细胞可以快速分化为浆细胞，介导迅速的再次免疫应答。

第四节　B 淋巴细胞的功能

B 细胞的主要功能是产生抗体，介导体液免疫应答。B 细胞还可提呈可溶性抗原，产生细胞因子参与免疫调节。

一、产生抗体，介导体液免疫应答

B 细胞通过产生抗体，介导体液免疫应答，抗体具有中和作用、激活补体、调理作用、ADCC、参与 I 型超敏反应等功能。

二、提呈抗原

B 细胞作为专职性抗原提呈细胞能够摄取、加工并提呈抗原，对可溶性抗原的提呈尤为重要。

三、免疫调节功能

B 细胞产生的细胞因子（IL-6、IL-10、TNF-α 等）参与调节巨噬细胞、树突状细胞、NK 细胞及 T 细胞的功能。最近发现有一群调节性 B 细胞可通过分泌 IL-10、TGF-β 等抑制性细胞因子产生负向免疫调节作用。

思 考 题

1. 什么是等位排斥？什么是同型排斥？
2. 试述 B 淋巴细胞的功能。

（肖　凌）

第十二章 适应性免疫应答

适应性免疫应答（adaptive immune response），又称获得性免疫应答或特异性免疫应答，是指机体受抗原刺激后，体内抗原特异性 T/B 淋巴细胞被激活，增殖分化为效应 T 细胞和浆细胞后，通过释放细胞因子、细胞毒性介质和分泌抗体产生一系列免疫学效应的全过程。

免疫应答的重要生物学意义是通过识别"自身"与"非己"，有效清除体内"非己"抗原性异物，以保持机体内环境的相对稳定。在某些情况下，免疫应答异常也可对机体造成损伤，引起超敏反应或其他免疫性疾病，即发生病理性免疫应答。

一、适应性免疫应答的分类

根据参与免疫应答细胞的种类及其效应机制的不同，可将适应性免疫应答分为 T 细胞介导的细胞免疫应答和 B 细胞介导的体液免疫应答两种类型。由 T 细胞介导的免疫应答，免疫物质为效应 T 细胞，无抗体和补体参与。由 B 细胞介导的免疫应答，免疫物质为抗体。

根据机体免疫系统对抗原刺激的反应状态和最终结果，可分为正免疫应答和负免疫应答。正免疫应答指 T 细胞和（或）B 细胞接受抗原刺激后活化、增殖、分化形成效应细胞和记忆细胞，产生免疫物质，完成清除抗原异物的免疫学效应，并对该抗原产生记忆性。负免疫应答指机体免疫系统对自身成分形成免疫耐受，即对自身成分不发生免疫应答。

根据免疫应答对机体产生的结果，可分为生理性免疫应答和病理性免疫应答。生理性免疫应答是机体免疫系统对抗原异物有效清除，对自身组织细胞形成耐受，以维持机体生理功能的平衡和稳定。病理性免疫应答是机体正免疫应答过高导致的超敏反应性疾病；正免疫应答过低导致的免疫低下或缺陷；负免疫应答终止，自身免疫耐受被打破导致的自身免疫性病。

二、适应性免疫应答的参与细胞

参与和执行适应性细胞免疫应答的细胞主要包括髓样 DC、巨噬细胞、$CD4^+$ 初始 T 细胞、$CD4^+T_{H_1}$ 细胞、$CD4^+$ $T_{H_{17}}$ 细胞和 $CD8^+CTL$。上述抗原特异性 T 细胞被相应抗原激活、增殖、分化为 $CD4^+$ 效应 T_{H_1} 细胞、$CD4^+$ 效应 $T_{H_{17}}$ 细胞和 $CD8^+$ 效应 CTL 后，再次与上述抗原相遇，可通过释放 T_{H_1} 型细胞因子、促炎细胞因子和细胞毒性介质介导产生免疫效应。在某些特定条件下，机体免疫系统也可对某些抗原产生免疫耐受。

参与和执行适应性体液免疫应答的细胞主要包括滤泡 DC、$CD4^+T_{H_2}$ 细胞、$CD4^+Tfh$ 细胞和 B 细胞；其中滤泡 DC 可将捕获的可溶性抗原或抗原 -C3d 复合物滞留于表面供抗原特异性 B 细胞识别摄取，并将加工后形成的抗原肽提呈给具有相应抗原识别受体的 $CD4^+T_{H_2}$ 细胞或 $CD4^+T_{fh}$ 细胞，使之活化启动适应性体液免疫应答。

三、适应性免疫应答的三个阶段

（一）识别活化阶段

抗原提呈细胞（APC）摄取、加工处理抗原，使其降解产物以抗原肽 -MHC Ⅱ / Ⅰ类分子复合物形式表达于细胞表面，被具有相应抗原识别受体的 T 细胞识别结合，启动抗原特异性 T、B 淋巴细胞活化的阶段。

（二）增殖分化阶段

T 细胞 /B 细胞接受抗原刺激后在共刺激分子、细胞因子的共同作用下活化、增殖、分化为效应细胞（效应 T 细胞、浆细胞）和记忆细胞，即 $CD4^+$ 效应 T_{H_1} 细胞、$CD4^+$ 效应 $T_{H_{17}}$ 细胞、$CD8^+$ 效应 CTL 和浆细胞的阶段。在此阶段，有部分 T、B 淋巴细胞中途停止分化成为静息状态的长寿记忆 T、B 细胞，当机体再次接受相同抗原刺激时，上述记忆 T、B 淋巴细胞可迅速增殖分化为免疫效应细胞。

（三）效应阶段

效应阶段是 $CD4^+$ 效应 T_{H_1} 细胞、$CD4^+$ 效应 $T_{H_{17}}$ 细胞释放细胞因子和浆细胞合成分泌抗体，同时在某些固有免疫细胞和分子参与下产生炎症反应和免疫效应的阶段；也是 $CD8^+$ 效应 CTL 与肿瘤或病毒感染靶细胞特异性结合后，通过释放细胞毒性介质使上述靶细胞溶解破坏和发生凋亡的阶段。

四、适应性免疫应答的基本特点

（一）特异性

特异性是指机体受到某一抗原刺激时，可以从人淋巴细胞库中选择出相应的 T 细胞克隆或 B 细胞克隆与该抗原特异性结合，使该淋巴细胞克隆增殖、分化产生免疫应答产物；形成的免疫应答产物也只能和该抗原特异性结合发挥免疫效应。

（二）耐受性

胚胎期自身组织细胞成分与淋巴细胞库中相应淋巴细胞克隆相遇，这些淋巴细胞克隆，或者克隆清除，或者形成克隆无能状态。出身后这些淋巴细胞克隆不会针对自身组织细胞发生免疫反应，即形成免疫耐受。淋巴细胞库中的其他淋巴细胞克隆依然完好保留针对"非己"抗原的识别和应答能力。

（三）记忆性

某种抗原初次刺激机体，T 细胞和 B 细胞活化、增殖、分化过程中有部分细胞中途停止分化形成记忆细胞，保存对该抗原的免疫记忆，并长期在体内循环。当同种抗原再次刺激机体时，记忆细胞能迅速地增殖分化为效应细胞，形成潜伏期短、强度大、持续时间长的再次应答。

第一节　T 细胞对胸腺依赖性抗原的识别

细胞免疫应答是 T 淋巴细胞通过抗原识别受体对抗原肽 -MHC 分子复合物进行特异性识别后，导致其本身活化、增殖并分化成效应细胞，通过其所分泌的细胞因子或对靶细胞的直接作用发挥免疫学效应的过程。T 细胞介导的细胞免疫应答由胸腺依赖性抗原（TD-Ag）引起，参与和执行适应性细胞免疫应答的细胞主要包括髓样 DC、某些非专职 APC 如肿瘤 / 病毒感染靶细胞、初始

T 细胞、CD4⁺T_{H_1} 细胞、CD4⁺ T_{H17} 细胞和 CD8⁺CTL。胞内感染的病原微生物，如病毒和细菌等抗原异物，通过活化吞噬细胞及细胞毒性 T 淋巴细胞（CTL）的作用，可以被细胞免疫直接杀伤，达到清除抗原异物的目的。

在中枢免疫器官 - 胸腺内发育成熟的初始 T 淋巴细胞（naive T lymphocyte）进入血液循环，到达外周免疫器官和组织，并在血液和外周淋巴组织之间再循环，以便随时识别特异性抗原。机体 T 淋巴细胞特异性地识别抗原肽 -MHC 分子复合物，启动了 T 淋巴细胞免疫应答活化和效应阶段。

一、APC 提呈抗原

APC 提呈特定的抗原给初始 T 淋巴细胞，从而激发免疫应答。多数 T 淋巴细胞只能通过其 TCR 识别 APC 提呈的抗原肽 -MHC 分子复合物。因此，T 淋巴细胞介导的细胞免疫只能被蛋白质抗原所诱发，其细胞只能识别由 APC 处理、加工并提呈的抗原肽 -MHC 复合物。APC 在 T 细胞活化中发挥两个重要作用：

（一）加工蛋白质抗原

APC 将蛋白质抗原加工、处理成短肽，并以抗原肽 -MHC 分子复合物的形式表达在细胞的表面供 T 细胞识别。

（二）提供刺激活化共刺激分子

APC 提供了使 T 淋巴细胞活化的共刺激分子，使 T 细胞的 TCR 识别抗原肽 -MHC 分子复合物的同时，T 细胞表面其他分子与 APC 的共刺激分子结合，导致 T 细胞的活化。

初始 T 细胞膜表面抗原识别的受体 TCR 与 APC 表面的抗原肽 -MHC 分子复合物特异结合的过程称为抗原识别，这是 T 细胞特异活化的第一步。TCR 在特异性识别 APC 所提呈的抗原多肽的过程中，必须同时识别与抗原多肽形成复合物的 MHC 分子，这种特性称为 MHC 限制性（图 12-1）。MHC 限制性决定了任何 T 细胞仅识别由同一个 APC 表面的 MHC 分子提呈的抗原肽。

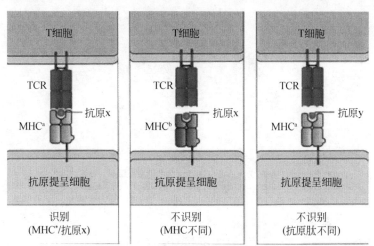

图 12-1　TCR 识别抗原肽的 MHC 限制性

外源性抗原在局部或从局部引流至淋巴组织，被这些部位的 APC 摄取、加工、处理后，以抗原肽 -MHC Ⅰ 类分子复合物的形式表达在 APC 表面，再将抗原提呈给 CD4⁺；T_H 细胞识别；内源性抗原在宿主细胞内合成、加工处理后，以抗原肽-MHC Ⅰ类分子复合物的形式表达在细胞表面，再将其提呈给 CD8⁺CTL 细胞识别。

二、T 细胞识别抗原

（一）T 细胞与 APC 的非特异结合

初始 T 细胞进入淋巴结的副皮质区，利用其表面的黏附分子（LFA-1、CD2）与 APC 表面相应配体（ICAM-1、LFA-3）结合，可促进和增强 T 细胞表面 TCR 特异性识别和结合抗原肽的能力。上述黏附分子结合是可逆而短暂的，未能识别相应的特异性抗原肽的 T 细胞随即与 APC 分离，并可再次进入淋巴细胞循环。

（二）T 细胞与 APC 的特异性结合——免疫突触的形成

T 细胞和 APC 之间的作用并不是细胞表面分子间随机分散的相互作用，而是在细胞表面独特的区域上，聚集着一组 TCR，其周围是一圈黏附分子，这个特殊的结构称为免疫突触（图 12-2）。免疫突触的形成是一种主动的动力学过程，在免疫突触形成的初期，TCR-pMHC 分散在新形成的突触周围，然后向中央移动，最终形成 TCR-pMHC，位于中央，周围是一圈 LFA-1-ICAM-1 相互作用的结构。此结构不仅可增强 TCR 与 pMHC 相互作用的亲和力，还引发胞膜相关分子的一系列重要的变化，促进 T 细胞信号转导分子的相互作用、信号通路的激活及细胞骨架系统和细胞器的结构与功能变化，从而参与 T 细胞的激活和细胞效应的有效发挥。

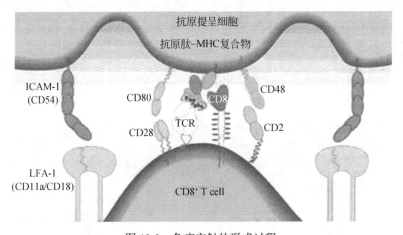

图 12-2　免疫突触的形成过程

第二节　T 细胞的活化、增殖和分化

一、T 细胞的活化

免疫应答的重要过程是淋巴细胞的活化，而 T 细胞的活化是细胞介导的免疫应答中不可缺少的内容。T 细胞活化主要表现为细胞分裂增殖、克隆扩增并出现分化，由静止状态转变为效应细

胞并执行各种功能，如辅助 B 细胞分泌抗体的功能（T_H）、效应 T 细胞对靶细胞杀伤的功能（T_C）、诱导靶细胞凋亡的功能。

（一）T 细胞活化需要的基本条件

（1）抗原递呈细胞（或靶细胞）表面 MHC 抗原肽复合物与 T 细胞表面的 TCR 结合为第一信号。

（2）抗原递呈细胞表面 B7 分子与 T 细胞表面 CD28 分子结合形成第二信号。

（3）IL-1 和 IL-2 等细胞因子被认为是 T 细胞活化的第三信号。

三种信号对 T 细胞活化过程缺一不可。CD3 作为与 T 细胞受体紧密联系在一起的辅助分子，是将 TCR 信号传入 T 细胞的不可缺少的分子。IL-1 是巨噬细胞等抗原递呈细胞产生的细胞因子。它与其他信号一起可以刺激 T 细胞分泌 IL-2。IL-2 和 T 细胞表面 IL-2R 的产生是 T 细胞活化的重要标志。IL-2 又称 T 细胞生长因子。因此，T 细胞既分泌 IL-2，又具有 IL-2R，就形成了自分泌活化扩增信号的正反馈放大，使被活化的 T 细胞克隆得到快速扩增活化。

（二）非抗原途径诱导活化

T 细胞除了可经上述抗原特异性途径诱导活化外，还可以经过非抗原途径诱导活化。如植物凝集素（lectin）可以使大量休止期 T 细胞克隆活化。常见的有植物血凝素（PHA）、刀豆蛋白 A（ConA）及商陆有丝分裂素（PWM）。单克隆抗体出于其特异性结合的特性，可以与 T 细胞表面受体的不同结构域结合并产生 T 细胞活化效应或相反效应，阻断抗原对 T 细胞的活化。有些小分子物质对 T 细胞活化具有较大的影响，在 T 细胞活化研究和临床药物治疗中具有重要意义，如钙离子载体 A23187 和离子霉素可以加强 T 细胞活化，而环孢素 A 和糖皮质激素则可抑制 T 细胞活化，并作为重要的免疫抑制药用于临床。

T 细胞接受抗原刺激后，膜信号通过蛋白激酶系统传向胞内，分别通过 CD28 → PTK（经蛋白酪氨酸激酶途径）和 TCR → PKC（蛋白激酶 C，protein kinase C）途径均可激活 JNK 蛋白激酶（JNK-1）TCR 途径激活 PLC 导致 IP3 增高，使内质网 Ca^{2+} 释放导致胞质钙增高进一步激活钙调磷酸酶，它与 JNK 通过 DNA 结合蛋白启动 IL-2 基因的转录分泌 IL-2 作为 T 细胞生长因子，又可与 T 细胞自身 IL-2R 结合形成正反馈增殖放大，从而活化 T 细胞。

二、T 细胞的增殖和分化

激活的 T 细胞迅速通过有丝分裂而大量增殖，并分化为效应 T 细胞，然后离开淋巴器官，随血液循环到达感染部位并发挥效应。

活化的 T 细胞迅速进入细胞周期，通过有丝分裂而大量增殖，并进一步分化为效应细胞，然后离开淋巴器官，随血液循环到达特异性抗原聚集部位发挥效应。多种细胞因子参与 T 细胞增殖和分化过程，其中最重要的是 IL-2。IL-2R 由 α、β、γ 链组成，静止 T 细胞仅表达中等亲和力 IL-2（βγ），激活的 T 细胞可表达高亲和力 IL-2R（αβγ）并分泌 IL-2。通过自分泌或旁分泌作用 IL-2 与 T 细胞表面 IL-2R 结合，介导 T 细胞增殖和分化。由于活化后的 T 细胞大量表达高亲和力的 IL-2R，所以 IL-2 可选择性促进经抗原活化的 T 细胞增殖。IL-4、IL-6、IL-7、IL-12、IL-15、IL-18 等细胞因子也在 T 细胞增殖和分化中发挥重要作用。T 细胞经迅速增殖后，分化为效应 T 细胞。部分活化 T 细胞可分化为长寿命记忆 T 细胞，在再次免疫应答中迅速发挥作用。

1. CD4⁺T 细胞的增殖分化 初始 CD4⁺T 细胞（T_{H_0}）被活化后可增殖、分化为 T_{H_1}、T_{H_2}、$T_{H_{17}}$、T_{H_3} 和 Treg 细胞。在这一过程中，局部微环境中所存在的细胞因子、APC 种类及病原体类型等均可影响 T_{H_0} 细胞的分化趋向。IL-12、IFN-γ 等细胞因子可促进 T_{H_0} 细胞向 T_{H_1} 细胞（T-bet⁺）极化；IL-4 等细胞因子可促进 T_{H_0} 细胞向 T_{H_2} 细胞（GATA-3⁺）极化；IL-6、TGF-β 等促进 T_{H_0} 细胞分化为 $T_{H_{17}}$ 细胞（ROR-γt⁺）；TGF-β 等有利于 Treg 细胞的产生；IL-10 等细胞因子诱导 T_{H_0} 细胞向 Trl/T_{H_3} 分化（图 12-3）。

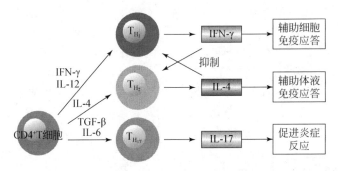

图 12-3 细胞因子对 T_{H_0} 细胞分化的调节作用

T_{H_0} 细胞的极化方向决定机体免疫应答的类型：

（1）T_{H_1} 细胞主要介导细胞免疫应答。

（2）T_{H_2} 细胞主要介导体液免疫应答。

（3）$T_{H_{17}}$ 细胞在机体感染早期募集中性粒细胞的过程中发挥重要作用。

（4）Treg 细胞对调节炎症反应并维持免疫耐受具有重要意义。

2. CD8⁺T 细胞的增殖分化 与初始 CD4⁺T 细胞相比，初始 CD8⁺T 细胞的激活需要更强的共刺激信号，其激活主要有两种方式。

（1）T_H 细胞依赖性的：CD8⁺T 细胞作用的靶细胞一般低表达或不表达协同刺激分子，不能有效激活初始 CD8⁺T 细胞，需要 APC 和 CD4⁺T 细胞的辅助。这类细胞一经凋亡后，被 APC 吞噬处理，加工呈递后活化 T 细胞。此外，胞内产生的病毒抗原、肿瘤抗原，以及从宿主细胞脱落的同种异体 MHC 抗原，被 APC 摄取，并在细胞内分别与 MHC Ⅰ类分子或 MHC Ⅱ类分子结合形成复合物，表达 APC 表面。抗原肽 -MHC Ⅱ类分子结合 TCR 后，活化 T_H 细胞；抗原肽 -MHC Ⅰ类分子结合 TCR 后，活化细胞毒性 T 细胞前体细胞。活化的 T_H 细胞释放细胞因子作用于 CTL 前体细胞，在抗原肽 -MHC Ⅰ类分子发出的特异性活化信号的作用下，增殖分化为细胞毒性 T 细胞。

（2）T_H 细胞非依赖性的：主要是指某些病原体（如病毒）感染 DC，由于 DC 高表达协同刺激分子，可直接向 CD8⁺T 细胞提供活化所需的双信号，刺激 CD8⁺T 细胞合成 IL-2，促使 CD8⁺T 细胞自身增殖并分化为细胞毒性 T 细胞，此活化过程无需 T_H 细胞辅助。

第三节　T 细胞介导的细胞免疫的效应、功能及其转归

T 细胞在经历了活化、增殖、分化后，可形成具有不同生物学功能的效应 T 细胞，其中包括效应 T_H 细胞和效应 CTL，其中效应 T_H 细胞还包含多个不同的亚群。上述效应 T 细胞在免疫应答过程中，分别发挥不同的生物学效应。

一、T$_H$细胞的效应功能

（一）T$_{H1}$细胞的生物学活性

1. T$_{H1}$细胞对巨噬细胞的作用　T$_{H1}$细胞在宿主抗胞内病原体感染中起重要作用。T$_{H1}$细胞可通过活化巨噬细胞及释放各种活性因子对胞内感染的病原体加以清除，见表12-1。T$_{H1}$细胞可产生多种细胞因子，通过多种途径作用于巨噬细胞。

（1）激活巨噬细胞：一方面，T$_{H1}$细胞通过诱生IFN-γ等巨噬细胞活化因子，T$_{H1}$细胞表面CD40L与巨噬细胞表面结合，向巨噬细胞提供激活信号。另一方面，活化的巨噬细胞也通过上调表达一些免疫分子和分泌细胞因子增强T$_{H1}$细胞的效应，提高巨噬细胞表面B7和MHC II类分子的表达量，增强其抗原呈递和激活CD4$^+$T细胞的能力。激活的巨噬细胞分泌IL-12，可促进T$_{H0}$细胞向T$_{H1}$细胞分化，进一步扩大T$_{H1}$细胞应答的效应。

（2）诱生并募集巨噬细胞：T$_{H1}$细胞产生IL-3和GM-CSF，促进骨髓造血干细胞分化为新的巨噬细胞；T$_{H1}$细胞产生TNF-α、LTα和MCP-1等，可诱导血管内皮细胞高表达黏附分子，促进巨噬细胞和淋巴细胞穿越血管壁，并通过趋化运动被募集到感染部位。

（3）T细胞与巨噬细胞所呈递的特异性抗原结合，可诱导巨噬细胞激活。

表 12-1　不同效应 T 细胞亚群及其效应分子

	CD4$^+$T$_{H1}$	CD4$^+$T$_{H2}$	CD4$^+$T$_{H17}$	CD8$^+$CTL
TCR 识别的配体	抗原肽-MHC II类分子复合物	抗原肽-MHC II类分子复合物	抗原肽-MHC II类分子复合物	抗原肽-MHC I类分子复合物
诱导分化的关键细胞因子	IL-12、IFN-γ	IL-4	IL-1β（人）、TGF-β（小鼠）IL-6、IL-23	IL-2
产生细胞因子和其他效应分子	IFN-γ、LTα、TNF-α、IL-2、IL-3、M-CSF、CD40L、FasL	IL-4、IL-5、IL-10、IL-13、GM-CSF	IL-17	IFN-γ、TNF-α、LTα、穿孔素、颗粒酶、FasL
介导免疫应答的类型	细胞免疫	体液免疫	固有免疫、上皮屏障	细胞免疫
免疫保护	胞内感染病原微生物（如结核杆菌）	清除蠕虫等	抗细菌、真菌和病毒	病毒感染细胞和肿瘤细胞
参与病理应答	EAE、RA 炎症性肠炎	哮喘等超敏反应性疾病	早期炎症和局部病理损伤（银屑病、炎症性肠炎、MS、RA）	IV型超敏反应、移植排斥反应

注：EAE，实验性超敏反应性脑脊髓膜炎；RA，类风湿关节炎；MS，多发性硬化症。

2. T$_{H1}$细胞对淋巴细胞的作用　T$_{H1}$细胞产生IL-12等细胞因子，可促进抗原特异性T$_H$细胞、CTL等活化与增殖，放大免疫效应。T$_{H1}$细胞也具有辅助B细胞的作用，促进其产生具有调理作用的抗体（如IgG2a），从而进一步增强巨噬细胞对病原体的吞噬作用。

3. T$_{H1}$细胞对中性粒细胞的作用　T$_{H1}$细胞产生淋巴毒素和TNF-α，可活化中性粒细胞，促进其杀伤病原体。

（二）T_{H_2} 细胞的生物学功能

1. 辅助体液免疫应答　T_{H_2} 细胞通过产生 IL-4、IL-5、IL-10、IL-13、IL-25 等细胞因子，协助和促进 B 细胞增殖、分化为浆细胞，产生抗体。

2. 参与超敏反应性炎症　T_{H_2} 细胞分泌的细胞因子可激活肥大细胞、嗜碱粒细胞和嗜酸粒细胞，参与超敏反应和抗寄生虫感染，但是 T_{H_1} 和 T_{H_2} 的免疫效应具有相互约束性。T_{H_2} 细胞所产生的 IL-4、IL-5、IL-13 等细胞因子具有协同作用，可以抑制 T_{H_1} 细胞活化；IL-4 还能够促进 B 细胞向 IgG1 和 IgE 型转换。

（三）$T_{H_{17}}$ 细胞的生物学功能

$T_{H_{17}}$ 细胞产生 IL-17，刺激上皮细胞、内皮细胞、成纤维细胞和巨噬细胞等分泌多种细胞因子。

（1）分泌 IL-8、MCP-1 等趋化因子，趋化和募集中性粒细胞和单核细胞。

（2）分泌 G-CSF 和 GM-CSF 等集落刺激因子，活化中性粒细胞和单核细胞，并可刺激骨髓造血干细胞产生更多髓样细胞。

（3）分泌 IL-β、IL-6、TNF-α 和 PGE_2 等诱导局部炎症反应。

因此，$T_{H_{17}}$ 参与许多炎症反应、感染性疾病和自身免疫性疾病的发生，$T_{H_{17}}$ 也刺激上皮细胞、角朊细胞分泌防御素等抗菌物质，并可募集和活化中性粒细胞等，在固有免疫中发挥一定作用。

二、CTL 细胞的效应功能

CTL 多为 $CD8^+T$ 细胞，主要杀伤感染胞内寄生病原体（病毒、某些胞内寄生菌等）的宿主细胞和肿瘤细胞等，其杀伤效应受 MHC I 类分子限制。约 10% 的 CTL 为 $CD4^+$，其杀伤效应受 MHC II 类分子限制。CTL 可高效、特异性地杀伤靶细胞，而不损伤正常组织。CTL 细胞的效应过程包括结合靶细胞、胞内细胞器重新定向、颗粒外胞吐和靶细胞崩解（图 12-4）。

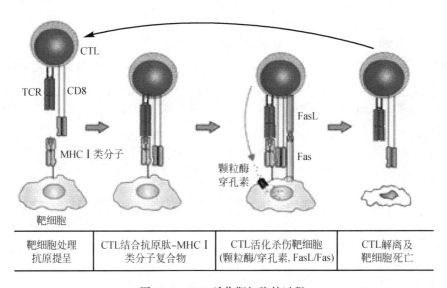

图 12-4　CTL 杀伤靶细胞的过程

（一）效 - 靶细胞结合

CTL 在趋化因子的作用下到达抗原所在部位。CTL 表达的黏附分子（如 LFA-1、CD2 等）以低亲和力结合靶细胞表达的相应配体（ICAM、LFA-3 等），随之 CTL 表面的 TCR 特异性扫描靶细胞表面的复合物。一旦发生特异性结合，CTL 与靶细胞之间的亲和力即由低变高，效 - 靶细胞紧密接触。之后 TCR 及黏附分子向效 - 靶细胞接触部位聚集，形成 CTL 内细胞骨架系统，以及胞质颗粒均朝向靶细胞结合部位重新排列，使 CTL 的胞质颗粒内容物只向免疫突触中释放，以保证 CTL 杀伤靶细胞而不损伤邻近的正常细胞。此时效应 CTL 执行杀伤功能可不依赖共刺激信号。

（二）CTL 的极化

CTL 的 TCR 识别靶细胞表面抗原肽 -MHC I 类分子复合物后，TCR 及辅助受体向效 - 靶细胞接触部位聚集，导致 CTL 内某些细胞器的极化，从而保证 CTL 分泌的效应分子有效作用于所接触的靶细胞。

（三）致死性攻击的两条途径

攻击靶细胞 CTL 细胞毒途径主要有以下两种：

1. 穿孔素 / 颗粒酶途径杀伤靶细胞 穿孔素是储存于 CTL 胞质颗粒中的细胞毒素，其生物学效应类似于补体激活形成的膜攻击复合物。穿孔素单体可通过钙离子依赖性方式插入靶细胞膜，聚合成内径为 16nm 的孔道，其外面为亲脂性，内面为亲水性，使水、电解质迅速进入细胞，导致靶细胞崩解。颗粒酶属丝氨酸蛋白酶，也是一类重要的细胞毒素。颗粒酶随 CTL 脱颗粒而出胞，循穿孔素在靶细胞膜所形成的孔道进入靶细胞，通过激活凋亡相关酶（caspase 系统）的级联反应，导致靶细胞凋亡。

2. Fas/FasL 途径杀伤靶细胞 效应 CTL 可表达 FasL，并分泌 TNF-α、TNF-β。这些效应分子可分别与靶细胞表面的 Fas 和 TNF 受体结合，通过激活胞内 caspase 系统，介导靶细胞凋亡。

此外，CTL 分泌 IFN-γ，可抑制病毒复制、激活巨噬细胞、上调 MHC 分子表达，从而提高靶细胞对 CTL 攻击的敏感性。CTL 产生的 TNF-α 和 IFN-γ 还能够与靶细胞表面的相应受体结合，通过激活 caspase 系统，造成靶细胞凋亡。

CTL 与 NK 细胞对靶细胞的杀伤机制类似，但两者对靶细胞的识别方式不同。CTL 通过 TCR 识别被 MHC 分子呈递的抗原肽，而 NK 细胞利用 NK 受体识别靶细胞表面的相应配体，或通过抗体间接识别靶细胞。CTL 细胞应答所需的延迟相较长，NK 细胞则无需预先活化即可发挥作用，两种杀伤细胞具有互补性。

三、记忆 T 细胞的效应功能

免疫记忆是适应性免疫应答的重要特征之一，表现为在免疫系统针对已接触过的抗原能启动更为迅速和更为有效的免疫应答。这是因为体内存在一群发生过克隆扩增、抗原特异性的记忆细胞。

记忆 T 细胞（T_M）是指对特异性抗原有记忆能力、寿命较长的 T 细胞。一般认为，在 T 细胞进行克隆性扩增后，有部分细胞分化为有记忆能力的细胞，当再次遇到相同抗原后，可迅速活化、增殖、分化为效应细胞，发挥效应作用。

T_M 细胞与初始 T 细胞表达不同的 CD45 异构体，T_M 细胞为 CD45RA$^-$CD45RO$^+$，初始 T 细胞是 CD45RA$^+$CD45RO$^-$。

免疫记忆可产生更快、更强、更有效的再次免疫应答。因为Tm细胞比初始T细胞更易被激活，相对较低浓度的抗原即可激活Tm细胞；与初始T细胞相比，Tm细胞的再活化对协同刺激信号（如CD28/B7）的依赖性较低，Tm细胞分泌更多的细胞因子，且对细胞因子作用的敏感性更高。

记忆$CD8^+T$细胞是一类重要的记忆细胞，在抗病毒、抗胞内菌感染及抗肿瘤等方面发挥重要作用，但其产生的机制尚未完全清楚。

第四节　B细胞对胸腺依赖性抗原的识别

一、B细胞对TD抗原的识别

B细胞对TD抗原的识别和应答有赖于抗原特异性T_H细胞辅助。不同发育和分化阶段B细胞的BCR中的mIg有不同的类别。不成熟B细胞为mIgM，成熟B细胞为mIgM、mIgD或mIgG，也可为mIgA或mIgE。

（一）BCR在B细胞识别抗原时有两个相互关联的作用

（1）BCR识别抗原表位，并与抗原特异性结合，产生B细胞第一活化信号。

（2）BCR结合抗原后，通过胞吞作用摄取抗原，进而加工处理，然后以抗原肽-MHC Ⅱ类分子形式表达于细胞表面，呈递给T_H细胞，供其识别。

BCR对抗原的识别与TCR识别抗原有所不同：① BCR不仅能识别蛋白质抗原，还能识别多肽、核酸、多糖类、脂类和小分子化合物；② BCR可特异性识别完整抗原的天然构象，或识别抗原降解所暴露的表位的空间构象；③ BCR识别的抗原无需经APC加工和处理，也无MHC限制性。

（二）B细胞与T_H细胞间的相互作用

T_H细胞识别B细胞呈递的抗原，在多种黏附分子的相互作用下促使B细胞被活化。B细胞与T_H细胞相互作用的前提是：两者必须分别识别同一抗原的B细胞表位和T细胞表位。

1. T_H细胞对B细胞的辅助　理论上，抗原特异性T细胞和B细胞相遇的概率极低，其原因包括：

（1）体内针对任一抗原的特异性初始淋巴细胞克隆数仅占淋巴细胞克隆总数的$1/10^6 \sim 1/10^4$，因此，某一抗原特异性T细胞和B细胞相遇的概率仅为$1/10^{12} \sim 1/10^8$，T细胞和B细胞定位于外周淋巴组织的不同部位，使两者难相遇。

（2）抗原特异性T细胞识别B细胞呈递的抗原，而将其滞留于T细胞区，再循环的B细胞通过高内皮静脉进入外周淋巴组织，其中非特异性B细胞迅速穿越T细胞区进入B细胞区（初级淋巴滤泡）。少数在血液或淋巴滤泡捕获抗原并表达特异性抗原肽-MHC Ⅱ分子复合物的B细胞，则可在流经T细胞区时被抗原特异性T_H细胞所识别，同时在某些黏附分子（如LFA-1）和趋化因子受体（如CCR7）共同参与下，使抗原特异性B细胞被滞留于T细胞区，并与T_H细胞相互作用。已摄取抗原的B细胞若不能与T_H细胞相互作用，则在24小时内死亡。

2. T_H细胞与B细胞相互作用　T_H细胞通过识别B细胞所呈递的特异性抗原肽-MHC分子复合物，被诱导表达多种膜分子和细胞因子。其中重要的膜分子是CD40L，CD40L可与B细胞表面CD40结合，向B细胞提供第二活化信号，促进静止B细胞进入细胞周期，并诱导B细胞表达更多刺激分子（B7 等），后者向 T$_H$ 细胞提供维持活化、增殖和分化的重要信号，增强 T-B 细胞的相互作用（图 12-5）。

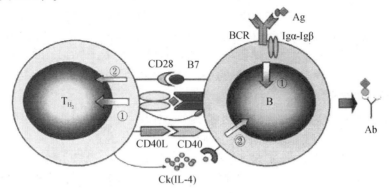

图 12-5　T$_H$ 细胞与 B 细胞的相互作用

二、B 细胞活化需要的信号

与 T 细胞相似，B 细胞活化也需要双信号，即特异性抗原传递的第一信号和协同刺激分子提供的第二信号。B 细胞活化后的信号转导途径也与 T 细胞相似，需要很多细胞因子的参与（图 12-6）。

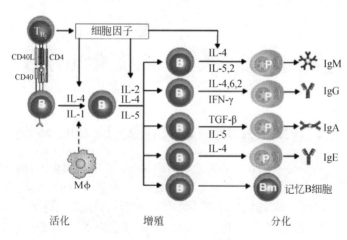

图 12-6　B 细胞活化的过程

（一）B 细胞活化的第一信号

1. 第一活化信号经由 Igα/Igβ 传导入胞内　BCR 与特异性抗原的表位结合，启动 B 细胞活化的第一信号，但由于 BCR 重链胞质区短，自身不能传递信号，需由与 mIg 组成 BCR 复合物的 Igα/Igβ 将信号转入 B 细胞内。BCR 被多价抗原交联后，活化 Blk、Fyn 或 Lyn 等酪氨酸激酶后使 Igα/Igβ 胞质区的 ITAM 模体中的酪氨酸发生磷酸化，从而募集并活化 Syk（类似于 TCR 信号转导中的 ZAP-70），进而活化细胞内信号转导的级联反应，最后经 PKC、MAPK 及钙调蛋白三条途径激活转录因子（NF-κB、AP-1 和 NFAT 等），参与并调控 B 细胞激活、增殖相关基因的表达。

2. B 细胞活化中共受体的作用　在成熟 B 细胞表面，CD19 与 CD21、CD81 以非共价键形式组成 B 细胞活化共受体复合物。CD21 能识别结合于抗原的补体成分 C3d，虽然 CD21 分子本身不能传导信号，但可通过共受体中的 CD19 向胞内传递信号。结合抗原的补体成分 C3d 与 CD21 的结合使 CD19/CD21 交联。CD19 的胞质区有多个保守的酪氨酸残基，能募集含有 SH2 结构域的信号分子，包括 Lyn、Fyn、Vav、Grb2、PI-3 激酶、PLC-γ 和 cAB1 等。共受体中的 CD81 分子为四次跨膜分子，其主要作用可能是连接 CD19 和 CD21，稳定 CD19/CD21/CD81 复合物。CD19 分子传导的信号加强了由 BCR 复合物传导的信号，明显降低了抗原激活 B 细胞的阈值，从而大大提高了 B 细胞对抗原刺激的敏感性。

（二）B 细胞活化的第二信号

B 细胞的第二活化信号也是由多种黏附分子的相互作用所提供，其中最重要的是 CD40/CD40L。CD40 主要表达在 B 细胞、单核细胞和 DC 表面；CD40L 主要表达在活化的 CD4$^+$T 细胞和肥大细胞表面。静息 T 细胞不表达 CD40L，活化 T 细胞迅速表达 CD40L，CD40L 与 B 细胞表面组成性表达的 CD40 的相互作用，向 B 细胞传递活化的第二信号。

（三）T、B 细胞相互作用与 B 细胞免疫应答

B 细胞对 TD 抗原的应答需要 T 细胞的辅助，这一协助需要 T、B 细胞间的相互作用来完成。一方面，B 细胞可以作为抗原提呈细胞活化 T 细胞；另一方面活化的 T 细胞可以提供 B 细胞活化的第二信号，并分泌多种 IL-4 等细胞因子协助 B 细胞的进一步分化。T$_H$ 细胞在生发中心暗区的形成、B 细胞克隆性扩增和 B 细胞分化成生发中心细胞、抗体类别转换及记忆性 B 细胞的生成中均起重要作用。

第五节　B 细胞的增殖活化和分化

一、B 细胞的增殖活化需要 T$_H$ 细胞辅助

B 细胞在被 TD 抗原诱导活化后，迅速进入细胞周期，B 细胞大量增殖，并进一步分化，最终形成浆细胞和记忆性 B 细胞。

在 B 细胞激活、增殖与终末分化过程中，均需 T$_H$ 细胞的辅助。活化的 T$_H$ 细胞能分泌多种细胞因子，作用于 B 细胞。T$_{H_1}$ 细胞分泌 IL-2 和 IFN-γ 等细胞因子，T$_{H_2}$ 细胞则分泌 IL-4、IL-5 及 IL-6 等细胞因子。不同的细胞因子在诱导 B 细胞的增殖、分化中发挥着不同的作用。

T$_H$ 细胞对 B 细胞的辅助作用发生于外周淋巴器官的 T 细胞区和生发中心，血循环中的 B 细胞穿过高内皮小静脉进入 T 细胞区，抗原特异性 B 细胞与抗原特异性 T$_H$ 细胞在这一特定的部位相遇，B 细胞在 T$_H$ 细胞辅助下活化后进入淋巴小结。进入淋巴小结的 B 细胞分裂增殖，形成生发中心。在这里，B 细胞进一步分化成浆细胞，产生抗体，或分化成记忆性 B 细胞。

二、B 细胞在生发中心的分化成熟

（一）生发中心的形成

活化的 B 细胞进入初级淋巴滤泡，通过增殖而形成生发中心。生发中心主要由增殖的 B 细胞

组成（其中抗原特异性 T 细胞约占 10%）。

（1）其结构为：①在生发中心内增殖的 B 细胞将静止 B 细胞挤至边缘，形成生发中心的被膜区；②迅速增殖的 B 细胞（称中心母细胞）构成生发中心暗区；③较慢增殖的 B 细胞（称中心细胞）、Tfh 细胞和滤泡树突状细胞等共同构成生发中心明区（亮区）（图 12-7）。

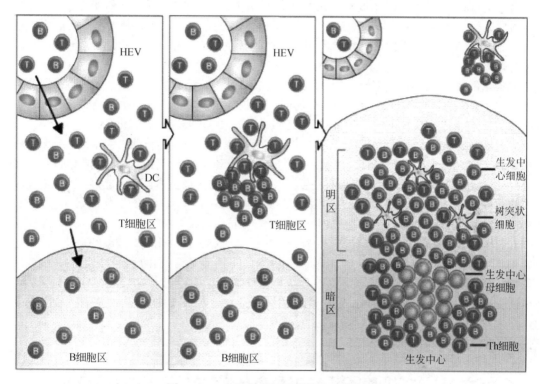

图 12-7　B 细胞的激活及生发中心的形成

（2）生发中心的重要性在于为 B 细胞提供合适的发育微环境。

1）生发中心内滤泡树突状细胞通过其表面 Fc 受体和补体受体，将抗原以免疫复合物形式长期滞留在其表面，可向 B 细胞持续提供抗原信号。

2）T_H 细胞表达 CD40L 并分泌多种细胞因子，可辅助 B 细胞增殖和抗体类别转换。

（二）B 细胞在生发中心的分化成熟

生发中心内绝大多数 B 细胞发生凋亡。部分 B 细胞在抗原刺激和 T 细胞辅助下，继续分化发育，并可发生抗原受体编辑、体细胞高频突变、抗原受体亲和力成熟、免疫球蛋白类别转换及记忆 B 细胞形成等变化。

1. 体细胞高频突变和免疫球蛋白亲和力成熟　生发中心母细胞的轻链和重链 V 基因可发生高频率的点突变，称为体细胞高频突变。在每次细胞分裂中，IgV 区基因中大约每 1000bp 就有一对发生突变，而一般的体细胞自发突变的频率是 $1/10^{10} \sim 1/10^7$。体细胞高频突变与免疫球蛋白基因重排导致的多样性一起，导致 BCR 多样性及体液免疫应答中抗体的多样性。

体细胞高突变在抗原诱导下发生。在初次应答时，大量抗原的出现，可使表达不同亲和力 BCR 的各种 B 细胞克隆被选择和激活，产生多种不同亲和力的抗体。当大量抗原被清除，或再次免疫应答仅有少量抗原出现时，该抗原会优先结合高亲和力的 BCR，仅仅使相应 B 细胞发生克隆扩增，最终产生高亲和力的抗体，此为抗体亲和力成熟。

2. 免疫球蛋白的类别转换　B 细胞在 IgV 区基因重排完成后，其子代细胞均表达同一个 IgV 区基因，但 IgC 基因（恒定区基因）的表达在子代细胞受抗原刺激而成熟并增殖的过程中是可变的。每个 B 细胞开始时一般均表达 IgM，在免疫应答中首先分泌 IgM，但随后可表达 IgG、IgA 或 IgE，而其 IgV 区不发生改变，这种可变区相同而免疫球蛋白类别发生变化的过程称为免疫球蛋白的类别转换或同种型转换。类别转换的遗传学基础是同一 V 区基因与不同重链 C 基因的重排。在 C 基因的 5′ 端内含子中含有一段称之为转换区（S 区）的序列，不同的转换区之间可发生重组。

免疫球蛋白的类别转换在抗原诱导下发生，而 T_H 细胞分泌的多种细胞因子则直接调节免疫球蛋白转换的类别。如在小鼠，T_{H2} 细胞分泌的 IL-4 诱导免疫球蛋白的类别转换成 IgG1 和 IgE，TGF-β 诱导转换成 IgG2b 和 IgA；T_{H1} 细胞分泌 IFN-γ 诱导转换成 IgG2a 和 IgG3。

3. 浆细胞的形成　浆细胞又称抗体形成细胞（AFC），是 B 细胞分化的终末细胞，浆细胞胞质中除了少量线粒体外，几乎全部为粗面内质网，能合成和分泌特异性抗体，同时表面的 BCR 表达减少。与初始 B 细胞不同，浆细胞的主要特点是能够分泌大量抗体，而不能再与抗原起反应，也失去了与 T_H 相互作用的能力，因为浆细胞表面不再表达 BCR 和 MHC Ⅱ类分子。生发中心产生的浆细胞大部分迁入骨髓，并在较长时间内持续产生抗体。

4. 记忆性 B 细胞的产生　生发中心中存活下来的 B 细胞，或分化发育成浆细胞，或成为记忆性 B 细胞（Bm），大部分记忆性 B 细胞离开生发中心进入血液参与再循环。记忆性 B 细胞的大小与静息 B 细胞相似。记忆性 B 细胞不产生免疫球蛋白，但再次与同一抗原相遇时可迅速活化，产生大量抗原特异的免疫球蛋白。记忆性 B 细胞表达 CD27，并较初始 B 细胞表达较高水平的 CD44。有关记忆性 B 细胞的特异性表面标志尚不清楚。一般认为记忆细胞为长寿细胞，尚不清楚是什么因素维持记忆 B 细胞的存活。

第六节　B 细胞介导的体液免疫效应的效应和功能

免疫应答的最终效应是将侵入机体的非己细胞或分子加以清除，即排异效应。但抗体分子本身只具有识别作用，并不具有杀伤或排异作用，因此体液免疫的最终效应必须借助机体的其他免疫细胞或分子的协同作用才能达到排异的效果。

外来抗原进入机体后诱导抗原特异性 B 细胞活化、增殖，并最终分化为浆细胞，产生特异性抗体，存在于体液中，发挥重要的免疫效应作用，此过程称为特异性体液免疫应答（humoral immune response）。B 细胞识别的抗原包括 T 细胞依赖抗原（TD-Ag）和 T 细胞非依赖抗原（TI-Ag），B 细胞对 TD 抗原的应答需要 T_H 细胞的辅助。

体液免疫应答的生物学效应：体液免疫应答的主要效应分子为抗体，抗体可发挥多种生物学效应：

1. 抗体分子的中和作用　由于抗体分子有特异识别作用，它可与侵入机体的病毒或外毒素分子结合，从而阻断了病毒进入细胞的能力或中和了外毒素分子的毒性作用，发挥抗体分子的保护作用。

2. 补体介导的细胞溶解作用　补体分子可经第一活化途径或旁路活化途径溶解靶细胞。但补体分子在无抗体分子存在时，不能被活化。因此，抗体分子可借助补体的作用溶解细胞，被溶解的细胞再经吞噬细胞系统加以排除。

3. 抗体分子的调理作用　单核吞噬细胞系统及中性粒细胞表面，都带有 IgG 或 IgM 分子的

Fc 受体或补体分子受体。因此，由抗体与抗原形成的免疫复合物极易被这种具有吞噬功能的免疫细胞所吞噬杀伤或降解并被排除。

4. 抗体依赖细胞介导的细胞毒性作用　凡是具有 IgG、Fc 段受体的吞噬细胞或具有杀伤活性的细胞都参与这种作用。因此参与抗体依赖细胞介导的细胞毒性作用（ADCC）的细胞可有巨噬细胞、中性粒细胞和杀伤细胞（NK 细胞）等。

5. 参与超敏反应　IgE、IgM、IgG、IgA 等抗体可参与 I、II、III型超敏反应，引起组织病理损伤。

6. 参与黏膜局部免疫　IgA 可在黏膜局部有效阻止抗原入侵宿主细胞。

第七节　体液免疫应答抗体产生的一般规律

外来抗原进入机体后诱导 B 细胞活化并产生特异性抗体，发挥重要的体液免疫作用。特定抗原初次刺激机体所引发的应答称为初次应答；初次应答中所形成的记忆淋巴细胞当再次接触相同抗原刺激后可产生迅速、高效、持久的应答，即再次应答，或称回忆应答。

一、初 次 应 答

（一）潜伏期

潜伏期是指抗原进入体内到相应抗体产生之前的阶段。此期的时间长短与抗原的性质、抗原进入途径、所用佐剂类型及机体状况有关。短者几天，长者数周。

（二）对数期

对数期是指抗体呈指数生长的阶段。抗原剂量及抗原性质是决定抗体量增长速度的重要因素。

（三）平台期

平台期是指抗体水平相对稳定，既不明显增高也不明显减少的阶段。此期血清中抗体浓度基本维持在一个相当稳定的较高水平。到达平台期所需的时间和平台的高度及其维持时间依抗原不同而异，有的平台期只有数天，有的可长至数周。

（四）下降期

下降期是指抗体合成速度小于降解，结合抗原后而被清除，导致血清中抗体水平逐渐下降的阶段，此期可持续几天或数周。

二、再 次 应 答

同一抗原再次侵入机体，由于初次应答后免疫记忆细胞的存在，机体可迅速产生高效、特异的再次应答。与初次应答比较，再次应答时抗体的产生过程有如下特征：

（1）潜伏期短，大约为初次应答潜伏期的一半。

（2）抗体浓度增加快，快速到达平台期，平台高（有时可比初次应答高 10 倍以上）。

（3）抗体维持时间长。

（4）诱发再次应答所需抗原剂量小。

（5）再次应答主要产生高亲和力的抗体 IgG，而初次应答中主要产生低亲和力的 IgM。两次应答的特点见表 12-2。

表 12-2　初次免疫应答与再次免疫应答的比较

特点	初次免疫应答	再次免疫应答
出现时间	一般 5～10 天	一般 1～3 天
抗体产生量	较少	较多
抗体类型	一般 IgM > IgG	IgG，有时为 IgA 或 IgE
抗体亲和力	平均亲和力较低	平均亲和力更高
诱发抗原	所有免疫原	蛋白质抗原
获得性免疫	相对较高的抗原量，蛋白质抗原需要 CD4$^+$T 细胞辅助	低剂量抗原

因为再次应答主要由记忆 T、B 淋巴细胞介导产生，上述抗体产生规律已广泛应用于临床实践：例如，在疫苗接种和免疫血清的制备中，可通过再次或多次加强免疫诱导产生高效价、高亲和力抗体以增强免疫效果；患者血液中病原体特异性 IgM 类抗体升高可作为相关病原体早期感染的诊断依据之一；患者血清抗体含量变化有助于了解病程与疾病转归；以 IgG 类抗体或总抗体作为诊断指标进行动态观察，抗体效价增高 4 倍以上时具有诊断意义。初次免疫应答与再次免疫应答相比见图 12-8。

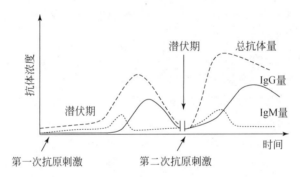

图 12-8　初次应答和再次应答抗体产生的一般规律

第八节　B 细胞对胸腺非依赖性抗原的应答及其意义

TI 抗原（如细菌多糖、LPS 和多聚鞭毛蛋白等）能直接激活初始 B 细胞，而无需抗原特异性 T 细胞的辅助。这类抗原称为胸腺非依赖性抗原（thymus-independent antigen，TI-Ag），能在无胸腺动物诱导强的抗体应答。在正常个体，TI 抗原可诱导产生抗体，而不引起 T 细胞应答。TI 抗原诱导 B 细胞产生的体液免疫应答的特点包括：①不需要 APC 的呈递；②不需要 T$_H$ 细胞的辅助；③不产生记忆细胞，无再次应答效应；④只产生 IgM 类别的抗体。

根据 TI 抗原结构和激活 B 细胞方式的不同，可将其分为 TI-1 和 TI-2 两种抗原。

（一）B 细胞对 TI-1 抗原的应答

TI-1 抗原被称为 B 细胞丝裂原。高剂量 TI-1 抗原（如 LPS）是 B 细胞的多克隆活化剂，其表位与 B 细胞表面的抗原受体结合，其丝裂原结构（M）与 B 细胞表面的丝裂原受体（M 受体）结合，通过丝裂原的作用，使 B 细胞多克隆活化，产生非特异性的低亲和力 IgM 类抗体。但是，低剂量 TI-1 抗原只能激活表达特异性 BCR 的 B 细胞。如 LPS，当其浓度为多克隆激活剂剂量的 $10^{-5} \sim 10^{-3}$ 时，只有相应 B 细胞的 BCR 可竞争性结合到低浓度 LPS 而被激活，产生特异性抗 LPS 的低亲和力 IgM 类抗体。

（二）B 细胞对 TI-2 抗原的应答

TI-2 抗原的结构特点是其表位重复显现并呈线性排列，如细菌荚膜多糖、多聚鞭毛蛋白。此类抗原与 BCR 亲和力强，在体内不易降解，可持久存在，使特异性 B 细胞的 BCR 广泛交联而引起 B 细胞活化，产生特异性抗体。

（三）B 细胞对 TI 抗原应答的意义

TI 抗原主要激活 CD5[+]B1 细胞。TI 抗原可被 APC 摄取，但不被加工处理，不能与 MHC Ⅱ类分子结合，B 细胞对 TI 抗原的应答不需 T_H 细胞辅助。由于无特异性 T 细胞辅助，故不能诱导抗体同种型转换、抗体亲和力成熟、无记忆 B 细胞形成，所产生的抗体主要为低亲和力 IgM，也不能引起再次应答。B 细胞对 TI 抗原的应答因不需要 T_H 参与，所以发生迅速，使机体在感染初期，T_H 效应细胞出现之前就能产生特异性抗体，发挥抗感染作用。

某些胞外菌的荚膜多糖使细菌能够抵抗吞噬细胞的吞噬，不仅逃避了吞噬细胞的吞噬清除，也使巨噬细胞不能对抗原加工处理，从而阻断了 T 细胞应答。而 B1 细胞针对此类 TI-2 抗原所产生的抗体，可发挥调理作用，促进吞噬细胞对细菌的吞噬消化，并有利于巨噬细胞将抗原提呈给特异性 T 细胞，促进细胞免疫应答的发生。

思　考　题

1. 简述抗原提呈细胞的概念，有哪些种类？
2. 免疫应答的概念、种类和特点都是什么？
3. 体液免疫应答的生物学效应是什么？
4. 初次应答和再次应答的特点与区别是什么？
5. 抗体产生的一般规律是什么？

（田　昕）

第十三章 黏膜免疫系统

第一节 黏膜免疫系统的组成结构特点

黏膜相关淋巴组织（mucosal-associated lymphoid tissue，MALT）亦称为黏膜免疫系统，指广泛分布于呼吸道、泌尿生殖道及消化道等组织中位于黏膜固有层和上皮细胞下弥散性的淋巴组织，带有生发中心的器官化的淋巴小结，如扁桃体、小肠派尔集合淋巴结（Peyer's patches，PP）和阑尾等，以及某些外分泌腺（哈德腺、胰腺、乳腺、泪道、唾液腺分泌管等），是发生黏膜免疫应答的主要部位。

MALT 是病原体等抗原性异物入侵机体的主要途径，人体黏膜表面积约有 400m²，机体近 50% 的淋巴组织分布于黏膜系统。从数量上说，黏膜免疫系统是免疫系统中最大的，这里淋巴细胞的数量比其他部分的总和还要多，约 60% 的 T 细胞工作在黏膜组织内。因此黏膜免疫系统是发生局部特异性免疫应答的主要部位，是人体重要的防御屏障。MALT 作为人体最大的淋巴组织，特殊的位置使黏膜免疫系统形成与外周免疫系统迥然不同的解剖学结构和免疫应答机制。病原体通过皮肤和静脉等部位进入机体的免疫应答过程已经被免疫学家们广泛深入地研究过，但是病原体通过黏膜组织入侵及诱导免疫应答的相关研究和介绍相对较少。

黏膜免疫系统是机体整个免疫网络的重要组成部分，同时又是相对独立的免疫体系，具有自身独特的结构和功能。此外，在黏膜免疫系统内部，各个不同部位的黏膜组织又有一些共同的特性。因此本章节在介绍免疫应答和效应的时候以具有代表性的肠黏膜免疫系统为主要对象。

一、MALT 的组成

MALT 主要包括肠相关淋巴组织、鼻相关淋巴组织、支气管相关淋巴组织等和泌尿生殖道膜相关淋巴组织。肠相关淋巴组织（GALT）是位于肠黏膜下的淋巴组织，包括派氏集合淋巴结、孤立的淋巴滤泡、上皮内的淋巴细胞和固有层中弥散分布的淋巴细胞等。GALT 的主要作用是抵御侵入肠道的病原微生物感染。鼻相关淋巴组织（NALT）包括咽扁桃体、腭扁桃体、舌扁桃体及鼻后部其他淋巴组织，它们共同组成韦氏环（Waldeyer's ring）。支气管相关淋巴组织（BALT）主要分布于各肺叶的支气管上皮下。泌尿生殖道黏膜相关淋巴组织（UALT）主要分布于泌尿生殖道黏膜的淋巴组织中。

二、GALT 的结构特点

派氏集合淋巴结中有明确的 T 细胞区和 B 细胞区，是典型的二级淋巴器官（图 13-1），与肠腔仅隔一层立方上皮细胞。这层上皮细胞被称为滤泡相关上皮，之中除了普通的肠细胞、各种类型的淋巴细胞外，还有一种特殊的上皮细胞称 M 细胞（图 13-2），是一种特化的抗原转运细胞，负责摄取和转运抗原。派氏集合淋巴结通过淋巴管道相连，与肠系膜淋巴结相通，又经胸导管注入血液循环系统，与其他黏膜组织和外周免疫系统及循环系统连为一个整体。

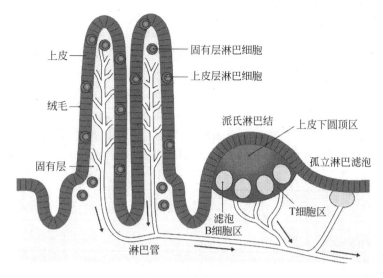

图 13-1 肠相关淋巴组织

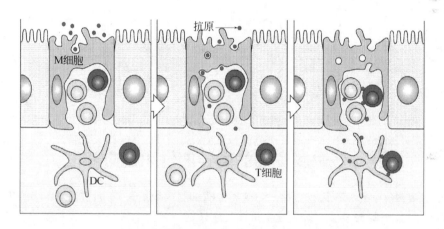

图 13-2 位于肠黏膜上皮之间的 M 细胞

第二节 肠黏膜免疫系统对抗原的识别和应答

一、肠腔内抗原的摄取

　　M 细胞是黏膜免疫系统中一种特化的抗原转运细胞，散布于肠道黏膜淋巴滤泡上皮之间，与肠上皮细胞紧密排列在一起，尤其在派氏淋巴结圆顶区上分布有微皱褶细胞（M 细胞）。M 细胞在靠近肠腔的一面形成上皮屏障，在背离肠腔的一面由内陷的皱褶形成"口袋"，其"口袋"中的各种淋巴细胞紧密接触（图 13-3）。肠腔中的大部分病原体是经过 M 细胞转运的。M 细胞胞质内的绒毛体很少，在肠黏膜表面有短小不规则的毛刷样微绒毛。M 细胞通过内吞和吞噬来摄取抗原，同时也可以通过识别病原菌表面的某些特殊的分子结构来锁定病原体。

　　总之，M 细胞的主要功能是摄取并转运抗原（尤其是颗粒性抗原）。在转运抗原的过程中，基本上没有明显的对抗原进行加工处理的过程。M 细胞将抗原交给其"口袋"下的免疫细胞（如树突状细胞和巨噬细胞）。M 细胞转运的物质种类很多，可以是无机物也可以是微生物等。值得一提的是，对于病原微生物而言，M 细胞比肠上皮细胞更易接近，因此许多病原体借助于 M 细胞作为"侵入"肠黏膜的途径，但是一旦进入之后，病原体直接面临的是启动肠道的特异性免疫应答系统。

　　除了 M 细胞以外，肠上皮细胞通过自身的 Fc 受体，与肠腔内已经形成的抗原抗体复合物结合，通过调理作用将其内吞并转运至上皮下的派氏淋巴结和散在的淋巴组织内；树突状细胞可以直接吞噬被病原体感染后凋亡的肠上皮细胞，由此获得抗原；此外，固有层内的单个核细胞甚至可以自己透过上皮细胞之间的间隙在肠腔内直接获取可溶性抗原（图 13-3）。

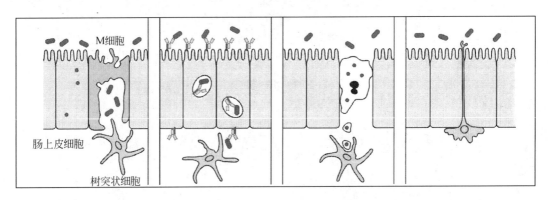

图 13-3　肠黏膜系统摄取抗原的方式

二、肠黏膜免疫的诱导部位和效应部位

　　肠腔抗原被摄取运送到派氏淋巴结后，被树突状细胞捕获抗原，并且加工提呈给初始 T 细胞，辅助淋巴滤泡内 B 细胞的激活，诱导发生抗体类别转换，分泌 IgA。肠黏膜免疫按功能不同可分为两个部位：诱导部位和效应部位。

　　黏膜免疫诱导部位指黏膜免疫系统捕获抗原并形成效应细胞的部位，包括派氏淋巴结、孤立淋巴滤泡、阑尾和局部黏膜引流淋巴结等，抗原从黏膜表面被摄取后，在此部位引起 T、B 细胞应答。其中派氏淋巴结位于肠黏膜下，是诱导肠特异性免疫的主要场所。在派氏淋巴结圆顶区上分布有微皱褶细胞（M 细胞），M 细胞摄取和转运肠腔的抗原到肠上皮下圆顶区，在此进行抗原处理和诱导特异性免疫反应。圆顶区内有以 B 细胞为主的生发中心淋巴滤泡和以 T 细胞、巨噬细胞及树突状细胞为主的滤泡间区。生发中心内含大量增殖淋巴母细胞，多数为 IgA$^+$ 细胞。这些活化后的免疫效应细胞逐步离开，通过淋巴细胞再循环并最终进入到黏膜的免疫效应部位。

　　黏膜免疫效应部位主要指黏膜固有层、外分泌腺基质、黏膜上皮细胞表面等，这些地方是抗原入侵的部位，聚集了各种效应细胞和分子，是效应细胞和效应分子发挥免疫学效应的部位。

三、肠黏膜的淋巴细胞再循环

　　初始淋巴细胞在诱导部位受到抗原刺激分化后离开，经过肠系膜淋巴结，经过各级淋巴管进入胸导管，再注入血循环系统后通过淋巴细胞归集来到黏膜免疫应答的效应部位。肠黏膜免疫系统的特殊之处在于：在抗原入侵部位受到活化和致敏的淋巴细胞在离开后逐步分化成熟，并且在特异性归巢受体的介导下，大多数免疫细胞回到抗原致敏部位（即诱导部位的黏膜固有层或上皮内）发挥效应功能。因此，经肠黏膜部位的抗原致敏活化的淋巴细胞，基本回到原位，这使得黏膜免疫相对独立于系统免疫，表现为局部性。这种归巢特性与淋巴细胞在肠黏膜内活化后被诱导表达归巢受体 $CCR9^+$ 和整合素 α4 ： β7 密切相关。

另外，少量致敏活化的免疫细胞可以进入肠黏膜以外的其他黏膜部位，发挥效应功能，使得不同黏膜部位的免疫反应相关联。因此，肠黏膜免疫系统和支气管黏膜免疫系统及其他黏膜免疫系统在功能上互相联系，统称为共同黏膜免疫系统。这种特点在利用疫苗进行免疫时，要充分考虑抗原进入机体的部位和途径。一方面，如抵御肠道感染的疫苗，抗原进入机体的部位应该选择在肠黏膜；另一方面，在黏膜免疫系统某处进入的抗原，其诱导产生的效应细胞可以到达其他黏膜部位，对其他部位的黏膜组织产生保护效应，因此口服的某些抗原可能诱导在泌尿道或者是呼吸道等黏膜部位产生免疫保护效应。

第三节 肠黏膜免疫系统的免疫学特点

一、肠黏膜组织的免疫应答和免疫耐受

肠黏膜每天会大量接触到人体摄入的蛋白质类物质，同时肠道内有大量的共生菌群，亦会经常接触到有害微生物。因此肠黏膜组织的免疫系统需要对黏膜表面进入的大量、种类繁多的抗原进行识别并作出反应。对大量无害抗原下调免疫反应或产生耐受，对有害抗原或病原体产生高效体液和细胞免疫，进行有效的免疫排斥或清除。黏膜系统产生的这两种截然不同、方向相反的免疫反应是其独特之处。

（一）肠黏膜免疫系统富含免疫效应细胞

即使在生理条件下，肠黏膜内依然富含呈现活化表型的 T 细胞，它们不仅分布于有组织结构的淋巴组织，还散在分布于黏膜固有层和上皮内。这些具有活化表型的效应细胞主要是在肠黏膜系统内接触食物抗原或者是共生微生物抗原后经过归巢到达上皮和固有层。

在固有层内分布有大量 T 细胞，其中 $CD4^+T$ 细胞与 $CD8^+T$ 细胞比例约 3 ： 1，且多具有记忆表型（$CD45RO^+$），并表达归巢相关分子（$CCR9^+$ 和整合素 α4 ： β7）和促炎细胞因子受体（如 CCL5 等）。此类 T 细胞在抗原刺激或有丝分裂原作用后增殖能力弱，但能产生大量 IFN-γ、IL-5 和 IL-10 等细胞因子。

在黏膜上皮细胞之间有大量上皮内淋巴细胞（IEL）。此群淋巴细胞也是体内数量最大的淋巴细胞群体，以 $CD8^+T$ 细胞为主。与固有层淋巴细胞相同，IEL 呈活化表型，其胞浆颗粒内富含穿孔素和颗粒酶。

（二）共生菌群对维持肠黏膜内淋巴细胞的数量及调节免疫应答至关重要

肠道内共生着大量结构复杂的菌群，主要由专性厌氧菌、兼性厌氧菌和需氧菌组成，其中专性厌氧菌占 99% 以上，在这些细菌中类杆菌和双歧菌占细菌总数的 90% 以上。这些肠道菌群不仅对宿主摄取食物和获取营养起着重要的作用，而且肠道菌群调控下的肠黏膜系统也直接影响着宿主的免疫与健康。

肠道生态系统的长期进化最终导致肠黏膜免疫系统下调针对正常存在的共生菌群的固有炎症反应，取而代之的是低反应性的"生理性炎症"。肠黏膜免疫系统对共生菌的低反应性主要由共生菌自身的特点、小肠上皮细胞表面的特性及肠道黏膜固有层内免疫细胞的特点三个方面的因素所决定。共生菌与致病菌不同的是它不能表达黏蛋白酶及黏附、定居和侵入因子，因此不能分解肠道内保护性的黏液层，小肠蠕动形成的黏液层流可以将共生菌冲离肠道表面，使其不能黏附小肠上皮细胞，破坏上皮屏障。小肠上皮细胞表面较少表达识别共生菌病原相关分子模式（PAMP）的 Toll 样受体（TLR），如 TLR2 和 TLR4 等，因此不能有效地识别共生菌的 PAMP。加上位于肠黏膜固有层的单核吞噬细胞如巨噬细胞和树突状细胞对于正常菌群及微生物的模式分子受体往往表现为低反应，在受到刺激后不会产生很高的促炎性分子，这些都能够促进对正常菌的免疫耐受，有助于维持肠道的稳态。

肠黏膜免疫系统内淋巴细胞的数量具有抗原依赖性。在生理条件下，肠道内大量的共生菌群为免疫系统提供了合适的抗原刺激条件，黏膜内淋巴细胞增殖数量远超过脾和淋巴结。但在感染条件下，肠黏膜免疫系统内淋巴细胞的数量会进一步显著增加。

（三）树突状细胞对于诱导免疫应答和维持肠黏膜免疫耐受都至关重要

和其他部位的免疫系统一样，树突状细胞在启动肠黏膜免疫和塑造特异性免疫应答过程中发挥了至关重要的作用。

肠黏膜内树突状细胞的特性与微环境密切相关，肠黏膜内的树突状细胞主要位于两个区域，一个是派氏淋巴结内位于肠上皮下的圆顶区，能够方便地获得由 M 细胞转运来的抗原。这类树突状细胞主要表达 $CD11b^+$ 和 $CCR6^+$，但是 $CD8\alpha^-$。静息状态下，在受到食物抗原及共生菌来源的抗原刺激时以分泌 IL-10 为主，抑制 T 细胞向促进炎症反应的细胞分化；同时一部分释放维 A 酸的树突状细胞迁移至肠系膜淋巴结 T 细胞区，诱导 T 细胞表达归巢至肠黏膜的相关分子（CCR9 和 $\alpha4$ ： $\beta7$）；有一群树突状细胞对微生物表达的 TLR 样受体的配体不敏感，主要释放 IL-10、IDO 和 TGF-β 等物质，诱导能下调免疫应答的 $FoxP3^+Treg$ 的生成。但是在感染情况下，树突状细胞迅速被招募到派氏淋巴结靠近肠腔一面的上皮层内。各种细菌的产物诱导树突状细胞表达共刺激分子，其中一类是 $CD8\alpha^+$，但是 $CD11b^-$ 和 $CCR6^-$ 的树突状细胞被发现位于派氏淋巴结的 T 细胞区，并倾向于分泌促炎因子 IL-12，诱导 T 细胞活化朝 T_{H_1} 和 $T_{H_{17}}$ 方向分化。

（四）sIgA 在消化道的保护作用

肠腔黏膜表面积极大，可产生大量 sIgA，血液中的 IgA 主要为单体形式，但是肠道内的为二聚体。肠黏膜内的 TGF-β 主要诱导 B 细胞发生抗体类别转化，以分泌 IgA 为主。正常成年人每天分泌 3～4g sIgA，超过机体每天产生的其他种类的免疫球蛋白的总和。这些源源不断的 IgA 的产生并非源于受到病原体的入侵，主要来源于肠道正确共生菌群的刺激。产生 IgA 的 B 细胞可能滞留于固有层，也可迁移至其他黏膜组织或淋巴器官。

以 sIgA 为主的体液免疫在肠黏膜免疫系统中起主导作用，是阻止病菌在肠黏膜黏附和定植的重要防御前线。sIgA 是肠黏膜免疫屏障最主要的体液免疫防御因子，能包裹外来病菌，封闭病菌与肠上皮细胞的特异结合位点，使其丧失吸附于肠上皮细胞的黏附能力，这是避免细菌移位途径的重要依赖方式。

黏膜 B 细胞产生的 sIgA 需要借助 J 链形成二聚体后被转运至肠腔。后者一旦分泌至固有层，即由分泌片经上皮细胞转运至肠腔。分泌片由黏膜上皮细胞合成，并表达于它们的基部和侧部表面。sIgA 二聚体在与黏膜上皮结合继而被上皮细胞摄入并转运至肠腔的过程需要上皮细胞表面 pIgR

（多聚免疫球蛋白受体）的帮助。如图 13-4 所示，pIgR 能结合 sIgA 上的 J 链，由此将其内吞进入细胞转运至另一面到达肠腔。另外 IgM 也可以在 J 链的帮助下形成五聚体，由此也可以通过 J 链与 pIgR 结合被转运至上皮细胞内并运送至肠腔。这可以解释一部分高加索人由于基因突变缺乏 IgA 但是肠腔内有大量 IgM 来发挥免疫保护效应。但是如果 pIgR 发生突变，带来的结果是致命的，表明 pIgR 在转运抗体至肠腔中发挥了重要作用。

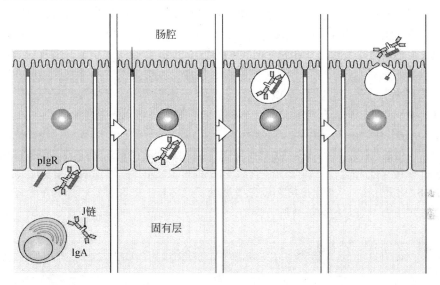

图 13-4 IgA 分泌到肠腔需要借助于表达于肠上皮细胞表面的 pIgR

二、与免疫相关的常见疾病

炎症性肠病（inflammatory bowel disease，IBD）是一组不明原因的慢性肠道炎症性疾病，包括溃疡性结肠炎（ulcerative colitis，UC）和克罗恩病（Crohn's disease，CD）。前者又称非特异性溃疡性结肠炎，是一种原因不明的直肠和结肠的炎症，病变主要限于大肠黏膜与黏膜下层。后者为一种慢性肉芽肿性炎症，病变可累及胃肠道各部位，而以末段回肠及临近结肠为主，多呈节段性、非对称性分布。炎症性肠病被归纳为自身免疫病，与其他自身免疫病不同的是，炎症性肠病针对的不是机体自身的抗原，而是针对肠道内正常的共生微生物抗原，产生过度的免疫应答所导致的。

思 考 题

1. 试述黏膜免疫系统的淋巴细胞归巢的特点。

2. 试述肠道微生物共生菌群在维持肠道正常免疫应答和免疫耐受过程中发挥的作用。

（汪 蕾）

第十四章　超敏反应

超敏反应（hypersensitivity reaction）是指机体对某些抗原初次应答致敏后，再次接受相同抗原刺激时，所产生的一种以生理功能紊乱或组织细胞损伤为主的异常免疫应答，具有特异性和记忆性。超敏反应俗称变态反应（allergy）或过敏反应（anaphylaxis）。引起超敏反应的抗原物质称为变应原，它可以是完全抗原，如异种动物血清、各种微生物、寄生虫及其代谢产物等，也可以是半抗原，如青霉素等药物，以及多糖类物质。此外，受生物和理化因素影响而发生改变的自身组织抗原也可以成为变应原。接触变应原的人群中只有少数个体发生超敏反应。

1963 年，Gell 和 Coombs 根据超敏反应发生的速度、机制和临床特点等，将超敏反应划分为 I 型、II 型、III 型和IV型。1971 年，Roitt 在上述四型分类法的基础上提出了 V 型超敏反应，即抗体与细胞膜抗原特异性结合后，刺激细胞分泌增加和功能亢进，称为刺激型超敏反应。1975 年，Gell 和 Coombs 对其 1963 年所提出的四型分类法做了进一步解释和补充，并将 V 型超敏反应归入 II 型。本章按四型分类法对超敏反应进行介绍。

第一节　I 型超敏反应

I 型超敏反应发生速度最快，一般在第二次接触相同抗原后数分钟内即出现临床反应，故又称速发型超敏反应（immediate hypersensitivity）。

I 型超敏反应是临床最常见的超敏反应，在欧洲人群中的发病率为 25% ～ 35%，我国北京地区发病率高达 37.7%。它涉及临床各个学科，特别是耳鼻喉科、皮肤科、内科和儿科。随着社会生产的发展及人们生活环境和生活方式的改变，新的变应原不断出现，由石油、橡胶、化纤、塑料、人造革制品、药物所致的超敏反应日渐增多。

I 型超敏反应的主要特点有：①大多发生快，消退快；②以生理功能紊乱为主要病理生理改变，较少发生严重的组织细胞损伤；③由 IgE 型抗体介导，无补体参与；④有明显的个体差异和遗传背景，对相应抗原易产生 IgE 型抗体的患者称为特应性素质个体或过敏体质个体。

一、发病机制

（一）参与 I 型超敏反应的主要成分

1. 变应原　引起 I 型超敏反应的抗原物质为外源性抗原，其种类繁多，能诱导特应性素质个体产生特异性 IgE。引起 I 型超敏反应的抗原物质包括多种动植物蛋白质、花粉、动物皮屑、真菌孢子、寄生虫、药物及其他化学物质等（表 14-1）。通过吸入、食入、注射或接触这些物质，机体可致敏。其中药物的免疫原性十分复杂，各类药物或其降解产物之间常具有共同抗原结构，可能引起交叉反应。某些化合物本身无免疫原性，但进入机体后，可与组织蛋白质结合而获得免疫原性。

表 14-1　引起 I 型超敏反应的抗原物质

类别	常见变应原
异种动物免疫血清	破伤风和白喉抗毒素，狂犬病毒、肉毒杆菌、蛇毒素抗血清
疫苗和类毒素	流感、百日咳、伤寒、副伤寒等疫苗，破伤风和白喉类毒素
药物	青霉素、头孢菌素类抗生素、链霉素、四环素、氯霉素、卡那霉素、两性霉素 B、维生素 B_1 和维生素 B_{12}、呋喃妥因、苯海拉明、氢化可的松、普鲁卡因、有机碘、汞剂、阿司匹林、右旋糖酐、可待因、吗啡、肝素、糜蛋白酶等，穿心莲、板蓝根等中药
脏器制剂	胰岛素、神经垂体提取物、促肾上腺皮质激素
昆虫	蜜蜂、黄蜂、蚂蚁等
食物	蛋、牛奶、鱼、虾、蟹、水生贝类、蚕豆等
其他	尘螨、花粉、真菌孢子、寄生虫、人类精液、动物皮屑、腹内棘球蚴等

2. 抗体　1921 年，Prausnitz 将对鱼过敏的好友 Küstner 的血清注入自己前臂皮内，一定时间后将鱼提取液注入相同位置，结果注射部位很快出现风团和红晕，他们将引起此反应的因子称为反应素（reagin），这就是著名的 P-K 试验。45 年后，Ishizaka 经研究证实，引起 I 型超敏反应的反应素主要是特异性 IgE，并将其称为变应素（allergins）。在五类免疫球蛋白中，IgE 是血清中含量最低、半衰期最短、分解率最高、对热最不稳定的，正常人血清中 IgE 含量很低，而在过敏患者体内，特异性 IgE 含量异常增高。IgE 主要由鼻咽、扁桃体、气管、支气管及胃肠道等黏膜下固有层的浆细胞产生，这些部位也是变应原易于侵入机体并引起超敏反应的好发部位。

IgE 不能通过胎盘，因此母体的 IgE 不能使胎儿被动致敏。近年的研究表明，I 型超敏反应发生的遗传倾向是由常染色体显性遗传所致，过敏体质个体产生高滴度 IgE 的能力可能与 MHC II 类分子中的某些特殊位点有关。B 细胞产生特异性 IgE 需 T 细胞辅助，T_{H_1} 和 T_{H_2} 细胞可通过各自分泌的细胞因子调控 IgE 产生。T_{H_2} 细胞分泌的 IL-4 可刺激 B 细胞产生特异性 IgE；IL-3、IL-5 有协同 IL-4 诱导 IgE 合成的作用。T_{H_1} 细胞分泌的 IFN-γ 可抑制 T_{H_2} 细胞分泌 IL-4，故为 IgE 产生的强力抑制剂。

IgE 具同种组织细胞亲嗜性，其对同种或有近缘关系的动物细胞具特异亲和力（亲细胞性），故被称为亲同种细胞性抗体（简称亲细胞抗体）。它可通过其 Fc 与肥大细胞和嗜碱粒细胞表面相应的 Fc 受体（FcεR）结合，使机体致敏。与细胞结合后的 IgE 的半衰期可从 2.5 天延长至 8～14 天。FcεR 与 IgE 的亲和力是 FcγR 与 IgG 亲和力的 100 倍，故低滴度 IgE 即可与表达 FcεR 的细胞有效结合。除 IgE 外，IgG4 也能固定在肥大细胞膜上。人类亲细胞性 IgG 只能短暂地使人类皮肤致敏，其有效致敏时间最长为 7～20 天。实验证明，IgG4 既能诱导 I 型超敏反应，也能通过竞争机制，阻断 IgE 介导的 I 型超敏反应。

3. 细胞　参与 I 型超敏反应的细胞有肥大细胞、嗜碱粒细胞及嗜酸粒细胞。

（1）肥大细胞和嗜碱粒细胞：均来自髓样干细胞前体。肥大细胞据其分布不同，可以分为两类：一类主要分布于皮下微血管周围的结缔组织中，称为结缔组织肥大细胞；另一类主要分布于黏膜下层，称为黏膜肥大细胞。肥大细胞具吞噬功能，胞浆内含有大量嗜碱性颗粒，受刺激时可合成和释放多种生物活性介质，包括组胺、前列腺素 D_2（prostaglandin D_2，PGD_2）、5-羟色胺、白三烯（leukotriene，LT）及多种酶类。正常人的一个肥大细胞膜上有 3 万～10 万个高亲和力的 FcεR，可与大量 IgE 的 Fc 结合。结合在肥大细胞上的 IgE 一旦发生交联，即可触发肥大细胞脱颗粒，释放生物活性介质。嗜碱性细胞主要分布于外周血中，占血液循环中白细胞总数的 0.2%～2%，它们也可被招募至发生超敏反应的部位发挥作用。与肥大细胞相似，其膜表面也表达 FcεR，胞浆内亦含类似的嗜碱性颗粒，受刺激时释放的多种生物活性介质与肥大细胞大致相同。

（2）嗜酸粒细胞：主要分布在呼吸道、消化道和泌尿生殖道的黏膜组织中，在血液循环中含量较少。I型超敏反应的炎症灶中有大量嗜酸粒细胞浸润，患者外周血中嗜酸粒细胞数量也增高。嗜酸粒细胞在I型超敏反应中的作用具双重性。通常嗜酸粒细胞不表达高亲和性的$Fc\varepsilon RI$，有很高的脱颗粒临界阈。它可直接吞噬肥大细胞释放的嗜碱性颗粒，能释放组胺酶灭活组胺；释放芳香基硫酸脂酶灭活白三烯；释放磷脂酶D灭活血小板活化因子（PAF），所以嗜酸粒细胞在I型超敏反应中可起负反馈调节作用。但当它们被某些细胞因子，如IL-3、IL-5、GM-CSF或PAF激活后，也可表达高亲和性的$Fc\varepsilon RI$，并使膜表面的CR1和$Fc\gamma R$表达增加。这些变化使嗜酸粒细胞脱颗粒临界阈降低，导致脱颗粒，释放各种生物活性物质。其中一类介质与肥大细胞和嗜碱粒细胞释放的脂类介质类似，如白三烯和PAF；另一类是具有毒性作用的颗粒蛋白和酶类物质，主要包括阳离子蛋白，如碱性蛋白、神经毒素、嗜酸粒细胞过氧化物酶和胶原酶等，这些物质可杀伤寄生虫和病原微生物，也可引起组织细胞损伤。

（二）I型超敏反应的发生过程

I型超敏反应的发生可经历三个阶段（图14-1），即致敏阶段、激发阶段和效应阶段。

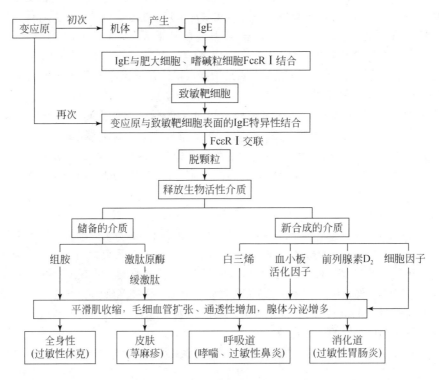

图14-1　I型超敏反应的发生过程

1. 致敏阶段　变应原进入机体后，可选择性地诱导特异性B细胞产生IgE，后者以其Fc与靶细胞（肥大细胞或嗜碱粒细胞）表面的$Fc\varepsilon RI$结合，使机体处于对该变应原的致敏状态，而表面结合有特异性IgE的肥大细胞或嗜碱粒细胞称为致敏靶细胞。通常机体受变应原刺激后2周即可致敏，靶细胞的致敏状态可维持数月甚至更长时间，如长期不接触相同变应原，致敏状态可逐渐消失。

2. 激发阶段 再次进入机体的相同抗原与已经结合在致敏靶细胞上的 IgE 特异性结合，当二价或多价抗原与致敏靶细胞表面 2 个以上相邻的 IgE 分子结合后，即可使细胞膜表面的 $Fc\varepsilon R I$ 交联，继而移位、聚集、变构，致靶细胞活化、脱颗粒、释放生物活性介质。靶细胞表面 $Fc\varepsilon R I$ 的交联是导致靶细胞激活、脱颗粒并最后释放介质的关键。

细胞脱颗粒反应是一种生理性分泌现象，脱颗粒后因颗粒耗竭而使机体暂时处于脱敏状态，经 1～2 天后细胞又重新形成新的颗粒，使机体重新处于致敏状态。除抗原可以使 $Fc\varepsilon R I$ 交联而引起脱颗粒外，蜂毒、蛇毒、过敏毒素（C3a，C5a）、抗 IgE 抗体及可待因和吗啡等，均可使肥大细胞脱颗粒并释放介质。

凡能使 $Fc\varepsilon R I$ 交联的任何刺激，均可作为介质释放的信号。胞膜表面 $Fc\varepsilon R I$ 交联后进而聚集，可通过三种机制调控靶细胞的脱颗粒过程：①激活甲基转移酶，使膜磷脂甲基化，从而激活钙通道；②抑制腺苷酸环化酶，使 cAMP 减少，促进细胞内储存的 Ca^{2+} 释放入胞浆；③通过 G 蛋白的作用，激活磷脂酶 C，后者将二磷酸磷脂酰肌醇水解为三磷酸肌醇（IP3）和二酰甘油（DG），使细胞内储存的 Ca^{2+} 释放。上述过程引起胞内游离 Ca^{2+} 浓度升高，从而促进细胞脱颗粒。细胞脱颗粒后释放的生物活性物质可引起平滑肌收缩、毛细血管扩张、腺体分泌增加等一系列病理生理改变。

3. 效应阶段 是指生物活性介质作用于效应组织和器官，引起局部或全身过敏反应的阶段。根据效应作用发生和持续的时间，可将 I 型超敏反应分为即刻/早期相（速发相）反应和晚期相（迟发相）反应。即刻/早期相反应为典型的速发型超敏反应，通常在接触相同变应原后数秒或数分钟内发生，可持续数小时。该种反应主要由组胺引起。晚期相（迟发相）反应是在典型的速发型超敏反应后，还有一个更长的反应过程，它在变应原刺激后 2～8 小时发生，可持续数天。该种反应主要由新合成的脂类介质如白三烯、血小板活化因子和某些细胞因子引起。

（三）生物活性介质及其作用

致敏靶细胞活化后，可启动两个平行发生的过程。一是脱颗粒反应，细胞释放出颗粒中预先合成的介质（原发介质）；二是活化细胞膜上的磷脂酶类，引起细胞内磷脂代谢过程改变，导致细胞迅速合成新的介质（继发介质），并释放到细胞外。这些介质引起的基本病理生理变化是致平滑肌收缩、毛细血管扩张、通透性增高、腺体分泌增加。

1. 颗粒内预先合成的储备介质 通常以复合物的形式存在于靶细胞的颗粒内，当颗粒排到胞外后，即可通过离子交换而被释放。

（1）组胺：在呼吸道、消化道、皮肤中的含量较高。当颗粒排出后，组胺可通过与颗粒外 Ca^{2+} 交换而释放。其释放速度快，在数分钟内发挥作用，维持时间短（约 2 小时），是引起即刻相反应的主要介质。它的主要作用是使小静脉和毛细血管扩张，通透性增高；刺激支气管、胃肠道、子宫和膀胱等处的平滑肌收缩；促进黏膜腺体分泌。因此，当组胺作用于体表局部时，可使皮肤和黏膜充血、水肿或出现荨麻疹；作用于鼻咽、支气管则可引起鼻塞、流涕和支气管哮喘；作用于胃肠道引起恶心、呕吐、胃酸分泌、腹痛、腹泻等症状。组胺是唯一可引起痒感的介质，可与靶细胞上的 H_1 和 H_2 受体结合，与 H_1 受体结合，可使平滑肌收缩，血管通透性和腺体的分泌增加；与 H_2 受体结合，可增加胃液分泌，反馈性地降低肥大细胞和嗜碱粒细胞的介质释放。

（2）激肽原酶：释放后，可作用于血浆中的激肽原（α_2-球蛋白），使之生成具有生物学活性的激肽，其中的九肽即缓激肽。缓激肽在急性炎症中起重要作用，其主要生物学效应是刺激平滑肌收缩，引起支气管痉挛；使毛细血管扩张，通透性增高（其作用强度超过组胺）；对白细胞有趋化作用；刺激痛觉神经纤维，引起疼痛。

2. 细胞内新合成的介质 主要是一些细胞膜磷脂代谢产物。

（1）白三烯：是花生四烯酸经脂氧合酶途径代谢生成的介质，是 LTC4、LTD4、LTE4 三者的混合物，其释放和发挥作用较缓慢（4～6 小时），效应持续久（1～2 小时），是引起晚期相反应的主要介质。白三烯的作用特点是使支气管平滑肌强烈而持久地收缩，效力比组胺大100～1000 倍，是引起支气管哮喘的主要介质。此外，白三烯还有使毛细血管扩张、通透性增高和促进黏膜腺体分泌等功能。

（2）前列腺素：种类多达十余种，它们表现出多种活性，其中主要的是 PGD_2，它是花生四烯酸经环氧合酶途径代谢生成的介质，可引起支气管收缩；PGI_2 由内皮细胞产生，可能与 LTE4 协同引起水肿。此外，前列腺素还能调节某些介质的释放，通常高浓度前列腺素能抑制组胺释放，而低浓度则促进组胺释放。

（3）血小板活化因子（PAF）：也是花生四烯酸衍生物，具有凝聚和活化血小板的作用，使之释放组胺、5-羟色胺等血管活性胺类物质，从而引起毛细血管扩张和通透性增高。

（4）细胞因子：肥大细胞释放的细胞因子如 TNF、IL-1、IL-6、GM-CSF 等在晚期相反应中起重要作用。T_{H_1} 细胞分泌的 IL-2 和 IFN-γ，以及 T_{H_2} 细胞分泌的 IL-4、IL-5、IL-10 等在超敏反应的调节中互相拮抗。IL-4 可扩大 T_{H_2} 细胞应答，促进 B 细胞发生 IgE 类别转换。

二、常见 I 型超敏反应性疾病

人类 I 型超敏反应可表现为全身过敏反应和局部超敏反应。

（一）全身过敏反应

全身过敏反应是一种最严重的 I 型超敏反应性疾病，主要由药物、注射异种动物血清或摄入食物引起，偶发于昆虫叮螫后。致敏患者通常在接触变应原数分钟内即出现症状，表现为烦躁不安、胸闷、气急、呕吐、腹痛、面色苍白、血压下降等，以至昏迷、抽搐，若抢救不及时，可导致患者死亡。

1. 药物过敏性休克　以青霉素引发的过敏性休克最为常见。此外，头孢菌素、链霉素、普鲁卡因、有机碘、磺胺类药物等也可引起过敏性休克。

青霉素分子的降解产物或制剂中的杂质均可成为变应原。青霉素的相对分子质量较小，通常无免疫原性，但青霉素分子 β-内酰胺环中的羧基与体内蛋白质的氨基可共价结合，形成的青霉噻唑蛋白具有较强的免疫原性。此外，青霉素在弱碱性溶液中很快降解，其降解产物青霉烯酸或青霉噻唑醛酸与体内组织蛋白共价结合，形成青霉噻唑蛋白或青霉烯酸蛋白后，可获得免疫原性。当机体再次接触青霉素分子时，即可能发生过敏性休克。在少数情况下，初次注射青霉素也可发生过敏性休克，这可能与患者曾经通过下列方式接触过青霉素或青霉素样物质有关：①曾使用过青霉素污染的注射器或其他医疗器材；②从空气中吸入青霉素降解产物或青霉孢子等；③皮肤、黏膜接触过青霉素降解产物。

2. 血清过敏性休克　也称血清过敏症。临床上应用动物免疫血清（如破伤风抗毒素和白喉抗毒素）进行治疗或紧急预防破伤风和白喉时，有些患者可因曾经注射过同种动物的血清制剂而发生过敏性休克。这是因为动物免疫血清对于人体来说是异种物质，能使少数过敏体质者产生抗异种蛋白质的特异性 IgE，当再次注射同种动物免疫血清时，即可出现过敏性休克。近年来，由于免疫血清的纯化，血清过敏症的发生率已大大降低。

（二）皮肤超敏反应

皮肤超敏反应可由药物、食物、羽毛、花粉、油漆、肠道寄生虫或冷热刺激等引起，主要表现为皮肤荨麻疹、湿疹、血管性水肿、特应性皮炎。大多数人有家族史，对理化刺激特别敏感，病变以皮疹为主，特点是剧烈瘙痒。

（三）消化道超敏反应

有些人进食鱼、虾、蟹、蛋、奶等食物或服用某些药物后，可发生过敏性胃肠炎，主要表现为进食数分钟至 1 小时后出现恶心、呕吐、腹泻、腹痛等症状，严重者也可发生过敏性休克。研究发现，易患过敏性胃肠炎者，其胃肠道 sIgA 含量明显减少，并大多伴有蛋白水解酶缺乏，故患者肠黏膜防御作用减弱，肠壁易受损，肠内某些食物蛋白尚未完全分解即通过黏膜而被吸收，从而作为变应原诱发消化道超敏反应。食物煮熟后，其免疫原性约降低 50%，故应提倡熟食。

（四）呼吸道超敏反应

呼吸道超敏反应可因吸入花粉、细菌、动物皮毛和尘螨等抗原物质引起，主要表现为支气管哮喘和过敏性鼻炎。支气管哮喘是由于支气管平滑肌痉挛而引起的哮喘和呼吸困难，组胺等介质与速发相哮喘发作有关，而白三烯和细胞释放的酶类引起的炎症反应则在迟缓相哮喘持续发作和疾病延续过程中起重要作用。过敏性鼻炎主要因吸入植物花粉引起，也称花粉症或枯草热，具有明显的地区性和季节性，是人群中最常见的变态反应之一，主要表现为喷嚏、鼻痒、鼻塞、流鼻涕等。

三、Ⅰ型超敏反应的防治原则

Ⅰ型超敏反应的防治应着眼于变应原和机体免疫状态两方面。一方面尽可能查出变应原，避免与之再次接触；另一方面，有些变应原（如花粉、尘螨等）虽能被查出，但难以避免再次接触，因而可针对超敏反应的发生、发展过程，通过切断或干扰其中某些环节来达到防治的目的。

（一）预防原则

查明变应原，避免与之接触是预防Ⅰ型超敏反应最有效的方法。可以通过询问病史和皮肤试验来确定变应原。临床检查变应原最常用的方法是直接皮肤试验。通常是将容易引起过敏反应的药物、生物制品或其他可疑变应原按一定浓度稀释，然后取 0.1ml 注射于受试者前臂皮内，15 ～ 20 分钟后观察结果。若注射局部皮肤出现直径大于 1cm 的红晕、风团，或无红肿但注射处有痒感，或全身有不适反应者均为皮试阳性。花粉、尘螨等其他可疑变应原的浸出液，也可用皮内注射或挑刺的方法进行试验。

（二）脱敏治疗

1.异种免疫血清脱敏疗法 在应用抗毒素时，对皮肤试验呈阳性但又必须使用者，可采用小剂量、短间隔（20 ～ 30 分钟）、多次注射抗毒素的方法进行脱敏治疗，即脱敏注射法。其脱敏机制可能是少量变应原进入体内，与有限的致敏靶细胞上的 IgE 结合，作用后释放的生物活性介质较少，不足以引起明显的临床症状，并能及时被清除，无累积效应。经过短时间内少量多次反复注射抗毒素，可使体内致敏靶细胞中预存的颗粒逐渐耗竭，机体处于暂时脱敏状态，当最终注入大剂量抗毒素时，则不会发生超敏反应。经一定时间后，细胞又可合成新的颗粒，致机体重新致敏。

2.特异性变应原脱敏疗法 也称减敏疗法。对能够检出而又难以避免接触的变应原，经皮肤试验查出后，可采用小剂量、间隔较长时间（7天左右）、多次反复皮下注射的方式，以达到脱敏的目的。其机制可能是改变了变应原进入机体的途径，诱导机体产生大量特异性IgG类循环抗体，从而使产生IgE的应答降低。该种IgG可与再次进入的变应原结合，阻止变应原与肥大细胞或嗜碱粒细胞表面相应的IgE作用，从而阻断Ⅰ型超敏反应的发生，故这种特异性IgG称为封闭抗体。

（三）药物治疗

1. 抑制生物活性介质的合成和释放

（1）稳定细胞膜：色甘酸钠具有稳定肥大细胞膜、抑制肥大细胞脱颗粒和释放生物活性介质的作用，可用于防治支气管哮喘和过敏性鼻炎；肾上腺糖皮质激素也有稳定细胞膜和抗炎作用。

（2）提高细胞内cAMP浓度：变应原与致敏靶细胞上IgE结合后，对细胞膜上的腺苷酸环化酶具有抑制作用，能降低细胞内cAMP浓度，从而导致组胺等介质的释放。肾上腺素、异丙肾上腺素等儿茶酚胺类药物和前列腺素E通过激活腺苷酸环化酶以促进cAMP合成；甲基黄嘌呤、氨茶碱等抑制磷酸二酯酶，阻止cAMP分解成无活性的5′-AMP，提高细胞内cAMP浓度，从而抑制生物活性介质的释放。

（3）阿司匹林为环氧合酶抑制剂，可抑制前列腺素等介质的生成。

2. 生物活性介质拮抗药　苯海拉明、氯苯那敏、异丙嗪等抗组胺药物，可通过与组胺竞争效应器官细胞膜上的组胺受体而发挥抗组胺作用；阿司匹林为缓激肽拮抗药；苯噻啶具有抗组胺和5-羟色胺的作用；多根皮苷酊磷酸盐对白三烯有拮抗作用。

3. 改善效应器官的反应性　临床常用的肾上腺素、麻黄素等不仅可解除支气管平滑肌痉挛，而且能使外周毛细血管收缩以升高血压，还可减少腺体分泌。葡萄糖酸钙、氯化钙、维生素C等除了可以解痉外，还能降低毛细血管的通透性和减轻皮肤黏膜的炎症反应。肾上腺素也能使小血管和毛细血管收缩，因而常用作抢救过敏性休克的急救药。

（四）特异性抗体和变应原疫苗的应用

1. 特异性抗体　抗IgE抗体可阻断IgE与FcεRⅠ的结合，抑制IgE的合成，促进IgE的清除，显著降低血中游离IgE的水平，而低水平的IgE又可直接或间接地调节嗜碱粒细胞上FcεR的表达，干扰肥大细胞的致敏及介质释放，因而抗IgE抗体对包括哮喘在内的过敏性疾病的预防和治疗都有一定的应用价值。此外，抗VLA-4抗体能够抑制嗜酸粒细胞和释放损伤支气管肺组织的毒性物质，因而在抗呼吸道炎症、抗呼吸道高反应方面有应用前景。此外，抗IL-5抗体可阻断IL-5诱导的支气管肺组织的嗜酸粒细胞增多及活化，从而控制慢性呼吸道炎症和呼吸道高反应性。

2. 变应原疫苗　通过基因工程技术获得的重组变应原蛋白，为哮喘等变应性疾病的特异性变应原疫苗治疗提供了理想制剂。目前主要有非致敏性变应原多肽或片段、非致敏性IgE结合半抗原。前者与IgE的结合能力明显下降，后者在局部诱导产生IgG封闭抗体，在随后接触变应原时可预防致敏靶细胞激活，产生变应原蛋白的耐受性。此外，DNA疫苗是正在兴起的一种全新治疗方法，是将携带有变应原基因片段的质粒或"裸露DNA"导入小鼠体内或人体内，以达到免疫治疗的目的。DNA疫苗在过敏性哮喘的治疗中具有很大潜力。

第二节　Ⅱ型超敏反应

Ⅱ型超敏反应又称细胞溶解型（cytolytic type）或细胞毒型（cytotoxic type）超敏反应，是由靶细胞表面的抗原与相应抗体结合后，在补体、巨噬细胞和NK细胞的作用下引起的以细胞溶解为主的病理性免疫应答。

一、Ⅱ型超敏反应的发生机制

（一）靶细胞表面抗原

根据诱发Ⅱ型超敏反应的靶细胞的种类和靶抗原的来源，可以将靶细胞表面抗原分为四类。

1. 同种异型抗原 如 ABO 血型抗原、RhD 抗原和 HLA 抗原。

2. 变性的自身细胞抗原 在外界因素影响下，某些自身抗原成分可以发生变性，以致被免疫系统视为"非己"，导致自身抗体的产生。感染和理化因素（如辐射、热、化学制剂等）都可能引起细胞抗原物质的变性。

3. 吸附在自身细胞上的外来抗原 某些化学制剂可作为载体或半抗原进入机体，体内的细胞或血清中的某些成分（如血细胞碎片、变性 DNA 等）可作为半抗原或载体与之构成完全抗原，刺激机体产生抗体，从而诱发Ⅱ型超敏反应。

4. 共同抗原 外源性抗原与正常组织细胞间具有共同抗原，如链球菌胞壁多糖抗原与心脏瓣膜、关节组织之间的共同抗原。

（二）抗体

参与Ⅱ型超敏反应的抗体主要是 IgG（IgG1、IgG2 或 IgG3）和 IgM，在少数情况下 IgA 也可参与Ⅱ型超敏反应。抗体与靶细胞膜上的相应抗原特异性结合，这些抗体可以是：①免疫性抗体，即由外来抗原刺激机体产生的抗体；②被动转移性抗体（如误输入血型不符的血液，含高效价天然抗体）；③自身抗体。

（三）发生过程

抗体与靶细胞膜上的相应抗原结合后，可通过三条途径杀伤靶细胞（图 14-2）。

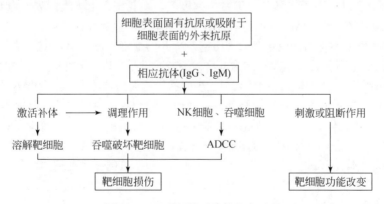

图 14-2　Ⅱ型超敏反应的发生过程

（1）激活补体经典途径，使靶细胞发生不可逆的破坏或溶解，此即补体介导的细胞毒作用（CMC）；也可通过 C3b 等补体的裂解产物介导的调理作用，使靶细胞溶解破坏；局部补体活化后产生的过敏毒素（如 C3a、C5a），对中性粒细胞和单核细胞有趋化作用，活化的中性粒细胞和单核细胞产生水解酶和细胞因子等，引起组织细胞的损伤。

（2）通过 NK 细胞、巨噬细胞或中性粒细胞上的 Fc 受体与膜抗原 - 抗体复合物上的 Fc 结合，发挥 ADCC 作用、调理作用，从而杀伤或吞噬靶细胞。

（3）抗细胞表面受体的自身抗体与相应受体结合后，可导致细胞功能紊乱，表现为受体介导的对靶细胞的刺激或抑制作用。

二、临床常见的 II 型超敏反应性疾病

（一）输血反应

输血反应通常发生于 ABO 血型不符的输血。ABO 血型抗原是人红细胞上最主要的血型抗原系统，红细胞凝集素（即抗 A 或抗 B 抗体）一般为 IgM，激活补体的能力强。如将 A 型供血者的血误输给 B 型受血者，由于 A 型血的红细胞上有 A 抗原，B 型血的血清中有抗 A 抗体，两者结合后，激活补体，使受血者的红细胞溶解破坏，引起溶血、血红蛋白尿等。因此，在输血的供者和受者之间做血型鉴定和配血试验十分重要。由于临床上大多数情况已能做到准确配型，故输血反应已少见。有时也可因反复输入异型 HLA 的血液，在受者体内诱发抗白细胞或抗血小板抗体，导致白细胞和血小板的破坏。

（二）新生儿溶血症

已知 Rh 血型抗原中免疫原性最强的为 D 抗原，称 RhD 抗原。大多数人类红细胞表面均具有 RhD 抗原，称为 Rh 阳性（RhD+），缺乏 D 抗原称为 Rh 阴性（RhD-）。通常情况下，人类血清中不存在天然的 Rh 血型抗体，经免疫刺激产生的 Rh 抗体均属 IgG。新生儿溶血症多发生于母亲为 RhD-，而胎儿为 RhD+ 的情况。当第一胎分娩时，可因产道损伤或胎盘早剥，胎儿 RhD+ 红细胞进入 RhD- 的母体内，刺激母体产生抗 Rh 抗体，也可由于输血、流产等原因而使母体产生抗 Rh 抗体；当母体第二次妊娠，而胎儿仍为 RhD+ 时，则母亲的 IgG 类抗 Rh 抗体可通过胎盘进入胎儿体内，与胎儿的红细胞结合，激活补体，导致胎儿红细胞溶解，引起流产或新生儿溶血症。新生儿溶血症发病严重，甚至可致死，但发生率极低。在我国，由于大多数人为 Rh 阳性，而且我国提倡一对夫妇只生一胎，故 Rh 血型不符引发的新生儿溶血症并不多见。

母 - 胎 ABO 血型不符的情况很普遍，引起新生儿溶血症并不少见，但通常发生症状较轻。其原因有：①母亲的天然 ABO 血型抗体为 IgM，不能通过胎盘进入胎儿体内；同时，母体的天然 ABO 血型抗体可封闭进入母体内的胎儿红细胞表面的异型血型抗原，故可阻断 IgG 类血型抗体的产生。② ABO 血型抗原除存在于红细胞外，在其他组织细胞上也可表达，且血清中也有游离的血型抗原，故进入胎儿体内的 ABO 血型抗体首先与游离血型抗原结合，减少了对胎儿红细胞的影响。初产后 72 小时内，给母体注射抗 Rh 免疫球蛋白，以免胎儿红细胞的 RhD 抗原使母亲致敏，可预防因 RhD 抗原不合引起的新生儿溶血症。ABO 血型不符的新生儿溶血症目前尚无有效的预防方法。

（三）免疫性血细胞减少症

1. 自身免疫溶血性贫血 其发生可能与遗传、某些病毒感染、使用药物有关。某些因素使自身红细胞的抗原性发生改变，从而刺激机体产生抗红细胞自身抗体。如甲基多巴类药物具有强氧化作用，可使成熟红细胞膜表面抗原变性；流感病毒也可改变红细胞膜抗原。停药或病毒感染终止后，此类贫血症状即可消失。引起红细胞溶解的自身抗体有温抗体和冷抗体两类，它们分别在

37℃和20℃以下发挥作用。

2. 药物过敏性血细胞减少症　药物作为抗原决定基能与血细胞膜蛋白或血浆蛋白结合，成为完全抗原，刺激机体产生抗药物抗原决定基的抗体。这种抗体与结合有药物的红细胞、粒细胞或血小板作用，或与药物结合，形成抗原－抗体复合物后，再与具有 Fc 受体的红细胞、粒细胞或血小板结合，可分别引起溶血性贫血、粒细胞减少症和血小板减少性紫癜。引起药物过敏性血细胞减少症的常见药物有对氨基水杨酸、异烟肼、青霉素、安替比林、奎尼丁、氯霉素、磺胺、苯海拉明等。

（四）肺－肾综合征

肺－肾综合征也称为 Goodpasture 综合征或肺出血肾炎综合征，其病因尚未完全确定，可能是病毒（如流感病毒）感染或吸入有机溶剂造成肺组织损伤，引起抗原性改变而诱生自身抗体。此病多见于男性，临床特点为咯血、贫血及进行性肾衰竭，严重者死于肺出血或尿毒症。目前认为肺与肾免疫损伤的原因可能与肺泡壁基膜和肾小球基膜有共同抗原（如Ⅳ型胶原）有关，肺组织损伤后诱生的抗肺基膜自身抗体通过交叉反应造成肾小球损伤。

（五）甲状腺功能亢进

甲状腺功能亢进又称 Graves 病。Graves 病为一种特殊的Ⅱ型超敏反应，称为抗体刺激型超敏反应。患者体内产生了针对甲状腺细胞表面的甲状腺刺激素（TSH）受体的抗体，属 IgG 类，其半衰期远比甲状腺刺激素长，称长效甲状腺刺激素（LATS）。它与甲状腺细胞表面的甲状腺刺激素受体结合，刺激甲状腺细胞合成和分泌过多的甲状腺素，引起甲状腺功能亢进。

（六）重症肌无力

重症肌无力（MG）是由抗自身受体的抗体介导的功能抑制性疾病。重症肌无力患者体内产生了针对神经肌肉接头处乙酰胆碱（ACh）受体的自身抗体。这种抗体与乙酰胆碱受体结合后，使之内化并降解，导致肌细胞对运动神经元释放的乙酰胆碱反应性不断降低，引起以骨骼肌无力为特征的一种自身免疫性疾病（图 14-3）。

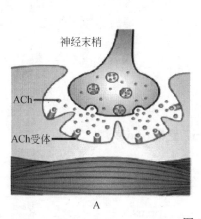
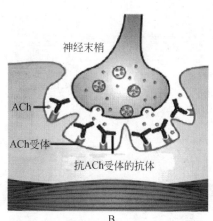

图 14-3　重症肌无力

（七）链球菌感染后肾小球肾炎

链球菌感染可改变肾小球基膜的抗原结构，刺激机体产生抗肾小球基膜抗体，后者与肾小球基膜结合，激活补体，导致肾小球基膜损伤；或者由于链球菌与肾小球基膜间有共同抗原，抗链球菌抗体可与肾小球基膜发生交叉反应，导致组织损伤。目前发现 A 族乙型溶血性链球菌与肾小球基膜有共同抗原。

第三节　Ⅲ型超敏反应

Ⅲ型超敏反应又称免疫复合物型或血管炎型超敏反应，其主要特点是可溶性抗原与相应抗体结合，形成中等大小可溶性免疫复合物（immune complex，IC），或称循环免疫复合物，沉积在局部或全身毛细血管基膜，通过激活补体，并在血小板、中性粒细胞等的参与下，引起以充血、水肿、局部坏死、中性粒细胞浸润为主要特征的炎症反应和组织损伤。由此引起的疾病称为免疫复合物病（ICD）。Ⅲ型超敏反应的发生机制如图 14-4 所示。

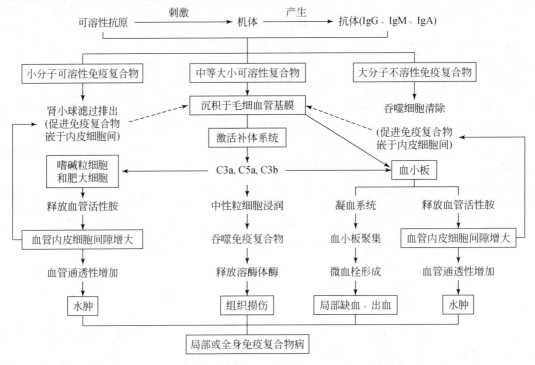

图 14-4　Ⅲ型超敏反应的发生机制

一、Ⅲ型超敏反应的发生机制

（一）中等大小可溶性免疫复合物形成的条件

1. 抗原持续存在　是形成循环免疫复合物的先决条件。一般情况下，可溶性抗原与相应抗体结合所形成的免疫复合物被吞噬、清除，不会导致组织的免疫损伤；只有当抗原大量持续存在，以致免疫复合物不断形成和蓄积，并沉积于血管壁，才可导致组织损伤。如发生持久反复感染时，血流中即可出现大量的微生物抗原；自身免疫性疾病患者因持续接受自身抗原的刺激，生成大量自身抗体，后者可与自身抗原形成免疫复合物；肿瘤细胞释放或脱落的抗原也可在体内持续存在，并形成免疫复合物。

2. 抗原的性质 引起Ⅲ型超敏反应的抗原种类很多，如引起类风湿关节炎的变性 IgG、系统性红斑狼疮的核抗原、肿瘤抗原等内源性抗原和各种病原微生物、寄生虫、药物、异种血清等外源性抗原。一般情况下，颗粒性抗原本身易被单核巨噬细胞吞噬、清除，可溶性抗原则比较困难。免疫复合物的大小还与抗原分子表面同一种抗原决定基的数目有关。多价抗原可结合多个抗体分子，形成较大的免疫复合物，易被吞噬、清除。抗原的相对分子质量越大，形成的免疫复合物也越大；单价或双价抗原形成的可溶性免疫复合物不易被清除。

3. 抗体的性质 参与Ⅲ型超敏反应的抗体主要是 IgG 和 IgM，也可以是 IgA。在循环免疫复合物形成过程中，抗体的浓度、亲和力也起重要作用。可溶性抗原与相应抗体结合形成免疫复合物时，抗体的相对分子质量越大，形成的免疫复合物也越大。如 IgM 是五聚体，其相对分子质量和结合价均 5 倍于 IgG，因而所形成的免疫复合物比由 IgG 形成的大。只有当抗体对抗原有高度亲和力时，才能形成体积大而稳定的免疫复合物；若亲和力较低，则易产生相对分子质量较小的可溶性免疫复合物；中等亲和力抗体形成的免疫复合物则易沉积于毛细血管壁，引起免疫复合物病。

4. 抗原和抗体的比例 抗原或抗体量大大过剩时，形成小分子可溶性免疫复合物，易透过肾小球滤膜随尿排出体外，难以在血液循环中沉积；抗原和抗体比例适当时，所形成的大分子不溶性免疫复合物易被单核巨噬细胞及时吞噬、清除；抗原稍过剩时，形成中等大小（约 19S）的免疫复合物，并长期存在于循环中，在某些情况下，此免疫复合物可随血流沉积在某些部位的毛细血管壁或嵌积在肾小球基膜上，引起Ⅲ型超敏反应。

（二）中等大小可溶性免疫复合物的沉积因素

免疫复合物是否引起疾病，与其能否沉积于局部有关，下列因素可影响免疫复合物的沉积。

1. 局部解剖学和血流动力学因素的作用 循环免疫复合物多沉积于肾小球基膜、关节滑膜、心肌等处的毛细血管壁。上述部位的毛细血管迂回曲折，血流缓慢，易产生涡流；且该处毛细血管内血压较高，这些因素都有利于免疫复合物的沉积。

2. 血管活性胺类物质的作用 高浓度的血管活性胺类物质可使血管内皮细胞间隙增大，不仅增加了血管的通透性，还有助于循环免疫复合物在血管内皮细胞间隙的沉积和嵌入。免疫复合物可直接与血小板表面的 $Fc\gamma R$ 结合，使之活化并释放组胺等炎性介质；免疫复合物激活补体所产生的 C3a、C5a 和 C3b，也可使肥大细胞、嗜碱粒细胞和血小板活化，释放炎性介质。

（三）免疫复合物沉积引起的组织损伤机制

循环免疫复合物不是引起组织损伤的直接原因，而是引起组织损伤的始动因素。组织损伤机制包括以下因素：

1. 补体的作用 免疫复合物激活补体后，通过细胞溶解作用加重局部组织细胞损伤。在激活过程中产生 C3a、C5a 等过敏毒素，使肥大细胞和嗜碱粒细胞脱颗粒，释放炎性介质，引起局部水肿；C5a 是中性粒细胞趋化因子，可吸引中性粒细胞聚集于免疫复合物沉积部位，引起组织损伤。

2. 中性粒细胞的作用 中性粒细胞浸润是Ⅲ型超敏反应病理组织学的主要特征之一。局部聚集的中性粒细胞在吞噬免疫复合物的过程中，可通过释放蛋白水解酶、胶原酶、弹性纤维酶和碱性蛋白等，使血管基膜和周围组织细胞发生损伤。

3. 血小板的作用 免疫复合物和 C3b 可使血小板活化，产生 5- 羟色胺等血管活性胺类物质，引起血管扩张，通透性增强，导致充血和水肿；也可以使血小板聚集，激活凝血机制，在毛细血管内形成微血栓，造成局部组织缺血，继而出血，加重局部组织细胞的损伤。

二、临床常见的Ⅲ型超敏反应性疾病

（一）局部免疫复合物病

抗原在入侵局部与体内已产生的相应抗体结合，形成循环免疫复合物，导致局部病变。

1. 实验性局部过敏反应（Arthus 反应） 家兔经皮下反复多次注射马血清，经 4～6 次注射后，注射局部出现水肿、出血和坏死等剧烈炎症反应，此现象 1903 年由 Arthus 发现，故称为 Arthus 反应（阿瑟反应）。其发生机制是：前几次注射的异种血清刺激机体产生大量抗体，当再次注射相同抗原时，由于抗原不断由皮下向血管内渗透，血流中相应抗体由血管壁向外弥散，两者相遇于血管壁，形成沉淀性的免疫复合物，沉积于小静脉血管壁基膜上，导致坏死性血管炎甚至溃疡。当局部出现 Arthus 现象时，若静脉内注射同种抗原，则可引起过敏性休克。

2. 人类局部过敏反应（类 Arthus 反应） 人类局部过敏反应常见于胰岛素依赖型糖尿病患者。局部反复注射胰岛素后，刺激患者产生高水平胰岛素抗体；再次注射胰岛素后数小时甚至 1 小时内，可在注射局部出现水肿、充血，继而出血、坏死，数日后逐渐消退。多次注射狂犬病疫苗、生长激素、动物来源的抗毒素，反复吸入动植物蛋白质、粉尘、真菌孢子等，也可出现类似反应。对吸入外源性抗原的肺内 Arthus 型反应多表现为与职业有关的超敏反应性肺炎，如农民患者吸入嗜热放线菌或菌丝后 6～8 小时出现严重呼吸困难。临床上有许多与此相似的肺部Ⅲ型超敏反应，根据患者的职业或变应原的性质给予相应的名称，如养鸽者病、干乳酪洗涤者肺、皮革者肺、红辣椒者病等。

（二）全身免疫复合物病

1. 血清病 通常发生在用抗毒素治疗破伤风或白喉时，由于初次注射大量抗毒素（马血清），患者出现异常反应，通常发生在注射抗毒素后 7～14 天。其临床特点为发热、皮疹、淋巴结肿大、关节肿痛和一过性蛋白尿等。血清病具有自限性，停止注射抗毒素后，症状可自行消退。注射血清的量越大，发病率越高。发病机制是：一次大量注入马血清抗毒素，当机体已产生抗马血清抗体时，注入的马血清尚未被完全清除，两者结合形成循环免疫复合物，引起沉积的相应部位组织损伤。

大量使用磺胺、青霉素等药物时，也可能引起类似反应，称为血清病样反应或药物热。用抗蛇毒抗体治疗蛇咬伤、用鼠源性单克隆抗体治疗恶性中毒或自身免疫性疾病等也可出现血清病。由于一次注射大剂量异种蛋白质抗原引起的血清病称急性血清病，因反复注射异种蛋白质抗原所引起的血清病称慢性血清病。

2. 感染后肾小球肾炎 即免疫复合物型肾炎。此病一般发生于 A 族溶血性链球菌感染后 2～3 周。80% 以上的肾小球肾炎属Ⅲ型超敏反应。免疫复合物型肾炎也可由多种其他微生物感染引起，如葡萄球菌、肺炎链球菌、伤寒沙门菌、乙型肝炎病毒、疟原虫等。

3. 类风湿关节炎 病因尚不清楚，可能是某些细菌、病毒或支原体的持续性感染，病原体本身或其代谢产物使自身 IgG 分子发生变性，从而刺激机体产生抗 IgG 的自身抗体，以 IgM 类抗体为主，称为类风湿因子（RF）。反复产生的类风湿因子与变性 IgG 结合形成免疫复合物，沉积于关节滑膜，引起类风湿关节炎。

4. 系统性红斑狼疮 是由于体内持续出现 DNA- 抗 DNA 复合物，并反复沉积于肾小球、关节或其他部位血管内壁，引起肾小球肾炎、关节炎和脉管炎等。该病常反复发作，经久不愈。

5. 过敏性休克样反应　当血液中迅速出现大量免疫复合物时，可发生过敏性休克样反应。如注射大剂量青霉素治疗钩体病或梅毒时，可发生赫氏反应，这是由于短时间内大量病原体被破坏，释放出大量抗原，在血流中与抗体结合形成免疫复合物，激活补体，产生大量过敏毒素，从而引起休克。

6. 毛细支气管炎　引起毛细支气管炎的部分原因是婴儿在胚胎期从母体获得了抗呼吸道合胞病毒抗体，出生后再感染此类病毒，即可形成免疫复合物，沉积于肺泡毛细血管，发生严重的病毒性肺炎。

第四节　Ⅳ型超敏反应

Ⅳ型超敏反应的发生与抗体和补体无关，是一种以单个核细胞浸润和细胞变性坏死为主要特征的超敏反应，称为细胞介导型（cell-mediated type）超敏反应。体内致敏T细胞再次与相应抗原接触时，由于产生淋巴因子及足够多的单个核细胞聚集于炎症区域都需要一定时间，因而反应发生较迟缓，一般在再次接触抗原后48～72小时发生，故称为迟发型超敏反应（DTH）。

一、Ⅳ型超敏反应的发生机制

Ⅳ型超敏反应是T细胞介导的组织损伤。Ⅳ型超敏反应的发生机制与细胞免疫一致（图14-5），参与的T细胞主要有$CD4^+T_{H_1}$（TDTH）细胞和$CD8^+$Tc细胞（CTL）。在Ⅳ型超敏反应中，T细胞起主导作用，但活化的巨噬细胞及中性粒细胞也参与组织的免疫损伤。Ⅳ型超敏反应的发生可分为致敏T细胞的形成及效应两个阶段。

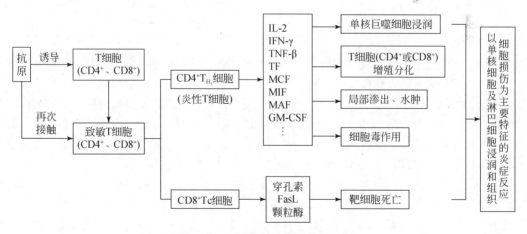

图14-5　Ⅳ型超敏反应的发生机制

（一）致敏T细胞的形成

引起Ⅳ型超敏反应的抗原主要有胞内寄生菌、某些病毒、寄生虫和化学物质。这些抗原物质经抗原提呈细胞加工处理后，提呈给具有相应抗原受体的$CD4^+T_H$细胞和$CD8^+$Tc细胞，使之活化，并在IL-2、IFN-γ等细胞因子的作用下，$CD4^+T_H$细胞和$CD8^+$Tc细胞增殖、分化、成熟为针对某一特定抗原的致敏$CD4^+T_{H_1}$细胞（炎性T细胞）、T_{H_2}细胞和Tc细胞，导致三种不同类型的Ⅳ型超敏反应。

（二）致敏 T 细胞的效应阶段

1. CD4$^+$T$_{H_1}$ 细胞的致炎症作用　当 CD4$^+$T$_{H_1}$ 细胞再次接触靶细胞表面的相应抗原时，可被活化并释放一系列淋巴因子，引起炎症反应。趋化因子可吸引大量淋巴细胞、单核巨噬细胞聚集于抗原存在的部位，致使局部形成以单个核细胞浸润为主的病理特征，导致局部小血管栓塞，血管变性坏死；在活化 T 细胞分泌的 IFN-γ 作用下，单核巨噬细胞活化，它们在吞噬、清除抗原的同时，释放溶酶体酶等炎性介质，导致组织变性坏死；此外，TNF-β 和活化的巨噬细胞产生的 TNF-α 可直接对靶细胞及其周围组织细胞产生细胞毒作用，引起组织损伤，同时可使局部血管内皮细胞表面黏附分子表达增加，从而促进血液中的单核细胞和白细胞进入抗原存在部位，扩大炎症反应。

2. CD4$^+$T$_{H_2}$ 细胞的作用　T$_{H_2}$ 细胞所致的炎症损伤主要由其活化的嗜酸粒细胞介导。嗜酸粒细胞一旦活化，可通过两种作用致组织损伤：①释放具高度毒性的颗粒蛋白和自由基，导致组织损伤；②诱导合成前列腺素、白三烯和细胞因子等化学介质，通过活化上皮细胞，募集、活化更多的嗜酸粒细胞和白细胞，从而扩大炎症反应，致组织损伤。

3. CD8$^+$Tc 细胞的细胞毒作用　当 CD8$^+$Tc 细胞与靶细胞表面的相应抗原结合后，通过活化、脱颗粒并释放穿孔素和颗粒酶，直接导致靶细胞的溶解死亡或凋亡；也可活化后表达 FasL，与靶细胞膜的 Fas 结合，诱导靶细胞凋亡。事实上，Ⅳ型超敏反应的发生机制与细胞免疫完全相同，只是前者在免疫反应过程中对机体产生明显的组织损伤，后者给机体带来有利的结果。因此，常用诱导皮肤迟发型超敏反应作为检测机体细胞免疫功能的一项指标，如结核菌素试验。

二、临床常见的Ⅳ型超敏反应现象和疾病

（一）结核菌素反应

结核菌素试验是典型的迟发型超敏反应的局部表现。已感染过结核分枝杆菌但已痊愈或接种过卡介苗的人或动物，体内存在针对结核分枝杆菌的致敏 T 细胞，若经前臂皮内注射结核菌素或结核分枝杆菌的纯蛋白质衍生物（PPD）后，可在局部引起典型的迟发型超敏反应，为结核菌素试验阳性，表现为注射抗原 12 小时后，局部开始出现红肿、硬结，24～48 小时达高峰，以后逐渐消退，严重者可引起局部组织坏死、皮肤溃疡或累及皮下组织。正常人或动物对结核菌素呈阴性反应。结核菌素试验阳性者，对结核分枝杆菌感染有一定的抵抗力。

（二）传染性超敏反应

传染性超敏反应常由某些胞内寄生病原体如结核分枝杆菌、病毒、真菌、原虫及其代谢产物引起。由于此类超敏反应是在感染过程中发生的，因此称为传染性超敏反应。机体感染某种病原体，使相应的 T 细胞致敏。病原体在体内长期增殖、存留，可继续与致敏 T 细胞接触，引起一系列表现为细胞免疫效应的反应，也常由于反应过强而引起组织损伤。具有传染性超敏反应的个体往往已获得了对特定病原体的细胞免疫功能。例如，结核菌素试验阳性者，通常表示已感染过结核分枝杆菌，对再次感染具有一定免疫力。临床上可见结核菌素试验阳性者肺部再次感染结核分枝杆菌时，局部组织反应强烈，但形成的病灶比初次感染局限，病菌不易播散，这是细胞免疫的作用；而局部组织的强烈反应，如坏死、液化以至空洞的形成，则归于超敏反应的结果。结核病患者的

肺空洞、干酪化和全身毒血症，以及麻风患者皮肤肉芽肿的形成，均与细胞介导的超敏反应有关。

（三）接触性皮炎

接触性皮炎是一种经皮肤致敏的迟发型超敏反应。抗原通常是小分子化合物，包括青霉素、磺胺等药物，染料，油漆，化妆品，塑料，二硝基氯苯（DNCB），二硝基氟苯（DNFB）等。这些物质与皮肤长期接触，可引起湿疹和皮炎。此类小分子化合物的抗原决定基与表皮细胞角质蛋白或胶质结合，形成完全抗原，进入淋巴结，使 T 细胞致敏。致敏 T 细胞由淋巴循环转入血流，并分布于全身皮肤。以后经各种途径与相同变应原再次接触时，即可出现Ⅳ型超敏反应。急性皮损表现为局部红肿、硬结、水泡，严重者可发生剥脱性皮炎，慢性表现为丘疹与鳞屑。

（四）移植排斥反应

迟发型超敏反应的一个显著临床表现是移植排斥反应。在同种异体间的移植排斥反应中，受者的免疫系统首先被供者的特异性 HLA 致敏，经克隆增殖后，致敏 T 细胞到达靶器官，识别移植的异体抗原，导致淋巴细胞和单核细胞局部浸润等炎症反应，甚至移植器官坏死。

思 考 题

1. Ⅰ型、Ⅱ型和Ⅲ型超敏反应均由抗体介导，三者之间有何主要区别？
2. 简述Ⅳ型超敏反应的发生机制。

（杨慧敏）

第十五章　自身免疫与自身免疫病

第一节　自身免疫病的分类和基本特征

正常情况下，免疫系统对宿主自身的组织和细胞不产生免疫应答，这种现象称为自身免疫耐受（autoimmune tolerance）。自身耐受是维持机体免疫和谐的重要因素，当某种原因使自身免疫耐受性削弱或破坏时，免疫系统就会对自身成分产生免疫应答，这种现象称为自身免疫（autoimmunity）。自身免疫性疾病（autoimmune diseases，AID）是指机体对自身抗原发生免疫反应而导致自身组织损害或功能障碍所引起的疾病。

一、自身免疫与自身免疫病的区别

自身抗体的存在与自身免疫性疾病并非两个等同的概念。微弱的自身免疫并不引起机体的病理性损伤，在许多正常人血清中可发现多处微量的自身抗体或致敏淋巴细胞，如抗甲状腺球蛋白、甲状腺上皮细胞、胃壁细胞、细胞核 DNA 抗体等。这种自身免疫现象随着年龄递增而愈加明显，在 70% 以上的正常老年人血清中可查出自身抗体。有时，受损或抗原性发生变化的组织可激发自身抗体的产生，如心肌缺血时，坏死的心肌可导致抗心肌自身抗体形成，但此抗体并无致病作用，是一种继发性免疫反应。而且，这些低度的自身抗体能促进体内衰老残疾细胞的清除，帮助吞噬细胞完成免疫自稳效应，以保持机体生命环境的稳定。但是当某种原因使自身免疫应答过分强烈时，导致相应的自身组织器官损伤或功能障碍，这种病理状态就称为自身免疫病。

二、自身免疫病的特点

自身免疫病有以下特点：

（1）患者血液中可以检出高滴度的自身抗体和（或）与自身免疫组织成分起反应的致敏淋巴细胞。

（2）患者组织器官的病理特征为免疫炎症，并且损伤的范围与自身抗体或致敏淋巴细胞所针对的抗原分布相对应。

（3）用相同抗原在某些实验动物中可复制出相似的疾病模型，并能通过自身抗体或相应致敏淋巴细胞使疾病在同系动物间转移。

上述三个特点是自身免疫的三个基本特征，也是确定自身免疫病的三个基本条件。除此之外，目前所认识的自身免疫病往往还具有以下特点：①多数病因不明，可能与遗传、感染、药物及环境等因素有关。常呈自发性或特发性，有些与病毒感染或服用某类药物有关。②病程一般较长，多呈反复发作和慢性迁延的过程，病情的严重程度与自身免疫应答呈平行关系。③有遗传倾向，但多非单一基因作用的结果；HLA 基因在某些自身免疫病中有肯定作用。④发病的性别和年龄倾向为女性多于男性，老年多于青少年。⑤多数患者血清中可查到抗核抗体。⑥易伴发于免疫缺陷病或恶性肿瘤。

三、自身免疫病的分类

目前自身免疫病尚无统一的分类标准，可以按照不同方法来进行分类。按发病部位的解剖系统进行分类，如可分为结缔组织病、消化系统病和内分泌疾病等；按病变组织的涉及范围进行分类，可分为器官特异性和非器官特异性两大类。一般，器官特异性自身免疫病预后较好，而非器官特异性自身免疫病病变广泛，预后不良。但是这种区分并不十分严格，因为在血清检查中常可出现两者之间有交叉重叠现象，如自身免疫性甲状腺炎属于器官特异性自身免疫病，但患者血清中除可检出抗甲状腺球蛋白抗体外，还可检出抗胃黏膜抗体、抗核抗体和类风湿因子等。

器官特异性自身免疫病的病理损害和功能障碍仅限于抗体或致敏淋巴细胞所针对的某一器官。主要有慢性淋巴性甲状腺炎、甲状腺功能亢进、胰岛素依赖型糖尿病、重症肌无力、多发性脑脊髓硬化症和急性特发性多神经炎等，其中常见者将分别于各系统疾病中叙述。

系统性自身免疫病全身多器官损害，习惯上又称之为胶原病或结缔组织病，这是由于免疫损伤导致血管壁及间质的纤维素样坏死性炎及随后产生多器官的胶原纤维增生所致。常见的系统性自身免疫病有系统性红斑狼疮、口眼干燥综合征、类风湿关节炎、强直性脊柱炎、硬皮病和结节性多动脉炎等。

四、自身免疫病的发病机制

发生自身免疫病的关键是机体产生了针对自身组织成分的自身抗体或致敏的 T 淋巴细胞，并在体内发生了自身免疫应答，导致自身组织细胞的损伤。机体为什么会启动免疫应答产生自身抗体及致敏 T 细胞，其机制是非常复杂的，目前尚不十分清楚。但是自身免疫的启动与机体对自身抗原耐受的打破是密不可分的。因此，在下一节将重点论述维持自身耐受的概念、机制，以及可能打破自身耐受的原因。

第二节 免疫耐受的概念和机体维持自身耐受的机制

一、免疫耐受的概念

免疫耐受（immunologic tolerance）是指免疫活性细胞接触抗原性物质时所表现的一种特异性的无应答状态。这不同于免疫缺陷或使用免疫抑制剂后造成的抑制状态。前者表现为对特定抗原的不应答或者是负应答状态，但是对于没有耐受的抗原可以产生正常的免疫应答。而后者表现为对所有抗原的不应答或者是低应答状态。

自身抗原或外来抗原均可诱导产生免疫耐受，能诱导免疫耐受的抗原称为耐受原。由自身抗原诱导产生的免疫耐受称为天然耐受或自身耐受，由外来抗原诱导产生的免疫耐受称为获得性耐受或人工诱导的免疫耐受。正常免疫耐受机制的建立对维持机体自身稳定具有重要意义，若该种机制失调，将会产生对机体有害的免疫应答。目前认为免疫耐受不是单纯的免疫无应答性，而是一种特殊形式的负免疫应答，具有免疫应答的某些共性，如耐受需经抗原诱导产生，具有特异性和记忆性。

机体在胚胎期及在成年后都可以诱导和保持对于特定抗原的耐受，目前关于机体产生免疫耐受及打破耐受的机制并没有完全明确，但是目前已经明确了许多机体维持耐受的机制。

二、免疫耐受的形成

（一）胚胎期形成耐受

早在 20 世纪中叶，科学家们就发现，在胚胎时期或新生儿期，引入外源性抗原，很容易诱导个体发生对该抗原的耐受。1945 年，Owen 观察到异卵双生小牛胎盘血管融合，血液交流而呈自然的联体共生，可在一头小牛的血液中同时存在有两种不同血型抗原的红细胞，成为血型镶嵌体。这种小牛不但允许抗原不同的血细胞在体内长期存在，不产生相应抗体，而且还能接受双胞胎另一小牛的皮肤移植而不产生排斥反应。但是不能接受其他无关个体的皮肤移植。Owen 称这一现象为天然耐受。

1953 年，Medawar 等将 CBA 系黑鼠的淋巴细胞接种入 A 系白鼠的胚胎内，待 A 系白鼠出生 8 周后，将 CBA 黑鼠的皮肤植至该 A 系白鼠体上，可存活不被排斥（图 15-1）。这一实验证实了胚胎期接触抗原物质，出生后对该抗原就有特异的免疫耐受现象。这一发现使人们对于耐受机制的认识有了重大的突破，提示胚胎期接触抗原将导致耐受。其后又证明在成年动物也可引起免疫耐受性，但较胚胎期困难得多。

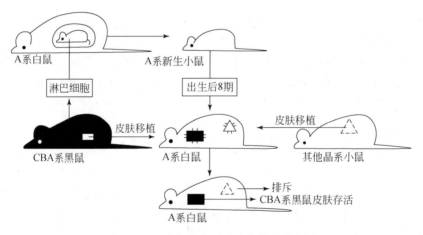

图 15-1　胚胎期免疫耐受动物模型示意图

（二）成年期形成耐受的相关因素

抗原性物质进入机体后能否诱导产生免疫耐受，主要取决于抗原和机体两方面的因素。

1. 抗原因素

（1）抗原性质：一般而言，小分子可溶性、非聚合状态的抗原，如清蛋白、多糖和脂多糖等多为耐受原。这些小分子可溶性抗原在体内不易被吞噬细胞摄取，有可能以最适浓度，通过直接与淋巴细胞作用的方式诱导机体产生免疫耐受。而大分颗粒性物质和蛋白质聚合物，如血细胞、细菌和人丙种球蛋白聚合物等为良好的免疫原。这些大分子物质易被吞噬细胞摄取，经加工处理后可有效刺激淋巴细胞产生免疫应答。

（2）抗原剂量：诱导耐受所需的抗原剂量随抗原种类、耐受细胞类型和动物各属、品系、年龄而异。研究表明，TD 抗原无论含量高低均可诱导 T 细胞产生耐受。低剂量 TD 抗原不能诱导 B 细胞产生耐受，只有高剂量 TI 抗原才能诱导 B 细胞产生耐受。其中小剂量抗原引起的耐受称低带耐受，大剂量抗原引起的耐受称高带耐受。

（3）抗原注射途径：一般而言，抗原经静脉注射最易诱导产生免疫耐受，腹腔注射次之，皮下和肌内注射最难。但不同部位静脉注射引起的结果也不相同。人丙种球蛋白经肠系膜静脉注入可引起耐受，经颈静脉注入则引起免疫应答；IgG 注入门静脉能引起耐受，注入周围静脉则引起免疫应答。目前认为，通过肠系膜和门静脉注射易于引起耐受可能与肝脏对抗原的解聚作用有关。聚合抗原被肝巨噬细胞（库普弗细胞）吞噬降解，除去免疫原性强的抗原成分后，剩余非聚合抗原可作为耐受原进入外周血液或淋巴液，诱导细胞产生免疫耐受。

2. 机体因素

（1）年龄或机体发育程度：免疫耐受形成的难易与机体免疫系统的发育程度有关，一般在胚胎期最易，新生期次之，成年期最难。体外实验证实，未成熟免疫细胞易于诱导产生免疫耐受，成熟免疫细胞难以诱导产生耐受。通常诱导成熟免疫细胞耐受所需的抗原量比未成熟免疫细胞高数十倍。

（2）动物种属和品系：免疫耐受诱导和维持的难易程度随动物种属、品系不同而异。大鼠和小鼠对免疫耐受的诱导敏感，在胚胎期或新生期均易诱导成功；兔、有蹄类和灵长类通常只在胚胎期较易诱导产生耐受。同一种属不同品系动物诱导产生耐受的难易程度也有很大差异。例如，注射 0.1mg 人丙种球蛋白即可使 C57BL/6 小鼠产生耐受，但 A/J 小鼠则需 1mg，而 BALB/C 小鼠即使注射 10mg 也难以使之耐受。

（3）免疫抑制措施的联合应用：成年动物免疫细胞业已成熟，单独使用抗原一般不易建立免疫耐受，但与免疫抑制措施配合则可诱导机体产生免疫耐受。常用的免疫抑制方法有：全身淋巴组织照射（操作时，用铅板遮蔽骨髓及其他生命重要的非淋巴器官），破坏胸腺及外周淋巴器官中已成熟的淋巴细胞，造成类似新生期状态，此时骨髓中重新形成的未成熟淋巴细胞易被抗原诱导而建立免疫耐受；注射抗淋巴细胞血清或抗 T 细胞抗体（如抗人 $CD4^+$ 细胞、抗小鼠 $L3T4^+$ 细胞单胞单克隆抗体），破坏成熟淋巴细胞或 T_H 细胞；应用环磷酰胺和环孢霉素 A 等免疫抑制药物，选择性抑制 B 细胞和 T_H 细胞。上述方法在器官移植实践中已被证实是延长移植物存活的有效措施。

（4）抗原在体内的持续时间：抗原持续存在刺激免疫耐受，抗原消失免疫耐受逐渐消退。

（5）抗原不加佐剂易致耐受。

三、机体维持自身耐受的机制

机体维持对自身成分的耐受需要多个环节和机制来进行控制。这些环节既发生在中枢又发生在外周，主要包括以下几方面的机制。

（一）抗原刺激诱导未成熟的自身反应性淋巴细胞凋亡

新生淋巴细胞对于抗原的刺激异常敏感，这种刺激信号会诱导淋巴细胞凋亡。这种有选择性的凋亡称克隆选择又称克隆排除，指在具有不同特异性 TCR 的淋巴细胞群体中，对某一种特定抗原起反应的淋巴细胞克隆被排除或丢失（图 15-2）。Burnet 最先提出，在胚胎期，机体已经形成了巨大的淋巴细胞库，各种各样的克隆表达不同的抗原识别受体，某些尚未成熟的淋巴细胞克隆的抗原识别受体接触相应抗原（在中枢器官内接触的为自身抗原）时即被消除或"禁忌"。在正常情况下，胎儿与外部抗原刺激是隔离开的，它的淋巴系统只会遇到自身抗原，因此被消除的淋巴细胞为对自身抗原有反应性的淋巴细胞。以后的研究证实了 Burnet 的这一学说，同时又对该学说作了许多新的补充。排除对自身抗原有高亲和力的淋巴细胞克隆主要发生在中枢免疫器官，由此导致的耐受又称中枢耐受。

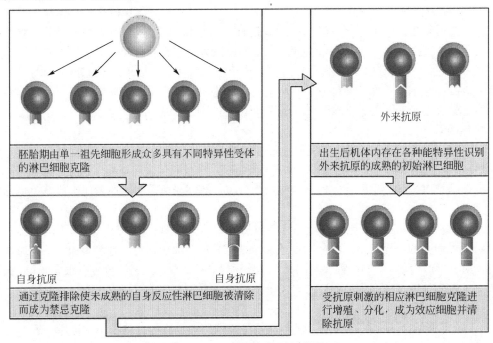

图 15-2　克隆选择学说示意图

　　T 细胞的克隆排除主要发生在胸腺。在胸腺内，对于刚刚表达出 TCR 的 T 细胞，凡是能识别的抗原都会被认为是"自我"成分。从骨髓到达胸腺的前体 T 细胞（CD4$^-$CD8$^-$）接触胸腺皮质上皮细胞的 MHC Ⅰ类和Ⅱ类分子，只有和 MHC Ⅰ类和Ⅱ类分子有适当亲和力并结合的前体 T 细胞才能存活增殖，其他细胞则进入程序性死亡，此即为阳性选择，经过阳性选择后前 T 细胞发育成 CD4$^+$CD8$^+$ 双阳性细胞。接下来，当 T 细胞同胸腺基质细胞表面 MHC 分子 – 自身抗原肽复合物识别时，如果两者呈高亲和力结合者，该 T 细胞克隆即凋亡而丢失（图 15-3），此即为阴性选择。B 细胞的克隆排除（特别是自身抗原特异性 B 细胞克隆）主要发生在骨髓（图 15-4）。

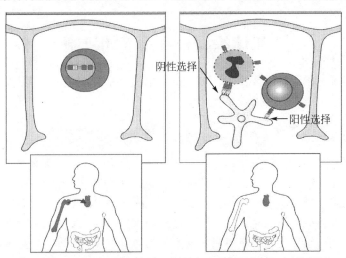

图 15-3　T 细胞在胸腺内获得 MHC 限制性和自身耐受性

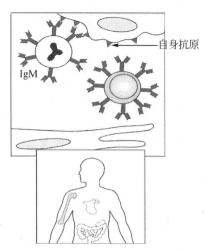

图 15-4　B 细胞在骨髓内获得自身耐受性

在骨髓中，B 细胞同骨髓基质细胞表面的自身抗原肽有高亲和力时发生凋亡

通过在中枢发生的克隆清除，与自身抗原有高亲和力的淋巴细胞被清除掉，这样形成了中枢耐受。如果没有中枢耐受，那么机体自出生以后就会发生强烈的致死性的自身免疫性疾病。其他各种在外周发生的耐受机制都无法弥补这一缺陷。因此，中枢耐受是第一道也是最重要的保持自身耐受的防线。

在胸腺中和 MHC 类分子有适当亲和力的 T 细胞才能存活增殖，此为阳性选择；T 细胞同胸腺基质细胞表面 MHC 分子 – 自身抗原肽复合物有高亲和力时发生凋亡，此为阴性选择。

（二）持续和过强的抗原刺激诱导自身反应性淋巴细胞凋亡

淋巴细胞长时间反复接触高浓度的抗原会发生活化诱导的细胞死亡（AICD）。许多自身抗原广泛分布于机体的各类组织和细胞上，由此可以通过淋巴细胞表面的抗原受体向淋巴细胞提供持久而强烈的刺激信号，由此诱导淋巴细胞（包括成熟的淋巴细胞）快速凋亡，从而诱导淋巴细胞对这些自身抗原的免疫耐受。这种克隆清除可以发生在外周组织，也是保持外周耐受的重要机制之一。例如，B 淋巴细胞在生发中心发生体细胞高频突变后，有可能产生自身反应性的 B 淋巴细胞，此时生发中心内高浓度的自身抗原可以导致 BCR 产生广泛的过强的交联，诱导自身反应性 B 淋巴细胞凋亡。再如，适量 TI 抗原与 B 细胞表面抗原受体结合，发生有限交联，可激活 B 细胞产生免疫应答。大剂量 TI 抗原与 B 细胞表面抗原受体结合，可使受体广泛交联，而将细胞"冻结"。此时液态镶嵌的细胞膜不能流动，B 细胞处于耐受状态（图 15-5）。

相反，病原体和外来抗原进入机体后，一般只在感染早期阶段数量急剧上升，诱导淋巴细胞快速增殖，但是这种刺激一般而言是快速和相对短暂的，因此难以诱导免疫耐受。

（三）固有免疫系统诱导淋巴细胞对于抗原的耐受

固有免疫系统决定了特异性免疫系统是否对特定的抗原产生应答。以下从双信号理论来理解淋巴细胞对自身抗原的耐受。淋巴细胞的活化需要两种或两种以上的信号，除 T、B 细胞膜上的抗原受体同抗原 -MHC 分子复合物结合作为第一信号外，还需要细胞表面黏附分子相互作用的协同刺激信号和细胞因子信号（第二信号），否则 T、B 细胞仍不能被激活，而是处于无

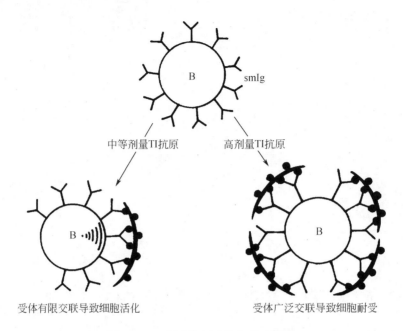

图 15-5　B 细胞抗原受体交联示意图

应答状态，即克隆无能状态，克隆忽视或克隆失能。在缺乏感染的条件下，机体缺少主要由固有免疫细胞分泌的 IL-6 和 IL-12 等促炎因子，以及机体释放的危险信号，导致抗原提呈细胞难以诱导和上调协同刺激分子（如 B7 家族成员）的表达。在这样的条件下，初始的 T 细胞遭遇到只能提供自身抗原成分（第一信号）但是缺少协同刺激分子（第二信号）的抗原提呈细胞，会对自身产生抑制信号。

（四）调节性 T 细胞下调机体对于自身抗原的免疫反应

调节性 T 细胞也就是通常所称的 Treg，膜表面 $CD4^+CD25^+$，同时转录因子 $FoxP3^+$，Treg 能够下调和抑制免疫应答，在免疫耐受和自身免疫病发病过程中都有重要作用。在胸腺分化而来的调节性 T 细胞也称自然调节性 T 细胞，在外周受到抗原刺激后在微环境中分化而来的调节性 T 细胞又称诱导性调节 T 细胞。这两种调节性 T 细胞都能够抑制自身反应性 T 细胞介导的病理性应答。

在外周缺乏感染的情况下，只提供自身抗原成分（第一信号）但是缺少协同刺激分子（第二信号）的抗原提呈细胞容易诱导生成诱导性调节 T 细胞，从而下调和抑制针对自身抗原的免疫应答。

（五）独特型网络的作用

独特型与抗独特型免疫调节网络在免疫耐受性的形成和维持上也起重要作用。抗独特型抗体与淋巴细胞表面具有独特型标志的抗原受体特异性结合后，可能通过使该细胞"克隆无能"或激活细胞介导的溶细胞作用破坏细胞，此外大量抗独特型抗体的存在也可经诱导抑制性 T 细胞活化等途径使机体对某种抗原形成免疫耐受。

总之，上述诱导免疫耐受的机制中，第一种被称为中枢耐受，主要发生在胸腺和骨髓；第二、三和五种机制主要发生在外周，被称为外周耐受；第四种机制无论是调节性还是诱导性 Treg，它们的效应部位都是在外周，也是参与外周耐受的重要机制。

第三节　打破免疫耐受及自身免疫应答

一、打破免疫耐受的机制

（一）淋巴细胞逃避阴性选择

　　机体维持自身耐受需要淋巴细胞在发育阶段即能够区分"自我"和"非我"。在中枢免疫器官内，对自身成分有反应性的淋巴细胞应该被清除。即便如此，仍然有不少对自身成分有反应性的淋巴细胞逃脱了被清除的命运，例如，有的自身反应性 T 细胞与自身抗原的亲和力较低或者 TCR 与自身的 MHC 分子结合能力很弱，使自身反应性 T 细胞不能发生凋亡，逃避了阴性选择。离开中枢器官来到外周，在被活化后能引发自身免疫。

　　这种剔除自身反应性淋巴细胞的机制看上去是"不完美"的。但是，很多对自身成分有亲和力和反应性的淋巴细胞同时也能识别外来的抗原物质，启动免疫反应。因此，如果把所有和自身成分有弱亲和力的淋巴细胞全部清除的话，那么机体的淋巴细胞库必将损失严重，机体的免疫功能亦会受到损伤。

　　从另外一个方面来说，自身抗原并没有完全特异性的成分区别于外来的抗原，真正区分"自我"和"非我"并非易事。对于 B 细胞而言，BCR 识别抗原的三维结构，因此病原体的某些抗原表位有可能与自身抗原的表位相混淆；此外在抗原的加工处理过程中，新生成的抗原短肽亦有可能与自身抗原成分一致。总之，有一部分自身反应性 T 细胞可以在胸腺逃避阴性选择而进入外周。

（二）克隆忽视状态被打破

　　如前所述，外周存在对自身抗原有反应性的淋巴细胞，但是在生理状态下处于不应答的"忽视"状态。但是在炎症因子刺激下，尤其在能够提供足够强的协同刺激分子的树突状细胞的活化下，这些自身反应性淋巴细胞能够被活化并产生对自身抗原的应答。以下为主要机制：

　　1. 自身抗原成为 Toll 样受体（TLRs）的配体　Toll 样受体（TLRs）能识别病原相关分子模式（PAMPs），PAMPs 并不是病原体所独有的，机体自身的成分中也有能被 TLRs 识别的 PAMPs。如 DNA 序列中的去甲基化 CpG 序列能够被 TLR-9 所识别。去甲基化 CpG 序列在细菌的 DNA 序列中很常见，在哺乳动物的 DNA 里并不多见。但是哺乳动物的细胞在凋亡过程中会产生大量去甲基化 CpG 序列。当大量的凋亡细胞来不及被吞噬细胞清除的时候，能与核染色质特异性结合的 B 细胞通过 BCR 结合核染色质成分，并启动内吞，其中去甲基化 CpG 序列一并内吞进入 B 细胞。去甲基化 CpG 序列被 TLR-9 识别后，刺激 B 细胞活化，表达协同刺激分子。这样原本对自身核染色质处于"忽视"状态的 B 细胞不仅能产生针对核染色质的自身抗体，而且还可以作为表达双信号的活化抗原提呈细胞激活自身反应性 T 细胞（图 15-6）。

　　2. 表位扩展　大多数自身免疫病在疾病的进展过程中，参与应答的自身抗原越来越多，这种现象被称为"表位扩展"。有时是在应答过程中暴露了新的表位，导致原来处于"忽视"状态的淋巴细胞有机会接触到抗原并应答。这主要发生在急性炎症过程中，大量的组织细胞死亡，释放出一些新的抗原或出现新的抗原表位。如在心肌梗死的过程中，随着心肌抗原的释放会伴随出现自身免疫反应。

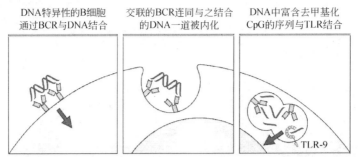

图 15-6 自身抗原成分与 B 细胞内的 TLR 识别后活化自身反应性 B 淋巴细胞

另外相同的辅助性 T 细胞也可以辅助不同的 B 细胞克隆产生抗体也是表位扩展的一种机制。在系统性红斑狼疮的发病过程中，机体对组蛋白 H1 产生自身抗体的同时，诱导原本对双链 DNA 处于免疫忽视状态的 B 细胞亦产生抗双链 DNA 抗体。如图 15-7 所示，B 细胞通过 BCR 特异性识别组蛋白 H1 上的 B 细胞表位后启动内吞，将含有 BCR、组蛋白 H1、双链 DNA 及其他成分的整个核小体一并内化进入 B 细胞，然后 B 细胞将其中组蛋白 H1 上的 T 细胞表位通过 MHC 分子呈递给 T 细胞，活化的 T 细胞辅助 B 细胞产生抗 H1 的自身抗体（图 15-7）。之前特异性识别双链 DNA 的 B 细胞，由于缺乏 T 细胞的辅助无法产生抗 DNA 抗体。但是特异性识别双链 DNA 的 B 细胞和特异性识别组蛋白 H1 的 B 细胞可以共用一种辅助性 T 细胞，也就是说这两种 B 细胞虽然 BCR 识别的表位不同，但是提呈出去的 T 细胞表位是一致的。因此辅助前一种 B 细胞的 T 细胞也能辅助后者（特异性识别双链 DNA 的 B 细胞）产生抗体。

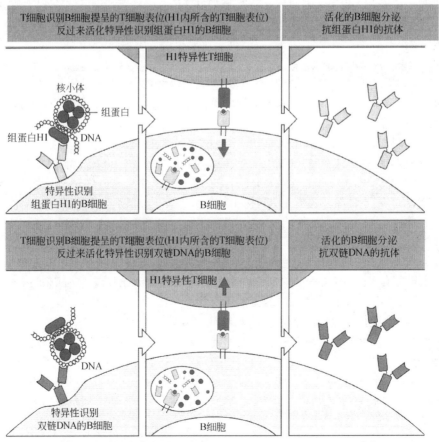

图 15-7 相同的辅助性 T 细胞辅助不同的 B 细胞分别产生抗体

此外，机体的自身抗原如果和外来抗原有共同的表位，那么针对外来抗原的应答也有可能打破机体原有的针对自身抗原的耐受。同时由外来抗原激发的免疫应答所产生的抗体或效应性T淋巴细胞，既可针对外来抗原，又可针对与外来抗原有共同或相似抗原决定基的自身组织，发生交叉免疫反应。如链球菌菌体多种抗原蛋白与人体肾小球基膜和心肌内膜有共同抗原，当感染链球菌时可引发急性肾小球肾炎和风湿性心脏病。

3. 抗原获得免疫原性 有很多自身抗原缺乏免疫原性。以IgG为例，虽然机体存在大量的IgG和针对IgG的特异性B细胞，但是一般情况下IgG并不能刺激诱导B细胞产生抗体。因为IgG是单体形式，并不能导致B细胞的抗原受体BCR产生交联，向胞内传导活化信号。但是在严重感染的情况下，机体内的IgG和抗原形成大量的免疫复合物。这样成为多价形式的IgG利用抗原的桥联作用导致BCR产生交联，活化了原本处于"忽视"状态的B细胞。

4. 隐蔽抗原的释放和激活免疫应答 机体某些特定部位，如脑及眼前房，其在解剖上与免疫细胞相对隔离或在局部微环境中存在抑制免疫应答的机制，从而一般不对外来抗原（包括移植物抗原）产生应答。因此，将同种异体组织移植到这些部位，通常不会诱导排斥反应，移植物长期存活。因此这些部位被称为免疫豁免部位。

有意思的是，这些"隐蔽"起来的抗原往往是自身免疫攻击的"靶子"。例如，多发性硬化症（针对中枢神经系统的自身免疫性疾病），髓鞘与髓核中的髓磷脂碱性蛋白是"隐蔽抗原"，同时也是机体免疫系统攻击的标靶。在小鼠的多发性硬化模型EAE中，只有利用老鼠自身的髓磷脂碱性蛋白加上佐剂来免疫小鼠后，才能诱导产生针对髓磷脂碱性蛋白的特异性T_{H17}和T_{H1}细胞，渗透进入中枢神经系统并对神经组织发动攻击。如眼外伤引起白内障或交感性眼炎、精子抗原释放引起男性不育症等。

因此在生理条件下，这些"隐蔽"抗原既无法诱导免疫耐受亦不能活化淋巴细胞，而是处于一种被"忽视"的状态。当外伤、手术、感染等原因，局部产生大量炎症因子，一旦针对"隐蔽"抗原的自身反应性淋巴细胞在"别处"活化后，可以透过之前的屏障（如血脑屏障等），进入"隐蔽"抗原所在地，发动攻击。免疫豁免部位并非真正的隔绝区域，活化的T淋巴细胞能进入机体几乎所有的组织，尤其在炎症条件下，大量的细胞因子、趋化因子和黏附分子促使效应性淋巴细胞大量涌入和聚集。图15-8所示为眼外伤引起的交感性眼炎，自身反应性淋巴细胞损伤眼组织的示意图。

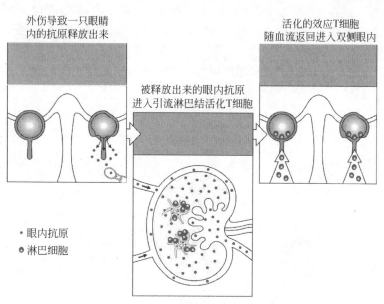

图15-8 眼内隐蔽抗原的释放引发自身免疫病

二、针对自身抗原的免疫应答

（一）B淋巴细胞和T淋巴细胞都参与了自身免疫病

目前针对自身免疫病的检测主要是检测自身抗体。实际上B细胞和T细胞介导的体液免疫和细胞免疫都参与了自身免疫病的病理损伤。大多数情况下B细胞产生自身抗体需要T细胞的辅助，因此特异性的B细胞参与了自身免疫反应，同样亦有特异性的T细胞参与免疫反应。而且T细胞释放的细胞因子及介导的细胞毒效应也参与了组织损伤。只是相对于特异性的B细胞而言，特异性的T细胞表位和特异性的T细胞很难被确定和分离出来。

很多自身免疫病的病理类型表现为超敏反应。以IgE为主的I型超敏反应在自身免疫病中几乎没有发挥什么作用。但是II型超敏反应在自身免疫病中很常见。IgG和IgM识别位于细胞膜表面和细胞基质中的自身抗原，通过补体效应、调理作用和ADCC效应等导致组织损伤。III型超敏反应也很常见，自身抗原和抗体形成免疫复合物沉积在血管、基膜及关节滑膜等各个部位，由此导致系统性自身免疫病。如系统性红斑狼疮，以II型和III型超敏反应为主，广泛性地损伤血管，导致全身多器官受损。也有一些器官特异性的自身免疫病以细胞免疫损伤为主，由T_{H_1}和细胞毒性T细胞介导的IV型超敏反应损害靶细胞，导致器官功能损伤。

（二）自身免疫病有慢性化和不断进展的倾向

一般情况下，机体针对外来抗原的免疫应答过程会随着病原体的清除而终止，只是留下少量的记忆性淋巴细胞。在部分器官特异性的自身免疫病中，如1型糖尿病，针对自身胰岛细胞的免疫损伤随着胰岛细胞的破坏殆尽而终止。但是对于大多数自身免疫病而言，自身抗原往往是无处不在且数量众多的，因此自身抗原不可能被完全清除掉。因此，免疫系统无法通过清除自身抗原来限制和终止针对自身抗原的应答。所以，大多数自身免疫病都存在慢性化倾向。

自身免疫病的早期阶段往往从针对少量自身抗原开始，但是针对自身抗原的持续性免疫应答引起的慢性炎症不断地损伤组织和破坏各种"屏障"，带来更多自身抗原及一些原本与免疫系统相对隔绝的"隐蔽"抗原的释放。同时局部的炎症吸引了巨噬细胞和中性粒细胞浸润，这些固有免疫细胞释放出的细胞因子和趋化因子进一步加重了组织损伤，这种正反馈的炎症环路使得自身免疫病演化为不断"自我破坏"的过程。这种针对越来越多的抗原产生应答的现象被称为"表位扩展"。图15-9是有关自身抗体介导的组织损伤引发更多自身抗原释放的过程。

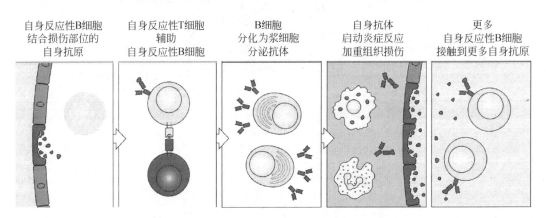

| 自身反应性B细胞结合损伤部位的自身抗原 | 自身反应性T细胞辅助自身反应性B细胞 | B细胞分化为浆细胞分泌抗体 | 自身抗体启动炎症反应加重组织损伤 | 更多自身反应性B细胞接触到更多自身抗原 |

图 15-9　自身抗体介导组织损伤和自身抗原的释放

（三）T 细胞亚群与自身免疫病

CD4$^+$T 细胞活化后可以分化为多个亚群：T_{H_1}、T_{H_2}、$T_{H_{17}}$ 和 Treg 等。T_{H_1} 可以分泌 IFN-γ 和 TNF-α 等细胞因子；T_{H_2} 可以分泌 IL-4、IL-5、IL-10 和 IL-13 等细胞因子；$T_{H_{17}}$ 可以分泌 IL-17 和 IL-22 等。这些不同的亚群调控着不同的免疫反应。在不同的自身免疫性疾病中，这些 T 细胞亚群分别参与了不同的免疫学效应。例如，在 1 型糖尿病中，主要由 T_{H_1} 介导了胰岛细胞损伤。在牛皮癣的病理损伤中，$T_{H_{17}}$ 则发挥了重要作用。

虽然在鼠的糖尿病模型中，提前诱导 T_{H_1} 向 T_{H_2} 方向分化，则可以阻止糖尿病的发生。但是对于很多由 T_{H_1} 介导的自身免疫病，仅仅利用细胞因子诱导 T_{H_1}/T_{H_2} 的免疫偏离并不能阻止自身免疫病的发生。而辅助性 T 细胞的亚群 Treg 目前被认为在阻止自身免疫病的过程中发挥了更重要的作用。Treg 膜表面表达 CD4 和 CD25（IL-2 受体的 α 链），同时表达核转录因子 FoxP3。在动物模型中发现 FoxP3 基因缺陷的动物出生后很快就会出现严重的系统性的自身免疫病。而且在动物的糖尿病、实验性变态反应性脑脊髓炎（EAE）、系统性红斑狼疮和炎症性肠病等自身免疫病模型中发现，剔除 Treg 会导致病理损伤加重，外源性地输入 Treg 则会减轻自身免疫损伤。在罹患多发性硬化症和多内分泌腺自身免疫综合征的患者中发现，Treg 虽然数量正常，但是存在功能缺陷。从类风湿关节炎患者外周血中分离得到的 Treg 无法有效抑制自身效应性 T 细胞分泌炎症因子。这些证据表明，Treg 在阻止自身免疫病的发生过程中发挥重要作用，很多自身免疫病的患者可能都伴随有 Treg 的功能缺陷。

Treg 能够抑制识别抗原与自身识别抗原一致的 T 细胞，也能抑制识别其他自身抗原的 T 细胞。也就是说，Treg 可以抑制多种能识别不同自身抗原的 T 淋巴细胞。中枢来源的 Treg 称自然调节性 Treg，可以抑制位于同一组织内的各种自身反应性 T 细胞对抗原的识别并且抑制它们分化。在外周分化成功的 Treg 称诱导调节性 Treg，主要是在缺乏炎症因子的条件下由未成熟的树突状细胞分泌的 TGF-β 诱导分化而来的。如图 15-10 所示，Treg 可以在各个环节下调抑制免疫反应。

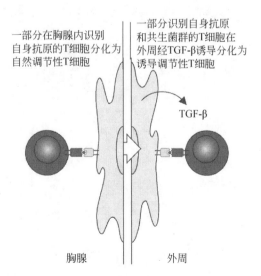
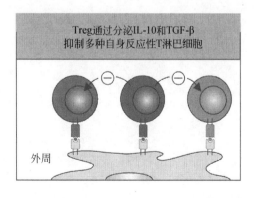

图 15-10　两种 Treg 的生成及 Treg 在外周发挥的免疫抑制效应

　　肠道内的黏膜免疫系统对于食物蛋白处于耐受的状态主要有赖于肠道内的 Treg。利用这一点可以诱导"口服耐受"，口服某一种蛋白质抗原后，诱导黏膜免疫系统内的 Treg 生成，当这种蛋白抗原经过机体其他部位进入后，机体不再对其产生正向的免疫应答，取而代之的是免疫耐受。这种口服诱导耐受的方式有可能是阻止自身免疫病的一种有前景的方法。目前对于口服抗原进入肠黏膜系统之后诱导 Treg 的机制已经比较清楚，但是当这种抗原在外周其他部位进入机体后无法引起正向免疫应答，发生耐受的机制还不是十分清楚。

　　Treg 的 FoxP3 是阳性的，但是 FoxP3 阳性的细胞并不是唯一的调节性细胞。事实上，所有的淋巴细胞都有调节功能，能分泌 IL-10 和 TGF-β 的细胞都能发挥免疫调节中的抑制效应。

　　此外，对于自身反应性 T、B 淋巴细胞而言，Treg 对于它们的免疫抑制效应属于外在调控机制。自身反应性 T、B 淋巴细胞还有来自于细胞自身的内在调控机制。例如，淋巴细胞活化后可以通过 Fas/FasL，以及上调促进凋亡的 Bcl-2 等分子的表达来限制自身增殖和分裂，也可以起到调节作用。

<h3 style="text-align:center">思 考 题</h3>

　　1. 启动机体自身免疫应答的机制有哪些？

　　2. 造成机体自身免疫损伤的机制有很多，以一种自身免疫病为例，从抗体和 T 细胞介导的机制为出发点谈一下造成病理损伤的机制。

（汪　蕾）

第十六章 免疫调节

免疫系统具有感知免疫应答的强度和实施调节的能力，使免疫应答维持合适的强度以保证机体内环境的稳定。这是免疫系统在识别抗原、启动应答和产生记忆之外的另一项重要功能。这种调节构成了一个相互协助又相互制约的网络结构，依赖免疫应答过程中各细胞间、免疫细胞与免疫分子间及免疫系统与神经内分泌系统间的相互作用。

第一节　免疫调节是免疫系统本身具有的能力

一、感知与调节

对应答的感知是启动调节的前提。这一感知，既针对引发免疫应答的抗原因素，也包括对各种参与应答成分的感知。在此基础上出现的调节，包括加强应答（正向）和抑制应答（负向）两个方面，最终得以恢复内环境的稳定。其特点是感知和调节可以由免疫系统自行实施。

20 世纪 80 年代，Roitt 的实验研究显示出机体自身启动调节的能力（图 16-1）。向家兔注射蛋白质抗原，45 天左右可检测出高低度抗体，然后滴度逐渐降低，表明机体使特异性免疫维持在适度水平（负反馈）。如果在抗体含量下降的时候，用未经抗原免疫的家兔做血清交换，人为地使免疫家兔血清中的抗体浓度进一步大幅度下降，立即出现一个有意义的现象：针对该抗原的抗体水平会突然上升，甚至超越血清交换前最高的抗体滴度（正反馈），然后再经历一个缓慢下降的过程（负反馈）。这个过程提示免疫系统敏锐地觉察到抗体浓度突然下降，而主动性地启动了一个调节性的正向应答（此时并不需要给予额外的抗原刺激）。可见，免疫系统感知应答强度的

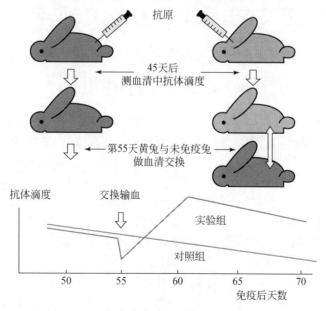

图 16-1　机体自身启动对抗体浓度的调节能力

变化并实施调节的全过程不依赖外界的力量。在最后，再次升高的抗体浓度仍逐渐下降，最终维持了免疫自稳。

二、免疫系统感知的信息

免疫系统能感知参与应答的各种成分的变化。主要是感觉各种免疫细胞和分子"量"的变化。如免疫系统能敏锐地感知到抗原和抗体水平的变化。如图 16-1 所示，当家兔血清中的抗体通过人为因素迅速下降后，机体随即"感知"到这一量上的变化，迅速启动了上调抗体生成的机制。当抗体浓度过高，超过一定阈值后，机体也能"感知"到这一变化，控制抗体水平过高。虽然机体具有"正调节"和"负调节"两种能力。但是，负反馈调节是免疫调节的主流，主要是负责维持和恢复自身内环境的稳定，而且是先有免疫应答随后出现负反馈调节，两者之间有时相上的差异。

三、免疫调节的层次

机体主要在以下几个层面上发挥自身感知和调节作用：依靠免疫系统内部的免疫细胞和免疫分子的相互作用；依靠神经内分泌系统和免疫系统的相互作用。此外，从群体上看，MHC 基因也参与了种群发展的调节。例如，T 淋巴细胞在胸腺发育过程中经历的阳性选择和阴性选择，都离不开 TCR 与 MHC 分子和（或）肽 /MHC 分子复合物之间的亲和力，亲和力过强或者过弱均可导致 T 细胞的淘汰。这也决定了 T 淋巴细胞对于抗原选择性的应答和不应答。因此，机体对自身成分的耐受现象和对"非己"抗原的应答排斥都是在机体的免疫调节机制控制下进行的。这是种群适应环境的一种生理功能，既有助于维持机体内环境稳定，亦能保证对外来抗原的清除。

免疫调节机制不仅决定了免疫应答的发生，而且也决定了反应的强弱。这一调节作用是精细的、复杂的。调节功能作用于免疫应答过程中的多个环节，本章重点讨论细胞和分子水平上常见的调节机制。

第二节　免疫分子的调节作用

一、抗原的调节作用

机体可以敏锐地感知到抗原剂量的差异，在一定数量范围内，增加抗原浓度可增强免疫应答。随着抗原被逐步清除，在体内的浓度逐步降低，免疫应答逐渐减弱。在抗原低于或者高于这个数量范围的情况下，不能诱导机体的正向免疫应答，相反可诱导机体的免疫耐受状态，即低带耐受和高带耐受。

抗原进入机体的时间先后也可以导致不同的免疫应答状态。先进入的抗原诱导产生免疫应答并产生了免疫记忆后，当另一种表位"接近"抗原后进入同一机体时，机体优先启动针对先进入抗原的记忆细胞产生应答，同时抑制针对后一种新表位的应答。结果针对新表位的更为高效的效应性淋巴细胞无法扩增，无法产生亲和力更高的抗体。以病毒为例，机体针对初次接触的病毒表位产生了应答，当具有更强免疫原性的新毒株产生后，针对前一种表位的记忆细胞能抑制针对新表位的初始淋巴细胞产生应答。只有当新毒株完全不含有前一种毒株所含的表位时，这种抑制状态才打破。机体在合并感染登革热病毒、流感病毒和 HIV 等病毒时，这种现象比较常见。但不是所有先进入的抗原都可抑制机体针对后进入抗原的免疫应答，这种情况主要发生在后进入的抗原与前抗原只有稍微改变，十分相似。这种现象亦被称为抗原原罪现象，机制不是十分明确，这种竞争抑制作用对维护机体的免疫平衡可能有重要调节作用。

二、抗体的调节作用

（一）抗体通过与抗原形成免疫复合物参与调节

免疫复合物能进一步与补体形成抗原 - 抗体 - 补体复合物。这两种复合物都能下调免疫应答。它们可以通过抗体的 Fc 段和补体及其裂解片段与吞噬细胞表面的 FcR 和补体受体结合，促进吞噬细胞对抗原的吞噬，加速对抗原的清除，从而减少抗原对效应细胞和记忆细胞的刺激，减弱免疫应答；同时抗体与抗原结合后，将抗原表位封闭，阻断了 BCR 对抗原的进一步识别；抗原 – 抗体 – 补体复合物还能被淋巴结的淋巴滤泡内的 FDC 捕获，从而对途经此地的记忆性 B 细胞及在此增殖的特异性 B 细胞不断提供抗原刺激，维持免疫记忆及促进 B 淋巴细胞在生发中心的发育。

此外，抗原 - 抗体复合物还可以通过抗体的 Fc 段与 B 细胞表面的 Fcγ R Ⅱ -B 受体发挥调节作用（见下文受体的调节作用）。

（二）独特型网络参与免疫应答的自我调节

任何抗体分子的可变区或淋巴细胞的抗原受体（TCR 和 BCR）的可变区上都存在着独特型表位决定簇，这些独特位能被体内其他淋巴细胞克隆所识别并产生抗独特型抗体。通过独特型表位和抗独特型表位之间的相互识别、相互刺激和相互制约，免疫系统内部构成"网络"联系，对免疫应答进行调节。

如图 16-2 所示以针对抗体表位的独特型调节网络为例，针对抗原首先产生的是（Ab1），针对 Ab1 产生了抗独特型抗体 Ab2，主要有两种，分别针对抗体分子可变区的骨架区（Ab2α）和抗原结合部位（Ab2β）。Ab2β 抗原受体上的抗原决定簇与外来抗原决定簇相同，故能刺激机体产生更多的 Ab1，加强机体针对初始抗原的免疫应答，因此，Ab2β 又称为体内的抗原内影像。同时，Ab2α 和 Ab2β 又都可以对 Ab1 的分泌起抑制作用。但是随着大量抗抗体的产生，又可以诱导机体产生抗抗抗体（Ab3），Ab3 中有分别针对 Ab2 可变区的骨架区和抗原结合部位的两种抗体，后者结构与 Ab1 相似，又可以成为 Ab1 的"内影像"，前者又可以对 Ab2 起抑制作用。

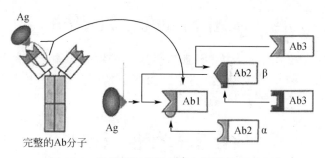

图 16-2 独特型网络及其参与调节的主要方法

抗原刺激机体产生 Ab1，针对 Ab1 的独特位产生 Ab2，针对 Ab2 的独特位产生 Ab3。Ab2β 为 Ag 的内影像，可以刺激机体增强产生更多的 Ab1。Ab2α 可以和 Ab1 相互作用，抑制 Ab1

以此类推，如此反复和交错，形成一个大的网络反应系统，通过连续不断的识别过程，使正应答和负应答相互制约，最终使免疫应答保持在正常生理状态。

需要指出的一点是，独特型网络中，针对每个抗体或者每个 BCR 及 TCR 的独特型抗体并不是一开始就大量存在的。当抗原进入机体诱导某一种抗体数量显著增加达到一定阈值之后，实际上是产生这种抗体的含有特定 BCR 的 B 淋巴细胞在整个淋巴细胞库中比例显著增加，被免疫系统所感知，随之引发后续的抗抗体和抗抗抗体等的产生。因此，独特型网络及各种抗体分子间的相互作用，实际上涉及的是淋巴细胞克隆在 BCR 或 TCR 间引发的相互作用。

三、受体的调节作用

B 细胞上识别抗原表位的受体为 BCR（IgM 和 IgD），属于激活型受体。而 FcrR Ⅱ -B 受体为 FcR 家族成员里为数不多的抑制性受体，胞内段含有 ITIM。当抗 BCR 的抗体（抗抗体）产生后，借助于这个抗 BCR 的抗体将 BCR 交联，同时通过 Fc 段将 FcrR Ⅱ -B 受体发生交叉联接，向 B 细胞传入抑制信号。或者是抗体（IgG）与抗原特异性结合形成 IC 后，其中的抗原与 B 细胞上的 BCR（SmIg）结合，抗体（IgG）凭借 Fc 段与 B 细胞上 Fc 受体（FcrR Ⅱ -B）发生交叉连接，向 B 细胞传入抑制信号，使 B 细胞不被活化，从而抑制抗体的产生（图 16-3）。

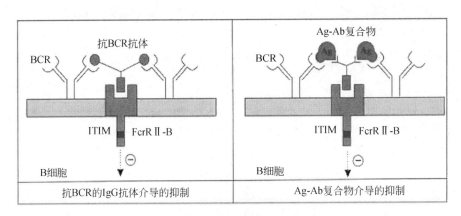

图 16-3　抗体反馈调节示意图

除了 B 细胞上的抑制性受体 FcrR Ⅱ -B 外，免疫细胞上有多种抑制性受体发挥下调免疫应答的作用，如 CTLA-4、PD-1 及一些表达在 NK 细胞表面的各种抑制性受体。

四、细胞因子的免疫调节作用

在免疫应答过程中，免疫细胞释放的细胞因子具有多功能性，相互间的作用关系复杂。它们之间通过合成分泌的相互调节、受体表达的相互调控、生物学效应的相互影响组成细胞因子网络，这一网络是免疫细胞间相互影响与调节的重要方式。

五、信号通路之间的反馈调节

炎症因子分泌的反馈调节以 Toll 样受体（TLR）为例，Toll 样受体（TLR）与病原体相关模式分子（PAMP）结合后，通过 NF-κB 和 MAP 激酶相关信号途径，引起多种促炎症因子基因的激活，通过炎症反应清除病原体感染。然而，过量出现的炎症介质可能导致局部和全身性疾病，包括 LPS 引起的内毒素休克。因此，当 TLR 被 PAMP 触发之后，在后续相中，多种胞内分子和跨膜分子被动员起来反过来参与对 TLR 信号转导的抑制，引起持续性免疫低反应。结果出现对 PAMP 特别是对其中 LPS 应答的无反应性，防止因炎症因子过度产生而引起内毒素休克。这体现了免疫系统对 TLR 相关的炎症反应有效和及时地实施反馈调节。这些调节存在着时相差异，先有免疫应答的生物学功能，然后启动反馈调节，致前面的功能行使受到抑制，一前一后，步续分明；总之没有之前的激活信号的转导，也就没有后续的相应的免疫抑制。

第三节 免疫细胞及其他形式的调节作用

在免疫应答过程中，各种免疫细胞都可以参与免疫应答的调节，其中比较重要的是 T_{H_1}/T_{H_2} 细胞间的调节和具有负调节功能的 T 细胞的调节作用。

一、T_{H_1}/T_{H_2} 细胞的免疫调节作用

T_H 细胞是免疫应答中的主要反应细胞，分成 T_{H_1} 和 T_{H_2} 两类，各自分泌不同的细胞因子，同时在免疫调节中也发挥作用。T_{H_1} 细胞可促进细胞介导的免疫应答；T_{H_2} 细胞分泌的细胞因子与 B 细胞增殖、分化、成熟和促进抗体生成有关，促进抗体介导的体液免疫应答。T_{H_1} 和 T_{H_2} 细胞互为抑制性细胞，形成对机体细胞免疫和体液免疫应答的反馈性调节网络。T_{H_1} 细胞分泌的 IFN-γ 能抑制 T_{H_2} 细胞的功能；而 T_{H_2} 细胞分泌的 IL-10 可抑制 IL-12 的合成，因而间接抑制 T_{H_1} 细胞的活化（图 16-4）。T_{H_1} 细胞或 T_{H_2} 细胞的优先活化常导致免疫应答以 T_{H_1} 细胞介导的细胞免疫为主还是以 T_{H_2} 细胞介导的体液免疫应答为主，这就是免疫偏离现象。持续性的免疫偏离可能导致机体免疫失衡和某些疾病的发生。

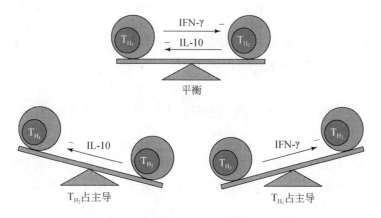

图 16-4 T_{H_1} 细胞和 T_{H_2} 细胞相互调节示意图

二、具有负调节功能的 T 细胞亚群

具有负调节功能的 T 细胞亚群主要指 Treg，包括在中枢器官生成的自然调节性 Treg 和在外周生成的诱导调节性 Treg。这两类细胞可以通过直接接触、分泌抑制性细胞因子等途径在多个环节抑制免疫应答。既能直接抑制效应性 T 细胞的活化、增殖和效应（图 16-5），也可以通过

抑制树突状细胞的成熟来抑制后续的 T 细胞激活（图 16-5），在免疫耐受中也发挥着重要作用。虽然 Treg 自身识别抗原有特异性，但是 Treg 对于邻近的各种效应性细胞的免疫抑制效应并没有抗原特异性。此外，值得一提的是，并不是只有调节性 T 细胞才能发挥免疫调节作用，在特定微环境条件下，效应性 T 细胞之间通过膜分子和细胞因子影响其他免疫细胞的功能，尤其是能分泌抑制性细胞因子（IL-10 和 TGF-β 等），以及表达抑制性膜表面分子的细胞亦能发挥重要的负调控作用。

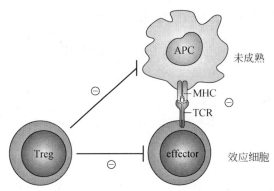

图 16-5　Treg 对免疫细胞的抑制效应

三、其他免疫细胞的免疫调节

已知 B 细胞也有功能不同的亚群，可通过递呈抗原和分泌细胞因子两种方式调节免疫应答。巨噬细胞能分泌几十种以上的活性分子，包括各种生长因子、白细胞介素、补体、水解酶、干扰素、TNF、毒性氧代谢物等，这些分子可以加强和抑制免疫应答，并调控其他细胞的功能。NK 细胞除杀伤被病毒感染的细胞和肿瘤细胞外，也具有广泛的免疫调节作用，可通过其产生的淋巴因子实现免疫调节作用。例如，在病原体等的刺激下，NK 细胞可产生 IL-2 和 IFN-γ 等细胞因子，激活更多的 NK 细胞，促进 T_{H_1} 的分化，构成调节环路，调节免疫监视功能。iNK T 细胞在接触病原体后以分泌 IL-4 为主，促进 T 细胞向 T_{H_2} 的分化。

四、源自于细胞自身的内在免疫调节

细胞凋亡，即细胞程序化死亡，是指细胞在基因严格调控下的自我消亡过程，细胞凋亡的正常进行对于维持体内平衡、免疫系统的正常功能具有很重要的意义。活化的细胞有倾向于凋亡的特点。"活化诱导的细胞死亡"（AICD）显示了淋巴细胞控制自身功能和数量的免疫调节方式。在免疫应答过程中，受抗原刺激活化的免疫细胞随着活化程度的加深，增殖数量增加，在发挥效应功能的同时，自身表达死亡受体配体（FasL）、死亡受体（Fas）、抑制免疫应答的膜分子（CTLA-4等）或分泌某些细胞因子（TNF、LT、TGF-β 等）的数量显著增加，反过来通过"自杀"和"他杀"的方式诱导自身或其他活化的免疫细胞凋亡。进而对免疫应答进行负调节，以维持机体的生理平衡和内环境的稳定。

五、其他形式的免疫调节

免疫系统在执行免疫应答的过程中也受到神经、内分泌系统的调节，相互作用、相互影响，构成复杂的神经-内分泌-免疫调节网络，共同维持机体内环境的平衡。神经递质、内分泌激素、受体及免疫细胞和免疫分子之间存在广泛的联系。例如，免疫细胞膜上或胞内有众多激素、神经肽和神经递质的特异性受体，如 ACTH 受体、β-内啡肽受体、脑啡肽受体、血管活性肠肽受体、促生长激素受体、P 物质受体、糖皮质激素受体、β-肾上腺素能和胆碱能受体、胰岛素受体等。神经内分泌系统通过这些神经内分泌信息分子与免疫细胞膜表面受体结合介导免疫系统的调节。神经细胞能产生许多细胞因子，作用于免疫系统和神经内分泌系统，某些神经细胞如星形细胞、小胶质细胞能发挥抗原提呈细胞的作用。

第四节　利用药物来干预和调节免疫应答

抗炎药物、细胞毒药物、免疫抑制剂及单克隆抗体和免疫调节剂等生物制剂常用来抑制和调节免疫应答，用于治疗移植排斥反应、自身免疫病或者是过敏反应等损伤机体的免疫应答。以下介绍几种常见的调节免疫或抑制免疫应答的方法。

一、皮质类固醇激素影响多种基因的转录发挥强有力的抗炎作用

皮质类激素具有很强的抗炎和抑制免疫应答的效应，因此被广泛应用于减轻自身免疫病、过敏性疾病和器官移植造成的组织损伤。泼尼松是被广泛应用的由人工合成的这类激素。皮质类激素可以穿过细胞膜与相应的受体相结合，然后穿过核膜直接与 DNA 结合，与各种转录因子相互作用，能够影响和调节白细胞内接近 20% 的基因。因此，皮质类激素的作用机制非常复杂。

皮质类激素能抑制单核巨噬细胞的促炎效应并减少 CD4$^+$ 的 T 淋巴细胞的数量。它的作用机制主要有以下三点：①诱导特定抗炎基因的表达，如 annexin Ⅰ，这种抗炎基因编码的蛋白是磷脂酶 A_2 的抑制剂。炎症因子前列腺素和白三烯的生成有赖于磷脂酶 A_2，因此 annexin Ⅰ 的表达增高能够显著减少炎症因子的产生。②皮质类激素能够直接抑制炎症因子的基因表达，如直接抑制编码 TNF-α 和 IL-1β 的基因表达。③皮质类激素直接调节如磷脂酰肌醇 3-激酶的活性，这类激酶能独立地诱导和调节其他抗炎基因的表达和转录，发挥更快捷的抗炎效应。

但是皮质类激素的治疗效果有赖于远远高于生理剂量的高浓度，因此带来一些毒副作用，而且治疗效果也会随持续应用的时间延长而减弱。

二、细胞毒类药物通过杀伤增殖的细胞发挥免疫抑制效应

咪唑硫嘌呤、环磷酰胺和麦考酚酯（霉酚酸酯）是目前广泛使用的三种用于抑制免疫应答的细胞毒类药物。这些细胞毒类药物能干扰 DNA 的合成，因此对于处于分裂期的细胞作用明显。这些药物最初被用于治疗癌症，后来发现对于处于分裂期的淋巴细胞也有很好的免疫抑制效果。咪唑硫嘌呤同时也能干扰 CD28 协同刺激分子的作用，并且通过阻碍 small GTPase Rac1 的活化来促进 T 细胞的凋亡。细胞毒药物对于一些分裂增殖旺盛的正常组织，如皮肤、肠道上皮层和骨髓，有严重的毒性作用。常见的毒副反应有贫血、白细胞减少、血小板减少、肠上皮损伤、脱发甚至一些危及生命的致死性损伤。这些毒副作用限制了细胞毒性药物的使用。淋巴瘤和白血病患者在接受骨髓移植之前应用，一般用高浓度的细胞毒性药物杀灭所有的增殖分裂期淋巴细胞。而在治疗自身免疫病时，一般使用低浓度的细胞毒性药物再配合使用其他免疫抑制剂。

三、环孢霉素 A、他克莫司（FK506）和西罗莫司是干扰 T 细胞信号通路的强有力的免疫抑制剂

环孢霉素 A、他克莫司（FK506）和西罗莫司是非细胞毒类的免疫抑制剂，常用于抑制器官移植后的免疫排斥反应。环孢霉素 A 是从土壤真菌里提取出来的参与细胞周期的肽类物质。他克莫司和西罗莫司都是从链球菌属类的细菌中提取出来的大环内酯类的复合物。这三类复合物都能够与细胞内的免疫亲和素家族成员相结合并形成复合物，干扰与淋巴细胞增殖相关的信号通路。

环孢菌素 A 和他克莫司主要是阻断 Ca^{2+} 依赖性的钙调磷脂酶的活性，从而抑制了钙调磷酸酶依赖性的转录因子 NFAT 的活性，阻断 T 细胞的增殖。同时这类药物也能抑制多种 T 细胞增殖所需的细胞因子（如 IL-2）的基因转录。除了对 T 细胞的抑制效应以外，这类药物对于其他免疫细胞也有一定影响。

如图 16-6 所示，经 T 细胞受体传导的信号导致相关的酪氨酸激酶活化后打开了细胞膜上的 CRAC 通道，随之引起的钙内流导致胞浆内的 Ca^{2+} 浓度升高，钙调蛋白与 Ca^{2+} 结合后能够活化如钙调磷脂酶等下游效应分子。随后活化的钙调磷酸酶导致转录因子 NFAT 去磷酸化后由无活性的形式转换为有活性的形式，随后进入细胞核，激活与 T 细胞活化相关的基因。但是当环孢霉素 A 和他克莫司存在的时候，它们会与胞内的 FK- 结合蛋白和亲环素这样的免疫亲和素结合形成复合物，这种复合物结合在钙调磷脂酶上，阻止其活化钙调蛋白及后续的 NFAT 去磷酸化，以及进入细胞核启动基因转录的过程。

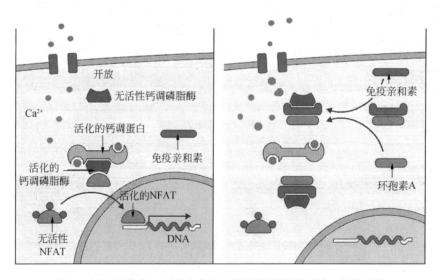

图 16-6　环孢菌素 A 和他克莫司干扰钙调磷脂酶抑制 T 细胞活化

西罗莫司的作用机制与前两种药物不同（图 16-7），西罗莫司进入胞浆后也是与免疫亲和素 FKBP 家族的蛋白结合，但是结合后形成的复合物并没有抑制钙调磷脂酶的活性，相反抑制的是丝氨酸 / 苏氨酸激酶家族的另一种成分——mTOR。mTOR 参与调节细胞的生长和增殖，并且能活化抗凋亡的蛋白激酶及促进细胞对于葡萄糖的利用。mTOR 的活化途径有两条：Ras/MAPK 途径和 PI3- 激酶途径，西罗莫司选择性地抑制 mTOR 通路中 Ras/MAPK 途径，能够显著抑制 T 细胞的增殖，使其停留在 G1 期并促进 T 细胞凋亡。

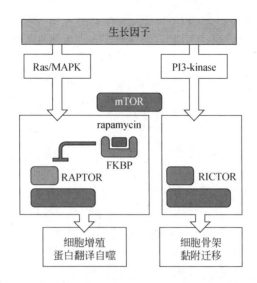

图 16-7 西罗莫司通过选择阻断 RAPTOR 来抑制 mTOR 蛋白激酶

mTOR 可以被 RAPROR 和（或）RICTOR 激活，西罗莫司与 FKBP 结合形成复合物后可以阻断 PAPROR，由此抑制 mTOR
的活化，但是西罗莫司对于 RICTOR 没有抑制作用

四、TNF-α 和 IL-1 的阻断剂可以减轻自身免疫病的病理损伤

传统用于治疗自身免疫病的抗炎药物主要是非甾体类抗炎药阿司匹林和低剂量的皮质类固醇激素，近年来 FDA 已经批准了一系列具有免疫调节作用的抗体来治疗自身免疫性疾病。这些抗体主要是用来抑制炎症因子 TNF-α、IL-1 和 IL-6 的细胞因子活性。

抑制 TNF-α 的活性是最早进入临床的特异性生物治疗方法。抗 TNF-α 的抗体可以显著减轻风湿性关节炎患者的病理损伤，可以减轻克罗恩肠炎和其他炎症性肠病的炎症损伤。目前有两类拮抗 TNF-α 的抗体。第一类是一种人鼠嵌合型单克隆抗体——英夫利昔单抗及阿达木单抗（一种完全人源化单克隆抗体）。这两种抗体能与 TNF 高效特异结合并且阻断 TNF-α 的活性。第二类是重组的人 TNF 受体亚单位 p75-Fc 的融合蛋白，商品名为依那西普，能够与可溶性的 TNF-α 结合并中和其活性。这些强有力的抗炎制剂随着临床实验的深入，显示出对强直性脊柱炎、牛皮癣性关节炎和幼年特发性关节炎等更多疾病的治疗效果。但是抑制 TNF-α 的活性虽然在实验性变态反应性脑脊髓炎（EAE）的动物模型中显示出了疗效，但是在对应的人类疾病多发性硬化中却没有显示出治疗效果，甚至增加了患者的复发率。因此，抑制 TNF-α 的治疗措施并不适用于所有自身免疫病。

相对于抑制 TNF-α 对于风湿性关节炎的治疗效果而言，抑制 IL-1 的活性虽然在动物模型中显示出了疗效，但对于人类风湿性关节炎没有显示出疗效。但是针对 IL-1 的抗体和针对 IL-1β 受体的抗体对于治疗大威尔士综合征是有效的。此外，针对 IL-6 受体的拮抗剂和 TNF-α 拮抗剂一样在治疗风湿性关节炎及多种自身免疫性疾病方面都有疗效。

IFN-β 可以增强机体的抗病毒性免疫，但是 IFN-β（Avonex）却能够缓解多发性硬化症的症状并减少疾病的复发率。至于 IFN-β 在多发性硬化症中如何起到减轻免疫应答而不是增强免疫应答的机制并不清楚。有关 NLR 炎症小体的研究发现，NLR 炎症小体通过活化 casoase-1 促进其剪切 IL-1 前体，生成有活性的 IL-1。而 IFN-β 可以抑制 NLRP3 和 NLRP1 的活性，因此最终是减少了促炎因子 IL-1 的产生，这可能是 IFN-β 缓解多发性硬化症的机制之一。

五、细胞膜表面分子的抗体可以清除淋巴细胞亚群或抑制其功能

之前讨论的药物都有普遍性的免疫抑制效应和副反应，但是抗体的作用具有特异性并且毒性较低。用人的淋巴细胞免疫家兔生产的兔源性的抗淋巴细胞免疫球蛋白，用于治疗移植后的急性排斥反应，这种能够与淋巴细胞结合的抗体缺乏特异性，对于清除淋巴细胞没有选择性，而且作为异种蛋白对于人体来说有很强的免疫原性。目前有很多特异性很高的单克隆抗体，在清除淋巴细胞亚群上有很高的选择性。阿仑单抗针对的是 CD52，大多数淋巴细胞都有 CD52 表达，因此阿仑单抗的效果类似于兔源性的抗淋巴细胞免疫球蛋白，也能引起长期的淋巴细胞减少，主要用于治疗慢性淋巴细胞性白血病，以及在移植时清除淋巴细胞。

起到免疫抑制效应的单克隆抗体分两类：一类是清除性抗体，如阿仑单抗，与淋巴细胞表面分子结合后通过 ADCC 效应或激活补体或调理作用等导致淋巴细胞被清除；另一类抗体为阻断性抗体，与细胞表面的靶蛋白结合后抑制相应蛋白分子介导的功能，但是并不引起细胞损伤。

思 考 题

1. 独特型网络是如何发挥免疫调节作用的？
2. 试述 Treg 细胞的来源和免疫调剂作用。
3. 在特异性免疫应答过程中如何理解免疫调节的时相性？

（汪　蕾）

第十七章　临床免疫学概论

第一节　临床免疫学的概述

免疫学（immunology）是研究人体免疫系统的结构和功能的科学，其阐明免疫系统识别抗原和危险信号后发生免疫应答及其清除抗原异物的规律，探讨免疫功能异常所致病理过程和疾病发生发展的机制，并为诊断、预防和治疗某些免疫相关疾病提供理论基础和技术方法。

临床免疫学（clinical immunology）是将免疫学基础理论、免疫学诊断、治疗和干预技术结合周边学科的发展成就，用于研究免疫系统相关疾病的病因研究、诊断与鉴别诊断、治疗和干预、疗效评价、预后判断和预防的一门应用学科。

第二节　临床免疫学的发展

一、免疫学开创阶段

早在南宋时期，公元 11 世纪时，我国创造性地发明了人痘苗，即用人工轻度感染的方法，达到预防天花的目的。这实际上是免疫学的开端。至 17 世纪时，不但在我国已普遍实行以人痘苗接种预防天花，而且也引起邻近国家的注意，人痘法已传入朝鲜、日本及俄国，并由俄国传入土耳其，后经中东再传入欧洲。1721 年英国驻土耳其公使夫人 Montagu 将人痘法传入英国，在英国曾进行了人体实验；把接种人痘者移居至天花流行区，结果发现接种者均获得免疫力。

二、免疫学的兴建阶段

继人痘苗以后，免疫学上的一个重要的发展是 Jenner 首创的牛痘苗。他观察到挤牛奶女工得过牛痘以后，就不再得天花的事实，通过长期研究，证实牛痘苗可以预防天花。牛痘给人接种后，只引起局部反应，对人的毒力并不增加。因牛痘苗对于人体无害，以后它就完全代替了人痘苗。

自 Jenner 发明牛痘苗后，免疫学的发展停滞了将近一个世纪。到 19 世纪末，由于微生物学的发展，相继地发现了许多病原微生物，免疫学也随之迅速发展。其中 Pasteur 受到人痘和牛痘苗的影响，通过系统研究，找到用理化和生物学方法，使微生物的毒力减低，以减毒株制备菌苗或疫苗，如炭疽菌苗、狂犬病疫苗等。Pasteur 减毒苗的发明，不但为实验免疫学建立了基础，也为疫苗的发展开辟了前景。

Behring 和北里用白喉脱毒外毒素注射动物，在血清中发现有一种能中和白喉外毒素的物质，称为抗毒素。此种中和毒素的能力能被动地转移给正常动物，使后者获得抗白喉毒素的免疫力。抗毒素可用于临床治疗，效果良好，以后很多人从免疫动物或传染病患者血清中发现有多种能和微生物或其产物发生结合反应的物质，通称为抗体，而引起抗体产生的物质称为抗原。抗原和抗体因能发生特异性结合，这样就为诊断传染病建立了血清学诊断方法。

随着研究的进展，免疫现象所涉及的本质问题就必然要被提出来。19 世纪末对于抗体免疫机制的认识，存在着两种不同的学术观点。Ehrlich 提出免疫反应必须具有其化学反应基础，血清中的抗体是抗感染免疫的重要因素，即体液免疫学说。1904 年，Arrheniius 在研究抗原－抗体反应时提出免疫化学概念。免疫化学研究首先从 Landsteiner 用偶氮蛋白人工抗原研究抗原－抗体反应的特异性问题开始。Haurowitz、Breinl 及 Marrack 等在此领域内丰富了研究的成果。Mitchnikoff 所提出的细胞免疫学说认为免疫由体内的吞噬细胞所决定。体液免疫和细胞免疫学说两种理论在当时曾有不同程度的争论，然而它们只是说明了复杂免疫机制的一面，本身都存在着一定的片面性。

三、临床免疫学

临床免疫学概念的提出已有三十余年的时间，但是其在我国还没有成为被广泛认可的正式学科。20 世纪 60 年代，免疫学有了迅速进展，最大的突破是对体内淋巴细胞的种类和功能有了进一步认识。Glick 发现早期摘除鸡的腔上囊可影响抗体的产生。Miller 在新生期小鼠中进行胸腺摘除实验，发现此种动物不能排除同种异体植皮，证明了胸腺在多数淋巴样组织的发生及维持免疫应答的完整性上是必需的。Claman、Miller、Mitchell、Davies 等提出了 T 淋巴细胞和 B 淋巴细胞的概念。Good 等对临床上免疫缺陷症患者进行观察，从先天性无胸腺的 Di-George 综合征和先天性无丙种球蛋白血症患者中也证实了胸腺的免疫功能和存在两类淋巴细胞。由于这些研究成果，使视机体免疫应答过程为单纯化学反应的片面看法得到了纠正，并转向以生物学观点来看待免疫学。使人们逐渐考虑到免疫应答是机体对"自身"和"异己"的识别与反应的生物学现象。在理论上起着主导作用并导致免疫学能进一步发展的学说，应归之于 Burnet 所提出的细胞克隆选择学说。这一学说认为体内事先就存有能识别各种抗原的细胞克隆，每一细胞表面均有对特定抗原的受体，能与相应抗原结合而识别它们。抗原的作用在于选择与其相应的细胞克隆，与其受体结合后，引起细胞增殖分化，产生免疫应答。此学说对免疫学中的根本问题——自我识别有了比较满意的解释，对免疫学中的其他重要问题，如免疫记忆、免疫耐受性、自身免疫等现象也能作出恰当的说明，故已被多数免疫学家所接受。

第三节 临床免疫学的研究内容

临床免疫学的研究内容包括感染免疫、超敏反应、自身免疫病、免疫缺陷、免疫增殖、肿瘤免疫、移植免疫、免疫学诊断、免疫预防与免疫治疗。

一、感染免疫学

感染免疫学是研究病原微生物与宿主相互关系从而控制感染的学科，是传统免疫学的核心。现代感染免疫研究将机体的固有免疫与获得性免疫有机结合，认识到在针对外来病原微生物的免疫防护过程中，固有免疫不仅具有快速反应的能力，而且对即将发生的获得性免疫应答类型起决定性作用，获得性免疫应答承担着清除大多数病原微生物的重任。虽然固有免疫系统不能识别不同的病原微生物，但它能精确区分异源性入侵者与宿主自身细胞，确保具有高度攻击性的获得性免疫应答不会对宿主自身产生伤害。在当前感染免疫学研究中，免疫系统在杀伤被病原体感染的宿主细胞对宿主的损伤程度、免疫应答过程中激活或抑制的效应细胞当病原体被清除后所发挥的作用、固有性免疫与获得性免疫的相互调节、生物疫苗在免疫防御中的特点均是感染免疫学的研究重点。

二、超敏反应

超敏反应也称变态反应，是免疫反应产生作用分子移除外来抗原的过程，这些作用分子诱导产生轻微、无临床症状或局部性的发炎反应，并不会对宿主造成组织伤害。特殊情况下，发炎反应可能导致明显的组织损伤甚至死亡，这类免疫反应称为超敏反应（hypersensitivity 或 allergy）。根据超敏反应的发生机制，可将超敏反应分为四种类型。Ⅰ型超敏反应又称过敏性反应或速发型超敏反应。该型超敏反应的特点是反应迅速，消退也快，有明显的个体差异和遗传倾向，一般仅造成生理功能紊乱而无严重的组织损伤。Ⅱ型超敏反应又称细胞溶解型超敏反应或细胞毒型超敏反应，由 IgG 或者 IgM 类抗体与靶细胞表面相应抗原结合后，在补体、吞噬细胞和 NK 细胞参与下引起的以细胞溶解或组织损伤为主的病理性超敏反应。Ⅲ型超敏反应又称免疫复合物型超敏反应或血管炎型超敏反应。Ⅳ型超敏反应又称迟发型超敏反应，为免疫细胞介导的一种病理表现。

三、自身免疫病

在某些情况下，因自身耐受性被破坏而引起的自身免疫病也称自身免疫性疾病（AID）。根据免疫机制可分为三种类型：①由针对自身红细胞抗原决定簇的抗体引起的自身免疫病，如自身免疫性溶血性贫血。疾病表现为红细胞被破坏和贫血。②由针对自身特殊组织成分的抗体（如甲状腺抗体、胃黏膜抗体）引起的自身免疫病。同一患者可出现多种针对组织的抗体。可见到这些组织的破坏性疾患，抗体存在，不一定都引起病症。如今还不能肯定抗体是否为这些病的原发病因。③由针对多种动物组织共同成分（如核酸）的抗体而引起的自身免疫病，如系统性红斑狼疮。自身抗体是自身免疫性疾病诊断的重要标志，每种自身免疫性疾病都伴有特征性的自身抗体谱。自身抗体检测已成为临床免疫检测的一项重要实验室指标。

四、免疫缺陷

免疫缺陷病（IDD）是由先天性免疫系统发育不良或后天损伤因素而引起免疫细胞的发生、分化增殖、调节和代谢异常，并导致机体免疫功能降低或缺陷，临床上表现为易发生反复感染的一组综合征。按病因不同分为原发性免疫缺陷病（PIDD）和获得性免疫缺陷病（AIDD）两大类；根据主要累及的免疫系统成分不同，可分为体液免疫缺陷、细胞免疫缺陷、联合免疫缺陷、吞噬细胞缺陷和补体缺陷等。根据世界卫生组织（WHO，2011）和国际免疫协会（IUIS，2011）提供的资料显示，迄今共发现 200 多种 PIDD，其中 150 多种已经明确致病基因。由人类免疫缺陷病毒（HIV）导致的获得性免疫缺陷综合征（AIDS）已经成为目前最常见的继发性免疫缺陷病。

五、免疫增殖

免疫增殖病（IPD）是指免疫器官、免疫组织或免疫细胞（包括淋巴细胞和单核巨噬细胞）异常增生（包括良性或恶性）所致的一组疾病。这类疾病的表现有免疫功能异常及免疫球蛋白质和量的变化。

目前国际上研究的热点是免疫增殖性疾病的发病机制、恶性免疫增殖性疾病的免疫治疗和基因治疗。

六、肿瘤免疫

肿瘤免疫学是研究肿瘤的抗原性、机体的免疫功能与肿瘤发生、发展的相互关系，机体对肿瘤的免疫应答及其抗肿瘤免疫的机制，肿瘤的免疫诊断和免疫防治的科学。

肿瘤是机体正常细胞恶变的产物，其特点是不断增殖并在体内转移。因此肿瘤细胞在免疫学上的突出特点是出现某些在同类正常细胞中看不到的新的抗原标志。现已陆续发现的肿瘤抗原包括肿瘤特异性抗原和肿瘤相关抗原。由于肿瘤抗原的存在，势必被机体免疫系统所识别，并由此激发特异性免疫反应，包括细胞免疫和体液免疫。在细胞免疫方面，T 淋巴细胞、K 细胞（抗体依赖性细胞毒细胞）、NK 细胞（自然杀伤细胞）和巨噬细胞对肿瘤细胞均具有杀伤作用。肿瘤的体液免疫主要是抗肿瘤抗体对肿瘤细胞的破坏效应。正常情况下，机体依赖完整的免疫机制来有效监视和排斥癌变细胞，因此绝大多数个体不出现肿瘤。若癌变细胞因某些原因逃避免疫的监视排斥而增殖到一定程度时，肿瘤的发生便不可避免。

寻找肿瘤特异性抗原从而获得相应新的疫苗和抗体，寻找靶向肿瘤微环境的治疗策略，从肿瘤细胞本身、肿瘤微环境及宿主免疫系统多方面探寻肿瘤免疫逃逸机制，通过肿瘤疫苗免疫宿主，从而激发宿主免疫系统产生抗肿瘤免疫应答等是目前国际上研究肿瘤免疫的热点和焦点。

七、移植免疫

移植免疫就是研究受者接受异种或同种异体移植物后产生的免疫应答和由此引起的移植排斥反应，以及延长移植物存活的措施和原理等问题。通过检测人类的白细胞抗原及组织配型来选择移植物，采用免疫学实验方法监测排除反应，利用免疫抑制剂调节免疫细胞信号转导抑制排斥反应，保障移植物的存活是移植免疫学研究的主要目的。

八、免疫学诊断

利用免疫学及免疫学相关的检测方法为疾病的诊断提供实验室循证医学证据。免疫学诊断的发展主要依赖免疫诊断技术的不断发展。从免疫学的角度看，免疫学诊断可应用于：①检查免疫器官和功能发生改变的疾病：如免疫缺陷病、自身免疫病；②由免疫机制引起的疾病：如输血反应、移植排斥反应；③一些内分泌性的疾病。从临床医学的角度看，免疫学诊断可应用于检查传染性疾病、免疫性疾病、肿瘤和其他临床各科疾病。就所检测的反应物看，免疫学诊断大致可以分为两类，即①免疫血清学诊断：检测患者血清或组织内有无特异性抗体或特异性抗原；②免疫细胞学诊断：测定患者细胞免疫力的有无和强弱。免疫诊断必须体现三项要求：①特异性强：尽量不出现交叉反应，不出现假阳性，以保证诊断的准确性；②灵敏度高：能测出微量反应物质和轻微的异常变化，有利于早期诊断和排除可疑病例；③简便、快速、安全。

九、免疫预防与免疫治疗

免疫预防是根据特异性免疫原理，采用人工方法将抗原（疫苗、类毒素等）或抗体（免疫血清、丙种球蛋白等）制成各种制剂，接种于人体，使其获得特异性免疫能力，达到预防某些疾病的目的。前者称人工自动免疫，主要用于预防；后者称人工被动免疫，主要用于治疗和紧急预防。免疫治疗是应用某些生物制剂或药物来改变机体的免疫状态，达到治疗疾病的目的。免疫治疗包括两个方面：一是免疫调节，即用物理、化学或生物学手段调节机体免疫功能；二是免疫重建，将正常个体的造血干细胞或淋巴细胞转移给免疫缺陷个体，以恢复其免疫功能。由于细胞生物学和分子生物学的迅速发展，对机体免疫功能的认识日趋完善，免疫治疗在肿瘤、自身免疫性疾病、大规模感染性疾病方面尤其引人注目，是目前国际上的研究热点。

思　考　题

试述临床免疫学的研究内容。

（陈红霞）

第十八章 免疫缺陷性疾病

免疫缺陷病（immunodeficiency disease，IDD）是指由于遗传因素或其他多种原因造成免疫系统先天发育不全或后天损伤而导致的免疫成分缺失、免疫功能障碍所引起的一组综合征（图 18-1）。

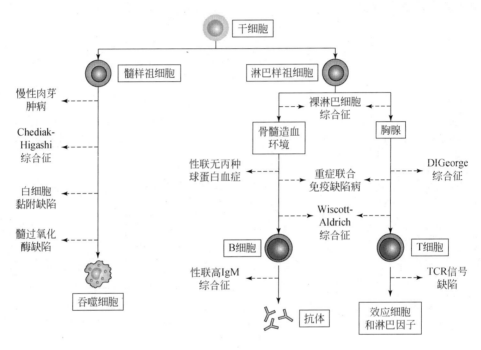

图 18-1　免疫缺陷病的细胞基础

根据病因不同 IDD 可分为两大类：原发性免疫缺陷病（PIDD）和获得性免疫缺陷病（SIDD）；根据主要累及的免疫成分不同可分为体液免疫缺陷、细胞免疫缺陷、联合免疫缺陷、吞噬细胞缺陷和补体缺陷。IDD 临床表现多样，其共同特点是：

（1）对病原体的易感性明显增加：IDD 患者易出现反复、慢性和难以控制的感染。这是 IDD 的最大特点，也是患者死亡的主要原因。

（2）易发恶性肿瘤和自身免疫病：IDD 患者易发生恶性肿瘤，如获得性免疫缺陷综合征（艾滋病）患者易患 Kaposi 肉瘤和淋巴瘤。IDD 患者也易合并自身免疫病，其发生率可高达 14%。

（3）多数原发性免疫缺陷病有遗传倾向。

第一节　原发性免疫缺陷病

原发性免疫缺陷病（PIDD）又称先天性免疫缺陷病，其发生机制较为复杂，主要是由于免疫系统遗传基因发育缺陷而导致免疫功能不全引起的疾病。2015 年国际免疫学会联盟（IUIS）原发性免疫缺陷病（PIDD）专家委员会组织会议将 PIDD 分为八大类，即免疫缺陷影响细胞免疫和体液免疫；T、B细胞联合免疫缺陷；以抗体缺陷为主的免疫缺陷病；免疫失调性疾病；吞噬细胞数量或功能缺陷疾病；固有免疫缺陷；自身炎症性疾病；补体缺陷。

一、T、B细胞联合免疫缺陷

联合免疫缺陷病通常指 T 细胞及 B 细胞均缺陷导致的体液免疫和细胞免疫联合缺陷，它包括多种不同的疾病，其病因各异，但具有共同的临床特征。患者表现为严重和持续的病毒及机会性感染，如口腔、皮肤的白色念珠菌感染、轮状病毒或肠道细菌引起的顽固腹泻、卡氏肺囊虫引起的肺炎等。患儿如接种麻疹、牛痘、BCG 等减毒活疫苗，可引起全身弥散性感染而致死亡。若未接受同种异体骨髓移植治疗，患者一般在 1～2 岁内死亡。

二、以抗体缺陷为主的免疫缺陷病

这是一类以抗体生成及功能缺陷为特征的疾病，一般均有血清免疫球蛋白减少或缺乏。

性联无丙种球蛋白血症（XLA）首先由 Bruton 报道，故又称 Bruton 病，为最常见的先天性 B 细胞免疫缺陷病。患儿于生后 6～9 个月时才出现症状，此时从母体获得的 IgG 基本降解和消耗。临床上以反复化脓性细菌感染为特征，有些患儿伴有自身免疫病。血清中各类免疫球蛋白水平明显降低或缺失（IgG < 2g/L），对抗原刺激不能产生抗体应答，血循环中 B 细胞数目减少，淋巴结及淋巴组织缺乏生发中心和淋巴滤泡，骨髓中无浆细胞，但前 B 细胞（pre-B）数目正常，T 细胞数量及功能亦正常。

XLA 为 X 连锁隐性遗传，女性为携带者，男性发病。该病的发病机制是位于 X 染色体上的 Bruton 酪氨酸激酶（Btk）基因缺陷。Btk 为一种信号分子，主要表达在所有 B 细胞（包括前 B 细胞）及中性粒细胞上。在 B 细胞正常发育过程中，前 B 细胞受体（由 μ 链、替代轻链和 Igα、Igβ 组成）与 Btk 偶联，通过 Btk 转导信号，使前 B 细胞发育为成熟 B 细胞。患儿前 B 细胞，因 Btk 缺陷，不能转导信号，而使 B 细胞发育停滞于前 B 细胞阶段，导致成熟 B 细胞数目减少或缺失。

三、吞噬细胞数量或功能先天性缺陷

（一）白细胞黏附缺陷

白细胞黏附缺陷（LAD）为常染色体隐性遗传，主要由于 CD18 基因突变使整合素 β2 亚单位（CD18）表达障碍，导致整合素家族中具有共同 β2 亚单位的 LFA-1、Mac-1/CR3 和 gp150, 95/CR4 缺陷，使中性粒细胞不能与内皮细胞黏附、移行并穿过血管壁到达感染部位。患者表现为反复的化脓性细菌感染。

（二）慢性肉芽肿病

约 2/3 的慢性肉芽肿病（CGD）为性联隐性遗传，其余为常染色体隐性遗传。该病的发生机制是由于编码还原型辅酶Ⅱ（NADPH）氧化酶系统的基因缺陷，细胞呼吸暴发受阻，不能产生足量超氧离子、过氧化氢及单态氧离子，致使细胞内杀菌功能减弱，非但不能杀死摄入胞内的细菌和真菌，反而使细菌在胞内得以存活、繁殖，并随吞噬细胞游走播散，造成反复慢性感染。由于吞噬细胞活化缺陷，持续地感染刺激 CD4$^+$T 细胞而形成肉芽肿。患者对毒力较低的过氧化氢阳性细菌（如葡萄球菌、灵杆菌、大肠杆菌）及真菌易感，临床表现为反复出现化脓性感染，淋巴结、皮肤、肝、肺、骨髓等有慢性化脓性肉芽肿。

（三）Chediak-Higashi 综合征

Chediak-Higashi 综合征为常染色体隐性遗传，是一种吞噬细胞功能缺陷的疾病，其临床特征为反复化脓性细菌感染；眼和皮肤白化病；中性粒细胞、单核细胞和淋巴细胞含有异常巨大的胞浆颗粒。由于巨大的溶酶体不能与吞噬小体融合形成吞噬溶酶体，导致胞内杀菌功能受损。该病的分子机制尚不清楚。

四、补体缺陷

补体系统中几乎所有成分（包括补体调节因子和补体受体）都可以发生缺陷。大多数补体缺陷属常染色体隐性遗传，少数为常染色体显性遗传，其临床表现为反复化脓性细菌感染及自身免疫病。

（一）补体固有成分缺陷

补体两条激活途径的固有成分包括 C1q、C1r、C1s、C4、C2、C3、P 因子、D 因子等均可能出现遗传性缺陷。C3 缺陷可导致严重的甚至是致死性的化脓性细菌感染，其机制在于 C3 缺陷的患者吞噬细胞的吞噬、杀菌作用明显减弱。C4 和 C2 缺陷使经典途径激活受阻，导致免疫复合物病的发生。旁路途径的 D 因子、P 因子缺陷使补体激活受阻，患者易感染化脓性细菌和奈瑟菌属。MAC（C5 ～ C9）缺陷可引起奈瑟菌属感染。

（二）补体调节分子缺陷

1. C1INH 缺陷　补体调节分子中以 C1INH 缺陷最常见，属常染色体显性遗传病。C1INH 与活化的 C1r、C1s 结合，从而使 C1 酯酶失活。遗传性 C1INH 缺陷者不能控制 C2 的裂解，产生过多的 C2b，使血管通透性增高。此症又称遗传性血管神经性水肿，临床表现为反复发作的皮下组织、肠道水肿，会厌水肿可导致窒息死亡。

2. 衰变加速因子（DAF）和 CD59 缺陷　DAF 和 CD59 借助磷脂酰肌醇（GPI）锚定在细胞膜上。CD59 通过与 C8 结合，干扰 C5678 与 C9 结合而抑制 MAC 形成，阻止细胞溶解。DAF 加速补体经典途径 C3 转化酶解离为 C4b 和 C2a 或旁路途径 C3 转化酶的 Bb 与 C3b 分离，从而抑制 MAC 形成，使宿主细胞免受补体的损伤。夜间血红蛋白尿（PNH）患者由于编码 *N*- 乙酰葡糖胺转移酶的 *PIG-A* 基因突变，不能合成 GPI 锚，使红细胞缺乏 DAF 和 CD59，导致自身红细胞对补体介导的溶解敏感。

（三）补体受体缺陷

红细胞表面 CR1 表达减少，可致循环免疫复合物清除障碍，从而发生某些自身免疫病（如 SLE）。CR4、CR3 缺陷参见白细胞黏附缺陷部分。

五、其他定义明确的免疫缺陷综合征

这是一类不属于其他分类，但临床表型、致病基因已经明确的免疫缺陷综合征。伴湿疹血小板减少的免疫缺陷病（WAS），即 Wiskott-Aldrich 综合征，属性连锁隐性遗传，是一种 T 细胞、

B细胞和血小板均受影响的疾病，临床上以湿疹、血小板减少和极易感染化脓性细菌三联征为特点，亦易伴发自身免疫病及恶性肿瘤。患者的免疫学异常表现为T细胞数目及功能缺陷，对多糖抗原的抗体应答明显降低，血清IgM水平降低，IgG正常。WAS发病机制的分子基础是位于X染色体上编码WAS蛋白（WASP）的基因缺陷。WASP表达于胸腺和脾脏的淋巴细胞和血小板上，能与Cdc42结合。Cdc42是一种小分子的GTP结合蛋白，能调节细胞骨架的组成，并在T细胞和B细胞相互协同效应中具有重要作用。WASP也能与胞内信号转导蛋白的SH3功能区结合。

第二节　继发性免疫缺陷病

继发性免疫缺陷病也称获得性免疫缺陷病（acquired disease，AIDD），是指后天因素造成的，继发于某些疾病或药物使用后产生的免疫缺陷病。

继发性免疫缺陷主要发生于出生后较晚时期。许多因素可以影响细胞免疫和体液免疫，导致免疫功能低下。常见的引起继发性免疫缺陷的因素包括：①营养不良：引起继发性免疫缺陷最常见的原因。蛋白质、脂肪、维生素和微量元素摄入不足可影响免疫细胞的成熟，降低机体对微生物的免疫应答。②感染：如HIV可直接感染$CD4^+T$细胞，并在其中增殖。此外，多种病毒（如麻疹病毒、巨细胞病毒、风疹病毒和EB病毒）、结核杆菌或麻风杆菌、原虫或蠕虫感染均可导致免疫缺陷。③药物：免疫抑制剂（激素、环胞菌素A）、抗癌药物等可杀死或灭活淋巴细胞。放射治疗也有同样的作用。④肿瘤：恶性肿瘤特别是淋巴组织的恶性肿瘤常可进行性地抑制患者的免疫功能。如霍奇金病（Hodgkin's）患者细胞免疫缺陷，对结核杆菌、布氏杆菌、隐球菌和带状疱疹病毒易感；慢性淋巴细胞白血病患者B细胞增殖受损。此外，手术、创伤、烧伤和脾切除等均可引起继发性免疫缺陷。

本节仅介绍由人类免疫缺陷病毒（HIV）引起的获得性免疫缺陷综合征（AIDS）。AIDS是因HIV侵入人体，引起细胞免疫严重缺陷，导致以机会性感染、恶性肿瘤和神经系统病变为特征的临床综合征。

一、HIV/AIDS的流行情况

自1981年发现首例AIDS患者以来，至今已有1600万人死亡。至1997年12月全球HIV/AIDS感染患者达3060万。据估计，到2000年全世界HIV感染者将达3000万～1亿，其中儿童约1000万。目前HIV/AIDS流行最严重的是非洲撒哈拉南部地区，其次是亚洲。我国自1985年发现第一例AIDS以来，至1999年12月全国共报告HIV感染者15 088例，而实际感染人数超过40万。

AIDS的传染源是HIV的无症状携带者和AIDS患者。HIV存在于血液、精液、阴道分泌物、乳汁、唾液和脑脊液中，通过接触HIV污染的体液而感染。主要的传播方式有三种：①性接触：同性恋、双性恋或异性恋；②注射途径：输入HIV感染者的血液或被HIV污染的血制品，静脉毒瘾者共用HIV污染的针头和注射器；③垂直传播：HIV可经胎盘或产程中的母血或阴道分泌物传播，产后可通过乳汁传播。

二、HIV的感染过程

HIV-1的结构及生命周期见图18-2、图18-3。

电镜照片　　　　　　　　　　　模式图

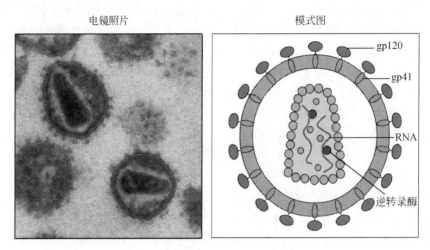

图 18-2　人类免疫缺陷病毒 -1（HIV-1）的结构

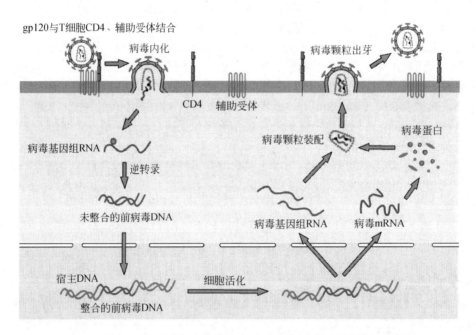

图 18-3　人类免疫缺陷病毒 -1（HIV-1）的生命周期

HIV 属于有包膜的逆转录病毒，可分为 HIV-1 和 HIV-2 两型。目前世界范围的 AIDS 主要由 HIV-1 所致，约占 95%。HIV 具有 gp120 和 gp41 等包膜糖蛋白、p14 内膜蛋白、p24 衣壳蛋白和 p17 核衣壳蛋白。HIV 在体内增殖迅速，每天产生 $10^9 \sim 10^{10}$ 个病毒颗粒。该病毒易发生变异（突变率约为 3×10^{-5}），从而易逃避免疫系统的作用。

CD4 分子是 HIV 的受体，其辅助受体是趋化性细胞因子受体。$CD4^+T$ 细胞是 HIV 攻击的主要靶细胞。此外，单核巨噬细胞、树突状细胞和神经胶质细胞也表达 CD4 分子。HIV 的包膜糖蛋白 gp120 可与 CD4 分子高亲和性结合，主要导致 $CD4^+T$ 细胞数量和功能缺陷，引起以细胞免疫为主的免疫功能严重障碍。

HIV 感染早期为急性病毒血症期，患者出现流感样症状，外周血有高病毒血症并播散到其他淋巴组织，循环 CD4$^+$T 细胞明显减少，此阶段持续数周。随后由于 CD8$^+$CTL 活化并杀伤 HIV 感染细胞，以及产生抗 HIV 抗体，使病毒血症被清除，外周血 HIV 相对处于低水平，但病毒仍在淋巴组织持续复制。此时 CD4$^+$T 细胞回升到每微升 800 个细胞（正常每微升为 1200 个细胞），患者无临床症状，此为潜伏期或无症状期。在此阶段，虽有一定水平的抗 HIV 抗体和 CD8$^+$CTL，但免疫系统发生进行性衰退，CD4$^+$T 细胞数量及功能逐渐降低，当降至每毫升 200 个细胞以下，以致发生机会性感染，HIV 感染者进展为 AIDS 患者，一般 2 年内死亡。

　　AIDS 有以下临床特点：①机会感染：引起机会感染的病原体包括白色念珠菌、卡氏肺囊虫、巨细胞病毒、带状疱疹病毒、新型隐球菌、鸟型结核杆菌和鼠弓形体等，这是 AIDS 患者死亡的主要原因；②恶性肿瘤：AIDS 患者易并发 Kaposi's 肉瘤和 B 细胞淋巴瘤等恶性肿瘤，这也是常见的死亡原因；③神经系统疾病：约有 1/3 的 AIDS 患者出现中枢神经系统疾病（如艾滋病性痴呆）。

三、发病机制与免疫学异常

　　机体对 HIV 的免疫过程如图 18-4 所示。

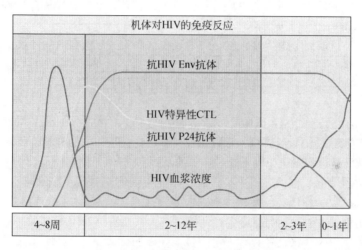

图 18-4　机体对 HIV 的免疫过程

　　近年来发现，HIVgp120 可与 CD4 分子高亲和性结合，同时也与表达在 T 细胞、巨噬细胞和树突状细胞表面的辅助受体 CXCR4 和 CCR5 结合，然后 gp41 介导病毒包膜与细胞膜融合，使 HIV 的基因组和相关病毒蛋白进入细胞。最近发现，少数 HIV 感染者并未发展为 AIDS，其保护性机制之一为 HIV 靶细胞表面辅助受体 CCR5 的遗传性缺陷。HIV 感染可损害体内多种免疫细胞。

　　1. CD4$^+$T 细胞　外周血 CD4$^+$ 细胞数量显著减少和功能严重受损，CD4$^+$ 和 CD8$^+$ 细胞比值下降，可能与以下变化有关。

　　（1）HIV 感染导致 CD4$^+$T 细胞减少：其主要机制可能为：① HIV 感染引起细胞发生病变直接杀死感染细胞；② gp120 或 gp120 抗原-抗体复合物与 CD4 分子结合，直接诱导 CD4$^+$T 细胞凋亡；③识别病毒肽的 CD8$^+$CTL 杀死 CD4$^+$T 细胞。另外，gp120 与 CD4 分子结合，可激活 gp120 特异的 CD4$^+$CTL，后者的杀伤作用受 MHC-Ⅱ类分子限制，且可通过旁邻者效应，杀伤被感染或未被感染的 CD4$^+$T 细胞，从而使 CD4$^+$T 细胞数目大大减少。

　　（2）感染早期对抗体应答的影响：感染早期产生 HIV 抗体而无症状者，gp120 与 CD4 分子结合可干扰 CD4$^+$T 细胞与 APC 的相互作用，患者表现为对破伤风类毒素等抗原无应答。

（3）T_{H_1} 细胞与 T_{H_2} 细胞平衡失调：HIV 感染的无症状阶段以 TH1 细胞占优势，分泌 IL-2 刺激 $CD4^+T$ 细胞增殖，同时 $CD8^+T$ 细胞的特异应答表现为对机体的保护作用；至 AIDS 期则以 T_{H_2} 细胞占优势，分泌 IL-4 和 IL-10 抑制 T_{H_1} 分泌 IL-2，从而减弱 $CD8^+CTL$ 的细胞毒作用。

（4）HIVLTR 的 V3 区同宿主细胞 NF-κB 结合序列结合：正常情况下，$CD4^+T$ 细胞被激活后，可使转录因子 NF-κB 与相应 DNA 结合位点间的结合力增强，促进 IL-2 分泌和 T 细胞增殖。HIV 的 LTR（long terminal repeat）V3 区编码可与宿主 NF-κB 结合，从而影响 T 细胞增殖及细胞因子分泌。

2.巨噬细胞 HIV 感染巨噬细胞后在胞内复制，但不杀死细胞。因此，巨噬细胞可作为 HIV 的重要庇护所，并将病毒播散到其他组织（如脑）。HIV 感染的巨噬细胞是晚期 AIDS 患者血中高水平病毒的主要来源。

3.树突状细胞 也是 HIV 感染的重要靶细胞和病毒的主要庇护所。HIVgp120 与树突状细胞表面的 CD4 分子和趋化性细胞因子受体 CCR 结合而进入细胞，HIV 也可以免疫复合物形式通过 Fc 受体或补体受体结合在滤泡树突状细胞（FDC）表面而进入细胞。感染 HIV 的成熟树突状细胞可与 $CD4^+T$ 细胞结合并传播 HIV，导致 $CD4^+T$ 细胞感染。感染 HIV 的某些树突状细胞功能下调，导致记忆性 T 细胞缺乏，再次免疫应答能力降低。因此，树突状细胞数量和功能降低可能是 AIDS 患者免疫缺陷的一个重要因素。

4.B 细胞 HIV 可多克隆激活 B 细胞，患者表现为高免疫球蛋白血症并产生多种自身抗体。

四、AIDS 的预防

AIDS 疫苗目前尚处于研究和试验阶段，所面临的主要困难是：① HIV 增殖迅速及包膜抗原高度易变，不断产生新的 HIV 变异株，难以获得具有广泛保护作用的有效疫苗；② HIV 以前病毒形式潜伏体内，从而逃避和阻止免疫系统对病毒的清除。

在 AIDS 预防领域也取得了一些重要进展，已获得活的减毒猴免疫缺陷病毒（SIV）株，在猕猴中能产生长期的保护作用；已发现少数 HIV 感染者（3%～7%）维持健康状态长达 10 年以上，长期无症出现；少数长期与感染者有性接触的人其血清抗 HIV 抗体始终为阴性，似乎具有抗 HIV 的天然免疫；HIV-2 感染者具有一定的抗 HIV-1 的交叉保护作用。上述进展可望为研制出理想的 AIDS 疫苗提供线索。

第三节　免疫缺陷病的治疗原则

一、造血干细胞移植

同种异体骨髓移植（bone marrow transplantation，BMT）实质上是干细胞移植，能代替受损的免疫系统以达到免疫重建，可用于治疗致死性免疫缺陷病，如 SCID、Wiskott-Aldrich 综合征、DiGeorge 综合征和慢性肉芽肿病等。

二、基因治疗

取患者的淋巴细胞或脐血干细胞作为受体细胞，将正常外源基因转染受体细胞后，再回输体内，所产生的正常基因产物可替代缺失或不正常的基因产物。例如，用逆转录病毒载体将正常腺苷脱氨酶（ADA）基因转染患儿淋巴细胞后，再回输体内，治疗 ADA 缺陷引起的 SCID 已获成功，患儿体内 ADA 水平可达正常值的 25%，免疫功能趋向正常。ADA 的免疫重建是世界上应用基因治疗最早获得成功的实例。该方法由于淋巴细胞寿命短，需反复多次治疗。

三、输入免疫球蛋白或免疫细胞

一般用静脉注射免疫球蛋白（IVIG）治疗体液免疫缺陷，如 XLA、性联高 IgM 综合征和普通变化型免疫缺陷病。IVIG 治疗是一种替补治疗，只能替代 IgG 而无法重建免疫功能。选择性 IgA 缺陷患者一般不用 IVIG 治疗，因 IVIG 中所含 IgA 量很少，不足以替补 IgA 缺陷。而且可能因产生抗 IgA 抗体而引起严重的甚至致死的过敏反应。PNP 缺陷引起的 SCID 患者，可输入红细胞以补充 PNP。

四、抗　感　染

感染是免疫缺陷病患者死亡的主要原因，用抗生素控制或长期预防感染是临床处理大多数免疫缺陷病的重要手段之一。

思　考　题

1. 简述免疫缺陷病的分类及其共同特点。
2. 什么是 AIDS？该病的特点和发病机制如何？
3. 哪些免疫学指标可用于监测 HIV 的感染过程？

（陈红霞）

第十九章　过敏性疾病

第一节　吸入变应原导致的过敏性疾病的发病机制及其免疫诊断方法

根据患者在自然界暴露的方式和途径，可将变应原分为吸入变应原、食入变应原、接触变应原和注射变应原。吸入变应原又分为室内和室外两类。常见的室内变应原有尘螨、蟑螂、宠物皮毛屑和真菌。常见室外变应原有花粉和部分真菌。

气传变应原，如花粉、真菌、昆虫、动物皮屑、室内尘螨等，是一些较大的、成分复杂的颗粒，这些颗粒含有多种蛋白成分，但仅有部分蛋白成分有抗原性，可以诱发敏感个体发生过敏反应。气传变应原在过敏反应中的重要性不仅与其抗原性有关，还应考虑其在环境中是否易被敏感个体接触，其颗粒大小是否适于吸入呼吸道，是否会造成呼吸道黏膜损坏等。多数气传变应原的直径为 $2 \sim 60\,\mu m$。

各种变应原的不同空气动力学特征造成不同的临床表现。对花粉、真菌、尘螨和蟑螂过敏的患者往往意识不到变应原暴露和哮喘症状之间的关系，因为这些变应原的接触是低浓度慢性接触。而对猫或狗过敏的患者往往对其变应原有清楚的认识，因为他们常常于进入一间有宠物的房间后数分钟内发病。

吸入变应原导致的过敏性疾病中最具有代表性的哮喘在我国的发病率逐年增加，儿童哮喘在部分城市的发病率接近 5%。过敏性哮喘在儿童和成人各有一次发病高峰期，过敏性鼻炎则主要集中在青春期前后开始发病。

一、过　敏　原

变应原是指可以引起过敏反应的抗原。大多数与 IgE 和 IgG 抗体反应的变应原是蛋白质。它们通常带有碳氢侧链，但是在某些情况下单纯糖类（碳酸化合物）也可以作为变应原。在接触性过敏性皮炎的病理中典型的变应原是小分子化学物质，它们可以与 T 细胞发生反应。达到一定相对分子质量的蛋白质才可能成为变应原，不同物质对机体来说可能含有不同的变应原。变应原之间还可能存在交叉反应，不同植物之间交叉反应的可能性较小。同一物种的花粉和果实之间可存在交叉反应。吸入变应原的种类随地区而有所不同，尤其是花粉的种类与当地的植被有关。我国最常见的吸入性变应原是螨虫，根据不同的资料来源，在引起我国哮喘的变应原中，螨虫占 50% ～ 80%。近年来动物皮毛过敏的人数在不断增加，尤其是对猫和狗的皮毛及代谢物。城市中对蟑螂过敏的患者也见增多。

1. 花粉过敏

（1）致敏的花粉特点：花粉是雄性植物的生殖细胞。花粉借助风、鸟、飞虫等完成授粉。引起花粉症的主要是风媒花粉，而观赏花多为虫媒花，很少引起过敏。导致过敏的花粉的植株常具有顽强的生命力，可大量繁殖，其植株上可有成千上万细小的花朵，在花粉播散季节释放大量的花粉。致敏花粉质量轻颗粒小，一般直径在 $20 \sim 60\,\mu m$，可随风飘散数百千米。因此在远离花粉源头的城市空气中也可形成很高的花粉浓度。

（2）影响花粉播散的速度：致敏花粉的播散受季节、气候等因素影响。多数花粉在凌晨释出，经风播散，到下午或傍晚时空气中的花粉浓度达到高峰，湿度大，下雨时空气中花粉浓度低，连续阴雨能明显抑制花粉浓度。在晴天、有风天和雨过天晴时空气中花粉含量高。

（3）气传致敏花粉分类：分树木、牧草和杂草花粉三大类。

2.尘螨过敏 尘螨属于节肢动物门，蛛形纲。室内尘螨主要有屋尘螨、粉尘螨、小角尘螨和埋内宇尘螨。其中屋尘螨和粉尘螨占室内尘土变应原含量的90%，是全世界最常见、最重要的变应原。致敏螨的种类因地区而异，热带无爪螨是引起热带地区过敏性鼻炎和哮喘的重要原因。当人居住在每克屋尘含有100～500个尘螨的环境中时，患过敏性哮喘的风险增加。

3.真菌 在自然界分布极广，其孢子和菌丝等是重要的变应原。我国幅员辽阔，但致敏真菌原的种类大致相同，均为链格孢和芽枝菌。在华北，每年6月中旬麦收季节有大量的真菌过敏患者。

4.其他常见的吸入变应原 有宠物上皮及分泌物、蚕丝和蟑螂等。宠物变应原包括动物的皮毛、皮屑、羽毛、唾液和尿液等。动物毛发本身并不是重要的变应原，而粘在毛发上的水溶性蛋白则是重要的变应原。它们主要来源于动物不断脱落的上皮、动物的唾液和尿液中含量丰富的蛋白质。这些蛋白具有很强的抗原性和变应原性，可黏附在空气中漂浮的微小颗粒表面，引起敏感者相应的临床症状。

5.雾霾等空气污染 对幼年患儿的影响更大。环境中的细颗粒物可以以气溶胶的形式广泛存在于自然界，不同直径大小的细颗粒物可选择性沉积于不同的支气管肺组织，直径为 $2.5～10\,\mu m$ 的粗大颗粒物主要沉积在大的传导呼吸道；细颗粒物或PM2.5可以沉积在整个呼吸道，特别是能沉积在小呼吸道和肺泡；直径小于 $0.1\,\mu m$ 的超细颗粒物，主要沉积于肺泡。多环芳香烃和空气中持续存在的自由基等是细颗粒物的成分，这些物质能够引起氧化应激并导致哮喘表型发生改变。颗粒物中还包含了各种各样的免疫原性物质，如真菌孢子和花粉，会加重哮喘的症状。在各年龄段的哮喘患者中，幼年患儿更易受到空气污染的影响，甚至胎儿在子宫内也会受到空气污染的影响，导致其在出生后易患哮喘和哮喘加重。

二、发病机制

多数人认为，变态反应、呼吸道慢性炎症、呼吸道反应性增高及自主神经功能障碍等因素相互作用，共同参与吸入性过敏反应的发病过程。

（一）变态反应

当变应原进入具有过敏体质的机体后，可刺激机体的B淋巴细胞合成特异性IgE，并结合于肥大细胞和嗜碱粒细胞表面的高亲和性的IgE受体（FcεR1）。若变应原再次进入体内，可与肥大细胞和嗜碱粒细胞表面的IgE交联，从而促发细胞内一系列反应，使该细胞合成并释放多种活性介质导致平滑肌收缩、黏液分泌增加、血管通透性增高和炎症细胞浸润等。炎症细胞在介质的作用下又可分泌多种介质，使呼吸道病变加重，炎症浸润增加，产生哮喘的临床症状。

根据变应原吸入后哮喘发生的时间，可将哮喘分成速发型哮喘反应（IAR）、迟发型哮喘反应（LAR）和双相型哮喘反应（OAR）。IAR几乎在吸入变应原的同时立即发生反应，15～30分钟达到高峰，2小时后逐渐恢复正常。LAR约6小时发病，持续时间长，可达数天，而且临床症状重，常呈持续性哮喘表现，肺功能损坏严重而持久。LAR的发病机制较为复杂，不仅与IgE介导的肥大细胞脱颗粒有关，主要是呼吸道炎症反应所致。现在认为，哮喘是一种涉及多种炎症细胞相互作用、许多介质和细胞因子参与的一种慢性呼吸道炎症疾病。LAR 主要与呼吸道炎症反应有关。

（二）呼吸道炎症

呼吸道慢性炎症被认为是哮喘的基本病理改变和反复发作的主要病理生理机制。不管哪一种类型的哮喘，都表现为以肥大细胞、嗜酸粒细胞和 T 淋巴细胞为主的多种炎症细胞在呼吸道的浸润和聚集。这些细胞相互作用可以分泌出数十种炎症介质和细胞因子。这些介质、细胞因子与炎症细胞相互作用构成复杂的网络，相互作用和影响，使呼吸道炎症持续存在。当机体遇到诱发因素时，这些炎症细胞能够释放多种炎症介质和细胞因子，引起呼吸道平滑肌收缩，黏液分泌增加，血浆渗出和黏膜水肿。已知多种细胞，包括肥大细胞、嗜酸粒细胞、中性粒细胞、上皮细胞、巨噬细胞和内皮细胞都可产生炎症介质。主要的介质有组胺、前列腺素、白三烯、血小板活化因子、嗜酸粒细胞趋化因子、中性粒细胞趋化因子、内皮素 -1、黏附因子等。总之，哮喘的呼吸道慢性炎症是由多种炎症细胞、炎症介质和细胞因子参与的，相互作用形成恶性循环，使呼吸道炎症持续存在。其相互关系十分复杂，有待于进一步研究。

（三）呼吸道高反应性

呼吸道高反应性表现为呼吸道对各种刺激因子出现过强或过早的收缩反应，是哮喘发生发展的另一个重要因素。目前普遍认为呼吸道炎症是导致呼吸道高反应性的重要机制之一。呼吸道上皮损伤和上皮内神经的调控等因素亦参与了呼吸道高反应的发病过程。呼吸道副交感神经兴奋性增加、神经肽的释放等，均与呼吸道高反应性的发病过程有关。呼吸道高反应性为支气管哮喘患者的共同病理生理特征，然而出现呼吸道高反应性者并非都是支气管哮喘，如长期吸烟、接触臭氧、病毒性上呼吸道感染、慢性阻塞性肺疾病等也可出现呼吸道高反应性。从临床的角度来讲，极轻呼吸道高反应性需结合临床表现来诊断。但中度以上的高呼吸道反应性几乎可以肯定是哮喘。

（四）神经因素

神经因素也是哮喘发病的重要环节。支气管受自主神经支配。除胆碱能神经、肾上腺素能神经外，还有非肾上腺素非胆碱能神经系统。支气管哮喘与 β- 肾上腺素受体功能低下和迷走神经张力亢进有关，并可能存在有 α- 肾上腺素能神经的反应性增加。非肾上腺素非胆碱能神经系统能释放舒张支气管平滑肌的神经介质，如血管肠激肽、一氧化氮，以及收缩支气管平滑肌的介质，如 P 物质、神经激肽等。两者平衡失调，则可引起支气管平滑肌收缩。

（五）过氧化损伤

过氧化损伤：即空气中污染物可能通过去除抗氧化物质引起氧化应激，进而导致呼吸道上皮的损伤，参与哮喘发病；呼吸道重塑：空气污染物和呼吸道壁直接作用而导致呼吸道结构变化；炎症通路和异常免疫反应：空气污染影响了炎症介质的表达、免疫学效应的平衡；呼吸系统对变应原的敏感性增强：空气污染能增强呼吸道上皮的通透性，增加了呼吸道上皮和变应原接触的机会。

三、临床症状

花粉导致的过敏有明显的季节性和地区性，典型症状是：发作性鼻痒、喷嚏，清水样鼻涕和鼻塞，多数患者伴有眼痒、眼红、流泪，部分患者可有咳嗽、憋气、喘息，严重者出现喉头水肿。

少数患者出现皮肤过敏症状，表现为皮痒、水肿等荨麻疹症状或出现头颈及四肢暴露部位湿疹样皮损。春季花粉引起的症状相对较轻，持续时间较短，一般表现为过敏性鼻炎和轻度咳嗽，较少出现哮喘。夏秋季花粉持续时间长，症状也较重。部分患者同时有春、秋两季花粉症，表现为春秋季过敏性鼻炎和哮喘症状。

尘螨过敏的主要表现为呼吸道症状，部分患者有过敏性鼻炎和结膜炎，但多数患者可在鼻炎的基础上出现哮喘症状。尘螨引起的哮喘可以表现为季节性哮喘，每逢 7 ~ 10 月或冬季发作，也可表现为常年性哮喘，一年四季间断发作。尘螨过敏性哮喘的共同特点是室内症状重，室外症状轻，在床上症状加重，离开床铺症状减轻。在尘螨浓度极高的环境下，突然出现大量的暴露，可诱发非常严重的哮喘发作，甚至出现喉头水肿，危及患者生命。

真菌过敏不受年龄限制，小儿真菌过敏比花粉过敏更常见。一般真菌过敏者鼻炎症状不如花粉症显著。哮喘是真菌过敏的主要临床表现。其他还包括真菌过敏性结膜炎、皮炎等。

四、诊断要点

诊断要点包括具有典型病史和临床症状，花粉皮肤实验阳性，血清特异性 sIgE 阳性的患者可诊断本病，怀疑哮喘的患者可做支气管舒张实验。

夏秋季节也是尘螨和霉菌的高峰季节，相当一部分霉菌过敏的患者也可表现为季节性哮喘，其中部分患者合并夏秋季花粉过敏。尘螨或霉菌过敏者部分表现为常年性哮喘季节性加重，部分仅表现为季节性鼻炎和哮喘。尘螨过敏者室内症状比室外重，整理床铺、翻阅旧书报可诱发；霉菌过敏者症状阴雨潮湿季节明显，去旧仓库、地下室等阴暗地可诱发。通常尘螨和霉菌诱发的持续时间更长，症状也较重。依据上述临床特点再结合皮肤实验和 sIgE 检测，一般不难鉴别。

五、防治原则

治疗包括对症治疗和对因治疗（图 19-1）。

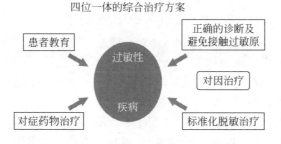

图 19-1 过敏性疾病的治疗方案

（1）消除病因：应避免或消除引起发作的变应原和其他非特异性刺激，去除各种诱因。

（2）控制急性发作：哮喘发作时应兼顾解痉、去除呼吸道黏液栓，保持呼吸道通畅，防止继发感染。

（3）重度哮喘：病情危重和复杂，必须及时合理抢救。

（4）缓解期治疗：巩固疗效，减少复发，可采用脱敏疗法和其他抗过敏药物。

（5）增强患者体质，提高对疾病的认识。

第二节　食物过敏的发病机制及免疫诊断方法

全世界范围内食物过敏性疾病的发病率持续上升，食物过敏（food allergy，FA）已成为人们日益关注的食品安全和公共卫生关键问题之一。

食物过敏是 1905 年由 Frances Hare 发现的，由于食物过敏和不耐受导致的症状比较隐蔽，大部分人很难意识到它的存在，也很容易引起临床上的忽视；近年来，由于过敏性疾病发病率的增加，人们开始重视食物过敏对健康的影响。

流行病学研究显示，约 33% 的变态反应由食物诱发；部分研究显示功能性胃肠疾病患者绝大部分存在有食物过敏和不耐受的情况，患者避免进食过敏性食物后症状明显缓解，也就是说，功能性胃肠疾病患者有绝大部分应该诊断为食物过敏或食物不耐受。

一、食物过敏的定义与病因

食物过敏是指食物进入人体后，机体对食物中的蛋白质产生异常免疫反应，从而导致机体生理功能紊乱和（或）组织损伤，进而引发一系列临床症状。

根据欧洲变态反应和临床免疫学（EAACI）推荐的命名和分类，食物不良反应可分为毒性反应和非毒性反应。非毒性反应根据是否有免疫机制参与可分为食物过敏反应（有免疫机制参与）和食物不耐受（非免疫机制参与）。

目前从广义角度看，食物过敏反应又可进一步分为 IgE 介导和非 IgE 介导两大类。IgE 介导的发病机制相对明确，而非 IgE 介导的发病机制目前了解较少。消化食物过敏道大都以非 IgE 介导为主。导致食物过敏的食物主要有花生，大豆，谷物类的大麦、小麦和燕麦，以及水果中蔷薇科的苹果、水蜜桃、草莓、杏，蔬菜中的芥末，鸡蛋，牛乳等。

二、食物过敏的发病机制

从免疫学机制而言，食物过敏包括 Ⅰ、Ⅱ、Ⅲ、Ⅳ型变态反应，各型可同时存在。

（一）胃肠道黏膜屏障功能失调

目前，理论上认为食物在进入消化道后，应当被消化至氨基酸、甘油和单糖水平，这样才能完全转化为能量提供人体所需。

正常情况下，食物变应原被摄入后需要通过经历肠道的生理和免疫屏障（表 19-1）。在功能成熟的肠道内，仅有 2% 的变应原能进入机体，且这部分变应原大多不至于引起过敏症状或形成免疫耐受；在肠道功能不成熟或黏膜屏障受损时或机体缺乏相应的酶（特异性体质）而无法把所摄入的食物完全消化成氨基酸、甘油和单糖水平时，进入机体的抗原将大大增加，且通过不同机制引起过敏反应，进而导致各器官损伤。

表 19-1　肠道黏膜屏障

生理屏障	免疫屏障
阻断抗原穿透	阻断抗原穿透
肠上皮细胞	肠道抗原特异性 IgA

续表

生理屏障	免疫屏障
多糖包被	
肠道黏膜屏障	
微绒毛	
紧密连接	
小肠蠕动	清除抗原
消化抗原	血清抗原特异性 IgA、IgG
唾液淀粉酶、咀嚼	网状内皮系统
胃酸、蛋白酶	
肠酶	
胰酶	
小肠上皮溶菌酶	

（二）IgE 介导的食物过敏反应

其主要发病机制相对清楚，包括食物变应原的致敏阶段、激发阶段和效应阶段。

1. 食物变应原的致敏过程　正常机体的胃肠道生理及免疫屏障能够避免大多数食物引起的可能有害的免疫反应。生理屏障包括阻止食物抗原通过的机制，如上皮细胞及其表面的黏液层、小肠绒毛、内皮细胞间紧密连接、胃肠运动等，以及降解食物抗原的机制，如胃酸、消化酶、肠上皮细胞溶酶活性等。免疫屏障则包括肠腔内 sIg、血清中抗原特异性、IgA、IgG 及网状内皮系统等。该屏障不成熟或受损时，大分子抗原摄取明显增加。此外，肠道 $CD8^+$ 抑制性 T 细胞介导机体对口服抗原的耐受性，抑制可能的免疫反应。

在特定个体，外界因素的破坏造成胃肠道屏障功能紊乱及口服耐受性的丧失，食物变应原可刺激机体发生免疫变态反应，产生反应性 IgE 抗体与效应细胞（主要是肥大细胞）上的高亲和力 IgE 受体结合，完成致敏过程。

2. 食物变应原的激发阶段　胃肠道肥大细胞活化。肥大细胞是存在于胃肠道黏膜下层和固有层的一种免疫活性细胞，在一定条件下可以活化脱颗粒。肥大细胞活化脱颗粒可通过不同机制实现，如抗原或抗体与肥大细胞上 IgE 受体发生交联，肥大细胞上还有针对其他同种细胞抗体的受体。食物过敏患者血清或胃肠局部常常有其他抗体，如 IgG、IgM、IgA 可直接活化肥大细胞而介导过敏反应。细胞因子在食物过敏反应中起重要作用。肥大细胞释放的细胞因子或直接引起胃肠效应，或参与肥大细胞和其他细胞的活化。非抗体介导的过敏反应中也有细胞因子的作用。

许多研究表明，神经系统包括中枢神经系统和肠道神经系统与肥大细胞等免疫细胞有着密切的联系，加上肠道内分泌细胞，三者通过神经递质、调节肽、细胞因子及其他介质相互作用，以神经分泌、内分泌、自分泌及旁分泌机制构成复杂的神经 - 内分泌 - 免疫网络，在胃肠食物过敏反应中起重要作用。某些化学物质如神经递质和胃肠调节肽可以活化肥大细胞。肠道神经也可释放 P 物质，使肠黏膜肥大细胞活化，引起肠道离子转运异常，体外 P 物质还可选择性地促进肥大细胞 TNF-α mRNA 表达，提示 P 物质是作用于肥大细胞的神经递质之一。

在激发阶段，相同抗原再次进入机体，通过与致敏肥大细胞和嗜碱粒细胞表面 IgE 抗体特异性结合，使之脱颗粒，释放出组胺、5-羟色胺、白三烯、前列腺素及嗜酸粒细胞趋化因子等大量生物活性介质，作用于效应组织和器官，引起局部或全身过敏反应。

40%～70%的食物过敏者有消化道症状，如恶心、呕吐、腹痛、腹胀和腹泻。尽管这些症状很常见，但对其病理生理过程却认识不多，这是因为人的靶器官难以获得其对胃肠食物过敏反应缺乏客观特异的诊断方法，因而其研究受到很大限制。在过去10余年，无论是对人体还是胃肠食物高敏感性的动物模型的研究都大大增加了对肥大细胞活化后的胃肠病理生理过程的认识。

3. 食物变应原的效应阶段 肥大细胞活化后的病理生理反应。食物过敏时肥大细胞活化后的病理生理反应主要表现为肠道离子转运的改变、肠黏膜通透性增加、胃肠动力异常及胃肠功能的变化。

（1）肠道离子转运：液体和电解质吸收减少、分泌增加是腹泻的主要机制。抗原刺激使致敏肠道水、盐吸收减少，分泌增加，伴有肥大细胞活化及肠黏膜损伤，提示免疫炎症细胞如肥大细胞释放炎症介质是引起这一改变的主要原因。

（2）肠黏膜通透性：致敏动物接受抗原刺激后，伴有分泌反应及组胺水平增高。研究证实了食物过敏反应时有肠黏膜通透性增加。其机制不明，可能是降解基膜IV型胶原引起基膜破裂及其他因素使内皮细胞分离所致。

（3）胃肠动力：肥大细胞释放的活性介质可使胃肠平滑肌收缩。体内外研究证实，食物抗原的刺激可使致敏动物出现胃排空延迟或肠道内容物通过快等胃肠动力改变。动力异常不仅发生于肠道动力抗原刺激的部位，局部刺激可使整个肠道动力发生改变。这种作用能被5-HT受体拮抗剂或肥大细胞稳定剂阻断。

（4）胃肠功能：食物抗原刺激使胃排空延迟、胃酸分泌增加，造成胃黏膜损伤甚至溃疡。短期刺激使肠黏膜杯状细胞黏液分泌增加，绒毛高度降低，隐窝细胞增多，双糖酶和刷状缘酶活性降低，伴有肥大细胞参与的证据，而长期慢性刺激则对致敏宿主的消化吸收功能有显著不良影响。

（三）非 IgE 介导的食物过敏反应

Ⅱ、Ⅲ、Ⅳ型超敏反应均可涉及，非IgE介导的免疫反应机制并不十分清楚，在这类过敏反应中，释放T_{H_2}细胞因子及缺乏调节性T细胞的细胞因子是导致食物过敏的重要因素。如食物导致的特应性皮炎是由于过敏食物激发T细胞，通过T细胞表达皮肤归巢淋巴抗原而形成。牛奶对T细胞刺激的反应导致肿瘤坏死因子-α（TNF-α）升高，进而可导致肠炎综合征；一些动物实验表明，只有食物变应原同时出现在呼吸道和胃肠道时，才能引起嗜酸粒细胞性食管炎（eossinophilic esophagitis，EE），这一致病过程主要受趋化因子IL-5和嗜酸粒细胞趋化蛋白的影响，它们主要提供一种嗜酸粒细胞的归巢信号。

近年有报道，部分食物变态反应患者血清中IgG4增高，而IgE及其他IgG不一定增高。有人认为IgG4是一种同种细胞趋化抗体，在抗原激发下可使嗜酸粒细胞释放介质，但也有研究结果不支持上述结论。IgG4在食物变态反应中的作用尚无定论，有待进一步研究。

（四）口服耐受的破坏

口服耐受是指给机体口服某种蛋白质抗原，诱导机体对该抗原产生特异性的免疫无应答或低反应状态，而对其他抗原仍能保持正常的免疫应答能力。肠道上皮细胞、树突状细胞、T调节细胞在口服耐受中扮演重要角色，如树突状细胞表达IL-10和IL-4有利于耐受的产生。食物抗原特征、剂量、暴露频度也影响口服耐受的产生。食物过敏可以认为是由于某种原因导致的口服耐受机制的破坏，从而对消化道接触的食物蛋白或消化道以外（如呼吸道、皮肤）接触的食物蛋白产生过敏反应。

（五）食物依赖运动激发过敏反应的发病机制

运动可引起荨麻疹等过敏反应，这是一种物理性过敏反应。食物依赖运动激发性过敏反应（FEIAn）被认为是这种物理性过敏性反应的亚型，摄入某种食物往往是其发病的先决条件。本病的主要特点是：服用相关食物后进行运动可发生过敏反应，不服用有关食物后单纯进行运动和食用有关食物后不运动都不发会引发临床症状。

血清检测发现 FEIAn 患者有高水平的特异性 IgE。因此患者在发病时往往呈速发型过敏反应，但也有迟发型发作，后者可能为淋巴细胞介导的反应。Sheffer 等（1985 年）认为这种过敏反应与肥大细胞脱颗粒及其形态改变有关。有严重的 FEIAn 患者出现心室颤动的报道（可能是组胺释放并刺激 H2 受体所致），但一些作者在研究过程中并未观察到患者体内组胺水平的升高。

三、临床表现

（一）IgE 介导的食物变态反应

临床症状出现较快，可在进食后几分钟到 1～2 小时。有时极微量就可引起十分严重的过敏症状。就症状出现的次序而言，最早出现的常是皮肤、黏膜症状。呼吸道症状如哮喘出现较晚或不出现，但严重者常伴呼吸道症状。食物诱发的哮喘在婴儿比较多见。除吸入所致者外，一般均合并其他过敏症状，包括呕吐、腹泻等。严重的食物过敏能引起喉头水肿而造成窒息、急性哮喘大发作和过敏性休克，如不及时有效抢救有可能致死。食物一般不引起变应性鼻炎，变应性鼻炎作为食物变态反应的唯一症状更是十分罕见。口腔（黏膜）变态反应综合征：患者在进食某种或几种水果或蔬菜几分钟后，口咽部如唇、舌上腭和喉发痒和肿胀，少数患者出现全身过敏症状。多发生于花粉症患者或提示以后可能发生花粉症。这是花粉和水果或蔬菜间出现了交叉反应性的缘故。

（二）非 IgE（即 IgM、IgG 或几种抗体联合）介导的食物变态反应

Ⅱ、Ⅲ、Ⅳ型免疫病理均可涉及，但直接的证据很少，人们相信有些食物不良反应涉及非 IgE 的免疫机制。涉及Ⅱ型者如牛奶诱发的血小板减少；涉及Ⅲ型和Ⅳ型者，如疱疹样皮炎、麸质致敏肠病、牛奶诱发肠出血、食物诱发小肠结肠炎综合征、食物诱发吸收不良综合征等，还可引起过敏性肺炎、支气管哮喘过敏性皮炎、接触性皮炎过敏性紫癜等。

四、诊断要点

诊断食物过敏，首先根据详细的病史、皮肤试验或 RAST 的结果判定。如果疑为 IgE 介导，应排除有关食物，必要时做，但病史中有严重过敏反应者或诊断明确者不做。疑为非 IgE 介导的食物所致胃肠道疾病，其诊断在攻击前和攻击后需做活检，无条件时应做食物的排除和攻击试验。根据病史和（或）皮肤试验疑为 IgE 介导的疾病或食物诱发的小肠结肠炎，应排除可疑食物 1～2 周。其他胃肠变态反应疾病排除可疑食物可长达 12 周。如果症状未改善，则不大可能是食物变态反应，不能仅根据皮肤试验或 RAST 做出Ⅰ型食物变态反应的诊断。许多患者据此被误诊为某种食物所

致的食物变态反应,而避免了他们不该禁食的食物。因此病史和食物的盲攻击对病因诊断很重要。临床还注意到,IgE 型和非 IgE 型可同时存在或相互转化,以及患者随时可能对新的食物变应原过敏。

五、防治原则

食物过敏查变应原的目的首先是让患者了解自己应该避开哪些食物,这是防止过敏性休克的最主要方法。另外,目前发现,花粉和水果过敏有交叉现象,如对桦树花粉过敏的人可能对苹果等过敏;对蒿草过敏的人有可能对桃子或其他水果过敏。找到一个变应原,可以帮助患者避开相关的危险。此外,食物变应原之间也会存在交叉过敏现象,如对食物甲过敏的人一段时间后又会对食物乙过敏。有些食物过敏一段时间后能好转。因此,不但确诊时要查变应原,确诊后每 1 ~ 2 年还要复查,以此了解变应原有没有变化,从而更好地回避风险。

近年来,食物过敏免疫治疗研究也出现了一些新的进展,主要包括给药途径的改进、多种食物过敏的口服免疫治疗、口服免疫治疗合并抗 IgE 治疗,同时也出现了一些新的疗效和安全性预测指标。例如,人们采用舌下含服免疫治疗用于花生过敏患者,或者采用经皮免疫治疗用于牛奶过敏的患者,结果均显示有一定的疗效。同时由于某些患者可能对多种食物存在过敏反应,因此也有研究将多种食物变应原等比例混合后进行口服免疫治疗,结果混合免疫治疗比单一治疗能更早地达到设定的目标耐受剂量。

目前,食物过敏免疫治疗仍存在一些问题,例如,食物过敏口服免疫治疗缺乏统一规范的治疗方案,如何确定治疗的初始剂量,诱导、维持时间等;如何设计剂量递增方案和最佳维持剂量;对非 IgE 介导的食物过敏是否有效;同时食物过敏口服免疫治疗存在诱发严重不良反应的风险。这些都是有待后续研究解决的问题。

第三节 过敏性休克的发病机制及其免疫诊断方法

过敏性休克(anaphylactic shock)是指特异性变应原作用于已致敏的机体,通过免疫机制而引起的以急性循环衰竭为主的全身性速发型超敏反应,是超敏反应性疾病中发病最急、病情最重的情况之一,一旦发生,患者可在数分钟内死亡。

一、病 因

过敏性休克的发生需具备两方面因素:变应原的刺激和机体对变应原和活性介质的高反应性。凡有过敏性休克的患者,一般均属高度过敏的体质,往往伴有一种或多种其他过敏性疾患,其中尤其以支气管哮喘、急性过敏性喉水肿、皮肤血管神经性水肿及荨麻疹为多见。另一方面是变应原的刺激。变应原经任何途径均可致严重过敏反应,包括口服、静脉、皮肤、局部应用、吸入和黏膜接触等途径。不同途径诱发的症状有所不同,但有共同特点:如吸入所致主要诱发呼吸道症状;口服主要诱发荨麻疹、呼吸道症状和胃肠道症状;从皮肤试验进入的青霉素主要诱发过敏性休克和荨麻疹。

引发过敏性休克的变应原种类繁多,主要包括:

1. 异种蛋白

(1)生物制品:抗血清,如破伤风抗毒素、白喉抗毒素、抗淋巴细胞血清等;疫苗,如乙脑疫苗、麻疹疫苗和流感疫苗等可引起，但罕见。有学者认为，疫苗引起不良反应归因于疫苗中的禽蛋白，以及某些疫苗中的水解明胶、山梨醇和新霉素。

（2）激素：如胰岛素、加压素、缩宫素等，有少数女性对黄体酮过敏，多发生于经前期或怀孕时，反复出现不明原因的严重过敏反应，怀孕后加重，分娩后和哺乳期发作完全停止，月经恢复后又开始反复出现。

（3）酶类：如青霉素酶、糜蛋白酶、尿激酶等。

（4）植物花粉。

（5）食物：任何食物均可能诱发严重过敏反应，但引起过敏最常见的是牛奶、蛋清、花生、巧克力等，成年人和年长儿则以海产品、花生等为主。

（6）蜂毒、昆虫及其排泄物或碎片等。

（7）职业性接触的蛋白质：如乳胶是由橡胶树汁提炼出的富有弹性的蛋白，是制造乳胶手套、医用橡胶导管、避孕套、橡胶牙托、麻醉用口罩、玩具、奶嘴、运动器械等的原料。各行业广泛使用乳胶手套如乳胶制品，尤其是医务人员。在欧美国家，乳胶过敏是医护人员职业性气喘最重要的变应原，严重者可致过敏性休克而死亡。乳胶过敏者，还会对多种食物易过敏，包括芒果、核桃、板栗、菠萝、生土豆等，这是因为这些食物成分和乳胶成分相似，存在共同的蛋白成分如植物防御蛋白，可引起交叉反应。

2. 药物 这是引起过敏性休克的最常见变应原，包括：①抗生素，如青霉素、链霉素、头孢菌素、林可霉素、两性霉素 B 等；②麻醉药物，如普鲁卡因、利多卡因等；③维生素，如维生素 B_1、维生素 B_2、叶酸等；④诊断试剂，如造影剂、碘海醇、黄溴酞等；⑤其他多种药物，如有机磷、氨基比林、呋喃妥因等。近年来，国家药品不良反应监测中心发布了多种药物的不良反应信息通报，如右旋糖酐 40、甘露聚糖肽注射液、参麦注射液、葛根素注射液、炎琥宁注射剂等药物，以及细胞色素 C、鱼腥草注射液、阿奇霉素、环丙沙星、化疗药物卡铂等均有过敏性休克的病例。

3. 血液及血液制品 如输入全血、血浆、免疫球蛋白等。

总之，导致过敏性休克的变应原很多，临床所见多数为药物过敏所致，但抗血清、食物、昆虫、吸入物、接触物等均是可能的原因。

二、发病机制

绝大多数过敏性休克属于典型的 Ⅰ 型超敏反应。变应原进入人体后，刺激机体产生 IgE。IgE 以其 Fc 段与分布于皮肤、气管、血管壁上皮具有 IgE Fc 段受体的肥大细胞、嗜碱粒细胞结合而致机体对该抗原致敏。当相同的变应原再次进入机体，可迅速与肥大细胞和嗜碱粒细胞上的 IgE 结合，使致敏细胞活化、脱颗粒，释放大量组胺、白三烯、缓激肽、血小板活化因子、前列腺素 D_2、5- 羟色胺等生物活性介质。组胺在血浆中的半衰期很短，但已确定它是引起人类过敏性休克的重要介质。这些活性介质共同作用，使许多脏器组织在极短时间内产生一系列剧烈反应，包括平滑肌收缩痉挛，腺体分泌增加，毛细血管扩张、通透性增高，血浆渗出，组织水肿，有效循环血容量急剧减少，从而迅速引起全身症状。最常见的为喉和（或）支气管水肿，呼吸困难、胸闷发绀、气促甚至窒息，脏器绞痛，并伴有循环衰竭症状，如面色苍白、四肢厥冷、脉搏细弱、血压下降，重者因脑缺氧可致脑水肿，出血意识不清甚至昏迷，抢救不及时可在短时间内死亡。

非 IgE 介导的过敏性休克的产生机制尚不完全清楚，一般认为是由于补体被激活导致过敏毒素 C3a 和 C5a 的产生，从而诱发肥大细胞和嗜碱粒细胞脱颗粒，出现严重的过敏反应，如应用青霉素治疗梅毒或钩端螺旋体病时，偶可发生由 Ⅲ 型超敏反应机制引起的过敏性休克。

根据症状出现得快慢，将过敏性休克分为急发型和缓发型两类。前者为接触变应原后半小时内出现症状，占过敏性休克的 80%～90%，多猝然发生，约半数患者在接触病因抗原 5 分钟内发生症状。缓发型占 10%～20%，为接触变应原半小时甚至 24 小时后出现休克症状。症状出现越急则越重，预后越差。

异种血清和药物是临床最常见的引起过敏性休克的两类原因。异种血清是临床上应用动脉免疫血清（如破伤风抗毒素和白喉抗毒素）进行治疗或紧急预防时，可发生过敏性休克。这是因为动脉免疫血清对人体而言是异种蛋白，具有很强的免疫原性，能使少数过敏体质的人产生特异性 IgE，再次注射时则可发生过敏性休克，也称再次注射血清病。药物过敏主要以青霉素引起最常见。青霉素相对分子质量较小，通常无免疫原性，但其降解产物（青霉噻唑酸或青霉烯酸等）与组织蛋白结合为青霉噻唑蛋白质或青霉烯酸蛋白（完全抗原），可刺激机体产生 IgE 而致敏。若再次接触青霉素，即可能发生过敏性休克。青霉素制剂中的大分子杂质也可能成为变应原。青霉素在弱碱性环境中，易形成青霉烯酸，因此使用青霉素应现配现用，放置 2 小时后不宜使用。青霉素过敏的发生率在 0.7%～10%，主要有三类临床表现：①皮疹；②血清病样反应；③过敏性休克。其中过敏性休克少见，但病情最为严重，发生率为 0.004%～0.15%；皮疹最为常见。

三、诊　断

因抢救措施不同，过敏性休克的诊断必须与其他类型的休克鉴别。过敏性休克的诊断依据包括：

（1）有休克表现和超敏反应的相关症状。休克前通常有超敏反应的前驱症状，如皮肤潮红、皮疹、咳嗽、打喷嚏、哮喘、恶心、呕吐、心悸、烦躁等。

（2）有变应原接触史，尤其是使用药物后出现全身反应，难以用其本身的药理作用解释。药物过敏性休克以静脉注射多见，也可由其他途径用药引起。

（3）患者有过敏史或有家族过敏史。

（4）若明确为过敏性休克但变应原不明，应在休克缓解后查变应原，以防再次发生。除详细询问病史外，将可疑变应原先行皮肤划痕实验或鼻黏膜实验，阴性时再用小剂量皮内注射，切忌开始时即行皮内注射。

四、治　疗

过敏性休克的治疗原则必须争分夺秒，关键是迅速使用肾上腺素以维持血压，减轻喉水肿和支气管痉挛，建立通畅的呼吸道以确保大脑供氧。多数过敏性休克的死因为未及时治疗呼吸道梗阻而非低血压所致。过敏性休克反应的治疗原则：

（1）根据患者的症状和体征迅速做出诊断。

（2）确定变应原并避免接触。

（3）使患者平卧并抬高下肢。

（4）立即肌内注射 1∶1000 肾上腺素，成人每次 0.3～0.5ml，小儿 0.01mg/kg，最多不超过 0.3ml。必要时可在 15～20 分钟以后重复使用。

（5）一旦出现呼吸道梗阻，应立即行动，轻者用 β_2- 受体激动剂或异丙肾上腺素局部喷雾，重者需酌情行环甲膜穿刺术或气管内插管。如出现局部梗阻，必须在 3 分钟内采取措施，可行环甲膜穿刺或气管插管吸出呼吸道内大量渗出物，并注入或加压吸入 1∶1000 肾上腺素以减轻喉水肿。

（6）吸氧。

（7）迅速建立静脉通道：输入液体以扩血容量。如扩张血容量以后血压仍不回升，可用升压药多巴胺输入，静脉滴注甲强龙。

（8）抗组胺药物。

（9）皮质激素：口服泼尼松 1mg/kg，每小时一次，或静脉输入氢化可的松 5mg/kg，最大量不超过 100mg，每 6 小时一次。

目前大多数的临床证据均已证实在过敏性休克早期使用抗组胺药物和皮质激素不能挽救危及生命的过敏性休克，反而因此延误最佳抢救时机。因此立即使用肾上腺素在严重过敏反应的治疗至关重要。但当患者正在使用 β 肾上腺素能受体拮抗剂（普萘洛尔、美托洛尔等）时发生过敏性休克反应，一般不主张应用肾上腺素，因为使用肾上腺素可因非拮抗的 α-肾上腺素能刺激，引起末梢血管和冠状动脉收缩，造成心脏损害。胰高血糖素可通过非肾上腺素能机制影响心脏的收缩力和速率，因而可用于治疗服用 β 肾上腺素能受体拮抗剂的过敏性休克患者。对这类患者一般采用：①输入液体；②胰高血糖素 1～5mg 静脉冲击，随后以 1～15μg/min 的速度静脉滴注以支持循环；③阿托品可用于心动过缓者，每 10 分钟重复一次，最高剂量不超过 2mg。

皮质激素一般数小时后才能起作用，其是否能抑制或预防迟发反应目前仍存在争议，但目前国内医院对任何严重过敏患者均给予。应尽快将患者移入抢救室或加强病房，以便于处理随后出现的一系列并发症，如心律失常、心跳呼吸骤停、心肌梗死和呼吸道阻塞。

第四节　常用的免疫治疗方法

变应原的特异性免疫（specific immunotherapy，SIT）是过敏性疾病特有的病因治疗方法，1998 年 WHO 发布的指导性文件充分肯定了其疗效，并指出"SIT"是除避免接触原外能够影响过敏性疾病自然进程的唯一治疗手段。

一、免疫治疗的定义

对于某些 I 型变态反应疾病，确定患者致敏变应原后，用逐渐增加剂量的变应原提取物长时间给予注射，提高患者对致敏变应原的耐受能力，使患者再次接触致敏变应原后，症状减轻甚至不出现症状，称为变应原特异性免疫治疗，简称免疫治疗。免疫治疗不仅可以缓解症状，亦可通过作用于变态反应的病理生理机制而影响疾病的自然进程。免疫治疗是除避免接触变应原外唯一有效的病因治疗。过去曾将免疫治疗称为脱敏治疗和减敏治疗；近年来 WHO 推荐用"疫苗"代替"变应原提取液"。

二、免疫治疗的目的

免疫治疗的目的是降低患者对致病变应原的敏感度，从而减轻或消除症状，减少或免除对症治疗药物的使用及由此类药物带来的不良反应，降低总治疗费用；阻断由变应性鼻炎发展为哮喘；预防出现新的致敏变应原；停药后能够长时间维持疗效。

三、免疫治疗的机制

免疫治疗的机制尚未完全阐明。目前的观点认为免疫治疗的机制为调节 T_{H_1}/T_{H_2} 平衡、诱导 T_{H_2}/T_{H_0} 介导的特异性免疫无应答。目前的研究结果显示，给予高剂量变应原可上调 IFN-γ 的表达，降低 IL-4 的表达。免疫治疗可诱导外周 T 细胞特异性无应答，使 IgE/IgG4 比值下降，抑制肥大细胞、嗜酸粒细胞的激活（图 19-2）。研究结果显示，调节性 T 细胞、IL-10、TGF-β 可能在免疫治疗中起关键作用。免疫治疗能够诱导 Treg 增殖，分泌 IL-10、TGF-β；IL-10 能促进 IgG4 合成，抑制 T_{H_1}、T_{H_2} 细胞的增殖及细胞因子应答；TGF-β 可诱导 B 细胞合成 IgA、IL-10；TGF-β 可抑制 B 细胞合成 IgE。

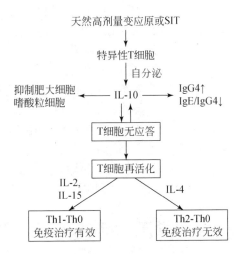

图 19-2　变应原特异性免疫治疗机制的模式图

四、免疫治疗方法

（一）抗原免疫治疗

抗原免疫疗法通常用于过敏性鼻炎、过敏性哮喘和昆虫过敏。随着逐渐增加"疫苗"的使用剂量，细胞反应缓慢地由 T_{H_2} 向 T_{H_1} 转化，机体对变应原的敏感性下降。普遍认为抗原免疫疗法的效果较差。同时这一疗法需要长期反复的皮下注射，常见部位反应是红斑和水肿，症状明显者要用肾上腺素、抗组胺或皮质类固醇药物进行控制，尽管全身反应发生率低，但严重者可危及患者生命。

鼻内、口服或皮下运用抗原多肽成功地抑制了小鼠抗原特异性 T 细胞的激活和免疫球蛋白的合成，但在临床实验中，对改善过敏症状有效或无效的报道均有。因此抗原多肽分子能够抑制完整变应原诱发的症状需进一步的临床验证。抗原多肽是否和完整的变应原一样会在治疗中引起全身过敏反应也应慎重地进行观察和评价。

（二）对细胞因子的免疫调控

对参与过敏反应的细胞因子的调控是抗原治疗的一大趋向。如 IFN-γ 可通过下调 T_{H_2} 反应，诱导 T_{H_1} 细胞的分化，对过敏反应治疗提供有益的帮助。IFN-γ 治疗慢性特异性皮炎能明显地缓解症状，降低活跃的嗜酸细胞，但对湿疹的治疗却是失败的，对治疗哮喘的临床试验结果也不理想。

每种参与免疫反应的细胞因子都介导着一系列生物功能。随着浓度、靶细胞类型及出现时相不同，它可能导致炎症或有利于炎症发展这两种截然相反的效应。一般认为，IFN-γ 对 T 细胞分化的影响有利于减轻过敏反应。但通过激活辅助细胞的功能，刺激 IL-2、TNF-α、IL-6 的释放，促进炎症细胞的激活和聚集，它可能会加重过敏性炎症。IL-12 的抗过敏治疗也必须在很好的控制下使用，因为过量的 IL-12 将会引起细胞炎症。免疫反应有众多的因素参与，受到多重因素的精细调节，运用细胞因子的免疫调节治疗，通过增强或减弱某一种细胞因子的功能，很难从根本上改变异常的免疫状态。

（三）变应原基因免疫

应用质粒 DNA 改变宿主对抗原的免疫反应是抗过敏研究的一个热点，注射编码抗原的裸露 DNA 后，宿主细胞合成抗原蛋白并启动机体抗原特异细胞和体液免疫反应，这些发现为开展有效的抗过敏疗法开辟了新途径。

自然界的变应原通常是多种抗原的混合物，而目前用于基因免疫的质粒载体只表达其中一个主要抗原。构建编码所有抗原的基因载体，在技术上是困难的。编码主要的基因诱导的保护性反应是否能对抗完整变应原引起的反应还需新的论证。迄今为止，尚未观察到注射部位的严重炎症或其他并发症，但质粒 DNA 能够长期附着于宿主细胞内，不复制也不会整合进基因组，抗原基因的持续存在将会对机体免疫产生何种远期影响？基因免疫抗过敏的机制是什么？作为一种新的治疗途径，上述问题在抗原基因免疫用于临床还有待于进一步解决。

（四）抗 IgE 单克隆抗体治疗

IgE 亲和力受体上结合的特异性 IgE 被抗原交联后触发肥大细胞、嗜碱粒细胞释放组胺和其他炎症介质，是 IgE 介导过敏反应中的关键组成部分。因此，直接降低 IgE 水平是引起瞩目的抗过敏策略。IgE 单克隆抗体治疗特应症患者可明显下调嗜碱粒细胞 $Fc\varepsilon R1$ 的表达、IgE 水平及体外嗜碱粒细胞组织胺的释放，在 IgE 介导的过敏反应中，肥大细胞是 IgE 结合的最主要的细胞类型。但由于肥大细胞主要分布于皮肤，不可反复取样，因而阻碍了对它的研究，抗 IgE 抗体治疗对肥大细胞及效应的影响将是临床试验的进一步目标。

IgE 长期以来被认为是介导过敏反应的关键，但即使是 IgE 抗体显著下调也未能防止过敏性死亡的发生，人和实验性小鼠超敏反应引起的死亡还与 IgG 类抗体有关，肥大细胞 IgE 缺陷小鼠也能被抗原诱导产生过敏性休克或死亡，说明除经典的 IgE 途径之外，其他尚未阐明的机制也参与了过敏反应的发生和发展。抗 IgE 抗体是否足以预防过敏反应及抗过敏性休克和死亡还是一个疑问。

因此，新的免疫疗法，如基因免疫、抗原多肽免疫及对 IgE 细胞因子的直接调节显示了治疗过敏疾病的良好前景。但在具体疗效和机制上，还应进行深入研究。

思 考 题

1. 食物过敏的发病机制包括哪些？
2. 食物过敏的定义是什么？

（严娟娟）

第二十章　感染性疾病与免疫

第一节　病毒感染的发病机制及其免疫诊断方法

病毒（virus）是一类具有独特生物学性状的非细胞型微生物。它们体积微小，结构简单，必须在易感细胞中复制增殖。作为最小的微生物，人们对病毒的认识是从对疾病的认识开始的。大多数人类传染病都与病毒相关，如早年发现的黄热病、天花到新近出现的严重急性呼吸窘迫综合征均由病毒所致。有些病毒还引起肿瘤、自身免疫病、胎儿畸形。病毒致病是通过一定途径进入易感细胞，在宿主细胞中增殖，引起宿主细胞的破坏，或者通过激活机体免疫应答引起免疫病理损伤。

一、病毒感染的致病机制

作为严格细胞内寄生的生物，病毒的致病性表现为病毒感染宿主并引起感染的症状和体征的能力。而病毒导致宿主疾病的能力称作毒力。病毒的毒力和致病性不仅与病毒本身基因组及其产物相关，亦与宿主的年龄、免疫状态和种属密切相关。

病毒对宿主的致病作用可分为病毒的直接损伤和免疫病理作用两方面。

（一）病毒对宿主细胞的直接作用

1. 病毒感染方式　病毒感染可分为水平感染和垂直感染。水平感染是个体之间的感染，病毒可通过呼吸道、消化道、血液或性传播途径从一个个体传给另一个易感者。垂直感染是指某些病毒可经胎盘或产道由孕妇传染给胎儿。

2. 病毒对宿主细胞的影响　病毒增殖的过程也是病毒与细胞相互作用的过程。由于病毒缺乏自身增殖所需的酶类及能量等物质，因此必须依赖宿主细胞，改变细胞的生命活动，转为病毒的核酸复制、装配等过程，最后产生子代病毒，最终导致细胞病变甚至死亡。

病毒进入细胞是病毒复制的前提。病毒侵入机体，必须先附着体表并感染体表的细胞，如皮肤、消化道、泌尿生殖道、呼吸道或结膜等。不同的病毒附着部位是不同的，如流感病毒仅通过呼吸道传播、甲型肝炎病毒通过消化道传播。病毒特异性感染某些组织或组织中特定细胞群体并在其中复制的能力称作亲嗜性，病毒的亲嗜性是由受体决定的。受体是病毒侵入的门户，它决定了病毒的宿主范围、组织及细胞嗜性。介导这一过程的是病毒吸附蛋白（VAP）。阻断 VAP 与病毒受体间的特异性结合就可阻止病毒感染的发生。

病毒进入细胞后，细胞可表现为不同的反应形式：

（1）溶细胞型感染：病毒在感染细胞内增殖，引起细胞溶解死亡，释放大量子代病毒。此类感染多见于无包膜病毒，如腺病毒。病毒感染细胞后，可通过干扰宿主细胞的核酸、蛋白质的合成，使细胞代谢紊乱导致细胞死亡；也可通过改变细胞膜成分，导致细胞融合或发生自身免疫性细胞损伤；病毒亦可改变细胞膜的渗透性，引起细胞器的损伤，导致细胞自溶；很多病毒感染可导致细胞骨架纤维系统的破坏，如单纯疱疹病毒、痘病毒，从而引起微纤维活动减少和微管的解聚。

（2）非溶细胞感染：某些病毒感染不引起宿主细胞立即死亡，可不断产生子代病毒并释放至胞外。非溶细胞感染常见的类型为稳定状态感染，多见于有包膜的病毒。此类病毒在细胞中复制，以出芽的方式逐步释放子代病毒，对细胞正常代谢影响不大。有些 DNA 病毒或逆转录病毒的基因组可结合至宿主细胞的染色体中，形成整合感染。整合的病毒可随细胞分裂传给子代细胞。

（3）细胞凋亡：很多病毒可在感染末期诱导细胞凋亡，裂解细胞以释放子代病毒，如疱疹病毒、逆转录病毒；有些病毒可直接诱导免疫细胞凋亡以逃避免疫清除，如 HIV；若在感染早期发生细胞凋亡可影响病毒增殖，因此有些病毒在感染早期可抑制细胞凋亡。

（4）细胞增生与转化等：某些病毒发生整合感染时，当其影响宿主细胞的癌基因或抑癌基因，或病毒片段自身携带癌基因时，感染细胞可出现生长特性改变，增殖速度加快，成为转化性细胞。

（二）病毒感染的免疫病理作用

机体对病毒感染的反应可分为两大类，一方面是防御性的，病毒侵入体内后，通过局部淋巴结，侵入血流，播散到不同的靶器官，宿主免疫反应限制病毒的扩散或清除病毒。另一方面是病理性的，即病毒的免疫致病作用。

1. 病毒所致的免疫病理反应　一方面，许多病毒如登革热病毒、单纯疱疹病毒、流感病毒等侵入细胞后，能诱发细胞表面出现新抗原，导致机体超敏反应和炎症反应。另一方面，绝大多数急性病毒感染都有循环免疫复合物的一过性存在。当病毒抗原 - 抗体复合物沉积于肾脏或小血管可引起免疫复合物病。局部作用可表现为皮疹或结节性红斑，如果损害严重，则引起结节性周围动脉炎。发生全身反应时，纤维蛋白原可沉积于肾、肺、脑垂体，引起栓塞和出血，危及患者生命。

细胞免疫在某些病毒感染恢复期具有重要作用，但特异性细胞毒性 T 细胞（CTL）可同时损伤受病毒感染而出现新抗原的靶细胞。如在 HCV 感染的患者中，CTL 的免疫应答既清除 HCV，亦造成组织细胞的损伤。

2. 病毒感染与自身免疫病　病毒感染与自身免疫有着密切的关系，很多病毒感染都有可能诱导或是促进自身免疫反应。例如，柯萨奇 B 组病毒、风疹病毒与胰岛素依赖性糖尿病（IDDM）相关。病毒感染导致自身免疫病的机制可能为：①病毒抗原位点与宿主细胞表面抗原具有结构相似性，导致免疫交叉反应，产生针对自身组织细胞的免疫反应，发展为自身免疫病；②存在于外周的无反应性 T 细胞被病毒感染后产生的细胞因子活化，破坏局部环境中细胞因子的平衡状态，导致自身免疫病；③病毒激活多克隆 B 细胞，产生抗细胞抗体；④病毒感染细胞上的自身抗原释放，暴露或呈递方式改变或者产生针对病毒抗体的抗独特型抗体。

3. 病毒感染与免疫抑制　许多病毒感染可引起宿主免疫功能抑制，这可能与病毒侵犯免疫细胞有关。如 HIV 在 CD4$^+$T 细胞中增殖，引起 CD4$^+$T 细胞破坏、融合、凋亡，致使 CD4$^+$T 细胞大量减少，使受染者出现继发性免疫功能缺陷，因而极易并发病毒、真菌、寄生虫感染或恶性肿瘤发生。如果病毒感染胸腺，就可能导致正在成熟的病毒特异性 T 细胞被清除而形成特异性的免疫耐受。如 HBV 感染的慢性携带状态。有些病毒可以感染特殊的抗原呈递细胞，如 HIV 可感染巨噬细胞，通过杀伤巨噬细胞，最后导致对大多数抗原的普遍免疫耐受。此外，有些病毒可编码抑制抗病毒免疫应答的产物。如 EB 病毒基因产物可抑制巨噬细胞的功能。

二、抗病毒感染免疫

病毒具有较强的免疫原性，可诱导机体产生免疫应答。抗病毒免疫由固有免疫和适应性免疫组成，两者相辅相成。

（一）固有免疫

固有免疫是与生俱来的，不是针对某种病原体的特有免疫，与人体的组织结构和生理功能密切相关。除了皮肤、黏膜、血脑屏障、血胎屏障等生理性屏障对病毒的防御作用，细胞和体液因素亦是抗病毒感染固有免疫的重要组成部分。

1. 干扰素（IFN）　是细胞分泌的一类蛋白质，它具有抗病毒、抗肿瘤和免疫调节等多种生物学活性。根据干扰素抗原性的不同可将其分为 IFN-α、IFN-β、IFN-γ 三型，其中 IFN-α 和 IFN-β 又称为 I 型干扰素，IFN-γ 又称为 II 型干扰素。当诱生的干扰素从细胞中释放后，作用于自身和邻近细胞膜上的干扰素受体，干扰素受体激活促进了抗病毒蛋白的合成，最终抑制病毒在细胞内的增殖。其中 I 型干扰素抗病毒作用强于 II 型干扰素。

干扰素抗病毒作用具有以下几个特点：①广谱性：干扰素对所有病毒均具有一定的抑制作用，但不能杀灭病毒；②间接性：干扰素不直接作用于病毒，而是通过细胞产生抗病毒蛋白，间接发挥作用；③选择性：干扰素只作用于感染细胞，对正常细胞不产生作用；④相对种属特异性：干扰素在同种细胞中的活性相对较高（表 20-1）。

表 20-1　三种干扰素的重要特性

特性	IFN 类别		
	α	β	γ
主要产生细胞	白细胞	成纤维细胞	T 细胞、NK 细胞
诱生剂	病毒、双链 RNA 或 poly I：C	病毒、双链 RNA 或 poly I：C	抗原、丝裂原
诱导抗病毒速度	快	很快	慢
免疫调节	较弱	较弱	强
种属特异性	稍低	强	强
靶细胞	所有细胞	NK 细胞	单核巨噬细胞、NK 细胞、内皮细胞及其他细胞

2. 巨噬细胞　外周血中的单核细胞和组织中的巨噬细胞，对预防病毒感染和促使绝大多数病毒感染的恢复有重要作用，其抗病毒感染主要表现在以下几个方面：

（1）单核巨噬细胞能够灭活细胞外游离病毒或降低邻近细胞内的病毒增殖。

（2）巨噬细胞能处理提呈病毒抗原，并提呈给 T$_H$ 细胞，使病毒免疫原性大大增加。

（3）分泌干扰素。

（4）巨噬细胞膜表面有 IgG 的 Fc 受体，可以与 IgG 的 Fc 段结合。当病毒与相应的 IgG 抗体结合后，IgG 的 Fc 段结合于巨噬细胞上，从而导致靶细胞破坏。

3. NK 细胞　能非特异性杀伤病毒感染的细胞，它不需抗原预先致敏，也不依赖抗体存在，该细胞在病毒感染的早期免疫中发挥重要作用。

在病毒感染后，易感细胞和吞噬细胞可产生干扰素、肿瘤坏死因子、趋化因子等激活 NK 细胞，激活的 NK 细胞释放穿孔素、颗粒酶等，使靶细胞膜损伤导致细胞溶解。此外，活化的 NK 细胞亦可释放多种细胞因子，如 IFN-γ、TNF-α 等，进一步活化吞噬细胞，干扰病毒复制，增强机体抗病毒免疫。

（二）适应性免疫

适应性免疫是个体在生命活动中与病原体及其产物等抗原物质接触后产生的免疫，分为体液免疫和细胞免疫。病毒是严格细胞内寄生的生物,因此抗病毒体液免疫主要针对组织中游离的病毒,而抗病毒细胞免疫中特异性细胞毒性 T 细胞（CTL）则在机体免疫防御中发挥主要作用。

1. 体液免疫 病毒感染的体液免疫是指病毒感染机体后 B 细胞产生针对病毒蛋白的特异性抗体。抗体可分为中和抗体和非中和抗体。对机体具有保护作用的主要为中和抗体,它可阻止某些病毒吸附到细胞受体之外,还可引起病毒表面蛋白构型的改变,从而影响病毒穿入宿主细胞后的复制步骤;抗体与病毒结合形成抗原 - 抗体复合物后,可增强调理吞噬作用清除病毒;某些有包膜的病毒与抗体结合后可通过激活补体或 ADCC 作用裂解或杀伤病毒感染的靶细胞。

中和抗体主要包括三种类型：IgM、IgG 和 IgA。IgM 抗体在免疫应答早期出现,含量低,维持时间短,可中和血液循环中的游离病毒颗粒;IgG 是主要的病毒中和抗体,出现较晚,持续时间长,可通过中和血液中的病毒,以及 ADCC 和 CDC 效应发挥抗病毒作用;IgA 主要来源于黏膜固有层的浆细胞,在局部抗病毒免疫中发挥重要作用。

由于抗体不能进入到细胞内,因此对潜伏感染及细胞间直接传播的病毒无效,但是在预防病毒感染及在感染者中起重要作用。

2. 细胞免疫 在病毒感染过程中起着极为重要的作用。机体依赖杀伤性 T 细胞和辅助性 T 细胞发挥抗病毒作用。

CTL 是清除细胞内病毒的主要力量。在病毒感染早期,非特异性 NK 细胞发挥主要抗病毒作用,随后,特异性 CTL 开始出现。CTL 能识别靶细胞表面 MHC Ⅰ 类分子结合的病毒抗原肽,通过分泌穿孔素和细胞毒素,破坏靶细胞膜,导致细胞溶解。MHC Ⅰ 类分子在体内分布的广泛性使 CTL 在大部分病毒感染的组织中均发挥作用。

T_H 细胞是机体重要的免疫调节细胞,根据其产生细胞因子的不同分为 T_{H_1} 和 T_{H_2} 亚型,分别参与调节细胞免疫和体液免疫。T_{H_1} 细胞主要分泌 IL-2、干扰素、肿瘤坏死因子等,主要介导细胞毒和局部炎症有关的免疫应答,辅助抗体生成,参与细胞免疫及迟发型超敏性炎症的发生,可促进机体抗病毒细胞免疫应答。T_{H_2} 细胞主要分泌 IL-4、IL-5、IL-6 和 IL-10 等,主要功能为刺激 B 细胞增殖并产生抗体,与体液免疫有关。

三、病毒感染的免疫诊断方法

病毒的免疫学诊断是在抗原抗体反应的原理上建立的,是对病毒分离、培养及鉴定技术的发展与补充。

（一）病毒抗原的检测

病毒抗原主要分为与病毒有关的和与细胞有关的两大类,属于前者的有病毒的功能性蛋白、结构蛋白和酶类,并有外部抗原和内部抗原之分。属于后者的有早期抗原、晚期抗原、免疫复合物。病毒糖蛋白是存在于病毒表面的特殊抗原,在不同型病毒间不同,也称型特异性抗原。病毒的内部抗原具有共同的抗原决定簇,这种抗原在病毒分型和诊断中有作用。为了对病毒抗原性进行分析,可裂解病毒或细胞,从而检查内部抗原。抗原的检查可采用放射免疫、免疫酶法。混合抗原一般用免疫沉淀的方法,如免疫电泳、双向免疫扩散。检查外部抗原和与细胞结合的抗原可用免疫荧光、免疫酶法。检查病毒吸附在细胞表面的抗原用中和试验,与细胞结合的抗原检测主要用于测定相应抗体。但是,为了快速鉴定病毒,也可用相应的免疫血清从组织或细胞中检出相应的抗原。

（二）病毒抗体的检测

病毒感染后可诱导机体产生特异性抗体。全身性抗体反应包括各种免疫球蛋白。最早见到的是 IgM 抗体，一般在感染后 1 周内出现，10 ~ 20 天达到高峰，然后下降。由于 IgM 抗体反应短暂，而检测时又是采用早期单份血清。因此，IgM 抗体既是原发感染的证据，也是早期感染的证据。IgG 抗体的出现一般在 4~12 周达到高峰，持续几个月或几年，甚至终身存在。通过检测早期和恢复期双份血清可辅助诊断病毒性疾病。同时 IgG 的检测亦可用于疫苗接种效果评估，以及判断疗效和监测病情。常用的抗体检测方法有 ELISA 法、免疫印迹法等。

第二节　细菌感染的发病机制及其免疫诊断方法

细菌（bacterium）是原核细胞型微生物。它们形体微小，结构简单，具有细胞壁和原始核质，可独立生存，具有代谢旺盛、繁殖迅速的特点。细菌感染是指外源性或内源性细菌突破宿主的免疫防御机制，在宿主体内生长繁殖，引起一系列病理生理改变的过程。能感染宿主引起疾病的细菌称为致病菌或病原菌（pathogenic bacterium，Pathogen）。不能引起宿主致病的细菌称为非致病菌或非病原菌。有些细菌在正常情况下不致病，在环境改变或是宿主免疫低下时可导致疾病，这类细菌称为条件致病菌。

一、细菌感染的致病性

细菌进入机体后，在宿主体内寄生，增殖并引起疾病的能力称为细菌的致病性。致病菌致病性的强弱称为毒力。细菌毒力的影响因素主要包括侵袭力和毒素。细菌的致病性与细菌本身的毒力、侵入数量及侵入途径密切相关，也受到宿主免疫力和环境因素的影响。

（一）致病菌的毒力

致病菌侵入机体时，首先要黏附于易感的组织细胞表面，在局部进行定植，并向其他部位侵袭扩散，同时逃避或抵抗宿主的免疫防御机制，释放毒素或诱发超敏反应，引起组织器官的损伤。致病菌突破宿主防御机制，侵入机体并在体内定植、繁殖和扩散的能力称为侵袭力。侵袭力由细菌的表面结构和侵袭性物质决定。

1. 细菌的表面结构　细菌表层与黏附作用相关的结构或组分称为黏附素或黏附因子，主要有菌毛和非菌毛黏附素。

菌毛主要存在于革兰阴性菌表面，如产毒性大肠杆菌、霍乱弧菌、淋球菌等。细菌可通过菌毛与相应部位细胞上的受体特异性结合，使之在特应部位上定居、增殖。编码产生菌毛的基因存在于细菌染色体或质粒中。

非菌毛黏附素主要有脂磷壁酸，它主要存在于革兰阳性菌表面，是菌体表面毛发样突出物，人类口腔黏膜和皮肤上皮细胞等细胞膜上均有受体。

细菌的表层亦存在抵抗宿主免疫的结构或物质。许多细菌胞壁外包绕有一层黏性物质，一般由糖和多肽组成。厚度在 0.2 μm 以上，与四周界限明显者，称为荚膜。如肺炎球菌、炭疽杆菌等均可在机体内或营养丰富的培养基中形成荚膜。厚度在 0.2 μm 以下，称为微荚膜，如乙型溶血性链球菌 M 蛋白、伤寒和丙型副伤寒杆菌的 VI 抗原等均属微荚膜。细菌的荚膜和微荚膜均有保护细菌、抵抗吞噬细胞和体液中杀菌物质的作用。

细菌增殖过程中还能产生多种与致病相关的酶类，以增强细菌的侵袭力、促进细菌扩散或是抗吞噬，损伤宿主细胞。如致病葡萄球菌可产生血浆凝固酶，能抑制吞噬细胞对细菌的吞噬和杀灭；溶血性链球菌产生的链激酶能激活血浆纤维蛋白酶原，使纤维蛋白凝块溶解，以利于细菌扩散。

2. 细菌的毒素及毒性产物　细菌毒素是细菌合成的对机体组织细胞有损伤的物质。毒素按照来源、性质和作用不同可分为外毒素和内毒素。

外毒素是细菌在生长繁殖过程中产生，分泌到菌体外的毒性蛋白质，主要由革兰阳性菌和部分革兰阴性菌产生，具有毒性强、对理化因素不稳定及免疫原性强等特点。大多数外毒素是在菌体内合成后分泌到菌体外的，如白喉杆菌产生的白喉外毒素；少数存在于细菌体内，待细菌破裂后释放到胞外，如肠产毒型大肠杆菌。外毒素的种类及作用见表 20-2。

表 20-2　外毒素的种类及作用

类型	作用机制	细菌	外毒素	症状
肠毒素	激活肠黏膜的某些酶类，使肠上皮细胞急剧活化，分泌功能突然增强或是通过刺激呕吐中枢，引发呕吐	霍乱弧菌	肠毒素	呕吐、腹泻
		肠产毒型大肠杆菌	肠毒素	呕吐、腹泻
		产气荚膜杆菌	肠毒素	呕吐、腹泻
		金黄色葡萄球菌	肠毒素	呕吐、腹泻
细胞毒素	抑制宿主蛋白质合成，引发宿主细胞病变坏死	白喉杆菌	白喉毒素	肾上腺出血、心肌损伤、外周神经麻痹
		葡萄球菌	TSST-1	发热、皮疹、休克
		A 群链球菌	致热外毒素	猩红热皮疹
神经毒素	作用于中枢或外周神经，使兴奋性极度增高致肌肉痉挛或抑制神经冲动传递导致麻痹	破伤风梭菌	痉挛毒素	骨骼肌强直性痉挛
		肉毒杆菌	肉毒毒素	肌肉松弛性麻痹

内毒素主要是革兰阴性菌细胞壁中的脂多糖成分，在细菌裂解后释放出的毒性物质，是革兰阴性菌的主要毒力因子。内毒素具有对理化因素稳定，毒性较弱，作用无选择性，免疫原性弱等特点。内毒素的生物学作用有：①致热反应：内毒素可通过刺激巨噬细胞释放 IL-1、IL-6、TNF-α 等细胞因子，作用于下丘脑体温调节中枢引起发热。②白细胞反应：注入内毒素后，机体内血液循环中白细胞先大量减少，1～2 小时后，骨髓中中性粒细胞大量释放入血，并伴有核左移现象（伤寒沙门菌感染除外，外周血白细胞减少）。③内毒素血症与休克：血液中细菌或病灶内内毒素大量释放入血，可致内毒素血症，表现为全身小血管舒缩功能紊乱，导致微循环障碍，严重时形成内毒素休克。内毒素休克多见于中毒性菌痢、重症伤寒和革兰阴性菌败血症等。④弥散性血管内凝血（DIC）：大量内毒素在体内破坏红细胞，破坏促凝物质，激活凝血系统，引起广泛的血管内凝血，各种凝血因子消耗，产生广泛的出血倾向，进而各器官出现缺血性或出血性坏死，引起 DIC 发生。⑤免疫调节功能：小剂量内毒素可激活 B 细胞产生多克隆抗体，增强巨噬细胞和粒细胞等固有免疫功能。

（二）细菌侵入数量

感染的发生，需要致病菌不仅具有一定的毒力，还需要达到足够的数量。细菌毒力越强，所需的菌量就越小。如毒力强的鼠疫耶菌，在无特异免疫的机体中数个细菌即可引起感染；而毒力弱的沙门菌，常需摄入数亿个才能引起急性胃肠炎。

（三）细菌侵入部位

各种致病菌必须侵入特定易感的机体部位，才能引起感染。多数细菌只有一种侵入门户，如伤寒沙门菌需经口进入；破伤风梭菌需要进入深部创口，在厌氧环境下才能生长繁殖。有些致病菌可有多种侵入门户，如结核分枝杆菌，可经呼吸道、消化道、皮肤创伤等多途径侵入。

二、抗细菌感染免疫

致病菌侵入机体，通过致病物质导致机体损伤，机体同时可通过固有免疫和适应性免疫来清除病原菌，以维持机体的平衡稳定。病原菌可分为胞外菌和胞内菌。胞外菌寄居于机体细胞外的组织间隙和血液、淋巴液等体液中，如葡萄球菌、链球菌、淋病奈瑟菌等大多数致病菌及一些条件致病菌。机体抗胞外菌主要依赖固有免疫的防御功能及体液免疫。少数细菌侵入机体后，在宿主细胞内繁殖，称为胞内菌，如结核分枝杆菌、伤寒沙门菌、肺炎军团菌等。此类细菌主要依赖免疫病理损伤致病。机体抗胞内菌主要依赖于获得性细胞免疫的作用。

（一）固有免疫

固有免疫是与生俱来的，不是针对某种细菌的特有免疫，与人体的组织结构和生理功能密切相关，主要由以下因素构成：

1. 屏障结构　可分为体表屏障和内部屏障。体表屏障是由人体的皮肤和与外界相同的腔道黏膜组成。其作用主要有：①机械阻挡与排除作用：健康皮肤能阻挡大多数微生物和有害物质的侵袭。呼吸道黏膜上皮细胞的纤毛作用、肠蠕动等能起到排除的作用。②分泌杀菌物质：如汗腺分泌的乳酸、皮脂腺分泌的脂肪酸、消化腺分泌的多种酶类都具有一定的杀菌和抑菌作用。③生物拮抗作用：寄居在机体皮肤、口腔、肠道、阴道等部位的正常菌群可对致病菌有抑制作用。抗生素的滥用，有可能抑制杀伤正常菌群，破坏对抗作用，导致菌群失调。

内部屏障主要有血脑屏障和胎盘屏障。血脑屏障能阻挡血液中致病菌及其毒性产物进入脑组织及脑室，从而保护中枢神经系统。胎盘屏障可防止病原菌及其毒性产物通过胎盘感染胎儿。

2. 吞噬细胞　包括大、小吞噬细胞。小吞噬细胞是血液中的中性粒细胞；大吞噬细胞是血液中的单核细胞和多种组织中的巨噬细胞。病原菌侵入皮肤或黏膜进入体内，中性粒细胞可从毛细血管中逸出，聚集到病菌所在部位，对病原菌进行吞噬杀伤。未被杀死的细菌则由临近淋巴结或组织中的吞噬细胞进行吞噬，细胞中的溶酶体与吞噬体融合，形成吞噬溶酶体，来自溶酶体的多种杀菌物质和酶类可消化降解细菌。

3. 杀菌物质　体液中的杀菌物质主要有补体、溶菌酶、防御素、细胞因子等。补体是正常血清中具有酶活性的糖蛋白，需要经过激活才能发挥抗菌作用。多种革兰阴性菌中的 LPS，部分革兰阳性菌细胞壁中的肽聚糖能激活补体，产生溶菌、促进吞噬、炎症反应等作用，以清除细菌。溶菌酶广泛存在于血清、唾液、泪液、消化液、尿液和吞噬细胞溶酶体中，主要作用于革兰阳性菌细胞壁肽聚糖，裂解细菌；还具有激活补体、促进吞噬的作用。防御素是一类富含精氨酸的小分子多肽，主要存在于中性粒细胞中，通过破坏敏感菌的细胞膜，杀灭胞外菌。

（二）适应性免疫

体液免疫主要对胞外菌及其毒素起作用，对胞内菌的清除主要依赖细胞免疫。

1. 体液免疫　机体受到病原菌及其毒性产物刺激后，可产生多种类型的免疫球蛋白。主要发生抗菌作用的抗体有 IgM、IgG、sIgA。抗体抗感染作用主要表现为：

（1）抑制细菌黏附：黏膜免疫系统产生的抗体主要是 sIgA，对抑制病原菌的黏附和侵入具有重要作用。

（2）溶菌、杀菌作用：当细菌抗原与抗菌抗体（IgM、IgG）特异性结合后，可激活补体系统，溶解破坏细菌。

（3）调理吞噬作用：人中性粒细胞和单核巨噬细胞表面有 IgG 的受体，IgG 与细菌抗原结合后，可与吞噬细胞结合，桥联后产生信号促进吞噬；吞噬细胞和红细胞表面上还存在补体受体，IgM、IgG 与细菌抗原形成的复合物能激活补体，促进补体与细胞上的补体受体结合，促进吞噬。

（4）中和细菌毒素作用：机体可产生抗毒素中和细菌的外毒素发挥保护作用。抗毒素主要是血循环中的 IgG 类抗体，以及黏膜表面的 sIgA 抗体。抗毒素只能与游离的外毒素相结合发挥作用，因此应用抗毒素进行紧急预防与治疗时要做到早期和足量。

2. 细胞免疫　胞内菌是指侵入机体后，大部分时间停留在细胞内的细菌，如结核杆菌、麻风杆菌、伤寒杆菌等。体液免疫对胞内菌很难发挥作用，机体主要依赖细胞免疫对其进行杀灭。

发挥细胞免疫的细胞以 T 细胞为主。发挥杀菌和清除作用的主要依赖巨噬细胞和细胞毒性 T 细胞（CTL）。$CD4^+T_{H_1}$ 细胞可释放 IFN-γ、TNF-β 细胞因子激活巨噬细胞和 CTL，以发挥其杀伤作用。该细胞亦可介导迟发型超敏反应，清除细菌。

三、细菌感染的免疫诊断方法

（一）检测致病菌的免疫学方法

检测致病菌的免疫学方法主要是应用已知的特异性抗体检测未知的细菌，确定致病菌的种类和型别。常用的方法是玻片凝集实验。此外还有免疫荧光、协同凝集、对流免疫电泳、ELISA、间接血凝和乳胶凝集等方法，可快速、灵敏地检测标本中的病菌抗原。

（二）致病菌的血清学诊断方法

人体受到病原菌感染后，发生体液免疫应答，产生特异性抗体。因此采用病原体作为抗原检测患者血清中有无相应抗体及抗体含量，可以辅助诊断某些疾病。用于细菌感染的血清学诊断方法有凝集试验（直接凝集、协同凝集、乳胶凝集试验）、中和试验和免疫标记技术（免疫荧光和免疫标记技术）。

第三节　真菌感染的发病机制及其免疫诊断方法

真菌是广泛分布于自然界的一类微生物，种类繁多，多数对人体无害，少数可引起人类疾病。近年来由于抗生素的滥用、免疫抑制剂及激素的使用等因素的影响，真菌病的发病率显著升高，已引起医学界的关注。

一、真菌感染的发病机制

真菌致病力较弱，可能与真菌产生的毒素、真菌黏附力及对宿主免疫功能抑制有关。真菌能以多种形式致病，主要分为五种类型：

（一）致病性真菌感染

致病性真菌感染主要由外源性真菌感染致病，可导致皮肤、皮下、全身或深部真菌感染。导致浅部真菌感染的有皮肤癣菌，该类真菌有嗜角质性，能在局部大量繁殖，通过机械刺激和代谢产物的作用，引起局部炎症和病变。导致深部真菌感染的真菌主要侵犯组织、内脏及中枢神经系统。

如组织胞浆菌等进入机体后可转化为酵母型，被吞噬细胞吞噬后不能被杀灭，反而在细胞内繁殖扩散，可引起慢性组织肉芽肿和炎症、坏死。

（二）条件致病性真菌感染

条件致病性真菌感染主要由内源性真菌引起，如假丝酵母菌、隐球菌、曲霉菌、毛霉菌等。此类真菌为人体正常菌群，当机体免疫降低或菌群失调时，如艾滋病、糖尿病、肿瘤，以及长期使用广谱抗生素、皮质激素、免疫抑制剂的患者均易伴发该类真菌感染。此类真菌多引起深部真菌感染。

（三）真菌性中毒

某些真菌可产生真菌毒素，当其在食物或是饲料上生长繁殖，被人或动物食用后可引起急、慢性中毒，称为真菌中毒症。真菌毒素多种多样，作用靶器官也不同。如杂色曲霉毒素主要作用于肝脏；展青霉素可作用于神经系统；黄曲霉素对肝、脑、肾均有毒性。

（四）真菌超敏反应疾病

有些敏感患者对真菌的孢子过敏，当食用或吸入时，可引起荨麻疹、接触性皮炎、鼻炎、哮喘等超敏反应性疾病。

（五）真菌毒素与肿瘤

现已证实有些真菌毒素可以诱导肿瘤的发生。如黄曲霉素，它是已知致癌化学物中毒性最强的一种，可诱发肝、肾、支气管等组织器官的肿瘤。

二、抗真菌感染免疫

机体对真菌具有较强的免疫功能，因此在免疫功能正常的人群中不易出现深部真菌感染。

（一）固有免疫

完整的皮肤黏膜屏障可有效阻挡真菌及其孢子的侵入，在天然免疫抗真菌作用方面起主要作用。如皮脂腺分泌的不饱和脂肪酸具有杀真菌作用。儿童头皮脂肪酸分泌量较少，因此易患头癣。

中性粒细胞具有吞噬和杀灭真菌的作用。机体分泌的促吞噬肽，可提高中性粒细胞的吞噬和杀灭真菌的能力。NK 细胞亦被发现具有抑制隐球菌的作用。

（二）适应性免疫

真菌感染诱发的适应性免疫以细胞免疫为主。CTL 可直接杀伤少量菌体，$CD4^+$ 和 $CD8^+$T 细胞对宿主的防御功能起重要作用。因此在 AIDS 患者中，由于 $CD4^+$ 细胞被大量破坏，常发生致死性真菌感染。

特异性体液免疫也具有保护作用。真菌感染诱导的特异性抗体可促进吞噬细胞对真菌的吞噬作用，并阻止真菌与细胞的黏附，降低致病性。但是真菌感染后一般不能获得持久的免疫力。

三、真菌感染的免疫学检查方法

真菌的形态结构及菌落具有特殊性，浅部真菌病基本依靠直接镜检或者分离培养可基本确诊。

深部真菌感染需要辅助免疫学检查方法。常用方法有凝集实验、沉淀实验、ELISA、补体结合试验和放射免疫测定等。可对真菌抗原（如患者血清和脑脊液中隐球菌中荚膜多糖抗原、白色念珠菌的烯醇酶抗原等）、真菌特异性抗体及真菌毒性产物进行检测。

第四节　寄生虫感染的发病机制及其免疫诊断方法

常见的人体寄生虫有 100 余种，包括原虫、蠕虫和节肢动物。寄生虫感染宿主之后，在两者间长期适应的过程中建立了具有免疫学特性的平衡。

一、寄生虫感染的致病机制

（一）寄生虫对宿主的作用

寄生虫感染人体后，在机体中移行、定居、发育、繁殖的过程中，对宿主细胞、组织器官乃至系统均可造成损害。寄生虫主要从三方面引起机体损伤：

1. 机械性损伤　寄生于人体细胞、组织或腔道内，以及可在体内移行的寄生虫，可通过侵入、移行、占位及运动累及组织，破坏机体细胞或组织。

2. 掠夺营养　寄生虫在体内生长发育及繁殖所需的营养绝大多数来自于宿主。寄生虫数量越多，所需营养也越多，可导致宿主吸收功能紊乱或营养不良。

3. 毒性产物与免疫损伤　寄生虫虫体、虫卵或是分泌排泄产物对宿主是有害的，可引起组织损伤或免疫病理反应。如血吸虫虫卵分泌的可溶性抗原可与宿主抗体形成抗原 - 抗体复合物，引起肾小球基膜损伤。

（二）寄生虫感染的免疫病理作用

1. 寄生虫抗原　由于寄生虫生活史及组织结构的复杂性，寄生虫抗原非常复杂。它来源于虫体的分泌排泄物、虫体体表的表面抗原、卵抗原及虫体寄生的细胞膜上的表达抗原。按照功能可将寄生虫抗原分为宿主保护性抗原、免疫诊断抗原、免疫病理抗原、寄生虫保护性抗原。按照化学成分可将寄生虫抗原分为蛋白、多糖、糖蛋白、糖脂抗原等。虫体的分泌排泄物、虫体体表的表面抗原可与宿主接触致敏，诱发免疫应答，亦可引起免疫病理改变，同时可作为免疫诊断对象，因此备受重视。

2. 寄生虫感染引发的免疫病理作用　宿主对寄生虫抗原可产生超敏反应，共有四型：

（1）速发型超敏反应：由 IgE 介导，常见于蠕虫感染。变应原刺激机体产生 IgE，结合在肥大细胞和嗜碱粒细胞表面的 IgE 与再次进入机体的变应原结合，使这些细胞脱颗粒，释放活性介质，使机体出现局部或全身过敏现象，如荨麻疹、血管神经性水肿、哮喘等。

（2）细胞毒型超敏反应：参与此型的抗体为 IgM 和 IgG。此类抗体与细胞膜上的抗原相结合后，可通过激活补体、促进吞噬细胞的吞噬作用或者抗体依赖性细胞介导的细胞毒作用发挥作用。如黑热病患者红细胞膜上结合有杜氏利什曼原虫抗原，通过激活补体，可导致红细胞溶解。

（3）免疫复合物型超敏反应：是由抗原 - 抗体复合物沉积于组织引起的炎性反应，常见于寄生虫感染引起的肾病。

（4）迟发型超敏反应：是由 T 淋巴细胞和单核巨噬细胞介导引起的免疫反应。当已致敏 T 淋巴细胞再次接触相同抗原时，细胞分化、增殖、释放各种淋巴因子，在局部形成以单核细胞为主的炎症反应，如血吸虫虫卵引起肉芽肿。

二、机体对寄生虫感染的免疫应答

宿主感染寄生虫后，宿主与寄生虫相互作用主要表现为宿主产生的免疫应答、寄生虫的免疫逃避及宿主与寄生虫之间的免疫调节。

（一）免疫应答

机体抗寄生虫免疫同样分为固有免疫和适应性免疫两种。固有免疫相对稳定，反应不强烈，包括皮肤黏膜的屏障作用、吞噬细胞的吞噬作用及补体和一些细胞因子对寄生虫的杀伤作用。

宿主感染寄生虫后大多产生适应性免疫，包括细胞免疫和体液免疫。细胞免疫主要由巨噬细胞、CTL 等对寄生虫起杀灭作用，在抗细胞内寄生虫的感染中起重要作用。体液免疫可通过抗体直接作用于虫体或在补体参与下杀伤虫体，也可通过在中性粒细胞、嗜酸粒细胞等效应细胞参与下以 ADCC 的方式发挥作用。体液免疫在抗细胞外寄生虫感染中起重要作用。

（二）寄生虫感染免疫的特性

寄生虫感染免疫与微生物感染免疫不同，有其独特性。

1. 非消除性免疫　大多数寄生虫感染后，宿主对再次感染可产生一定程度的免疫力，但是不能完全清除体内原有的寄生虫，寄生虫数维持低水平。当完全清除寄生虫后，适应性免疫也消失。

2. 免疫逃避　在寄生虫与宿主之间长期共存的过程中，有的寄生虫具备了逃避宿主免疫的能力。寄生虫免疫逃避的机制可分为以下三类：

（1）解剖部位的隔离：不同寄生虫的寄生部位不同，在某些组织器官中，生理屏障能隔离宿主免疫系统对寄生虫的攻击。如寄生在红细胞中的疟原虫能逃避抗体的直接攻击。

（2）抗原性的改变：有的寄生虫能表达与宿主组织相似的成分，或者是将宿主的分子结合于体表，逃避宿主免疫系统的识别。如曼氏血吸虫肺期童虫表面可结合宿主的血型抗原，抗体不能与该类童虫结合。某些寄生虫可改变其表面抗原直接影响免疫识别。

（3）抑制宿主免疫应答：寄生虫保护性抗原可干扰宿主的免疫应答。

3. 免疫抑制　许多寄生虫感染可导致宿主免疫功能被抑制。

三、寄生虫感染的免疫学检查方法

寄生虫病的病原学诊断可对疾病进行确诊，但是敏感性较差。因此采集患者血清或其他体液及排泄、分泌物进行免疫学诊断十分必要。

对循环中寄生虫抗原、抗体检测常用的方法有 ELISA 法、酶联免疫印迹法、凝集实验（间接红细胞凝集试验、乳胶凝集试验）、间接免疫荧光法、对流免疫电泳等。

根据寄生虫抗原的特性，临床上常采用一些特异性免疫检测方法。

根据虫体表面抗原和排泄分泌抗原的致敏作用，临床上采用皮内试验辅助诊断。该法根据速发型变态反应的原理，将寄生虫特异性抗原注入受检者皮内，观测皮丘大小与红晕，以判断受检者体内有无特异性抗体（IgE）。该法简便，可及时观察，敏感性高，尤其适用于检查新感染者。

染色试验是目前诊断弓形虫病的一种独特的免疫反应方法。原理是弓形虫正常虫体可被碱性亚甲蓝深染，而与免疫血清混合时，在特异性抗体和血清中辅助因子的共同作用下，虫体变性，对碱性亚甲蓝不易着色。该法广泛用于弓形虫病的诊断和流行病学调查。

环卵沉淀试验时以血吸虫卵为抗原的特异性免疫试验，卵内毛蚴或胚胎分泌的抗原性物质可与血清内特异性抗体结合，在虫卵周围形成特殊的免疫复合物，可在光镜下进行判读。

思 考 题

请分别阐述细菌、病毒、真菌及寄生虫感染的免疫学检查方法。

（刘媛媛）

第二十一章　呼吸系统疾病与免疫

第一节　肺部感染

呼吸道是一个与外界环境相通的开放系统，呼吸过程中，空气中含有的大量可吸入颗粒均有机会进入呼吸系统，包括因咳嗽、喷嚏产生的含有细菌和病毒的飞沫。正常人在睡眠中也可能吸入含有定植菌的上呼吸道分泌物。呼吸道防御系统广泛分布于从鼻腔至肺泡表面的整个呼吸道，既要识别和清除这些病原体，同时还要避免对任何刺激产生过度反应。气体经过鼻腔咽部、气管及各级支气管过程中，气体流速逐渐下降，吸入的颗粒逐渐沉积在呼吸道黏膜表面，被黏液包裹，随着纤毛运动及咳嗽动作被排出体外。吸入的病原菌还会与呼吸道分泌黏液中的分泌性免疫球蛋白 A（IgA）发生作用。咳嗽、纤毛运动等清除机制和黏膜固有免疫屏障，共同作用使正常下呼吸道不发生感染。

一、发病机制

大多数吸入颗粒和病原可以在呼吸道防御过程中被清除；正常情况下细支气管以下远端呼吸道处于无菌状态。然而仍有一些小颗粒和病原体到达肺泡。这时，机体会启动另一套防御机制。肺泡内微生物和抗原物质的清除依赖于吞噬细胞和体液免疫因子，如脂蛋白、免疫球蛋白和肺泡液中的成分，以及肺泡巨噬细胞、中性粒细胞等。

直径 $0.5 \sim 3 \mu m$ 的细菌到达肺泡后，与肺泡壁接触并与 pH6.9 的肺泡液一起流动，肺泡液中含有由 2 型肺泡上皮细胞分泌的表面活性物质。在这一过程中微生物会被灭活并且最终被吞噬。肺泡 2 型上皮细胞分泌的表面活性蛋白 A 和 D 可以通过与细菌表面糖类结合，促进对葡萄球菌及部分革兰阴性杆菌的抗菌作用。免疫球蛋白能够对细菌发挥特异的抗体调理作用促进肺泡巨噬细胞的吞噬作用。补体中成分通过与细菌作用能够激活补体替代途径，从而直接发挥溶菌作用。所有这些相互作用均能帮助肺泡巨噬细胞吞噬细菌。

吞噬作用可分为两个阶段，颗粒通过受体结合于细胞表面和吞噬细胞表面受体的结合是关键步骤。颗粒与吞噬膜结合是一个主动耗能过程，吞噬细胞的胞浆膜包绕结合颗粒，并封闭形成胞内小泡。吞噬细菌后，肺泡巨噬细胞可以存活至少数月并反复吞噬细菌和其他微生物；也可以迅速迁移到肺泡或更近端的呼吸道，如呼吸性细支气管，从而被黏液纤毛系统从肺中清除；还可以通过相应部位肺淋巴管到达局部淋巴结触发细胞免疫应答；作为肺部固有免疫与获得免疫的一部分，巨噬细胞还可以处理并呈递抗原至局部 T 淋巴细胞。

肺泡巨噬细胞在呼吸道中具有双重身份，其一是作为吞噬细胞可以处理细胞碎片，处理外源性抗原，杀灭吞噬的微生物；其二是作为炎症反应和固有免疫应答的效应细胞。虽然呼吸道每天暴露于病原微生物环境中，但由于肺泡巨噬细胞的作用，很少发生肺炎。然而，当进入到下呼吸道的细菌量足够大，或者毒力很强的时候，巨噬细胞不能完全清除，此时，巨噬细胞可以分泌促炎趋化因子，募集中性粒细胞和其他炎症细胞到感染部位，从而导致肺炎发生。同时，呼吸道上皮细胞也能产生促炎因子吸引中性粒细胞。

革兰阴性杆菌就是一个有趣的例子：革兰阴性杆菌到达肺泡后，其内毒素可以直接激活补体替代途径，产生能趋化中性粒细胞的 C5a，同时炎症应答可以激活激肽系统，产生具有趋化活性的激肽释放酶，以及增加毛细血管通透性的缓激肽。由于血管通透性增高，体液和血管内含有生物活性物质的液体渗入肺泡。炎症的另一个机制源自于肺泡巨噬细胞本身。吞噬调理细菌被激活后，肺泡巨噬细胞可合成并分泌促炎趋化因子，包括 IL-8、巨噬细胞炎症蛋白 -2（MIP）、单核细胞趋化蛋白 -1（MCP-1）、肿瘤坏死因子（TNF）和白三烯，其中最重要的是白三烯 B4（LTB4）。通过这些促炎趋化因子趋化募集中性粒细胞和其他炎症细胞。炎症是宿主对抗到达肺泡的普通细菌的最终反应。急性炎症反应中主要募集中性粒细胞、淋巴细胞。发生炎症反应的部位 IL-1、TNF、IFN-γ 等炎症介质还可诱导或增加黏附分子的表达。在黏附分子的作用下，血管内中性粒细胞运动减速，排列滚动前行、变形，附着于内皮细胞，和渗出液一起通过渗透性增高的毛细血管内皮细胞进入肺间质，并透过肺泡 1 型上皮细胞屏障到达肺泡。

最终呼吸道感染的发生取决于病原体和宿主两方面因素。当进入呼吸道的病原菌数量少或毒力弱，机体免疫功能正常时，呼吸道防御系统即可将其清除；当进入呼吸道病原菌数量多或毒力强，或患者机体免疫功能弱时，不能将其完全清除，就会发生肺炎。

肺炎发生后如果宿主反应及防御包括药物治疗能够控制微生物，炎症反应通常会被控制并逐渐吸收。这一过程分为被动和主动两个过程。被动过程即当病原微生物抗原被清除后，刺激不存在，炎症反应随之消失；主动过程即有炎症反应到一定程度会有信号提示炎症反应进入康复和吸收阶段（自限阶段），从而恢复肺脏正常的呼吸功能。但对肺脏炎症自限过程的具体机制目前尚未完全明了。血小板来源的鞘氨醇 1- 磷酸盐（S1-P）可通过减少中性粒细胞浸润和降低血管通透性从而恢复内皮屏障功能。巨噬细胞和其他细胞释放的一些细胞因子包括转移生长因子 -β、IL-6、IL-10 和 IL-1 受体拮抗剂等可能在炎症主动吸收过程中发挥了重要作用；也为将来的抗炎治疗提供了潜在的方向。

二、肺部感染的免疫诊断方法

肺部感染的诊断分为临床诊断与病原学诊断两部分。临床诊断依据患者发热、咳嗽、咳痰，肺部体检闻及湿啰音等典型的临床表现结合影像学表现、实验室检查可以明确。普通细菌感染的病原学诊断主要依赖细菌培养。免疫诊断方法主要用于特殊病原学诊断中，包括病毒、支原体、衣原体、军团菌、真菌。

（一）病毒

血清学方法检查病毒特异性 IgG、IgM 以协助诊断。IgG 检测需抽取急性期和恢复期双份血清，早期诊断价值不大，多用于流行病调查。急性期特异性 IgM 检测可用于早期诊断。急性期单份血清检查呼吸的合胞病毒、副流感病毒特异性 IgM 敏感性、特异性均较高。鼻咽分泌物中特异性 IgA 检测也有早期诊断价值，但早期特异性 IgM 不宜作为婴幼儿呼吸道合胞病毒感染的诊断依据。

（二）肺炎支原体（MP）

血清学检测是目前诊断 MP 的主要手段，冷凝集试验最早用，但是一个非特异性方法，其他病原体感染也可能出现阳性，结果只能作为参考。特异性较高的抗体可通过间接血凝试验（IHA）、酶免疫试验（EIA）、补体结合试验（CF）检测。CF 是检测 MP 血清中特异性抗体的传统方法，恢复期效价 4 倍增加有诊断意义，但仅作为回顾性诊断。EIA 检测急性期 IgM 抗体特异性高，但由于 IgM 在出现症状后 7 天出现，4～6 周达高峰，持续 2～12 个月，其临床意义也受到限制。检测 MPIgG 仅供回顾性诊断，其在起病 1 个月左右达高峰，可持续 6 个月，是病原学追踪的好手段，但无早期诊断价值。

（三）肺炎衣原体（CP）

1996 年国际 CP 专家组提出 MIF 作为血清学诊断最普遍、特异、敏感的方法。ELISA 用抗衣原体脂多糖的单抗或多抗来检测 CP，其敏感性、特异性可达 99.6%，操作简单，可用于大批量标本的检测，过程仅需 1 小时，临界值易判断，可检测 IgM 和 IgG，能区分继续感染和既往感染，适用于临床实验室作为 CP 感染的常规检测。免疫层析法检测 CP 特异性 IgM 抗体是一种快速诊断 CP 肺炎的方法，敏感性和特异性达到 100%、92.9%。但由于只检测 IgM 抗体，只能用于诊断原发感染，实用性较差。

（四）军团菌

军团菌抗体检测方法众多，包括间接免疫荧光分析、ELISA、微量凝集法。仍强调间接凝集法急性期与恢复期双方血清抗体滴度有 4 倍以上变化，并达到某一阈值才有意义。目前血清诊断多用于回顾性诊断及流行病学调查。军团菌抗原检测：直接免疫荧光检测（DFA）是 WHO 推荐的军团菌肺炎早期诊断方法之一，诊断敏感性为 50%～70%，特异性为 96%～99%。几种酶免疫检测和快速免疫色谱分析的商业化试剂盒已用于军团菌尿可溶性抗原的检测。

（五）曲霉菌

夹心 ELISA 法检测血清半乳甘露聚糖（GM）用于曲霉菌的免疫学检测，对中性粒细胞缺乏宿主侵袭性曲霉感染，敏感性、特异性均较高。检测患者 GM 水平还有助于了解疾病进展程度及对治疗的反应和预后。

（六）念珠菌

G 试验（血清 B-D 葡聚糖抗原检测）可作为诊断侵袭性念珠菌病的辅助指标之一。

（七）隐球菌

隐球菌乳胶凝集试验检测脑脊液、血、胸腔积液、肺泡灌洗液等标本中隐球菌荚膜多糖抗原，结果阳性，尤其是滴度大于或等于 1∶16 对诊断有重要参考价值。

（八）组织胞浆菌病

尿液的抗原检出率高于血清，推荐用于监测对抗真菌治疗的反应。因为抗体产生需要 6～8 周，抗体检测主要用于慢性型，对慢性脑膜炎型尤其重要，对于急性型，恢复期抗体效价比急性期升高 4 倍有诊断意义。

三、肺部感染的免疫学治疗

正确合理使用抗微生物药是治疗肺部感染的首选。免疫制剂在治疗过程中不起主要作用，目前国内临床实践过程中没有针对抗感染治疗的有效免疫制剂，只能在提高机体免疫力方面起到辅助作用。通过了解前面所述肺炎发生的过程，可能有部分炎症因子参与了肺部感染的炎症吸收过程，如转移生长因子-β、IL-6、IL-10 和 IL-1 受体拮抗剂等，这些细胞因子在促进炎症吸收过程中发挥一定作用，为治疗机体过强炎症反应所致的肺损伤也提供了潜在方向。

现代免疫治疗对病毒性肺炎可能有一定疗效，干扰素、聚肌胞、IL-2、特异性抗病毒免疫核糖核酸、免疫球蛋白甚至特异性免疫球蛋白等均可用于临床病毒性肺炎的治疗。

第二节 支气管哮喘

支气管哮喘（asthma）是由多种细胞（如嗜酸粒细胞、肥大细胞、T 细胞、中性粒细胞、呼吸道上皮细胞）和细胞组分参与的呼吸道慢性炎症疾患。这种慢性炎症导致呼吸道高反应性增加，常伴广泛多变的可逆性气流受限，引起反复发作的喘息、气急、胸闷或咳嗽等症状，常在夜间和清晨发作、加剧，多数患者可自行缓解或经治疗后缓解。

一、哮喘发病的免疫机制

（一）概述

呼吸道炎症是哮喘发生的重要原因，表现为炎症细胞与呼吸道细胞之间的复杂相互作用。肥大细胞、嗜酸粒细胞、呼吸道上皮细胞、$CD4^+$ 淋巴细胞都被认为是可能启动哮喘炎症反应的关键细胞。其中最引人注目的是 $CD4^+$ T 淋巴细胞。实际上关于哮喘的发生已经达成了一个理论共识：个体存在特应性疾病和哮喘的易感基因，当儿童时被置于一种特殊环境中时，就会产生特殊的呼吸道淋巴细胞炎症，从而导致哮喘。因此，母体子宫内胎儿发育过程，加上幼儿期缺少微生物暴露的相对洁净的环境，可能提供一个生物学环境，在其中，婴儿体内的原始 T 细胞更倾向于向 T_{H_2} 细胞亚群分化，分泌产生典型的 T_{H_2} 细胞因子，包括 IL-4、IL-5 和 IL-13。这些细胞因子在呼吸道内可促进嗜酸粒细胞和肥大细胞炎症，呼吸道结构的改变是哮喘表型的典型特点。由此形成的呼吸道慢性炎症，在病毒或抗原暴露所导致的急性炎症发作时可加重，导致反复的炎症循环，从而促进呼吸道重建和异常呼吸道反应。

目前的大量研究验证了 $CD4^+$ T 细胞在哮喘呼吸道炎症发生中的关键作用，嗜酸粒细胞、肥大细胞、嗜碱粒细胞和 B 淋巴细胞是重要的效应细胞。然而，这些研究同时也证明呼吸道炎症是一个动态过程，曾经以为不参与炎症过程的靶细胞，如上皮细胞、平滑肌细胞、成纤维细胞和软骨细胞在炎症因子的刺激下同样能产生作用于自身的炎症介质参与哮喘的呼吸道炎症过程。

过去近 20 年的深入研究提示，过敏性哮喘的临床表现归因于呼吸道免疫应答。过敏性呼吸道炎症开始于抗原呈递细胞如树突状细胞和巨噬细胞摄取、处理吸入性抗原。抗原被处理和呈递给 T 细胞的环境对 T 细胞亚群的分化起到关键作用。在抗原呈递过程中作用于前 T 细胞的细胞因子类型决定了产生 T_{H_1} 和 T_{H_2} 两种不同的效应 T 细胞。这些细胞因子来源广泛，包括 T 细胞本身、呼吸道上皮细胞、嗜酸粒细胞、肥大细胞、巨噬细胞、呼吸道平滑肌细胞和成纤维细胞。在抗原呈递过程中产生何种细胞因子，继而产生何种效应 T 细胞，可能部分取决于所伴随的感染和抗原的特性。T_{H_1} 和 T_{H_2} 细胞所分泌的细胞因子是完全不同的。只有 T_{H_2} 细胞分泌的特征性细胞因子（IL-3、IL-4、IL-5、IL-6、IL-9、IL-10、IL-13）与哮喘有关。T_{H_1} 型细胞因子、IFN-γ、TNF-α、淋巴毒素、IL-2，可以对抗 T_{H_2} 型细胞因子并减弱过敏性炎症。

T_{H_2} 细胞介导的呼吸道高反应和哮喘的其他表型特点的发生机制有两种：一种可能是 T_{H_2} 细胞

因子如 IL-4、IL-5 直接作用于效应细胞，如 B 细胞、肥大细胞、嗜酸粒细胞，介导产生哮喘表型。这一学说中，B 细胞、肥大细胞和嗜酸粒细胞在哮喘发病过程中发挥重要作用。另外一种可能机制是 T_{H_2} 细胞因子如 IL-13、IL-4 直接介导哮喘部分或全部表型。在这一学说中，B 细胞、肥大细胞和嗜酸粒细胞可能只起到放大作用，或仅仅只介导部分个体的哮喘表型，它们并不是哮喘发病的必要条件。

（二）抗原递呈细胞

呼吸道树突状细胞被认为是启动和维持呼吸道炎症的最重要抗原递呈细胞。树突状细胞又称朗格汉斯细胞，存在于上皮及上皮下层，是获取、处理和递呈抗原的理想细胞。其半衰期很短（小于 2 天），当呼吸道受到抗原刺激时，其数量可以迅速增加。树突状细胞通过增强促进 T 细胞激活和分化的协调刺激分子表达来启动并维持呼吸道炎症。$CD4^+$ T 细胞是树突状细胞递呈抗原的主要受体细胞。环境中的脂多糖也在哮喘的发生中发挥重要作用。其机制可能是通过激活 Toll 样受体 4（TLR4），TLR4 在树突状细胞成熟为高水平表达协调刺激分子如 CD86 的完全抗原递呈细胞过程中发挥重要作用。树突状细胞同样也可以分泌炎症介质，如 IL-12、前列腺素 E_2 和 IL-10，这些炎症因子可对效应 $CD4^+$T 细胞的发育产生关键影响。

（三）T 细胞和细胞因子

在过敏性炎症过程中，肺内 T_{H_2} 细胞选择性的聚集是由于肺中表达了 T_{H_2} 特应性趋化因子，如 CCL17。在哮喘患者呼吸道活检标本和支气管肺泡灌洗液中，活化的 T_{H_2} 细胞的出现直接或间接与 T_{H_2} 型细胞因子（如 IL-4、IL-5 和 IL-13）的表达水平升高有关。通过这些细胞因子，T_{H_2} 细胞最终决定了过敏性肺疾病的发生。其他 T 细胞，尤其是 $\gamma\delta$ T 细胞和 CD8 T 细胞也可能在炎症过程中发挥了重要的调节作用。

尽管所有的 T_{H_2} 细胞因子参与了哮喘的表型，IL-4 和 IL-13 是尤其主要相关的。这些细胞因子有相似的结构、功能和染色体构成。IL-4 的主要功能是参与 T_{H_2} 细胞生长和分化，并且促进人 B 细胞分泌 IgE。

IL-10 和 IL-12 在实验性哮喘中同样是重要的细胞因子。由调节性 T 细胞（Treg）和树突状细胞分泌的 IL-10 在体外对 T_{H_1} 和 T_{H_2} 细胞因子有负向调节作用，在保持呼吸道的正常免疫耐受和下调过敏性呼吸道炎症过程中起到关键作用。哮喘患者 IL-10 分泌减少不能有效抑制炎症、刺激炎症胞因子的合成和释放，可能是导致或加重呼吸道炎症的原因之一。

IL-12 和 IL-18 可促进干扰素的分泌。IL-12 和干扰素可以拮抗 T_{H_2} 细胞因子的很多生物学活性，抗原暴露的小鼠使用 IL-12 和干扰素，可以消除哮喘表型的发生。Toll 样受体的配体如脂多糖也有相似的作用。这些细菌产物可以通过 NF-κB 信号途径促进内源性 IL-12 释放，可能对过敏性疾病的治疗提供希望。有趣的是，IL-18 可能主要参与对 IgE 应答，提示传统认为的反向调节因子也可能在特定条件下参与促进过敏性疾病。

目前已发现除 T_{H_1} 和 T_{H_2} 细胞外第三组产生 IL-17 的 $CD4^+$T 细胞亚群称为 $T_{H_{17}}$ 细胞。$T_{H_{17}}$ 细胞对于激素抵抗型哮喘患者出现的以中性粒细胞为主的呼吸道炎症起促进和维持作用。

二、支气管哮喘的免疫学诊断

支气管哮喘的诊断依赖于典型的症状、体征，且排除其他疾病引起的喘息、气急、胸闷和咳嗽等症状即可诊断。临床表现包括：①反复发作的喘息、气急、胸闷或咳嗽，多与接触变应原、冷空气、化学、物理刺激、运动及上呼吸道病毒感染有关；②发作时双肺可闻及散在或弥漫性以呼气相为主的哮鸣音，呼气相延长；③上述体征和症状经治疗可缓解或自行缓解。在临床表现不典型时，支气管激发试验或支气管舒张试验、最大呼气流量日变异率等肺功能检测方法有助于诊断。变应原检测有助于过敏性哮喘患者明确变应原，有体内变应原皮肤点刺试验和体外特异性 IgE 检测两种方法，其结果可指导患者尽量避免接触变应原及进行特异性免疫治疗。

三、支气管哮喘的免疫学治疗

呼吸道的慢性炎症是哮喘的本质，针对呼吸道炎症的抗炎治疗是哮喘的根本治疗。依据疾病所在的不同阶段，哮喘的治疗分为稳定期的长期治疗和急性加重期治疗。哮喘治疗的药物根据其作用机制分为支气管扩张剂和抗炎药物两大类，某些药物兼有支气管扩张和抗炎作用。根据药物在哮喘长期治疗中的地位又分为控制药物和缓解药物。控制药物是指需长期每天使用的药物，通过其抗炎作用使哮喘达到并维持临床控制。哮喘也是一种变态反应性疾病，免疫治疗在哮喘治疗中也有一定地位。支气管哮喘的免疫治疗分为特异性和非特异性两种。

（一）特异性免疫治疗

特异性免疫治疗是在临床上确定过敏性疾病患者的变应原后，将变应原通过反复注射或其他途径与患者反复接触，剂量由小到大，浓度由低到高，从而提高患者对该变应原的耐受性，当再次接触该变应原时不再产生过敏现象或过敏现象减轻。该方法适用于有明确变应原、通常伴有变应性鼻炎、IgE 抗体增高而常规治疗不满意的过敏性哮喘患者；或者常规治疗虽有效，但由于无法避免接触变应原而反复发作者。目前国内最常用的是针对尘螨过敏的免疫治疗。常规特异性免疫治疗分为脱敏治疗和维持治疗两个阶段，总疗程为 3 ~ 5 年。

（二）非特异性免疫治疗

注射卡介苗、转移因子、细菌菌苗等生物制剂以调节机体的免疫功能，仅作为辅助治疗。此外，针对参与哮喘炎症过程的细胞因子 IL-4、IL-5 的抗 IL-4 抗体、抗 IL-5 抗体，以及 IFN-γ 等尚在临床试验中。抗 IgE 单克隆抗体作为 IgE 增高的严重哮喘的治疗已经应用于临床，用于吸入糖皮质激素 + 长效 β_2 受体激动剂不能控制的严重哮喘。

第三节　弥漫性间质性肺疾病及肉芽肿疾病

弥漫性间质性肺疾病（interstitial lung disease，ILD）是一组疾病的总称，不仅累计肺间质，也累及肺实质。病理表现为淋巴细胞、肺泡巨噬细胞等炎性细胞浸润、纤维化改变。ILD 包含很多特定疾病，但具有相似的临床、影像学及病理特征。主要临床表现为气急、低氧血症、限制性通气功能障碍，胸片示双肺网状、结节状或磨玻璃影。

一、特发性肺纤维化

特发性肺纤维化（diopathic pulmonary fibrosis，IPF）是一种原因不明的、进行性的、局限于肺部的以纤维化伴蜂窝状改变为特征的疾病，是特发性间质性肺炎中的常见类型。

（一）发病机制

IPF 发病机制不完全清楚，研究认为是肺损伤、免疫反应、炎症反应和纤维生产四个要素的综合作用。其发病可分为三个过程：①肺泡炎：为某些未知抗原引起的早期特异性免疫反应阶段，包括抗原递呈细胞移行至肺区域淋巴结，T 淋巴细胞识别抗原和 MHC，特异性淋巴细胞克隆扩增，活化淋巴细胞浸润循环并到肺部激活肺泡巨噬细胞和肺泡细胞。这些激活的细胞分泌和释放多种细胞因子和炎症介质。这些炎症介质促进中性粒细胞为主的炎症细胞自循环血向肺实质移行和募集，进一步放大早期炎症细胞因子 IL-1 和 TNF-α 介导的炎症反应。研究发现，IPF 患者肺内活化的 T 淋巴细胞表现出明显的辅助 B 细胞的功能，可能与在患者中所观察到的免疫复合物大量产生有关。②肺损伤：炎症细胞募集产生的氧代谢产物、蛋白水解酶等是造成肺损伤的最重要物质，其所导致的上皮细胞损伤是构成 IPF 的重要标志。持续存在的活化炎症细胞导致肺泡壁进行性损伤。③修复：（纤维化）纤维蛋白形成和清除是由肺泡上皮细胞和肺泡巨噬细胞调控的。一旦纤维蛋白渗出物不能从肺泡腔清除，成纤维细胞便移行至基质并复制，产生基质分子，引起瘢痕形成。IPF 的炎症和纤维生成机制还可能与 T_{H_1}/T_{H_2} 细胞失衡有关。T_{H_1} 型细胞因子如 IL-2 和 IFN-γ 参与细胞免疫和清除细胞抗原，并下调 TGF-β，促进正常肺组织恢复；而 T_{H_2} 型细胞因子如 IL-4、IL-5、IL-13 促进体液免疫和抗体反应，导致成纤维细胞激活和纤维化。成纤维细胞增殖和分泌胶原是 IPF 的重要环节和结局。

（二）诊断

IPF 的主要症状为进行性加重的劳力性呼吸困难、咳嗽、咳痰；还有消瘦、乏力、食欲减退、关节酸痛等全身非特异性症状。常见体征包括发绀、胸廓和膈肌活动度降低，双侧中下肺 velcro 啰音，杵状指。典型影像学表现为双侧肺底部网状阴影、蜂窝状改变，在 HRCT 上伴有少许毛玻璃样改变；肺功能表现为限制性通气功能障碍伴有弥散功能降低。依据临床表现，典型的影像学表现和肺功能异常，外科肺活检组织病理学显示普通间质性肺炎，可确诊本病。

（三）治疗

IPF 目前尚无特异性治疗药物，糖皮质激素和免疫抑制剂治疗效果十分有限。目前也缺少预测药物治疗效果和预后的绝对指标。IFN-γ1b、前列素 I_2、血管紧张素转换酶抑制剂、内皮素拮抗剂等许多药物治疗 IPF 的研究目前正在进行中。新型抗纤维化、抗炎药物吡非尼酮已在国内批准上市用于临床 IPF 的治疗。日本开展了一项大型的多中心、随机双盲、安慰剂对照的临床试验对比吡非尼酮和安慰剂疗效，结果提示，吡非尼酮可稳定肺功能，降低 IPF 患者急性加重风险。其临床疗效尚待更多大规模临床观察研究进一步评估。

二、隐源性机化性肺炎

隐源性机化性肺炎（COP）是组织学表现为机化性肺炎的一种特发性间质性肺炎，可在任何年龄发病，临床表现多样，但大多数患者无典型肺外临床表现。

（一）发病机制

COP 是一种独特的炎症性疾病，其炎症过程和表皮愈合过程相似，但具体的发病机制不清楚。起始病因导致肺泡上皮细胞损伤是这一炎症过程的开始。上皮细胞坏死和基膜暴露，内皮细胞部分受损,炎症细胞(包括淋巴细胞、中性粒细胞、部分嗜酸粒细胞)浸润到肺间质,成纤维细胞活化,在肺泡腔内纤维蛋白把炎症细胞聚集在一起,成纤维细胞从间质移行到肺泡并增生,同时肺泡上皮细胞不断增生结合基膜提供再生的上皮以保持肺泡结构完整,成纤维细胞不断增生,和胶原纤维一起组成同心圆状排列的纤维肉芽。在大部分肉芽中的炎症细胞几乎完全消失,典型的机化性肺炎形成,血管内皮生长因子和成纤维细胞生长因子在肉芽内广泛表达,肉芽组织内心的血管丰富,表明机化性肺炎是一个愈合过程,可能是病灶能够逆转的原因。

(二)诊断

多数患者呈亚急性起病,临床表现为发热、咳嗽、气促,少数患者可发生严重呼吸困难,大多数患者还有全身不适、食欲下降、盗汗等非特异性症状。体检可见气促、发绀,部分患者肺部听诊可闻及 velcro 啰音。肺功能表现为限制性通气功能障碍伴弥散功能减退。肺泡灌洗液的特征表现为细胞数增多,细胞分类中淋巴细胞、中性粒细胞、嗜酸粒细胞比例增加,又称为"混合性增高"。CD4/CD8 比例下降。双肺多发游走性斑片浸润影是 COP 最常见、最特征性的影像学表现。临床和影像学表现对 COP 诊断有提示作用,但 COP 诊断的前提是病理上诊断为机化性肺炎,且除外其他已知原因。

(三)治疗

COP 对糖皮质激素治疗反应好,能迅速改善症状,改善氧和,清除肺部病灶且一般不留瘢痕。停药后复发是经常遇到的问题,需要延长疗程,但目前糖皮质激素治疗的剂量和疗程没有统一意见。

三、非特异性间质性肺炎

非特异性间质性肺炎(NSIP)是一组有着相似临床和病理学表现的独立疾病,在组织学上均有间质浸润伴随不同程度的纤维化,主要特点是肺内病灶分布均匀,时相一致。

(一)发病机制

NSIP 病因不明。发病可能与抗原吸入、胶原血管病、某些药物或放射线引起的肺泡损伤有关。其发病机制可能是慢性炎症与病毒感染通过激活树突状细胞协同参与自身免疫反应。研究发现,$CD4^+$ 和 $CD8^+T$ 细胞弥散分布在 NSIP 纤维化区域或淋巴滤泡周围,S-100 树突状细胞周围主要分布为 $CD8^+$ 细胞,而非 $CD4^+$ 细胞,因此,推测内源性抗原(包括病毒)的细胞内作用可能是疾病的促发过程,通过损伤 II 型肺泡上皮细胞引起肺泡炎并进一步引起修复异常及慢性炎症。

(二)诊断

NSIP 患者多呈亚急性或隐匿起病,临床表现无特异性,主要表现为渐进性呼吸困难伴干咳、乏力和低热。主要体征是肺部听诊可闻及 velcro 啰音。影像学表现为肺部 HRCT 出现双下肺对称性分布的网格状影和(或)斑片状磨玻璃影。NSIP 患者支气管肺泡灌洗液细胞总数明显增多,以 $CD8^+T$ 淋巴细胞为主,CD4/CD8 比例明显下降。

(三)治疗

糖皮质激素是目前治疗 NSIP 的主要药物,但具体治疗的起始剂量、疗程、减量方案均未达成共识。对糖皮质激素不能耐受或者治疗效果欠佳患者可使用低剂量糖皮质激素联合免疫抑制剂治疗。

四、过敏性肺炎

过敏性肺炎（HP）是因反复吸入细菌、鸟类蛋白质、真菌孢子、异氰酸盐等有机或无机尘埃导致的变态反应性肺炎。

（一）发病机制

Ⅲ型超敏反应是本病的主要发病机制，Ⅳ型超敏反应在本病的发病机制中也起重要作用。补体激活在疾病过程中有重要意义，而发病机制的中心环节可能是肺泡巨噬细胞的激活。①补体介导的Ⅲ型变态反应：已致敏的个体再次接触抗原后 4～8 小时，肺介质形成并沉积抗原-抗体复合物，接着复合物激活补体引起急性炎症和组织损伤。②T 淋巴细胞介导的Ⅳ型变态反应：组织学上有非干酪样肉芽肿形成；支气管肺泡灌洗液中的淋巴细胞因子升高；患者淋巴细胞在体外遇到相应抗原能产生巨噬细胞迁移抑制因子；上述特点均提示Ⅳ型变态反应参与了疾病过程。③局部巨噬细胞的作用：霉变枯草和微小多孢子均可直接刺激肺泡巨噬细胞而引起蛋白水解酶释放，裂解补体 C3a 释放 C3b。C3b 与巨噬细胞表面的补体受体结合，进一步激活巨噬细胞继而产生包括肉芽肿形成在内的肺组织病变。

目前观点认为，过敏性肺炎最初由Ⅲ型反应介导，随后转为Ⅳ型变态反应为主，巨噬细胞激活并产生的炎症反应可以通过免疫途径共同引起肺损伤。

（二）诊断

急性出现的咳嗽伴明显呼吸困难和逐渐加重的呼吸困难分别是本病急性型和慢性型的主要临床表现。肺部 CT 表现为以双侧中下肺为主的弥漫的磨玻璃影或广泛的肺实变影或网状蜂窝状影。肺功能检查表现为限制性通气功能障碍伴弥散功能减退。急性 HP 患者肺泡灌洗液中 T 淋巴细胞数呈 2～4 倍增加，尤以 CD8$^+$ 细胞增加明显。随着病程迁延，CD8$^+$ 细胞数量逐渐下降。HP 诊断标准目前没有统一，诊断需结合临床表现、影像学特点、肺功能改变、变应原接触或环境暴露史及病理学表现。

（三）治疗

HP 最根本的治疗措施是完全避免接触抗原。轻度急性发作患者可呈自限性过程，不需特殊治疗，脱离接触抗原后可自行缓解。急性重症或大部分亚急性期患者需使用糖皮质激素，直到临床症状、影像学和肺功能明显改善后减量。

五、慢性嗜酸粒细胞性肺炎

慢性嗜酸粒细胞性肺炎（ICEP）是一种原因不明的变态反应综合征，其临床特点为肺泡灌洗液或组织中嗜酸粒细胞增高（常＞6%），伴或不伴血中嗜酸粒细胞增高。

（一）发病机制

本病的发病机制尚未明确。目前研究认为，不明的创伤或刺激引起了肺内嗜酸粒细胞的聚集。

刺激或创伤后，T_{H_2} 细胞在胸腺活化调节因子的趋化作用下，定向迁移到肺组织并活化，缓慢释放嗜酸粒细胞活化因子（IL-5、IL-6、IL-10），嗜酸粒细胞活化趋化因子等炎症介质，导致嗜酸粒细胞在肺内大量聚集。除嗜酸粒细胞外，肺泡巨噬细胞、淋巴细胞和中性粒细胞也参与了肺组织的炎症和损伤过程。嗜酸粒细胞释放特异性的炎症介质、大量细胞因子、氧自由基和花生四烯酸代谢产物等，这些物质参与肺组织损伤过程的同时还可以引起肥大细胞和嗜碱粒细胞释放大量变态反应性介质。肺嗜酸粒细胞浸润症中，嗜酸粒细胞是炎症呼吸道因子还是炎症结果尚不明确。新近研究发现，ICEP 的嗜酸粒细胞聚集过程主要与半乳凝集素 -9（Gal-9）相关。

（二）诊断

ICEP 的临床表现类似哮喘，常有干咳、低热、盗汗、呼吸困难等，后期有进行性加重的呼吸困难。半数以上患者肺部听诊可闻及喘鸣和细湿啰音。胸部 X 线表现为周围性、非游走性、非肺段性肺浸润，主要分布于双肺外侧上中肺野，特别是呈现"肺水肿反转征"。肺功能出现限制性通气功能障碍伴弥散功能减退。支气管肺泡灌洗液中嗜酸粒细胞比例可高达 30% ～ 50%。诊断依据临床表现、胸部 X 线特点、肺泡灌洗液嗜酸粒细胞比例及肺活检结果。

（三）治疗

本病预后良好，全身应用糖皮质激素为 ICEP 的首选治疗。Gal-9 抗体在基础研究中已显现出良好的作用，但尚未临床证实，将来或可成为 ICEP 新的治疗手段。

六、结 节 病

结节病是一种原因不明的以非干酪性肉芽肿为病例特征的系统性疾病，可侵犯全身多个器官，以肺和淋巴结受侵犯最常见。

（一）发病机制

结节病的发病机制尚未完全明显，遗传因素、环境因素都参与了发病过程。近年来认为本病与免疫反应有关，细胞免疫功能和体液免疫功能紊乱是重要的发病机制。在致结节病的抗原刺激下，抗原呈递细胞产生高水平的 TNF-α，同时分泌 IL-12、IL-15、IL-18、巨噬细胞炎症蛋白 -1（MIP-1）、单核细胞趋化蛋白（MCP-1）、粒细胞 - 巨噬细胞集落刺激因子（GM-CSF）。肺泡巨噬细胞和辅助 T 细胞（CD_4^+）被激活，巨噬细胞释放 IL-1，IL-1 激发淋巴细胞释放 IL-2，使 $CD4^+T$ 细胞增殖并使 B 细胞活化，分泌免疫球蛋白和自身抗体的功能亢进。活化的淋巴细胞释放单核趋化因子、白细胞移动抑制因子等使单核细胞、淋巴细胞浸润于肺泡。抗原加工、呈递及细胞因子的释放可能与遗传控制因素相关。随着病情进展，肺泡内炎症细胞成分减少，巨噬细胞衍生的上皮样细胞增多，形成肉芽肿。

结节病是未知抗原与机体体液免疫、细胞免疫功能相互作用的结果。由于个体差异和抗体免疫反应的调节作用，促炎因子和拮抗因子的失衡状态，从而决定了肉芽肿的发展和消退，表现出结节病不同的病理状态和自然缓解趋势。

（二）诊断

结节病是累及多系统器官的疾病，多数呈慢性起病，偶有急性起病。胸内结节病早期常无明显症状或体征，有时有咳嗽、胸痛、乏力、发热、盗汗、食欲减退等非特异性症状，病变广泛时可出现胸闷、气促、发绀等表现。结节病典型的 X 线表现为双侧肺门及纵隔对称性淋巴结肿大，可伴有肺内网状、结片状或片状阴影。结节病诊断依据临床及影像学表现，以及组织学表现。

结节病患者支气管肺泡灌洗液中淋巴细胞比例可达 33% ～ 60%，主要为 T 淋巴细胞。未经治疗患者 $CD4^+T$ 细胞比例明显升高，导致 CD4/CD8 比例明显升高，可由正常的 1.5 倍左右升至 5 ～ 10 倍。外周血中 CD4/CD8 比值（1 ∶ 2）与肺泡灌洗液中的 CD4/CD8 比值呈高度分离现象，对诊断结节病有重要参考意义，也可作为临床判断活动性、提示预后和监测疗效的一项指标。

（三）治疗

结节病目前尚无特异性疗法。尽管目前对糖皮质激素的疗效存在争议，但糖皮质激素仍为治疗结节病的首选药物。对激素耐药或不能耐受的慢性患者可应用细胞毒药物。由于 TNF-α 在结节病肉芽肿形成有重要作用，TNF-α 抑制剂可能对治疗结节病有潜在作用。少数研究发现，TNF-α 单抗（英夫利昔单抗）对难治性结节病有较好的治疗效果，而另一种 TNF-α 拮抗剂（依那西普）的试验结果却令人失望。TNF-α 拮抗剂治疗结节病的确切作用及可能的副作用还待进一步临床试验验证。

思 考 题

1. 肺部感染的免疫诊断方法有哪些？
2. 哮喘发病的免疫机制包括什么？

（邹进晶）

第二十二章 心血管疾病与免疫

第一节 风湿热的发病机制、免疫诊断方法及其免疫治疗

风湿热（rheumatic fever）是由甲组乙型溶血性链球菌感染后引起的自身免疫性疾病，导致全身结缔组织免疫性炎性疾病，主要累及心脏、关节，皮肤、浆膜、中枢神经系统，以及肺、肾等内脏亦可受累。

一、发病机制

（一）链球菌感染

风湿热发病与链球菌感染有关，是一些易感人群发生免疫异常的结果，是一种自身免疫性疾病。

风湿热发病不是链球菌直接作用的结果而是机体免疫反应的结果。链球菌抗原的分子模拟机制是风湿热的主要发病机制。自身组织和链球菌成分之间抗原模拟（mimicry）是遗传易感性个体导致自身免疫反应的激发因子。

A组溶血性链球菌细胞壁外层的M蛋白是致"风湿热源性"的主要标志。A组链球菌M蛋白是A组链球菌细胞壁上的一种蛋白质抗原。目前已发现M蛋白抗体有100多种型别，其中M1、M3、M5、M6、M19、M24等血清型均与风湿热的发病有关。这些M蛋白抗体肽段与肌球蛋白存在同源的氨基酸肽段，并产生免疫应答反应。

位于链球菌细胞壁中层的细胞壁多糖，与人体心瓣膜糖蛋白有类似共同的抗原决定簇。这一交叉反应在风湿热瓣膜病变的发病中亦有十分重要的作用。有与A组链球菌多糖相同的表皮抗原：①基底细胞抗原；②细胞质抗原；③核周区域抗原；④不同层次表皮细胞的抗原。在风湿热患者中至少可形成对A组链球菌多糖抗原决定簇（DT）（与表皮抗原决定簇相同）形成的抗体。有两个抗原决定簇包括N-乙酰葡糖胺：与表皮基底细胞抗原相同的抗原决定簇（DT-1）及与不同层次细胞质核周区域抗原相同的决定簇（DT-2），其他两个抗原决定簇似乎只包括鼠李糖。自身组织和链球菌成分之间抗原模拟（mimicry）被假设为有遗传易感性。

（二）内皮细胞因子与风湿性心脏炎发病相关

研究显示，IL-6、IFN-γ、TNF-α、IL-10等基因多态性与风湿热之间有关联，TNF-α-G308A基因、甘露糖结合凝集素（MBL）与风湿热的易感性有关。一些自身抗体如抗心磷脂抗体（aCL）、抗内皮细胞抗体（AECA）与风湿性心脏瓣膜病有关，它们可能代表心脏瓣膜内皮细胞的活化与心脏瓣膜损伤的病理变化。

（三）基因对风湿热的影响

已经检测出风湿热患者中HLA-B27的阳性率为42.85%，HLA DRB1×14基因多态性与风湿

热相关，这些均提示主要组织相容性复合体在风湿热发病中起一定作用。

（四）病毒感染

研究者在风湿性关节炎和骨关节炎患者关节滑膜腔积液脱落细胞中扩增出 EB 病毒的基因片段。药物治疗后患者血清内抗 EBNA-1 抗体滴度下降明显，而 IgG/VCA 和 IgG/EA 等抗体的滴度几乎无变化，说明 EB 病毒在风湿热的发病中起一定作用，只是目前还不能确定 EB 病毒是与链球菌一起协同作用而致风湿热，还是单独作用也可引起风湿热。

二、免疫诊断方法

风湿热的诊断一直采用 Jones 标准诊断，但也存在一些问题。其免疫学上的诊断主要包括以下几个方面。

1. 检测抗心肌抗体　风湿热患者中，抗心肌抗体检测阳性率达到 80% 以上，急性期抗心肌抗体可在 4 周左右转阴，慢性风湿热静止期抗心肌抗体转阴，抗心肌抗体吸附试验有较高的特异性。

2. 循环免疫复合物　阳性率达 60% 以上，它的变化与风湿热活动性相关。

3. 补体的变化　C3、C4 明显增高，特异性不高。

4. T 淋巴细胞及亚群的检测　风湿热患者中，$CD4^+/CD8^+$ 比值增高。

5. 外周血淋巴细胞促凝血活性测定　对风湿性心脏炎的诊断具有较高的特异性。

三、免疫治疗

风湿热的治疗目标是彻底清除链球菌感染，控制临床症状，缓解病情。风湿热的发病机制仍未完全明确，目前尚缺乏特效的治疗方法。迄今为止，没有发现任何药物能改善急性风湿热瓣膜损害的产生。

如果链球菌反复感染，机体不断产生各种抗链球菌抗体，可使病情迁延不愈并加重。所以预防风湿热的重要环节是预防链球菌感染。20% 的咽喉炎是由链球菌感染所致，只有彻底消灭链球菌才能去除致病的启动因素，才能终止风湿热的反复发作。

静脉内注射免疫球蛋白作为免疫调节剂，可能对风湿性心脏病有益。研究者在川崎病患者中，使用大剂量免疫球蛋白静脉注射，能够显著减少冠状动脉病变的发生。我们希望通过静脉注射免疫球蛋白同样能减少急性风湿性瓣膜炎病变。风湿热的发病与免疫反应有关，我们进一步的努力可能是引入风湿热疫苗。

第二节　扩张型心肌病的发病机制、免疫诊断方法及其免疫治疗

扩张型心肌病（dilatedcardiomyopathy，DCM）是心肌病中最为常见的类型，是导致心力衰竭的主要心脏疾病之一。它的特点是全心室扩张并伴收缩功能受损。

一、发病机制

DCM 的病因至今未完全清楚，研究认为它是多因素综合作用的结果，包括病毒感染、免疫

紊乱和自身免疫、遗传因素、营养缺乏缺硒、毒素作用和血管活性物质等。其中免疫机制在 DCM 的发病中起着重要作用。

DCM 是一种自身免疫性疾病。免疫介导的损伤，被认为是 DCM 的病因及发病机制。

DCM 患者体内发现了一系列针对心肌的自身抗体，所以 DCM 的发生可能是由于感染引起心脏自身的抗原抗体反应所致。目前已发现多种自身抗体，如抗 β_1 肾上腺能受体抗体、抗线粒体腺苷二磷酸 / 腺苷三磷酸（ADP/ATP）抗体、抗肌球蛋白抗体和抗 M2- 胆碱能受体抗体等。其中，抗 β_1 肾上腺能受体抗体可使心肌细胞膜上 β 受体受损，功能障碍、密度下调，最终导致心肌对内源性儿茶酚胺反应性降低，心肌收缩功能下降。ADP/ATP 抗体可抑制腺苷酸跨线粒体膜的转运，干扰能量物质的产生、转移，心肌细胞出现能量代谢障碍，细胞功能受损，整个细胞亦受损，最后导致 DCM。

DCM 患者的细胞免疫异常，存在抑制 T 淋巴细胞亚群的选择获得性缺陷或损伤，这种异常可导致机体无能力降低引起自主免疫反应的刺激，机体对病毒的清除能力下降，抗原的刺激延长，最终导致免疫性心肌坏死。

这些自身抗体，以及细胞免疫异常，充分揭示了自身免疫在 DCM 发病中的作用。

二、免疫诊断方法

免疫学检查主要包括以下几方面：

（1）人类白细胞抗原（HLA）升高。

（2）细胞黏附分子升高。

（3）炎症细胞因子如 IL-1、TNF-α、IFN-γ 升高。

（4）抗心肌特异性抗体升高：包括抗 ADP/ATP 载体抗体、抗肌球蛋白重链抗体、抗 β_1 受体抗体、M2 胆碱能受体抗体。

三、治　疗

DCM 是一种病因及发病机制尚待阐明的原发于心肌的疾病。所以目前仍然没有针对性的特效治疗方法。其治疗原则包括减轻心脏负荷、增强心脏功能、预防心脏继续受损、预防对其他器官造成损害。既然免疫反应对 DCM 的发病有重要作用，免疫治疗可能起到一定的作用。

目前的免疫治疗手段主要包括以下几个方面

1. 免疫抑制剂　可以通过抑制自身免疫而减少对心肌的损伤。例如，对 HLA 高表达的 DCM 个体可考虑用免疫抑制治疗。由于免疫抑制剂的使用限制在 HLA 高表达的 DCM 患者，疗效也不够理想和不良反应较多，不主张常规应用。

2. 抗线粒体 ADP/ATP 抗体的钙离子拮抗剂　抗线粒体 ADP/ATP 抗体与心肌线粒体 ADP/ATP 载体结合，干扰 ATP 的转运，使细胞质内能量传递和供求失衡而损害心肌细胞；同时，它与心肌细胞钙通道蛋白具有交叉反应性，可直接作用于心肌细胞膜钙通道，使钙通透性增加和细胞内钙超负荷，引起 DCM 的重要生理病理变化。钙离子拮抗剂可拮抗 DCM 患者心肌细胞的钙通透性增加和细胞内钙超负荷而起治疗作用，临床应用中也证实维拉帕米、地尔硫䓬、硝苯地平和氨氯地平都有改善 DCM 患者心功能的作用，但以地尔硫䓬和氨氯地平的疗效最好。

3. 针对抗 β_1 肾上腺能受体抗体的 β 受体阻滞剂　抗 β_1 肾上腺能受体抗体可激活 L 型钙通道，触发心肌细胞一系列的电生理和生化改变，通过钙诱导的钙释放导致细胞内钙超负荷，引起心肌细胞损伤，β 受体阻滞剂可阻断此效应。

4. 清除抗心肌自身抗体　目前最常用的清除抗心肌自身抗体的方法是免疫吸附法，此法可以选择性或特异性地吸附体内的抗心肌自身抗体而保护心肌、改善心功能。

5. 中和心肌自身抗体　中和体内的抗原或抗体是免疫治疗的又一种重要方法，最常用的方法是静脉注射大剂量免疫球蛋白，能中和体内的抗心肌自身抗体而保护心肌。

6. 针对细胞免疫的疗法　CD4 细胞在实验性自身免疫性心肌炎小鼠发病中起重要作用，CD4 细胞的亚型 T_{H_1} 细胞和 T_{H_2} 细胞均为效应细胞。

研究报道，抗 L3T4 单克隆抗体对线粒体 ADP/ATP 载体肽诱导的小鼠自身免疫性心肌病有治疗作用，且早期疗效更为明显。尽管 CD4 细胞治疗 DCM 目前还处在动物试验阶段，但为 DCM 的早期防治提供了理论基础和新的治疗靶点。

思　考　题

1. 风湿热发病与链球菌感染有何关系？
2. 有哪些免疫学检查可以诊断扩张型心肌病？

（付金容）

第二十三章 消化系统疾病与免疫

第一节 炎症性肠病

炎症性肠病（inflammatory bowel disease，IBD）一词专指病因未明的炎症性肠病（idiopathic inflammatory bowel disease），包括克罗恩病（CD）和溃疡性结肠炎（UC）。当前对 IBD 发病机制并不完全明确，目前认为携带遗传易感基因的宿主在环境因素的参与下，由于慢性肠道感染、黏膜抗原屏障缺陷、抗原主动免疫失调等，导致 IBD 发生。免疫学机制在炎症性肠病发病机制中居中心地位。

IBD 广泛分布于世界各地，其发病率有明显地域差异及种族差异，以北美、欧洲最高，亚洲最低。IBD 在西方国家常见，溃疡性结肠炎发病率为（2～20）/10 万人口，克罗恩病发病率为（1～10）/10 万人口，但我国尚无流行病学研究报道。我国过去一直认为本病少见，但近 20 年来临床报告的病例逐渐增加。总的来说，我国溃疡性结肠炎较欧美少见，且病情一般较轻；克罗恩病少见，但非罕见。

一、病因和发病机制

IBD 的病因和发病机制尚未完全明确，已知肠道黏膜免疫系统异常反应所致的炎症过程在 IBD 发病中起重要作用。目前认为 IBD 的发病是由多种因素相互作用所致，主要包括免疫、环境、遗传和感染因素。

1. 免疫因素 是炎症性肠病研究最活跃的部分。炎症性肠病常表现出免疫异常，如肠黏膜免疫细胞数量增多；肠道局部体液或细胞免疫活性增强；并发或伴发其他与免疫有关的病变和疾病，糖皮质激素及免疫抑制剂有效等。因此肠黏膜免疫功能异常可以用来解释炎症性肠病的某些临床和病理表现。对炎症性肠病的研究，尽管未发现特异性病原，以及存在大量有争议的研究结果，但炎症性肠病至少是累及肠黏膜免疫系统的疾病，这已经是十分肯定的了。

（1）自身抗体：Broberger 和 Perlman 首先发现了炎症性肠病患者血清中存在抗结肠上皮的抗体，以后又相继发现了一些抗细菌抗原、抗病毒及抗食物抗原的抗体，如 β-乳球蛋白，但这些抗体对疾病的鉴别诊断多不具有特异性。自身抗体可以引起病理损伤，导致结肠上皮细胞、结肠组织、中性粒细胞、内皮细胞等抗体，目前报道较多的是外周型抗中性粒细胞浆抗体（p-ANCA）、结肠炎结合抗体（CCA-IgG）和抗酿酒酵母抗体（ASCA）。

p-ANCA 是粒细胞所特有的。研究发现，约 75% 的溃疡性结肠炎患者血清中可检出该抗体，克罗恩病及正常人中亦可检出，但在 20% 以下。p-ANCA 阳性不仅存在于溃疡性结肠炎患者，同时也可见于类风湿关节炎、原发性硬化性胆管炎和慢性肝炎患者。溃疡性结肠炎患者血清中 p-ANCA 阳性率及有研究认为 p-ANCA 阳性与 HLA-DR2 相关，所以 p-ANCA 的真正意义还需进一步研究。

（2）T 淋巴细胞：多数肠黏膜 T 细胞在正常或病理免疫反应中具有抗原特异性，能通过抗原递呈细胞表面的 HLA 分子识别蛋白质抗原多肽。大多数研究报道，炎症性肠病患者的淋巴细胞与正常人比较无显著性差异，辅助性 T 细胞和抑制性 T 细胞在功能上也无缺陷。但炎症性肠病的肠黏膜记忆细胞表达 CD45RO$^+$ 增加，而且肠黏膜淋巴细胞表达早期激活抗原 4F2 抗原、转铁蛋白受体及 IL-2 受体等增加，说明炎症性肠病患者活动期肠黏膜 T 淋巴细胞的活性增强，免疫反应性增高。

根据分泌细胞因子的不同，CD4$^+$T 细胞可分为 T_{H_1} 和 T_{H_2} 两个亚类。T_{H_1} 和 T_{H_2} 细胞因子的不平衡能促使炎症的发生。在克罗恩病，T_{H_1} 细胞被选择性地激活，分泌各种促炎介质，如 IL-2、IFN-γ；而在溃疡性结肠炎，T_{H_2} 细胞被选择性地激活，分泌各种抗炎介质，如 IL-4、IL-10。这一发现提示，溃疡性结肠炎与克罗恩病可能具有不同的免疫反应类型。

（3）免疫球蛋白：炎症性肠病的组织学改变显示有 B 淋巴细胞和 T 淋巴细胞的混合浸润。正常肠组织的淋巴细胞以 IgA 分泌型 B 细胞为主，而炎症性肠病组织中 IgG 分泌型 B 细胞明显增加；同时炎症性肠病肠黏膜单核淋巴细胞分泌 IgG 增加及其亚型的改变，可能是由于浆细胞数量增加或不同类型浆细胞比例的变化。溃疡性结肠炎与克罗恩病患者肠淋巴细胞的总数较正常人明显增加，而且分泌 IgA、IgG 的 B 淋巴细胞增加；溃疡性结肠炎患者以 IgG1 和 IgG3 增高为主，克罗恩病以 IgG1 和 IgG2 增高明显，这种差异的出现可能是由于受刺激的抗原不同。

（4）补体和黏附分子：补体激活成分及其组成的免疫复合物具有致炎和免疫调节作用，可通过致炎和免疫放大作用，导致炎症性肠病的组织损伤。研究显示，溃疡性结肠炎的组织损伤可能与补体激活、IgG1 分泌有关，此外炎症性肠病患者炎症肠黏膜或黏膜下血管外有补体复合物沉积，并发现克罗恩病患者空肠灌注液内的 C3 和 C4 水平明显增高。

免疫球蛋白家族受体、整合素及选择素这三类黏附分子受体参与淋巴细胞与周围间质或细胞间的相互作用。炎症性肠病淋巴细胞表达整合素，选择素和免疫球蛋白受体增加，使淋巴细胞粘连血管内皮、浸润肠黏膜能力增加，但整合素 $\alpha4\beta7$ 受体表达下降，其原因及作用尚不清楚。

（5）粒细胞和巨噬细胞：炎症性肠病疾病活动时，大量中性粒细胞和单核细胞穿过血管壁进入病变的肠黏膜及黏膜下组织，引起炎症反应。研究发现，炎症性肠病患者的单核细胞、巨噬细胞迁移能力增强；而克罗恩病患者中粒细胞游走功能降低，推测这可能是克罗恩病发生慢性炎细胞浸润及产生慢性肉芽肿的原因。故在临床上测定肠粒细胞和巨噬细胞吞噬及运动能力，对评估疾病的活动性有一定价值。

（6）细胞因子：是由许多细胞产生的小相对分子质量的可溶性多肽，参与机体多种病理生理过程。促炎细胞因子与抗炎细胞因子间的平衡失调被视为炎症性肠病的一个重要发病机制。IL-1、IL-6、TNF-α 及其他细胞因子 IL-8 和 MCP-1 等均可增高，且与病情程度有关。

2. 环境因素　近几十年来，IBD 的发病率持续增高，这一现象首先出现在经济高度发达的北美、北欧，继而是西欧、南欧，最近才是日本、南美。这一现象提示环境因素的变化在 IBD 的发病中起重要作用。可能的机制是随着环境条件的改善，人们接触致病菌的机会减少，婴儿期肠黏膜由于缺乏足够的微生物刺激，导致黏膜屏障防御作用减弱，以致对病原菌不能产生有效的免疫应答。流行病学研究发现了许多与 IBD 相关的环境因素，如吸烟、饮食、口服避孕药、NSAID 药等。其中最为明确的是吸烟与克罗恩病恶化相关，而对溃疡性结肠炎可能有保护作用。

3. 遗传因素　IBD 发病具有家族聚集现象，表现在 IBD 患者一级亲属发病率显著高于普通人群，而患者配偶的发病率不增加；另外，单卵双胞的克罗恩病一致患病率显著高于双卵双胞。近年来，基于全基因组扫描及候选基因研究，发现了不少可能与 IBD 相关的易感区域和易感基因，从早期的 HLA 等位基因，到近来的 NOD2/CARD15、OCTN、DLG5、ATG16L1、IL23R 等，其中 *NOD2/CARD15* 基因突变已被证实与克罗恩病发病相关。机制是该基因的突变影响编码蛋白的结构和功能，进而影响 NF-κB 的活化及免疫反应信号通路的传导。但 *NOD2/CARD15* 基因突变在中国、日本等亚洲人中并不存在，提示不同种族、不同人群间遗传背景存在差异。目前认为，

IBD 不仅是多基因遗传病，而且也是遗传异质性疾病，是由特定的环境因素作用于遗传易感个体而发病。

4. 感染因素 微生物在 IBD 发病中的作用一直很受重视，但迄今尚未找到某一特异微生物病原与 IBD 有恒定关系。近年来，学者们普遍认为，IBD 是易感个体针对自身正常肠道菌群的异常免疫反应引起的。这一观点有两方面的证据支持：第一，用转基因或基因敲除方法造成的 IBD 动物模型，在肠道无菌环境下不会发生肠道炎症，但若重新恢复肠道正常菌群状态，则出现肠道炎症；第二，临床上细菌的滞留易促发克罗恩病发生，而粪便转流能防止克罗恩病复发。因而抗生素或微生态制剂对某些 IBD 患者有益。

目前对 IBD 病因和发病机制的认识可以概括为：环境因素作用于遗传易感者，在肠道菌群的参与下，启动了肠道免疫累及非免疫系统，最终导致免疫反应和炎症过程。可能由于抗原的持续刺激和（或）免疫调节紊乱，最终这种免疫炎症反应表现为过渡亢进和难以自限。一般认为克罗恩病和溃疡性结肠炎是同一疾病的不同亚类，组织损伤的基本病理过程相似，但可能由于致病因素不同、发病的具体环节不同，最终导致组织损害的表现不同。

炎症性肠病分为溃疡性结肠炎和克罗恩病，虽然其病因及发病机制尚未完全明确，但免疫因素在其发病机制中起着极其重要的作用。细胞因子是指主要由免疫细胞分泌的能够调节细胞功能的小分子肽，是体内细胞之间相互作用的主要介质，细胞因子的产生和相互作用对机体防御疾病和维持生理平衡具有重要意义。TNF-α、IL-6 是重要的促炎因子和免疫调节因子。

TNF-α 以自分泌和旁分泌的方式在炎症性肠病的肠黏膜局部发挥主要作用，其中肠道菌群产生的脂多糖可以直接活化位于肠黏膜固有层中的巨噬细胞，促使其增生并且释放 TNF-α。一方面，TNF-α 能够活化内皮细胞表面整联素的表达，增加细胞 Ca^{2+} 的浓度，并释放血小板活化因子，促进血小板、淋巴细胞、白细胞黏附到肠黏膜的内皮细胞上，并生成白三烯和氧自由基诱导一氧化氮合酶异构体，从而产生大量一氧化氮，引起细胞损伤。另一方面，TNF-α 与干扰素的共同作用能够使肠上皮细胞的屏障功能及形态结构发生改变，进而增加肠黏膜与血管壁的通透性，最终破坏肠道黏膜的完整性，形成溃疡。TNF-α 还可以减少血栓调节素的释放，激活组织因子并抑制纤溶酶原激活抑制剂 I 的合成，促进血栓形成，导致机体处于促凝血状态，在炎症性肠病患者固有膜小血管炎的基础上，形成微血栓，造成肠组织微循环障碍。TNF-α 还能促使 IL-1β、IL-2、IL-8 等细胞因子的释放，这些因子之间形成网络，扩大炎症级联反应的发生而促使肠黏膜损伤，从而造成炎症性肠病具有慢性炎症的特性。

大量研究表明，在溃疡性结肠炎和克罗恩病患者中，TNF-α 阳性表达升高，其可作为炎性介质介导结肠黏膜的病理损伤。国外研究学者发现，在健康人群血清中很少能检测到 TNF-α，而在炎症性肠病患者尤其是活动期人群中，其血清中检测出 TNF-α 的阳性率可高达 45% 以上。

二、溃疡性结肠炎

溃疡性结肠炎（UC）是一种慢性非特异性结肠炎症，病变主要限于结肠的黏膜层和黏膜下层，多累及直肠和远端结肠，也可向近端扩展，以至遍及整个结肠。主要症状有腹痛、腹泻、黏液脓血便。该病病程漫长，病情轻重不一，常反复发作。本病在我国的发病率较欧美为低，但近年来本病发病呈上升趋势，本病可发生在任何年龄，尤以 20～30 岁最多见，男性略多于女性。

（一）临床表现

一般起病缓慢，少数急骤。病情轻重不一，易反复发作。

1. 消化系统表现

（1）腹泻和黏液脓血便：见于绝大多数患者，是疾病活动的重要表现。大便次数和便血的程度可以反映病情的轻重，轻者排便 2～4 次/日，便血轻或无；重者每日可达 10 次以上，脓血明显甚至大量便血。粪质亦与病情轻重有关，多数为糊状，重者可致稀水样。

（2）腹痛：多数患者一般主诉有轻度至中度腹痛，大都为左下腹或下腹的阵发性绞痛。疼痛后可有便意，排便后疼痛可暂时缓解。若并发肠穿孔或腹膜炎时，腹痛持续剧烈。

（3）其他：腹胀、恶心、呕吐、食欲减退等。

（4）体征：左下腹或全腹常有压痛，伴肠鸣音亢进，常可触及硬管状的降结肠或乙状结肠。若有腹肌紧张、反跳痛、肠鸣音减弱应注意中毒性巨结肠、肠穿孔等并发症。

2. 全身症状　一般体温正常，可有轻度贫血。急性期可有发热，重症时出现全身毒血症，低蛋白血症，水、电解质紊乱，体重减轻等。

3. 肠外表现　本病可伴有多种肠外表现，包括关节炎、结节状红斑、巩膜外层炎、前葡萄膜炎、复发性口腔溃疡等。另外骶髂关节炎、强直性脊柱炎、原发性硬化性胆管炎及少见的淀粉样变性等，可与溃疡性结肠炎共存。

4. 临床分型

（1）临床类型：分为初发型、慢性复发型、慢性持续型和急性暴发型。

（2）临床严重程度：按病情严重程度可分为轻、中、重度。轻度：腹泻每日 4 次以下，便血轻或无，无发热、脉速、贫血无或轻、红细胞沉降率正常；重度：腹泻每日 6 次以上，伴明显的黏液脓血便，体温＞ 37.5℃，脉搏＞ 90 次/分、血红蛋白＜ 100g/L、红细胞沉降率＞ 30mm/h；中度：介于轻度和重度之间。

（3）病变范围：可分为直肠炎、直肠乙状结肠炎、左半结肠炎、右半结肠炎、区域性结肠炎及全结肠炎。

（4）病情分期：分活动期和缓解期。

溃疡性结肠炎的并发症主要有中毒性巨结肠、结肠癌变等。中毒性巨结肠多见于急性暴发型，病情凶险，多累及横结肠或全结肠，受累结肠大量充气致腹部膨隆，肠鸣音减弱。中毒性巨结肠的发生可能由于钡剂灌肠、低钾、应用抗胆碱能药物或麻醉剂等诱发，也可自发发生。结肠癌变与溃疡性结肠炎病变范围和时间长短有关，多见于广泛性结肠炎、幼年发病而病程漫长者。其他并发症包括结肠狭窄、肠梗阻、结肠息肉、肠出血等。

（二）实验室和其他检查

其他检查主要有血液检查、粪便检查、自身抗体检查、结肠镜检查和 X 线检查。

1. 血液检查　血红蛋白在轻型病例多正常或轻度下降；中、重度型病例有轻、中度下降，甚至重度下降。活动期中性粒细胞增高。红细胞沉降率增快和 C 反应蛋白增高是疾病活动的标志。

2. 粪便检查　粪便常规检查常见黏液脓血，镜下可见血细胞和脓细胞，急性期可见巨噬细胞。粪便检查的目的是排除感染性结肠炎，是本病诊断的重要步骤，需反复多次进行。

3. 自身抗体检查　外周型抗中性粒细胞胞浆抗体（p-ANCA）和抗酿酒酵母抗体，对这两种抗体的检测有助于溃疡性结肠炎和克罗恩病的诊断及鉴别诊断。

4. 结肠镜检查　是本病诊断及鉴别诊断的最重要手段之一，本病呈连续性，弥漫性分布。镜下的重要改变有黏膜充血、水肿、粗糙呈颗粒状、质脆、触之易出血、表面附着脓性分泌物；黏膜血管纹理模糊、紊乱及消失。镜下黏膜活检组织学见弥漫性炎细胞浸润，活动期表现为糜烂、溃疡、隐窝炎、隐窝脓肿；慢性期表现为隐窝结构紊乱、杯状细胞减少。

5. X 线检查　X 线征主要有黏膜紊乱和颗粒样改变；多发性浅溃疡表现为管壁边缘毛糙呈锯

齿状及小龛影；炎性息肉多为圆形或卵圆形充盈缺损；肠管缩短，结肠袋消失呈铅管状。

（三）诊断和鉴别诊断

1.诊断 本病的诊断依据主要包括腹泻、黏液脓血便、腹痛及不同程度的全身症状；反复发作的趋势；三次以上的大便常规及培养无病原体发现；内镜及X线检查呈溃疡性结肠炎改变及相应的病理学改变。一个完整的诊断应包括临床类型、严重程度、病变范围和病情分期。

2.鉴别诊断

（1）慢性细菌性痢疾：常有急性细菌性痢疾病史，粪便或直肠拭子培养，可分离出痢疾杆菌。

（2）阿米巴肠病：病变以近端结肠为主，粪便中可找到溶组织阿米巴包囊或滋养体，抗阿米巴药物治疗有效。

（3）血吸虫病：有流行区疫水接触史，粪便可检出血吸虫虫卵孵化的虫蚴。

（4）结肠癌：结肠镜检查和活组织检查可予以鉴别。

（5）克罗恩病：腹泻一般无肉眼血便，病变部位主要在回肠末端及邻近结肠，非连续性分布。但要注意的是，有时候克罗恩病单纯累及结肠，此时与溃疡性结肠炎的鉴别尤为重要，鉴别要点详见表23-1。

表 23-1 溃疡性结肠炎与结肠克罗恩病的鉴别

项目	溃疡性结肠炎	结肠克罗恩病
症状	脓血便多见	有腹泻但脓血便少见
病变分布	病变连续	呈节段性
直肠受累	绝大多数受累	少见
末端回肠受累	罕见	多见
肠腔狭窄	少见、中心性	多见、偏心性
瘘管、肛周病变、腹部包块	罕见	多见
内镜表现	溃疡浅、黏膜充血水肿	纵性溃疡、鹅卵石样变
颗粒状、脆性增加	病变之间黏膜外观正常	
活检特征	固有膜全层弥漫性炎症	裂隙状溃疡
隐窝脓肿、隐窝结构异常	非干酪性肉芽肿	
杯状细胞减少	黏膜下层淋巴细胞聚集	

（6）其他：肠易激综合征、放射性肠炎、缺血性肠炎、过敏性紫癜等。

（四）治疗

由于本病病因未明，目前药物治疗主要通过阻断炎症反应和调节免疫功能。治疗的目的是：控制急性发作，维持缓解，减少复发，防治并发症。

1.一般治疗 在急性发作期或病情严重时均应卧床休息，饮食以柔软、易消化、富含营养和热量为原则。重型或暴发型患者应入院治疗，及时纠正水电解质平衡紊乱、贫血及低蛋白血症。病情严重者应禁食，给予胃肠外营养支持治疗。

2.药物治疗 氨基水杨酸制剂和肾上腺皮质激素是目前控制本病最为有效的药物。药物治疗方案的选择取决于病变的范围和病情的严重程度。

（1）轻型：选用柳氮磺吡啶（SASP）或 5- 氨基水杨酸（5-ASA），逐渐加量至 3 ～ 4g/d，分 3 ～ 4 次口服；直肠炎者可用栓剂；如无效，对于病变部位较低者，可改用氢化可的松琥珀酸钠 50 ～ 100mg，保留灌肠，1 ～ 2 次 / 日，对于病变范围较广者，可口服泼尼松 30 ～ 40mg/d。

（2）中型：可用上述剂量的水杨酸制剂治疗，疗效不佳者可用泼尼松 40mg/d 口服，症状缓解后逐渐减量。

（3）重型：用大剂量皮质激素治疗，一般静脉滴注氢化可的松琥珀酸钠 300mg/d 或甲泼尼龙 48mg/d，并使用广谱抗生素以控制可能存在的继发感染。对激素治疗效果不佳者或激素依赖者，可短期应用免疫抑制剂，如环孢素，大都可缓解病情。

（4）维持巩固治疗：应用皮质激素见效后应维持 1 ～ 2 周后逐渐减量，为减少副作用和控制复发，在减量过程中可使用 SASP、5-ASA 或免疫抑制剂，维持治疗时间至少 1 年。

3. 外科治疗　手术治疗指征：肠穿孔；大量或反复严重出血；肠腔狭窄并发肠梗阻；癌变或多发性息肉；中毒性巨结肠内科治疗 12 ～ 24 小时无效者；结肠周围脓肿或瘘管形成；并发关节炎、皮肤和眼部疾病药物治疗无效者；长期内科治疗无效者。手术方式根据病变性质、范围、病情及患者的全身情况而定。

（五）预后

本病呈慢性过程，多反复发作，轻度溃疡性结肠炎患者及长期缓解者预后较好；急性暴发型、有并发症及年龄超过 60 岁者预后不良。病变范围广或病程漫长者癌变危险性增加，应注意随访。

三、克罗恩病

克罗恩病（CD）是一种病因尚不清楚的胃肠道慢性炎症状肉芽肿性疾病，病变多见于末端回肠和邻近结肠，但从口腔到肛门各段消化道均可受累，呈节段性或跳跃式分布。临床以腹痛、腹泻、腹部包块、瘘管形成和肠梗阻为特点。可伴有发热、营养障碍等全身表现，以及关节、皮肤、眼、口腔黏膜、肝等肠外损害。本病有终身复发倾向，预后不良。任何年龄均可发病，但以 15 ～ 30 周岁多见，男女患病率近似。

（一）临床表现

起病大都隐匿、缓慢，病程常在数月到数年以上。活动期和缓解期长短不一、相互交替出现、反复发作中呈渐进式进展。本病临床表现复杂多变，与临床类型、病变部位、病期及并发症有关。

1. 消化系统表现

（1）腹痛：绝大多数患者均有腹痛，性质多为隐痛、阵发性加重或反复发作，以右下腹多见，其次是脐周和全腹，常于进餐后加重，排便和肛门排气后缓解。体检常有右下腹压痛。全腹剧痛和腹肌紧张提示病变肠道急性穿孔。

（2）腹泻：为本病常见症状，多数 2 ～ 6 次 / 日，可为糊状和水样，一般无黏液和脓血。

（3）腹部包块：部分病例可出现腹部包块，以右下腹或脐周多见。

（4）瘘管形成：是克罗恩病的特征性临床表现，因透壁性炎性改变穿透肠壁全层至肠外组织或器官形成。

（5）肛门周围病变：少数病例出现肛瘘管形成、肛周脓肿、肛裂等肛门病变。

2. 全身表现

（1）发热：为常见的全身表现之一，间歇性低热或中度热常见，与肠道炎症活动及继发感染有关。

（2）营养不良：因肠道吸收障碍和消耗过多，常引起患者贫血、消瘦、低蛋白血症等表现。

3. 肠外表现　与溃疡性结肠炎的肠外表现类似，但较溃疡性结肠炎发病率高，在我国患者中以口腔黏膜溃疡、皮肤结节性红斑、关节炎及眼部病变常见。

4. 临床分型　区别本病不同的临床情况，有助于全面估计病情及预后，制订治疗方案。

（1）临床类型：根据疾病行为可分为狭窄型、穿通型和非狭窄非穿通型。各型间可有交叉或相互转化。

（2）病变部位：参照影像学和内镜检查结果确定，可分为小肠型、结肠型和回结肠型。若其他消化道部位受累需注明。

（3）严重程度：主要依据临床表现及病变来区分疾病活动期或缓解期，估计病情严重程度（轻、中、重度）。

40% 以上病例有不同程度的肠梗阻，急性穿孔占 10% ～ 40%，部分病例有肛门区和直肠病变、瘘管、中毒性巨结肠、癌变等，但在国内少见。

（二）实验室和其他检查

其他检查主要有实验室检查、结肠镜检查和影像学检查。

1. 实验室检查　贫血与病情严重程度有关，活动期红细胞沉降率加快、C 反应蛋白增高、外周血白细胞增高。大便潜血检查常呈阳性。血清中抗酿酒酵母抗体（ASCA）阳性是克罗恩病的相对特异的血清学标志物。

2. 结肠镜检查　镜下可见病变呈节段性分布；黏膜充血水肿；鹅口疮样溃疡、纵性溃疡、鹅卵石样改变；肠腔狭窄、肠壁僵硬；炎性息肉形成；病变间黏膜外观正常。活检组织学改变是非干酪样坏死性肉芽肿、裂隙状溃疡、固有膜底部和黏膜下层淋巴细胞聚集，但隐窝结构正常，杯状细胞不减少。因为罗克恩病变累及范围广，其诊断往往需要 X 线与结肠镜检查相互配合。

3. 影像学检查　对疾病诊断具有重要作用，特别是对肠壁狭窄内镜检查无法达到者。X 线表现为胃肠道的炎性改变：黏膜皱壁破坏、卵石征、瘘管形成、肠腔不规则扩张或狭窄等征象。CT、MRI、腹部 B 超可显示肠壁增厚、腹腔脓肿、包块等。

（三）诊断和鉴别诊断

1. 诊断　对于慢性起病，反复发作性右下腹痛或脐周痛、腹泻、体重下降，特别是伴肠梗阻、腹部包块、肠瘘、肛周病变者，临床上应考虑本病。本病的诊断主要依据临床表现、X 线检查、结肠镜检查和活动组织检查所见进行综合分析判断。

2. 鉴别诊断

（1）溃疡性结肠炎：详见"溃疡性结肠炎"部分。

（2）肠结核：和克罗恩病在临床上较难鉴别诊断，肠结核病变主要累及回盲部及邻近结肠，不呈阶段性分布，瘘管和肛周病变少见，结核菌素试验阳性，抗结核治疗有效，组织学检查可见干酪样坏死性肉芽肿。

（3）其他感染性疾病：细菌性痢疾、阿米巴肠炎、血吸虫病等，可通过询问病史及粪便培养以鉴别诊断。

（4）肿瘤：结肠癌、小肠淋巴瘤、肉瘤等在内镜下活组织检查可鉴别确诊。

（四）治疗

克罗恩病的治疗原则和药物应用与溃疡性结肠炎相似，但具体实施又有所不同，如氨基水杨酸类药物应视病变部位选择应用，对糖皮质激素抵抗或依赖的患者在克罗恩病中多见，因此免疫抑制剂及生物制剂的使用较为普遍。

1. 一般治疗 必须戒烟，给予高营养低渣饮食，适当补充叶酸、维生素 B_{12} 等多种维生素，重症患者酌情胃肠外营养支持。

2. 药物治疗

（1）氨基水杨酸制剂：柳氮磺吡啶（SASP）或 5- 氨基水杨酸（5-ASA）适用于慢性轻、中度活动期的结肠型或回结肠型患者，剂量：SASP 4～6g/d，病情缓解后逐渐减至维持量 1～2g/d，维持用药 1～2 年。小肠型克罗恩病可用 5-ASA。病变部位位于直肠、乙状结肠、降结肠者可采用 SASP 制剂 2～4g/d 灌肠。

（2）肾上腺皮质激素：对中、重度克罗恩病活动者宜采用激素治疗。常用剂量：波尼松 30～60mg/d，用药 10～14 天，病情缓解后逐渐减量至 5～15mg/d，维持 2～3 个月；不能口服者静脉滴注氢化可的松 200～400mg/d 或甲泼尼龙 48mg/d；对直肠、乙状结肠、降结肠病变者可用氢化可的松 100mg/d 保留灌肠。由于激素的严重副作用和对维持缓解作用不确切，一般主张在急性发作控制后应尽快撤除。

（3）免疫抑制剂：对氨基水杨酸制剂和（或）皮质激素治疗无效者，可应用免疫抑制剂。硫唑嘌呤对难治性克罗恩病有诱导和维持缓解作用，促进瘘管闭塞及对肠切除术后的维持有很好的疗效。常用剂量：每日 2～2.5mg/kg，起效时间为 3～6 个月，严重的不良反应是骨髓抑制表现，用药时应密切监测。其他药物有环孢素、氨甲蝶呤等。

（4）抗生素：某些抗菌药物如甲硝唑、环丙沙星、克拉霉素对本病有一定疗效，但这些药物长期应用副作用大。

（5）肠道益生菌：肠道正常菌群，特别是混合型（乳酸杆菌和双歧杆菌）对改善克罗恩病有积极意义。

（6）生物制剂：英夫利昔（Infliximab）是抗 TNF-α 的单克隆抗体，为促炎细胞因子拮抗剂，临床试验证明对传统治疗无效的活动性克罗恩病有效，剂量 5mg/kg 滴注。其他生物制剂如 IFN-α、NF-κB 抑制剂、上皮细胞生长因子、生长激素等的有效性尚需进一步研究。由于生物制剂针对性强、副作用小，故临床应用前景广泛。

3. 外科治疗 外科手术不能治愈克罗恩病，且术后复发率高，应尽量避免手术治疗。手术适应证主要包括完全性肠梗阻、瘘管、急性穿孔、不能控制的大出血及怀疑恶变者。

（五）预后

本病以慢性渐进型多见，虽可经治疗好转或自行缓解，但常反复发作。急性重症者常有严重毒血症和并发症，预后较差。

第二节　自身免疫性肝炎

自身免疫性肝炎（autoimmune hepatitis，AIH），是一种由自身免疫介导的肝脏慢性炎症损伤性疾病。其主要特征包括肝酶异常、高丙种球蛋白血症、高血清自身抗体，以肝组织病理改变、女性易患等为特征。AIH 病因迄今不明。人白细胞抗原（HLA）DR3 和 DR4 被认为是 AIH 的主要易感基因。遗传易感者 Treg 细胞数量减少或功能减低可造成免疫应答失控和肝靶向自身免疫病的发生。激素治疗可显著缓解病情。

一、病　因

本病的病因未明，目前认为可能与以下因素相关：

（一）诱发因素

如外来抗原和自身抗体间的"分子模拟"是多种自身免疫病的发病原因之一。已有报道，多种外来抗原可通过与自身抗原相似的表位及突破自身抗原耐受、模拟隐蔽抗原、产生新的表位等方式破坏自身耐受，诱发自身免疫反应。

（二）遗传因素

研究表明，AIH 有极强的遗传倾向，患者的家族成员中自身抗体的检出率和其他自身免疫病的发病率均高于对照组。

（三）免疫因素

此类患者存在对自身免疫反应调控的缺陷，尤其调节性 T 细胞失常，失去对自身免疫性 T 细胞的抑制作用，与靶组织发生免疫反应，从而导致肝细胞损伤。

（四）病毒感染和药物因素

嗜肝病毒感染及机体对药物或其他肝毒素的特应性反应可通过促进 HLA 分子的表达、改变免疫调控机制或模拟自身抗原等，提高机体的自身反应性，成为 AIH 的启动因素。

（五）其他影响因素

其他影响因素主要有年龄、性别、内分泌等。如 AIH 多发生于女性，以青春期和绝经期前后为发病高峰，且年轻女性的病情常较重，上述现象提示本病可能与内分泌有关。

二、发病机制

本病的发病机制仍不清楚。研究提示其发生可能与遗传因素有关。目前认为自身抗体与肝细胞膜表面表达的微粒体酶细胞色素 P450 Ⅱ D6- 肝特异性脂蛋白（LSP）反应导致的组织损伤可能是最主要的效应机制。

（一）自身抗原的出现

去唾液酸糖蛋白受体（ASGP-R）是肝特异性抗原，而含有多种抗原物质的 LSP 则是肝细胞膜的正常成分。临床发现，多数患者的血清中可检出抗 LSP 和抗 ASGP-R 的自身抗体，其滴度与病情的活动度及严重性呈正相关。

（二）T_{H_1}/T_{H_2} 亚群平衡失常

机体 $CD4^+T_{H_1}/CD4^+T_{H_2}$ 亚群平衡失常可导致免疫调节功能紊乱，使自身反应性淋巴细胞脱抑制而致功能亢进，而从产生自身免疫反应。研究发现，AIH 患者体内有对自身肝细胞膜抗原耐受性消失的 T_H 细胞。

（三）自身抗体介导的免疫损害

AIH 患者血清中存在多种自身抗体，当自身抗体与肝细胞膜上相应的靶抗原特异性结合后，其抗体的 Fc 段又可通过 Fc 受体与 NK 细胞结合，激活 NK 细胞，诱发抗体依赖性细胞介导的细胞毒作用，使肝细胞溶解破坏。同时这些自身抗体与游离于细胞外的自身抗体结合则可形成免疫复合物，该复合物在一定条件下可沉积于血管壁基膜、滑液囊等处，激活补体，引起局部炎症反应，破坏周围组织，导致血管炎和关节炎等肝外病变。

（四）细胞免疫介导的肝细胞损伤

AIH 患者的肝组织病理学检查显示汇管区周围的肝细胞呈碎屑样坏死，伴淋巴细胞和浆细胞为主的炎性细胞浸润。对浸润淋巴的分析表明在汇管区和损伤组织内以 $CD4^+T$ 细胞浸润为主，而肝实质碎屑坏死处则主要是 $CD8^+T$ 细胞，且与坏死的肝细胞密切接触，围绕坏死的肝细胞形成玫瑰花样，提示有细胞免疫介导的细胞毒作用。

三、临床表现

AIH 是一种肝脏的炎症性疾病，缺乏典型的临床表现。患者以女性为主，男女之比为 1：4，青春期及绝经期前后发病者为多。年轻者多病情较重。起病大多隐袭，慢性起病，症状缺乏特异性。患者逐渐出现食欲减退、疲乏无力、右上腹不适、关节肌肉疼痛、皮疹发热等症状，部分患者间歇性黄疸、皮肤瘙痒。25% 的患者伴有肝外自身免疫病表现，如胸膜炎、心包炎、慢性肾小球肾炎、慢性淋巴细胞性甲状腺炎、溃疡性结肠炎等。还有部分患者没有任何症状，仅因肝酶升高而诊断。少数患者起病急，起病时即表现为急性肝衰竭或出现肝硬化。

疾病的预后似乎与症状的有无和病情的轻重关系不大，与种族遗传可能有关。研究发现，与亚裔和高加索裔相比，西班牙裔患者更易出现肝硬化，且其循环中白蛋白和血小板更低。确诊后如果不采用免疫抑制剂治疗，约有 40% 的患者将于 6 个月内死亡。

四、诊断要点和分型

国际自身免疫性肝炎学组在 1999 年修订了 AIH 的诊断标准。AIH 依据自身抗体的种类分为三型，Ⅰ 型表现为 ANA 和 SMA 阳性，LKM-1 是自身免疫性肝炎 Ⅱ 型的抗体，LC-1 也常见于此型；SLA/LP 抗体则是自身免疫性肝炎 Ⅲ 型的标志性抗体，其诊断 Ⅲ 型 AIH 的特异度可达 100%。临床上 Ⅰ 型 AIH 多见，Ⅱ、Ⅲ 型 AIH 患者有时表现为 HCV 阳性。

AIH 的诊断有一定难度，部分患者常以类风湿关节炎、甲状腺炎、系统性红斑狼疮等表现为首发症状，易导致漏诊或误诊。临床上多参考 2002 年美国肝脏病学会的诊疗指南作为诊断依据，要点如下：①生化异常：主要是 ALT 和 AST 升高，ALP 正常或轻度升高，α- 抗胰蛋白、铜离子及铜蓝蛋白水平正常；②血清免疫球蛋白升高：血清 γ- 球蛋白或 IgG 水平超过正常上限 1.5 倍；③血清自身抗体阳性：主要有抗核抗体（ANA）、抗平滑肌抗体（SMA）阳性，其滴度≥1：80，部分患者肝肾微粒体 Ⅰ 型抗体（LKM1）阳性，抗线粒体抗体（AMA）阴性；④肝组织病理学改变：主要表现为介面型肝炎、小叶内炎症、中央带融合性坏死和桥接坏死，肝内为明显胆管损伤及肉芽肿样改变；⑤排除其他病因引起的肝损伤：血清病毒学标志均阴性、乙醇消耗量平均每日＜25g，且近期无使用损伤肝的药物史。

五、AIH 的治疗

（一）标准治疗方案

目前，对于 AIH 患者的一线治疗方案仍为长期应用泼尼松或泼尼松联合硫唑嘌呤。美国肝病学会 2010 年更新的 AIH 诊疗指南对治疗适应证、治疗方案、治疗终点、停药后复发的处理、疗效不佳的处理等均作了详细描述。最近 Czaja 教授对 1972 ~ 2013 年 PubMed 上发表的关于 AIH 及肝纤维化、肝硬化、抗肝纤维化治疗及无创诊断的文章进行综述，结果显示应用糖皮质激素治疗后 53% ~ 57% 的 AIH 患者肝纤维化得到改善，79% 的患者进展期肝纤维化得以延缓，甚至肝硬化逆转；因此，他主张对于已经取得生化或组织学缓解 2 ~ 4 年，且没有肝硬化的患者可以尝试停药。

尽管多数患者对糖皮质激素治疗应答良好，但停药后复发是临床医生面临的挑战。有研究发现，即使达到标准，停药复发率仍可高达 90%。

基线时国际标准化比值（INR）高、抗中性粒细胞胞浆抗体（ANCA）阳性、肝硬化及合并其他肝外自身免疫病是影响复发的危险因素。

（二）替代性治疗方案

1. 布地奈德　是一种新型糖皮质激素，具有 90% 的肝脏首过效应，因此激素相关全身性不良反应明显降低。近期一项前瞻性随机双盲多中心试验表明，布地奈德疗效优于泼尼松，且不良反应发生率更低。Woynarowski 等将布地奈德应用于儿童，同样显示出较好的疗效。目前布地奈德推荐用于无肝硬化且不伴有其他肝外自身免疫性疾病的初治 AIH 患者。

2. 吗替麦考酚酯（MMF）　近期一项前瞻性研究采用 MMF 联合泼尼松龙作为初治 AIH 患者的一线治疗方案，59.3% 的患者获得完全缓解，其中 37% 的患者在停用泼尼松龙后仍能持续获得缓解，仅有 2 例（3.4%）患者因严重不良反应而停用 MMF。

另有研究显示，对于标准疗法不耐受的患者，MMF 耐受性好且可使 88% 的患者获得缓解；对于标准疗法应用不佳的患者，MMF 虽无法使其获得完全缓解，但可明显降低糖皮质激素的用量，从而减少副作用。

3. 英夫利昔单抗　作为肿瘤坏死因子拮抗剂，英夫利昔单抗也被用于 AIH 的替代性治疗。最近，Weiler-Normann 等回顾性分析了 11 例应用英夫利昔单抗治疗的难治性 AIH 患者，结果显示在治疗半年后，血清转氨酶及 IgG 水平均显著下降，但 7 例患者发生了感染相关并发症。因此，尚需更大规模的临床试验对其进行研究。

4. 单克隆抗体　美罗华是抗 CD20 单克隆抗体，通过与 B 淋巴细胞 CD20 表面受体结合，消耗大量 B 淋巴细胞，影响补体活性及抗体依赖性细胞毒作用（ADCC），并诱导凋亡。最近一项小规模临床试验纳入 6 例对标准疗法应答不佳的 AIH 患者，应用美罗华（1000mg，2 次 / 日）治疗 2 周，并随访 72 周。第 24 周时患者血清 AST 水平明显下降，IgG 水平有所改善。其中 4 例患者在治疗 48 周时再次行肝穿刺活组织检查，结果显示组织学炎症活动度均有下降。

此外，也有报道应用环孢素、他克莫司、西罗莫司、甲氨蝶呤等治疗取得一定疗效，但仍缺乏大规模临床对照试验结果。

总之，近年来 AIH 诊断与治疗已取得了一定进展，越来越多的临床医生能够认识到并正确诊治该病，然而其远期预后仍较差。

第三节　原发性胆汁性肝硬化

原发性胆汁性肝硬化（PBC）是一种免疫介导的，以肝内小胆管进行性增生、非化脓性炎症为特点的慢性肝内胆汁淤积性疾病。本病的发病年龄在 40～50 岁，男女之比为 1∶（9～10），在 PBC 患者的第一级亲属家庭成员中发病率高达 1.4%～6.4%，高出普通人群 100 倍以上。PBC 不在儿童期发病，西方国家人群发病率为 3‰，30 岁以上妇女的发病率为 9‰，近年有日益增多的趋势。在亚洲，日本的发病率也较高。过去一直以为此病在我国罕见，近年来由于对此病认识的不断加深，发现事实并非如此。

一、病因和发病机制

原发性胆汁性肝硬化可能存在自身抗原，包括三种酶系：①含氧酸脱氢酶复合物，其作为自身抗原被抗线粒体抗体（AMA）识别；②丙酮酸脱氢酶复合物，其靶抗原为 PDCE2 成分，其可作为靶抗原，通过抗原呈递激活 T 淋巴细胞，引起自身免疫反应；③含氧戊二酸脱氢酶复合物。上述三种酶影响 PBC 病情的进展和预后。其病理机制仍是免疫细胞及细胞因子引起胆管破坏，CD8$^+$T 细胞的细胞毒性作用和浸润于受损胆管周围 CD4$^+$ 和 CD8$^+$T 细胞所分泌的各种细胞因子直接或间接导致了小叶间胆管的非化脓性破坏这一特征性改变。一般认为，PBC 和 HLA 关联较弱，但 HLA-DR8C4AQ0 与 PBC 遗传易患性关系密切，而 HLA-DQA10102 基因型可能对该病有保护作用。异常表达的 HLA 的胆管上皮细胞表面有酷似 E2 成分的抗原决定簇，使这些胆管上皮细胞成为 T 细胞攻击的目标，从而引起胆管损伤。另外，PBC 患者可检测到补体 C4 部分缺陷，此缺陷引起免疫复合物沉淀，病毒清除障碍，导致慢性感染而诱发自身免疫反应。PBC 患者患肝细胞癌的相对危险性增加 20 倍，但是否可增加肝外癌症危险尚存争议。

二、临床表现和诊断

PBC 是一种慢性肝内胆汁淤积性疾病，主要表现为肝内小胆管进行性破坏伴门脉炎症性改变。临床表现为慢性阻塞性黄疸和肝脾大，晚期可出现肝衰竭与门脉高压等征象。在病理上表现为进行性、非化脓性、破坏性小胆管炎，最终发展为肝硬化。本病多累积中老年妇女，男女之比为 1∶9。血清碱性磷酸酶（ALP）、γ-谷氨酰转肽酶（γ-GT）升高，抗线粒体抗体（ANA）阳性是本病的重要特征。

PBC 起病隐匿，呈进行性发展，临床上分为有症状和无症状两类，无症状者占 48%～60%，随病程进展可出现乏力、皮肤瘙痒、黄疸，黄疸常出现的部位为手掌、足底、腰部，症状日轻夜重，夏轻冬重，疾病早期不出现或为隐性黄疸，一旦出现黄疸提示病情加速发展，约 25% 的患者皮肤瘙痒和黄疸同时出现。PBC 患者可有皮肤色素沉着、黄染、粗糙增厚或黄色瘤形成，其他体征包括吸收不良、脂肪泻和体重下降，关节病变杵状指、蜘蛛痣、腹腔积液和静脉曲张等，以及甲状腺功能减退。

三、PBC 的特异性治疗

所有肝功能异常的患者均应进行特异性治疗。熊去氧胆酸（UDCA）是目前美国肝病学会食品药品监督管理局（FDA）唯一推荐治疗 PBC 的药物。其治疗胆汁淤积的作用机制可能是联合细胞保护、免疫抑制作用、抗凋亡和利胆等。至今尚无应用免疫抑制剂治疗延长 PBC 患者寿命的报道。

（一）熊去氧胆酸

熊去氧胆酸（UDCA）尽管不能降低患者对肝移植的需求，但可全面改善胆汁淤积的血清生化指标，延缓患者需要进行肝移植的时间，并有可能延长患者寿命。

（二）免疫抑制治疗

由于 PBC 是一种自身免疫性疾病，已有数个随机对照实验来研究免疫抑制药物的疗效。但尚无一种药物有明显的治疗效益，且有较大的副反应，如骨密度降低和骨髓抑制等。所以目前无足够的证据支持免疫抑制剂应用于 PBC 患者。

（三）肝移植

PBC 是肝移植的一个指征。尽管有一些资料提示在肝移植后 PBC 可以复发，但复发率极低，并且病情进展较慢。因此推荐对终末期 PBC 进行肝移植是合理的。

四、PBC 并发症的处理

针对 PBC 的症状和伴发症［如吸收不良、门脉高压和（或）骨质疏松］的治疗也是必不可少的。

（一）皮肤瘙痒

目前对皮肤瘙痒尚无经典有效的治疗方法。口服阴离子交换树脂考来烯胺是治疗皮肤瘙痒的一线药物。如果患者不能耐受考来烯胺的副反应，利福平可作为二线用药。利福平可以很好地控制 PBC 的瘙痒症状，但其并非对所有患者均有效。其效果常在用药 1 个月后才显著。利福平可能通过改变肝细胞内胆酸的内环境及改善 PBC 患者的生化指标，达到止瘙痒作用。

（二）骨质疏松

明确 PBC 诊断后即应定期检测骨密度，以后每 2 年随访一次。教育患者养成良好的生活习惯（如正常作息、戒烟），并可补充维生素 D 和钙。绝经期后女性患者推荐应用激素替代疗法，并最好通过皮肤给药。

（三）SICCA 综合征

对所有 PBC 患者均应询问干眼、口腔干燥和吞咽困难等症状的有无，女性患者还要询问有无性交困难，如有则应给予相应的治疗措施。

（四）雷诺综合征

对于寒冷地区的患者，雷诺综合征的处理是一个棘手问题，患者应避免将手和脚暴露于寒冷的环境中，吸烟者应戒烟。必要时可应用钙离子拮抗剂，但有可能会加重食管下段括约肌功能不全。

（五）门脉高压症

PBC 患者可在肝硬化前发展为窦前性门脉高压，肝硬化患者的门脉高压的处理同其他类型的肝硬化。但 β 受体阻滞剂对于非肝硬化性窦前性门脉高压的疗效有待证实，必要时可考虑进行分流手术。建议 PBC 第一次明确诊断时即应筛查有无食管胃底静脉曲张的存在，其后 2 年复查一次。如发现存在静脉曲张，即应采取措施防止出血。

（六）脂溶性维生素缺乏

高胆红素血症可以并发脂溶性维生素缺乏和钙质吸收不良，在无黄疸的患者，对其脂溶性维生素水平和口服补充的价值知之甚少。脂溶性维生素的补充最好以水溶性的形式给予。每月皮下注射维生素 K 可以矫正继发于维生素 K 缺乏所致的凝血病。

（七）甲状腺疾病

甲状腺疾病可以影响 15% ～ 25% 的 PBC 患者，它通常在 PBC 患者起病前即可存在。建议在患者诊断为 PBC 时，应测定其血清甲状腺激素的含量，并定期检查。

（八）妊娠

关于 PBC 患者的妊娠问题少有报道。在多数病例，妊娠可导致患者出现瘙痒症状或瘙痒加重，这主要是高雌激素水平的致胆汁淤积作用。还有报告提示胆汁淤积的孕妇流产率高。对于有胆汁淤积表现的 PBC 患者的妊娠结果还没有较好的证据。建议由于针对 PBC 的所有治疗措施在妊娠前 3 个月的安全性尚不明了，因此在妊娠的前 3 个月应停用所有的治疗措施。UDCA 在妊娠的后 3 个月是安全的，并对改善母亲的胆汁淤积症状有效。妊娠的女性应进行胃镜检查判断有无曲张静脉的存在，如有应给予非特选择的 β 受体阻抗剂。产科医生应建议患者尽量减少妊娠中期的劳动强度。

随着现代医学的发展和临床医师对 PBC 的认识，PBC 的检出率显著提高，使这类患者能得到及时的诊断和治疗，各种药物也相继推出，然而仍有 30% ～ 40% 的患者用 UDCA 后未达到满意效果。目前迫切需要更好的治疗方案来解决这个难题。

思 考 题

1. 试述溃疡性结肠炎与结肠克罗恩病的鉴别。
2. 什么是自身免疫性肝炎（AIH）？

（严娟娟）

第二十四章 内分泌系统疾病与免疫

免疫系统与神经、内分泌系统关系密切。三个系统相互协调，共同配合构成了一个调节人体各器官、组织的物质代谢和生理功能，抵御外环境有害物质的损害，维持内环境稳定的复杂网络，称为神经－内分泌－免疫网络。

第一节 弥漫性毒性甲状腺肿的发病机制、免疫诊断方法及其免疫治疗

弥漫性毒性甲状腺肿（toxic diffuse goiter）又称 Graves 病（Graves disease，GD）、弥漫性甲状腺肿伴甲亢、突眼性甲状腺肿等，是一种器官特异性自身免疫病，为甲状腺功能亢进症最常见的类型，约占甲状腺功能亢进症的 90%，通常简称甲亢。

一、病因及发病机制

本病是在遗传基础上，由多种环境因素（如感染、精神紧张或精神创伤等）诱发自身免疫反应所致。浸润甲状腺的免疫细胞和引流甲状腺的淋巴组织所产生的甲状腺刺激性抗体（TSAb）是引起甲亢的直接原因。

（一）遗传因素

本病有家族聚集倾向，家族成员的患病率明显高于普通人群。GD 的遗传易感性机制至今未明。目前发现，GD 发病与 HLA 及细胞毒性 T 细胞抗原 -4（CTLA-4）基因相关。在 HLA 中，白种人同 HLA-DR3、B8、DQA1*0501 及 DPB2.1/8 相关，亚洲人同 DQA1*0401、DQB1*0301、DQB1*0501 相关，非洲人与 HLA-DQ3 相关。

（二）环境因素

可能参与 GD 发病的环境因素有精神紧张或精神创伤、感染和摄碘过多等。

（三）自身免疫

GD 自身免疫反应的结果是产生了大量的针对甲状腺滤泡细胞膜上 TSH 受体的抗体（TRAb），其中的 TSAb 可与 TSH 受体结合，刺激滤泡细胞增生肥大、功能亢进，此为引起甲亢的直接病因。自身免疫反应的启动环节和过程并不十分清楚。但已证实，TRAb 主要由浸润甲状腺的免疫细胞产生。甲状腺上皮细胞同免疫活性细胞、树突状细胞存在复杂的相互作用，这些作用可由细胞因子介导和调节。GD 的甲状腺上有 HLA- Ⅱ 类抗原的异常表达，其表达强度依次为 DR、DP、DQ。该表达受免疫细胞产生的 IFN-γ 诱导，TSH、TNF 可增强这种诱导。同时，与抗原提呈相关的多种黏附分子（如淋巴细胞功能相关抗原 -3、细胞间黏附分子 -1）表达增加，滤泡间隙树突状细胞增多，其结果是有可能向 T 细胞提呈抗原，并在 $CD4^+CD25^+$ 调节

性 T 细胞（Treg 细胞）和 Ts 细胞免疫缺陷的基础上触发自身免疫反应。TRAb 的抗原是 TSH 受体已被多数学者认可，但也有以下可能：① TSAb 是一种抗 TSH 的独特型抗体，证据为 TSH 或 TSH 抗体免疫动物可产生 TSAb（即甲状腺刺激免疫球蛋白，TSI）；②肠道的耶尔森菌有 TSH 受体，感染该菌所产生的抗体可与甲状腺细胞膜 TSH 受体结合。利用耶尔森菌感染已成功 建立了 GD 的动物模型，且 GD 患者的耶尔森菌抗体阳性率可达 50%～90%，这表明分子模拟 也可能是 GD 的重要发病机制。

（四）自身免疫性甲状腺病（AITD）的自身抗体

AITD 至少有五个甲状腺抗原 - 抗体系统，即甲状腺球蛋白（TG）及其抗体（TgAb）、甲状 腺微粒体 / 过氧化酶及其抗体（TPO-Ab）、甲状腺激素及其抗体、胶质（非球蛋白）成分及其抗体、 TSH 受体及其抗体（TRAb）等。这些抗体中 TRAb 对 GD 最重要。

1. TSH 受体抗体（TRAb）按抗体的生物学作用不同分类

（1）甲状腺刺激抗体（TSAb）：由浸润甲状腺的淋巴细胞（β 细胞）和引流甲状腺淋巴组 织产生。该抗体可与甲状腺滤泡细胞的 TSH 受体结合，刺激滤泡细胞增生肥大、功能亢进，引起 甲亢。有研究提示，GD 患者 TSAb 阳性率可达 92.5%。测定该抗体的意义有：① TSAb 阳性的甲 亢应属自身免疫性甲亢，即 GD；② GD 患者经长期药物治疗，甲状腺功能已正常但 TSAb 未转阴 者，停药后甲亢可复发（提示病情并非真正缓解，而只有生化和免疫学指标均恢复正常才是真正 的缓解）；③ TSAb 能通过胎盘进入胎儿体内，引起胎儿 - 新生儿一过性甲亢。

（2）甲状腺刺激阻断性抗体（TSBAb）：该抗体本身无生物活性，但同 TSH 受体结合后， 可阻断 TSH 和 TSAb 的作用而引起甲状腺功能减退症（简称甲减）。20%～60% 桥本甲状腺炎（HT） 伴甲减和特发性甲减的患者血中均可检出该抗体。当 TSAb 和 TSBAb 同时存在时，甲状腺功能状 态取决于两者的相对强度。TSAb 占优势时，患者表现为甲亢；TSBAb 占优势时，患者表现为甲减； 势均力敌时，甲状腺功能正常。

（3）促甲状腺生长抗体（TGAb）：不引起甲状腺功能改变，仅刺激甲状腺生长。通常用 3H-TdR 掺入 FRTL-5 细胞的 DNA 量表示 TGAb 水平。

2. 抗甲状腺球蛋白抗体（TgAb） TG 为甲状腺内大分子糖蛋白，分子质量为 66 000Da， 为不完全"隐蔽抗原"。正常人仅有少量 TG 进入血液循环，导致低浓度 TgAb 生成。TgAb 属 IgG。GD 和 HT 的 TgAb 可识别 TG 上依赖二硫键的抗原决定簇。正常人低浓度 TgAb 浓缩后虽 可识别 TG 上大部分抗原决定簇，但几乎不识别依赖二硫键的抗原决定簇。TgAb 的病因学价值不 如 TMAb/TPO-Ab。部分 GD 患者可有低至中滴度的 TgAb，高滴度 TgAb 常见于 HT 患者。

3. 抗甲状腺微粒体 / 甲状腺过氧化酶抗体（TMAb/TPO-Ab） 可固定补体，通过激活补体、 抗体依赖细胞介导的细胞毒作用和致敏 T 细胞的杀伤作用等机制引起甲状腺滤泡的损伤。TMAb/ TPO-Ab 的抗原为甲状腺上皮顶端细胞膜上的甲状腺过氧化酶（TPO）。由于 TPO 是甲状腺激素 合成中的关键酶，而 TPO-Ab 则可直接结合 TPO，影响甲状腺激素的合成，这或许是除细胞毒作 用外，另一个导致甲减的机制。高滴度的 TMAb/TPO-Ab 对 HT 有诊断价值。该抗体的持续存在 对 GD 和 HT 有提示预后的意义，即此类 HT 患者易发展为甲减，而 GD 在 ^{131}I 治疗或手术后易出 现甲减。

4. 抗甲状腺激素抗体（T_3-Ab、T_4-Ab） 可存在于甲亢、甲减或正常人的血液循环中。在各 种甲状腺疾病中，T_4-Ab 检出率为 0.05%～1.4%，T_3-Ab 检出率为 0.01%～0.2%，原发性甲减或 HT 伴高滴度 TgAb 者 T_4-Ab 检出率可高达 20%。T_3-Ab、T_4-Ab 可干扰 T_3、T_4 的放免测定结果， 应予注意。

5. 抗胶质（非球蛋白）成分抗体 该抗体至今尚不知其有何病理学意义。

二、临床表现

本病多见于女性，男女患病比为 1 ：6 ～ 1 ：4，患病高峰为 20 ～ 40 岁，但各年龄组均可患病。起病可急可缓，病情可轻可重。典型表现有：

1. T_3、T_4 分泌过多引起的代谢增高及交感神经过度兴奋的表现 主要有：①易饿、多食而消瘦、无力；②怕热、多汗、皮肤湿润，可伴低热；③心率增快，重者有心房颤动、心脏扩大和心力衰竭；④收缩压升高，舒张压降低，脉压增大；⑤肠蠕动增快，常有腹泻；⑥易激动，多语好动，兴奋失眠，伸手、伸舌可见细微震颤；⑦肌病表现（如无力、疲乏等），慢性肌病主要是近端肌群无力和萎缩，男性患者可伴周期性瘫痪；⑧女性月经紊乱，男性阳痿。

2. 眼部表现 常见的眼征是：交感神经过度兴奋上睑肌和眼外肌，引起上睑挛缩，眼球相对外突，见于各种类型的甲亢。患者本人常无感觉，多由他人或医生发现，表现为上视不皱额，下视睑迟落、突眼、少瞬目，裂宽内聚难等。甲亢治愈，则眼征消失。恶性突眼又称浸润性突眼、内分泌突眼、格雷夫斯眼病等，其突眼度≥18mm，可有眼外肌麻痹、眶周水肿等。患者常诉畏光、流泪、胀痛、刺痛等，为格雷夫斯甲亢特有的眼病，非自身免疫原因的甲亢无此眼征。本病除治疗甲亢外，尚需免疫抑制治疗。

3. 甲状腺表现 甲状腺可弥漫性肿大，扪诊有震颤，听诊可有血管杂音。

三、实验室检查

实验室检查主要有：①甲状腺摄 ^{131}I 率升高，高峰前移；②血中 T_3、T_4、游离型 T_3（FT_3）、FT_4 升高；③高敏感 TSH（s-TSH）或超敏感 TSH（u-TSH）降低；④促甲状腺素释放激素（TRH）兴奋试验无反应或低反应；⑤90% 以上早期甲亢患者 TSAb 阳性。

四、诊 断

1. 临床表现 如怕热、多汗、激动、多食伴消瘦、静息时心动过速、特殊眼征、甲状腺肿大等。

2. T_3、T_4、FT_3、FT_4 检测 T_3、T_4、FT_3 和 FT_4 升高，可诊断甲亢。

3. s-TSH 或 u-TSH 测定 在上述情况基础上，测定 s-TSH 或 u-TSH，降低者为甲状腺性甲亢。

4. GD 的诊断 已诊断为甲状腺性甲亢患者，如有下列一项或一项以上者可诊断为 GD：①甲状腺肿大为弥漫性；②有浸润性突眼；③有胫前黏液水肿；④ TSAb 阳性；⑤摄 ^{131}I 率升高，应除外 TSH 升高和甲状腺有结节者。

五、治 疗

目前，GD 尚无病因治疗。常用的治疗方法主要有：

1. 抗甲亢药物治疗 硫脲药物可抑制甲状腺内的碘有机化，减少甲状腺激素的合成。但此类药不能抑制甲状腺摄碘和已合成激素的释放，故治疗初期应加用 β 受体阻滞剂（如普萘洛尔、倍他乐克等）。

2. 核素 ^{131}I 治疗 利用甲状腺浓集碘和 ^{131}I 释放 β 射线的作用，使甲状腺滤泡上皮细胞破坏、萎缩，分泌减少，以达到治疗目的。但国外报告，治疗 10 年后发生永久性甲减的患者可达 50% ～ 70%，国内亦可达 24%。

3. 手术治疗　甲状腺次全切除术可较快改善免疫学异常。其机制可能是：TSAb 主要由浸润甲状腺的 β 细胞产生，切除了大部分甲状腺组织即去除了 TSAb 的发源地，故术后 TSAb 滴度可迅速下降，甚至转阴，复发率低。但手术为破坏性不可逆治疗，可引起某些并发症，应慎重选择。

4. 免疫抑制治疗　当 GD 伴进展性浸润性突眼时，在药物纠正甲亢的同时，应给予免疫抑制剂，以抑制眼外肌和球后组织的自身免疫反应。通常首选泼尼松 30～60mg/d，分次口服，症状好转后减药。一个月左右见效，见效后可逐渐减至最小维持量（5～15mg/d），维持半年以上甚至 1～2 年或更长。其他免疫抑制药（如 CTX 等）可酌情选用或与泼尼松合用。CsA 亦可治疗本病，虽疗效并不优于泼尼松，但副作用较小。雷公藤、昆明山海棠等中药有免疫抑制作用，可试用。血浆置换可清除血液循环中过多的自身抗体，对急性进展病例有效，国内开展较少。近来，有人设想用利妥昔单抗（Rituximab，美罗华，抗 CD20 单抗，是一种 β 细胞耗竭剂）治疗 GD，因为该单抗可通过抗体和补体依赖的细胞毒作用及诱导细胞凋亡途径耗竭 $CD20^+$ 细胞。但迄今尚无 GD 治疗的临床报道。

第二节　慢性自身免疫性甲状腺炎的发病机制、免疫诊断方法及其免疫治疗

慢性自身免疫性甲状腺炎（chronic autoimmune thyroiditis，CAT）为甲状腺器官特异性自身免疫病，表现为甲状腺有淋巴细胞、浆细胞浸润，血液循环中存在针对甲状腺抗原的自身抗体。原发性甲状腺功能减退可为本病表现或终末期表现。本病与 GD 甲亢、特发性甲减、甲状腺相关性突眼关系密切，统称为 AITD。CAT 可分为两个临床类型，即甲状腺肿大的桥本甲状腺炎（HT）和甲状腺萎缩的萎缩性甲状腺炎。两者的共同点是均有相同的抗甲状腺自身抗体和异常的甲状腺功能；不同点为前者甲状腺肿大，后者甲状腺萎缩，但后者可能是前者的终末期。

一、病因及发病机制

同 GD 一样，HT 也是在遗传易感性的基础上，由于环境因素诱导机体发生自身免疫应答而致病。

（一）病因

1. 遗传因素　目前发现，HT 发病与 HLA 基因相关，其中白种人同 DQA1*0201/*0301、DQA1*0301/DR4、DQA1*0201/DR3、QB1*0201 纯合子相关，日本人同 DQA1*0102、DQB1*0602 和 DQB1*0302 负相关。

2. 环境因素　可能参与 HT 发病的环境因素有碘摄入过多、某些药物（锂盐、IFN-α、IL-2、粒细胞集落刺激因子等）、感染等。

3. 自身免疫反应　免疫反应起始于甲状腺抗原特异性 $CD4^+T$ 细胞的激活，激活机制未明。目前有两种假设：①感染的病毒或细菌含同甲状腺抗原类似的氨基酸序列，通过分子模拟激活特异性 T 细胞；②HT 患者的甲状腺异常表达 HLA-Ⅱ类抗原（包括 DR、DP、DQ），使其易于提呈抗原给 $CD4^+T$ 细胞。而由激活 T 细胞产生的 IFN-γ 又能诱导 HLA-Ⅱ类抗原的进一步表达，通过甲状腺细胞再刺激 T 细胞，使自身免疫反应过程不断持久发展。

（二）发生甲减的机制

本病发生甲减的机制有：①激活 CD4$^+$T 细胞，促使 CD8$^+$ 细胞毒 T 细胞及 B 细胞浸润甲状腺，CD8$^+$T 细胞可直接杀伤甲状腺细胞，B 细胞则产生抗甲状腺抗体。其中，TPO-Ab 能固定补体，通过激活补体、抗体依赖细胞介导的细胞毒作用（ADCC）等机制引起甲状腺滤泡损伤。②TPO 为甲状腺激素合成过程中的关键酶。体外实验显示，TMAb 可直接与 TPO 结合，影响甲状腺激素的合成，导致甲减。③10%HT 和 20% 萎缩性甲状腺炎患者血液循环中存在 TSBAb。该抗体可阻断 TSH 的作用，引起甲减。研究表明，TSBAb 仅在 5% ～ 10%CAT 患者的甲减中起作用。

二、临床表现

HT 为甲状腺炎中最常见的临床类型，确切发病率不清。本病多见于女性，女性是男性的 15 ～ 20 倍。各年龄均可发病，以 30 ～ 50 岁多见，≤ 5 岁儿童罕见。

1. 一般表现 HT 起病隐袭，多数患者病初可无症状。最常见的早期症状是乏力及颈部不适感。

2. 甲状腺表现 甲状腺肿大是 HT 最突出的临床表现，肿大可呈轻至重度（达 350g），多数中度肿大，为正常的 2 ～ 3 倍，重 40 ～ 60g。肿大多呈弥漫性，可不对称，质地坚实，柔韧如橡皮样，随吞咽活动。

3. 甲状腺功能 多数患者就诊时甲状腺功能正常，约 20% 患者有甲减表现，甲亢表现者＜5%。本病呈慢性进行性，随甲状腺破坏而逐渐出现甲减症状。甲减的主要表现为出现呆小病或黏液性水肿、精神迟钝、嗜睡、理解力和记忆力减退、肌肉松弛无力、心动过缓、心音低弱、厌食、腹胀、便秘等。

4. 临床特殊类型

（1）桥本甲亢：指 HT 和 GD 共存。甲状腺同时有 HT 及甲亢两种组织学改变，临床可见典型甲亢表现和实验室检查结果。

（2）桥本假性甲亢：又称桥本一过性甲亢，可能与炎症破坏了正常甲状腺滤泡上皮，使原储存的甲状腺激素进入血液循环有关。甲亢症状短期内可消失，无需抗甲亢药物治疗。

（3）亚急性发作：起病较急，甲状腺增大较快，可伴疼痛，需与亚甲炎鉴别。

（4）浸润性突眼：本病可伴发浸润性突眼。

（5）儿童桥本病：约占儿童甲状腺肿的 40%，其中 16.7% 有家族史。甲状腺硬或韧如橡皮者少于成人，TMAb/TPO-Ab、TGAb 阳性率或滴度均低于成人。

（6）其他：多发性内分泌腺（胰岛、肾上腺皮质、甲状旁腺、性腺）功能减退症的表现之一，亦可合并淋巴瘤或其他恶性肿瘤。

三、实验室检查

1. 自身抗体检测 本病患者可有高滴度 TgAb、TMAb/TPO-Ab 等。高滴度 TMAb/TPO-Ab 不仅对 HT 有诊断价值，如持续存在还可提示预后——此类 HT 患者易发生甲减。此外，10%HT 和 20% 萎缩性甲状腺炎患者外周血中可检测到 TSBAb。

2. 甲状腺功能测定 本病早期 T$_3$、T$_4$ 可正常，但 TSH 可升高。吸 ^{131}I 率可正常或升高，但可被 T$_3$ 抑制试验所抑制，此点可用于与 GD 鉴别。后期甲状腺吸 ^{131}I 逐渐减低，并渐出现明显的甲减表现。

3. 甲状腺核素扫描 核素分布不均或表现为"冷结节"。60% 患者可出现高氯酸钾排泌实验阳性。

四、诊　断

本病诊断的主要依据有：①甲状腺弥漫性肿大、坚韧，有时峡部大或不对称，或伴结节。②高氯酸钾排泌实验阳性。甲状腺扫描，核素不均匀分布。③ FT_3、FT_4、TSH 随不同甲状腺功能状态而不同。甲状腺摄 ^{131}I 可高、可低、可正常。增高的 ^{131}I 摄取率可被 T_3 抑制试验抑制。④ TgAb、TMAb 血凝法 > 1 ∶ 2560，放免法 > 50%，TPO-Ab 放免法 > 200U/ml，有利于 HT 诊断。⑤甲状腺穿刺活检方法简便，有确诊价值。但国外学者认为，以上诊断条件中，疑为本病时，根据抗甲状腺抗体阳性和 TSH 水平升高已可确诊，故临床上甲状腺穿刺活检已较少应用。

五、治　疗

1. 甲状腺制剂替代治疗 应根据具体情况，选择相应的替代治疗。

（1）HT 伴甲减者：长期以甲状腺片或左旋甲状腺素（$L-T_4$）替代治疗。一般从小剂量起，甲状腺片 40～60mg/d 或 $L-T_4$ 50～100μg/d，逐渐增量分别至前者 120～180mg/d 或后者 200～300μg/d，直到腺体开始缩小，TSH 水平降至正常。此后，逐渐调整至维持量。老年或伴缺血性心脏病者，$L-T_4$ 从 12.5～25μg/d 用起，每次增加剂量应间隔 4 周，以便 TSH 在变动剂量后能达到一个稳定浓度。妊娠期患者，应在原有治疗剂量的基础上增加 $L-T_4$ 剂量 25%～50%。

（2）HT 伴亚临床甲减者：治疗同上，但剂量宜偏小。据估计，$L-T_4$ 治疗 1 年，约 24% 患者甲状腺功能可恢复正常。这可能与 TSBAb 转阴，或细胞毒作用停止，或锂盐、碘呋酮及其他含碘物消失有关。甲状腺功能恢复应在 T_4 减量或停用后方可确定。但下列情况应注意随访观察：①分娩 1 年内；②进食高碘或低碘食物者；③用细胞因子治疗者。

（3）HT 甲状腺功能正常者：如无症状且甲状腺较小，可随访观察，暂不治疗。甲状腺肿大明显者，可给 $L-T_4$ 治疗。如不考虑最初 TSH 水平，在 T_4 治疗 6 个月后，50%～90% 患者甲状腺体积平均缩小 30%，甲状腺硬度也可有所好转。

2. 糖皮质激素 尽管本病为器官特异性自身免疫病，但一般不使用糖皮质激素治疗。而亚急性起病且甲状腺疼痛、肿大明显时，可加用泼尼松 20～30mg/d，好转后逐渐减量，用药 1～2 个月。

3. 外科治疗 仅用于高度怀疑合并恶性肿瘤时。术后应终生使用 T_4 替代治疗。

4. 其他治疗 桥本甲亢可用硫脲类药物做抗甲亢处理，多不选用 ^{131}I 治疗，亦不选择手术。桥本一过性甲亢的甲亢通常为症状性，可给予 β 受体阻滞剂对症处理。

第三节　1 型糖尿病的发病机制、免疫诊断方法及其免疫治疗

糖尿病（diabetes mellitus）是一组由胰岛素分泌缺陷、或胰岛素作用缺陷、或两者兼有引起的以高血糖为特征的代谢性疾病。糖尿病的长期高血糖可引起眼、肾脏、神经、心脏和血管等多脏器的慢性损害、功能减退，甚至衰竭。

一、分　型

1997 年，WHO 和美国糖尿病学会建议将糖尿病分为四型，即 1 型、2 型、特异型和妊娠期糖尿病。其中，1 型糖尿病是由胰岛 B 细胞破坏引起的糖尿病，常可致胰岛素绝对缺乏，有酮症倾向。它又包括：①自身免疫反应导致 B 细胞破坏。属此类的糖尿病有急性发病的青少年 1 型糖尿病（IDDM），约占所有糖尿病的 10%；缓慢发生的成人 1 型糖尿病（LADA）占成人糖尿病的 15% ～ 20%，占非肥胖成人糖尿病的 50%。目前已知其致病机制主要是 T 细胞介导的胰岛 B 细胞破坏所致。②特发型 1 型糖尿病胰岛 B 细胞破坏的病因及发病机制虽未明，但迄今尚无胰岛 B 细胞自身免疫破坏的证据。

二、临床和免疫学特点

自身免疫性 1 型糖尿病临床和免疫学特点有：①占 1 型患者的多数，细胞介导的自身免疫反应破坏胰岛 B 细胞所致。② B 细胞自身免疫破坏的标志有抗胰岛细胞抗体（ICAs）、抗谷氨酸脱羧酶抗体（GAD-Ab）、抗酪氨酸磷酸酶抗体（IA-2 和 IA-2β Ab）和抗胰岛素抗体（IAA）等。文献报告，因空腹高血糖被诊断为 1 型糖尿病的患者，85% ～ 95% 有上述一种或多种抗体。③少儿患者 B 细胞破坏迅速，而成人则相对缓慢，因而少儿患者常以酮症酸中毒为首发症状。在感染和应激时，部分空腹高血糖患者可迅速转为严重的高血糖和（或）酮症酸中毒。但部分成人患者残留的 B 细胞功能可在多年内防止酮症的发生。④ 1 型糖尿病患者内生胰岛素无或几乎无，用 C 肽不能测出或很低，最终需依赖外源性胰岛素存活或防止酮症的发生。⑤免疫介导的糖尿病虽通常发生于青少年，但任何年龄均可发病，甚至发生于 80 ～ 90 岁老人。⑥ B 细胞免疫破坏有多基因易感倾向，与 HLA 明显相关，DQA 和 B 基因连锁，也受 DRB 基因影响。环境因素的影响所知甚少。本型少有肥胖，但肥胖并非排除诊断的条件。⑦本型患者易患其他自身免疫病，如 GD、HT、Addison 病、白癜风和恶性贫血等。

三、发病机制

自身免疫性 1 型糖尿病为多基因遗传病，属器官特异性自身免疫病。本型糖尿病可有两种临床亚型，即急性发病（如青少年发病的 1 型糖尿病）和缓慢发病（如 LADA）。引起 1 型糖尿病的病因复杂，既有遗传因素，也有环境因素。本病的胰岛 B 细胞破坏有两个特点，即胰岛炎和自身抗体，其中的胰岛炎以胰岛炎性细胞浸润为特点，主要为 CD8$^+$T 细胞，也有 CD4$^+$T 细胞、B 细胞、单核细胞和 NK 细胞。

（一）自身免疫反应启动机制

目前，关于本病自身免疫反应启动的机制有多种假设。其中，分子模拟假设认为：病毒和胰岛 B 细胞表面某些蛋白有相同的氨基酸序列。机体感染病毒后，产生的抗病毒抗体和效应性 T 细胞在清除病毒的同时，也错误地把与病毒有相同抗原决定簇的胰岛 B 细胞当成了攻击对象。这种分子模拟是产生交叉免疫反应的基础。已知，柯萨奇 B4 病毒一段 24 个氨基酸序列与 GAD 相同，而牛乳白蛋白和胰岛 B 细胞表面 P69 蛋白、分枝杆菌的热休克蛋白 65（HSP 65）与 GAD65 等均有相同的氨基酸序列，故可能引起交叉免疫反应。

（二）胰岛 B 细胞自身免疫破坏的标志

85% ～ 95% 新诊断的 1 型糖尿病患者体内可检出一种或多种自身抗体。

1. 抗胰岛细胞抗体（ICAs） 该抗体是针对细胞质成分多种抗原的混合抗体，常用免疫印迹法检测，新诊断 1 型糖尿病的阳性率可达 65% ～ 85%。

2. 抗谷氨酸脱羧酶抗体（GAD-Ab） 可出现在 1 型糖尿病发病前数年至 10 余年，且持续时间长，与 B 细胞损伤相关性明显。有人认为，GAD 可能是 1 型糖尿病自身免疫的始动靶抗原。用 ELISA 法、放射免疫沉淀法检测 GAD-Ab，急性发病的 1 型糖尿病早期阳性率可达 78% ～ 96%，LADA 可达 68%。

3. 抗酪氨酸磷酸酶（IA-2）及类似物（IA-2β）抗体 该抗体在急性发病的 1 型糖尿病患者中的阳性率可达 50% ～ 70%。

4. 抗胰岛素抗体（IAA） 用 ^{125}I 标记的胰岛素结合法或免疫印迹法检测，临床前期的 1 型糖尿病患者阳性率低。

四、诊　断

糖尿病的诊断按美国糖尿病协会（ADA）1997 年标准（表 24-1）。诊断时，下述指标应在另一日重复试验以资证实。

表 24-1　糖尿病诊断标准

1. 糖尿病症状＋随机时间血浆葡萄糖 ≥ 200mg/dl（11.1mmol/L）。随机时间指一日中任意时间，不考虑最后一次进食时间。典型的糖尿病症状包括多尿、烦渴和不明原因的体重减轻等
或
2. 空腹血浆葡萄糖 ≥ 126mg/dl（7.0mmol/L）。空腹指至少禁食（无热量摄入）8 小时
或
3. 75g 葡萄糖的 OGTT 2 小时血浆糖 ≥ 200mg/dl（11.1mmol/L）

注：OGTT，口服葡萄糖耐量实验。

糖尿病诊断确立后，如能证实体内存在 ICAs、GAD-Ab、IA-2Ab、IAA 中的一种或多种，即可大致确立 1 型糖尿病的诊断。临床诊断 1 型糖尿病，无论是急性发病还是 LADA，均应综合分析临床表现、代谢情况、免疫学指标甚至基因等因素，符合点越多，诊断的可靠性越大。

五、治　疗

1 型糖尿病常需外源性胰岛素替代治疗。治疗中应注意：①≥ 13 岁青少年 1 型糖尿病可采用胰岛素的强化治疗，即使用外源性胰岛素一日多次注射或胰岛素泵治疗，务使患者全日血糖长期控制于正常或接近正常水平；②幼年和高龄 1 型糖尿病患者应采用胰岛素常规治疗，即胰岛素 1 ～ 2 次／日，皮下注射，血糖控制在可接受范围内即可，以避免发生低血糖；③由于 LADA 为缓慢渐进的胰岛 B 细胞破坏，其残留 B 细胞可维持血糖较长时间稳定而不需依赖外源胰岛素。但其本质是 1 型糖尿病，故早期使用胰岛素治疗有利于保护未受损的胰岛细胞。

第四节　2 型糖尿病相关的免疫学发病机制

2 型糖尿病（T2DM）是一种遗传和环境因素共同作用而形成的多基因遗传性复杂疾病，其病因及发病机制一般认为与胰岛素抵抗（IR）和 B 细胞功能缺陷有关。胰岛素抵抗是机体对一定量（一定浓度）胰岛素的生物效应减低，主要指机体胰岛素介导的葡萄糖摄取和代谢能力减弱，包括胰岛素的敏感性下降和反应性下降。T2DM 患者胰岛素抵抗发病率超过 80%，胰岛素抵抗被认为是引发 T2DM 的始动因素。有关 T2DM 胰岛素抵抗的发病机制较复杂，一直是研究的热点之一。

一、发病机制

T 细胞在机体特异性免疫和非特异性免疫调节中均起重要作用，与糖尿病患者并发血管病变和感染有密切关系。T 淋巴细胞亚群在体内进行免疫应答时互相协同，又相互拮抗，以维持免疫应答的相对平衡。平衡失调会导致免疫功能紊乱，产生一系列免疫病理变化，影响机体的免疫保护机制。$CD4^+$、$CD8^+$T 细胞亚群的数量和适当的比例是免疫调节的关键。$CD4^+$T 辅助细胞（T_H）根据其分泌细胞因子的种类又分为 T_{H_0}、T_{H_1} 和 T_{H_2} 三个亚群，T_{H_0} 是 T_{H_1} 和 T_{H_2} 细胞的前体细胞，T_{H_1} 细胞主要负责细胞免疫应答、迟发型超敏反应。T_{H_1} 细胞介导的炎症性免疫反应对胰岛 B 细胞有显著性破坏作用，T_{H_2} 细胞与体液免疫有关。$CD8^+$T 细胞可分化为细胞毒性 T 细胞（CTL），CTL 是免疫应答的主要效应细胞，可特异性杀伤靶细胞，在肿瘤免疫和抗病毒感染中发挥重要作用。由于在 2 型糖尿病发生早期，促炎因子和抗炎因子同时产生并作用于机体，当促炎因子的作用强于抗炎因子时，T 细胞各亚群的平衡被打破，慢性炎症和免疫紊乱导致糖尿病的最终发生。糖尿病患者 $CD4^+$T 细胞 /$CD8^+$T 细胞比值明显升高。亦有资料显示，2 型糖尿病患者 $CD4^+$T 细胞、$CD4^+$T 细胞 /$CD8^+$ 细胞水平较正常人明显降低。

二、临床表现

胰岛素抵抗（IR）是一种亚细胞、细胞、组织、器官和机体的病理生理状态，胰岛素抵抗在器官组织水平主要表现为：①肝抵抗，主要表现为肝糖产生及输出增多，造成空腹高血糖症，同时肝糖产生及输出增多，也是餐后血糖升高的原因之一；②骨骼肌抵抗，致胰岛素刺激的葡萄糖摄取、处理减少，肌糖原生成及储存减少，血糖升高；③脂肪组织抵抗，致使胰岛素的抑制脂肪分解作用减弱，血游离脂肪酸（FFA）增高，血浆 FFA 浓度增高可同时促进肝糖产生过多和抑制肌细胞胰岛素介导的葡萄糖转运及肌糖原的合成。

三、治　疗

对胰岛素抵抗的相应抗炎干预包括以下手段：

1. 阿司匹林　是一种非甾体类抗炎药，其通过抑制炎症组织中的前列腺素合成而产生抗炎作用。近来的研究证实，阿司匹林可通过 IKKβ/NF-κB 通路，改善胰岛素抵抗。阿司匹林可抑制 TNF-α 诱导的 T 细胞滚动和黏附，降低炎症因子 C 反应蛋白、IL-6 等的水平，抑制炎症的进展和恶化。此外，阿司匹林还有增强胰岛素释放和增强降糖药物作用的功效。

2. 他汀类　能抑制黏附分子与白细胞的结合，减轻白细胞与内皮细胞之间的炎症反应。他汀类药物还可减少某些炎性分子如 IL-6、TNF-α 和基质金属蛋白酶 -9 的表达，降低血清中的 C 反应蛋白、肿瘤坏死因子和白介素等细胞因子对血管的炎症刺激，减轻炎症细胞的聚集。

3. 噻唑烷二酮类（TZDs）　是近年来新开发的一类新型口服胰岛素增敏剂，该药物应用于 2 型糖尿病患者除了作为胰岛素增敏剂具有降血糖作用外，还有降低炎症反应的抗炎作用。TZDs 的抗炎作用可能通过提高胰岛素敏感性，抑制 C 反应蛋白的合成，降低 NF-κB 效应，抑制 TNF-α、IL-6 等炎症因子释放。胰岛素还能诱导一氧化氮合酶表达，增加一氧化氮（NO）释放，间接发挥抗炎效应。

4. 血管紧张素转换酶抑制剂（ACEI）和受体拮抗剂（ARB）　主要作用于 RAS 途径，能降低血压、改善内皮细胞功能和降低循环中炎性因子 TNF-α 等的水平。ACEI 和 ARB 均可在 IRS-1 和 PI3K 水平上阻断血管紧张素 II 受体信号系统和胰岛素受体信号系统交互作用，从而提高血浆脂联素的水平和胰岛素的敏感性。

思　考　题

1. 自身免疫性甲状腺病（AITD）有哪些自身抗原 – 抗体系统？
2. 1 型糖尿病患者体内可检出哪些自身抗体？

（王志刚　孙玉洁）

第二十五章 肾脏疾病与免疫

肾脏是重要的排泄和内分泌器官，对维持人体内环境稳定起重要作用，而且以每克组织计算，肾脏也是全身血流量最高的器官。每个肾脏有100余万个肾单位，肾单位由肾小体和肾小管组成，肾小体包括肾小球和肾小囊两部分。肾小球是由内皮、上皮及系膜细胞等成分组成的特殊微血管结构。肾小球毛细血管间有系膜细胞和系膜基质，可调节肾小球滤过率、修补基膜、清除异物和分泌炎症介质等。肾小球具有强大的滤过功能，每日两肾可滤过约180L血浆。而机体免疫反应产生的免疫球蛋白、感染的病原体（如细菌、病毒、寄生虫等）、药物、毒物及机体代谢异常产生的物质等均可经肾小球滤过，故易导致某些物质沉积于肾小球或经肾小球滤过后损伤肾小管。同时，多种激素可直接或间接影响肾小球的功能。此外，研究证实，肾脏固有细胞具有调节局部甚至全身免疫反应的功能，而富含血管的肾脏也与血中多种抗原和免疫活性细胞始终保持着直接接触。上述因素均使肾脏成为极易受到免疫反应直接损伤的器官。

目前已证实，多数肾小球肾炎及部分肾小管间质性肾炎等与免疫系统功能异常有关。而且，体液免疫在肾小球肾炎及某些肾小管间质性肾炎（如抗肾小球基底膜抗体病等）发病机制中的作用已得到肯定，细胞免疫则在某些类型肾小球肾炎及肾小管间质性肾炎（如肾小管间质性肾炎 – 眼色素膜炎综合征等）的发病中起重要作用。多数学者认为，体液免疫和细胞免疫介导的肾脏损伤可能是肾小球或肾小管间质性疾病的始发因素。在此基础上，某些炎症细胞浸润和（或）炎症介质（如补体、白细胞介素、细胞间黏附分子、多肽类生长因子和活性氧等）的参与可进一步导致和（或）加重肾小球和（或）肾小管间质的损伤。

尽管肾脏疾病的确切发病机制尚待进一步阐明，但许多肾脏疾病的免疫学发病机制已得到广泛认可。人们已经认识到，某些肾脏疾病并非由致病因素（如溶血性链球菌及其产物）直接感染或破坏所致，而是由多种免疫学发病机制引起。

第一节 急性链球菌感染后肾小球肾炎的发病机制、免疫诊断方法及其免疫治疗

急性链球菌感染后肾小球肾炎（APSGN）是人们最早认识的肾脏病之一。近几十年来，APSGN 的流行病学特点及临床表现发生了很大的变化，在发病机制的研究上也有不少新的认识。

一、病因及发病免疫机制

Seegal 等第一个提出链球菌株引发肾小球肾炎。此后，多种致肾炎菌株被确认，但具体机制仍不清晰。目前认为有以下几种发病机制：链球菌抗原循环免疫复合物形成，在肾小球沉积伴随补体活化；链球菌和肾组织成分之间产生自体免疫反应；正常肾抗原改变引起自身免疫性反应。

（一）免疫复合物沉积及补体活化

肾小球免疫复合物源于循环免疫复合物沉积或局部免疫复合物形成。免疫复合物沉积导致补

体激活，是诱导炎性细胞聚集和诱发肾小球肾炎的关键。经典补体途径被 C4b 结合蛋白所抑制，旁路途径被激活。此外，补体调节蛋白，如因子 H 和拟 H 因子蛋白，常被细菌蛋白酶去除，从而有利于激活旁路途径。曾有报道凝集素是触发旁路途径的关键，但最近证据表明，低补体蛋白质甘露聚糖结合凝集素的水平（< 100mg/L）在 APSGN 患者和对照组比较差异无统计学意义，提示甘露聚糖结合凝集素对于激活补体途径并非必须。

（二）肾炎致病抗原

肾炎相关链球菌纤溶酶受体（NAPlr）是一种具有甘油三磷酸脱氢酶（GAPDH）活性的纤溶酶结合蛋白，作为可能的肾炎致病抗原备受关注。目前认为它被链激酶激活，与肾小球结合，捕获纤维蛋白溶酶，从而造成肾小球基膜损害。也有学者认为，NAPlr 通过激活补体途径，产生肾小球基膜局部炎症，促进内皮下免疫复合物沉积。APSGN 患者的早期组织活检中检测到 NAPlr 沉积。有报道显示，92% 的 APSGN 患者及 60% 的无合并症链球菌感染患者的恢复期血清中检测到 NAPlr 抗体。肾小球 NAPlr 阳性的 APSGN 患者中有显著肾小球纤溶酶活性，而阴性患者中未发现。而肾小球纤溶酶和 NAPlr 在肾组织内的一致性分布证实了 NAPlr 的肾炎致病性与其纤溶酶结合活性相关。另一方面，Fujino 等显示 NAPlr 的基因序列和体外表达并不只限于从 APSGN 患者体内分离出的菌株，也存在于 A 族、C 族及 G 族链球菌。

（三）分子模拟

分子模拟是另一个可能的致病机制。有研究显示，肾炎致病链球菌的可溶性部分和肾小球有共同抗原决定簇。在 APSGN 患者血清中检测到基膜胶原、层黏连蛋白及肾小球硫酸乙酰肝素蛋白多糖抗体。Luo 等最近的一项研究证实了分子模拟的重要性。他们使用重组 SPE B 突变 C192S 成功诱发小鼠弥漫性肾小球肾炎，伴肾小球 IgG 和 C3 沉积。这些小鼠还表现出尿白蛋白/肌酐比升高。在一组合成 SPE B 单克隆抗体中，抗体 10G 与内皮细胞结合。小鼠注射此抗体后，出现肾小球抗体和补体沉积及蛋白尿。10G 识别内皮细胞膜分子 HSP70 和硫氧还蛋白。据此作者认为，这些内皮细胞分子作为被 SPE B 抗体识别的病原而发挥致病作用，进一步支持分子模拟机制学说。

二、临床表现及诊断

APSGN 是由 A 组 β 溶血性链球菌引起的肾小球肾炎。因此疑诊 APSGN 的病例应该寻找近期链球菌感染的血清学证据以帮助诊断。链球菌血清学检查阳性（94.16%）比近期感染病史（75.17%）及培养阳性（24.13%）的敏感性都要高。APSGN 最常见于 5 ~ 12 岁的儿童，罕见 3 岁以下的儿童，但也有学者报道了一例 14 个月大的婴儿患病，说明 APSGN 可发生于任何年龄。2 岁以下的儿童发病率较低可能与链球菌性咽炎发生率低及不易形成免疫复合物有关。

典型的 APSG 表现为急性肾炎综合征，即起病急、肉眼血尿、水肿和高血压。水钠潴留导致水肿及高血压。水肿常出现于颜面部等组织疏松处，严重者可出现单侧或双侧肺水肿，这些患者常以呼吸困难、呼吸窘迫为首发症状而被误诊为肺炎、心力衰竭等，从而延误诊断及治疗，部分患者可进展为呼吸衰竭。大部分患者存在不同程度的高血压，考虑与水钠潴留、容量负荷过重有关。当血容量过多及血压升高时，心室可分泌 N 末端前脑利钠肽 BNP（NT-proBNP）。最近的一项研究表明，APSGN 患者的血 NT-proBNP 水平高于正常对照组，而存在左心功能不全的 APSGN 患者的血 NT-proBNP 显著高于其他 APSGN 患者。利尿治疗后血 NT-proBNP 恢复正常。因此，NT-proBNP 可作为评估 APSGN 患者血容量及心功能的一项指标。APSGN 可累及中枢神经系统导致脑病，表现为恶心、呕吐、认知障碍、癫痫发作及视觉障碍等。考虑与高血压、尿毒症毒素及脑血管炎有关。此外，APSGN 导致的可逆性后部白质脑病也有报道，后者是以头痛、癫痫发作、视觉障碍、意识和精神障碍为主要临床症状，可逆性后部白质损害为主要神经影像学表现的临床综合征。

三、治　疗

APSGN 通常长期预后良好。目前 APSGN 的治疗主要为支持疗法。APSGN 患者应当作为链球菌活动性感染而应用抗生素治疗，接受抗生素治疗有助于缓解 APSGN 病情，目前推荐的抗生素仍为青霉素。利尿和限钠对于体液潴留有效。使用钙通道阻滞剂及利尿剂控制高血压对于减少死亡率非常重要。但是尽管血管紧张素转换酶抑制剂，如卡托普利，能有效降低血压和提高肾小球滤过率，它的使用仍需谨慎，因为可能导致肾衰竭和高血钾。在此情况下，应严格限制钾摄入量，避免使用保钾利尿药。必要时，对于急性肾衰竭和利尿剂无效的重度体液潴留及难治性高血钾患者，需采用血液透析或连续静脉血液滤过。治疗有时需较长时间。有报道经治疗后 12 周体液恢复正常，肉眼血尿消失，但镜下血尿和蛋白尿却持续长达 4 年的病例。国内亦有健康携带者与患者分离菌株间抗生素耐药性的报道，提示对携带 A 组链球菌的耐药监测对疾病控制与疫情处理的重要性。

大部分 APSGN 患者通常在急性期后 1 年内缓解，缓解率高达 96%。但 APSGN 的长期预后尚存在争论。有学者统计了 2000 年以前文献报道的随访 5 ～ 18 年的 APSGN 患者，发现存在任何一项检查异常者高达 17.14%（174/998），其中蛋白尿的发生率为 13.18%（137/997），高血压的发生率为 13.18%（137/998），肾功能不全的发生率较低，仅为 1.13%（14/1032）。但不同的报道存在病例选择、随访时间及失随访率的不同，因此只能作为粗略的估计。在 2000 年以后，White 等回顾性分析了两次流行性 APSGN 的患儿，随访 13 年以上蛋白尿及镜下血尿的发生率分别为 13% 和 21%，明显高于对照组无症状尿检异常者的 4% 和 7%，因此儿童时期 APSGN 是成人患慢性肾脏病的高危因素。肾病范围的蛋白尿或血清肌酐的升高通常提示预后不良。免疫荧光为花环型者亦提示预后不良。但对于这些患者是否进行治疗干预仍有争论。因此，当存在预后不良的危险因素如肾病范围蛋白尿、细胞性新月体、肾功能不全等，应接受免疫抑制治疗以阻止病情的进展。

第二节　IgA 肾病的发病机制、免疫诊断方法及其免疫治疗

IgA 肾病（IgAN）由法国学者 Berger 等于 1968 年首先描述和命名，因此，又称为 Berger 病，它是一组以 IgA 或 IgA 为主的免疫球蛋白，呈颗粒状沉积于肾小球系膜区和毛细血管壁、具有共同免疫病理特征的原发性肾小球疾病，约占原发性肾小球疾病的 40%，也是导致我国慢性肾衰竭的最主要原发病因。部分 IgAN 呈进展性，15% ～ 40% 的患者经过 20 ～ 25 年后发展为终末期肾脏病（ESRD）。虽然已经有大量的研究报道，但迄今为止 IgAN 的发病机制还未能完全阐明，大量的动物实验及临床观察证明本病是免疫复合物介导的肾小球肾炎，因此，随着对此问题认识的不断深入，免疫抑制剂的应用也已越来越普遍，但由于 IgAN 临床和肾脏病理表现呈现多样化的特点，IgAN 的免疫抑制剂及其联用方案的选择也呈多样化，并需要不断调整和更新。现对近几年来治疗 IgAN 的免疫抑制剂的使用及联合用药方案等问题予以综述。

一、发病的免疫学机制

早期本病可发生系膜细胞增生和微量血尿、蛋白尿等，但随着疾病进展肾小球和肾间质的不断硬化，约 40%IgAN 患者在 20 年内发展为终末期肾衰竭。其确切发病机制尚不完全清楚，研究发现将有免疫复合物沉积的亚临床症状 IgAN 患者肾脏移植给正常人后约几星期移植肾的免疫复合物消失，这提示 IgAN 很可能是免疫复合物沉积引起的自身免疫性疾病。其自身免疫发病机制主要与 IgA1 糖基化异常和免疫调节失衡有关。异常糖基化 IgA1 主要通过以下步骤参与 IgAN 的发病：IgA 铰链区聚糖半乳糖的缺失；抗异常 IgA1 的 IgG 抗体和 IgA 抗体的形成；IgA1-IgG 和 IgA1-IgA 免疫复合物形成并沉积在肾小球系膜区引起肾脏损伤。而免疫调节失衡则与 B、T 细胞、T_{H_1}/T_{H_2}、$T_{H_{17}}$/Treg 的失衡引起的自身免疫反应有关，其亦在 IgAN 自身免疫发病机制中起关键作用。

（一）IgA1 糖基化异常与 IgAN

1. 异常糖基化 IgA1 的形成　研究发现，沉积在 IgAN 系膜区的 IgA 主要是异常糖基化的 IgA1，异常 IgA1 的稳固上升与 IgAN 的临床进展密切相关，通过检测血清异常 IgA1 水平有可能诊断 IgAN，故当前认为 IgA1 的异常糖基化是 IgAN 发病的重要因素。其形成可能与扁桃腺炎、上呼吸道感染等黏膜免疫反应有关。IgA1 的糖基化异常主要表现为 Gal 缺失，致半乳糖化及唾液酸化糖基减少，暴露出连接丝氨酸和苏氨酸（Tn 抗原，即 CD175）的 GalNAc，使 IgA1 铰链区聚糖结构改变，不能被唾液酸糖蛋白受体识别，从而被肝清除减少。由于 IgA1 半乳糖基化过程需伴侣蛋白 cosmc 辅助半乳糖基转移酶（C1GALT1）而催化，故 Cosmc 表达下调或 C1GALT1 活性降低均可能导致 IgA1 的异常糖基化。Grazia 等新近的研究发现，IgAN 中出现 miR-148b 表达增加，其增加不仅可直接导致 IgA1 异常糖基化，还可以通过下调 C1GALT1 的 mRNA 表达水平，使 C1GALT1 活性降低而促进 IgA1 的糖基化异常，故认为 miR-148b 亦是 IgAN 出现异常糖基化的重要因素，为 IgAN 提供了一个潜在的治疗靶点。

2. 自身抗体形成　糖基化异常的 IgA1 暴露其铰链区抗原决定簇，刺激机体产生大量的抗异常 IgA1 的 IgG 和 IgA 抗体，Berthoux 等发现与正常人相比 IgAN 患者血清中这两种抗体明显增高，与 Suzuki 等通过斑点杂交证实的 IgAN 患者血清存在大量 IgG 自身抗体观点一致，并且通过免疫吸附除去体内 IgG 抗体能明显改善肾脏功能，这更表明 IgAN 是一种自身免疫性疾病，自身 IgG 或 IgA 抗体的形成在 IgAN 的发病中起重要作用。另外，Hitoshi 等通过检测抗异常 IgA1 的特异性 IgG 抗体来区分 IgAN 和非 IgAN 患者，此方法对诊断 IgAN 有 88% 的特异性和 95% 的敏感性，并发现 IgG 抗体的增加与 IgAN 的蛋白尿呈正相关，这些均表明抗异常 IgA1 抗体与 IgAN 的发生发展密切相关，并可能成为 IgAN 特异的标志物和潜在的治疗靶点。

（二）自身免疫调节失衡与 IgAN

1. B、T 细胞与 IgAN　35%～50% 的 IgAN 患者血清 IgA 含量升高，这与 B、T 细胞都密切相关。目前认为 IgAN 患者产生的 pIgA 是由多克隆活性 B 细胞生成，而 B 细胞分泌 IgA 则受到 T 细胞的调控，T 细胞免疫调节功能紊乱使失控的 B 细胞产生过量 IgA。而对 T 细胞的研究显示，IgAN 患者 T 辅助细胞增加，尤其是介导 IgM 向 IgA 转化有关的 Tα4 细胞增加，而 T 抑制细胞减少。CD4 T 辅助细胞又可以分化为 T_{H_1}、T_{H_2}、Treg 细胞和 $T_{H_{17}}$ 细胞，这些在 IgAN 自身免疫发病中均起到重要作用。

2. T_{H_1}、T_{H_2} 细胞和 T_{H_1}/T_{H_2} 失衡与 IgA 肾病的关系　T_{H_1} 细胞主要分泌 IL-2、IFN-γ、LT、

IL-17、GM-CSF 等，介导细胞毒和局部炎症有关的免疫应答，参与机体的细胞免疫。T_{H_2} 细胞主要分泌 IL-4、IL-5、IL-6、IL-9、IL-10、IL-13 和 GM-CSF 等，参与机体的体液免疫，辅助 B 细胞产生 IgA 等抗体。有研究显示，T_{H_1}、T_{H_2} 分泌的细胞因子参与了 IgA 肾病特异的炎症和免疫损伤过程。新近的大鼠模型研究提示，T_{H_2} 不仅可促进 B 细胞产生 IgA，其分泌的 IL-4 还可通过下调 Cosmc 和 C1GALT1 的 mRNA 表达水平从而导致 IgA 分子糖基化异常。T_{H_2} 细胞增多后，一方面辅助 B 细胞产生更多的 IgA1，另一方面还产生多种细胞因子促进 B 细胞活化、增生、分化并且抑制 T_{H_1} 细胞增生、应答，使 T_{H_1} 细胞减少，细胞免疫受到抑制导致抗原不能被及时清除，而持续和反复的抗原刺激进一步激活 B 细胞。B 细胞产生的 IgA1 不断进入血液后，由于其半乳糖基化缺陷和清除减少，导致 IgA1 水平升高，继而自身免疫复合物形成加重了 IgA 肾病的病理损伤。T_{H_1}/T_{H_2} 平衡在自身免疫疾病中发挥着重要作用，如此平衡遭到破坏则会导致免疫功能紊乱，引起免疫病理损伤。肖俊等研究证实，IgAN 患者体内存在 T_{H_1}/T_{H_2} 失衡且呈 T_{H_2} 优势，T_{H_2} 的分布频率与血 IgA 水平呈正相关。但 Suzuki 等通过流式细胞术和 Kohsuke 通过外周血中 IFN-γ 和 IL-4 的检测分别在细胞水平和基因水平均发现 IgAN 的免疫失衡呈 T_{H_1} 优势。而 Yasuhiko 则认为，IgAN 中 T_{H_1} 和 T_{H_2} 优势都可能存在，只是存在于 IgAN 发生发展的不同阶段。但目前对于 T_{H_1}/T_{H_2} 失衡仍以 T_{H_2} 优势说法更多，T_{H_2} 细胞在引起 IgAN 肾脏损伤中起关键作用。国内有学者研究发现，黄芪对 IgA 肾病 T_{H_1}/T_{H_2} 的失衡有一定调节作用，从而减轻 IgAN 肾脏病理改变，延缓 IgAN 的发生发展。故认为 T_{H_1}/T_{H_2} 失衡是 IgAN 发病因素之一，通过调节 T_{H_1}/T_{H_2} 失衡亦可能是治疗 IgAN 的一种新的思路。

二、诊断及治疗

IgA 肾病的典型临床表现为镜下血尿、显著但非肾病综合征范围的蛋白尿、高血压，以及不同程度的肾功能损害。蛋白尿的程度是选择治疗措施的关键性决定因素之一；同时是判断疾病预后最强有力的预测因素。大多数研究认为，蛋白尿 > 1g/d 时增加患者肾衰竭进展的风险；而部分研究则认为，蛋白尿 > 0.5g/d，肾衰竭进展的风险即明显增加。对于呈典型临床表现的 IgA 肾病患者，使用 ACEI/ARB 制剂及控制血压等支持治疗是最基本的治疗措施。给予支持治疗并经过 3 ～ 6 个月随访，仍然持续蛋白尿 ≥ 1g/d 且 GFR > 50ml/min 的 IgA 肾病患者，建议给予 6 个月的糖皮质激素治疗。

第三节　膜性肾病的发病机制、免疫诊断方法及其免疫治疗

膜性肾病是引起成人肾病综合征（NS）的最常见病因，约占 20%，在老年人中可达 50%，分为特发性和继发性。特发性者病因不明，多认为是与免疫机制有关的主动过程，很可能是内源性抗原引起局部或原位免疫复合物形成的自身免疫性疾病。特发性膜性肾病（IMN）好发于中老年人，发病高峰年龄为 40 ～ 50 岁，男女比例约 2∶1，成人与儿童比例约 26∶1，影响所有种族。白种人中膜性肾病占原发性肾病综合征的 30% ～ 40%，国内据北京、南京及我院的资料报道，膜性肾病发病率占原发性肾小球疾病的 9.19% ～ 13.15%。继发性者常见于系统性红斑狼疮、乙型病毒性肝炎、恶性肿瘤、药物或毒物暴露等。儿童膜性肾病相对少见，乙肝病毒感染是导致儿童膜性肾病的最常见病因。

一、发病机制

IMN 的发病机制尚未完全明确，一般认为上皮侧原位免疫复合物形成及膜攻击复合物 C5b-9 的形成是造成局部组织损伤的原因。

模拟人类膜性肾病病理表现的 Heymann 肾病动物模型发现了针对大鼠足细胞膜蛋白 megalin 的自身抗体，但在人类未能发现该物质。后有研究发现位于足细胞足突膜和肾小管刷状缘上的中性内肽酶（NEP）是诱发新生儿膜性肾病的抗原。患儿母亲体内缺乏 NEP，妊娠健康正常的胎儿时将产生抗 -NEP 抗体，并通过胎盘进入胎儿体内，与胎儿足细胞上的 NEP 抗原发生反应，在上皮侧形成免疫复合物，从而导致新生儿膜性肾病。从而首次证实了人类膜性肾病存在原位免疫复合物的形成。

2009 年在 37 例 IMN 患者中，有 26 例（70%）检出了 M 型磷脂酶 A_2 受体（PLA_2R）。PLA_2R 主要表达在正常人肾小球的足细胞中，并与 IgG4 共定位于 IMN 患者肾小球的免疫沉积物中。IMN 患者中抗 PLA_2R 自身抗体主要为 IgG4，这是肾小球沉积物中的主要免疫球蛋白亚类。从 IMN 患者沉积物中洗脱出的 IgG 可识别 PLA_2R。因此 PLA_2R 是导致 IMN 的一个主要抗原。抗 PLA_2R 阳性的 IMN 患者自发或治疗缓解率低，复发率高，因此检测循环血中的抗 PLA_2R 抗体对于诊断和监测 IMN 的活动很可能具有重要作用。近期研究还发现醛糖还原酶（AR）和超氧化物歧化酶（SOD2）也是导致人 IMN 的抗原成分。这两种物质正常情况下只表达在髓质和皮质部分的肾小管上皮细胞上，但氧化应激状态促使肾小球表达 SOD2。在 IMN 患者肾活检标本发现了 AR 和 SOD2，抗 AR 和 SOD2 IgG4 与 C5b-9 共定位于足突细胞电子致密物中。NEP、PLA_2R、AR 和 SOD2 原位抗原的发现是近期膜性肾病发病机制的重要进展。上皮侧原位免疫复合物的形成导致补体激活，形成膜攻击复合物 C5b-9、氧自由基，从而引起一系列细胞因子和炎症因子的活化，导致肾小球滤过膜及小管间质的损伤。目前尚不清楚导致足突细胞表面或其他部位 PLA_2R 或其他抗原表位暴露的具体机制。

二、临床表现

IMN 起病隐匿，一般无前驱感染和疾病，部分患者首发症状为进行性加重的外周水肿，70% ～ 80% 的患者在发病时就表现为肾病综合征，10% ～ 20% 的患者可能只有单纯性蛋白尿，13% ～ 55% 的患者发病时伴有高血压，30% ～ 50% 的患者有镜下血尿，但肉眼血尿罕见。

多数患者发病时无肾功能损害或损害较轻微，损害进展相对较隐匿。若突然进展至急性肾功能不全，必须考虑是否存在合并症，较常见合并症为新月体性肾小球肾炎，其中 1/3 的患者有抗基膜（GBM）抗体，部分有抗中性粒细胞胞浆抗体（ANCA）；其他的还有急性双肾静脉血栓形成，发生率高于其他肾病，为 4% ～ 52%，临床主要表现为突发性的肉眼血尿、腰痛和肾功能恶化，少数为隐匿发生，影像学检查有助于明确诊断；血容量不足或药物性肾损害也可以引起急性肾功能不全。非甾体类抗炎药（NSAIDs）、利尿剂和抗菌剂的使用能导致急性间质性肾炎或急性肾小管坏死，表现为发热、皮疹、嗜酸粒细胞增多、少尿等。少部分患者可发生肺栓塞和深静脉血栓形成。由于持续性蛋白尿和高脂血症，膜性肾病患者的心血管和血栓并发症明显增加，尤其是老年患者合并高血压、低白蛋白血症、高纤维蛋白原血症、高凝状态和高脂血症时心血管并发症更明显增加。

三、治　疗

IMN 临床过程多样，部分患者可以发生自发性缓解，且使用免疫抑制剂和细胞毒性药物治疗毒副反应较多，因此选择治疗方案时应充分评估患者情况，慎重选择。非肾病范围蛋白尿且肾功能正常的 IMN 患者一般预后良好，其 10 年肾脏存活率接近 100%，因此对该部分患者以一般对症支持治疗为主，临床密切随访观察，一部分患者会进展为肾病综合征或出现肾功能损害，此时需要给予特异性治疗即免疫抑制剂治疗。部分肾病综合征的 IMN 患者若无其他高危因素，亦无明显临床症状，可以随访观察 6 个月并给予一般对症支持治疗，以确定是否出现自发性缓解。若无缓解或出现其他高危因素，应及时给予特异性治疗。持续大量尿蛋白不缓解或合并其他高危因素的患者，除给予一般对症支持治疗外，应及时给予特异性治疗。

（一）一般治疗

一般治疗包括减少尿蛋白，控制水肿，治疗高血压、高脂血症和高凝状态。血管紧张素转化酶抑制剂（ACEI）和紧张素受体拮抗剂（ARB）具有肾脏保护作用及降尿蛋白作用，对中等量以下尿蛋白 IMN 患者疗效佳，但不能改善长期预后，不能延缓肾功能进展。水肿者应低盐饮食（3 ～ 5g/d），必要时给予利尿剂包括氢氯噻嗪或襻利尿剂治疗。控制血压在 125/75mmHg（1mmHg=0.133kPa）以下，首选 ACEI/ARB。HMG-CoA 还原酶抑制剂是治疗高脂血症的首选药物。

（二）特异性治疗

对高危 IMN 患者应给予积极免疫抑制治疗目前没有争议，但关于最适治疗时机一直不能统一。一项针对高危 IMN 患者（29 例）的前瞻、随机、对照研究证实，免疫抑制剂治疗可有效缓解尿蛋白，早开始治疗可缩短肾病病程，但不能更有效地保护肾功能。但该研究只随访 12 个月，因此需要大样本长期的 RCT 研究进一步明确治疗时机。对于每一位 IMN 患者，治疗应基于患者个体化评估，选择合适的治疗方案，以最小的风险获取最大的收益。

思　考　题

1. 试述急性链球菌感染后肾小球肾炎的发病机制。
2. 如何治疗急性链球菌感染后肾小球肾炎？

（王志刚）

第二十六章 血液系统疾病与免疫

造血细胞和免疫细胞均起源于骨髓的多能造血干细胞（multipotenthemopoietic stem cells，MHSCs），同时骨髓也是许多免疫细胞分化成熟的场所，即免疫系统的发生、发展与造血系统密切相关。因此，血液系统疾病常伴各种各样的免疫异常。同时，免疫系统功能紊乱又可致某些血液系统疾病的发生。

第一节 免疫性溶血性贫血的发病机制、免疫诊断方法及其免疫治疗

自身免疫性溶血性贫血（AIHA）是各种病因导致原发或继发 B 淋巴细胞功能异常产生抗自身红细胞抗体，与红细胞结合后，抗体 Fc 端构型发生改变，并与单核巨噬细胞上 Fc 受体结合，导致红细胞被吞噬、破坏增快而引起的一组较常见、很难根治的溶血性贫血，为免疫相关性血细胞减少综合征病谱中的一员。

一、病因及发病机制

AIHA 发生机制相当复杂。患者体内 T、B 淋巴细胞构成比例失调，免疫耐受及免疫调节功能紊乱，细胞表面信号分子表达异常，淋巴细胞分泌因子和抗体综合作用导致免疫系统全面失衡，促发 AIHA 和其他自身免疫性疾病。

（一）调节性 T 细胞（Treg）数量功能异常

$CD4^+CD25^+$Treg 占 $CD4^+$T 细胞总数的 $10\% \sim 15\%$，为机体保持对自身抗原特异性免疫耐受及 T 细胞稳定状态极为重要。自然性 Treg 通过细胞 – 细胞相互作用发挥抑制功能，而适应性 Treg 通过分泌 IL-10、TGF-β 等具有抑制功能的细胞因子发挥抑制作用。Treg 有低反应性和免疫抑制功能，其下调促发多种自身免疫性疾病。

（二）T_{H_1}/T_{H_2} 比例失衡

辅助性 T 细胞亚群中 T_{H_1} 细胞主要分泌 IL-2、IFN-γ 介导细胞免疫，T_{H_2} 细胞主要分泌 IL-4、IL-5、IL-10 等介导体液免疫。IFN-γ 可针对红细胞 Rh-D 抗原产生免疫应答；IL-10 可抑制 T_{H_1}/T_{H_2} 介导的免疫应答，IL-10 又能刺激、激活 B 细胞导致体液免疫亢进产生抗自身红细胞抗体，研究发现 AIHA 患者 T_{H_1} 类细胞因子减少，而 T_{H_2} 类细胞因子增多，其失衡促发 AIHA。近年来，发现另一种 T_H 亚群 T_{H_1} 对 AIHA 发生与疾病活动及严重程度更为密切相关。AIHA 患者 IFN-γ、IL-17 较正常增高，尤以后者明显，但 IFN-γ 与血红蛋白间无明显相关，IL-17A 明显与血红蛋白反相关，即 IL-17A 越高血红蛋白越低。

（三）B淋巴细胞数量及功能和其受调控异常

AIHA患者骨髓中B细胞数增多，$CD5^+CD19^+B$细胞中$CD5^+B$细胞增多，胞质中含免疫球蛋白量增多，且与病情相关。克隆性研究支持为多克隆性，不是单克隆性。AIHA不但B细胞数量多且功能亢进。众所周知，B细胞在免疫应答中作为抗原呈递细胞向T细胞递呈抗原激活T细胞，其自身活化又需辅助性T_H细胞。T/B细胞表面分子表达及其共刺激分子异常致机体免疫耐受紊乱，易发生自身免疫性疾病。活化T细胞表达杀伤性T细胞相关抗原CTLA-4，能抑制活化信号和T细胞应答异常可促发AIHA。B细胞和另一种抗原呈递细胞树突状细胞（DC）表达TNF超家族成员CD40。活化后膜表面CD40与$CD4^+T$细胞膜CD40配体（CD40L）结合增强T细胞介导的细胞溶解作用，促进AIHA的发生。

二、临床及实验室表现

（一）共同的临床和实验室发现

无论何种抗体、原发或继发，溶血性贫血为共享，只是程度不同。

1. 溶血性贫血　表现为四高：①高胆红素血症（尤以间接胆红素）；②高游离血红蛋白；③高乳酸脱氢酶（LDH）；④高网织红细胞。二低：①低血红蛋白（正细胞正色素性贫血，偶可大细胞性）；②低结合珠蛋白。一增生：骨髓增生，尤以红系为著。

2. 溶血危象　在感染或叶酸相对缺乏下溶血加重即所谓危象。一般有两型，一为溶血危象，表现为贫血突然加重，面色苍白、心悸气短、进行性头晕、乏力、恶心、呕吐、腰背酸痛、黄疸加深，可伴发热，重则神志不清、抽搐、肾衰竭。脾脏可增大、尿色加深、极重者尿色可呈酱油色。血小板和白细胞数正常，网织红细胞增多，增生性骨髓象。另一为再障危象，为一过性骨髓造血衰竭、重度贫血、黄疸不加深、网织红细胞不增高反减少或缺乏，全血细胞减少，骨髓象增生减低或极度减低似再障。再障危象亦可仅累及红系为纯红再障危象，除贫血外白细胞和血小板数正常，骨髓象粒系/巨核系正常，仅红系减少（＜5%）或缺如。危象常为自限性，可于2～4周内恢复，有的AIHA以危象为首发表现。

（二）特征性表现

继发性者有基础疾病的临床和实验室表现。温抗体型AIHA（WAIHA）发病与温度无明显相关，有的在活动期有血栓栓塞事件。冷凝集素综合征（CAS）有冷敏感现象，遇冷后红细胞在浅表微血管中凝集引起发绀、鼻尖、耳郭、手指等暴露位发冷、发绀、麻木、疼痛，皮肤网状青斑，重则坏死，温度升高可缓解。可有血红蛋白尿。阵发性冷性血红蛋白尿症（PCH）于冷敏感后只要温度合适可很快发病。混合型（兼有温、冷抗体）AIHA（MAIHA）亦可有冷敏感现象较轻。原发性者病程多呈缓解复发交替，很难根治，继发性者视病因控制而定。

（三）抗人球蛋白试验

抗人球蛋白试验阳性为确定AIHA的金指标，包括直接（DAT）检测红细胞表面免疫球蛋白补体和间接（IAT）检测血清或血浆中抗体。一般仅做外周血DAT，不做IAT，后者对诊断药物相关性AIHA有益。DAT阳性与否与红细胞上结合抗体位点数相关，每个红细胞上至少有IgG分子300～500个，IgG-DAT阳性；每个红细胞上至少有60个C3分子；则C3-DAT阳性，如少于此阈值 DAT 阴性，故 DAT 阴性不能排除 AIHA。如以较敏感的 FCM、生物素亲和系统（BAS）Coombs 或免疫荧光法来检测，可检出红细胞抗体，真正 DAT 阴性的 AIHA 极少。抗红细胞抗体不仅结合于成熟红细胞，也可结合于不同分化发育阶段的幼红细胞。

（四）冷凝集素（CA）和冷热溶血素（D-L 抗体）

冷凝集素（CA）和冷热溶血素（D-L 抗体）是分别诊断 CAS 和 PCH 的金标准。正常情况下 CA ＜ 1 ∶ 32。一般 CA 最佳作用温度在 0 ～ 4℃，随温度升高活性减低，＞ 20℃失去活性。有的 CA 在＞ 30℃仍可凝集红细胞而溶血，也有的 CA 效价不高，活性强，作用温度幅度大，所谓低效价高温幅 CA，在 4℃为 1 ∶（16 ～ 64），37℃时为 1 ∶ 16 仍有活性致明显溶血，故 CA ＞ 1 ∶ 40 应视为阳性。CA 有酸加强及结合补体，故 CAS 有时 PNH 相关试验 Ham 和糖水溶血试验阳性加上血红蛋白尿极易误诊为阵发性睡眠性血红蛋白尿症（PNH），最好 DAT 与 CA 同步检测。D-L 抗体活性很强，低效价也能破坏红细胞。D-L 抗体为经典冷温双相溶血素，在 0 ～ 4℃结合红细胞并固定补体，随温度增高补体激活，最终形成膜攻击复合物 C5b-9 引发溶血。D-L 抗体阳性即可诊断 PCH。

（五）其他

有红细胞自身凝集现象可引起血型鉴定和配血困难。可有球形红细胞增多，以 WAIHA 明显。数量不等的幼红细胞、多嗜红细胞、网织红细胞增高，白细胞和血小板数正常，骨髓增生红系为主，可有巨幼样变。发生再障危象时则网织红细胞减低，全血细胞减少，骨髓象增生减低。T 细胞亚群中 $CD3^+$、$TCR\alpha\beta^+$、CD4 和 CD8 双阴性 T 细胞（DN-T）不增多（＜ 1% ～ 2.5%）。

三、特殊类型

无论 WAIHA、CAS、MAIHA 均为 AIHA，DAT 阳性，白细胞和血小板数正常，但有的可伴其他血细胞减少或 PB-DAT 阴性，甚至 BMMNC-DAT 亦阴性等。常见特殊类型有：

（一）Evans 综合征（ES）

经典 ES 指 AIHA 伴免疫性血小板减少（ITP）。近来认为 ES 系指排除其他疾病后至少 2 系免疫相关性血细胞减少的综合征。≥ 2 系免疫相关性血细胞减少可同时或先后发生，以 AIHA+ITP 为多见，占 AIHA 中＜ 30%，可原发或继发。临床表现有溶血性贫血、出血、肝脾肿大，有 / 无血红蛋白尿，DAT+ 以 IgG+C3 型为多，也有 CA+ 或兼有温冷抗体，也可 PB-DAT 阴性而 BMMNC-DAT 阳性。

（二）DAT 阴性 AIHA

PB-DAT 阴性占 AIHA 中 2% ～ 10%，亦有报道高达 30% 者。临床表现同经典 AIHA，如以较敏感方法检测可检出抗红细胞抗体，BMMNC-DAT 可阳性，对皮质激素、静脉滴注用人免疫球蛋白（IVIG）治疗反应快疗效显著。

（三）药物相关性 AIHA

药物治疗过程中出现贫血或其他血细胞减少应首先考虑药物相关性（含免疫相关性和造血抑制性）。药物相关性 AIHA 依其发病机制：①半抗原 / 药物吸收性，于用药数日、数周甚至更长时间发病，主要为血管外溶血，有抗药物抗体、IgG-DAT+，不加药物 IAT 阴性，停药后多于 2 周内康复（7～10天）DAT+可持续数周；②新抗原型，于用药后很快发生溶血多为血管内溶血，也有血管外溶血，有抗药物抗体，C3-DAT+、不加药物 IAT 阴性；③自身免疫型，需长期用药，一般用药＞1个月，发病缓慢为血管外溶血，甚至不用药物亦可发病，无抗药物抗体。多为 IgG-DAT+，少数为 C3-DAT+，即使不加药物 IAT 阳性，停药后 DAT+ 可持续数周或数月，常可误诊为特发性 AIHA。

四、诊　　断

AIHA 诊断一般不难，有溶血性贫血与 PB-DAT 和（或）CA 阳性，无其他病因为原发性 AIHA，有其他基础病则为继发性。最好 DAT 与 CA 同步检测，对 PB-DAT 阴性加做 BMMNC-DAT 有助于分型诊断并指导治疗。

（一）AIHA 诊断

溶血性贫血为必备，再依据 PB-DAT 和 CA 结果即可诊断 AIHA。IgG 或 IgG+C3-DAT+/CA- 为 WAIHA。C3-DAT+/CA+ 或 DAT-/CA+ 为 CAS。C3-DAT+/CA-/D-L 抗体 + 为 PCH。IgG+C3-DAT+ 或 C3-DAT+/CA+ 为 MAIHA。DAT+/-/CA+/-AIHA ± 免疫性血小板减少 ± 免疫性中性粒细胞减少即≥两种免疫相关性血细胞减少为 ES。PB-DAT-/CA-/BMMNC-DAT+ 为 PB-DAT-AIHA 或仍为 WAIHA。

（二）难治 AIHA 的诊断

确诊 AIHA 经治疗有下列情况之一可视为难治。① CAIHA、MAIHA 或 ES 较单纯 WAIHA 难治；②一线皮质激素治疗 3～4 周，Hb 不能上升至≥100g/L；③一线皮质激素治疗有效，减量过程中 Hb 也随之下降；④需泼尼松≥15mg/d（或相当剂量的其他皮质激素）才能维持 Hb 稳定（90～100g/L）；⑤皮质激素依赖性；⑥一线皮质激素治疗无效，二线治疗（切脾、达那唑、IVIG、CsA、利妥昔单抗、免疫抑制剂）也无效；⑦多次复发；⑧ AIHA 不是原发性而是继发性，病因未控制或其他溶血性贫血（HS/PNH），或诊断 AIHA 有误（PNH、原发性免疫缺陷病、自身免疫性淋巴增殖综合征）。

五、治　　疗

AIHA 治疗旨在控制溶血提升受累的血细胞系，减少复发，继发性者基础病及病因治疗极为重要。

（一）一线治疗

皮质激素仍然为首选。常用泼尼松 1～2mg/（kg·d），分次口服，2～4 周。起效快者 1 周内即可溶血停止，随之血象改善，待 Hb 升至正常或接近正常、网织红细胞正常、胆红素正常、LDH 正常，可缓慢减量，每周减 10～15mg/d，至 30mg/d 后，每周减 5～15mg/d，再每 2 周减 2.5mg 至 5～10mg/d 维持 3～6 个月，已成共识。亦可用相应剂量的其他皮质激素，如地塞米松、甲泼尼龙等。对 CAS 应加用烷化剂作一线治疗，如环磷酰胺（100～150mg/d）或瘤可然（2～4mg/d），重者可静脉输注地塞米松（20～30mg/d，3～4 天）或甲泼尼龙（500～1 000mg/d，1～3 天）后减量 50% 用 3～4 天，再减 50%，总疗程为 10～14 天，改口服。一线治疗有效率在 70% 左右，20% 可完全缓解（CR）。

（二）二线治疗

标准一线治疗不佳或无效，用二线之一治疗，如脾切除、IVIG（0.4ml/d，5天）、环孢霉素（CsA）[1～3mg/（kg·d）]、达那唑（0.4～0.6g/d）、硫唑嘌呤（100～150mg/d）、利妥昔单抗（375mg/m²，每周1次）。国外二线治疗多采取脾切除，国内难以普及，多用于难治者。以上药物治疗3～4周无效可增加剂量或换用其他二线药物。为避免复发增强疗效多采用一线加一种二线药物联合治疗。利妥昔单抗多用于难治者。

（三）输血

AIHA患者输血有困难，自身抗体使交叉配血困难血型不易确定，即使血型相同输注正常红细胞可被患者的自身抗体致敏而使溶血加重，输过血的AIHA 20%有同种抗体，故尽可能避免输血。一般轻症者及一线治疗显效者可不输血，重度贫血、贫血症状严重或贫血进行性加重或溶血危象者应酌情输血。输血科缓慢输用浓缩红细胞或洗涤红细胞。输血过程中密切注意溶血性输血反应。陆紫敏等建议输用三洗红细胞，因有去除80%白细胞、98%补体和血浆蛋白的独有特点；输去白细胞悬浮红细胞也可同样减少非溶血性输血发热反应。如无条件取得浓缩或洗涤红细胞，病情严重时仍可输以新鲜全血，同时输以大剂量甲泼尼龙（500～1000mg）或地塞米松（20～40mg）加环磷酰胺（200～400mg）。如由于自身抗体干扰不能确定血型，病情又需输血，可于大剂量皮质激素加环磷酰胺的同时输"O"型血200～400ml以应急，此后常能确定血型，再输同型血。对CAIHA（CAS、PCH）、MAIHA必须输血者，血液宜经37℃加温器再输注或于患者保温情况下缓缓输注并密切观察。

（四）血浆置换（PE）

PE可快速清除自身抗体、补体等减少自身抗体损伤红细胞，明显减低免疫反应物质和溶血后游离血红蛋白对器官特别对肾脏的损害，以缓解症状。PE不单用，常配合其他治疗难治AIHA。一般采用血细胞分离机连续置换。全血流速控制在40～50ml/min，置换血浆量为1500～2000ml，全程以柠檬酸葡萄糖（ACD）抗凝维持。回输血浆量（同型血浆、聚明胶肽、0.9%氯化钠溶液）与弃去患者血浆量相等。

（五）补充造血要素

若有铁、叶酸、维生素B_{12}缺乏应补充。

（六）干细胞移植

AIHA经治疗有效率为70%左右，20%可持续CR，但易复发，复发率＞30%，以CAS较高，可达40%。复发多在显效后1年内约2/3，以后复发减少。诱致复发原因有：①感染；②减量或停药过早；③常为单用皮质激素。故治疗AIHA最好一、二线药物联合，如皮质激素和CsA联合，维持治疗时间较长，避免感染等。加强AIHA发病机制研究可开拓靶向治疗，提高疗效甚至根治AIHA。

第二节 特发性血小板减少性紫癜的发病机制、免疫诊断方法及其免疫治疗

特发性血小板减少性紫癜（ITP）是儿童时期最常见的出血性疾病之一，国内统计ITP占儿童出血性疾病的25.1%，以皮肤黏膜自发性出血、血小板减少、出血时间延长和血块收缩不良为主要临床特点。

一、发病的免疫学机制

（一）细胞凋亡

细胞凋亡（apoptosis）是调控机体发育，维护内环境稳定，由基因控制的细胞死亡过程。其中主要的凋亡相关基因有 *Fas/APO*-1、*bac*-2、*ced*、*ICE*、*p53* 基因等。近年来研究表明，患者活性淋巴细胞凋亡减少与凋亡基因异常表达密切相关，其中主要是 *Fas* 和 *bcl*-2 基因家族。ITP 患者 *bcl*-2、*bcl*-*xl* 等基因显著升高，凋亡指数与 *bcl*-*xl* 等呈负相关，由于 *bcl*-2 基因家族有主要的抑制细胞凋亡的作用，所以 ITP 患者体内活性 T 淋巴细胞凋亡减少，能辅助 B 细胞产生大量的抗血小板抗体，还可能发挥细胞毒作用杀伤血小板，同时还发现，ITP 患者淋巴细胞 *p65* 表达明显上升。核转录因子 NF-κB 由 P50 和 P65 两个蛋白亚基组成，前者缺失，而后者表达上升能直接激活 *bcl*-*x1* 基因表达，从而抑制淋巴细胞凋亡，使血小板破坏增多。研究表明 *bcl*-2、*bcl*-*xl* 等基因调控异常可能是引发 ITP 的重要原因。

（二）T_{H_1}/T_{H_2} 平衡失调

T_{H_1}/T_{H_2} 细胞的平衡在自身免疫病的发生发展过程中起重要作用。活动期 ITP 患者中发现了一些细胞基因上调，其中与 T_{H_1} 优势有关的 INF-γ 等因子显著升高，表明活动期时可有 T_{H_1} 细胞因子活化；疾病缓解时倾向于 T_{H_2} 优势模式。ITP 患者 T_{H_2} 类细胞因子下降，T_{H_1}/T_{H_2} 比率明显高于正常对照组，未治疗组明显高于治疗组，表明 ITP 患者 T_{H_1}/T_{H_2} 类细胞的高比率与该病的发病机制和疾病的活动状态密切相关。

（三）协同刺激分子

CD28/B7，CTLA-4/B7 是最早发现的经典的共刺激分子，在 T 细胞活化过程中分别提供正负调节信号 CD28/B7 分子启动的胞内信号，还可引起 T 细胞抗凋亡基因 *bcl*-*xl* 表达增高，凋亡基因 *Fas* 表达下调，从而保护 T 细胞免于凋亡，CTLA-4 介导的负性信号调节主要是终止 T 细胞的活化，诱导 T 细胞的耐受；CD28 主要是诱导 T 细胞表达抗凋亡蛋白（BCL-X），刺激 T 细胞合成 IL-2 和其他细胞因子，促进 T 细胞活化和增殖，B7-2 组成型表达于抗原呈递细胞（APC）上，未经刺激的 APC 不表达或低表达 B7-1，由此提示 T 细胞激活的早期，主要由 B7-2 提供 T 细胞活化所需的共刺激信号，而 B7-1 则在后续的 T 细胞克隆增殖中起作用。B7-1 对普通的 B 细胞增殖和 IgG 分泌提供负调节信号，而 B7-2 则提供正调节信号。CTLA-4 与 CD28 在结构上约有 31% 相似，但 CTLA-4 与 B7-1/2 的亲和力却显著高于 CD28 且生物学作用不尽相同。CD28 与 B7 分子结合后可

促进 T 细胞的活化、分化；CTLA-4 则抑制 T 细胞的增殖，促进抗原特异性淋巴细胞的凋亡。

（四）调节性 T 细胞（Treg）异常

调节性 T 细胞（Treg）是一种 CD4$^+$CD25$^+$ 并具有免疫抑制功能的 T 细胞亚群，该细胞能抑制自身反应性 T、B 细胞的活化和增殖，以及自身抗体的产生。Treg 细胞在多种自身免疫性疾病中都存在数量和功能上的异常。伏瑞祥等研究表明 ITP 患者可能体内由于缺乏 Treg 细胞从而使自身免疫反应不能被有效抑制。

（五）细胞介导的细胞毒性作用

目前认为细胞毒性 T 细胞（CTL）和自然杀伤性（NK）细胞通过诱导细胞凋亡从而在病毒感染性疾病和恶性疾病中扮演重要角色，其在自身免疫性疾病，如多发性硬化和糖尿病中所起的作用亦被日益重视。CTL 的血小板破坏作用可能是慢性 ITP 发病中的一个重要机制。NK 细胞在 ITP 中的作用似乎一直没有被重视。近来有研究表明，慢性 ITP 患者中虽然体内 NK 细胞数量和百分数正常，但是功能却被抑制。而这些被抑制的 NK 细胞活性可以通过激素治疗来恢复。NK 细胞可以抑制 B 细胞的增殖和抗体的产生。因此，正常或者亢进的 NK 细胞可以减少自身抗体的产生。但是近来有报道严重慢性并且对治疗无效的 ITP 患者中 NK 细胞数是增加的。

二、临床分型

（一）按病程长短分型

一般可分为急性型和慢性型。急性型病程≤ 6 个月，起病急，常有发热，出血一般较重，血小板常＜ 20×10^9/L；慢性型病程＞ 6 个月，起病隐匿，出血一般较轻，血小板（ $30 \sim 80$）× 10^9/L。小儿 ITP 以急性型多见，仅 10%～ 30% 发展成慢性型。

（二）按病情程度分型

目前有作者按外周血血小板计数和临床表现将其分为轻度、中度、重度和极重度。轻度：血小板＞ 50×10^9/L，一般无自发出血。中度：血小板（ $25 \sim 50$）× 10^9/L，有皮肤黏膜出血点或外伤后瘀斑、血肿、出血延长，但无广泛出血。重度（具备下列任何 1 项）：①血小板（ $10 \sim 50$）× 10^9/L，皮肤广泛出血、瘀斑或多发血肿，黏膜活动性出血（齿龈渗血、口腔血疱、鼻出血）；②消化道、泌尿道或生殖道暴发性出血或发生血肿压迫；③视网膜出血或咽后壁出血；④外伤处出血不止，经一般治疗无效。极重度（具备下列任何 1 项）：①血小板≤ 10×10^9/L，皮肤黏膜广泛自发性出血、血肿或出血不止；②危及生命的严重出血。

三、临床表现

本病春季发病率较高，男女发病率无明显差异，多见于 1 ～ 5 岁小儿，但其他年龄组小儿也可见，多数急性型患儿发病前 3 周有病毒感染史。发病前患儿常无任何症状，以自发性皮肤黏膜出血为最主要表现，皮疹多为针尖大小出血点，也可为瘀斑和紫癜，分布不均匀，多见于四肢，也可有鼻衄、牙龈出血，消化道及泌尿道出血较少见，青春期女性患儿可有月经过多。颅内出血少见，但如果发生则危及患儿生命且预后不良。出血严重患儿可有贫血，偶有肝脾轻度肿大。

四、实验室检查

（一）外周血象

血小板计数 $< 100 \times 10^9/L$，重症患儿血小板计数 $< 10 \times 10^9/L$，出血严重者可致贫血，白细胞计数正常。

（二）骨髓象

骨髓巨核细胞成熟障碍，幼稚巨核细胞增多，产血小板巨核细胞减少。有下列情况者骨髓检查必不可少：①临床表现不典型；②慢性病例，除血小板减少外如伴有贫血或白细胞减少；③治疗过程中或治疗后复发。

五、诊　断

（1）有皮肤出血点、瘀斑和（或）黏膜出血等的临床表现。

（2）外周血血小板 $< 100 \times 10^9/L$。

（3）骨髓巨核细胞增多或正常，有成熟障碍，成熟障碍主要表现为幼稚型和（或）成熟无血小板释放型的巨核细胞比例增加，巨核细胞颗粒缺乏，胞质少。

（4）排除其他可引起血小板减少的疾病如再生障碍性贫血、白血病、骨髓增生异常综合征（MDS）等。

六、治　疗

美国血液学会的 ITP 诊治指南建议对血小板计数 $> 30 \times 10^9/L$ 的患儿，如果没有临床症状或者仅存在轻微紫癜，可以不必给予常规治疗；对于血小板计数 $< 20 \times 10^9/L$ 并且存在明显的皮肤黏膜出血的患儿和血小板少并且存在紫癜的患儿，应该给予包括肾上腺皮质激素、静脉注射免疫球蛋白（IVIG）在内的治疗；对于那些存在严重的、危及生命的出血的患儿应该住院治疗。

（一）一般治疗

一般治疗包括急性出血期应卧床休息、减少活动、避免外伤，保证营养供给，维持水、电解质及酸碱平衡，积极预防与控制感染等。

（二）肾上腺皮质激素

肾上腺皮质激素为首选药物。主要作用机制是：抑制血小板抗体产生、抑制单核巨噬系统破坏血小板、降低毛细血管通透性。

（三）IVIG

免疫球蛋白是机体免疫系统的重要组成部分，在防御感染和调节免疫中发挥重要作用，人类的许多疾病均与其水平下降或异常有关。许多研究表明 IVIG 用于治疗小儿初治急性 ITP 疗效显著，和泼尼松相比，使用 IVIG 治疗出血时间短，缓解快，转为慢性者少。有研究发现，IVIG 与肾上腺皮质激素并用时，血小板数增加迅速及其峰值比单用 IVIG 为好。两药并用的优点在于，无论对激素或免疫球蛋白出现耐药性的病例都有效果，血小板数迅速达到正常或因给予激素而使血小板数长时间稳定。

（四）血小板制品

关于血小板制品输注指征，国家卫生部 2000 年制订下发了《临床输血技术规范》，其中"内科输血指南"指出："血小板计数和临床出血症状结合决定是否输注血小板，血小板输注指征为：血小板计数 > 50×10^9/L 一般不需输注；血小板计数（ $10 \sim 50$ ）$\times 10^9$/L，根据临床出血情况决定，可考虑输注；血小板计数 < 5×10^9/L，应立即输注血小板防止出血。预防性输注不可滥用，防止产生同种免疫导致输注无效"。多年临床实践表明，ITP 患者大多通过激素治疗可达到提升血小板的作用，同时合并使用 IVIG，多数患者会产生与激素协同效果，因而不需输注血小板制品。但如果外周血血小板计数 < 10×10^9/L，有严重出血或有危及生命的出血倾向需紧急处理者，可输注浓缩血小板制剂。

ITP 为一组异质性疾病，多种机制介导疾病的发生、发展，目前确切的发病机制仍不是很明确。对于急性 ITP 患儿应早发现、早治疗，防止转为难治性 ITP。而对于难治性 ITP，目前尚无特效的根治药物及方法，治疗应个体化，治疗选择应根据血小板计数和出血状态而定。因此，设计筛选能有效判断 ITP 发病机制的临床试验，为难治性 ITP 实施定向免疫干预，将是今后 ITP 诊疗的方向。

第三节　白血病的发病机制、免疫诊断方法及其免疫治疗

白血病是造血系统的恶性疾病，由于造血干细胞分化异常，血液或骨髓内白细胞及其幼稚细胞（即白血病细胞）不正常地过度增生，减少或阻碍血液内其他正常成分的生成，导致各种病变及死亡。本病可根据病情分为急性和慢性白血病两大类，又可依细胞类型分为淋巴细胞性、骨髓细胞性、粒细胞性和单核细胞性等。白血病好发于儿童和青年，男性患者较女性多。

一、病因及发病机制

白血病的确切病因至今未明，相信可能与下列因素有关：

（一）电离辐射

长期或曾经暴露在辐射线或放射物质下，如日本广岛及长崎的存活者或接受高剂量放疗者，患白血病的概率较高。

（二）病毒感染

科学家在人类 T 细胞白血病中分离出 HTLV-1 逆转录病毒，香港大学发现 HTLV-1 病毒中的致癌蛋白 Tax，可以与人类细胞中的 TAX1BP2 蛋白相结合，并抑制其活性，使其无法行使正常功能，最终导致细胞染色体数目出现异常，并由正常细胞转化为白血病细胞。

（三）毒性化学物

许多毒性化学物都有致白血病的可能性，包括苯、甲苯和氯乙烯等。

（四）遗传因素

某些遗传性疾病和免疫缺陷症候群患者较易罹患白血病，如唐氏综合征、布卢姆综合征和范可尼贫血等。

（五）基因或蛋白质变异

应用荧光原位杂交技术，在急性白血病细胞中检测到 $hTERT$ 和 $hTERC$ 基因的倍增，显示其与急性白血病的癌变有关。研究发现，慢性 B 细胞白血病患者有 13q14.3 位点缺失，如 miR-15a 和 miR-16-1 两个 miRNA 基因常呈低表达或缺失，相信与该型白血病的致病机制有关。亦有报告指出慢性骨髓细胞白血病的发展与 $c\text{-}myc$ 基因和 BCL-2 蛋白质的过高表达有关。

二、诊　断

血液检查可测出贫血程度、血小板减少和白细胞增多等现象，而骨髓检验能确诊白血病，分类则要靠细胞遗传学检查，在急性骨髓细胞白血病经常发现染色体重排，如 t（8；21）、t（15；17）和 inv（16），而在儿童急性淋巴细胞白血病则 t（12；21）和 t（1；19）较常见。近年流式细胞仪已增至十色，大大改善了白血病的诊断和监测。在分子诊断方面，微阵列的应用，对白血病的分类和诊断极为有效。此外，由于 90% 以上慢性骨髓细胞白血病患者有费城染色体，超过 95% 的患者可以利用聚合酶链反应检测到 bcr/abl 基因。

三、治　疗

（一）化学治疗为主要治疗手段

急性骨髓细胞白血病治疗分为 4～5 期，每期 5～10 天不等，所用化疗药物药性较重，因此出现的副作用亦较大，每期化疗相隔 4～5 周，整个疗程需 4～6 个月。急性淋巴细胞白血病的化疗方案不同，疗程约需 2 年时间，首 5 周缓解期先用肾上腺皮质激素或联合化疗药物在短期内破坏大量白血病细胞，接着 4 周加强期用强烈化疗药物以进一步消灭潜伏体内的白血病细胞，然后开始 9 周巩固期的化疗药物治疗，此后又是另一个循环的 8 周加强期强化药物治疗，整个重药治疗为期约需 7 个月，最后便是余下的 17 个月轻药治疗。

（二）放射治疗

由于白血病属广泛性癌病，放疗为姑息治疗，一般局部照射明显肿大的肝脾或淋巴结以缓解压迫症状，或用于骨髓移植前的大剂量全身照射。

（三）骨髓移植

成人白血病和慢性粒细胞白血病患者施以化疗缓解后仍易于复发，故骨髓移植是他们的主要希望。先用大剂量化疗或全身放疗将接受移植患者的不正常骨髓摧毁，再将捐赠者的健康骨髓注入患者静脉血管中。若移植成功，这些新骨髓会自行移到骨头内的海绵样组织中，并开始生产正常血细胞。

（四）支持治疗

患者应注意口腔、鼻腔和皮肤等的清洁卫生，如有感染需及时使用抗生素和集落刺激因子使造血祖细胞增殖，增强抗病能力；患者在接受治疗时抵抗力低，有时要接受保护性隔离，白细胞极少者宜住进无菌室内。缺血小板者应及时输注血小板以防止出血。贫血者则需要输血。

（五）分子靶向治疗

利用蛋白质组学技术发现一系列白血病相关抗原，包括 A 烯醇酶、醛缩酶 A、HSP70 蛋白 8、B- 微管蛋白和原肌球蛋白亚型；而采用逆转录聚合酶链反应技术也找到 MAGE-A3 的 mRNA，均可作为免疫治疗的分子靶点。

实验证明，特异性 siRNA 能明显降低 bcr/abl 的 mRNA 表达水平，减少 *bcr/abl* 癌基因的表达，导致白血病细胞的凋亡。应用 17-Allylamino-17-demethoxygeldanamycin 联合靶向 bcr/abl siRNAs，可更有效降低其蛋白质水平，显著抑制白血病细胞的增殖。甲磺酰基伊马替尼（STI-571）是一种酪胺酸激酶抑制剂，可抑制 BCR-ABL 蛋白质、血小板源生长因子受体与 c-kit 蛋白质，能有效缓解 c-kit 阳性继发急性骨髓细胞白血病和慢性骨髓细胞白血病，而且仅有轻微到中度副作用。诱导白血病细胞分化成熟是白血病治疗的另一新疗法，用维 A 酸治疗骨髓细胞白血病，疗效良好，副作用比传统的化疗药物少，是治疗白血病的又一突破。Rituximab 是一种抗 CD20 单克隆抗体，能在 B 淋巴细胞上与 CD20 抗原结合后引起免疫反应，促使癌细胞溶解。

第四节　霍奇金淋巴瘤和非霍奇金淋巴瘤的发病机制、免疫诊断方法及其免疫治疗

一、霍奇金淋巴瘤

霍奇金淋巴瘤（Hodgkin's lymphoma，HL）是近年来发病率较高的一种疾病，也是治愈率非常高的淋巴类恶性肿瘤，该疾病更多见于男性，并且发病高峰在年轻成人和 60 岁以上的人群。即使患者在首次缓解后出现复发，继续应用放疗、大剂量化疗及干细胞移植通常也可获得再次缓解及较长的无病生存期。早期治疗霍奇金淋巴瘤的重点集中在如何清除病灶，而目前主要的挑战是在保持良好治疗效果的同时减少治疗带来的毒副作用，以及改善不利因素、复发难治患者的存活率。

（一）HL 的组织学分型

WHO 新的淋巴造血组织肿瘤分类中，继承了 REAL 分类的做法，将霍奇金淋巴瘤分为经典型和结节性淋巴细胞为主型两个大类。其中经典型中除了大家熟悉的结节硬化型（NS）、混合细胞型（MC）和淋巴细胞减少型（LD）外，还增加了富于淋巴细胞的典型霍奇金淋巴瘤（LRCHL）这一亚型。同时根据近年来的研究成果，将霍奇金病改称为霍奇金淋巴瘤。国内华西医院病理科 1999 年按照新的 WHO 关于霍奇金淋巴瘤（HL）的分类（2001）见表 26-1。

表 26-1　HL 的分类

Nodular lymphocyte predominant（NLPHL）	结节性淋巴细胞为主型
Classic HL	经典型
Nodular sclerosis HL（grades 1 and 2）（NSCHL）	结节硬化型
Lymphocyte rich classic HL（LRCHL）	富于淋巴细胞型
Mixed cellularityHL（MCCHL）	混合细胞型
Lymphocyte depleted HL（LDCHL）	淋巴细胞减少型
Unclassifiable classic HL	不能分类

（二）HL 的临床表现

霍奇金淋巴瘤的典型表现是无痛性淋巴结肿大，以颈部和锁骨上淋巴结多见。超过一半的患者有纵隔大包块（有的甚至直径超过 10cm），可能没有症状，或者仅表现为呼吸困难、咳嗽或上腔静脉阻塞。老人的临床表现与年轻人不同。Evens 等分析了 95 例老年 HL 的临床特征，64％为进展期，54％有 B 症状，27％体能状态评分 2 ～ 4 分，仅有 4％有大肿块，25％骨髓受累。许多患者有全身症状。发热、夜间盗汗和 6 个月体重减轻超过 10％被归为 B 症状，这些症状具有重要的预后意义。其他症状如瘙痒、疲劳和与乙醇相关的疼痛等与预后没有直接相关，因此未被归入B 症状。霍奇金淋巴瘤的诊断应通过组织学病理检查确认。对颈部、胸部、腹部和盆部的增强 CT扫描可用于疾病分期。初诊时的 PET-CT 检查被越来越多地应用于该疾病的准确分期、放疗界限的确定，还为后续的治疗反应评估提供基线信息。霍奇金淋巴瘤患者中 5％～ 8％确定骨髓受累，但是在疾病早期骨髓受累率不到 1％，因此通常认为不值得采取骨髓活检。霍奇金淋巴瘤的分期依据是改良 Ann Arbor 系统，分期有助于疾病预后的预测和治疗计划的安排。

1. 经典型霍奇金淋巴瘤（CHL） 占所有 HL 的 95％，国内报告占 93％。在发病年龄上呈现双峰，第一个峰值出现在 10 ～ 35 岁年龄段，第二个峰值在 60 岁以上。CHL 具有独特的临床、形态学、免疫表型和遗传学特点，而其中的四个亚型（NS、MC、LD、LR+CHL）又各有特点。对于 CHL 的细胞来源，目前的研究表明 98％的病例来源于外周 B 细胞，另有约 2％的病例来自外周 T 细胞。

（1）临床表现：CHL 最常见于颈部淋巴结。结外累及罕见。约 50％的患者在诊断时处于Ⅰ期或Ⅱ期。纵隔肿块最常见于 NS。体质性症状（发热、夜汗、体重下降）见于 25％的患者。与先前的报告不同的是，由于治疗的进展，国外现有的资料提示，组织学分型已经不再是一个重要的预后因素。在未经治疗的情况下，CHL 的病程呈中等侵袭性。在现有治疗下，70％～ 80％的病例可长期存活。早期病例的宽野照射（extended field irradiation）成为标准的治疗方案使用已达 10 年以上，而且治愈率极好。但是由于宽野照射的远期影响，尤其是继发第二种实体肿瘤的可能性高，使得大多数研究单位放弃了这一疗法，而代之以轻度的化学治疗联合受累野的照射。

（2）形态学改变：在 CHL 的切片上，虽然在有的病例可见残存的正常滤泡，绝大多数病例淋巴结结构大部破坏。很容易找到典型的霍奇金细胞和 R-S 细胞，其数量可多可少。根据不同的亚型有不同的背景细胞和反应性成分。

（3）免疫表型典型的 H/R-S 细胞为 CD30$^+$，CD15$^+$，CD45$^-$，EMA-。CD20$^+$ 见于 30％～40％的病例，一般为 EBV$^-$。CD79a 的阳性率低于 CD20。少数病例中可见不等大的细胞表达一种或几种 T 细胞标记。CD30$^+$ 在 CHL 的 H/R-S 细胞和一些较小的母细胞为膜阳性和（或）细胞质内的点状阳性（Golgi 区）。在非造血细胞肿瘤，如胰腺癌、鼻咽癌和恶性黑色素瘤等，还可出现细胞质弥漫性阳性反应。但胚胎癌可出现膜阳性和（或）细胞质内的点状阳性。CD15 也是常用的 H/R-S 细胞的标记，见于约 80% 的 CHL 病例。但是也可以有阳性反应见于粒细胞及其肿瘤，以及个别的 T/B 细胞淋巴瘤。

2. 结节硬化型（NSCHL）

（1）临床特点：NS 是霍奇金淋巴瘤最常见的亚型，在美国和欧洲约占 70%，在中国统计占30%～40%，中位发病年龄为 28 岁，男女之比 1：1。纵隔受累占 80%，表现为巨大纵隔肿块者有 54%。约有 10% 的患者可脾脏受累，骨髓受累占 3%。多数患者发病时为 II 期，体质性症状（B症状）占 40%。

（2）典型的形态学改变：NS 累及的淋巴结呈结节状的生长方式、胶原束分割硬化和腔隙型H/R-S 细胞三大特点。纤维束的形成一般起于淋巴结的包膜，低倍镜下可见包膜增厚，纤维束从被膜伸入淋巴结，分割淋巴组织形成结节。特征性的是纤维束在偏光显微镜下呈现绿色的双折光，这一特点不见于 LDHL，有助于两者的鉴别诊断。结节内，腔隙型 H/R-S 细胞（陷窝细胞）常分散在炎性背景中，该种细胞为多叶核大细胞，有小到中等大小的核仁，细胞质宽，空亮或者轻度嗜酸性。特征性的是在甲醛固定的切片上，细胞质收缩后附着在核膜上，并可以一些细丝状的细胞质连接着胞膜。近年的观察发现，实际上陷窝细胞具有很大的变异。可以为单核、多叶核或有类似于典型的 R-S 细胞明显的核仁。有时陷窝细胞可以聚集成片，称为合体细胞变种。仔细寻找，还是可见到典型的 R-S 细胞和"木乃伊"细胞。结节中心可出现灶性坏死，伴有嗜酸粒细胞、中性粒细胞、小淋巴细胞和组织细胞浸润。

（3）结节硬化型的细胞期：在所谓的细胞期，可见明显的结节形成倾向，但胶原纤维的沉积不明显，在以小淋巴细胞为主的背景上，可见清楚的陷窝细胞分布于结节内或者残余滤泡周围。背景的小淋巴细胞与套细胞表型相似（CD20$^+$，CD79a$^+$，CD5$^+$，IgM$^+$，IgD$^+$，CD3$^-$）。现在认为证实由于瘤细胞分泌的细胞因子进行性地使得 T 细胞、组织细胞、浆细胞和嗜酸粒细胞聚集，并形成结节以取代原有的滤泡。结节内还可见到 CD21$^+$ 的滤泡树突状细胞（FDC），有报告 FDC 提示较好的预后。

（4）"合体细胞性"的 NS（syncytial NS）："合体细胞"这一术语是 Butler 于 1983 年提出并由 Strickler 等于 1986 年再次提出的。这一变型有统计称占 NSHL 的 16%，但是在具有纵隔巨大肿块和 III/IV 期的患者中高达 88%，具有更为侵袭性的临床过程。镜下特点为成片的瘤细胞浸润，其中部分呈陷窝细胞样改变，中心可有坏死。可能被误诊为大细胞 NHL（ALCL 或 DLBCL）、转移性黑色素瘤、转移癌或者肉瘤、胸腺癌或生殖细胞肿瘤。因此在鉴别诊断中，需要正确运用抗体。合体细胞的免疫表型为：CD3$^-$，CD15$^+$，CD20$^{-/+}$，CD30$^+$，CD45$^-$，CD79a$^-$，CK-，PLAP-，S'100-，HMB45-，EMA-，ALK-。

3. 混合细胞型（MCCHL） MC 原本为 Lukes 等用来描述形态上介于淋巴细胞为主型和淋巴细胞减少型之间的组织学亚型，后来 Lukes 又将所有的不能分类的 HL 均列入此型中，因而有了"字纸篓"的称号。WHO 新分类认为 MCHL 是真正的一种亚型，并列出单独的"不能分类"，因此现在的 MC 范围较以往的小。MC 占所有 HL 的 15%～25%，国内报告占 35.7%。组织学改变的特点为淋巴结的副皮质区弥漫性累及，被膜通常不受累，坏死罕见。累及区域中可见散在的经典的 H/R-S 细胞分布在弥漫性或模糊的结节性的炎性背景中，无结节性的硬化和纤维化。反应性成分，如浆细胞、上皮样组织细胞、嗜酸粒细胞等明显可见。而背景的小 T 淋巴细胞（CD3$^+$CD57$^-$）常围绕 H/R-S 细胞形成"玫瑰花环"。H/R-S 细胞容易见到，有的视野可达到 10 个以上。"木乃伊"细胞可见，而无"爆米花"细胞和陷窝细胞。

（1）类似 Castleman 病（巨大淋巴结增生症）：有透明血管形成，这可能与 H/R-S 细胞释放的细胞因子，如 IL-6 的作用有关。此型 HL 要与滤泡反应性增生和 Castleman 病鉴别。

（2）富于上皮样细胞的 HL：此变种即 Lennert 等提出的黄色瘤样 HD。特点为多量的上皮样细胞反应甚至有肉芽肿形成，偶尔可见 Langhans 巨细胞甚至黄色瘤细胞。典型的 H/R-S 细胞常常要通过长时间的寻找才可见到。因为治疗方案的不同，此变种要和所谓的 Lennert 淋巴瘤鉴别诊断。

4. 淋巴细胞减少型（LDCHL）　非常罕见，大约只占所有 HL 的 1%，国内占 5.6%。中位发病年龄为 37 岁，75% 为男性。常伴有 HIV 感染，在发展中国家更为多见。累及位置为腹腔器官、腹膜后淋巴结和骨髓，浅淋巴结累及相对少见。发病时 70% 为Ⅳ期，B 症状可达 80%。临床过程与预后是各型 HL 中最差的。正如其命名指出的，镜下特点为淋巴样成分减少，可见绝对或者相对丰富的 H/R-S 细胞，以及不同程度的纤维化。LD 可分为弥漫纤维化型和网状细胞型 / 肉瘤型两个变种。

（1）弥漫纤维化型：弥漫纤维化造成淋巴结正常结构的完全破坏，可能剩余部分被膜。特点为：①细胞密度低，缺乏小淋巴细胞；②弥漫的在偏光显微镜下无双折光的网状纤维增多，网状纤维可包绕肿瘤性细胞，在淋巴窦周围有无定型的前胶原沉积；③ H/R-S 细胞的数量不一，且形态可变异。在低倍镜下，有时看起来类似于 HIV 淋巴结病的晚期改变，要注意鉴别。

（2）网状细胞型 / 肉瘤型：特点为大量的 H/R-S 细胞，其中有"木乃伊"细胞。有时可见多形性 H/R-S 细胞明显增多，形成类似肉瘤样的图像。此时与间变性的大细胞淋巴瘤难以区别。淋巴结的受累为弥漫性。小淋巴细胞、组织细胞和粒细胞缺乏。常有灶性坏死。如果有结节形成，则应诊断为结节硬化型Ⅱ级。

5. 富于淋巴细胞的经典 HL（LRCHL）　此亚型实际上是 Lennert 早就提出的富于淋巴细胞的混合细胞型。组织学改变为在富于淋巴细胞的背景上出现嗜酸粒细胞、硬化、典型的 H/R-S 细胞并且有 CD30 和 CD15 的表达。在 1994 年的 REAL 分类中将其称为富于淋巴细胞的经典型 HL。经过 1994 年和 1995 年由欧洲血液病理学会和欧洲淋巴瘤组织的两次工作会议，一致接受了富于淋巴细胞的经典型 HL 的存在，并且将其分为两个变种，即结节型和弥漫型。形态学上，绝大多数的 LR［CHL 病例为结节性生长方式，散布有组织细胞（上皮样细胞），缺乏中性粒细胞和嗜酸粒细胞，这些改变在低倍镜下极其类似于 LP］HL。再者，部分肿瘤性细胞也可以出现"爆米花"细胞样的改变，但是，仍然有许多肿瘤性细胞表现出典型的 H/R-S 细胞的特点。而且结节的外围常可见小的生发中心，有时有灶性的硬化。免疫表型分析显示瘤细胞通常为 CD30 和 CD15 阳性。CD20 和 CD79a 的阳性率分别为 32.5% 和 8.7%，远远低于 LP+HL。瘤细胞缺乏 J 链，EMA 的表达仅出现在少数病例，为弱阳性。约 50% 的病例的 H/R-S 细胞为 EBV 阳性。反应性成分由多量的表达 IgD 和 IgM 套细胞，数量不等的 CD3$^+$CD57 T 细胞组成。后者常围绕 H/R-S 细胞形成玫瑰花环。CD21 染色显示的滤泡树突状细胞组成松散的边界不清的网状，而残存生发中心的 CD21 染色显示的滤泡树突状细胞更为致密，边界更清楚。

6. 淋巴细胞为主型（NLPHL）　占所有 HL 的 4%～5%，国内报告为 7%。在欧洲被称为"结节型副肉芽肿"。现在知道，这一型的 HL 与经典的 HL 的唯一相同之处在于组织学上均可见散在的少数大细胞位于丰富的淋巴细胞背景中。在其他方面，如细胞形态、免疫表型、分子生物学改变和临床行为上两者均完全不同。这也是为什么在新的 WHO 分类中将两者分开的理由。

（1）临床表现：NLPHL 的临床表现更加类似于"惰性"的 B 细胞淋巴瘤而不同于 CHL。患者年龄分布为单峰，峰值在 31～40 岁，而 CHL 则为双峰，峰值分别在 21～30 岁和 61～70 岁。病变通常累及单个颈部、腋下或腹股沟淋巴结而不是成组的淋巴结。与 CHL 不同的是病变长期局限在淋巴结，骨髓和胸腺的累及极其少见。病程极其惰性，对于治疗的反应好，可以长期无瘤存活，到晚期的复发率高。NLPHL 可以转化成弥漫性大 B 细胞淋巴瘤（DLBCL），但即使转化，其预后也较原发性的 DLBCL 好得多。总之，NLPHL 的预后极好，目前已有特殊的治疗方案开始应用。问题在于病变仅仅局限于单个淋巴结的患者是否需要进一步的治疗。

（2）形态学改变：绝大多数的 NLPHL 的生长方式为结节型，或者至少部分为结节型。全部为弥漫型的病例极其少见。在典型病例，模糊的结节内可见到散在的上皮样细胞，其间的单个分布的肿瘤性的细胞称为 LH 型 R-S 细胞或"爆米花"细胞。"爆米花"细胞大小类似免疫母细胞或者更大，常为单核，部分为多叶（核有皱或分叶状）。染色质呈泡状，核膜薄，核仁常为多个，嗜碱性，较典型的 R-S 细胞的核仁小。环形的细胞质少，嗜碱性。偶尔可见有的瘤细胞呈现 R-S 细胞或者陷窝细胞样改变和少量的纤维化。NLPHL 的背景成分为小淋巴细胞、个别浆细胞和上皮样细胞，缺乏嗜酸粒细胞。偶尔可见在病灶旁有进行性转化的生发中心（PTGC）。

（3）免疫表型：免疫组织化学染色对鉴别 LP（HL，LR）CHL 和 NSCHL，以及富于 T 细胞 / 组织细胞的大 B 细胞淋巴瘤极其重要。"爆米花"细胞与典型的 H/R-S 细胞具有完全不同的免疫表型：$CD45^+$、$CD19^+$、$CD20^+$、$CD22^+$、$CD79a^+$、J chain+/-、EMA+/-、$CD30^-$ 和 $CD15^-$。并且可单轻链表达。以往有的报告将滤泡外的较"爆米花"细胞小的母细胞的 $CD30^+$ 误认为是 H/R-S 细胞而得出错误的结论。值得提出的是，近年新发现的转录因子 Oct2 和其协同因子 BOB-1 在"爆米花"细胞均为强阳性，是 LPHL 与 CHL 鉴别的新标记。Oct2 是一种转录因子，可激活免疫球蛋白基因的 promoter 而调节免疫球蛋白的合成。关于"爆米花"细胞的起源，来自生发中心的说法有较为强烈的支持证据：瘤细胞表达 bcl-6 基因产物、CD40 和 CD86；瘤细胞为 $CD4^+/CD57^+$ T 细胞形成的花环围绕，与正常的生发中心及 PTGC 中的现象相似；结节内存在着 $CD21^+/CD35^+$ 的滤泡树突状细胞网也与正常生发中心相似。至于 NLPHL 的背景小淋巴细胞，主要为 B 细胞，但围绕在"爆米花"细胞附近的形成"玫瑰花环"的小淋巴细胞，则表达 CD3、CD57 和 bcl/6，这一与其他淋巴瘤不同的免疫表型有助于 NLPHL 的诊断。

7. 不能分类的 HL　在淋巴结仅有部分累及，取材组织少，病变位于结外，HL 的分型变得十分困难甚至不可能。在以往，此类病例被归入混合细胞型。但是在 REAL 分类和 WHO 分类中均将组织取材不足或者病变不典型的病例单独列为不能分类，目的是为了将形态学上尽可能一致的亚型分出以便观察各亚型的临床病理联系。

8. HL 的结外侵犯　霍奇金淋巴瘤一般是淋巴结原发的，但可以继发累及结外器官和组织。诊断结外 HL 的标准极大地取决于临床病史和累及组织的类型。事实上，在骨髓和肝脏的针吸活检中，实行的是"最低标准"，即在适当的背景中发现 Hodgkin 细胞。而在其他结外部位的诊断则需要有典型 R-S 细胞和相应的免疫表型的支持，尤其是在无以往确诊的历史时更是如此。

（三）HL 的治疗

1. 早期 HL 的治疗

（1）早期预后良好的 HL：放化结合已经取代单纯放疗成为局限性霍奇金淋巴瘤的标准治疗，因为化疗可以根除放疗区域外的隐匿性病变，从而大大降低疾病的复发率，同时还可减小放射野。早期预后良好疾病治疗的金标准是 4 个周期的 ABVD 化疗（表柔比星、博来霉素、长春新碱、达卡巴嗪），继之 36Gy 的累及野放疗（involved field radiation therapy，IFRT），但是目前这种方法被视为过度治疗。

（2）早期预后不良的 HL：欧洲癌症治疗研究组织将预后较差组归纳为：年龄 > 50 岁的 Ⅱ 期患者及有 2～5 个淋巴结区受累；如果无 B 症状［发热、盗汗和（或）体重减轻超过 10%］但 ESR ≥ 50mm/h；如果有 B 症状则 ESR ≥ 30mm/h。其 H9 试验中，早期预后不良疾病患者被随机分组，分别接受 4 个周期的 ABVD、6 个周期的 ABVD 或 4 个周期的标准 BEACOPP（博来霉素、依托泊苷、表柔比星、环磷酰胺、长春新碱、丙卡巴肼、泼尼松龙），化疗之后每组再行 30Gy IFRT。结果发现在疗效相似的情况下，BEACOPP 的毒性明显强于 ABVD；6 个疗程 ABVD 的无病生存（EFS）略高于 4 个疗程 ABVD，分别为 91% 和 87%。

2. 晚期 HL 的治疗 在晚期霍奇金淋巴瘤患者的前期化疗方案中，ABVD 化疗方案在世界范围内广泛使用，其治疗后无进展存活率约 70%，总体存活率为 82%～90%。为了缩短化疗时间，减轻不良反应，有人推荐用 Stanford V 方案（ADM、VCR、HN2、VP-16、VLB、PDN、BLM）联合放疗。东部肿瘤协作组的 E2496 研究，就 ABVD 方案及 Stanford V 方案进行随机对照试验，入组的患者为局部晚期（Ⅰ、Ⅱ期伴大肿块或大纵隔）或晚期（Ⅲ/Ⅳ）HL 患者，随机接受 6～8 个周期 ABVD 化疗 +36Gy 放疗（仅对纵隔大肿块）或 12 个周期 Stanford V 方案 +36Gy 放疗（肿块大于 5cm 或肉眼可见的脾脏病变）。两组 5 年无失败生存率（FFS，73% vs 71%，$P > 0.05$）和 5 年 OS 率（88% vs 87%，$P > 0.05$）无差异，Ⅲ/Ⅳ度中性粒细胞减少及继发肿瘤发生率无差异。但应用 Stanford V 方案组的 3 级淋巴细胞减少（42% vs 78%，$P < 0.01$）和 3/4 感觉神经病变发生率（3% vs 10%，$P < 0.01$）更高。

3. 复发或难治性 HL 的治疗及干细胞移植 以 BEACOPP 或 ABVD 方案为金标准的一线规范化治疗方案，虽然可以治愈超过 70% 的患者，但仍有 15%～20% 的Ⅰ～Ⅱ期 HL 患者、35%～40% 的Ⅲ～Ⅳ期患者一线治疗后会复发。而对于复发性或难治性 HL 患者来说，挽救化疗的成效是决定后期是否进行 HDCT/ASCT 治疗的关键。一个有效的挽救方案必须能良好地控制疾病，尤其是消除造血干细胞的毒性，从而保持有能力进行进一步的挽救化疗，为下一步行造血干细胞移植做准备。复发或难治性 HL 患者都涉及挽救性化疗，而高剂量化疗 / 自体造血干细胞移植（HDCT/ASCT）治疗是其目前最好的治疗模式，但对于高风险的复发和难治性的患者也只有很小的疗效。补救性化疗最好使用原治疗未使用的药物，应适当无毒，且不会削弱干细胞治疗的效果，常用的治疗方案有 ESHAP（依托泊苷、甲泼尼龙、阿糖胞苷和顺铂）、DHAP（地塞米松、阿糖胞苷和顺铂）、IVE（异环磷酰胺、依托泊苷和表柔比星）和 ICE（异环磷酰胺、卡铂和依托泊苷）。其中 ESHAP 方案据报道一半以上的患者出现Ⅲ～Ⅳ级骨髓毒性。而 DHAP 方案的前瞻性研究结果显示 102 例复发或难治性 HL，治疗反应率为 89%（CR 21%，PR 68%）。自体干细胞移植前患者对补救性化疗的反应很重要，完全缓解患者的无进展存活率和总体存活率更高。证据表明补救性化疗后 PET-CT 扫描阴性结果预示自体干细胞移植后的效果异基因移植主要分为清髓性移植或非清髓性移植。清髓性 allo-SCT 的优点主要在于移植后可产生免疫介导的移植物抗恶性肿瘤效应，可有助于移植物的植入及对肿瘤细胞的杀灭。但是，尽管早期的一些研究非常强调移植物抗肿瘤效应，清髓性移植会产生较高的移植相关死亡率，从而影响患者的生存率。因此，目前非清髓性移植应用较多，较常用的预处理方案包括氟达拉滨和马法兰。

经典型霍奇金淋巴瘤治疗效果较好，目前的治疗策略逐步倾向于减少治疗相关的急性和长期毒性反应。应用 PET-CT 来调整治疗策略及进行药物的评估将愈发重要。随着越来越多的新药运用于临床，未来的研究方向将更注重于根据预后指标来进行个体化治疗。

二、非霍奇金淋巴瘤

淋巴瘤是最常见的淋巴造血系统恶性肿瘤。从 20 世纪 70 年代到 20 世纪 90 年代，美国的淋巴瘤患病率以每年 3%～4% 的速度上升。而在中国，在口腔颌面部恶性肿瘤中，淋巴瘤的病例构成比为第 2 位，仅次于鳞状细胞癌。世界卫生组织（WHO）将淋巴瘤分为霍奇金淋巴瘤（HL）和非霍奇金淋巴瘤（NHL），后者为 B 细胞和 T 细胞 / 自然杀伤（NK）细胞肿瘤，HL 仅占 10.9%，而 NHL 却占 89.1%。目前 NHL 的病因流行病学、组织分型、临床特点及治疗等尚不十分清楚，还有差异和争议。

（一）NHL 的组织学亚型

据 WHO 统计，NHL 最常见组织学类型依次为弥漫性大 B 细胞淋巴瘤（DLBCL）31%、滤泡性淋巴瘤（FL）22%、B 小淋巴细胞淋巴瘤（B-SLL）6%、套细胞淋巴瘤（MCL）6%、黏膜相关淋巴组织淋巴瘤（MALT）5%；韩国常见类型为 DLBCL（71.5%）、FL（7.9%）和 MALT 淋巴瘤（7.1%）。

（二）NHL 的临床特点

Korl 等报道，结外 NHL 占同期恶性淋巴瘤的 25%～40%，我国结外 NHL 比结内淋巴瘤多见，占同期恶性淋巴瘤的比例高达 53.8%～61.4%。在结外 NHL 的发病部位上，国外主要发生在胃肠道、头颈部和皮肤。国内如曾剑等报道好发在胃肠道、鼻腔、咽淋巴环、脾脏和皮肤；陈愉等报道在消化道、鼻腔、颅内、皮肤软组织和扁桃体。可见结外 NHL 临床表现因原发部位不同而症状各异，病变侵犯全身各系统脏器，缺乏特异性，临床上极易误诊为受累器官的常见病，提醒我们应高度重视结外 NHL 发病。

（三）NHL 的治疗

一直以来，随着对 NHL 研究的深入发展，人们在致力于寻求最好的方法、方案来治疗 NHL 患者，以提高治愈率，降低病死率及预防并发症，取得了一定的效果，但要取得令人满意的疗效，这可能还需要很长的路来走。

1. 化疗

（1）CHOP 方案：20 世纪 70 年代中期，由环磷酰胺（CTX）、多柔比星（ADM）、长春新碱（VCR）和泼尼松（PDN）组成的 CHOP 方案被提出用于治疗 NHL，获得较高的完全缓解（CR）率（45%～55%）和较高的长期无病生存率（DFS）（30%～35%），CHOP 方案很快被接受作为侵袭性 NHL 的一线治疗方案，随后，为了进一步提高 NHL 尤其是中高度恶性 NHL 的治疗效果，研究者们尝试了多种化疗方案，并且形成了以 mBACOD 为代表的第二代化疗方案、以 ProMACE-CytaBOM 和 MA-COP-B 为代表的第三代化疗方案，但在随后的随机试验中发现，第二代、第三代方案与第一代的 CHOP 方案相比并无优势，其主要区别是包含了多种化疗药物（多为 6～8 种），却牺牲了 ADM 和 CTX 的剂量强度，其通过提高单次化疗药物剂量尽管能提高 CR 率，但骨髓毒性却明显加重了，且生存率较标准 CHOP 方案或 2 周 CHOP 方案并无改善。

（2）DICE 方案：血液系统实体肿瘤中 NHL 发病率最高。恶性淋巴瘤是一组异质性疾病，各亚型的细胞遗传学和分子生物学、临床表现、治疗疗效和疾病转归有较大的差异，因此它的治疗存在相当大的难度。自 CHOP 方案提出，一直被公认为治疗 NHL 的经典方案。但是有 50% 的 NHL 采用含有蒽环类的 CHOP 或 CHOP 样方案作为一线方案不能治愈。绝大部分患者原发耐药或复发进展，最终死于肿瘤。虽然造血干细胞移植或靶向治疗近年来取得较好的结果，但有限的适应范围和经济承受能力限制了其广泛应用，所以常规的解救化疗相当重要。

2. 造血干细胞移植（HSCT） 是用健康的间充质干细胞（MSCs）替代患者病态的或已经衰竭的骨髓，达到重建患者造血免疫系统的治疗方法。输注体外扩增的 MSCs 能促进供体造血干细胞植入并减轻急性移植物抗宿主病（aGVHD）。但其确切作用机制、最佳输注时机及输注细胞数量还有待证实；常规剂量化疗不足以消灭肿瘤细胞，而造血干细胞支持的大剂量化疗（HDCT）可以大幅度提高化学药物对肿瘤细胞的杀伤作用。干细胞移植前给予 HDCT，既可以动员足够数量的外周血干细胞（PBSC），又可以杀灭体内肿瘤细胞，避免回输肿瘤污染的干细胞，达到体内净化的作用。

3. 免疫及靶向治疗新药——单克隆抗体　抗 CD20 单抗（Rituximab，美罗华）：CD20 抗原是一种 B 细胞抗原，95% 以上的 B 细胞淋巴瘤（B-NHL）细胞上有表达。该抗原与抗体结合后不会发生调变、内化或从细胞膜表面脱落，因此 CD20 抗原是生物免疫治疗 B-NHL 的理想靶点。美罗华单抗是以 CD20 抗原作为靶点的人 / 鼠嵌合型单克隆抗体，通过抗体依赖性细胞毒作用（ADCC）和补体介导的细胞毒作用（CDC），杀伤 CD20 阳性的淋巴瘤细胞而达到治疗作用。有研究报道，美罗华单抗取得了 87.1% 的总有效率，其中初治患者的总有效率高达 100%，中位 PFS 时间为 72.0 个月，明显高于既往国内报道的单纯化疗的疗效，同时美罗华治疗复发性、难治性滤泡性 NHL，通过聚合酶链反应检测 *bcl-2* 基因重排，其分子学的总缓解（OR）率为 48%，CR 率为 6%，中位肿瘤进展时间为 12 个月。随后一些研究发现，美罗华联合化疗作为一线方案用于治疗 NHL 优于单用化疗，如 Hochster 等对 322 例惰性 NHL 患者随访观察 CVP 治疗和 CVP 治疗后，美罗华维持治疗组的无进展生存率分别为 43% 和 73%，总生存率分别为 89% 和 96%，均具有统计学意义，而两组毒性差异无统计学意义。

NHL 的基础和临床治疗研究进展很快，从非特异性细胞毒药物化疗到免疫靶向治疗新药经过了漫长的过程，也取得了一定的疗效，但同时也存在一些负面的影响和不清楚的地方。现已进入高科技时代，相信随着细胞分子生物学的快速发展，在基因和分子层面探寻 NHL 新的治疗方法一定能发现关键的特异性调控点，服务于人类，值得期待。

第五节　骨髓瘤的发病机制、免疫诊断方法及其免疫治疗

多发性骨髓瘤（Multiple myeloma，MM）是一种浆细胞的恶性克隆性疾病，以患者骨髓中恶性浆细胞克隆性增生为特征，在造血组织肿瘤中占 10%，占全部恶性肿瘤的 1%。多数患者会产生溶骨性病变和（或）广泛性骨质疏松，即骨髓瘤骨病，可引起高钙血症、骨痛、病理性骨折及神经压迫综合征，严重影响患者的生存质量。

一、多发性骨髓瘤的分类

多发性骨髓瘤可以分为以下几种类型：冒烟型多发性骨髓瘤（SMM）、惰性多发性骨髓瘤（IMM）及有症状的多发性骨髓瘤。SMM 是指血清 M 蛋白 3g/dl 和（或）骨髓内异常浆细胞数 10%，无终末器官受累。IMM 是指血清 / 尿 M 蛋白稳定，骨髓浆细胞增多，仅有轻度贫血或少数小的溶骨病变，但是没有临床症状。有症状的多发性骨髓瘤是指血清 / 尿 M 蛋白增高、骨髓浆细胞增多，同时伴有贫血、肾功能不全、高钙血症及溶骨性病变等相关器官受累，需要立即治疗。根据 β_2-MG 水平和是否有 13q-，可将有症状的 MM 分为标危组和高危组，前者是指 13 号染色体正常，β_2-MG < 4mg/L；后者是 13q-，β_2-MG > 4mg/L。

二、临　床　表　现

（一）骨髓瘤骨病

骨髓瘤骨病表现为骨痛、高钙血症、广泛骨质疏松、溶骨性损害、病理性骨折。可因骨痛或腰腿痛不予重视，或就诊于骨科，被误诊扭伤、骨折、骨结核或骨肿瘤而延误诊治。X 线、

CT、磁共振或 PET-CT 等影像学检查在本病诊断中具有重要意义。阳性病变部位主要在颅骨、骨盆、肋骨、脊椎骨，也可见于四肢骨。典型表现为穿凿样溶骨性病变、弥漫性骨质疏松和病理性骨折，最常见于下胸椎及上腰椎，也见于肋骨等处。MM 患者由于常在骨髓瘤骨病周围浸润形成软组织髓外病变，严重影响患者的生存，故 X 线、CT、磁共振或 PET-CT 在 MM 患者中的诊断价值逐渐增大。

（二）骨髓瘤肾病

骨髓瘤肾病与过多的轻链沉积导致的肾损伤（为引起骨髓瘤肾病的主要原因）、高钙血症、淀粉样变、恶性浆细胞的肾浸润、高尿酸血症、水和肾毒性药物的使用等因素有关。患者可因血尿或蛋白尿就诊于肾科或中医科，被误诊为肾炎等而长期得不到有效治疗，使病情进展至晚期或发展至尿毒症。

（三）感染

正常免疫球蛋白减少，异常免疫球蛋白增多但无免疫活性；白细胞减少、贫血及放化疗等影响正常免疫功能，故易于反复感染。患者可以发热作为首发症状就诊，易发生上呼吸道感染、肺炎等呼吸道感染或泌尿系感染。

三、诊　断

国际 MM 工作组（IMWG）在 2003 年按有无器官损害将 MM 重新定义为有症状性、无症状性 MM。

（一）症状性 MM

（1）血或尿中存在 M 蛋白。
（2）骨髓中有克隆性浆细胞或浆细胞瘤。
（3）相关的器官或组织损害（终末器官损害，包括骨损害）。

（二）无症状性 MM

（1）M 蛋白 ≥ 30g/L。
（2）和（或）骨髓中克隆性浆细胞 ≥ 10%。
（3）无相关的器官或组织损害（终末器官损害，包括骨损害）或无症状。

MM 相关的器官或组织损害（ROTI，IMWG2003 年）：①血钙水平：血清钙大于正常上限 0.25mmol/l 或大于 2.75mmol/l；②肾功能不全：肌酐大于 173mmol/L；③贫血：Hb 小于正常下限 2g/dl 或小于 10g/dl；④骨损害：溶骨性骨损害或合并压缩性骨折的骨质疏松；⑤其他：症状性高黏滞综合征、淀粉样变性、反复细菌感染（12 个月内发作大于 2 次）。此外，尚需要注意与反应性浆细胞增多症（见于结核病、伤寒、自身免疫性疾病等）、其他产生 M 蛋白的疾病（如慢性肝病、自身免疫病、恶性肿瘤如淋巴瘤等可产生少量 M 蛋白）、意义未明的单克隆免疫球蛋白血症（MGUS，血清中 M 蛋白低于 30g/L，骨髓中浆细胞低于 10%，无 MM 相关的器官或组织损害）、骨转移癌等疾病进行鉴别诊断。

四、治　疗

MM 的整体治疗策略及全程慢病管理模式：尽管由于新的肿瘤靶向药物的应用，MM 的生存期已经由过去的 3～5 年，提高至目前的平均 5～7 年，甚至最长 10 年以上，但 MM 仍是不可治愈的疾病，需要长期治疗，且停止治疗后疾病进展。治疗目的为减轻症状，改善患者生活质量和延长其生存期。对于适合化疗的 MM 患者，一线诱导化疗 4～6 个疗程或更多周期治疗有效后，采取巩固 2～4 个疗程（或干细胞移植治疗），再转入有效维持治疗，可延缓复发。MM 的治疗一般包括诱导治疗、巩固治疗及维持治疗三部分，需要 1～1.5 年。

（一）诱导化疗

一线诱导方案：化疗 4～6 个疗程。硼替佐米（或万珂，P 或 V）、来那度胺（L）及沙利度胺（反应停，T）等靶向药物与传统化疗药物马法兰（M）、环磷酰胺、多柔比星（A）及糖皮质激素地塞米松（D）或泼尼松（P）组成的化疗方案。如硼替佐米或来那度胺基础的化疗方案 VD、VCD、VTD 或 PAD、LD、LAD 或 PRD（或 VRD）等。上述方案中，硼替佐米基础方案抗骨髓瘤作用迅速，以不影响肾功能且有成骨作用为特点。但需要静脉或皮下注射。来那度胺为继沙利度胺后第二代抗肿瘤血管新生及免疫调节剂，可口服给药为其优势，但抗骨髓瘤作用较慢，且用药过程中需要根据肾功能变化调节用药剂量。硼替佐米或来那度胺基础的化疗方案花费较大。

MM 治疗的疗效判断主要以血或尿中的 M 蛋白水平作为疗效判断标准，一般于 1～2 个疗程后评价疗效。化疗后取得较深缓解度如完全缓解或分子学缓解（即聚合酶链反应或多色流式细胞学检测阴性）的 MM 患者，总体生存（OS）较长。

（二）巩固治疗

化疗剂量可以稍大，如干细胞移植：大剂量环磷酰胺、马法兰；或诱导缓解治疗有效的方案如 VCD 或 VRD 继续化疗 1 年左右，转入维持治疗。

（三）维持治疗

可用硼替佐米、来那度胺及沙利度胺等靶向药物进行维持治疗。

（四）复发后再诱导

MM 的复发难治主要指化疗取得缓解后病情进展，病情复发或进展与肿瘤细胞的克隆演变或免疫逃逸等因素有关。由于 MM 是一种复杂的多信号通路异常所致的疾病，治疗难治复发性 MM 仍需要不同作用机制的药物组成的多药联合的化疗方案。而且疗程要 ≥9 个，仍然需要再诱导使其达到缓解，再进行巩固及维持治疗。复发难治的 MM 患者选用再诱导方案时，除了要重新评估患者的一般状况、肿瘤侵袭性、既往方案的有效性外，更重要的是，较新诊断患者要更多考虑以往治疗的缓解持续时间及药物不良反应累积等。

治疗有效的诱导缓解方案如果其疗效可以维持缓解达 6 个月或 1 年以上者，仍可以选用原诱导方案化疗；对于既往未用过靶向药物治疗的患者，可以选用靶向药物为基础的化疗方案；进展性复发的患者宜选择 ≥三药化疗方案，或早期进行干细胞移植治疗；惰性复发的患者可以选用靶向药为主的两种或温和的三药诱导方案化疗。对于既往使用过沙利度胺及干细胞移植的患者，硼替佐米再诱导仍有其治疗优势。随着疗程延长，获得最大 M 蛋白降低患者比例不断增加。80% 的有效患者在 8 个疗程内获得最大疗效，仍然有 20% 的患者在 8 个疗程后获得最大疗效。多项研究证实，即使既往接受过硼替佐米治疗的 MM 患者，接受硼替佐米再治疗获得的缓解率仍较高。

第六节　浆细胞病的发病机制、免疫诊断方法及其免疫治疗

浆细胞病（PCL）是指产生免疫球蛋白的细胞异常增生，并伴有单克隆免疫球蛋白或其多肽链亚单位合成及分泌增多的一组疾病。在临床上可由浆细胞恶性增生及所分泌的单克隆免疫球蛋白直接引起病变。因其临床表现多种多样，给诊断带来一定困难，骨髓细胞形态学、X 线及单克隆蛋白检测是诊断的重要方法。

一、浆细胞病的分类

PCL 虽然在临床上比较少见，其发病率约占血液系统恶性肿瘤的 10%，占全身恶性肿瘤的 20%～30%，但在老年人群中其发病概率随年龄的增高而增加。其在临床上分类较多，包括多发性骨髓瘤（MM）；浆细胞骨髓瘤变异型（不分泌型骨髓瘤、惰性骨髓瘤、冒烟性骨髓瘤、浆细胞白血病）；浆细胞瘤（孤立性骨浆细胞瘤、髓外浆细胞瘤）；免疫球蛋白沉积病（原发性淀粉样变性、系统性轻/重链沉积病）；华氏巨球蛋白血症（WM）；骨硬化性骨髓瘤（POEMS 综合征）；重链病（γHCD、μHCD、αHCD）；意义未明单克隆免疫球蛋白血症（MGUS）等。且不同种类其浆细胞又有各自的特点，骨髓形态学检查具有特异性诊断意义，将临床特点和骨髓细胞形态学结合起来可以更早期、更准确诊断，其中 MM、浆细胞白血病、惰性骨髓瘤（IMM）、冒烟型骨髓瘤（SMM）及不分泌型骨髓瘤表现为浆细胞恶性增生，可见骨髓瘤样细胞、原始及幼稚浆细胞或网状细胞样浆细胞，甚至有双核、多核奇特形态的浆细胞；MGUS、孤立性骨浆细胞瘤、髓外浆细胞瘤、原发性淀粉样变性、POEMS 及 HCD 这些疾病的骨髓中浆细胞增生程度受限，常 5%＜浆细胞＜30%，且细胞分化良好，多为成熟浆细胞，可见双核浆细胞及火焰状浆细胞；而 WM 以淋巴样浆细胞和浆细胞样淋巴细胞增多为主见，同时淋巴细胞及成熟浆细胞比例亦偏高，可见到 PAS 染色阳性的核内包涵休（Dutcher 小体）。

二、诊断及治疗

据报道，约 40.9% 的患者从出现症状到确诊有不同程度延误，误诊时间平均 12.7 个月，误诊率在 70% 左右。其中在血清中 IgM 单克隆增高的疾病中，WM 占 27%、髓外浆细胞瘤占 3.0%、MGUS 占 30%，而 MGUS 以每年 0.6%～3.0% 的速率进展为 MM。MGUS 的浆细胞数量异常但非肿瘤性（恶性），患者产生大量异常抗体但通常不引起明显临床表现，该病常可以稳定多年，一些患者长达 25 年，其中 20%～30% 的患者可发展成为浆细胞恶性肿瘤如 MM，而 WM 也可以由 MGUS 发展而来。在随访中有 2 例孤立性骨浆细胞瘤和 1 例髓外浆细胞瘤进展为 MM 后死亡。随着近年对该类疾病的认识不断深化，逐渐积累了丰富的经验，对其诊断已经从单纯细胞形态学诊断演变为细胞生物学和临床医学结合的综合诊断模式。

（一）浆细胞白血病

浆细胞白血病是浆细胞病的一种少见类型，可分为原发性浆细胞白血病（pPCL）及继发性浆细胞白血病（sPCL）两种。本病兼有急性白血病与多发性骨髓瘤的特征，与 MM 相比浆细胞白血

病大多有起病急、进展快、骨骼损害轻、病程短等特征，故浆细胞白血病的临床特征更倾向于急性白血病，预后极差。虽然联合化疗可以收到一定的疗效，但从治疗到疾病进展或死亡的中位生存期没有明显改善。免疫调节剂和蛋白酶体抑制剂的推出显著提高了 MM 患者的生存期。越来越多的证据表明，这些药物也能改善浆细胞白细胞的结局，但与 MM 相比，获益可能不太显著。来自意大利 GIMEMA MM 工作小组对有关硼替佐米治疗浆细胞白血病的回顾性分析（$n=29$）结果显示其总体反应率为 79%，38% 获得非常好的部分缓解。

（二）巨球蛋白血症

巨球蛋白血症是由淋巴样浆细胞恶性增生并合成分泌大量单克隆 IgM 所致。多发生于老年男性，临床上相对少见，发病率为 3/106，占所有血液系统疾病的 1%～2%，所以早期极易漏诊、误诊。但是随着人口老龄化，该病的发病趋势也逐年增加。WM 进展缓慢，自然病程为 5～10 年，因此并非所有患者诊断明确后都需要治疗，若仅有单克隆免疫球蛋白增高而无症状的患者，建议随访观察。但当出现免疫球蛋白增高所致的受累脏器肿大、高黏滞综合征、神经病变、血液系统受累时需进行治疗。治疗目的在于缓解症状，减少器官损害，改善生活质量，延长生存期。WM 目前仍没有特效的治疗方法，主要治疗方案有：①血浆置换；②烷化剂为主的化疗，如苯丁酸氮芥、马法兰等；③核苷类似物，如氟达拉宾或克拉屈宾；④单克隆抗体治疗，如利妥昔单抗；⑤放射免疫结合疗法；⑥沙利度胺；⑦蛋白酶体抑制剂；⑧大剂量化疗及造血干细胞移植。治疗方案也主要根据患者的情况而定。苯丁酸氮芥是最常用的烷化剂，口服治疗可获得近 50% 的有效率，但完全缓解率低。由于其不良反应小，价格适中，耐受性好，主要用于老年患者。利妥昔单抗主要通过抗体介导的细胞毒性作用激发细胞凋亡，抑制淋巴细胞增殖，也是治疗 WM 的一线药物，但其治疗 WM 的有效率不超过 55%，低于其他联合治疗方案。也有报道指出，利妥昔单抗联合环磷酰胺、多柔比星、长春新碱及泼尼松（R-CHOP 方案）治疗 WM 有效率可达 90%。核苷类似物作为 WM 的一线治疗，效果也值得肯定。

（三）孤立性/多发性浆细胞瘤

浆细胞肿瘤是以浆细胞异常增生为特征的恶性肿瘤，临床上通常分三类，即多发性骨髓瘤、髓外浆细胞瘤（SEP）及骨的孤立性浆细胞瘤（SBP），除多发性骨髓瘤外，其他均较罕见。SBP 有一定的风险向 MM 转化，但 SEP 则相反，经局部治疗后，治愈率较高。治疗上，主要有放疗、手术+放疗、手术+放疗+化疗。我们的 4 例患者中，有 1 例为髓外（鼻腔）浆细胞瘤，无骨骼累及，手术后行放疗。2 例为孤立性骨浆细胞瘤，1 例位于胸骨，行手术治疗，但几年后症状复发，胸椎病理提示浆细胞瘤，行手术+放疗+化疗（VD*2）；1 例位于左髂骨，行手术+放疗治疗。第 4 例为多发性浆细胞瘤，腰椎、髂骨、胸骨等多处病变累及，主要以 BCD 方案化疗。症状较前均有明显好转。

思　考　题

1. 试述抗人球蛋白（Coombs）试验。

2. 白血病的病因及发病机制有哪些？

（王志刚　孙玉洁）

第二十七章　神经系统疾病与免疫

第一节　概　述

神经系统与免疫系统具有密切的联系。神经系统的某些疾病发病机制与自身免疫有关，如多发性硬化、重症肌无力、吉兰－巴雷综合征等，不少精神患者伴免疫障碍，神经系统的某些细胞及分子参与免疫反应过程。因此提出了神经－内分泌－免疫网络的概念，并发现了相互联系的共同分子。由此诞生了由神经病学、精神病学、心理学和免疫学发展起来的神经免疫学。依据研究的重点不同，产生了心理免疫学、免疫精神病学、免疫神经病学等学科。其共同点是研究神经、精神系统与免疫间的关系。

随着免疫学理论及技术的不断发展，神经免疫学研究的内容不断扩大。过去主要集中在经典的神经免疫性疾病（如多发性硬化、吉兰－巴雷综合征等），现在已经扩展到神经系统其他疾病如神经变性病、脑血管病等。

充分认识环境、精神、神经、内分泌、免疫间的相互作用，以及它们与健康和疾病的关系，有利于我们了解疾病的发病诱因及发病机制，探索相关的免疫疗法，建立新的免疫学检查方法，提高疾病的诊断及治疗水平。本节主要从脑的免疫学特点及神经－内分泌－免疫网络两个方面介绍。

一、脑的免疫学特点

（一）结构特点

1. 血管周围间隙　结扎颈部淋巴管可导致脑水肿，故脑部有与淋巴引流有关的"前淋巴系统"。其后，形态学研究发现有"血管周围间隙"，并认为这是神经系统变相的淋巴系统。血管周围间隙的壁由近神经组织的软脑（脊）膜和近血管组织的蛛网膜衍化而来，它是随血管进入脑和脊髓时血管周围蛛网膜下腔的隧道样扩张，由软脑（脊）膜和星形细胞的胶质脚组成。神经系统的毛细血管和小静脉周围无此间隙。

脑和脊髓实质的细胞间有间质液，血管周围间隙内有脑脊液。直径小于 $10 \sim 20nm$ 的溶质可在此两液间自由扩散。脑脊液由脑实质深部的血管周围间隙流向脑表面的蛛网膜下腔。神经系统的某些代谢产物和免疫活性细胞由脑通过血管周围间隙再经过蛛网膜下腔、蛛网膜颗粒和颅内静脉窦等带回到周身血流中。

吞噬细胞吞噬并处理进入血管周围间隙的非己抗原。集中于扩张血管周围间隙的淋巴细胞形成所谓"袖套状细胞浸润"或"血管周围袖套"，其中既可有 B 细胞也可有 T 细胞。

2. 血－脑屏障　早年，Ehrlich 用各种染料作静脉注射，发现除脑以外全身均染色。1900 年 Lewandowsky 根据普鲁士蓝不能由血入脑而提出"血－脑屏障"的概念。Goldman 于 1900 年静脉注射台盼蓝后，虽脉络丛和脑膜染色，但脑脊液和脑并不染色；1913 年他把染料注入蛛网膜下腔的脑脊液中，则整个脑着色很深，这进一步证实了血－脑屏障的存在。在脑和免疫系统之间有一解剖学上的屏障（血－脑屏障）和"控制系统"。此控制系统能使特异性和非特异性免疫系统的全身性激活而不致影响神经系统的功能。

　　血－脑屏障由脑毛细血管的内皮细胞和星形细胞的终脚组成，内皮细胞衬于脑毛细血管壁的腔内使它能与循环的淋巴细胞相互作用。星形细胞的终脚与内皮细胞紧密连接相接触。星形细胞不仅能影响基膜的合成，而且主要能影响氨基酸、葡萄糖和通过内皮细胞主动或被动输送其他分子的进入。早年认为脑毛细血管内皮细胞连接处有"孔"。近年电子显微镜检查发现原来的所谓"孔"实为细胞间一层比细胞膜（7.5nm）还薄（2～3nm）的物质。细胞外层融合而细胞间物质消失，构成"紧密连接"（tight junction）。紧密连接并非固定不变，而是于每一瞬间有一定百分数的紧密连接开放，即内皮细胞具有一定"统计学上的通透性"。血－脑屏障实际上是把血液和脑细胞外液（间质液）分开的一层或几层膜，在功能上与一层上皮细胞或毛细血管内皮细胞相似。

　　脑毛细血管与身体其他部位毛细血管不同的特征有：①锇酸固定后其内皮细胞细胞质的电子密度高；②基膜厚；③血管周围无结缔组织；④星形细胞突覆盖整个内皮细胞表面；⑤内皮细胞内细胞质囊泡的量少或缺如，线粒体量增加；⑥可能由于脑毛细血管缺乏身体其他部位毛细血管所具有的借以进行物质交换的细胞间隙、胞饮作用和"窗"，而使脑脊液和脑细胞外液中无大分子物质。

　　脑脊液回吸收处无屏障，但只许脑脊液由蛛网膜下腔向静脉的单向运行。若把抗原注入蛛网膜下腔后，当由于种种原因使神经组织或其降解产物进入血流时，免疫系统就会把它当作非己物质来处理而产生相应的细胞和体液免疫应答。

（二）属于免疫部分特免部位

　　传统认为，神经系统虽然有其固有的吞噬细胞系统，但无淋巴系统，不能进行免疫应答，即所谓神经系统的免疫特免性。神经系统的免疫特免性与眼前房、甲状腺和睾丸等相似。

　　1923年Murphy把小鼠肉瘤移植入大鼠脑内继续生长，若把同样肿瘤移植到大鼠皮下则排斥，提示脑内异种移植并不引起免疫应答。可能是由于脑组织并不产生免疫应答，或即使产生免疫应答也影响不到脑组织。

　　1948年Medawar先用兔作同种皮肤移植来致敏，而后把同种皮肤移植入已致敏的兔脑，结果排斥。表明在脑内移植前动物的全身免疫状态对其后发生在脑内的排斥密切相关，脑内有完整的免疫效应机制，但不能识别脑内抗原。

　　有人用细胞分离液把正常人淋巴细胞分开，再经葡萄糖－泛影酸盐混合物梯度离心进一步提纯，而后用兔脑脊液制成悬液。把约10亿个淋巴细胞经小脑延髓池穿刺注入兔蛛网膜下腔。六周后，再同样注入淋巴细胞一次。发现再次注射淋巴细胞后，兔有肺水肿，脉络丛有大量淋巴细胞浸润，未见神经系统实质性损害。可见异种淋巴细胞蛛网膜下腔注射可激活兔的免疫应答而发生肺水肿和脉络丛炎，其机制可能与淋巴细胞自蛛网膜下腔逸出到周围血液循环有关，但不引起神经系统实质（脑和脊髓等）的免疫应答。这些实验结果提示：神经系统是免疫特免部位。

　　然而，近年的研究指出，神经系统有变相的淋巴系统，其免疫特免性也是相对且很不完善的。实验室和临床研究均一再证明神经系统内有免疫应答存在。神经系统中的免疫活性细胞表面与外周血中免疫活性细胞表面同样有表面标志的表达，神经系统中有其本身合成的免疫球蛋白，神经细胞表面也有与免疫应答有关的主要组织相容性抗原（MHC）的表达等，这些均提示神经系统本身参与活跃的免疫应答。不管神经系统的免疫特免性是完全还是部分的，正常情况下神经系统免疫应答远较身体其他部位低。神经系统免疫特免性与血－脑屏障有关。

（三）脑内存在具有免疫功能的细胞

1. 小胶质细胞　是散在于神经系统的小细胞,银染色法显示为细胞质少、嗜银、双或多极细胞,好像是神经元的卫星或血管周细胞。它们属于神经系统的单核 – 吞噬细胞系统;于病理情况下可转化为杆状细胞或脂肪颗粒细胞。

有人认为小胶质细胞起源于中胚叶,于胚胎晚期由脑膜转入神经系统,当神经组织受损时可转变成吞噬细胞。但小胶质细胞究竟起源于中胚叶还是来自周围血液循环,此问题迄今尚无定论。

2. 星形细胞

（1）星形细胞提呈抗原:与身体其他部位相比,无疑神经系统仅有少量细胞有Ⅱ类组织相容性抗原的Ⅰa/DR 表达。适当的体外培养条件能诱导星形细胞表达出Ⅰa 抗原。最近报道星形细胞提呈抗原,这证明了星形细胞参与脑内免疫应答。1984 年 Fontana 等试验证明,在髓鞘碱性蛋白存在的情况下星形细胞能诱导髓鞘碱性蛋白特异性 T 细胞的增殖。此作用受主要组织相容性抗原约束。而且星形细胞在卵清蛋白而非髓鞘碱性蛋白存在时则诱导卵清蛋白特异性 T 细胞增殖。由星形细胞处理的抗原形成明显的抗原决定簇,激活辅助性 T 细胞和细胞毒活性,这一过程与星形细胞组织相容性抗原的表达有关。

（2）星形细胞产生 IL-1:1982 年 Fontana 等证明培养的小鼠星形细胞分泌高滴度的 IL-1 样因子。1983 年、1984 年 Fontana 等实验证明星形细胞衍化的辅助因子与巨噬细胞分泌的 IL-1 有些共同特征。由人胶质母细胞瘤细胞系制备的上清液中也含 IL-1 样因子。星形细胞／胶质细胞衍化的 IL-1 样因子的特征包括:小鼠胸腺对植物血凝素（PHA）和刀豆蛋白 A 应答的加强;胸腺细胞经最适剂量刀豆蛋白 A 刺激后 IL-2 释放增强;在严格的 IL-2 依赖性 T 细胞系生长上无作用;加强成纤维细胞而非神经母细胞的生长;分子质量为 13 ～ 18kDa。因为星形细胞也释放 IL-1 样因子,因此,IL-1 的产地与其作用部位非常接近。

3. 内皮细胞　1985 年 Fontana 等认为内皮细胞在启动脑的免疫应答中起重要作用,它们摄取自脑输入周围循环的抗原,并使周围循环中的 T 细胞进入神经系统。星形细胞在内皮细胞和脑组织间起抗原的双向传递作用。激活的 T 细胞能侵入内皮细胞单层并溶解内皮下细胞外基质,T 细胞穿透内皮细胞间后,星形细胞进一步激活脑内 T 细胞,入侵的单核巨噬细胞和（或）树突状细胞加速 T 细胞激活。T 细胞信号（如 γ - 干扰素）通过增加Ⅰa 表达来增强星形细胞提呈抗原的能力。脑内 T 细胞的激活也受到神经系统本身的限制。脑内炎症可使脑细胞抗原释放量增加。由激活星形细胞释放的前列腺素 E 可抑制Ⅰa 的表达。由人胶质母细胞瘤细胞释放出分子质量为 95kDa 的因子可抑制 IL-2 在 T 细胞上的作用。正常脑中有类似的因子控制脑组织中免疫过程。

总之,"脑内皮细胞 - 星形细胞免疫控制系统"沟通神经系统和免疫系统,使神经系统具有相对的免疫特免性。神经系统的免疫学特点取决于抗原在内皮细胞和星形细胞间双向的输送和提呈作用。

（四）神经系统衍生的淋巴因子

淋巴因子由淋巴细胞产生,在免疫应答的启动、传播和调节中及在组织的炎症反应中均起重要作用。这些因子包括促进 T 细胞和 B 细胞成熟的因子;沟通 T 细胞与 B 细胞的因子;增强或抑制巨噬细胞功能的因子;动员或激活炎症细胞的因子。移动抑制因子、白细胞抑制因子、巨噬细胞活化因子、趋化因子即属此类。由单核／巨噬细胞产生的与由淋巴细胞产生的淋巴因子非常相似的因子称单核因子。由单核／巨噬细胞、淋巴细胞和多种成纤维细胞系产生的与淋巴因子相似的因子统称为细胞因子。近年发现，有作用于神经细胞的淋巴因子和单核因子，有作用于淋巴细胞的由神经细胞衍化来的细胞因子。

1. 胶质细胞刺激因子　1980 年 Fontana 等报道，向用 T 细胞促有丝分裂素刺激的小鼠脾细胞组织培养物中加入星形细胞，用 ^{3}H 掺入试验发现胶质细胞的增殖；1982 年他们进一步实验，由用促有丝分裂因子刺激鼠 T 细胞和 B 细胞分泌的胶质细胞刺激因子增强胶质细胞增殖活性。人外周血单核细胞富集的 T 细胞产生少量胶质细胞刺激因子，当加入 5% 的单核细胞、巨噬细胞时，胶质细胞刺激因子明显增加。T 细胞和 B 细胞培养也显示相当程度的胶质细胞刺激因子活性。

中枢神经系统的早期炎症反应是血管周围的淋巴细胞浸润，星形细胞反应（包括大而充满原纤维突起形成的星形细胞增大），星形细胞及其前体细胞的细胞增殖。此种所谓反应性胶质增生的机制尚未完全明确，可能与胶质细胞刺激因子有关。胶质细胞刺激因子不仅可由淋巴细胞释放，也可由非淋巴样细胞释放。

2. 免疫抑制因子　1984 年 Fontana 等发现人胶质母细胞瘤细胞也能分泌 IL-1 样因子，分子质量为 21kDa。这些细胞也产生分子质量为 95kDa 的抑制因子。此抑制因子可能也抑制神经母细胞而不抑制成纤维细胞系细胞。胶质母细胞瘤细胞衍化的抑制因子也可能在活体内起作用，使胶质母细胞瘤患者的细胞免疫低下。此种患者的血清也抑制其周围血单核细胞对外源凝集素的免疫应答。所以，对胶质母细胞瘤患者用血浆置换疗法除去其抑制因子，再加 IL-2 处理可能会有好处。

1983 年 Dick 等观察到人胶质母细胞瘤细胞产生黏多糖外衣而妨碍机体对这些细胞的免疫应答，影响杀瘤细胞性淋巴细胞的产生。混合淋巴细胞培养的上清液抑制胶质瘤细胞产生细胞外衣。胶质瘤细胞的透明质酸酶处理增加细胞毒性 T 细胞的产生。外衣可能由高分子质量（大于 10kDa）物质形成，需作进一步试验以确定此物质的来源及其理化特性。

二、神经 – 内分泌 – 免疫网络

神经系统、内分泌系统和免疫系统是机体的三大调节系统，共同承担着对内外环境的适应性反应，三者之间存在交互的信息传递机制，即神经、内分泌系统能调节免疫系统的功能，而免疫系统也能反过来调控神经内分泌系统的某些功能。这种相互交织、协调作用构成一个网络系统，即神经 – 内分泌 – 免疫网络。其分子结构基础是存在一些共同的化学信号分子和受体，是各系统协同作用的关键因素。

（一）常见的共同化学信号分子和受体

近年来研究发现，大多数脑内激素也存在于外周免疫细胞中，如泌乳素（PRL）、促肾上腺皮质激素（ACTH）和 γ- 内啡肽。免疫细胞本身除了分泌神经递质和内分泌激素外，其细胞表面还广泛存在它们的受体，提示中枢神经系统和内分泌系统产生的信号分子能通过受体调节免疫细胞的功能。另外，免疫反应中起作用的各种细胞因子同样也发现存在于神经细胞和内分泌细胞，如 IL-l、IFN-γ 等。因此神经递质、内分泌激素及细胞因子成为神经内分泌免疫网络间传递信息的共同信号分子。

（二）免疫系统对神经内分泌系统的调节作用

免疫细胞可产生内分泌激素。已知的有促肾上腺皮质激素、内啡肽、促甲状腺激素、绒毛膜促性腺激素、生长激素、催乳素、血管活性肠肽、生长抑素、卵泡刺激素、黄体生成素等，这些激素称为免疫反应性激素，它们作为免疫细胞在免疫反应中释放的活性因子，作用到神经和内分泌系统，起反馈性调节作用。

免疫细胞激活以后产生的各种细胞因子也调节神经内分泌系统功能。其中 IL-1 及干扰素可能是神经免疫系统之间的重要传递物质。

1. IL-1　是一种重要的免疫调节因子，它主要由外周血白细胞，如淋巴细胞、巨噬细胞、单核细胞等产生，目前在丘脑、海马、嗅球、室旁核等区域均发现有 IL-1 样免疫活性物质，并在脑的许多区域发现 IL-1 受体。已证实 IL-1 能刺激下丘脑 - 垂体 - 肾上腺轴，引起 ACTH 生成增多。IL-1 还能抑制下丘脑促黄体生成激素释放激素，抑制性腺功能。可见，IL-1 可能与机体对感染的应激性神经内分泌调节反应有关。

2. 干扰素　是白细胞产生的一种多肽，具有抗病毒、免疫调节作用。近来发现其具有 ACTH 和 β - 内啡肽样生物活性。给动物注射 IFN-α 可引起腺垂体释放 ACTH，肾上腺皮质释放皮质醇。IFN-α 和 IFN-β 能增强甲状腺细胞对碘的摄取，促进甲状腺素合成，而 IFN-γ 则能抑制甲状腺分泌甲状腺素，IFN 还可以促进黑色素合成，对抗胰岛素作用。

许多自身免疫性疾病可以导致神经及内分泌异常，也是免疫反应影响神经内分泌的一个例证。例如，重症肌无力及多发性硬化可引起患者神经功能障碍；如针对甲状腺的自身免疫病 Graves 病，刺激甲状腺滤泡增生，分泌过量甲状腺素而引起甲亢；又如 1 型糖尿病也与免疫有关。

（三）神经内分泌系统对免疫系统的调节作用

目前已经发现有 20 多种激素和神经递质具有免疫调节作用。对免疫系统调节起重要作用的主要有以下三种：

1. 糖皮质激素　众所周知，糖皮质激素从多个环节产生免疫抑制作用，包括能抑制白细胞、单核细胞及巨噬细胞向炎症区域聚集，并能抑制这些细胞产生和释放细胞因子，如 IL-1、IL-6、IFN 等；稳定溶酶体膜；促进淋巴细胞的凋亡；抑制巨噬细胞对抗原的吞噬及处理；干扰淋巴细胞的识别；阻断淋巴细胞增殖；减少血中淋巴细胞；使抗体生成减少。

2. 生长激素（GH）　是由腺垂体分泌的一种神经多肽，在胸腺细胞也发现有 GH 的存在。GH 能增强中老年动物的胸腺细胞数量，使淋巴器官体积增大。在腺垂体缺陷小鼠，出现了 T 细胞发育和功能障碍，给予重组 GH 则能恢复胸腺内 T 细胞数量，增加胸腺体积，增强外周血 T 细胞功能。体外试验 GH 能促进 PHA 活化的人 T 淋巴细胞增殖，并能增加外周血单个核细胞中的 IFN 分泌细胞数量。

3. 阿片肽　内源性阿片肽在脑内有广泛分布，包括内啡肽、脑啡肽、强啡肽。它们能作用于下丘脑催乳素释放激素（PRH）和生长激素释放激素的产生，进而影响免疫功能。阿片肽还直接影响淋巴细胞转化、NK 细胞活性、粒细胞及巨噬细胞功能和干扰素的产生。

一般研究激素对免疫功能的影响采用的是摘除和移植内分泌组织、注射激素或免疫学方法。研究发现，垂体功能低下的动物常伴有胸腺和外周淋巴组织的萎缩和细胞免疫功能缺陷。促甲状腺激素能提高小鼠脾细胞对绵羊红细胞抗原的反应，并能提高与 T 细胞抗原无关抗体的生成。甲状腺素可促进 T 细胞从胸腺进入外周血，有利于 B 细胞和浆细胞的分化。利用低碘饲料喂饲大鼠，造成甲状腺功能低下，可以看到胸腺上皮性网状细胞、肥大细胞有明显的变化，脾红髓和白髓亦见明显变化。性激素影响免疫功能的证据包括：妇女在不同年龄时、月经周期的不同时期及妊娠期间，某些免疫功能有所减退。某些自身免疫病如类风湿关节炎的发病率有明显的性别差异，女性发病率明显高于男性。前列腺素是 T 细胞转化的强抑制剂，能抑制 B 细胞产生抗体，抑制巨噬细胞的吞噬功能。

已经发现免疫细胞上有阿片肽、胰岛素、胰高血糖素、生长激素、黄体生成素、卵泡刺激素、生长抑素、胰活性肠肽、P 物质、催乳素、促甲状腺激素释放激素、生长激素释放激素、肾上腺素、多巴胺、组胺、肾上腺糖皮质激素等受体。激素与受体结合后，可引起细胞相应的功能变化。通过膜受体起作用的激素为蛋白质、肽类、儿茶酚胺类、组胺类及前列腺素类。通过细胞内受体起作用的激素为类固醇激素及甲状腺激素。

外周神经对免疫细胞也具有调节作用。近年来的研究发现外周神经末梢和免疫细胞形成"突触"对其进行调节。应激时可产生免疫抑制因子，抑制淋巴细胞转化。

综上所述，神经内分泌系统与免疫系统有各自的活性物质，但共有促肾上腺皮质激素和内啡肽等物质，又同时都有这些多肽的受体。因此，人们认为促肾上腺皮质激素和内啡肽是神经内分泌系统与免疫系统相互联系的信使和渠道。免疫系统在免疫应答中释放出的细胞因子，向神经系统发出信息，神经内分泌系统产生相应的生理或病理反应。神经内分泌系统又反过来通过共同的多肽因子，将信息反馈给免疫系统，再引起正常的或异常的免疫应答。

第二节　重症肌无力

重症肌无力（myasthenia gravis，MG）是一种神经－肌肉接头处突触后膜上因乙酰胆碱受体（AChR）减少而出现传递障碍的自身免疫性疾病。临床上主要表现为骨骼肌无力，具有晨轻暮重或易疲劳的特点。

一、病　　因

MG 病因及自身免疫触发机制不详，因为 80% MG 患者存在胸腺异常，因此可能与胸腺的病毒感染有关。

感冒、情绪激动、过劳、月经来潮、使用麻醉、镇静药物、分娩、手术等常使病情复发或加重。

二、发病机制

发病机制与自身免疫有关，其证据是：①自身免疫攻击的靶是神经－肌接头处突触后膜上的 AChR，并有其相应的乙酰胆碱受体抗体（AChRAb）和被 AChR 致敏的 T 细胞及产生 AChRAb 的 B 细胞。临床上约 85% 的患者血清中也可以测到抗 AchRAb，但抗体浓度与病情严重度不一定平行一致。②已经从 MG 患者骨骼肌中提取和纯化出 AChR，其分子结构、氨基酸序列等均已明确，并已开始用基因工程的方法进行人工合成。③用 AChRAb 或特异性免疫活性细胞可作被动转移，包括由 MG 患者向动物或动物相互间转移。④用从电鳗的电器官提取并经纯化的 AChR 作为抗原与佐剂相混合，免疫接种于兔、猴、鼠等，可造成实验性自身免疫性重症肌无力（EAMG）模型，并在动物的血清中测到 AChRAb。⑤采用激素、免疫抑制剂等治疗可以使疾病缓解。

很多临床现象也提示该病和免疫机制紊乱有关。约 75% 的病例伴有胸腺增生，并出现淋巴细胞生发中心，15% 的病例伴有胸腺瘤。此外，患者常伴发其他自身免疫性疾病。部分患者可检测到自身抗体如抗核抗体、抗双链 DNA 抗体、抗甲状腺细胞抗体、抗胃壁细胞抗体等。肌肉活检中可见到小血管周围淋巴细胞浸润。

对胸腺的病理研究表明，胸腺内存在肌样上皮细胞，其表面表达类似骨骼肌神经－肌接头处的 AChR，推测这种受体是在特定的遗传素质和病毒感染作用下而产生，机体免疫系统对其发生致敏，产生针对烟碱型 -AChR 的抗体，这种抗体与骨骼肌神经 – 肌接头处的 AChR 发生交叉免疫反应（分子模拟学说），在补体激活和参与下，破坏突触后膜，导致突触后膜溶解破坏等一系列形态学改变，从而发生肌无力症状。

三、病　　理

受累骨骼肌的肌纤维间小血管周围可见淋巴细胞浸润，称为淋巴溢。急性和严重病例中，肌纤维有散在灶性坏死，并有多形核和巨噬细胞渗出与浸润。部分肌纤维萎缩、肌核密集，呈失神经支配性改变。晚期病例，可见骨骼肌萎缩，细胞内脂肪性变。电镜检查可见终板的突触前神经末梢中的囊泡数目和直径均无改变，但突触间隙变宽，突触后膜的皱褶变浅变少，所以突触后膜的面积和 AChR 数量减少。少数患者可有局灶性或弥散性心肌炎样改变。

四、分类及分型

凡能使神经 – 肌接头处突触后膜上 AChR 功能发生障碍者均能致 MG 的临床表现，即活动后加重、休息后减轻的骨骼肌无力。有一组临床综合征均归入 MG 综合征，包括暂时性新生儿 MG、家族性 MG、先天性 MG 综合征、青霉胺致 MG、α - 干扰素致 MG 等。

MG 目前常用改良的 Osserman 分型法进行分型：主要依据受累肌群、病程及治疗反应等，此分型不能反映肌群受累的严重程度，而只能反映肌群的选择性。

Ⅰ型（眼肌型）：单纯眼外肌受累，但无其他肌群受累的临床和电生理表现。对肾上腺糖皮质激素治疗反应佳，预后佳。

Ⅱ型（全身型）：有一组以上肌群受累，主要累及四肢，药物治疗反应好，预后好。

ⅡA 型（轻度全身型）：四肢肌群轻度受累常伴眼外肌受累，一般无咀嚼、吞咽、构音困难。对药物治疗反应及预后一般。

ⅡB 型（中度全身型）：四肢肌群中度受累常伴眼外肌受累，一般有咀嚼、吞咽、构音困难。对药物治疗反应及预后一般。

Ⅲ型（重度激进型）：急性起病、进展较快，多于起病数周或数月内出现延髓麻痹，常伴眼肌受累，多于半年内出现呼吸肌麻痹。对药物治疗反应差，预后差。

Ⅳ型（迟发重症型）：潜隐性起病，进展较慢。多于 2 年内逐渐由Ⅰ、ⅡA、ⅡB 型发展到延髓麻痹和呼吸肌麻痹。对药物治疗反应差，预后差。

Ⅴ型（肌萎缩型）：指重症肌无力患者于起病后半年即出现肌萎缩者。因长期肌无力而出现失用性、继发性肌肉萎缩者不属此型。

五、临床表现

本病见于任何年龄，多在 30 岁以前发病，女性多见。除少数患者起病急骤并迅速恶化外，多数起病隐袭。临床表现主要是骨骼肌的易疲劳性和肌无力，其突出的临床表现是活动后加重、休息后减轻，即呈现晨轻暮重现象。查体可见受累肌群力弱，疲劳试验阳性，应用胆碱酯酶抑制剂后症状缓解。

最常受累的肌群为眼外肌，可表现为上睑下垂、眼球活动障碍、复视，严重者眼球固定。在疾病早期，特别是儿童，可出现交替性眼外肌受累的表现，即先一侧上睑下垂，几周后另一侧上睑下垂，而原来一侧的上睑下垂消失。面部表情肌受累表现为苦笑面容，甚至面具样面容。四肢肌群以近端受累为重，表现为活动久后抬上肢梳头困难，骑自行车刚开始时能上车，但骑片刻后下车困难而跌倒于地，或走一段路后上台阶或上公共汽车困难。咀嚼、吞咽肌群受累可表现为在吃饭时，尤其在进干食时咀嚼费力，用餐时间延长；说话久后构音不清；吞咽可有困难，甚至呛咳。呼吸肌群，早期表现为用力活动后气短，重时静坐也觉气短、发绀，甚至需要呼吸机辅助呼吸。

应该强调的是，全身所有骨骼肌均可受累，但受累肌肉的分布因人因时而异，不是所有患者均先从眼肌受累开始，也有先从呼吸肌无力发病者。

MG 患者有时也可合并其他自身免疫性疾病如吉兰 – 巴雷综合征、多发性硬化、Graves 病等。约 80% 的患者存在胸腺异常。

当病情加重或治疗不当，导致呼吸肌无力或麻痹而致严重呼吸困难时，称为重症肌无力危象。分为三种：①肌无力危象：由各种诱因和药物减量诱发，应用胆碱酯酶抑制剂后危象减轻。②胆碱能危象：多为胆碱酯酶抑制剂用量过大所致，除呼吸困难表现外，尚有毒蕈碱样中毒症状（呕吐、腹痛、腹泻、瞳孔缩小、多汗、流涎、气管分泌物增多、心率变慢等），烟碱样中毒症状（肌肉震颤、痉挛和紧缩感等）及中枢神经症状（焦虑、失眠、精神错乱、意识不清、抽搐、昏迷等）。③反拗性危象：不能用停药或加大药量改善症状者，多在长期较大剂量用药后发生。

上述三种危象可用以下方法鉴别：①腾喜龙试验，因 20 分钟后作用基本消失，使用较安全。用 10mg 溶于 10ml 生理盐水中，先静脉注射 2mg，无不适时再注射 8mg，半分钟注完。若为肌无力危象，则呼吸肌无力于 0.5 ～ 1 分钟内好转，4 ～ 5 分钟后又复无力。若为胆碱能危象，则会有暂时性加重伴肌束震颤。若为反拗性危象，则无反应。②阿托品试验：以 0.5 ～ 1.0mg 静脉注射，症状恶化，为肌无力危象，反之属胆碱能危象。③肌电图检查：肌无力危象动作电位明显减少波幅降低，胆碱能危象有大量密集动作电位，反拗性危象注射腾喜龙后肌电无明显变化。

六、辅 助 检 查

（一）药理学试验

1. 新斯的明试验

（1）药物用量及用法：甲基硫酸新斯的明 1.0 ～ 1.5mg，肌内注射。儿童剂量酌减（10 ～ 12 岁：2/3 成人量；7 ～ 9 岁：1/2 成人量；3 ～ 6 岁：1/3 成人量；< 3 岁：1/4 成人量）。为消除其 M 胆碱系不良反应，可同时注射阿托品 0.5 ～ 1.0mg。

（2）观察指标及时间：按患者受累肌群作多项观察。观察指标为外展内收露白（mm）、睑裂大小（mm）、上睑疲劳试验（s）、上肢疲劳试验（s）、下肢疲劳试验（s）、复视评分，左右侧分别记分，每项指标在用药前及用药后每 10 分钟测定一次，记录此时与用药前数据的差值。试验结束后，每项求出注射后 6 次记录值的均值。

（3）结果判定（表 27-1）。

表 27-1　阳性及阴性判定界值

指标	阴性	可疑阳性	阳性
上睑疲劳试验（s）	< 11.4	≥ 11.4	≥ 22.8
平视睑裂（mm）	< 1.2	≥ 1.2	≥ 2.3

续表

指标	阴性	可疑阳性	阳性
外展、内收露白（mm）	< 1.2	≥ 1.2	≥ 2.3
上肢疲劳试验（s）	< 13.7	≥ 13.7	≥ 27.5
下肢疲劳试验（s）	< 16.0	≥ 16.0	≥ 32.0
复视评分	< 0.7	≥ 0.7	≥ 1.4

（4）药理学试验的注意事项：餐后 2 小时行此试验；有支气管哮喘和心律失常者慎用；服用胆碱酯酶抑制剂者，应在服药 2 小时后行此试验；晚期、严重病例，可因神经 - 肌接头处突触后膜上乙酰胆碱受体破坏过重而致试验结果阴性。

2. 腾喜龙试验　适用于病情危重、有延髓麻痹或肌无力危象者。用 10mg 溶于 10ml 生理盐水中缓慢静脉注射，至 2mg 后稍停，若无反应可注射 8mg。症状改善者可确诊。

（二）电生理检查

1. 神经重复电刺激检查（RNS）　正常人低频重复电刺激（小于 5Hz），其波幅或面积衰减不应超过 5%～15%，高频重复电刺激（大于 10Hz）时其衰减不应超过 30%。若低频重复电刺激波幅递减超过 15% 以上为阳性。检测的阳性率因 MG 型别不同而异：Ⅰ 型为 17.2%，ⅡA 型 85.1%，ⅡB 型 100%。应该注意服用胆碱酯酶抑制剂者，应停药 6～8 小时以上再进行检查。

2. 单纤维肌电图（SFEMG）检查　正常人颤抖为 15～20μs，若超过 55μs 为颤抖增宽。检测的阳性率为 91%～94%。进行此检查时无需停用胆碱酯酶抑制剂。

（三）血清中 AChRAb 检测

一般采用 ELISA 检测，检出率为 85%～95%，10%～15% 全身型 MG 患者测不出。

（四）胸部 CT 检查

胸腺 CT 检查可发现前上纵隔区胸腺增生或伴有胸腺肿瘤，对于诊断及选择治疗方案均有帮助。

（五）其他

可进行自身抗体（如抗核抗体、SSA/SSB、抗 dsDNA 抗体、抗胃壁细胞抗体、抗甲状腺抗体等）、红细胞沉降率、类风湿因子、抗链球菌溶血素 "O" 等的检查。

七、诊断与鉴别诊断

根据活动后加重、休息后减轻的骨骼肌无力，疲劳试验阳性，药理学试验阳性，诊断并不困难。

该病眼肌受累者需与动眼神经麻痹、甲状腺功能亢进、眼肌型营养不良症、眼睑痉挛鉴别。延髓肌受累者，需与真假延髓麻痹鉴别。四肢无力者需与周期性瘫痪、感染性多发性神经炎、进行性脊肌萎缩症、多发性肌炎和 Lambert-Eaton 综合征等鉴别。Lambert-Eaton 综合征与本病十分相似，但新斯的明试验阴性，RNS 低频波幅递减，而高频时波幅递增。

八、治 疗

（一）治疗原则

治疗时应遵循如下原则：个体化治疗方案；权衡临床病情与治疗效果、不良反应的发生频率、治疗费用和方便性。

（二）治疗方案

1. 胸腺摘除 + 激素冲击 + 其他免疫抑制剂 适用于胸腺有异常（胸腺瘤或胸腺增生）的 MG 患者。首选胸腺摘除，若摘除后症状改善不理想者，可以继续用激素冲击及其他免疫抑制剂联合治疗。

2. 激素冲击→胸腺摘除→激素冲击 适用于已经用激素冲击治疗的 MG 患者，待激素减到小剂量后，摘除胸腺，之后若患者仍需药物治疗，可再用激素冲击。

3. 硫唑嘌呤片（依木兰）／环孢素 若患者无胸腺摘除指征或不愿手术，且对激素治疗有顾虑或有激素治疗禁忌证者，可选用此方案。

4. 大剂量免疫球蛋白／血浆交换 适用于肌无力危象患者或者不同意上述治疗的患者。

（三）肾上腺糖皮质激素

一般全身型 MG 多采用大剂量激素冲击治疗，常用药物为地塞米松及甲泼尼龙。单纯眼肌型 MG 可采用小剂量泼尼松口服。

治疗时的注意事项：治疗早期病情可有一过性加重，严重时可出现危象，需要呼吸机辅助呼吸；激素最好于早晨一次使用，大剂量快减，小剂量慢减，可采用隔日减量方法，减量速度必须根据病情而定；加用辅助用药包括抑酸剂、补钙剂、补钾剂；老年患者以及患有糖尿病、高血压、溃疡病者慎用或禁用；明显缓解在 3 ～ 6 个月，高峰期在 4 ～ 9 个月；为了防止激素减量中病情复发，在激素冲击治疗同时加用免疫抑制剂。

（四）免疫抑制剂

1. 硫唑嘌呤 开始每天 50mg，每周增加 50mg，直至达到治疗剂量 [通常 2 ～ 3.5mg/（kg•d）]，可较长时间应用。服药前应查血白细胞，用药中定期复查血常规，若血 WBC 低于 3.0×10^9/L 停药。起效时间为 2 ～ 10 个月，显效期为 6 ～ 24 个月。

2. 环孢素 应用剂量为 2 ～ 5mg/kg，分两次应用，开始用小剂量，逐渐加量。疗程为 3 个月～ 1 年。起效时间为 1 ～ 2 个月，显效时间为 3 ～ 5 个月。用药过程中注意监测肾功能，并测定血中环孢素浓度，调整在 100 ～ 150ng/ml。

3. 环磷酰胺 可以静脉用药治疗（200mg 加入 10% 葡萄糖 250ml 中，1 次／2 日，10 次为一个疗程）或口服治疗 [（1.5 ～ 5mg/（kg • d）]。70%～ 80% 的患者有效。服药后 1 个月起效，最大改善在 1 年之内。常见的不良反应包括严重的骨髓抑制、肝脏毒性、脱发、全血细胞减少、恶心呕吐、关节痛、头晕、易感染、膀胱纤维化、肺间质纤维化和出血性膀胱炎等。

（五）血浆置换

在 3 ～ 10 天内血浆置换 3 ～ 5 次，每次置换 5% 体重（50ml/kg）的血浆。每次置换大约可清除 60% 的血浆成分，这样经过 3 ～ 5 次置换可以清除 93% ～ 99% 的血 IgG（包括 Ach-RAb）和其他物质。

（六）大剂量免疫球蛋白

剂量为 0.4g /（kg·d），静脉滴注，连用 5 天，IgG 半衰期为 21 天左右（12 ～ 45 天），治疗有效率为 50% ～ 87%，用药后 4 天内起效，8 ～ 15 天效果最显著，并持续 40 ～ 106 天。

（七）胸腺摘除手术

药物疗效欠佳、伴有胸腺异常（胸腺增生或胸腺瘤）、发生危象的患者，可考虑胸腺切除术。疗效以病程较短的青年女性患者较佳。胸腺切除术后 2 ～ 5 年内，有 34% ～ 46% 的患者完全缓解，33% ～ 40% 的患者明显改善。

（八）胆碱酯酶抑制剂

胆碱酯酶抑制剂只能起缓解症状的作用。常用的药物有溴吡斯的明及新斯的明。

（九）危象的治疗

（1）维持和改善呼吸功能：可用呼吸机辅助呼吸，痰多而咳出困难者宜早作气管切开。
（2）正确迅速使用有效抗危象药物。
（3）在呼吸机辅助呼吸的前提下，可考虑同时应用激素冲击或血浆交换或大剂量免疫球蛋白治疗，能有效缓解病情，加速康复。
（4）对症处理，特别是支持治疗及预防感染。

九、病程与预后

MG 是一种慢性疾病，病情易波动，需要较长时间免疫治疗，除非发生危象，一般不会致命。由于该病对各种免疫治疗反应良好，治疗后可得到有效控制。

十、预　防

平素应避免过劳、外伤、感染、腹泻、精神创伤等各种诱因，并避免使用各种镇静剂、抗精神病药物、局部或全身麻醉药、吗啡类镇痛药、碘胺类药物，避免使用氨基糖苷类抗生素。应避免灌肠，以防猝死。

第三节　多发性硬化

多发性硬化（multiple sclerosis，MS）是中枢神经系统的炎性脱髓鞘疾病。该病以临床上多个病变部位（空间上多发性）及多次复发（时间上多发性）为特点，病理上以中枢神经系统中多灶性炎性脱髓鞘为特征。其发病机制是自身免疫反应介导。MS 多见于北美及欧洲，估计全世界至少有 300 万 ～ 400 万患者，占神经系统疾病发病率的 6% ～ 10%。近年来日本和我国的报道日趋增多，然而，我国迄今尚无流行病学资料。

一、病　因

病因不明。但流行病学研究发现，MS 是一种与遗传、环境等因素有关的多致病因素疾病，这些因素也可认为是 MS 的危险因素（表 27-2），在这些因素的作用下诱发了异常的免疫应答过程，出现免疫调节机制的紊乱，致中枢神经系统多发性局灶性髓鞘脱失。

表 27-2　不同的 MS 发病危险因素

影响因素	相对危险性（RR）
人种	
北欧人	1.3
南欧人	0.5
亚洲人	0.06
非洲黑人	< 0.001
非洲籍美国人	0.5
MS 患者的家族成员	
HLA 相同的同胞	135
单一 HLA 单倍体相同的同胞	70
HLA 单倍型不相同的同胞	40
父母	30
双卵双胎	40
单卵双胎	300
HLA 分型	
DR2 阳性	4

注：RR 等于 1 相当于患病率约为 100/10 万

环境理论认为，MS 是一种与地域有关的获得性疾病：① MS 患病率因地理位置不同而异，一般离赤道越远患病率越高；②移民可改变 MS 发生的危险性，其危险性依赖于移民的年龄；③移民的后代的 MS 患病率与所移居地的居民患病率相似，而不同于原居住地居民；④单卵双胎并非 100% 发病，提示 MS 并非单纯的遗传性疾病；⑤ MS 发病具有密集现象；⑥同一居住地来源的人群 MS 发病率显著增高。

遗传理论认为，MS 的易感性与遗传因素密切相关：① MS 主要在高加索人发病；②在高加索人中，某些种族易患 MS，而另一些种族则不易患；③ MS 在患者亲属中的患病率较普通人群高；④单卵双胞胎的患 MS 概率是双卵双胞胎的 6 ～ 10 倍；⑤ MS 与某些 HLA 基因型相关联。

二、发病机制

MS 确切发病机制不详，目前认为是自身免疫性疾病。其证据是：①有特殊的人类白细胞抗原分型；②硬化斑块区有淋巴细胞浸润；③硬化斑块免疫荧光检查有 IgG 沉着；④有些患者还可合并其他自身免疫性疾病；⑤脑脊液（CsF）中可测出髓鞘碱性蛋白（MBP）抗体；⑥用纯化的 MBP 主动免疫实验动物可致实验性自身免疫性脑脊髓炎（EAE）；⑦用特异的 T 淋巴细胞可致

EAE 的被动转移。

是何种因素促使发病尚不清楚，但是美国加州大学学者在 MS 易感基因附近发现 CCR5 分子结构为单纯疱疹病毒受体，于是设想具有 MS 易感基因及 CcR5 者容易感染单纯疱疹病毒，打开 MS 易感基因即可能使之发病。一般认为可能的机制是患者因为某种病毒感染而致自身抗原改变，另外有的病毒具有与中枢神经髓鞘十分近似的抗原（分子模拟学说），两者均可导致免疫识别错误而诱发自身免疫反应。

目前对 MS 自身免疫反应的特点有所了解，本质是 T 细胞介导的自身免疫反应，核心过程为炎症，T 细胞及其炎性介质诱发轴索及髓鞘的损伤，自身免疫过程可触发非免疫依赖性变性过程。

对于自身免疫在 CNS 的启动及髓鞘破坏的致病过程的认识是，特异性致敏淋巴细胞激活血管内皮细胞，吸引效应细胞进入 CNS；激活的 T 细胞进入到血管周围间隙，增强小胶质细胞上 MHC-Ⅱ类表达，将 MBP 提呈给其他自身免疫活性细胞；黏附分子促进免疫活性细胞通过血-脑屏障（BBB）；细胞因子又加速内皮细胞激活；细胞毒性 T 细胞、髓鞘成分抗体、细胞因子等导致髓鞘破坏。

三、病　　理

主要病理改变为中枢神经系统内多个散在的硬化斑块。硬化斑多见于脑室旁白质、脑干、脊髓、视神经。病变多以小静脉为中心，且早期与晚期病变可同时见到。早期病变主要为灶性髓鞘破坏和血管周围单个核细胞浸润（血管袖套）。后期，崩解的髓鞘被吞噬细胞吞噬，神经轴索变性断裂、神经细胞减少，星形胶质细胞增生而形成硬化斑块。

四、分　　类

1. MS 分为 4 型

（1）复发-缓解型（RR）：急性发病历时数天到数周，数周至数月多完全恢复，两次复发间期病情稳定，对治疗反应最佳，最常见，半数患者经过一段时间可转变为继发进展型。

（2）继发进展型（SP）：复发-缓解型患者出现渐进性神经症状恶化，伴有或不伴有急性复发。

（3）原发进展型（PP）：发病后病情呈连续渐进性恶化，无急性发作。进展型对治疗的反应较差。

（4）进展复发型（PR）：发病后病情逐渐进展，并间有复发。

2. MS 分为 4 期

（1）急性发作期或加重期：①发作或加重前 1 个月内病情稳定或趋于好转；②发作或加重已超过 24h，但未超过 8 周；③发作或加重可理解为出现新的症状体征或原有症状体征加重（Kurtzke 伤残指数至少上升一个等级），尚无恢复迹象。

（2）慢性进展期：①病程呈慢性进展方式至少 6 个月以上，其间无稳定或好转趋势；②病程的进展可反映为 Kurtzke 伤残指数逐渐上升。

（3）复发缓解期：①在入院前 1～2 年内临床上至少有两次明确的复发和缓解；②在病情活动期间，无慢性进展现象。

（4）临床稳定期：①在 1～2 年内病情稳定，无发作、缓解和进展证据；②可根据功能指数和日常活动来判断。

五、临床表现

MS 具有空间上的多发性（病灶部位）及时间上的多发性（病程中有缓解及复发）。每复发一次均会残留部分症状和体征。MS 好发于大脑、脑干、小脑、脊髓、视神经等部位。

病前多有感冒、发热、感染、外伤、手术、分娩、精神紧张、药物过敏和寒冷等诱发因素，也可无明显诱发因素。起病方式多为急性或亚急性。

首发症状多为肢体力弱，单或双眼视力减退或失明，感觉异常，肢体疼痛和麻木，复视，共济失调，智能和情绪改变。因为 MS 病灶的多部位性，故临床表现也具有多样性。

神经系统检查时可见到：肢体瘫痪（可单瘫、偏瘫、截瘫、四肢瘫），视力障碍，眼球震颤，眼球运动障碍，面瘫，构音障碍，吞咽困难，面部或四肢感觉障碍，共济失调等。

在我国，患者首次发病时以球后视神经炎或脊髓炎为多见，部分患者同时或在以后的病程中出现两者均受累的表现。需要提醒的是，一个年轻患者若迅速出现进行性视力下降（单侧或双侧），应及时就诊，若怀疑球后视神经炎，应尽快给予激素治疗，否则，可导致不可逆的视力损害。

大脑半球白质受累时，主要表现为偏瘫、失语、皮质盲，少见者有癫痫发作、精神症状（不自主哭笑、多疑、木僵和智能减退等）。

脑干及小脑受累时，表现为眩晕、复视、眼球震颤、构音不清、中枢性或周围性面瘫、假性延髓麻痹或延髓麻痹、交叉性瘫痪或偏瘫、运动性共济失调和肢体震颤、舞动等。

脊髓受累时，可有完全性或不全性脊髓横贯性损害的表现，包括损害水平以下的深浅感觉障碍、肢体瘫痪、大小便障碍等。也可出现胸部或腰部束带感、Lhermitt 征（在颈髓后束损害时，患者头前屈可引起自上背向下肢的放射性电击样麻木或疼痛）、痛性痉挛发作（自发性短暂性由某一局部向一侧或双侧躯干及肢体扩散的强直性痉挛和疼痛发作）。

由于 MS 的多部位特点，因此临床表现较为复杂，可有上述表现的不同组合形式。

六、辅 助 检 查

实验室检查对临床诊断有辅助意义。常用的辅助检查有：

1. CSF 检查 寡克隆区带（oligoclonal bands，OB）及 24h 鞘内 IgG 合成率在 Poser 诊断标准中是一项重要的诊断指标，但应该注意并非 MS 所特有。

2. 诱发电位 包括视觉诱发电位（VEP）、脑干听觉诱发电位（BAEP）、体感诱发电位（SEP），可以发现亚临床病灶。

3. 脑和（或）脊髓 MRI 常用的扫描序列有 T_1WI、T_2WI、液体衰减反转恢复序列（FLAIRPS）。近年来一些新的扫描技术已应用到 MS 的研究之中。

（1）定量 MRI：能反映治疗前后斑块的数量及体积变化。

（2）磁化传递成像（MTI）：识别所显示物质的水含量及其与大分子物质或组织细胞膜的关系。能区别水肿包围的新病灶与慢性、脱髓鞘明显或胶质增生的旧病灶。

（3）磁共振波谱分析（MRS）：测定 MS 患者白质中的代谢变化。正常人脑组织长回波时间的质子波谱有 3 个峰值：N- 乙酰天冬氨酸、胆碱、肌酸。肌酸峰值相对稳定，N- 乙酰天冬氨酸／肌酸比值减低提示神经元活力丧失，胆碱／肌酸比值升高提示髓鞘破坏。

4. 肌电图 可以发现是否伴有周围神经损害。

七、诊断与鉴别诊断

（一）MS 的诊断

MS 比较困难，头 MRI 的应用提高了诊断的准确性，但是仍然强调应排除其他疾病。目前比较常用的诊断标准是 Poser（1983）提出的标准（表 27-3）。2001 年 McDonald 提出的诊断标准强调了 MRI 在诊断中的价值，目前正在不断修订及完善（表 27-4）。

表 27-3　Poser（1983）诊断标准

临床类别	发作次数	临床证据	亚临床证据	脑脊液 OB
临床确定	2	2		
	2	1	和 1	
实验室确定	2	1	或 1	+
	1	2		+
	1	1	1	+
临床可能	2	1		
	1	2		
	1	1	1	
实验室可能	2			+

表 27-3 中注释具体如下：

1. 临床证据　系指出现神经系统症状及体征，可有客观证据，也可无客观证据。可以完全是患者的主观感觉或在病史中提供的，也可为经医生检查发现的阳性体征。症状和体征不能用单一的病灶解释可视为 2 个临床证据（即 2 个病灶）。应注意同时发生双侧视神经炎或两眼在 15 天内先后受累，应视为单一病灶。

2. 亚临床证据　是指无明显的临床表现而通过诱发电位、影像学检查等检测到的中枢神经系统病变。

3. 发作次数　神经系统症状体征持续 24 小时以上视为 1 次发作。与前次发作间隔 1 个月以上再次出现新的神经系统损害表现定义为第二次发作。

4. 脑脊液 OB　系指脑脊液寡克隆区带，阳性反应提示中枢神经存在特异性免疫反应，OB 阳性并非 MS 所特有。

表 27-4　McDonald（2001）诊断标准

临床表现	所需的附加证据
2 次以上发作（复发）且 2 个以上 临床病灶	不需附加证据，临床证据已足够（可有附加证据但必须与 MS 相一致）
2 次以上发作（复发）且 1 个临床 病灶	（1）MRI 显示病灶在空间上呈多发性 （2）1 个 csF 指标阳性及 2 个以上符合 Ms 的 MRI 病灶 （3）累及不同部位的再次临床发作具备上述其中 1 项

续表

临床表现	所需的附加证据
1 次发作且 2 个以上客观临床病灶	（1）MRI 显示病灶在时间上呈多发性 （2）第二次临床发作 具备上述其中 1 项
1 次发作且 1 个客观临床病灶（单一症状）	（1）MRI 显示病灶在空间上及空间上呈多发性 （2）一项 CSF 指标阳性及 2 个以上符合 MS 的 MRI 病灶 （3）第二次临床发作 具备上述其中 1 项
提示 MS 的隐袭进展的神经功能障碍（原发进展型 MS）	（1）CSF 检查阳性 （2）病灶在空间上呈多发性：MRI 上有 9 个以上脑部 T_2 病灶，或 2 个以上脊髓病灶，或 4～8 个脑部病灶及 1 个脊髓病灶，或一个 CSF 指标阳性及 2 个以上符合 MS 的 MRI 病灶，或 4～8 个脑部病灶及 VEP 阳性，或小于 4 个脑部病灶加 1 个脊髓病灶及 VEP 阳性 （3）MRI 显示病灶在时间上呈多发性 （4）病情持续进展超过 1 年 具备上述 1～3 项或第 4 项

在 2005 年，经过应用 4 年后，对 McDonald 标准进行了修改（表 27-5）。首先在 MRI 病灶中，将脊髓病灶与幕下病灶视为具有等同价值，1 个脊髓增强病灶等同于 1 个脑部增强病灶，1 个脊髓 T_2 病灶可替代 1 个脑内病灶。对于 MRI 时间多发性的证据，其中 1 项规定初次临床发作后至少 30 天，与参考扫描相比出现新的 T_2 病灶。

表 27-5　McDonald 诊断标准（2005）

临床表现		附加证据		MS 诊断
发作	病灶	空间多发	时间多发	
≥2 次	≥2 个	不需要	不需要	是
≥2 次	1 个	（1）MRI 显示病灶在空间上呈多发性 （2）两个或两个以上与 MS 临床表现一致的 MRI 病变加 CSF 阳性 （3）下一次不同部位发作具备上述其中一项	不需要	是
1 次	≥2 个	不需要	（1）MRI 显示时间多发 （2）下一次临床发作具备上述其中 1 项	是
1 次	1 个	（1）MRI 显示病灶在空间上呈多发性 （2）两个或两个以上与 MS 临床表现一致的 MRI 病变加 CSF 阳性具备上述其中 1 项	（1）MRI 显示时间多发 （2）下一次临床发作具备上述其中 1 项	是
PPMS（隐袭神经疾病进展提示 MS）		1 年疾病进展（回顾性或前瞻性决定），以及具备 2 项以上以下证据：头 MRI 阳性：9 个 T_2 病灶或 4 个以上 T_2 病灶并 VEP 阳性脊髓 MRI 阳性：2 个 T_2 病灶 CSF 阳性		是

（二）关于视神经脊髓炎的诊断问题

NMO 最早是由 Devic 于 1894 年提出，是指双侧视神经炎和脊髓炎在短期内相继发生的单相性疾病。NMO 是独特的脱髓鞘疾病还是 MS 的一个亚型一直存在争议。日本学者曾提出视神经脊髓型 MS（opticospinal MS，OSMS）的概念，但西方学者仍提出 NMO 应独立于经典的 MS。Wingerchuk 于 1999 年提出了 NMO 诊断标准，分为必要条件及支持条件（表 27-6）。

表 27-6　Wingerchuk 提出的 NMO 诊断标准

必要条件	视神经炎
	急性脊髓炎
	无除视神经和脊髓以外的中枢神经系统受累的证据
支持条件	主要条件
	（1）发作时头颅 MRI 阴性
	（2）脊髓 MRI 病灶长度 3 个椎体节段以上
	（3）CSF 白细胞＞50/mm^3。或中性粒细胞＞5/mm^3
	次要条件
	（1）双侧视神经炎
	（2）严重视神经炎伴有视力低于 20/200
	（3）一个以上肢体严重的持续的无力（肌力≤2级）

Misu 于 2002 年提出的 NMO 诊断标准为：临床上选择性累及脊髓和视神经；随访超过 5 年重复 MRI 检查未发现视神经和脊髓之外的病变。

近年来，对 NMO 又有一些新的认识，首先 NMO 也可以出现视神经和脊髓以外其他中枢神经系统结构的累及，包括脑干、小脑、大脑半球等，但不满足 MS MRI 标准。有学者提出，NMO-IgG 已经被证实是视神经脊髓炎较为特异的一项免疫标志物。因此 Wingerchuk 于 2006 年修改了 NMO 诊断标准（表 27-7）。

表 27-7　Wingerchuk 提出的 NMO 诊断标准（2006）

必要条件	视神经炎
	急性脊髓炎
支持条件	脊髓：MRI 异常延伸 3 个椎体节段以上
	头颅 MRI 不符合 MS 诊断标准
	NMO-IgG 血清学检测阳性

八、治　疗

目前尚无特效治疗。常用的治疗药物如下。

（一）肾上腺皮质激素

肾上腺皮质激素主要用于急性发作的治疗。常用甲泼尼龙冲击治疗（1000mg，静脉滴注，每日 1 次，连用 3～5 天，逐渐减量过渡到口服泼尼松），或用地塞米松 10～20mg 静脉滴注，1 次

／日，10～14天后改为泼尼松口服，逐渐减量至停药。国外提倡短期甲泼尼龙冲击治疗，国内多采用大剂量冲击，小剂量缓慢减量治疗。应用激素的注意事项参照 MG 的治疗。应该强调，视神经炎的患者应尽早激素冲击。

（二）疾病调节治疗（DMT）

（1）干扰素 -β：大量临床试验已经显示，干扰素 -β 可降低 RR 型 MS 的复发率，并能降低 MRI 上 T_2 病灶体积。

（2）G1atiramer acetate 研究提示，具有与干扰素 -β 相似的治疗效果。

（三）免疫抑制剂治疗

（1）米托恩醌：主要用于进展型 MS 的治疗。

（2）硫唑嘌呤：复发频繁者可以应用，2～3mg/（kg·d），分两次口服。

（3）环磷酰胺：病情进展迅速、激素治疗效果不佳者可以使用。200mg，隔日静脉注射，7～10次。

（四）对症治疗

（1）痛性痉挛：首选巴氯芬（baclofen），开始剂量 5mg，每天 3 次，逐渐加量，最大量 80mg/d，分 3～4 次口服。若巴氯芬效果不佳，可用地西泮。若上述药物无效，可考虑鞘内连续给予巴氯芬。

（2）下肢失动及双手不灵活：康复训练。

（3）发作性症状：包括三叉神经痛、痛性强直性发作、发作性构音障碍、Lhermitte 征，卡马西平治疗高度有效，开始小剂量（100～200mg/d）分 2～3 次口服。也可用苯妥英钠。三叉神经痛也可用巴氯芬治疗。加巴喷丁对治疗难治性三叉神经痛及痛性强直性发作有效。

（4）慢性感觉迟钝性疼痛阿米替林有效，开始剂量为 25mg，每晚 1 次，逐渐加量，可达 50～75mg。可用其他三环类抗抑郁药。加巴喷丁 300mg／d 开始，2 周后加量到 300mg，每天 3 次，最大剂量 2400mg/d。

（5）膀胱障碍：膀胱收缩过度者可用抗胆碱能药物如丙胺太林、奥昔布丁。膀胱排空障碍者处理包括间断性留置导尿、抗生素治疗、胆碱能药物，必要时膀胱造瘘。

（6）疲劳：试用金刚烷胺治疗（100mg，早晚各 1 次）。

（7）抑郁状态：可用氟西汀类药物治疗。

九、病程与预后

病程短者可于数月内死亡，长者可达 30 年以上，无症状的缓解期可持续几十年，起病的前几年复发率最高，约为 2 年一次，约 20% 的患者首次起病后一直呈慢性、进行性加重。据统计，起病 15 年后约 30% 的患者仍可工作，30% 可以步行。

预后良好的证据：①以视神经炎为首发症状；②发病年龄在 40 岁以下；③缺乏锥体束征；④首次发病后缓解期在 1 年以上；⑤起病后前 5 年仅有一次加重。

预后不良的证据：①发病后即为进展性病程；②起病时即出现运动及小脑体征；③前 2 次复发的间隔期短；④复发后恢复差；⑤呈慢性进展型和急性暴发型；⑥首次发病时 MRI T_2 相呈多发性病灶。

十、预　　防

避免过度劳累、食物过敏、疫苗接种、感冒等因素，情绪乐观向上，适量运动。

第四节　吉兰-巴雷综合征

吉兰-巴雷综合征（Guillain-Barre syndrome，GBS）也称为急性炎症性脱髓鞘性多发性神经病（acute inflammatory demyelinating polyneuropathy，AIDP），是免疫介导的周围神经病。急性或亚急性起病，病因认为与感染有关，病理上以脱髓鞘为主要特征。

一、病　因

病因未明，多数患者发病前几天至几周有上呼吸道或肠道感染症状。60%以上的病例有空肠弯曲杆菌感染史，与GBS相关的特殊血清型空肠弯曲杆菌Penner19、Lior11和Lau3/25型几乎不引起普通肠炎。

二、发病机制

该病被认为是一种自身免疫性疾病。免疫病理机制随GBS类型不同而不同。主要的致病因子为糖脂抗体。自身抗原可直接刺激B细胞产生自身抗体，其免疫损伤机制可能是分子模拟，即微生物和周围神经之间有类似的抗原决定簇（空肠弯曲杆菌脂多糖产生的抗体所识别的寡糖结构为细菌和髓磷脂鞘共有），初次感染后引起交叉免疫反应。GM1抗体阳性血清可阻断末梢神经传导而不影响神经传导介质释放。Miller-Fisher变异型与GQ1b抗体相关，抗体阳转血清能直接阻止神经传导介质的释放。上述抗体诱导补体系统激活，导致周围神经脱髓鞘。另外，被髓磷脂蛋白P0、P2或其他尚不清楚的特异性抗原致敏的外周血自身反应性T细胞活化后移行到周围神经，导致细胞免疫介导的周围神经脱髓鞘。

三、病　理

该病主要病变部位在脊神经根（尤以前根为多见）、神经节和周围神经。病理改变为水肿、充血、局部血管周围淋巴细胞浸润、神经纤维出现节段性脱髓鞘和轴突变性。

四、分类及分型

将GBS分为经典GBS（AIDP）及变异型GBS，变异性包括急性运动轴索型神经病（AMAN）及急性运动感觉轴索型神经病（ASMAN）。

五、临床表现

任何年龄均可发病，以中青年男性多见。四季均有发病，夏、秋季节多见。起病呈急性或亚急性，少数起病较缓慢。主要临床表现为：

1. 运动障碍　四肢呈对称性下运动神经元性瘫痪，且常自下肢开始，逐渐波及双上肢，也可从一侧到另一侧。病情常在1～2周内达高峰。四肢肌张力低下，腱反射减弱或消失。起病2～3周后逐渐出现肌萎缩。颈肌、肋间肌、膈肌也可受累。当呼吸肌瘫痪时，可出现胸闷、气短、咳嗽无力，严重者可出现呼吸衰竭而需要气管切开及呼吸机辅助呼吸。

近一半患者伴有脑神经损害，以舌咽神经、迷走神经、单侧或双侧面神经受累多见，其次为眼动神经。

2. 感觉障碍 以主观感觉障碍为主，多表现为四肢末端麻木及针刺感，可为首发症状。客观检查感觉多正常，仅部分患者有手套、袜套样感觉障碍。感觉障碍远较运动障碍为轻，是该病特点之一。

3. 自主神经功能障碍初期或恢复期 常有多汗，可能系由交感神经受刺激所致。少数患者初期可有短期尿潴留、便秘。部分患者可出现血压不稳、心动过速和心电图异常等。

六、辅助检查

1. 脑脊液检查 典型表现为脑脊液出现蛋白 - 细胞分离现象（即蛋白含量增高而白细胞数正常或轻度增加）。蛋白含量一般在 0.5 ～ 2g/L 不等，常在发病后1～2周开始升高，4～5周后达最高峰，6～8周后逐渐下降。也有脑脊液蛋白含量始终正常者。

2. 血常规 白细胞总数可增多。

3. 血沉 增快。

4. 肌电图检查 其改变与病情严重程度及病程有关。病后2周内常有运动单位电位减少、波幅降低，但运动神经传导速度可正常。2周后逐渐出现失神经性电位（如纤颤、正锐波）。病程进入恢复期时，可见多相电位增加，运动神经传导速度常明显减慢，并有末端潜伏期的延长，感觉神经传导速度也可减慢。

七、诊断与鉴别诊断

（一）诊断标准

1. 确诊的必须条件

（1）超过一个以上的肢体进行性力弱，从下肢轻度无力到四肢及躯干完全性瘫痪，伴或不伴有共济失调、延髓麻痹、面肌无力、眼外肌麻痹等。

（2）腱反射消失，通常是完全丧失，但是如果其他特征满足诊断，远端腱反射消失而肱二头肌反射和膝腱反射减低也可诊断。

2. 除外诊断 具有有机物接触史；急性发作性卟啉病；近期白喉感染伴或不伴心肌损害；临床上符合铅中毒或有铅中毒的证据；单纯感觉症状；脊髓灰质炎、肉毒中毒、癔症性瘫痪或中毒性神经病。

3. 高度支持诊断

（1）临床特征：瘫痪症状和体征进展很快，但在4周内停止发展；病变为对称性（并非绝对），通常先一个肢体受累，而后对侧肢体亦受累；感觉障碍轻微；脑神经可受累，约50%出现面瘫，常为双侧，其他有支配舌、吞咽肌和跟外肌运动脑神经麻痹；病情一般在进展停止后2～4周开始恢复，亦有数月后才开始恢复的，多数患者功能可完全恢复；自主神经功能障碍；不伴发热。

（2）脑脊液特点：发病1周后出现蛋白增高；也可罕见发病后1～10周内无蛋白增高。

（3）电生理特征：约80%的病例在病程中有神经传导减慢或阻滞，神经传导速度通常低于正常的60%，不是所有神经都受影响，远端潜伏期延长至正常的3倍，F波检查提示神经根和神经干近端受损。

4. 诊断要点

（1）急性或亚急性起病，病前常有感染史。

（2）四肢对称性下运动神经元性瘫痪（包括脑神经）。

（3）感觉障碍轻微或缺如。

（4）部分患者有呼吸肌麻痹。

（5）多数脑脊液有蛋白 – 细胞分离现象。

（二）鉴别诊断

（1）急性脊髓炎：损害平面以下的感觉减退或消失，且括约肌功能障碍较明显，虽然急性期也呈弛缓性瘫痪，但有锥体束征。

（2）脊髓灰质炎：该病表现为单瘫、截瘫或四肢瘫，肌肉瘫痪多为节段性且较局限，可不对称，无感觉障碍。起病时多有发热，脑脊液蛋白和细胞均增多或仅白细胞计数增多。多见于儿童。

（3）周期性瘫痪：本病可有家族史，呈发作性肢体无力，伴或不伴感觉障碍。多数有引起低血钾的病因。发作时多有血钾降低和低钾性心电图改变，补钾后症状迅速缓解。

（4）多发性肌炎：该病多见于中年女性，肌肉无力、酸痛及压痛，肢体近端肌肉受累为主也可累及颈项肌及舌咽肌。血沉加快，血清肌酶（如 CK 等）明显增高。肌电图提示肌源性损害，糖皮质激素治疗有效。

（5）肉毒中毒：有特殊食物史或接触史，眼外肌麻痹、吞咽困难及呼吸麻痹常较肢体运动障碍为重，感觉无异常，脑脊液无改变。

八、治　疗

1. 免疫治疗激素治疗　目前在国际上尚存在争议。大剂量免疫球蛋白及血浆交换是公认有效的方法。

2. 对症及支持治疗　预防各种并发症，如患者已出现呼吸肌麻痹和排痰不畅，应早期行气管切开术，定期和充分吸痰。必要时辅以机械通气，这是重症患者成功救治的关键。辅助应用 B 族维生素（维生素 B_1、维生素 B_{12} 等）。恢复期应加强肢体功能康复。

九、病程与预后

GBS 呈单相病程，疾病有一定的自限性。通常在发病 1～2 周内症状最重，多数在病情稳定后 2～4 周开始恢复。病程长短不一，儿童较成人恢复得较快且较完全。轻型患者多在数月至 1 年内完全恢复，或残留肢体力弱、指趾活动不灵、肌萎缩等。重者可在数年内才逐渐恢复。致死原因为呼吸肌麻痹、吸入性肺炎、肺部感染、肺栓塞或自主神经功能障碍等。预后差的因素有轴索型 GBS、病情进展速度快、需要辅助呼吸、电生理检查明显异常者。

思　考　题

1. 试述血 – 脑屏障的概念。

2. 什么是吉兰 – 巴雷综合征（Guillain-Barre syndrome，GBS）？

（孙利华）

第二十八章 皮肤病结缔组织病与免疫

第一节 系统性红斑狼疮

一、发病机制

系统性红斑狼疮（systemic lupus erythematosus，SLE）是由于外界环境因素作用于遗传易患性的个体，激发机体免疫调节障碍及自身免疫耐受状态被打破，从而累及全身多个系统和脏器的自身免疫性疾病。

SLE患者发病大部分都是年轻育龄女性，由此可见，该病有着明显的性别差异。然而，为何会出现这种现象，这与体内激素水平相关。与普通人相比，患者体内的睾酮水平明显降低，而雌激素水平则显著提升。引发SLE的因素还有紫外线及病毒感染。通过体内观测发现，在患者体内存在大量巨细胞病毒及微小病毒B19。一些病毒性的抗原与人体内自身的抗原有着非常相似的结构，使得体内免疫系统无法正确分辨病毒，从而导致体内自身抗体与病毒产生免疫反应。总而言之，其发病和多种因素有关，包括个体差异、环境因素及两者之间的相互作用等，患者免疫系统存在不同程度的异常和失衡，是影响适应性免疫及固有免疫的不同成分和环节。

SLE的发生是一个长时间的过程，目前较为公认的疾病过程链有：①个体基因的易感性；②性别作为附加的易感因素；③环境因素刺激免疫反应；④产生自身抗体；⑤对自身抗体清除异常；⑥慢性炎症及氧化损伤导致器官功能损害。

SLE群体中某些原发性免疫缺陷发病率明显高于正常群体，其在SLE发病机制中的作用尚未明确。本章将从以下几个方面阐述SLE的适应性免疫及固有免疫异常及其在SLE发病中的可能作用机制。

（一）适应性免疫异常

1. T细胞免疫缺陷 T细胞介导的细胞免疫在人体特异性免疫中发挥重要的作用，SLE的一个特点就是T细胞的分化与调节异常。既往的研究已发现SLE的发病与抑制性T细胞和辅助性T细胞（T_H）比例失衡、T_H比例增高有关。T_H亚群本身在SLE的疾病发展中也发生了改变。郭桂梅等研究发现，SLE患儿T_{H2}细胞优势活化，B细胞功能亢进，与多种自身抗体的产生有关。活动期SLE患者存在分泌型T_{H1}细胞因子的细胞活化减弱。T_{H17}作为近期发现的$CD4^+T$细胞成员受到了广泛关注。研究表明，T_{H17}选择性地产生白细胞介素17（IL-17），IL-17和T_{H17}的数目在SLE患者外周血中明显增高。另外，T_{H17}在IL-12存在时会产生IL-17和干扰素γ（IFN-γ），这两种分子也可由T_{H1}产生，提示两者可能在致病上有关系。既往认为Ⅰ型IFN可推动T_{H1}介导的炎症反应，现在发现Ⅰ型IFN也是T_{H1}和T_{H17}炎症细胞的重要抑制因素。Mangini等通过动物实验推断，Ⅰ型IFN在SLE的疾病早期或缓解期，可以通过扰乱SLE自身免疫反应而终止疾病的发展。反之，如果是在疾病的活动期或晚期，Ⅰ型IFN则可能加剧T_{H1}介导的炎症反应从而导致脏器的损害。

免疫状态被打破可能是包括 SLE 在内的一系列自身免疫性疾病的关键机制。免疫耐受由 T 细胞发育早期所在胸腺内调控有关，称之为中枢免疫耐受；而外周免疫耐受则主要与发挥负性调控作用的调节性 T 细胞（Treg）和一系列负性调控分子有关。对于后者，近来研究认为 CD4$^+$CD25$^+$Treg 在 SLE 发病中有重要的作用。胸腺内各种 T 细胞发育成熟与 SLE 发病的关系尚不清楚，推测可能与 T 细胞抗原受体基因重排、参与自身反应性淋巴细胞清除的分子有关。譬如，重组活化蛋白（RAG1/RAG2）基因缺陷患儿常表现较为明显的自身免疫现象，同时外周血 CD4$^+$CD25$^+$Foxp3$^+$ 细胞数量明显增多，但功能受损。胸腺是重要的中枢免疫调节器官，胸腺萎缩或其功能异常，可最终导致 Treg 数量减少或功能下降，对效应 T 细胞的抑制功能削弱，间接导致自身抗体大量产生。Alexander 等发现胸腺 CD31$^+$CD45RA$^+$CD4$^+$ 细胞数量是正常对照组的两倍，首次阐明了自身免疫性免疫记忆缺失和获得性免疫复位是 SLE 免疫耐受重建所必须的。Xavier 等发现活动期 SLE 患者的外周血中 CD4$^+$CD25^{high} Treg 的抑制功能明显下降。同时，Xavier 等在体外试验中发现，从活动期 SLE 患者外周血中分离出来的 CD4$^+$CD25^{high} Treg 表达了较低水平的 FoxP3 mRNA，其对 CD4$^+$ 效应 T 细胞的增殖和细胞因子的分泌也有一定的抑制作用。Foxp3 是小鼠 CD4$^+$CD25$^+$T 细胞上最特异的分子生物学标记，而人类 Foxp3 的表达也可能是依赖 T 细胞而激活的。Bonelli 等的研究表明 SLE 患儿 CD4$^+$T 细胞上 Foxp3 的表达在一定程度上反映了疾病的隐匿进展中有 CD4$^+$T 细胞活化，但并不能表明 Treg 的功能。

2. B 细胞免疫缺陷　B 细胞过度增殖、活化产生大量多种自身抗体从而造成多系统损害是 SLE 的显著特征。SLE 患者体内 B 细胞异常激活及分化为浆细胞和记忆性效应细胞。CD40/CD40L 这对共刺激分子参与和介导 B 细胞活化、增殖、抗体产生及免疫球蛋白类别转换等。CD40/CD40L 和 CD28/CD80-CD86 是自身活化性 T 细胞和多克隆性 B 细胞活化所必需的。CD40/CD40L 和抗 dsDNA 水平及 SLE 疾病活动性指数相关，SLE 患者 CD80$^+$B 细胞的表达高于正常人。肿瘤坏死因子受体相关因子（TRAF）家族作为 CD40 细胞内信号传导调节分子可能参与 SLE 免疫功能的异常。活动期 SLE 患者外周血 B 细胞中，TRAF1 作为细胞凋亡调控中的 TNF 信号负性调节因子，可能通过与抗凋亡蛋白 cIAP1、cIAP2 和 A20 的连接而抑制其凋亡，从而导致自身反应性 B 细胞不适当地存活延长，产生更多的自身抗体而致病。B 细胞活化因子（BAFF）在 B 细胞自身耐受被打破、自身反应性 B 细胞的激活和持续存在的过程中有重要作用。动物实验发现 BAFF 转基因小鼠在 B 细胞发育中，经过新移行 B 细胞和未致敏成熟 B 细胞之间的耐受关卡点后，存在大量自身反应性 B 细胞，并出现狼疮样症状。BAFF 在 B 细胞的增殖、分化及成熟中的作用的可能机制是：外周血 T 细胞产生过量的 IFN-γ，通过介导单核细胞产生可溶性 BAFF 参与 SLE 的免疫发病机制，从而促进 B 细胞的活化和成熟。

选择性 IgA 缺陷（SIgAD）与 SLE 的关系早已被发现，Cassidy 等通过对 77 例 SLE 儿童随访 20 年发现，约有 5.2% 的患儿发生了 SIgAD。我国金静君等对 28 例 SIgAD 患者的临床随访研究发现，儿童的发病率略高于成年人，SIgAD 伴发的自身免疫性疾病以 SLE 为多见，占 39.29%。IgA 缺乏可伴有体内抗甲状腺球蛋白、DNA（包括单链和双链 DNA）等自身抗体水平升高。已有研究表明 HLA-DR3 和 DR2 与 SLE 关联最密切，儿童 SLE 发病与携带 HLA-DRB1*15、DRB1*03 等位基因有关。而 SIgAD/CVID 的致病基因定位于 6 号染色体 HLA-DQ/DR 区域。提示两者可能存在相同致病基因，但具体的基因定位尚待进一步研究。

（二）固有免疫缺陷

固有免疫又称天然免疫，是生物体在长期进化过程中形成的一系列防御系统，执行其功能的细胞主要包括：树突状细胞（DC）、单核巨噬细胞、NK 细胞、嗜酸粒细胞及嗜碱粒细胞等。其中前三种细胞在 SLE 的发病及免疫紊乱中研究较多。

1. DC 作为抗原递呈细胞能诱导初始 T 细胞活化，其可通过激活自身反应性 T_H 参加 SLE 的疾病发展。DC 包括髓样 DC（mDC）及淋巴样 pDC。有研究表明 SLE 患者的 mDC 数量较健康对照组减少，但 pDC 较健康对照组明显升高。SLE 患者 mDC 表型特点异常，包括 DC 分化标记 CD1a 的高表达，成熟 DC 标记 CD86、CD80 及 HLA-DR 的改变，致炎症因子 IL-8 的改变及选择性 DC 成熟标记 CD83 的下调，这些改变可加速促炎症因子的分化、成熟及分泌。SLE 的 DC 可明显增加同种异体 T 细胞的增殖和活化，由此推断，SLE 患者 mDC 表型的巨大改变造成了 T 细胞的功能紊乱，可能参与了 SLE 的发病及由此造成的器官损害。正常人的 pDC 不能刺激 T 细胞反应，推测其与人体免疫耐受有关。但是 pDC 在 SLE 患者体内刺激 T 细胞反应的能力增强，其在外周血的数量也明显增多，提示其可能与 SLE 的疾病进展有关。SLE 患者外周血中由单核细胞衍生的树突状细胞（MDDC）的预激活提示其可能是更有效的抗原递呈细胞。SLE 患者的 MDDC 可以在缺乏任何 DC 活化信号的刺激下自发地大量表达 CD86，而既往的狼疮小鼠模型已提示自身抗体的表达与 CD86 密切相关，这或许可以解释 SLE 的外周免疫耐受是如何打破的。

2. 单核巨噬细胞 巨噬细胞凋亡的增加，不仅增加细胞内抗原外漏的概率、减少对其他凋亡细胞的清除，还加速诱导未成熟 DC 的参与和成熟化，并通过释放白细胞介素等细胞因子形成炎性微环境，最终引发自身免疫应答。Toll 样受体（TLR）是病原识别受体家族成员，其受病原体相关分子模式和损害相关模式刺激，是诱导产生自身免疫反应的必要条件。Xu 等的研究发现 TLR-9 在 rs352140 位点的 T 突变与 SLE 的基因易患性密切相关。该实验还发现 TLR-9 外显子第 2 区 rs352140 的单核苷酸多态性在中国人群中与 SLE 的易患性有关。IL-15 主要由单核细胞产生，体外实验中，人类 IL-15 受体 a 链 Fc 段可在 BXSB 狼疮小鼠模型 tmIL15 阳性的巨噬细胞上阻止 T 细胞激活和细胞凋亡。

3. NK 细胞 具有调节免疫的功能，人类自身免疫性疾病常伴有 NK 细胞数量减少和功能缺陷。Liu 等研究显示，NK 细胞变性可能是机体免疫系统控制过度自身反应的一种方式，这与 $CD4^+T$ 细胞产生的 IL-21 有关。NKG2D 是 NK 细胞表面自然细胞毒性受体，Dai 等的研究发现 $NKG2D^+CD4^+T$ 细胞数目增多与青少年发病的 SLE 呈负相关。因此推断这种细胞可能是 SLE 中在传统 Treg 受损的情况下仍有调节功能的细胞。NKT 细胞是一种可以同时表达 NK 细胞表面受体和 TCR 的特殊固有免疫细胞，可表达具有免疫调节作用的多种细胞因子。Green 等发现 SLE 患者及其亲属的高 IgG 及抗 ds-DNA IgG 水平与其低水平的 NKT 细胞有关，NKT 细胞可能通过减弱由其本身或其他细胞产生的细胞因子的作用，下调 SLE 患者 IgC。因此增加 NKT 细胞的活性或许可以成为治疗 SLE 的新途径。

（三）补体系统缺陷

补体是抗体发挥溶细胞作用的必要补充条件，其有维护内环境稳定及参与机体免疫反应的功能。既往的研究已经发现补体缺陷是 SLE 致病的易患因素。Gullstrand 等研究表明，补体介导的对凋亡细胞的调理和吞噬作用主要依赖经典补体激活途径，其中 C1q 的作用尤其重要。甘露聚糖结合凝集素（MBL）为补体激活途径的凝集素途径，SLE 患者补体 MBL 途径功能活性减低，并伴随抗心磷脂抗体及抗 C1q 抗体的水平上升，这可能与 MBL 变异等位基因的表达有关。Seelen 等推断 SLE 患者体内的自身抗体水平增高可能与 MBL 功能受损导致的凋亡物质清除障碍有关。SLE 的疾病进展与补体的激活和沉积有关。C4A 和 C4B 完全缺陷在人类很罕见，但仍被认为是致 SLE 或狼疮类似疾病的危险因素，并且与遗传背景有密切关系。已有实验证明低水平的 CAA 与 SLE 患者防止免疫沉积的作用缺陷有关。

二、免疫诊断方法

SLE 的诊断主要依靠临床特点、实验室检查，尤其是自身抗体的检测。近年来，随着免疫学和分子生物学技术的迅猛发展，SLE 新的生物学标志物不断被发现，其诊断技术也有了质的飞跃。

（一）自身抗体检测

1. ANA 检测　ANA 是一组多种细胞核中抗原成分的自身抗体的总称，它主要指对 DNA、组蛋白和非组蛋白等细胞核内三大抗原性物质起反应的各种自身抗体，目前多采用间接免疫荧光法检测。在 SLE 患者疾病活动期 ANA 阳性率、敏感性较高，故 ANA 检测是 SLE 实验室重要筛查内容。刘利等在对 374 例 SLE 患者回顾性检测分析中发现，间接免疫荧光法检测 ANA 阳性率达 91.7%。也有报道对于全身性红斑狼疮、药物诱导性 SLE（DIL）ANA 检出率可达 95%～100%。由于不同的风湿性疾病具有自身的特异性抗体，使得 ANA 对 SLE 的特异性不高，只有 30%～40%。随着近年来免疫学技术的发展，陆续建立了酶联免疫吸附试验、免疫印迹法和酶联免疫斑点法等检测技术，能够从分子水平检测到血清中的多种特异性 ANA 谱，主要包括 ANA、抗 dsDNA 抗体、抗 ENA 谱，提高了 ANA 检测的敏感性和特异性，目前可检测到抗 U1-RNP、Sm、SS-A、SS-B、CENP B、SCl-70、PM-SCL、Jo-1、PCNA、ds-DNA、核小体、组蛋白、核糖体 P 蛋白、M214 种不同抗原 IgG 类抗体，其中抗 ds-DNA 抗体、抗 Sm 抗体、抗核小体（AnuA）抗体等抗体对 SLE 具有高度的特异性，SLE 患者并发干燥综合征时，与抗 Sm 抗体有相同的抗原位点的抗 RNP 抗体、抗 SSA 和抗 SSB 抗体伴随阳性，各种抗体的检测有助于 SLE 的诊断和发现伴发疾病。

2. 抗双链 DNA（ds-DNA）抗体　是 SLE 所特有的，其滴度随着疾病的活动而升高，病情好转多下降甚至转阴。目前常用的检测方法有放射免疫法（Farr）、间接免疫荧光法（IF-CT）、血凝法（HA）和酶联免疫吸附试验（ELISA），不论哪种方法均用滴度衡量 ds-DNA 水平高低。特异性抗 ds-DNA 抗体用于 SLE 的诊断，由于会随病情好转其滴度下降或转阴，所以也常用于治疗效果的监测。此抗体滴度的高低还与肾损害程度密切相关，肾脏是 SLE 最常受累的器官，且肾损害程度直接决定患者的预后，所以抗 ds-DNA 抗体对判断 SLE 预后也有一定价值。但也有文献报道在老年和男性患者中抗 ds-DNA 抗体多表现为阴性。陈维蓓等报道 ds-DNA 抗体阳性率为60%～90%，认为如果患者血清中有过多的游离 DNA 抗原，与相应的抗体结合，可能会导致抗体含量低，甚至阴性，故抗 ds-DNA 抗体阴性不能排除 SLE 的诊断。临床诊断 SLE 除检测抗 ds-DNA 抗体外，还应检测其他相关抗体，以减少漏诊。

3. 抗可提取的核抗原（ENA）抗体　又称抗盐水可提取性核抗原抗体，是抗小分子细胞核核糖核蛋白（snRNPs）和小分子细胞质核糖核蛋白（scRNPs）的自身抗体，不含组蛋白，主要包括 Sm、RNP、Ro（ss-A）、La（ss-B）、PM-1 等 10 余种抗原。目前临床常规检测方法有对流免疫电泳法、免疫印迹法、间接免疫荧光法。

（1）抗 Sm 抗体：对 SLE 的诊断特异性达 100%，但检出率较低，为 30%～40%，常用对流电泳和免疫双扩散法检测抗 Sm 抗体。其血清检测水平与 SLE 疾病的活动性及临床表现常无明显相关，且 SLE 患者血清中出现抗 Sm 抗体后持续阳性，适用于对疾病早期、不典型及抗 ds-DNA 抗体阴性病例的诊断，也可作为 SLE 的回顾性诊断指标。针对检出率低的问题，新近的研究显示以 SmD1 多肽序列（aa83-11）取代整个 Sm 分子作为抗原可以显著提高 SLE 患者的抗 Sm 抗体的阳性检出率。欧萌萌等运用线性免疫法将提纯的 SmD1 抗原印迹于硝酸纤维膜上，克服了传统免疫印记法的缺点，将抗 Sm 抗体检出率提高到了 69.6%，在保持传统特异性的基础上，敏感性较之前提高了 30%～50%。

（2）抗 U1 核糖核蛋白（U1RNP）抗体：抗 U1RNP 抗体相对于其他对于 SLE 的诊断和鉴别具有重要意义的抗体，同时也是最有争议的抗体。抗 U1RNP 抗体首先发现于混合性结缔组织病，阳性率达 100%。抗 U1RNP 抗体亦存在于 SLE 患者体内，常和抗 Sm 抗体同时出现，抗 U1RNP 抗体和抗 Sm 抗体均是 SLE 的标志性抗体，所以抗 U1RNP 抗体和抗 Sm 抗体联合检测对 SLE 诊断具有重要意义。Yamamoto 等报道抗 U1RNP 抗体的滴度随时间变化有波动，但它并不能反映疾病的活动性。研究发现抗 U1RNP 抗体阳性患者更易出现发热、皮疹、光敏感、雷诺现象、关节炎、白细胞减少，更易发生肺动脉高压，但肾损害发生率较低，可能是抗 U1RNP 抗体对弥漫性肾小球肾炎的进展有相对延缓的作用。

4. 抗组蛋白抗体 该抗体对于 DIL 非常重要。有关研究显示 ELISA 检测发现 DIL 患者体内抗组蛋白抗体的检出率为 95% 以上，而在其他 SLE 患者体内的阳性率仅为 30%～70%。特比萘芬（TBNF）引起的 DIL 患者体内检测到抗组蛋白 1 和抗组蛋白 3 抗体阳性；最近报道抗抑郁药舍曲林（Zoloft）引起的 DIL；抗血小板药噻氯匹定长期使用（1 年以上）会出现发热、肌肉疼痛等症状；抗甲状腺药物、抗结核药异烟肼诱导的 DIL 更多表现为皮肤病变（荨麻疹样皮疹），这些病例无一例外表现为抗组蛋白抗体阳性，但很少有其他 SLE 最常见的肾损害。

5. 抗核小体（AnuA）抗体 是新发现并运用于 SLE 诊断的抗体，且在出现症状 1 年前即可出现抗体滴度明显增高，该抗体亦是在 SLE 患者血清中最早出现的抗体。文献报道抗 AnuA 抗体诊断 SLE 的敏感性和特异性均较高，分别达 56% 和 97%，在抗 ds-DNA 抗体阴性 SLE 患者血清中可检测出抗 AnuA 抗体。所以 SLE 患者检测抗 ds-DNA 抗体同时检测抗 AnuA 抗体，可以弥补抗 ds-DNA 检出率低的不足，以防漏诊。而抗 AnuA 抗体能否作为 SLE 诊断指标尚在进一步研究中。

6. 抗中性粒细胞胞浆抗体（ANCA） ANCA 最早出现在坏死性肾炎患者血清中，其本质是免疫球蛋白。核周型 ANCA 与 SLE 密切相关。研究显示 SLE 患者最常见并发症为新月体肾炎，在其活动指数和慢性指数均较高时，ANCA 阳性率高，此类患者复发率高，预后差，且均需采用糖皮质激素进行治疗。有研究表明，ANCA 很可能与 SLE 活动期血管病变有关。

（二）其他细胞因子检测

1. CXCL16 检测 细胞因子是一类能在细胞间传递信息、具有免疫调节和效应功能的蛋白质或小分子多肽。趋化因子是指具有吸引白细胞移行到感染部位的一些低分子量趋化因子（多为 8～10kD）的蛋白质（如 IL-8、MCP-1 等），在炎症反应中具有重要作用。趋化因子 CXCL16 既可参与激活的 T 淋巴细胞的趋化作用，又可以与受体 CXCR6 结合促进炎症进展。秦沐婷等采用 ELISA 检测发现有面部皮损及肾脏损伤的 SLE 患者体内 CXCL16 滴度明显升高，且与疾病严重程度有一定相关性。提示监测血清 CXCL16 水平变化用于判断 SLE 治疗效果可能有一定的临床价值。人 CXCL16 是由 Matloubian 于 2000 年首次报道，国内研究已取得进展，CXCL16 能否作为 SLE 疾病活动程度、治疗效果的参考指标，需更多的循证医学证据予以证实。

2. Ll-37 水平检测 Ll-37 是迄今为止在人体内发现的抗微生物肽（AMPs）Cathelicidins 家族的唯一成员，主要表达于中性粒细胞中，Ll-37 可趋化并激活中性粒细胞、单核细胞及 T 淋巴细胞，使血液中的中性粒细胞及 T 淋巴细胞向炎症部位聚集，在 SLE 疾病发生、发展过程中发挥重要作用。孙崇玲应用免疫组化和原位杂交等技术检测 SLE 患者皮肤和肾组织中 Ll-37 的表达水平，结果显示在 SLE 患者皮肤和肾组织中 Ll-37、pDCs 和 IFN-α 表达水平呈正相关，临床资料进一步分析证明 Ll-37 的表达水平与 SLE 患者血清抗 dsDNA 抗体水平、血清白蛋白水平及肾脏免疫沉积物均有关。孙晔应用实时荧光定量 PCR 检测 SLE 患者活动期 Ll-37 表达水平明显高于非活动期；谢戬芳等以 63 例 SLE 患者和 34 例健康对照者为研究对象，采用 ELISA 检测 Ll-37 浓度。研究显示 SLE 活动期 Ll-37 浓度与 CRP 水平呈正相关，提示 Ll-37 与 SLE 疾病活动有关。以上研究均显示，SLE 活动期 Ll-37 浓度不仅与 pDCs 和 IFN-α 相伴出现，也与 ds-DNA 抗体水平、血清白蛋白水平及肾脏免疫沉积物有关。随着研究的进一步深入，Ll-37 有望作为监测 SLE 疾病活动的指标或治疗的新靶点。

3. 白细胞介素（IL） 是一个大家族，多种细胞都可分泌，其在传递信息，激活与调节细胞免疫，介导 T 细胞与 B 细胞活化、增殖与分化，以及炎症反应中起重要作用。近几年，IL 在 SLE 中的作用成为研究的热点。研究显示，SLE 疾病活动期 IL-8、IL-13、IL-16、IL-17 均明显升高，证明与疾病的活动性有关；IL-8 在有中枢神经系统 SLE 的患者体内也有高表达；IL-15、IL-17、IL-18水平在 SLE 肾炎患者体内明显升高。陈泽璇等报道在 SLE 患者皮损中 IL-36α、IL-36β、IL-36R存在高表达，可能参与了 SLE 疾病的发生、发展。这些均提示，IL 家族不少成员均参与了 SLE的发病，能不能以此确定治疗的新靶点，很多学者做了大量的实验研究。研究发现 IL-27 在一些免疫性疾病中能减少炎性因子的释放，而这种对炎性细胞因子的弱化作用将有助于缓解自身免疫性疾病由于炎性因子大量产生而引起的器官、组织损伤。实验研究发现，在缺乏 IL-27 的情况下，小鼠的自身免疫效应增强，体内的各种炎性细胞因子大量浸润导致器官、组织损害。IL-27 的这种免疫机制作用主要表现在对 T_{H17} 细胞及相关炎性细胞因子的抑制。而已有实验证实 T_{H17} 细胞及其相关细胞因子参与了 SLE 的发病。由此可见，IL-27 可能与 SLE 的发病有关。另外，注射 IL-27单抗或者放大 IL-27 的信号传导功能能抑制自身免疫性糖尿病和 SLE 小鼠的疾病发展，提示 IL-27可能与 SLE 的治疗相关。

三、免疫治疗

目前对于 SLE 的常规治疗主要还是以糖皮质激素和免疫抑制剂为主。从 20 世纪 50 年代应用糖皮质激素及 70 年代应用免疫抑制剂以来，SLE 患者的预后得到较大改善，但仍有相当一部分患者对传统治疗方法治疗无效。近年来的研究显示，新的免疫疗法治疗 SLE 具有广阔的应用前景。免疫疗法分为主动免疫治疗［即通过改善免疫调节紊乱来治疗 SLE，包括 B 淋巴细胞刺激因子（Blys）相关制剂，T 细胞疫苗等］和被动免疫治疗（即通过向体内注入特异的抗体，中和体内的某些过多的抗原物质来治疗 SLE）。

（一）主动免疫治疗

1. T 淋巴细胞疫苗 分离 SLE 患者外周血中 T 淋巴细胞，克隆自身反应性 T 细胞，制备 T细胞疫苗，以 80Gy 的 C 线照射后，取 1×10^7 个细胞皮下注射，并分别于首次免疫后第 2 周、6 周、8 周重复免疫。在不增加激素及免疫抑制剂用量的前提下，全部 6 例接受 T 细胞疫苗治疗的患者，临床症状和实验室指标均有不同程度改善，SLE 病情活动指数下降，未出现明显不良反应，总 T细胞及 CD4+、CD8+T 细胞亚群在正常范围内。随访 20 ～ 27 个月，疗效明确。初步结果表明，T细胞疫苗治疗 SLE 是一种比较安全而有效的方法。以上结果提示 T 细胞疫苗可能是一种对不能耐受大剂量免疫抑制剂的 SLE 患者的安全有效的新免疫疗法。

2. 树突状细胞（DC）疫苗 DC 是目前已知的功能最强的抗原呈递细胞（APC），对 T 淋巴细胞激活能力较巨噬细胞、B 淋巴细胞强 100 ～ 1000 倍以上，并且是唯一能够激活初始免疫应答的 APC。DC 由骨髓中的 DC 祖细胞分化为循环中的 DC 前体细胞，后者进入外周组织定居分化为未成熟 DC（immature dendritic cell iDC），iDC 具有很强的摄取和处理抗原能力。摄取了抗原后迁移到次级淋巴组织，并发育成熟，成熟 DC（mDC）选择并激活有相应抗原受体的 T 细胞，从而激活免疫应答。mDC 表面高水平表达 MHC-Ⅱ类分子和共刺激分子，这些都是 T 细胞免疫应答所必需的信号分子；而 iDC 表面仅中度表达 MHC-Ⅱ类分子，不表达或低水平表达共刺激分子（如

B7-1，B7-2），细胞间黏附分子Ⅰ和CD40等，由于缺乏免疫应答所必需的表面分子，iDC会导致特异性T细胞无反应、发生凋亡或产生调节性T细胞，诱导免疫耐受，因此又称"耐受性DC"。在正常情况下，分布在组织中的iDC以致耐受的方式将自身抗原等对机体无害的抗原呈递给外周的T细胞，在维持外周免疫耐受中起了重要的作用。许多研究者认为，机体中存在一些特殊的耐受性DC亚群，如小鼠的CD8a⁺DC，人的淋巴系DC都具有耐受性DC的特性。

SLE是一种因免疫调节功能紊乱而出现多种自身抗体为特征的，具有全身多系统损害的常见的自身免疫性疾病。在SLE患者体内干扰素α的含量及浆细胞样DC又称自然产生干扰素α的细胞数量异常，是主要生成干扰素α的细胞。干扰素α能够促进DC成熟，增强自身免疫应答，而免疫应答产生的抗原抗体复合物又反过来促进干扰素α的分泌增加。因此要打破这个循环的关键在于干扰素α和DC。主要有以下途径：①减少干扰素α的分泌，主要通过减少其来源细胞的数量；②调节DC的成熟状态，阻止其过度刺激自身反应性T细胞。目前虽然DC用于SLE的治疗才刚刚开始。但有关SLE发病机制及一些用于治疗SLE的药物机制的研究，都表明DC与SLE的发病有密切的关系，将体外培养iDC输入体内，减少抗原的摄取和呈递，促进调节性T细胞的产生，有望打破原有的恶性循环，达到长期缓解SLE症状的目的。

3. Blys相关制剂 Blys是肿瘤坏死因子配体超家族新成员。Blys作为一种B细胞共刺激因子，参与了B细胞的增殖和分化，在体液免疫中也具有重要作用。而其在体内的过量表达又与SLE的发病关系密切。Collins等实验研究证明，淋巴细胞表达的BlysmRNA水平比血中Blys蛋白水平更能准确反映狼疮活动。

（1）抗B细胞刺激因子抗体：是人类重组IgG1单克隆抗体，对B细胞有高度亲和力。抗B细胞刺激因子抗体与B细胞表面的刺激因子结合，阻止B细胞受刺激后发育成熟，从而使B细胞对天然免疫刺激原失活，使产生自身抗体的B淋巴细胞正常凋亡，达到重建自身免疫耐受的目的。动物模型和人体均证实了抗B细胞刺激因子抗体可以刺激淋巴细胞增殖分化、促进免疫球蛋白合成，在SLE发病中起一定作用。对70例成人SLE患者进行的Ⅰ期临床研究显示抗B细胞刺激因子抗体可以降低这些SLE患者外周血中B淋巴细胞的数量；治疗过程中未发现严重的不良反应，疗效明显好于安慰剂，且非常安全，易于耐受。FDA已批准对该药进行迅速审批，现此药正处于0期临床试验阶段。

（2）Blys受体融合蛋白：Blys受体Fc融合蛋白已经被证实是除了抗体药物以外，清除体内多余配体分子的又一有效手段。Gross等将Blys的受体TACI和BCMA的胞外可溶性部分与人的IgG1 Fc部分构建成融合蛋白sTACI-Fc和sBCAM-Fc，将这种"诱饵受体"注射入Blys转基因小鼠体内能明显减少小鼠蛋白尿的产生并延长其存活时间，从而推测Blys可溶性受体能抑制Blys刺激B淋巴细胞专性增殖和向病变状态分化的作用。与抗体药物相比，受体Fc融合蛋白可不必进行烦琐的抗体筛选和人源化过程，并具有亲和力高、免疫源性低等优势。

（3）Blys的抑制性短肽：应用噬菌体随机肽库技术，筛选获得与Blys结合的小肽，这种小肽可在序列上充当（或模拟）生物大分子间相互作用的功能位点，特异性地与Blys结合后将能够竞争性（或封闭性）地抑制Blys与淋巴细胞上受体的结合，达到抑制Blys活化淋巴细胞的目的。此肽为低相对分子质量Blys抑制剂，有望通过进一步临床研究成为SLE治疗的较好候选药物。

（4）Blys的免疫抑制重组子：近年有研究组将异源性辅助性T淋巴细胞表位与Blys突变体重组，构建了Blys的免疫抑制重组子。这种通过注射异源辅助性T淋巴细胞表位修饰的重组Blys蛋白而长期产生抗Blys抗体反应的新方法可减轻患者多次给药的痛苦，且不具免疫源性而不引起不必要的免疫应答。此方法仍处于实验状态，有望进入动物实验阶段，并为进一步进行SLE治疗的临床研究提供有力证据。

（5）补体抑制剂：早期的补体特别是C2、C4对清除免疫复合物和凋亡起了关键作用，但晚期补体如 C5 的激活与疾病恶化及器官损害（尤其是肾）有关，因此抑制晚期补体 C5 的激活而保留早期补体是采用补体抑制的原则。抗 C5 和抗 C5b 单克隆抗体通过与 C5/C5b 结合，可以抑制膜攻击复合体 C5b-9 的形成。在狼疮鼠中进行的实验已证实其可减轻蛋白尿程度。Ⅰ 期临床试验目前正在进行，但因补体成分是机体重要防御机制之一，阻断补体的作用有可能增加感染的发生率。

（6）细胞因子治疗：2001 年 Blanco 等报道，SLE 血清以干扰素 α 依赖方式诱导正常单核细胞分化为 DC，并可激活 T 细胞。因此提出假说，认为病毒感染等导致浆细胞样 DC 产生干扰素 α，干扰素 α 诱导单核细胞分化为髓系 DC；髓系 DC 呈递自身抗原导致自身反应性 T 细胞活化，继而自身反应性 B 细胞活化，产生自身抗体。白细胞介素 10 和肿瘤坏死因子 α 对 mDC 的成熟状态有重要影响，而不成熟的 DC 会诱导免疫耐受，故抗白细胞介素 10 和抗肿瘤坏死因子 α 用于治疗 SLE 有重要的理论依据。目前抗白细胞介素 10 治疗正在进行临床 Ⅰ 期试验，抗肿瘤坏死因子 α 治疗尚有待进一步的临床评价。

（7）CTLA-4-Ig 融合体：CTLA-4-Ig 是 CTLA-4 细胞外区与免疫球蛋白 IgGFc 段的融合蛋白。由于 CTLA-4 与抗原呈递细胞上的 B7 亲和力高，所以可以阻断 B7 与 T 细胞上的 CD28 结合，干扰第二信号的产生，最终导致 T 淋巴细胞对所呈递抗原耐受而不活化。研究显示 CTLA-4-Ig 融合体可能主要是对环磷酰胺起辅助作用，并有助于降低环磷酰胺剂量，目前 CTLA-4-Ig 融合体治疗已进入临床实验阶段。

（二）被动免疫治疗

1. 抗炎疗法 抑制炎性反应，从而减轻患者症状糖皮质激素：一般选用泼尼松、泼尼松龙或甲泼尼龙，只有鞘内注射时选用地塞米松。普通患者可用泼尼松 0.5 ～ 1mg/（kg·d），狼疮性肾炎和狼疮性脑病患者需要加大剂量，常用泼尼松 100 ～ 200mg/d，或甲泼尼龙冲击疗法，0.5 ～ 1mg/（kg·d）静脉滴注，连续 3 天，病情控制后缓慢减量以免病情反跳，一般需维持治疗数年甚至更长时间。

2. 血浆置换 适用于狼疮危象、重症 SLE 伴高水平循环免疫复合物和急性弥漫增殖性肾炎患者。把 SLE 患者血浆中的异常抗体，用正常人的血浆来更换，可以在短时间内让免疫炎性反应快速缓解。激素和免疫抑制剂有协同治疗作用，能较好地抑制置换后的免疫学反跳。

3. 抑制细胞代谢 应用硫唑嘌呤、环磷酰胺、氨甲喋呤等抑制细胞代谢的药物（常与皮质激素联合应用），可杀伤快速增殖的细胞，从而抑制自身反应性淋巴细胞增殖和分化。霉酚酸酯主要通过抑制嘌呤代谢途径中的次黄嘌呤核苷酸脱氢酶而阻止活化后的 T 淋巴细胞和 B 淋巴细胞的繁殖，进而抑制体液免疫和细胞免疫反应，抑制细胞表面黏附分子合成，抑制单核细胞和淋巴细胞浸润，限制炎性反应。因此，霉酚酸酯对亢进的体液免疫及细胞免疫具有很强的调节作用。该药可与激素或其他免疫抑制剂同时应用，对狼疮肾炎，霉酚酸酯的疗效与环磷酰胺一样好。且它跟环磷酰胺比较，不良反应更少，患者耐受性更好。在最近的一次开放性实验中，对有膜性肾病变的 SLE 患者用霉酚酸酯进行为期 6 个月的治疗中，疗效良好。

4. 免疫抑制剂 环孢素可阻断 TCR 介导的信号转导，干扰白细胞介素 2 基因转录，选择性抑制 T 细胞活化和增殖。此类药物一般用于治疗由自身反应性 T 细胞介导的自身免疫疾病。应用环孢素治疗的患者应缓慢停药，在停药前 1 ～ 2 个月，应加用环磷酰胺冲击疗法，以防止病情反跳现象的发生。

5. 人体免疫球蛋白 为一种辅助治疗措施，大剂量的免疫球蛋白静脉注射可以提高重症 SLE 和狼疮危象治疗的成功率，提高机体非特异性免疫功能和非特异性抗感染作用。

6. 单克隆抗体治疗

（1）抗 CD80/CD86 单克隆抗体：同时用抗 CD80 和 CD86 的单克隆抗体处理狼疮鼠可以降低其抗 ds-DNA 抗体的滴度，抑制肾炎的发生，延长生存时间，而单独应用其中任何一种单克隆抗体均不能防止肾炎的发生，单独的抗 CD86 单克隆抗体仅能抑制自身抗体的产生。尚未进入临床观察。

（2）抗 CD40 配体：为 Ⅱ 型膜蛋白，属于肿瘤坏死因子超家族成员，主要表达于活化的 CD40$^+$ 细胞和肥大细胞表面。CD40 和 CD40L 相互作用具有重要的生物学意义：是参与 B 细胞活化的最重要共刺激信号；参与 CD40$^+$T 细胞应答的调节。理论上它的应用可以有效减少 B 细胞的增殖，减少抗体的生成，减轻患者症状。但是在临床实验中抗 CD40 配体并未达到很好的效果。

（3）抗 CD20 单抗：CD20 通过影响 B 淋巴细胞 Ca^{2+} 的跨膜传导而调节 B 淋巴细胞增殖和分化，因此抗 CD20 单抗可抑制 B 淋巴细胞的成熟和分化。抗 CD20 单抗（美罗华）已进入临床二期实验，可使 2/3 难治性重症 SLE 患者得到临床缓解，且耐受性好。

7. 干细胞移植　造血干细胞移植最早用于治疗恶性血液病，以后扩展到治疗遗传性疾病、自身免疫性疾病和某些实体瘤等。造血干细胞移植是通过超大剂量的放、化疗预处理破坏患者的造血和免疫系统后，输入异体或自体造血干细胞，重建造血和免疫系统，以达到根治某些疾病的目的。近年来非清髓性干细胞移植已经为越来越多的学者应用。

第二节　类风湿关节炎

一、发病机制

类风湿关节炎（rheumatoid arthritis，RA）是一种以多发性、对称性关节炎症为主，可引起肢体严重畸形的慢性全身性自身免疫性疾病。临床以对称性、慢性、进行性多关节炎为特征，但病程和病情有个体差异。有时可伴有多系统损害。主要病理改变为关节滑膜慢性炎症、增生形成绒毛状突起，侵犯关节软骨、软骨下骨、韧带和肌腱等，最终导致关节畸形和功能丧失。该病的发生与以下因素有关：遗传因素、环境因素、感染因素、免疫因素等。

RA 的发病机制过于复杂，其理论一直处于发展中，迄今尚未有定论，目前多认为该病为自身免疫性疾病，多种免疫细胞、免疫因子参与其中。本章就近年来有关 RA 的免疫学发病机制研究作一综述。

（一）细胞水平

RA 过程中有多种免疫细胞参与并介导了自身免疫性炎症，主要包括 T 细胞、B 细胞、单核吞噬细胞、粒细胞等。

1. T 细胞　RA 患者滑膜组织和滑膜液内有大量 T 细胞聚集，提示其可能是 RA 的主要参与者。抗原提呈细胞（APC）与 CD4$^+$ 细胞相互作用促成了 RA 的发生。抗原多肽、主要组织相容性复合体 Ⅱ 类分子（MHC-Ⅱ）与 T 细胞受体（TCR）结合，然后巨噬细胞等被激活，释放前炎症细胞因子，如白细胞介素 1（IL-1）、肿瘤坏死因子 α（TNF-α）。该类细胞因子激活软骨细胞和滑膜成纤维细胞分泌多种降解胶原和糖蛋白的酶，从而导致组织破坏。后来经过进一步研究，T 细胞中心假说逐渐受到了挑战，主要原因是尚未确定 T 细胞的特异性。

调节性 T 细胞（Treg）具有免疫抑制和免疫调节的作用，CD4$^+$CD25$^+$ 调节性 T 细胞是调节性 T 细胞中最重要的一群，逐渐受到科研人员的关注。有研究表明，在未经缓解病情治疗和治疗效果不佳患者的外周血中，$CD4^+CD25^+Treg$ 相对减少，且与病情活动程度呈负相关，表明该细胞可能是 RA 发病和发展过程中一个重要因素。Lawson 等也发现在未处理的早期 RA 患者外周血中 Treg 细胞的数量较正常人下降，而治疗后病情控制良好的患者 Treg 细胞水平与正常人则无明显差别，说明 RA 病程及治疗情况对 Treg 细胞水平确实存在影响。RA 患者体内由于 Treg 的功能遭到削弱，从而发生由 T_{H_1} 细胞驱动的有害的自身免答，最终导致慢性炎症。

2. B 细胞　被认为在 RA 发生中起重要作用，它分泌的一种能识别免疫球蛋白 Fc 段的 IgM 抗体被称为"类风湿因子"（RF），是人类发现的与 RA 发病相关的第一种因子。RF 与自身变形 IgG 结合形成免疫复合物，反复沉积于关节滑膜，引起类风湿关节炎。激活补体与趋化因子，如 C5a，募集并活化炎性细胞到关节中，释放蛋白水解酶，最终造成组织炎性损害、关节组织破坏及血管炎的发生。但后续研究发现，许多患有其他慢性感染性疾病患者体内也有 RF 的存在，提示仅有该抗体的存在不足以引起 RA，B 细胞不是导致发病的唯一细胞。

B 细胞通过 HLA-DR4 和抗原特异性 T 细胞结合，激活 T 细胞产生免疫应答，导致 TNF-α 的产生，从而激活巨噬细胞。TAKEMURA 等发现，当 B 细胞功能衰竭时，给 SCID（重度联合免疫缺陷病）小鼠输注克隆的 $CD4^+T$ 细胞，小鼠不会发生 RA，这提示 RA 的发生严格依赖功能性 B 细胞的存在，功能性 B 细胞是 RA 发病的必要条件。

3. 巨噬细胞　是专职的抗原提呈细胞，通过其刺激分子 CD40、CD80/86 等活化 T 细胞。巨噬细胞大量存在于炎症关节的滑膜和软骨血管翳中，RA 中巨噬细胞数量增加明显。巨噬细胞活化后引起 MHC-Ⅱ分子过度表达，产生促炎细胞因子、趋化因子、巨噬细胞炎症蛋白 -1 和单核细胞趋化蛋白 -1、基质金属蛋白酶等，从而加剧炎症反应。

4. 中性粒细胞　成熟的中性粒细胞是终末分化细胞，合成蛋白质的水平较低，但在炎症条件下，它可以合成多种不同的细胞因子和趋化因子，虽然中性粒细胞合成的各类因子数量不多，但由于自身数量的剧增，使得在关节局部中心粒细胞成为各类因子的主要来源。并且多种因子通过募集更多中性粒及其他免疫细胞聚集到炎症部位并调节其活化，起着放大炎症的作用。粒细胞巨噬细胞集落刺激因子（GM-CSF）被认为是由滑膜细胞产生的，该因子可使活化的中性粒细胞表达和分泌抑瘤素（OSM），OSM 是 IL-6 族的一种，具有抗炎和促炎的双重作用。甚至在 RA 中，聚集于滑膜液中的中性粒细胞表达了许多新的细胞因子和细胞因子受体，使它们对原先的趋化因子不产生反应。滑液中性粒细胞转录和表达 MHC-Ⅱ分子，在吞噬等过程中，可引起非特异性的组织损害。

（二）分子水平

IL-1、IL-2、IL-6、IL-8、IL-17、TNF-α 等细胞因子导致的免疫损害，是引起 RA 慢性炎症的关键因素。

1. IL-1　IL-1 家族的一些成员涉及 RA 的病变，被认为是 RA 滑膜炎发生中最为重要的细胞因子之一。RA 滑膜中丰富表达 IL-1A、IL-1B 及天然的 IL-1 受体拮抗剂（IL-1Ra）。体外 IL-1A 与 IL-1B 诱导滑膜单核细胞生成细胞因子、成纤维细胞释放前列腺素和基质金属蛋白酶、软骨细胞生成代谢物和细胞因子，破骨细胞导致骨破坏。RA 患者 IL-1 和 IL-1Ra 平衡失调，可造成了破坏性的滑膜炎。使用 IL-1 抗体或重组的 IL-Ra 能明显改善关节炎症。

2. IL-2　主要由 T_{H_1} 亚群产生，在类风湿关节炎患者中 IL-2 升高。IL-2 可能通过上调杀伤细胞抑制受体表达来加强 NK 细胞杀伤靶细胞的能力，并能诱导 NK 细胞、细胞毒性 T 淋巴细胞、淋巴因子激活杀伤细胞等多种杀伤细胞的分化及产生 IFN-γ、TNF-α 等细胞因子的效应功能。

3. IL-6、IL-8　IL-6 是 B 细胞分化因子，在 RA 患者血清和滑液中水平升高，诱导产生高 γ

球蛋白和包括类风湿因子在内的自身抗体。研究显示，RA 患者活动期关节滑液中的 IL-6 含量是血清内的 1000 倍。由于 IL-6 在骨的新陈代谢中能诱导破骨细胞的形成，因此，IL-6 可能与 RA 患者相关的骨和软骨的破坏及骨疏松有关。IL-6mRNA 局限于滑膜衬里层内，该衬里层主要由 A、B 型滑膜细胞构成，提示 IL-6 主要在局部病灶内产生。

IL-8 是一种白细胞趋化因子，具有趋化中性粒细胞至炎症部位，增强其他中性粒细胞的功能，例如，产生氧自由基、表达黏附分子、释放溶酶体酶。在 RA 患者体内，IL-8 通过募集中性粒细胞至急性炎症的滑膜并增加该细胞的活性而加强其破坏作用。

4. IL-17 是较晚发现的一个细胞因子家族中的一员，其家族成员包括 IL-17A、IL-17B、IL-17C、IL-17D、IL-17E 和 IL-17F。RA 患者的滑膜液中检测到高水平的 IL-17。IL-17 刺激转录的 NF-κB 活化和成纤维细胞、内皮细胞、上皮细胞分泌 IL-6 及 IL-8，诱导 T 细胞增生。而且，它启动人滑膜细胞产生粒细胞 / 巨噬细胞集落刺激因子和前列腺素，提示 IL-17 是关节炎病理中上游调节子，可能在炎症反应的微调中起作用。IL-17 与其他炎症细胞因子协同发挥作用，使之位于炎症网络的中心，从而促进 RA 炎症的发展。

5. TNF-α 是参与 RA 滑膜炎发生的另一种重要细胞因子。RA 发生时，TNF-α 的水平与关节炎的严重程度呈正相关。抑制 TNF-α 的表达，能有效阻比炎症的发生；而 TNF-α 的抗体能明显改善 RA 患者的临床症状。

综上所述，多种免疫细胞及免疫分子相互影响、相互作用，形成一个庞大、复杂的网络，从而导致 RA 发病机制的复杂属性。

二、免疫诊断方法

类风湿关节炎患者体内可以查见多种自身抗体，如环瓜氨酸多肽抗体（抗 CCP）、抗角蛋白抗体（AKA）、RF 等。

RF 是一种以人或动物变性 IgGFc 段为靶抗原的自身抗体，目前常见的 RF 有 IgM 型、IgG 型、IgA 型、IgE 型，其中以 IgM 型最为重要，目前临床免疫检验中常规方法检测的 RF 亦就是此型。RF 实质是 IgG 与 IgG 的免疫复合物，并不具备诊断的特异性，RF 在其他自身免疫性疾病、感染、肿瘤、老年人中有不同程度的阳性，甚至正常人也会出现阳性，限制了 RF 在 RA 诊断中的应用价值。

抗 CCP 抗体又称为抗角蛋白抗体，是含瓜氨酸氨基酸残基的蛋白，为环状聚丝蛋白的多肽片段，主要为 IgG 类抗体，由 RA 患者的骨膜产生，抗 CCP 抗体。anti-CCP 是近年来研究发现的类风湿关节炎诊断指标之一。

抗角蛋白抗体（AKA）是 1979 年 Young 等发现并命名的，其主要成分为 IgG，它可与食管上皮角质层发生反应，以大鼠食管组织冷冻切片建立的间接免疫荧光法检测 AKA 对 RA 的诊断有较高的特异性，可在 RA 早期检出，但它因为敏感性低只能作为 RA 的辅助指标。有研究发现关节炎轻微而 AKA 阳性的"健康人"几乎均可发展为典型的 RA。

血沉是指红细胞在一定条件下沉降的速度，是传统且应用较广的指标，用于诊断 RA 虽然缺乏特异性，但操作简便，具有动态观察病情与疗效的实用价值。ESR 在炎症性疾病、各种胶原性疾病、组织损伤及坏死、血液病等疾病时均可增加，与 RF、抗 CCP 抗体和 AKA 联合，可以相互补充，提高诊断的特异性。

C 反应蛋白（CRP）是由肝脏合成的一种急性时相反应蛋白，在机体发生炎症、组织损伤或坏死及恶性肿瘤时升高，具有激活补体、促进吞噬的作用，因而多数学者认为 CRP 是炎症反应的可靠指标。近年研究资料显示，RA 时 90% 以上 CRP 浓度增加，增加幅度与疾病严重性相关。

联合检测诊断指标有平行试验、序列试验两种类型，前者是指两个指标中任意一项呈阳性，即可认为该患者患有某疾病，后者是指两项均为阳性时才可认为该患者患有某疾病，由此可见平行试验提高了灵敏度、降低了特异度，序列试验提高了特异度、降低了灵敏度。

三、免疫治疗

（一）糖皮质激素

糖皮质激素是 RA 的第二代治疗药物，其作用机制为糖皮质激素结合糖皮质激素受体后到达细胞核，使 NF-κB 活性降低，减少促炎细胞因子的产生，从而有效地减轻炎症。此类药物不能阻断 RA 的病程进展和关节破坏，长期应用可诱发感染、皮质功能亢进、骨质疏松及高血压等不良反应；但小剂量、短疗程的应用可通过抗炎、抗过敏作用减轻症状。

（二）以 TNF-α 抑制剂为主的早期生物制剂

以 TNF-α 抑制剂为主的早期生物制剂是治疗 RA 的第四代药物，生物制剂具有药理作用选择性高和毒副作用较小的优点，将有广泛的应用前景。

1. TNF-α 抑制剂　在治疗 RA 的生物制剂中，临床上研究最多的就是 TNF-α 的抑制剂。目前依那西普、英夫利西单抗和阿达木单抗三种 TNF-α 抑制剂已被批准用于治疗 RA。安进公司研制的依那西普用于治疗难治性 RA，该药最常见的不良反应为注射部位反应及感染。Centocor 公司研制的英夫利昔单抗用于早期 RA 患者的治疗，常见的不良反应为感染及部分患者过敏反应。雅培公司研制的阿达木单抗是首个人 TNF 拮抗剂，不良反应为鼻咽炎、上呼吸道感染及易导致结核复发。

很多研究者正致力于研究小分子质量 TNF 抑制剂，一方面可以降低成本，另外可能会减少炎症局部带来的不良反应。前配体装配结构域（PLAD）是包含 TNF 配体部分结构的多肽，可介导受体链信号传递。Deng 等研究表明 PLAD 可有效地抑制 TNF 的作用，缓解炎性关节炎。

2. IL-1 拮抗剂　IL-1 受体拮抗剂（IL-Ra）与 IL-1 竞争其受体，通过关节内转移 IL-1Ra cDNA 来改善 RA 的病情。阿那白滞素是一种重组形式的 IL-1 受体拮抗剂，由 Amge 公司 2001 年开发上市。阿那白滞素半衰期较短，需每日注射，最常见的不良反应是在注射部位会有剂量依赖性的皮肤刺激。与 TNF-α 拮抗剂相比阿那白滞素治疗效果并不显著，但 Ricart 等研究证明在一定条件下其可以用于治疗小儿关节炎。

3. IL-6 拮抗剂　IL-6 通过增强 IL-1 和 TNF-α 的效应，诱导其他细胞因子如 IL-1、IL-2、TNF-α 的产生，发挥致病作用。罗氏公司研制的抗人 IL-6 受体拮抗剂 Tocilizumab 于 2010 年通过 FDA 批准，临床实验显示出对抗 RA 的良好效果，有望成为一个新的治疗方法。

（三）直接针对 T 细胞发生作用的新型生物制剂

直接针对 T 细胞发生作用的新型生物制剂是治疗 RA 的第五代药物。T 淋巴细胞的活化需要两种信号，第一信号为 T 淋巴细胞与抗原呈递细胞之间的作用；第二信号为辅刺激信号，是由一组具有潜在辅刺激作用的分子组成，如 CD28-CD80/CD86 及可诱导共刺激分子（ICOS），CD134 和 CD27 等。辅刺激信号对于 T 淋巴细胞的活化很重要，尤其在 T 淋巴细胞活化的初始阶段，它可以促进淋巴细胞的增殖和存活。在 T 淋巴细胞活化的过程中，最重要的辅刺激信号是由 CD28-CD80/CD86 途径所介导。

CTLA-4 是 T 细胞上的一种跨膜受体，CTLA-4 与 CD28 共同享有 B7 分子配体，且 CTLA-4 与配体的亲和力比 CD28 更高，CTLA-4 与 B7 分子结合后可阻断 T 细胞完全活化所需的共刺激信号，从而诱导抗原特异性免疫抑制。

CTLA-4/Ig 是由 CTLA-4 细胞外功能区和人 IgG1-Fc 段组成的融合蛋白。美国施贵宝公司 2006 年研发上市的阿巴西普（Abatacept）是此类融合蛋白的第一种产品，其通过抑制共刺激分子 CD28 和 CD80/CD86 活化 T 细胞的第二刺激信号，从而抑制 T 细胞活化，它与 CD80 的亲和力高于 CD86。阿巴西普常用于治疗对传统的治疗 RA 药物或 TNF 拮抗剂无效的中、重度 RA，可延缓疾病带来的结构性损伤进程，改善患者躯体功能，减轻患者体征和症状。阿巴西普不良反应少，常出现的不良反应为感染、过敏反应及恶性肿瘤。另外阿巴西普也可用于治疗系统性红斑狼疮、幼年特发性关节炎及Ⅰ型糖尿病等免疫性疾病。

第三节　过敏性接触性皮炎

一、发病机制

过敏性接触性皮炎（CHS）是 T 细胞介导的针对皮肤接触的抗原发生的免疫反应。来源于朗格汉斯细胞（LC）的细胞因子白细胞介素（IL）12 及来源于 T 细胞的细胞因子干扰素（IFN）γ、IL-4、IL-10、趋化因子及共刺激分子等在 CHS 的致敏和激发过程中均起重要作用。

（一）树突状细胞（DCs）

根据 DCs 的起源和功能可将 DCs 分为两个亚群：髓样树突状细胞和浆细胞样树突状细胞。髓样树突状细胞以 CD11c$^+$DC 前体形式存在于外周血中，在受到病理性刺激时分化为成熟的 DC。髓样树突状细胞根据其表面携带的高亲和力 IgE 受体（FcεRI）不同分为朗格汉斯细胞（LCs）和炎症性表皮树突状细胞。AD 患者皮肤中髓样树突状细胞被证明在变应原摄取和抗原刺激中起重要作用。在抗原刺激后，表皮 FcεRI 和表达 FcεRI 的 DCs 数量都明显增加。成熟的 DC、高表达 MHC-Ⅱ类分子和共刺激分子及 CD1a 和 CD83 等，具有很强的 T 细胞活化功能。DCs 能够携带处理过的抗原从非淋巴组织到引流淋巴结，在那里刺激初始 T 细胞分化为 T_{H_1} 或 T_{H_2}。LCs 进行抗原摄取及递呈，引发 T_{H_2} 型占优势的炎症反应，释放募集 T 细胞及炎症性表皮树突状细胞的化学因子。上皮细胞如 KC 可以表达胸腺间质淋巴细胞生成素（TSLP），TSLP 可以提升过敏性皮肤炎症中 DCs 向 T_{H_2} 极化的功能。最近的研究发现，简单的机械刺激能上调小鼠模型皮肤中的 TSLP，TSLP 激活的皮肤 DCs 导致 T_{H_2} 免疫增强。炎症性表皮树突状细胞加快抗原摄取及递呈，促进细胞因子及化学因子的产生，在慢性特应性皮炎中释放 IL-12 及 IL-18，可能导致向 T_{H_2} 型免疫反应的转换。浆细胞样树突状细胞以 CD123$^+$DC 前体形式存在，经 IL-3 诱导后分化为成熟的淋巴样 DC。因为表皮浆细胞样树突状细胞产生 IFN-α 和 IFN-β，浆细胞样树突状细胞的缺乏可能导致对病毒易感性的增强。体外研究发现，AD 患者皮损冲洗液中的脂膜酸（金黄色葡萄球菌细胞壁成分），可以刺激 DCs 释放炎症因子如 IL-1b、IL-6 和 TNF-α。AD 患者 DCs 分泌 IL-17E 和 IL-25。IL-25 促进 T_{H_2} 免疫反应，降低丝聚蛋白合成，造成皮肤屏障功能受损。皮肤屏障功能的损伤使得皮肤对环境因子如刺激物、变应原及微生物高度易感，从而进一步加剧皮肤炎症反应。

（二）T 细胞

1. T_{H_1}/T_{H_2} 失衡　T_{H_0} 细胞在局部细胞因子环境、遗传背景、病理因素及参与 T 细胞激活的共刺激信号等因素的影响下既能分化为 T_{H_1} 细胞，也能分化为 T_{H_2} 细胞。T_{H_1} 细胞主要分泌 IL-2、IFN-γ、TNF-α，以介导细胞免疫为主。T_{H_2} 细胞主要分泌 IL-4、IL-5、IL-10，以介导体液免疫为主。IL-12 和 IFN-γ 诱导 T_{H_0} 细胞向 T_{H_1} 细胞分化，IL-4 可以抑制 T_{H_0} 细胞向 T_{H_1} 细胞分化，促进其向 T_{H_2} 细胞分化。在 AD 急性期早期，T_{H_2} 细胞占优势，合成 IL-4 和 IL-13，使 B 细胞产生 IgE；在粒细胞 - 巨噬细胞集落刺激因子（GM-CSF）的帮助下合成 IL-5，使嗜酸粒细胞增加；在慢性期，T_{H_1} 细胞活跃地参加反应并产生 IFN-γ。T_{H_2} 细胞因子可以影响皮肤的屏障功能，这是通过对丝聚蛋白、其他结构蛋白及肽类这些对微生物有重要屏障功能物质的调节而实现的。在体外实验中，IL-4 和 IL-13 可以下调初级角质形成细胞的丝聚蛋白表达。IL-4 和 IL-13 还可以下调另外两种皮肤屏障的组分外皮蛋白和总胞蛋白。相反，干扰素 γ 可以上调角质形成细胞丝聚蛋白的表达。T_{H_2} 细胞因子能降低皮肤抗菌肽的表达，使得抗菌屏障容易被破坏，上皮进一步受损。T_{H_2} 细胞因子还能降低超抗原诱导的活性 T 细胞的死亡。除了 T_{H_2} 细胞因子，T 细胞也可以不依赖 T_{H_2} 细胞因子而影响皮肤屏障功能。例如，表达人白血球抗原（HLA）的 KC 也能成为 T 细胞降解的标靶。在大鼠模型中，表皮暴露于卵清蛋白或尘螨提取物时可以诱导出湿疹样表型，这也被认为依赖于 T 细胞。

2. 调节性 T 细胞的作用 调节性 T 细胞调节免疫反应，保持自身耐受，在皮肤的炎症反应的调节中起关键性的作用。调节性 T 细胞可以是起源于胸腺的天然型调节性 T 细胞（nTreg），也可以是起源于外周的诱导型调节性 T 细胞（aTreg）。后者是被各种不同刺激诱导产生，包括病原体、IL-10 和肿瘤生长因子 β（TGF-β）。超抗原能抑制调节性 T 细胞活性。调节性 T 细胞缺陷或功能失调和特应性皮炎、银屑病、关节炎、肠易激综合征等好几种自身免疫性疾病与炎症性疾病相关。皮肤中调节性 T 细胞的缺失导致皮肤的炎症和细胞因子表达的改变，这些改变影响对病毒的获得性免疫功能，如牛痘病毒，使患者易于感染种痘后湿疹。调节性 T 细胞在维持免疫稳态中发挥关键作用，其功能失调可以导致自身免疫性疾病和变态反应性疾病。FOXP3 是 nTreg 重要的核转录因子，FOXP3 基因突变导致的 X 染色体异常造成的免疫功能不全 - 内分泌 - 肠病综合征（IPEX）患者经常发生免疫混乱和 AD。Verhagen 等通过皮肤组织的免疫组化研究发现，尽管 AD 患者皮损区、特应性斑贴实验皮损区 T_{H_1} 细胞及其抑制性细胞因子 IL-10 表达明显增加，但没有 nTreg，提示调节性 T 细胞的缺陷参与了 AD 的发病机制。nTreg 细胞必须迁移到炎症局部才能发挥作用，这一过程是由趋化因子 / 趋化因子受体及整合素调控的。

（三）角质形成细胞

研究提示 KC 异常可能是 AD 始发的关键因素，KC 通过产出大量炎症信号参与 AD 的发病机制。在包括表皮屏障功能混乱等刺激的情况下，为维持皮肤屏障稳态，KC 作为自分泌调节器，可以被诱导分泌促炎症介质，如细胞因子（TNF-α，TSLP）、趋化因子（CCL5/RANTES）、生长因子（GM-CSF）。这些炎症信号促发、加强、维持皮肤的炎症反应。在微生物成分和抗原的刺激下，KC 可以促进炎症反应。例如，在屋尘螨抗原的激活下，KC 释放 IL-1β 和 IL-18，促进炎症反应。AD 患者 KC 合成大量介质，如 GM-CSF，RANTES/CCL5，这对 T 细胞和 DCs 的聚集、激活及保持活性具有重要作用，使得皮肤的炎症反应产生、增强、维持。在上皮细胞自分泌的 IL-1α 和 TNF-α 及 T 细胞起源的细胞因子如 IFN-γ、IL-4 和 IL-17 的诱导下，上皮细胞很容易产生 GM-CSF。GM-CSF 促进 KC、T 细胞、嗜酸性细胞、单核细胞和 DCs 前体的增殖和存活。而且 GM-CSF 使单核细胞、嗜碱性细胞、嗜酸性细胞和 DCs 容易募集和激活。促炎细胞因子和 T_{H_2} 细胞因子可以协同刺激人类 KC 表达 TSLP。AD 患者 KC 高表达 TSLP，TSLP 是一种 IL-17 样的细胞因子，TSLP 激活 mDC 提高 $CCR4^+T_{H_2}$ 活性细胞因子的表达，在 DC 细胞活化和 T_{H_0} 向 T_{H_2} 分化中起十分重要作用。表皮 KC 通过释放趋化因子，吸引 T 细胞从真皮接近并进入表皮，进而放大表皮

KC 的凋亡效应，增强 T 细胞在真皮浸润，在慢性皮损形成中发挥作用。免疫组化染色显示，AD 患者皮损 KC 强烈表达 CCL27/CTACK，趋化 CCR10$^+$T 细胞；与健康对照组相比，AD 患者血清 CTACK 水平明显升高，而且 CCL27/CTACK 水平与 AD 评分密切相关。IFN-γ 是 KC 最特征性的炎症细胞因子。在 IFN-γ 诱导下，KC 表达能使 T 细胞保留在表皮的细胞间黏附分子（ICAM）I。此外，KC 还可作为免疫佐剂参与 AD 血清 IgE 的升高，在缺乏佐剂的情况下，即使暴露于外源性抗原也不能使血清 IgE 升高。以分泌 T$_{H_2}$ 细胞因子 IL-4 和 IL-13 为主的外源性 AD，能通过分泌这些细胞因子下调 KC 抗微生物肽表达。在外源性和内源性 AD 中，IL-10 均能通过抑制促炎症因子的产生从而间接抑制 KC 抗微生物肽的表达。这使得 AD 患者皮肤易于感染。研究还表明人类 KC 具有抗原递呈能力。表达 HLA I 和 HLA II 的 KC 可以分别递呈抗原给 CD8$^+$ 和 CD4$^+$T 细胞，不管哪种情况都会导致角质形成细胞的死亡。大量研究已经证明，AD 患者外周血和皮损处存在抗原特异性的 CD4$^+$ 细胞和 CD8$^+$T 细胞。KC 的数量远大于 DC 等抗原递呈细胞，所以其提抗原递呈作用及效率是不容忽视的。

（四）肥大细胞

在 AD 病变组织中，肥大细胞数目增多和脱颗粒是一个常见病理现象。AD 患者体内有一系列肥大细胞激活，参与 AD 发病的证据，如外周血总 IgE、特异性 IgE 升高并且与疾病的严重程度呈正相关，肥大细胞特异性介质类胰蛋白酶、9α-11β 前列腺素 F2 在 AD 患儿尿中显著升高。IgE 与 FcεRI 交联引起肥大细胞释放组胺；合成 IL-4 和 IL-13 引起 B 细胞产生 IgE；释放 TNF-α 引起 KC 产生化学因子，内皮黏附分子表达。Fischer 等实验表明，表皮内丰富的肥大细胞还是潜在血管生成刺激因子，通过新生的血管，炎症细胞及补体抗体成分被输送到表皮，在 AD 中则起到维持慢性炎症的作用。嗜酸粒细胞释放的干细胞因子、神经生长因子有助于肥大细胞存活和活化；其主要碱性蛋白通过 IgE 方式诱导肥大细胞释放组胺和前列腺素 D2。而活化的肥大细胞又释放介质加速嗜酸粒细胞聚集、活化和存活，从而形成恶性循环。来源于肥大细胞的 IL-1、IL-3、IL-4、IL-5、IL-8、IL-13、TNF-α、GM-CSF、RANTES、嗜酸粒细胞活化因子、巨噬细胞炎症蛋白 1 等具有调节嗜酸粒细胞功能的作用，通过促分裂原活化蛋白激酶和核因子-κB 信号途径，引起嗜酸粒细胞以自分泌粒-单核细胞克隆刺激因子的方式增强其存活。肥大细胞通过自身分泌的 IL-1β、IL-4 及 TNF-α 与内皮表皮细胞发生相互作用，使后者表达嗜酸粒细胞活化趋化因子吸引嗜酸粒细胞浸润到局部。因此，肥大细胞被认为是 IgE 介导的炎症反应及嗜酸粒细胞浸润的放大器。Shakoory 等提出 T 细胞-肥大细胞-嗜酸粒细胞轴概念。肥大细胞能递呈抗原给 T 细胞，来源于肥大细胞的一些细胞因子能够增强 T$_{H_2}$ 亚型发育。T$_{H_2}$ 细胞活化后释放 IL-4、IL-5 能够调节肥大细胞表达更多组胺、白三烯及 IL-5、IL-13、GM-CSF、TNF-α 和巨噬细胞炎症蛋白 1a，这些细胞因子又能够大量活化嗜酸粒细胞。

二、免疫诊断方法

过敏性/接触性皮炎可在任何年龄发病。对于疾病特异性诊断，还存在着不少尚未解决的问题，内源性和自身性变应原检查处在探索阶段，外源性变应原检查方法尚未完善，试验结果精确性尚不够高。临床实践中，皮内试验和点刺试验仍然是寻找变应原最常用的方法，但季节、时间点、皮试的部位、近期服用的某些药物等因素都可以影响皮试的结果，患者也感到痛苦，且有一定的危险性。特异性皮肤试验广泛应用于临床，诊断方法日益发展而多样化。特异性域检测是过敏性疾病体外诊断最重要的手段之一，特异性域测定方法应用于临床已 40 余年，经过各国学者的研究，检测方法日臻完善，目前已成为过敏性疾病不可缺少的诊断手段。变应原的体外检测较皮内试验相比有潜在的优点，是当前变应原检测较好的方法，被认为是变应原检测的"金标准"。

嗜酸粒细胞与变态反应性疾病有着密切的关系，它在疾病的发病学中起重要作用，又是变态反应性疾病炎症的重要指标之一。外界抗原与 IgE 结合后，通过两种途径促使血嗜酸粒细胞增多：①与肥大细胞上的 IgE 受体结合，刺激肥大细胞释放嗜酸粒细胞趋化因子。②被表皮内的朗格汉斯细胞吞噬处理，将抗原呈递给 T 细胞，使之活化进而产生多种细胞因子，包括嗜酸粒细胞趋化因子。大量嗜酸粒细胞脱颗粒所释放的碱性蛋白造成组织损伤。嗜酸粒细胞及血清总 IgE 是公认的判断变态反应性疾病的重要指标。所以血清总 IgE 测定和外周血嗜酸粒细胞计数可作为判断特应性皮炎病情活动的指标，并对疾病的预防起到重要作用。世界变态反应学会认为，血清 IgE 水平能很好地反映患者体内变态反应情况。目前临床实验室大多采用酶联免疫吸附试验对 sIgE 直接测定，安全可靠，影响因素少，诊断准确高。

斑贴试验通过应用变应原在皮肤局部诱导致敏机体产生炎症反应，确定由迟发型变态反应（Ⅳ型变态反应）引起的慢性湿疹、接触性皮炎等皮肤病的致敏源，对患者在日常生活和工作中避免接触致敏原有一定的指导意义。随着环境污染日益加重及人们生活方式的改变，可能致敏的化学物质被越来越广泛的接触，有报道称约有 3000 多种化学物可能引起皮肤敏感而致病，提示了斑贴试验在Ⅳ型变态反应所致的皮肤病诊断、治疗及预防中的重要性和必要性。标准变应原系列是根据国家或地区工作经验总结而来，对于临床因Ⅳ型变态反应所致的皮肤病，可以作为常规检查方法，确定致敏原，从而指导临床预防和治疗。

对过敏性疾病患者来说，绝大多数患者在采集病史之后应做常规的皮肤试验，如获阳性结果，可选几种可疑的变应原做 sIgE 测定，如病史、皮试、sIgE 均符合，则可确定变应原。临床病史非常严重和典型，不宜皮试，可直接进行 sIgE 测定，以确保安全。当临床上不宜皮试时，如体质异常虚弱，皮肤划痕症，婴幼儿及 10 天内应用抗过敏药或激素者，可根据病史线索直接做 sIgE 测定。特异性免疫治疗的患者治疗前和治疗过程中应做 sIgE 检测，以制订治疗方案，调整治疗措施和监测治疗效果。总之，过敏性疾病的诊断应通过病史、皮肤试验、sIgE 检测的结果综合考虑，切忌盲目和片面，合理应用 sIgE 检测将提高过敏性疾病的病因诊断准确度。

三、免疫治疗

复方甘草酸单铵对肝脏的固醇代谢酶有较强的亲和力，从而阻碍皮质醇与醛固酮的灭活，使用后显示明显的皮质激素样效应，如抗炎作用、抗过敏及保护膜结构作用，无明显皮质激素样不良反应。本品可促进胆色素代谢，减少 ALT、AST 释放；诱生 IFN-γ 及白细胞介素 2，提高 NK 细胞活性与 OKT4/OKT8 比值，以及激活网状内皮系统；抑制肥大细胞释放组胺；抑制细胞膜磷脂酶 A_2（PL-A_2）及前列腺素 E_2（PGE_2）的形成和肉芽肿性反应；抑制自由基和过氧化脂的产生和形成，降低脯氨酸羟化酶的活性；调节钙离子通道，保护溶酶体膜及线粒体，减轻细胞的损伤和坏死；促进上皮细胞产生黏多糖。

氯雷他定片：药理学本品属长效三环类抗组胺药，抑制组胺所引起的过敏症状，竞争性地抑制组胺 H_1 受体，抑制组胺所引起的过敏症状。该品无明显的抗胆碱和中枢抑制作用。毒理学动物试验未见明显致畸作用。该品为 H_1 受体阻断剂，对外周 H_1 受体有高度的选择性，对中枢 H_1 受体的亲和力弱，可抑制肥大细胞释放白三烯和组胺。本品起效快，作用持久，抗变态反应作用较好。

胶原贴敷料是由胶原蛋白溶液与无纺布结合制成的敷料，pH 为 4.5～5.5，其含有具有生物活性的胶原，胶原蛋白原液含丰富的胶原蛋白及细胞代谢所需的多种氨基酸，使皮肤保持湿润，促进皮肤新陈代谢，加速皮肤的血液循环，增强皮肤整体的抵抗力和免疫力，恢复皮肤正常生理功能，使皮肤细胞膜趋于稳定，从而改善皮肤过敏症状。胶原贴敷料的胶原蛋白具有引导上皮细胞迁入缺损区的能力，诱导产生趋化因子如血小板生长因子和纤维连接蛋白等，对细胞的生长有趋化作用活性，对细胞的分化、运动、化学趋向性、结缔组织的修复等均起重要作用，从而改善表皮细胞微环境和促进皮肤组织新陈代谢，达到事半功倍的治疗效果。对于短期发生的接触性皮炎，疗效更为明显。

在单纯外用皮质激素治疗过敏性皮炎的同时，也可能产生毛细血管扩张、色素沉着等不良反应，但予以胶原贴敷料联合丁酸氢化可的松乳膏治疗，不仅能达到明显的疗效，而且其具有的高活性胶原蛋白可改善皮肤营养，促进皮肤表皮细胞的新陈代谢和再生，防止酪蛋白氧化，防止黑色素产生，还能达到改善皮肤色素沉着，降低皮质激素外用的不良反应，增强患者治疗的信心。

他克莫司软膏是一种外用的免疫调剂剂，作用机制是抑制 T 细胞的活性，通过穿过细胞膜与细胞内的特异性受体（FKBP）结合，选择性地作用于钙离子依赖信号的传导途径，通过让钙调磷酸酶失活的方式，一直依赖活化 T 细胞激活所需细胞因子 IL-2、IL-3、IL-4 及粒细胞 - 巨噬细胞的集落刺激因子（GM-CSF）等。同时他克莫司还能够抑制组胺释放，降低 IL-8（角质形成细胞）及其受体水平，抑制炎症的反应；体外还可使 p53 增加，从而抑制细胞过度增殖等，他克莫司软膏在体外情况下可以减少从正常皮肤分离出的朗格汉斯细胞对 T 细胞活性的刺激，与此同时还能抑制嗜碱粒细胞、嗜酸粒细胞及皮肤肥大细胞释放炎性介质。他克莫司的药代动力学研究表示，他克莫司软膏外用治疗破损皮肤局部吸收率可提高至正常皮肤近 6 倍，并且他克莫司的代谢主要通过细胞色素 P450 代谢，13- 氧去甲基代谢物则为其主要的代谢产物，通过胆汁排泄为主，血浆半衰期为 40 小时，并有研究表明，皮肤不参与他克莫司的代谢。

他克莫司软膏在治疗特应性皮炎过应用最广，其不良反应少，他克莫司因其对胶原合成没有抑制作用，因此不会诱发皮肤萎缩，因其没有激素类药物的不良反应，可以安全应用于面部薄嫩皮肤。

第四节　荨　麻　疹

一、发病机制

慢性自发性荨麻疹（chronic spontaneous urticaria，CSU）是指无诱因反复发作风团和（或）血管性水肿持续 ≥ 6 周者。2013 年欧洲荨麻疹指南提出将慢性荨麻疹（CU）分成 2 种类型，即 CSU 和可诱导性荨麻疹。其中，CSU 为最常见类型，几乎占 CU 的 90%。CSU 发病机制非常复杂，目前仍未阐明。近年来，国内外学者在其发病机制及治疗领域进行了研究，并取得了新的进展。

目前，在众多有关 CSU 发病机制的假设学说中仍无确凿证据证实其明确机制，不少血清学试验的证据使自身免疫性学说成为最能被学者接受来解释肥大细胞异常激活、脱颗粒现象的学说之一，除此之外，肥大细胞和嗜碱粒细胞的异常分布、感染也被认为参与该病的发生发展。

（一）自身免疫

指南建议根据患者是否具有自身免疫源性的血清学证据将 CSU 进一步划分出慢性自身免疫性荨麻疹（CAU），据统计 CSU 占 CSU 总数的 30%～ 40%。这类患者大多数 IgG 型自身抗体呈阳性且可通过直接与高亲和力 IgE 受体（FcεRl）的 a 亚基结合，作用于皮肤肥大细胞、嗜碱粒细胞，促使其脱颗粒和释放组胺，被认为是 CSU 自身免疫发病机制中的关键，具有引起组胺释放功能的 IgG 型抗体亚型主要是 IgG1 和 IgG3（又称功能性自身抗体），少数是 IgC4，当然这也不是绝对，因为少数 IgG1 和 IgG3 亚型中不具有促组胺释放功能。Sun 等实验结果显示 CSU 患者血清中抗 FcεRl 抗体和抗 IgE 抗体水平明显高于急性荨麻疹患者及正常对照组，在急性荨麻疹患者与正常对照组的比较中却没有上述差异。然而，部分正常人群血清抗 FcεRl 抗体和抗 IgE 抗体检测也可呈阳性，提示这些自身抗体只在一定条件下才参与 CSU 发病。除抗 FcεRl 抗体外，抗 IgE 抗体、抗 HP 抗体及抗甲状腺自身抗体也先后被认为可能与 CSU 发病有一定相关性。其中甲状腺自身抗体并不能直接刺激肥大细胞和嗜碱粒细胞脱颗粒，致使其与 CSU 的关系一直备受争论，推测可能是因 CSU 患者血中存在抗甲状腺自身抗体或伴随甲状腺功能失调。

（二）非免疫受体激动剂

同样，其他非免疫机制也可用来解释组胺和其他介质的释放，如 P 物质、内啡肽、脑啡肽、内源性阿片肽、生长抑素及其他肥大细胞机制（如白三烯）等非免疫受体激动剂激活体内免疫系统而致皮肤肥大细胞释放阈值降低时，可调控肥大细胞脱颗粒和促炎性因子的释放，最终诱发荨麻疹。

（三）细胞异常：肥大细胞和嗜碱粒细胞

不论是免疫性和（或）非免疫性参与 CSU 发病机制，都是以肥大细胞和（或）嗜碱粒细胞释放炎症介质（组胺为主）为反应核心。CSU 皮损病理示组胺水平升高为特征也证实了这一点。有研究发现，CSU 患者皮损及非皮损区域的皮肤活检却并未发现肥大细胞数目的异常，同样，间接评估总肥大细胞数目的指标——总类胰蛋白酶水平在 CSU 患者血清中也并未显著增加，而患者外周血中肥大细胞及嗜碱粒细胞计数减少，推测其原因可能与肥大细胞存在结构和功能的异常及血管渗透性增加有关，且研究者发现这种活动并非依赖于肥大细胞上 IgG 型血清片段及 IgE 型受体而存在，可能与先天性的免疫受体存在有关。在 CSU 患者中，外周血嗜碱粒细胞计数与 CSU 病情呈负相关性，推测病情可能与嗜碱粒细胞从血液向皮损中转移的程度相关。临床治疗时糖皮质激素的有效性可能也因为其可抑制嗜碱粒细胞转移而降低皮损处嗜碱粒细胞数量，从而减少产生的活性介质。

（四）T_{H_1}/T_{H_2} 细胞失衡

自身免疫往往是由于正常自身活化的 T 细胞数量或其功能增加及调节机制减弱引起，自身免疫即在 CSU 发病中发挥关键作用，那么 T 细胞在协调适应性免疫反应过程中可通过分泌细胞因子激活和（或）招募靶细胞，在 CSU 发病过程中促进自身免疫，发挥不可忽略的作用。临床上对于常规抗组胺药物治疗无效的 CSU 患者，应用免疫抑制剂，如甲氨蝶呤、环磷酰胺及环孢素等可以达到较好疗效，同样也为细胞免疫学的异常参与 CSU 的发病机制提供依据。根据分泌细胞因子谱的不同，T_H 细胞可划分为 $T_{H_1}/T_{H_2}/T_{H_0}$，不同 T_H 细胞可分泌交叉调节的不同细胞因子。许多学者通过测定 CSU 患者外周血或皮损中细胞因子的变化以寻找 T_{H_1}/T_{H_2} 细胞失衡参与的证据。Littman 等认为介导免疫耐受的 $CD4^+CD25^+$ 调节性 T 细胞（regulatory T cell，Treg）和介导炎性反应的辅助性 T 细胞与 CSU 关系密切。另外，CSU 患者血清 IL-7、IL-21、IL-23、IL-6 及 IL-35 水平均高于正常对照组，且与症状评分呈正相关关系。

二、免疫诊断方法

研究推荐可用于检测自身免疫性的血清学实验主要包括：①自体血清皮肤试验（ASST）：1980 年报道患者注射自体血清可引发风团、红斑的现象提示了某些可促组胺释放的血清因子的存在，后续研究也逐渐发现此现象与自身免疫相关，但这种过程仅出现在疾病活动期而非消退期，且其阳性只提示血清中血管活性因子存在而非 IgG 型自身抗体，故敏感性及特异性较低（阳性率约为 53%）。②组胺释放活性（HRA）试验：HRA 可进一步明确患者血清中 IgG 型抗 FcεRl 抗体的自身抗体，对提高 ASST 阳性率有临床意义，最近研究显示 HRA 试验并非通过检测组胺释放，而是作用于嗜碱粒细胞表面标志物——CD203c。③酶联免疫吸附实验（ELlSA）/免疫印迹：不单直接针对 IgG 型抗 FcεRl 抗体的自身抗体，还可发现 IgG1、IgG3 等与疾病、病程有相关性的抗体亚型。因 CSU 发病机制复杂，血清中具有组胺释放活性的因素很多，只有通过免疫印迹、嗜碱性细胞组胺释放等手段证实患者的临床症状与血清中自身抗体有关才是真正意义上的 CAU，然而，CSU 及其活动性与自身抗体之间的相关性仍未阐明，有待学者进一步研究。

三、免疫治疗

（一）奥马珠单抗

45%~50% CSU 患者经高剂量抗组胺药物治疗后可缓解，并可根据病情逐渐减少剂量而最终获得理想疗效，但是，对抗组胺药物不敏感的患者只能靠其他药物或者替代药物来获得缓解。糖皮质激素、环孢素及奥马珠单抗目前为止被认为是耐抗组胺药物治疗 CSU 最为有效的药物，尤其奥马珠单抗是迄今为止最新颖且最有应用前景的药物。

奥马珠单抗是人源性抗 IgE 单克隆抗体，通过与 IgE 重链上的高亲和力受体 FcεRl 结合的 C3 区域作用从而抑制肥大细胞活化，减少炎症介质释放、减少血清游离 IgE 水平，是一例将分子生物技术成功转向为临床应用的药物。奥马珠单抗应用于慢性荨麻疹的治疗最早由 Spector 等报道。2011 年，Saini 等的 II 期实验中，最终第一次证实了奥马珠单抗治疗 CSU 的最佳剂量，在此实验中认为 300~600mg 的剂量（而并非在用于治疗哮喘时按照公斤体重计算剂量）可迅速有效地缓解那些 H-1 受体阻滞剂治疗无效患者的症状，并且认为此疗效与患者自身免疫状态无关。然而，近期等研究却认为奥马珠单抗只对 IgE 或其高亲和力受体自身抗体阴性、组胺药物抵抗的 CSU 患者有效。以上证据提示奥马珠单抗对 CSU 患者的疗效已无可厚非，但其参与机制却十分复杂，不单纯可作用于肥大细胞、嗜碱粒细胞及树突状细胞上 IgE 受体，还可通过诱导嗜酸粒细胞凋亡发挥其抗炎作用。

（二）糖皮质激素

糖皮质激素是临床上最常用于治疗难治性 CSU 的药物，但是考虑到其长期应用将增加患者承受包括肥胖、高血压、骨质疏松及胃出血的风险，荨麻疹治疗指南指出只建议用于急性荨麻疹的短期治疗。尽管如此，有学者依旧提出每日口服 10mg 激素控制症状后以 1mg/周减量，往往能控制激素用药时间在 3 个月内，是一种疗效显著且安全、不良反应小的方法，因此提出可以理性的方式使用激素来治疗。犹如目前在类风湿关节炎的治疗上，与甲氨蝶呤等强效免疫抑制剂一起合用时，数年口服 5~10mg 低剂量激素也可无任何不良反应且发挥其重要疗效。迄今，奥马珠单抗尚未广泛使用，当患者无使用奥马珠单抗条件，对抗组胺药物不敏感且不能使用环孢素时，推荐患者口服小剂量激素似乎是目前唯一可以选择的治疗方案。

（三）环孢素

环孢素是一种可选择性作用于活化初期的 T 淋巴细胞并抑制活化后的辅助性 T 淋巴细胞，最终抑制淋巴细胞合成干扰素的脂溶性环状十一肽化合物。环孢素在不少双盲、安慰剂对照实验中显示了其对难治性 CSU 的显著疗效。成人口服推荐剂量为 200mg/d（3～3.5mg/kg），少数患者可增加到 25～300mg，其疗效可达到 75%～80% 的缓解率。注意的是在用药过程中需定期监测血压、肾功能。

H-2 受体拮抗药以及白三烯拮抗剂的单独疗效尚缺乏确切大规模临床和实验数据，而只是被当作 H-1 受体拮抗剂的辅助用药。最初用于治疗荨麻疹性血管炎的药物，如秋水仙宾、氨苯砜、柳氮磺胺吡啶和羟基氯喹等可缓解少数 CSU 患者症状，但在目前大多数的双盲、安慰剂对照实验中，其有效率并不超过 30% 的安慰剂对照组，因此其作用仍有争议。另外，抗 CD20 单克隆抗体 - 利妥昔单抗等生物制剂也被证实可迅速缓解一些难治性 CSU 患者的症状。

第五节　银　屑　病

一、发　病　机　制

银屑病是一种常见的慢性复发性炎症性皮肤病，典型临床表现为边界清楚的红斑、丘疹、斑块、鳞屑。组织病理学特征为角化不全、棘层肥厚、表皮脚整齐下延，真皮乳头毛细血管增生扩张，表皮和真皮中炎症细胞浸润，包括 T 淋巴细胞、树突状细胞、巨噬细胞、中性粒细胞等。该病对患者的身心健康造成巨大影响，但其具体发病机制目前仍未阐明。在过去的时间里，对其机制进行了大量研究，包括遗传因素，免疫因素［涉及角质形成细胞（KC），树突状细胞（DC），肥大细胞（MC），内皮细胞等的固有免疫系统和以 T 细胞为主的适应性免疫系统］，以及相关的细胞因子和趋化因子，内分泌，神经精神因素，环境，氧化应激等因素的作用。迄今为止，银屑病的发病机制尚在进一步的实验研究阶段。

（一）固有免疫

固有免疫又称为先天免疫，是人体的第一道防线，包括 DC、巨噬细胞、单核细胞、中性粒细胞、MC、自然杀伤细胞（NK）及自然杀伤 T 细胞（NKT）等，主要通过释放细胞因子和炎症趋化因子募集白细胞到炎症区域发挥作用，一些固有免疫细胞还可直接对抗入侵的病原体。

1. DC　皮肤中的 DC 包括三种类型：朗格汉斯细胞（LC），浆细胞样 DCs（pDCs）和髓样 DCs（mDCs）。

（1）LC：是表皮中的固有细胞。很多研究证实它能识别、处理抗原并向淋巴结迁移。LC 分泌白细胞介素 12（IL-12），调节干扰素 γ（IFN-γ）转录。最近一项研究表明健康人皮肤中的 LC 能诱导 $CD4^+$ 和 $CD8^+$T 细胞分泌 IL-22。IL-22 能诱导角质形成细胞中的 STAT3 的磷酸化，从而促进角质形成细胞的过度增生；能够下调与角质形成细胞分化相关的 7 种基因表达，从而抑制角质形成细胞的正常分化，能够上调角质形成细胞表达前炎症因子而参与及放大炎症反应。

（2）pDCs：与正常的皮肤相比，银屑病皮损中 pDCs 增多。当活化或者濒死表皮细胞释放的自身 DNA 和 RNA 片段与抗菌肽 LL37 形成复合物，将刺激 pDCs 分别表达 TLR-9、TLR-7，并与之结合促进 pDC 迅速增多，产生大量的干扰素 - α（IFN- α）。IFN- α 是促进 T_{H_1} 细胞分化的主要细胞因子并可促进 KC 增殖。用干扰素治疗银屑病会加剧病情以及缺乏或减弱干扰素调节因子（IRF）的小鼠会发生银屑病样的炎性皮损。

（3）mDCs：银屑病皮损中 mDCs 也增多。这些细胞可能是在受到趋化刺激后从循环中迁移至皮肤产生 IFN- α 和可诱导型 NO 合酶（inducible nitricoxide synthase，iNOS）。银屑病患者和健康对照组皮肤中 mDCs 都能诱导分泌 IL-17 和 IFN- γ 的 T_H 细胞分化。这表明 mDCs 在银屑病皮损形成中可能通过产生 IFN- α 和 iNOS，并且促进 T_H 细胞亚群的分化而起作用。

（4）干扰素调节的 DC（INF-DCs）：近年来发现一种新型的 DC，它是由单核细胞在 IFN- α 和粒细胞 / 巨噬细胞集落刺激因子（GM-CSF）共同作用下分化成的 DC，被称为 INF-DCs。它具有 pDCs、mDCs 和 NK 细胞的特征，TLR 与表皮细胞释放的自身 RNA 结合促进 INF-DCs 成熟，产生大量 IL-1β、IL-6、IL-12、TNF- α 等而发挥作用。半乳凝素属于高度保守的多聚糖蛋白家族，其中 galectins-1 具有炎症反应负性调节作用即限制皮肤炎症反应。有研究表明银屑病与 DC galectins 下调有关，且发现银屑病患者皮损、非皮损中 LC 和外周 mDCs 中表达低水平 galectins-1，加重银屑病炎症反应。可见，DCs 是银屑病中先天和后天免疫的桥梁，在银屑病皮损的发生、发展中起着重要的作用。

2. 巨噬细胞 银屑病皮损中浸润的炎症细胞除 T 细胞外，其次为巨噬细胞，主要位于真皮乳头层。有研究表明通过免疫染色可以发现银屑病样皮损中巨噬细胞的活化及聚集，一旦巨噬细胞被激活后就可独立于 $CD4^+T$ 细胞诱导银屑病样皮损的产生。银屑病皮损中活化的巨噬细胞是 TNF- α 的主要来源，阻断巨噬细胞的活化可减少 TNF 的产生，使银屑病患者的病情改善。

3. MC 主要通过致敏脱颗粒，产生 IgE 等参与急性变态反应。有研究表明银屑病皮损中 MC 数增多，能够产生 IL-1、IL-6、TNF- α、IL-17、血管内皮生长因子（VEGF）等。它能储存细胞因子（CKs），在组织细胞损伤时能迅速释放储存的 CK 起作用，包括促进 T 细胞及其他细胞分泌 CKs，因而具有作用迅速的特点。MC 通过分泌纤维溶酶在各种皮肤炎症中起重要作用。抗组胺药西替利嗪可明显降低银屑病患者皮损中纤维溶酶阳性的 MC，提高治疗银屑病患者红斑疗效，表明抗组胺药可能通过调节 MC 而在银屑病发病机制中起着免疫调节的作用。最近的一项研究，用胰蛋白酶和弹性蛋白酶分别作为 MC 和中性粒细胞的标记对 IL-17 进行双重染色，发现 MC 是 IL-17 的主要来源。

4. 中性粒细胞 很多研究都证明中性粒细胞在银屑病发病中的作用，能产生 IL-1、IL-6、TNF 等多种前炎症因子。中性粒细胞通过形成一种特殊的细胞外陷阱（ETs）结构而释放 IL-17，它能促进角质形成细胞 β 防御素 -2、S100A7、S100A8、S100A9 及 LL-37 的表达，是中性粒细胞募集、激活和迁移的关键因子。

5. NKT NKT 细胞同时表达自然杀伤细胞和 T 淋巴细胞表面标志，表现为 CD1d 限制性，CD1d 为 MHC- Ⅰ类分子，NKT 可以被 CD1d 提呈的糖脂抗原活化。与正常人相比，银屑病患者皮损区及非皮损区皮肤中 NKT 细胞增加，而循环中 NKT 细胞减少，并且有随疾病的活动性升高而降低的倾向。NKT 被 CD1d 激活后，产生大量的 INF- γ，而 INF- γ 又能诱导 KC 表达 CD1d。因 INF- γ 能促进 DC 成熟，NKT 细胞可能通过分泌 INF- γ 及影响 DC 成熟在银屑病皮损形成中发挥作用。

6. KC 银屑病以表皮增殖过度，角化不全为特点。活化的 KC 能分泌 IL-6、IL-1β、TGF- α、IL-17、IL-23 等促进 T 淋巴细胞、中性粒细胞活化及向皮肤迁移。KC 表达丰富的诱导物受体 3（DcR3），可抑制细胞凋亡，促进血管增生，在正常细胞中起保护作用。与正常人相比，银屑病患者皮损及血清中 DcR3 均过度表达。表皮生长因子（EGF）和 TNF- α 能促进 KC 表达 DcR3，从而使细胞凋亡减少，血管生成增多，形成银屑病样皮损。

（二）适应性免疫

目前认为银屑病是以 T 淋巴细胞介导的炎症性疾病。初始 $CD4^+T$ 淋巴细胞在不同的免疫环境中分化成不同的 T 淋巴细胞，包括 T_{H_1}、T_{H_2}、$T_{H_{17}}$、$T_{H_{22}}$ 和 Treg，并通过分泌不同的细胞因子而发挥作用。目前认为 T_{H_2} 与该病的发生发展关系不大，以下就其他的 T 淋巴细胞分述如下。

1. T_{H_1} 细胞　初始 $CD4^+T$ 淋巴细胞在 IL-12 存在下分化成 T_{H_1}，产生 IL-2、INF-γ、TNF-α。INF-γ 通过促进 KC 表达抗原提呈和黏附分子在银屑病炎症皮损形成中发挥作用，并且能够促进 DC 成熟及前炎症介质的释放，同时抑制 KC 凋亡从而出现银屑病表皮细胞增生的表现。TNF-α 被称为一种前哨细胞因子，因为它能对局部损伤迅速作出反应。TNF-α 主要是合成核因子 KB_1（$NF-κB_1$），它是控制大量炎症基因的转录家族因子，能诱导程序性凋亡，当被刺激（如细胞受病原体感染）后凋亡受到抑制，它可根据人基因的组成不同、疾病的不同时期以及 TNF 不同的浓度发挥免疫抑制和免疫刺激的作用。TNF 能诱导抗原提呈细胞（APCs）分泌 IL-23，增强和维持 $T_{H_{17}}$ 细胞介导的免疫反应性，促进 IL-1、IL-6、GM-CSF 等因子的合成。研究表明中和 TNF-α 可减轻银屑病患者的症状，利用化学的方式耗竭巨噬细胞可以改善银屑病模型小鼠皮损炎症。

2. $T_{H_{17}}$ 细胞　活化的初始 $CD4^+T$ 淋巴细胞可分化为 $T_{H_{17}}$ 细胞，这取决于微环境中细胞因子种类和浓度。当低浓度的 TGF-β 和 IL-6 存在时，诱导 T 细胞向 $T_{H_{17}}$ 细胞分化。最近研究表明由 $T_{H_{17}}$ 分泌的一种细胞因子 IL-21 可以通过自分泌的方式替代 TGF-β 和 IL-6 促进或维持 $T_{H_{17}}$ 细胞分化。$T_{H_{17}}$ 能产生 IL-17、IL-21、IL-22、TNF-α，并表达 IL-23 受体。IL-23 主要由活化的单核细胞、巨噬细胞、mDCs、KCs、内皮细胞等分泌，能维持 $T_{H_{17}}$ 细胞的功能。有研究证实 IL-23 基因敲除小鼠中没有发现 $T_{H_{17}}$ 细胞，这提示 IL-23 在 T 细胞亚型形成中的重要作用，且基因与基因间的相互作用证实了 IL-23/$T_{H_{17}}$ 轴在银屑病遗传易感性中的作用，可促进银屑病的发生发展。银屑病患者中针对 IL-23 的靶向治疗有效，进一步说明了 IL-23 在其发病机制中的重要作用。IL-12/IL-23 有一个共同的亚单位 p40，p35 和 p19 分别为其特有亚单位。通过实时 PCR 测量银屑病皮损中细胞因子转录水平，IL-23p19、IL-12/IL-23p40、IL-17A、IL-22 均升高，而 IL-12p35 及 IL-4 无变化，说明 IL-23 在银屑病发病中的作用较 IL-12 更重要。阻断其共同亚单位的制剂可阻断 IL-12、IL-23 分别介导的 T_{H_1} 型细胞因子（IL-2、INF-γ、TNF-α 等）和 $T_{H_{17}}$ 型细胞因子（IL-17、IL-22、TNF-α 等）产生。优斯特单克隆抗体为针对共同亚单位 p40 的制剂，治疗中度到重度斑块状银屑病，12 周后试验组病情明显改善。Ustekinumab 对临床表现的改善与血清中该药物的浓度有关，而它的浓度受体重影响。体重低于 100kg 的患者 40mg/ 次和 90mg/ 次的 ustekinumab 效果相似，而体重大于 100kg 的患者 90mg/ 次比 40mg/ 次更有效。因 IL-12/T_{H_1} 主要是防止细菌和寄生虫感染，阻断 IL-12/IL-23p40 可能会增加感染的风险，而 IL-23p19 抗体的抑制作用与 IL-12/IL-23p40 抗体的抑制作用相当，那么特异性的 IL-23p19 抗体生物制剂有望成为靶向治疗药物。IL-22 作用于角质形成细胞放大并维持炎症反应，并且可能通过为自身反应性 T 细胞提供合适的炎症环境条件从而维持 $T_{H_{17}}$ 细胞的反应。

3. $T_{H_{22}}$ 细胞　近年来发现一群独立于 T_{H_1}、T_{H_2} 及 $T_{H_{17}}$ 的 $CD4^+$ 记忆性 T 细胞亚群即 $T_{H_{22}}$ 细胞，分泌 IL-22、TNF-α。IL-22 通过影响 KC 表达基因的约 1% 可增加其产生抗菌肽，抑制 KC 分化的终末阶段，诱导募集中性粒细胞趋化因子及 IL-20 的产生。有研究报道在银屑病斑块中 IL-22 表达明显升高，银屑病患者血中 IL-22 浓度升高与病情严重程度相关，治疗后皮损及血中 IL-22 水平均下降。IL-22 主要作用于 KC 而对免疫系统没有影响，所以干扰 IL-22 的治疗药物可能会成为一种治疗选择，产生的不良反应更少。

4. Treg 细胞　在免疫耐受的诱导、维持以及终止免疫反应中起着重要作用。有研究小组发现银屑病患者外周血中的 Treg 细胞和正常人相同。但是在 PASI 评分高的患者中，皮损及外周血的 Treg 细胞均增多，并且与 PASI 评分呈正相关。Treg 细胞和反应性 T 细胞间的相互作用在维持有效免疫反应与病理性反应平衡中非常重要。该小组研究人员认为银屑病患者中这种平衡的破坏是浸润的 T_{H17} 细胞增多。但是在银屑病的各临床时期 Treg 细胞也并未减少。但也有研究表明 Treg 细胞与反应性 T 细胞的比例下降与银屑病的严重程度及进展过程有关。Treg 细胞向炎症反应区募集以控制反应性 T 细胞是必要的，特别是在银屑病进展期局部皮损中 Treg 细胞数减少而不能限制反应性 T 细胞的作用。有人认为 Treg 细胞调节功能的缺陷参与银屑病发病。它通过分泌 IL-2、释放抑制性细胞因子、诱导细胞裂解或凋亡等发挥抑制作用。Treg 细胞与银屑病的发病有关，但 Treg 细胞的数量、功能及其与 T_{H17} 细胞间比例与银屑病发病机制的具体关系有待于进一步研究。

二、免疫诊断方法

临床银屑病的免疫诊断方法主要是运用免疫组织化学及 ELISA 方法检测皮损处或外周血 IFN-γ、IL-2 及 IL-4、IL-10 等指标的表达水平。

三、免疫治疗

目前为止，可将治疗银屑病的生物制剂分为四大类：一是在早期研究中，主要用来重建免疫的一类药物，如他克莫司、利珠单抗；二是系统免疫抑制剂，如环孢菌素、甲氨蝶呤、延胡索酸；三为目前少数几个国家认同的生物制剂，如阿法赛特、依法利珠、英利昔单抗等；四是目前还在研究中的新型生物制剂。

在部分重症银屑病患者中，Alefacept 取得了较好的治疗效果并且效果持续时间较长。Alefacept 是融合蛋白，包括 CD58（LFA-3）的胞外段和表面共刺激分子 CD2 的连接段。表达 CD2 的主要是 T 淋巴细胞和 NK 细胞，也有少部分 $CD14^+DCs$ 表达 CD2。Alefaceptf 的作用机制可能通过连接 T 淋巴细胞、NK 细胞的 CD2 与受体 Fc 段，而导致 T 淋巴细胞的凋亡。用 Alefaceptf 治疗有效的银屑病患者皮损部位 T 细胞浸润减少，同时伴有 $CD11c^+$ 和 $CD83^+DCs$ 减少，而 IFN-α、STAT1、CXCL9、iNOS、IL-8、IL-23 和 IL-20 等部分炎症基因的表达也降低，这些实验结果表明，T 淋巴细胞可能是 Alefaceptf 治疗的首要靶点，但 DCs 和炎症基因反应也受到抑制。

Efalizumab 的目标就是干扰 T 淋巴细胞和黏附因子、共刺激因子的结合。Efalizumab 是抗 CD11a 的单抗。部分 T 淋巴细胞表达 CD11a，而 CD11a 能与细胞间黏附因子 1、2（ICAM-1，ICAM-2）结合。在淋巴结内免疫反应开始时，CD11a 与 ICAM 的结合促使 T 细胞与 ICAM+DCs 的结合，也促使 T 淋巴从血管中迁移、浸润到皮肤组织，促使 DCs 活化 T 淋巴细胞，因此抑制 CD11a 可改善银屑病症状。Efalizumab 治疗可增加患者外周血中淋巴细胞，该现象可能由抑制 ICAM-1 和 LFA-1 的相互作用，抑制 T 淋巴细胞的迁移所致。

TNF 抑制剂为重度银屑病患者提供了更多的治疗方案选择，已有两种 TNF 抑制剂由美国食品药物监督管理局批准上市：英夫利昔单抗和依那西普，一种进入后期临床试验：阿达木单抗。这些 TNF 抑制剂可以根据药物、剂型、剂量和治疗时间出色地控制疾病发生率。依那西普是一种人类融合 TNF 受体和淋巴毒素-α 的融合蛋白，可有效抑制 TNF 的生物活性。英夫利昔单抗是一种人鼠嵌合抗 TNF 单克隆抗体，可以结合可溶性受体而抑制肿瘤坏死因子。阿达木单抗是第一个完全重组人抗 TNF 抗体，从理论上说，与英夫利昔单抗的作用相似。靶向免疫拮抗剂的使用，不仅可治疗牛皮癣，对特异性免疫分子或通路在自身免疫性疾病中的作用研究亦具有巨大潜力。

　　三种不同的 TNF 抑制剂，均为抑制靶细胞上肿瘤坏死因子受体与可溶性肿瘤坏死因子的相互作用，它们对银屑病的治疗效果表明，这种细胞因子在疾病的发病机制中承担重要角色。通过对靶向药物抑制炎症反应的细胞和基因组分析，可以更多地了解单个分子在银屑病复杂免疫 - 炎症网络中的作用。例如，依那西普改善银屑病皮损中炎性细胞因子和趋化因子的浸润，表明 TNF 可调节一些邻近细胞因子（如 IL-1 和 IL-8）和由 IFN-α 及 STAT 通路所激发的上游免疫通路中有关的趋化因子。另外，还可抑制一氧化氮合酶（iNOS）和 IL-23 的分泌，它们由高表达 TNF 的 DCs 分泌，且分泌也受 TNF 的调节。

　　TNF 抑制剂不仅能抑制可溶性 TNF 的作用，也可能通过封闭细胞表面 TNF 受体和 TNF 而改变 TNF^+ 细胞的生物学特性，如英夫利昔单抗和阿达木单抗。所有的 TNF 抑制剂都具有结合 Fc 段受体（FcRs）的结构域，某些细胞表达的 FcRs 一旦被相应受体激活后可引起免疫抑制，而这种免疫抑制一经 TNF 启动就可能不再依赖 TNF，提示 TNF 抑制剂具有诱发全身免疫抑制的潜在风险，因此有必要对其作用机制进行深入地了解，如免疫治疗引起的银屑病皮损处和循环淋巴细胞（细胞分子研究）相关细胞和分子变化，以充分理解靶向生物制剂是如何影响炎症环路的；同时，我们需要更好地理解，在治疗期间，这些免疫调节剂又将如何影响正常的保护性免疫。理想状况下，我们也许能够找到仅影响病理免疫反应而不抑制保护性细胞免疫的治疗药物。为此，我们需要更深入地了解银屑病免疫环路中上游和下游炎性细胞因子、趋化因子和调节性受体间的相互作用。

思 考 题

1. 有哪些自身抗体可以诊断系统性红斑狼疮？
2. 试述类风湿关节炎的免疫诊断方法。

（姜　倩）

第二十九章 肿瘤免疫与防治

肿瘤的发生、发展与宿主的免疫系统功能密切相关。肿瘤免疫学（tumor immunology）是研究肿瘤及其相关分子的免疫原性、机体对肿瘤的免疫应答、机体免疫功能与肿瘤发生、发展的相互关系以及肿瘤免疫学诊断和免疫防治的科学。

肿瘤免疫的概念起源于 20 世纪初，1909 年 Ehrlich 首先提出，免疫系统不仅具有抵御病原体感染的功能，也负责清除改变的自身组分，包括癌细胞等。50 年代初发现，化学致癌物及病毒诱发的肿瘤具有肿瘤特异性移植抗原，其后又发现多种化学致癌物或致癌病毒诱发的动物肿瘤以及动物自发性肿瘤均表达肿瘤相关抗原，证实肿瘤确能被宿主视为"非己"而产生特异性免疫排斥。据此，Burnet 和 Thomas 1957 年提出"免疫监视"学说。20 世纪 70 年代单克隆抗体问世，极大推动了肿瘤免疫诊断技术和肿瘤免疫治疗，80 年代中后期随着分子生物学和免疫学迅速进展，对肿瘤抗原的性质及其提呈过程以及机体抗肿瘤免疫机制有了较深入认识。

近年来，已对肿瘤相关基因、肿瘤抗原及其提呈、机体抗瘤效应、肿瘤逃避机体免疫监视的机制等进行深入研究，极大促进了肿瘤免疫学进展，并开拓了肿瘤免疫治疗的新途径。

第一节 肿瘤发生机制

从免疫学的角度可以把肿瘤看作是一群失去正常调节机制、发生恶性转化的自身细胞。在正常机体的大多数组织和器官中，细胞的更新与死亡通常保持平衡状态。人体内各种类型的成熟细胞都有一定的寿命，当这些细胞死亡时，各种类型的干细胞通过增殖和分化而产生新的细胞。在正常情况下，新细胞的产生受到严密的调节。因此，任何类型的细胞数量都保持恒定状态。在这一过程中，癌基因调节细胞的增殖和死亡。当机体受到各种致癌因素如化学物质、放射线照射和病毒感染等的作用，细胞的生长失去控制，所产生的细胞克隆可以扩增成相当大小的肿块，这就是肿瘤。恶性肿瘤通过浸润性、破坏性生长侵袭周围组织和器官，以及通过淋巴或血道产生远处的转移，严重干扰机体的生理功能。

一、癌基因和抑癌基因

（一）癌基因

癌基因是动物细胞以及致癌病毒基因组内固有的一段功能单位，直接或间接控制细胞增殖和分化。正常情况下其活化和表达受严密控制，癌基因突变可过度活化、异常表达，从而导致正常细胞癌变。根据来源癌基因可分为病毒癌基因和原癌基因。

（1）病毒癌基因（viral oncogene）：是致癌病毒基因组内特殊的核苷酸片段，并非病毒复制所必须，但是病毒致瘤或者导致细胞恶性转化所必须的。致癌病毒有 DNA 和 RNA 两种类型。

（2）原癌基因：是存在于正常人细胞内与病毒癌基因有同源序列的 DNA 片段，可参与细胞的生长代谢，一般以非活化形式存在。原癌基因发生突变可使基因失去控制而成为致癌基因，细胞进入非正常增殖状态，甚至转化为癌细胞。原癌基因转变为癌基因的过程，称为原癌基因的激活。

目前认为，原癌基因是病毒癌基因的祖先，在生物进化的过程中，病毒在进入宿主细胞时，摄取了原癌基因，经过加工成为病毒癌基因。

（二）抑癌基因

抑癌基因是存在于正常细胞内，能抑制细胞转化和肿瘤发生的 DNA 片段，如 p53 和 Rb 基因。这些基因的产物限制细胞生长，其功能的丧失可导致细胞发生转化。

二、细胞的恶性转化

化学致癌剂、辐射和某些病毒处理培养中的正常细胞可以使其形态学与生长特性发生改变，这个过程称为转化。在某些情况下，转化了的细胞注入动物体内可诱发肿瘤的产生，这种转化称为恶性转化。恶性转化的细胞在体外培养中表现的特性和癌细胞相似，对生长因子和血清的要求很低，失去接触抑制的特性，能长期生长。

（一）化学及物理致癌剂诱导的转化

某些化学致癌剂如烷化剂具有直接致突变作用；另一些在体外并无致突变作用，但在体内经代谢作用转化成为强的致突变剂。物理致癌剂如紫外线和 X 射线等是强的致癌剂。

（二）病毒诱导的转化

Rous 在 1910 年首次用实验显示病毒能够诱导细胞转化，已确定 Rous 肉瘤病毒携带 src 癌基因。能诱导肿瘤的病毒称肿瘤病毒，包括 DNA 和 RNA 病毒，两类病毒诱发肿瘤的机制不同：DNA 肿瘤病毒是通过双链 DNA 整合到细胞染色体中，使细胞基因结构发生改变，细胞恶变。RNA 肿瘤病毒主要是逆转录病毒通过逆转录酶作用使其 DNA 整合到细胞染色体中。某些情况下，逆转录病毒诱导转化与癌基因有关，如 Rous 肉瘤病毒携带的 V-src 癌基因。

第二节 肿瘤抗原

肿瘤抗原（tumor antigen）泛指肿瘤发生、发展过程中新出现或过度表达的抗原物质，其在肿瘤发生、发展及诱导机体产生抗瘤免疫应答中起重要作用，并可作为肿瘤免疫诊断的标志物和治疗的靶分子。

一、肿瘤抗原分类

关于肿瘤抗原分类，目前尚无统一的标准，本节介绍两种常见分类方法。

（一）根据肿瘤抗原的特异性分类

1. 肿瘤特异性抗原（TSA） 指仅表达于肿瘤组织而不存在于正常组织的抗原。TSA 最初借助动物肿瘤移植实验而被证实，故曾被称为肿瘤特异性移植抗原（TSTA）或肿瘤排斥抗原（TRA）。TSA 能被宿主的免疫系统识别，激发机体的免疫系统攻击并消除肿瘤细胞。这一过程具有 MHC 限制性。此类抗原可表达于不同个体的同一组织学类型肿瘤中，如黑色素瘤相关排斥抗原，可见于不同个体的黑色素瘤细胞，但正常黑色素细胞不表达此类抗原。TSA 亦可为不同组织学类型的肿瘤所共有，如突变的 ras 癌基因产物可见于消化道癌、肺癌等，其氨基酸顺序与正常原癌基因 ras 表达产物存在差异，并能被机体免疫系统所识别。化学或物理因素诱发的肿瘤细胞常表达肿瘤特异性抗原，这类抗原多由已发生随机突变（包括点突变、缺失突变或插入突变等）的肿瘤细胞基因特别是突变的癌基因或抑癌基因编码。例如，胰腺癌中 ras 基因突变编码的 p21，结肠癌和乳腺癌中突变的 p53 等。

2. 肿瘤相关抗原（TAA） 指无严格的肿瘤特异性，即非肿瘤细胞所特有、正常组织或细胞也可表达的抗原，但其在肿瘤细胞异位表达或出现量的改变（如某些糖蛋白、胚胎性抗原等）。

（二）根据肿瘤产生的机制分类

1. 理化因素诱生的肿瘤抗原 在化学致癌剂或物理致癌因素（如紫外线、X 射线、放射性粉尘等）诱发的动物肿瘤中，均已检出肿瘤特异性抗原。它们是镶嵌于肿瘤细胞双层类脂膜中的糖蛋白，有较强免疫原性，易被宿主免疫系统识别和排斥。

这种肿瘤抗原常表现出明显的肿瘤特异性，即用同一种化学致癌剂在同系不同宿主体内诱发肿瘤时，尽管发生的肿瘤在组织学上属于同一类型，但每个宿主，甚至是在同一宿主不同部位的肿瘤，其抗原特异性亦不相同，很少出现交叉反应。其机制是：同一种化学致癌剂在基因型相同的不同细胞上作用位点不同，以致引起的突变基因不同，造成诱发的肿瘤具有特异性不同的 TSTA（图 29-1）。因此，应用单一抗血清难以检出某一理化因素诱发的所有肿瘤抗原；对单一化学致癌物所诱发的不同组织类型肿瘤，也难以研制出具有广谱疗效的单一抗癌疫苗。这种特点为该类肿瘤的免疫学诊断和治疗带来了极大的困难。

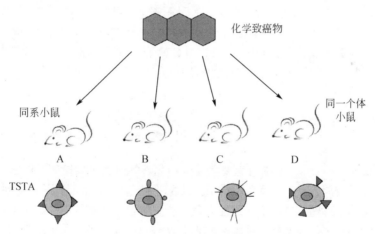

图 29-1 化学致癌剂诱发的肿瘤抗原

2. 病毒诱生的肿瘤抗原 有些病毒感染与肿瘤的发生密切相关，称为肿瘤病毒。例如，人乳头瘤病毒（HPV）和宫颈癌的发生有密切关系；乙型肝炎病毒（HBV）和丙型肝炎病毒（HCV）感染是导致人类原发性肝癌的主要原因之一；EB 病毒（EBV）与流行性伯基特淋巴瘤和鼻咽癌的发生有关；人类 T 淋巴细胞病毒（HTLV-1）能引起成人 T 细胞白血病。

病毒诱发的肿瘤抗原与理化因素诱导的肿瘤抗原比较，其特点是：①病毒主要是其 DNA 或 RNA 经逆转录成 DNA 与宿主细胞染色体 DNA 整合后，使细胞发生恶性转化并表达肿瘤抗原。理化因素是直接作用于细胞的染色体 DNA，使其发生突变，造成细胞恶性转化，表达突变基因的产物。②由同一种病毒诱导的不同类型肿瘤，不论动物种类和组织来源如何不同，都表达相同特异性抗原（图 29-2）。病毒所诱生 TSA，其诱导宿主产生的应答一般仅针对肿瘤细胞，而对宿主

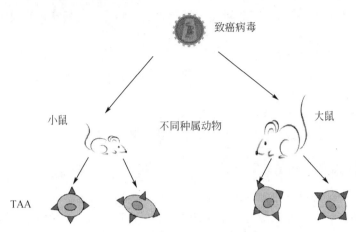

图 29-2　致癌病毒诱发的肿瘤抗原

其他细胞无作用。

3. 自发性肿瘤抗原　是指一些无明确诱发因素的肿瘤细胞表面表达的肿瘤特异性抗原。这类抗原的特点是某些自发性肿瘤类似于理化致癌剂诱发的肿瘤，具有个体特异性，几乎不发生交叉反应；另一些自发性肿瘤则类似于病毒诱发的肿瘤，表达具有共同特异性肿瘤抗原。

4. 胚胎抗原（fetal antigen）　正常情况下，此类抗原仅表达于发育中的胚胎组织，出生后在成熟组织中几乎不表达。由于某些不明的机制，癌变细胞可发生基因脱阻遏，以至重新产生此类抗原，并表达于瘤细胞表面或出现于血清中，故可用于某些肿瘤的辅助诊断。甲胎蛋白（AFP）、癌胚抗原（CEA）、胚胎性硫糖蛋白抗原（FSA）、α_2-H 铁蛋白、胎盘碱性磷酸酶以及神经外胚层衍生的癌胚抗原等均属胚胎抗原，其中对 AFP 和 CEA 的研究最为深入。一般情况下，宿主已耐受胚胎抗原，故不对其产生免疫应答。胚胎性抗原对异种动物具有强免疫原性，可籍此制备抗体，用于临床诊断。

二、肿瘤标志

肿瘤标志（tumormarkers）是指用免疫学及生物化学等方法可以检测并能够区分肿瘤与非肿瘤的物质，包括肿瘤抗原、激素、受体、酶与同工酶、癌基因与抗癌基因及其产物等百余种。目前临床使用的肿瘤化学诊断（血清学、免疫学及分子生物学）及细胞学与组织学诊断均以肿瘤标志为主要或辅助观察指标。肿瘤标志在肿瘤的人群普查及早期诊断、检测肿瘤的发生与转移、判断疗效及预后等方面均有较大的实用价值，在肿瘤发生和发展机制研究中也具有重要作用。

理想的肿瘤标志物应具有如下条件：①特异性强，具有较好地区别肿瘤与非肿瘤的能力；②最好能在肿瘤发生的早期被检出；③该物质量的改变与肿瘤消长相关，变化敏感；④取材方便，检出方法简便，灵敏度高。尽管目前已发现了多种肿瘤标志物，但符合理想条件者并不多，实际投入使用的更加有限，其中甲胎蛋白（AFP）、癌胚抗原（CEA）、前列腺特异性抗原（PSA）及 CA125 等均为临床常用的肿瘤标志物。某些标志物联合应用可能有助于提高诊断价值。

三、肿瘤特异性抗原的探寻和筛选

肿瘤抗原是肿瘤免疫的物质基础，也是探索肿瘤特异性诊断和治疗策略的关键，但是由于肿瘤病因不明、肿瘤细胞恶变机制尚不清楚、肿瘤抗原免疫原性较弱等原因，肿瘤特异性抗原的筛选和鉴定一直是限制肿瘤免疫学发展的重要因素。

1. 建立抗原特异性 CTL 克隆发现 TSA　已报道，体外制备人黑色素瘤特异性 CTL 克隆，应用其杀伤转染人黑色素瘤 cDNA 文库并表达 MHC- I 类分子的靶细胞，已筛选出 CTL 识别的人黑色素瘤特异性抗原（如 MAGE 等）。借助此原理，目前已从不同肿瘤患者体内扩增出多种抗原特异性 CTL 克隆，并据此发现多种人类肿瘤抗原。

2. 应用肿瘤患者血清在重组 cDNA 表达文库中筛选肿瘤抗原　近年建立的 SEREX 技术（serological analysis of autologous tumor antigens by recombinant cDNA expression cloning）是肿瘤抗原研究领域的重大进展。其原理是：

（1）人 B 细胞可识别自身肿瘤抗原，故肿瘤患者血清中可能含有抗肿瘤抗原的特异性抗体。

（2）建立肿瘤 cDNA 表达文库，使肿瘤抗原浓度成百倍增加，然后用肿瘤患者血清筛选文库。

（3）阳性克隆中插入的 cDNA 被认为可能是对应于肿瘤抗原的编码基因，进一步分析阳性克隆，鉴定出相应特异性肿瘤抗原基因。

借助此技术，迄今已发现 2000 余种肿瘤抗原。以该技术为基础，其后又建立了鉴定肿瘤抗原的噬菌体文库技术、基因差异筛选技术及蛋白质重组技术等。

第三节　机体抗肿瘤的免疫效应

宿主免疫功能低下、受抑制或免疫缺陷时，肿瘤的发病概率明显增高，而恶性肿瘤患者的免疫功能则往往受到抑制。因此，机体的免疫功能与肿瘤的发生发展有密切的关系。

机体抗肿瘤的免疫效应是多途径的，既有特异性的免疫反应，也有非特异性的免疫反应；既有细胞免疫反应，又有体液免疫反应。一般认为细胞介导的免疫是抗肿瘤免疫的主要成分，体液免疫因素通常仅在某些情况下起协同作用，有时甚至起肿瘤生长促进作用（图 29-3）。

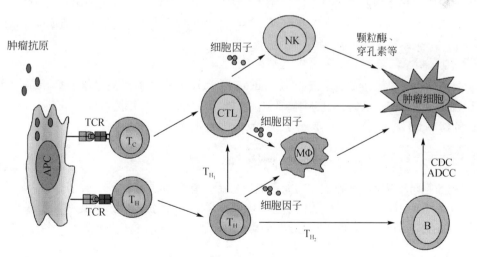

图 29-3　机体抗肿瘤免疫效应机制

对于免疫原性强的肿瘤，特异性免疫应答起主要作用，而对于免疫原性弱的肿瘤，非特异性免疫应答的作用更有意义。肿瘤诱导免疫应答的强度和肿瘤的免疫原性强弱有关，但肿瘤不是单一病因的疾病，机体对肿瘤产生的免疫应答及强度不单取决于肿瘤免疫原一个因素，还受到宿主的免疫功能及其他多种因素的影响。

一、抗肿瘤的固有免疫效应

（一）NK 细胞介导的抗肿瘤效应

NK 细胞无须抗原致敏即可直接杀伤敏感的肿瘤细胞，且不受 MHC 限制。NK 细胞在抗新生瘤、已形成肿瘤及转移瘤中均发挥重要作用，是机体抗肿瘤的第一道防线。NK 细胞具有较广抗瘤谱，可杀伤同系、同种或异种瘤细胞，对淋巴瘤和白血病细胞尤为有效，但对实体瘤作用较弱。

NK 细胞识别肿瘤细胞并被激活的机制可能为：多种肿瘤细胞表面 MHC 分子表达下调，影响 NK 细胞表面抑制性受体（IKR）对相应配体的识别，使激活性受体（AKR）效应占主导地位，导致 NK 细胞激活并对肿瘤细胞产生杀伤作用。激活的 NK 细胞非特异性杀伤肿瘤细胞的机制为：①通过 FasL/Fas、穿孔素 / 颗粒酶途径直接杀伤瘤细胞；② NK 细胞表面 FcγR（CD16）通过与抗瘤抗体 Fc 段结合，可介导 ADCC 效应；③分泌 IFN-γ 产生抗瘤效应。

（二）巨噬细胞介导的抗肿瘤效应

巨噬细胞是重要的抗肿瘤效应细胞。肿瘤组织周围出现明显的巨噬细胞浸润者，肿瘤转移发生率低，预后较好。已证实，激活的巨噬细胞才具有抗肿瘤活性，且对正常组织细胞无作用。其机制为：① ADCC 作用；②通过巨噬细胞介导的胞毒作用（MMC）直接杀伤瘤细胞，即激活的巨噬细胞可分泌 TNF、蛋白水解酶、IFN 及活性氧等细胞毒性分子，直接杀瘤或抑制瘤细胞生长；③巨噬细胞与致敏 T 细胞、特异性抗体和补体协同发挥抗瘤效应；④巨噬细胞的抗原提呈作用可参与 T、B 细胞的特异性免疫应答。

（三）$\gamma\delta$T 细胞介导的抗肿瘤效应

$\gamma\delta$T 细胞可直接杀伤肿瘤细胞，其机制类似 CTL 及 NK 细胞，但不受 MHC 限制。$\gamma\delta$T 细胞亦可通过分泌 IL-2、IL-4、IL-5、GM-CSF 和 TNF-α 等多种细胞因子而发挥杀瘤或抑瘤作用。

（四）NKT 细胞介导的抗肿瘤效应

肿瘤细胞或 APC 将肿瘤细胞糖脂 α-GalCer 以 CD1 复合物形式提呈给 NKT 细胞，活化的 NKT 细胞通过 Fas/FasL 等途径杀伤肿瘤细胞。另外，活化的 NKT 细胞可释放 IFN-γ，通过激活 NK 细胞和 CD8$^+$CTL，并促进 DC 成熟，从而发挥抗瘤效应。

（五）中性粒细胞介导的抗肿瘤效应

中性粒细胞与单核 / 巨噬细胞在功能及效应机制上有许多共同之处。肿瘤周围组织可见大量中性粒细胞集聚及浸润。未经活化的粒细胞抗瘤活性很低，活化的中性粒细胞可通过释放活性氧、细胞因子（如 TNF 和 IL-1 等）而非特异性杀伤肿瘤细胞。

二、抗肿瘤的特异性免疫效应

（一）T 细胞介导的抗肿瘤作用

T 细胞介导的免疫应答在杀伤肿瘤细胞，控制肿瘤生长中起重要作用。T 细胞按分化抗原不同分为 CD4$^+$T 淋巴细胞和 CD8$^+$T 淋巴细胞两大亚群。两个亚群分别受不同的 MHC 分子限制：CD4$^+$T 淋巴细胞主要识别 MHC-Ⅱ类分子呈递的外源性抗原，受 MHC-Ⅱ类分子的限制；CD8$^+$T 淋巴细胞主要识别 MHC-Ⅰ类分子呈递的内源性抗原，受 MHC-Ⅰ类分子的限制。

1. CD4$^+$T 细胞介导的抗肿瘤效应 APC 可捕获肿瘤细胞分泌的可溶性抗原、从肿瘤细胞表面脱落的抗原，或摄取从肿瘤组织脱落的肿瘤细胞，经加工处理后，以 MHC-Ⅱ类分子限制性的方式提呈给 CD4$^+$T 细胞。不同 CD4$^+$T$_H$ 细胞亚群，其介导抗肿瘤效应的机制各异：①活化的 CD4$^+$T$_{H_1}$ 可辅助 CD8$^+$CTL 激活；②活化的 CD4$^+$CTL 可直接杀伤瘤细胞；③活化的 CD4$^+$T$_{H_2}$ 细胞参与辅助 B 细胞产生特异性抗肿瘤抗体；④活化的 CD4$^+$T 细胞可辅助固有免疫细胞（如 NK 细胞、DC）活化。

2. CD8$^+$T 细胞介导的抗肿瘤效应 CD8$^+$CTL 的杀伤活性在机体抗瘤效应中起关键作用。CD8$^+$T 细胞可识别肿瘤细胞表面的肿瘤抗原肽-MHC-Ⅰ类分子复合物，被激活后增殖、分化，并通过 FasL/Fas、颗粒酶等多种途径杀伤肿瘤细胞。一般情况下，机体主要借助 CTL 清除体内存在的少量瘤细胞，该效应在荷瘤早期、肿瘤缓解期或清除术后残余瘤细胞中发挥重要作用。若肿瘤增殖至一定程度并发生扩散，或至肿瘤晚期，此时多数患者处于免疫抑制状态，则免疫系统不能有效清除肿瘤。肿瘤浸润淋巴细胞（TIL）中主要的效应细胞是 CTL，可特异性杀伤相应瘤细胞。

（二）B 细胞介导的抗肿瘤效应

荷瘤动物或肿瘤患者血清中存在能与瘤细胞发生反应的抗体（包括抗 TAA 和 TSA 抗体），提示机体存在针对肿瘤的体液免疫应答。在 APC 参与和 CD4$^+$T$_H$ 细胞辅助下，B 细胞对肿瘤细胞分泌的可溶性抗原或瘤细胞膜抗原产生应答，并分泌抗瘤抗体。抗瘤抗体的作用机制为：

1. ADCC 抗瘤细胞膜抗原的（IgG）抗体可通过 ADCC 效应杀伤瘤细胞，这对防止动物肿瘤细胞的血流播散及转移具有重要意义。体内能发挥 ADCC 作用的效应细胞包括中性粒细胞、NK 细胞和巨噬细胞等，但对特定瘤细胞，通常仅其中某一类效应细胞起主要作用。

2. 补体依赖的细胞毒作用 抗瘤抗体可通过补体依赖的细胞毒作用（CDC）杀伤瘤细胞，但不同瘤细胞对 CDC 作用的敏感性各异（白血病细胞较敏感，肉瘤不敏感）。CDC 在防止癌细胞转移中具有一定作用。

3. 干扰瘤细胞黏附作用 某些抗瘤抗体与瘤细胞表面抗原结合后，可通过如下机制发挥抑瘤作用：①修饰肿瘤抗原，通过干扰瘤细胞黏附特性而影响肿瘤生长；②阻断所结合蛋白抗原的生物学活性，抑制肿瘤增殖。

4. 形成免疫复合物 抗瘤抗体与肿瘤抗原结合为抗原-抗体复合物，其中抗体的 Fc 段可与巨噬细胞表面 Fc 受体结合，从而浓集抗原，有利于提呈肿瘤抗原并激活肿瘤抗原特异性 T 细胞。另外，抗独特型抗体的"内影像"组分可模拟肿瘤抗原，在诱导、维持抗瘤免疫效应中发挥一定作用。

5. 调理作用 抗瘤抗体可通过调理作用促进巨噬细胞吞噬肿瘤细胞。

第四节　肿瘤的免疫逃逸

目前已确认机体具有强大的免疫系统，可行使免疫监视功能。但事实上肿瘤细胞仍可不停地在体内生长。2002 年，Schreiber 和 Dunn 等提出肿瘤免疫编辑（tumor immunoediting）学说，其着眼于免疫系统在肿瘤形成中的双重作用，将肿瘤发展过程分为 3 个阶段：①清除阶段，即传统意义上机体对肿瘤的免疫监视；②平衡期，即肿瘤未被机体免疫系统完全清除，处于和免疫系统相持阶段，肿瘤的免疫原性在此阶段被免疫系统重新塑造；③逃逸期，指肿瘤克服免疫系统对其拮抗作用,从而进行性成长。因此,肿瘤的转归取决于肿瘤与机体免疫系统间相互作用和相互博弈。

一、肿瘤细胞直接逃避免疫监视

机体具有严密的免疫监视机制,但恶变细胞可能通过多种机制而逃避机体的免疫监视,从而导致肿瘤发生。

(一)肿瘤抗原的免疫原性弱及抗原调变

肿瘤特异性抗原乃肿瘤细胞中突变基因所表达,其与正常细胞所表达蛋白的差异很小,甚至仅个别氨基酸不同,故免疫原性弱,难以诱导机体产生有效的抗肿瘤免疫应答。另外,宿主对肿瘤抗原的免疫应答也可能导致肿瘤细胞表面抗原表达减少或丢失,使肿瘤细胞不易被宿主免疫系统识别,得以逃避免疫攻击。这种现象称为"抗原调变"。

(二)MHC 抗原表达异常

某些肿瘤细胞表面 MHC-Ⅰ类抗原表达降低或缺失,难以激活肿瘤抗原特异性 CTL,以至瘤细胞得以逃避宿主免疫攻击。某些肿瘤细胞可异常表达非经典 MHC-Ⅰ类分子,其与 NK 细胞表面抑制性受体结合可启动抑制性信号,抑制 NK 细胞杀伤活性。

人类许多肿瘤细胞系均被发现 HLA 抗原表达异常。临床观察也显示,HLA-Ⅰ类抗原表达减少或缺失的肿瘤患者,其转移率较高、预后较差。MHC-Ⅱ类抗原可能是某些组织细胞分化早期的表面标志,其异常表达反映肿瘤细胞处于去分化状态,可使其逃避 T 细胞识别。

(三)肿瘤细胞表面"抗原覆盖"或被封闭

"抗原覆盖"指肿瘤细胞表面抗原可能被某些物质覆盖。例如,肿瘤细胞高表达唾液黏多糖可覆盖肿瘤抗原,从而干扰宿主淋巴细胞对瘤细胞的识别和杀伤作用。

另外,肿瘤患者血清中存在封闭因子,可封闭瘤细胞表面的抗原表位或效应细胞的抗原识别受体(TCR、BCR),从而使癌细胞逃脱效应细胞的识别,免遭致敏淋巴细胞攻击。

(四)肿瘤抗原的加工、提呈障碍

一些肿瘤细胞有 MHC 基因突变或缺失的现象,它们表达很低水平甚至根本不表达 MHC-Ⅰ类分子。另外,肿瘤细胞中 LMP 和 TAP 基因也经常发生突变,间接影响 MHC-Ⅰ类分子的表达,使肿瘤细胞内抗原无法呈递给 CD8$^+$CTL 细胞,从而逃避 CTL 对肿瘤细胞的攻击。

(五)共刺激分子及黏附分子表达下降

在 T/B 细胞特异性识别和激活过程中,B7 及 CD28/CTLA-4 等共刺激分子发挥重要作用。某些肿瘤细胞可表达 MHC-Ⅰ类抗原,但由于缺乏共刺激分子 B7-1,而不能诱导机体产生有效抗瘤免疫应答。此外,肿瘤细胞表面的其他共刺激分子(如 ICAM-1、IFA-3、VCAM-1 等)也可表达异常,使肿瘤细胞得以逃避 T 细胞的免疫监视。

二、肿瘤细胞逃逸

肿瘤发生早期其瘤细胞量少,不足以刺激机体免疫系统产生足够强的应答。肿瘤生长至一定程度并形成瘤细胞集团后，肿瘤抗原编码基因可能发生突变，从而干扰或逃避机体的免疫识别，这种现象称为肿瘤细胞逃逸。

三、肿瘤抗原诱导免疫耐受

肿瘤细胞表达的"异己"肿瘤抗原，在宿主体内长期存在的过程中，有可能作用在处于不同分化阶段的抗原特异性淋巴细胞。当肿瘤抗原与未成熟的或幼稚的相应淋巴细胞接触时，就可诱发宿主对肿瘤抗原产生免疫耐受性。已知小剂量抗原多次刺激或大剂量弱抗原反复作用，均可诱发实验动物的免疫耐受性。肿瘤抗原是弱抗原，肿瘤早期处于低剂量，肿瘤持续生长时，持续刺激宿主也有可能诱发产生对肿瘤抗原的免疫耐受性，因而宿主由于不能对肿瘤产生免疫应答，无法对肿瘤细胞发动免疫攻击。

近来还发现，肿瘤细胞可诱导机体出现特异性的免疫无反应性，其机制是体内存在肿瘤特异性的抑制性 T 细胞。利用抗 CD4 单抗治疗荷瘤小鼠可解除免疫抑制情况并导致肿瘤排斥。这种抑制性 T 细胞（CD4$^+$）的存在直接影响效应性 T 细胞（CD8$^+$）的杀瘤活性。

四、肿瘤细胞诱导免疫细胞凋亡或自身抵抗凋亡

近年发现，多种瘤细胞（如肝癌、肺癌、乳腺癌、胃肠道肿瘤等）高表达 FasL。在机体抗瘤免疫应答过程中，活化的肿瘤特异性 T 细胞 Fas 表达增高，瘤细胞可通过 FasL/Fas 途径介导肿瘤特异性 T 细胞凋亡。另一方面，瘤细胞内某些 Fas 信号传导分子可发生获得性缺陷，从而抵制 FasL 介导的细胞凋亡，并逃避免疫攻击。

五、肿瘤细胞分泌免疫抑制性物质

（一）细胞因子

肿瘤细胞和肿瘤基质细胞可分泌 IL-10、TGF-β 等具有免疫抑制作用的细胞因子。必须指出，绝大多数情况下 IL-10 可通过抑制 DC 成熟和 T_{H_1} 分化等机制抑制抗肿瘤免疫，但某些特殊条件下也具有抗瘤效应。

（二）前列腺素 E（PGE）

PGE 具有较强的免疫抑制活性，肿瘤细胞可通过释放 PGE 抑制肿瘤部位的 T 细胞活性。

（三）游离肿瘤抗原

肿瘤细胞表面抗原比正常细胞表面的抗原容易脱落，大量脱落的抗原分布在肿瘤细胞周围形成抗原烟幕，从而妨碍致敏淋巴细胞或抗体与瘤细胞结合，以致瘤细胞得以逃避体内免疫效应对其杀伤。

综上所述，一方面，机体具有极为复杂的抗瘤的免疫学效应机制；另一方面，肿瘤细胞可能通过多种机制逃避机体免疫攻击。因此，肿瘤发生与否及其转归，取决于上述两方面作用的综合效应。而且，在肿瘤发生、发展的不同阶段，发挥作用的主要机制可能各异。

第五节　肿瘤的免疫学诊断和免疫治疗

一、肿瘤的免疫学检测

肿瘤的免疫学检测主要涉及肿瘤的免疫学诊断和对患者免疫状态的评估两方面。

（一）肿瘤的免疫学检测

1. 肿瘤抗原的检测　包括肿瘤相关性抗原和肿瘤特异性抗原。

例如，如 AFP 的检测用于辅助诊断原发性肝癌；CEA 的检测有助于直肠癌、胰腺癌的诊断；AFP 结合 HCG 的检测有助于生殖细胞系恶性肿瘤检出。借助免疫组化或流式细胞仪检测肿瘤细胞的分化抗原、相同组织来源癌细胞的共同肿瘤抗原等，有助于肿瘤的诊断和组织分型。

2. 检测抗肿瘤抗体　如在黑色素瘤患者血清中查到抗自身黑色素瘤抗体，在鼻咽癌和 Burkitt 淋巴瘤患者血清中检出 EBV 抗体，且抗体水平的变化与病情的发展和恢复有关。

3. 肿瘤的放射免疫显像诊断　将放射性核素如 ^{131}I 与肿瘤单抗结合，从静脉注入体内或腔内均可将放射性核素导向肿瘤的所在部位，用照相机可以显示清晰的肿瘤影像，已试用临床肿瘤定位诊断。

（二）评估肿瘤患者免疫功能状态

检测 T 细胞亚群、巨噬细胞、NK 细胞的功能及血清中某些细胞因子水平来测定肿瘤患者的免疫功能状态，有助于判断肿瘤的发展和预后。

二、肿瘤免疫治疗

肿瘤免疫治疗的目的是通过激发和增强机体对肿瘤抗原的免疫应答能力，杀灭已形成的肿瘤细胞及控制肿瘤的生长。目前，肿瘤免疫治疗有以下几方面：

（一）肿瘤疫苗

随着肿瘤特异性抗原和肿瘤相关性抗原不断被发现，应用肿瘤抗原诱导抗肿瘤免疫已成现实，目前研制的瘤苗有以下几类：

1. 活疫苗　由自体或同种肿瘤细胞制成，使用时有一定的危险性，较少用。

2. 减毒或灭活的疫苗　自体或同种肿瘤细胞经过射线照射、药物、高低温等处理可消除其致瘤性、保留其免疫原性，与佐剂合用，对肿瘤的治疗有一定的疗效。

3. 基因修饰的疫苗　将某些细胞因子的基因或 MHC-Ⅰ类抗原分子的基因，黏附分子基因等转移入肿瘤细胞后，可降低其致瘤性，增强其免疫原性，这种基因工程化的肿瘤疫苗在实验动物研究中，取得了肯定的效果，人体应用的前景尚待评价。

4. 独特型抗体　是抗原的内影像，可以代替肿瘤抗原进行主动免疫。目前已用于治疗 B 淋巴细胞瘤。

另外，用树突状细胞（DC）与肿瘤细胞在体外融合或者用肿瘤抗原装载于纯化的 DC 回输给肿瘤患者，临床上已取得了一定的效果。

（二）肿瘤抗体的导向治疗

将放射性核素、化疗药物以及具有细胞毒作用的毒素、植物毒素和细菌毒素与肿瘤特异性单抗偶联，利用高度特异性抗体的导向作用，将细胞毒性物质定向地携至肿瘤病灶局部，直接而特异地杀伤肿瘤细胞。单抗导向治疗在临床应用中虽取得了一定疗效，但以下问题限制了其应用的价值：①对肿瘤抗原特异性的认识不够，且可用于临床的肿瘤特异性抗体较少；②目前应用的肿瘤特异性单抗绝大多数为鼠源单抗，应用人体后可诱导抗鼠单抗的免疫应答，影响其疗效的发挥和可能发生超敏反应；③体内注射的单抗对实体瘤穿透力弱。随着基因工程抗体的研制成功，人源化抗体、小分子抗体的问世，为单抗导向治疗奠定了基础。

（三）细胞因子的免疫治疗

细胞因子具有活化免疫细胞、调节免疫功能的多种生物学作用。IL-2 最早被批准用于肾细胞癌和黑色素瘤的治疗。在临床上应用 IFN 治疗血液系统肿瘤如毛细胞白血病疗效较显著。CSF 用于降低放化疗或骨髓移植后白细胞贫血的时间。但是，由于细胞因子具有多样性生物学功能，此类药物产生明显的毒副作用。

（四）过继性细胞免疫治疗

过继性细胞免疫治疗是近年来涌现的肿瘤治疗新方法。其基本原理是通过输注自体或同种异体特异性或非特异性肿瘤杀伤细胞（主要为免疫活性细胞）而达到治疗肿瘤的目的。特别是自 1985 年美国学者 Rosenberg 等创立 IL-2+LAK 细胞疗法后，这种疗法已得到较广泛重视，现已形成了先在体外激活和扩增杀伤肿瘤细胞的效应细胞，然后再回输患者的这种程序。

过继免疫治疗所用的细胞包括肿瘤特异的 CTL、LAK、TIL、NK 以及杀伤性巨噬细胞及 DC 等。肿瘤特异性 CTL 细胞取自患者自身的外周血淋巴细胞，在患者的肿瘤抗原及 IL-2 存在的条件下，在体外进行二次致敏和扩增。这种细胞的特异性高，杀伤力强。近年来，由于商品化 rIL-2、血细胞分离机及细胞反应器的应用，大大促进了 LAK 细胞的体外激活、培养扩增和体内回输。

LAK 前体细胞的激活规律及机制，LAK 细胞的生物学特性及生理、病理学意义，LAK 细胞体外增殖与其杀伤活性消长之间的关系，LAK 细胞回输后在体内的动向、命运及效应机制等尚不完全明晰，加之 LAK 细胞疗法本身的局限性和不足，使这一方面还不能成为肿瘤治疗的常规手段，因此在选择这一疗法时应格外慎重。

近年来，利用肿瘤裂解物或肿瘤特异性抗原肽体外致敏的 DC 过继回输治疗肿瘤取得了较大的进展，初步临床试验显示多数患者针对相应抗原的细胞免疫反应增加。另外，将 DC 与肿瘤细胞融合，可将 DC 的免疫刺激功能与肿瘤抗原信息有机地结合起来，从而更有效地诱导机体产生抗肿瘤免疫反应。

（五）基因治疗

基因治疗的经典概念来自遗传病，是指通过外源基因导入人体以纠正内在的基因缺陷的疗法。肿瘤的基因治疗的概念逾越了"纠正基因缺陷"的经典概念，已扩大到将外源基因导入人体，最终达到直接或间接（通过增强机体免疫功能）抑制或杀伤肿瘤细胞的治疗方法。

恶性肿瘤的基因治疗虽然起步较晚，但进展非常迅速，目前基因治疗的方法主要包括以下几种。

1. 细胞因子基因治疗　原理将细胞因子基因导入体内使之充分发挥免疫调节作用，通过直接抑制肿瘤生长或间接激活抗肿瘤免疫功能等机制达到抗肿瘤目的。主要包括：①将细胞因子基因导入肿瘤细胞制成转基因瘤苗，通过主动特异治疗方式取得抗肿瘤效果；②将细胞因子基因导入抗肿瘤免疫效应细胞（如 LAK、TIL 及 CTL 等），增强其对癌组织的识别、结合或杀伤效应；③将细胞因子基因导入某些易于移植体内并长期存活的载体细胞，如成纤维细胞，可使细胞因子在体内持续产生并存在较长时间，发挥更强的作用；④将细胞因子基因直接导入器官（如肿瘤部位）或组织（如肌肉）起到核酸疫苗作用。目前涉及基因治疗的细胞因子包括白细胞介素、干扰素、肿瘤坏死因子及集落刺激因子等几乎所有系列的细胞因子。

2. 增加肿瘤细胞免疫原性的基因治疗　是将 MHC 或某些细胞表面辅助分子基因（如 B7）转入肿瘤细胞，可使其免疫原性增强，从而有效地激活肿瘤特异性免疫应答以杀伤肿瘤细胞。

3. "自杀"基因治疗　即向肿瘤细胞内导入药物敏感性基因，如单纯疱疹病毒胸腺嘧啶核苷激酶（HSV-TK）基因，能使低毒或无毒的药物前体转变为细胞毒性药物，从而选择性地杀伤肿瘤细胞。

4. 抑癌基因及癌基因反义物基因治疗　将抑癌基因 P53、Rb 等导入肿瘤细胞后可显著抑制肿瘤生长；将某些癌基因（如 Ras）的反义寡核苷酸导入肿瘤细胞，反义 RNA 可与癌基因的靶序列结合，封闭癌基因活化，从而特异地抑制肿瘤细胞的增殖。

5. 造血干细胞基因治疗　除可介导具有促造血功能的细胞因子（如 CSF）基因治疗外，还可将多耐药基因 MDR 转导入该类细胞，以保护其免受放、化疗损伤，增强放、化疗强度，并加速造血功能重建。随着目的基因的不断开发，基因表达载体的不断改进，基因转染及细胞移植技术的不断优化，恶性肿瘤基因治疗这种全新的疗法必将取得更大的突破。

思 考 题

1. 什么是"癌基因"？什么是"抑癌基因"？
2. 什么是"肿瘤标志"？

（熊阿莉）

第三十章　移植免疫

在医学上应用自体或异体的正常细胞、组织、器官置换病变的或功能缺损的细胞、组织、器官，以维持和重建机体生理功能，这种治疗方法称为细胞移植、组织移植或器官移植。移植术后，受者免疫系统可识别移植物抗原并产生应答，移植物中免疫细胞也可识别受者组织抗原并产生应答，此为移植排斥反应。

人类探索移植免疫的历史悠久，从 1596 年成功进行最早的自体免疫移植到 19 世纪 Medawar 利用近交系小鼠皮肤移植实验发现同种异体皮肤移植排斥反应具有特异性和记忆性，逐渐阐明了移植排斥反应的免疫学本质及其遗传学基础，为临床开展人类同种移植奠定了基础。

目前，随着组织配型技术、供/受者支持技术、器官保存技术和外科手术方法的不断改进，以及高效免疫抑制剂的陆续问世，器官移植的应用范围日趋扩大，移植物存活率不断提高，器官移植已成为治疗多种终末期疾病的有效手段。

临床与实验研究发现，不同类型移植物其发生排斥反应程度各异。根据移植物的来源及其遗传背景的差异，可将移植分为 4 类：①自体移植，指移植物来源于宿主自身，不产生排斥反应；②同系移植，指移植物来源于遗传基因与宿主完全相同或近似的供者，如单卵双生个体间的移植或近交系动物间的移植，一般不产生排斥反应；③同种异基因或同种异型移植，指移植物来自同种，但遗传基因有差异的另一个体，临床移植多属此类型，一般均会引起不同程度排斥反应；④异种移植，指移植物来源于异种动物，由于供、受者遗传背景差异甚大，一般会引起强烈的排斥反应。

第一节　同种异型移植排斥的机制

同种异基因或同种异型移植一般均会发生排斥反应，移植排斥反应本质上是受者免疫系统针对供者移植物产生的适应性免疫应答。T 细胞是识别同种异型抗原介导移植排斥反应的关键细胞。

一、诱导同种异型移植排斥反应的抗原

引起移植排斥反应的抗原称为移植抗原或组织相容性抗原。同一种属不同个体间，由不同等位基因表达的多态性产物，即为同种异型抗原。供受者间同种异型抗原差异决定移植物的免疫原性，并因此介导排斥反应发生。

（一）主要组织相容性抗原

主要组织相容性抗原（MHC 抗原）由一组紧密连锁的基因群所编码，该基因群称为主要组织相容性复合体（MHC），可诱导迅速而强烈的排斥反应。人类 MHC 抗原即 HLA 抗原，人群中 HLA 具有极为复杂的多态性，使其成为同种异体移植中介导强烈排斥反应的最重要同种异型抗原。

（二）次要组织相容性抗原

实验研究和临床资料均证明，即使主要组织相容性抗原完全相同，仍可能发生程度较轻、较

缓慢的排斥反应，提示还存在其他可诱导排斥反应的抗原，引起较弱排斥反应的抗原称为次要组织相容性抗原（mH 抗原），包括与性别相关的 mH 抗原（Y 染色体基因编码的产物）和由常染色体编码的 mH 抗原（在人类包括 HA-1 ~ HA-5 等）。mH 抗原以 MHC 限制性方式被 CTL 和 T_H 细胞识别，而不能被 T 细胞直接识别。虽然单个 mH 抗原不符一般引起缓慢的排斥反应，但多个 mH 抗原不相符也可能引起类似于 MHC 不相符所致的快速排斥反应。因此，临床移植（尤其是造血干细胞移植）中应在 HLA 型别相配的基础上兼顾 mH 抗原。

（三）其他同种异型抗原

1. 血型抗原　人 ABO 血型抗原广泛分布于红细胞、血管内皮细胞和肝、肾等组织细胞表面，其中血管内皮细胞表达的 ABO 血型抗原在排斥反应中发挥着重要的作用。供、受者间 ABO 血型不合可引起移植排斥反应，受者血清中血型抗体可与供者移植物血管内皮细胞表面 ABO 抗原结合，通过激活补体而引起血管内皮细胞损伤和血管内凝血，导致超急性排斥反应，迅速损伤移植物。

2. 组织特异性抗原　指特异性表达于某一器官、组织或细胞表面的抗原。如内皮细胞（VEC）抗原，可诱导受者产生强的细胞免疫应答，从而在急性和慢性排斥反应中起重要作用。皮肤 SK 抗原，可与 MHC 分子结合为复合物，皮肤移植后可通过直接提呈方式被受者 T 细胞识别，并导致排斥反应发生。不同组织、器官所表达的组织特异性抗原其免疫原性各异，故同种异体不同组织器官移植后发生排斥反应的强度各异，从强到弱依次为皮肤、肾、心、胰、肝。

二、同种异型抗原的识别机制

与普通抗原相比，同种异型抗原诱导机体产生免疫应答具有以下特点：①体内被激活的淋巴细胞克隆数极高，从而引发强烈免疫应答；②参与对同种异型抗原产生的应答细胞，包括供受者双方的 APC（主要是 DC）和淋巴细胞。因此，同种异型抗原的提呈和识别具有特殊性。

同种反应性 T 细胞是参与同种异型移植排斥反应的关键效应细胞，长期以来，受者 T 细胞如何跨越 MHC 限制性而识别移植抗原，始终是困扰人们的难题。

目前认为，T 细胞对同种抗原的识别可分为直接识别和间接识别（图 30-1）。

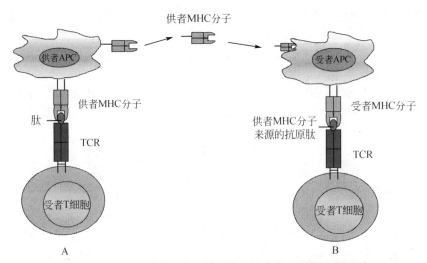

图 30-1　受者 T 细胞对同种异型抗原的直接识别和间接识别

A. 直接识别：受者同种反应性 T 细胞的 TCR 直接识别供者 APC 所提呈的抗源肽 -MHC 复合物；B. 间接识别：受者同种反应性 T 细胞的 TCR 识别经受者 APC 加工处理的供者 MHC 抗原肽

（一）直接识别

1. 直接识别的概念　直接识别指受者 T 细胞可直接识别供者 APC 表面的抗原肽 – 同种异型 MHC 分子复合物。该途径是同种异型移植所特有的抗原提呈识别方式，在急性排斥反应早期发挥重要作用。直接识别的基本过程是：移植器官与受者血管接通后，受者 T 细胞可进入移植物中；残留于移植物中的过客白细胞，主要为成熟的 DC 和巨噬细胞等 APC，也可进入受者血液循环，并向受者外周淋巴器官迁移，由此，供者 APC 可与受者 T 细胞接触，引发移植排斥反应。

2. 直接识别的特点　区别于对一般抗原的应答，由直接识别导致的排斥反应有两个特点：①速度快，因为无须经历抗原摄取、处理和加工；②强度大，因为每一个体中，具有同种抗原反应性的 T 细胞克隆占 T 细胞库总数的 1%～10%，而针对一般异源性抗原的 T 细胞克隆仅占总数的 1/100 000～1/10 000。

目前认为，直接识别机制在移植早期急性排斥反应中起重要作用。但是，由于移植物内 APC 数量有限，同时过路 APC 进入受者血循环后即分布于全身，并随时间推移而逐步消失，故直接识别在急性排斥反应的中晚期或慢性排斥反应中无重要意义。

3. 直接识别的机制　按照经典的 MHC 限制性理论，MHC 型别相同的 APC 和 T 细胞间才能相互作用。同种抗原直接识别途径中，供者 APC 与受者 T 细胞间 MHC 型别各异，理论上两者不能发生相互作用。对直接识别机制与经典理论相悖这一现象，现代免疫学提出了某些解释。

晶体衍射技术证实，TCR 乃识别抗原肽和 MHC 分子的复合结构（pMHC），TCR 与 pMHC 的结合界面由 TCR 的 CDR、MHC 分子抗原结合槽的 α 螺旋及抗原肽组成。其中：TCR 的 CDR3 识别抗原肽；CDR1 和 CDR2 识别 MHC 分子 α 螺旋的保守序列（CDR1 也识别小部分抗原肽）。已发现，任一 T 细胞克隆具有交叉识别不同 pMHC 的潜能，其可能机制为：① TCR 对 pMHC 的识别具有简并性，即同一 TCR 可能识别不同的 pMHC；② CDR3 的构型具有包容性，可通过构型改变而识别不同 pMHC。由此，供者 APC 表面所表达含供者 MHC 分子的多种复合结构（即新表位），均可直接被受者同种反应性 T 细胞交叉识别（图 30-2）。上述发现为阐明 TCR 具有交叉反应性的结构基础及直接识别的机制，提供了重要依据。

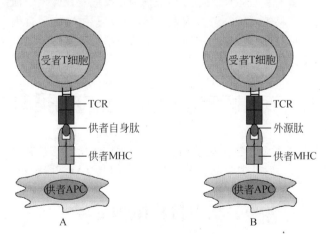

图 30-2　直接识别途径的靶结构

直接识别途径中，受者 T 细胞识别供者 APC 所提呈的 2 类复合结构；A. 同种异型移植时，受者同一 TCR 可识别供者自身肽 - 供者 MHC 分子复合物；B. 正常免疫应答过程中，受者 TCR 特异性识别外来抗原肽 - 自身 MHC 分子所形成的复合结构

（二）间接识别

间接识别指受者 APC 提呈同种异型抗原肽供受者 T 细胞识别。供者移植物的脱落细胞或 MHC 抗原经受者 APC 加工和处理后，以供者抗原肽 - 受者 MHC 分子复合物的形式提呈给受者 T 细胞，使之活化。间接识别也是移植排斥反应的重要机制。在急性排斥反应早期，间接识别与直接识别机制协同发挥作用；在急性排斥反应中晚期和慢性排斥反应中，间接识别机制起更为重要的作用。

三、移植排斥反应的效应机制

（一）细胞免疫应答效应机制

T 细胞介导的细胞免疫应答在移植排斥反应的效应机制中发挥关键作用。T 细胞分为多个功能亚群，它们参与移植排斥反应的作用及机制各异：① T_{H_1} 细胞通过分泌 IFN-γ、IL-2 和 IFN-α 等炎性细胞因子，聚集单核 / 巨噬细胞等炎性细胞，导致迟发型超敏反应性炎症损伤；② CTL 可直接杀伤移植物血管内皮细胞和实质细胞；③ $T_{H_{17}}$ 细胞可释放 IL-17，可招募中心粒细胞，促进局部组织产生炎性因子、趋化因子（IL-6、IL-8、MCP-1 等）并表达基质金属蛋白酶，介导炎性细胞浸润和组织损伤。

（二）体液免疫效应机制

体液免疫在急性排斥反应中发挥一定作用。移植抗原特异性 $CD4^+T_H$ 细胞被激活后，可辅助 B 细胞分化为浆细胞，后者分泌针对同种异型抗原的特异性抗体。抗体可发挥调理作用、免疫黏附、ADCC 和 CDC 作用等，通过固定补体、损伤血管内皮细胞、介导凝血、血小板聚集、溶解移植物细胞和释放促炎性介质等，参与排斥反应发生。

（三）固有免疫损伤机制

同种移植物首先引发固有免疫效应，导致移植物炎症反应及相应组织损伤，随后才发生特异性免疫排斥反应。同种器官移植术中，诸多因素可启动针对移植物的固有免疫损伤效应，如外科手术所致的机械性损伤。尽管固有免疫在移植排斥中的作用早已被确认，但对其重要性的认识还不足，且缺乏有效调控固有免疫的药物与治疗方案。

第二节　临床移植排斥反应的类型

移植排斥反应包括两种类型，宿主抗移植物反应（HVGR）和移植物抗宿主反应（GVHR）。前者见于一般实质器官移植，后者主要发生于骨髓移植或其他免疫细胞移植。

一、宿主抗移植物反应

HVGR 主要是受者 T 细胞识别移植物抗原，并激活免疫系统，产生细胞和体液免疫应答，攻击和破坏移植物，导致移植物被排斥。根据排斥反应发生的时间、强度、机制和病理表现，可分为超急性排斥、急性排斥、慢性排斥反应三类。

（一）超急性排斥反应

超急性排斥反应指移植器官与受者血管接通后数分钟至 24 小时内发生的排斥反应。临床表现为恢复血供后移植物色泽逐渐变为暗红青紫、质地变软、失去充实的饱胀感，同时丧失功能，受者移植区出现剧烈疼痛，伴有高热、寒战，免疫抑制药物治疗无效。可见于反复输血、多次妊娠、长期血液透析或再次移植的个体。该反应是由于受者体内预先存在抗供者组织抗原的抗体（多为 IgM 类），包括抗供者 ABO 血型抗原、血小板抗原、HLA 抗原及 VEC 抗原的抗体。除免疫学机制外，供体器官灌流不畅或缺血时间过长等非免疫学机制也可能导致超急性排斥反应的发生。

（二）急性排斥反应

急性排斥反应是同种异基因器官移植中最常见的一类排斥反应，一般在移植术后数天至两周左右出现，80%～90% 发生于术后一个月内。3 个月后反应逐渐减弱，但一年内反复发生。病理学检查可见，移植物组织出现大量巨噬细胞和淋巴细胞浸润，实质性细胞发生坏死。及早给予适当的免疫抑制剂治疗，急性排斥反应大多可获缓解，一旦移植物功能明显减退、症状明显时，药物治疗通常难以逆转病情。

$CD4^+T_{H_1}$ 细胞介导的迟发型超敏反应是主要的损伤机制；$CD8^+CTL$ 和 $CD4^+CTL$ 可直接杀伤表达异型抗原的移植物细胞；此外，激活的巨噬细胞和 NK 细胞也参与急性排斥反应的组织损伤。

（三）慢性排斥反应

慢性排斥反应发生于移植后 6～12 个月，特别是一年以后，病情进展缓慢，往往呈隐匿性，移植物功能逐渐减退，甚至完全丧失。其对免疫抑制疗法不敏感，从而成为目前移植物不能长期存活的主要原因。慢性排斥反应的特征是多种细胞（如多形核白细胞、单核细胞、血小板等）附着于血管内皮受损部位，这些激活的血细胞和内皮细胞所释放的血小板源生长因子（PDGF）及细胞表面的黏附分子是介导细胞黏附的主要因素。受损的内皮细胞被血小板和纤维蛋白覆盖，最终导致血管增生性损伤或纤维化，造成器官组织结构破坏及功能丧失。慢性排斥反应的另一病理特征是血管平滑肌细胞增生，导致移植物血管破坏。

慢性排斥反应的机制还不大清楚，目前认为，移植脏器功能衰退可能由免疫和非免疫两种机制引起。

1. 免疫损伤机制　慢性排斥反应是急性排斥反应反复发作的结果，且常与供、受者间组织不相容有关。血管慢性排斥（CVR）是其主要形式，表现为血管内皮细胞（VEC）损伤。慢性排斥过程中，受者 $CD4^+T$ 细胞通过间接识别 VEC 表面 MHC 抗原而被激活，继而 T_{H_1} 细胞和巨噬细胞介导慢性迟发型超敏反应性炎症；另外，T_{H_2} 细胞辅助 B 细胞产生抗体，通过激活补体和 ADCC 作用，损伤移植器官的血管内皮细胞。反复发作的急性排斥反应引起移植物血管内皮细胞持续性轻微损伤，并持续分泌多种生长因子（如胰岛素样生长因子、血小板源生长因子、转化生长因子等），继而导致血管平滑肌细胞增生、动脉硬化、血管壁炎性细胞（T 细胞、巨噬细胞）浸润等病理改变。近期研究显示，记忆性细胞和某些属于"内源性危险信号"的非特异性效应分子可能参与慢性排斥反应的发生。

2. 非免疫学机制　慢性排斥也与组织器官退行性变有关，其诱发因素为供者年龄（过大或过小）、某些并发症（高血压、高脂血症、糖尿病、巨细胞病毒感染等）、移植物缺血时间过长、肾单位减少、肾血流动力学改变、免疫抑制剂的毒副作用等。

二、移植物抗宿主反应

GVHR 是由移植物中抗原特异性淋巴细胞识别宿主组织抗原所致的排斥反应，发生后一般均难以逆转，不仅导致移植失败，还可能威胁受者生命。GVHR 好发于骨髓移植后，也可见于胸腺、脾脏移植以及新生儿接受大量输血后。GVHR 的发生依赖于下列条件；①受者与供者间 HLA 型别不符；②移植物中含有足够数量免疫细胞，尤其是成熟的 T 细胞；③移植受者处于免疫无能或免疫功能缺损状态。GVHR 可损伤宿主组织和器官，引起移植物抗宿主病（GVHD）。

GVHD 的发生机制是：移植物中成熟的 T 细胞被宿主的同种异型组织抗原激活，增殖分化为效应 T 细胞，通过血流到达受者全身，利用分泌的细胞因子或 CTL、NK 细胞等发挥杀伤宿主细胞、损伤组织、器官的作用。皮肤、胃肠道、肝脏等容易受累，严重者可致死亡。

第三节　移植排斥反应的防治原则

器官移植术成败在很大程度上取决于移植排斥反应的防治，其基本原则是严格选择供者、抑制受者免疫应答，诱导受者对移植物建立特异性免疫耐受。

一、供者的选择

器官移植成功的关键是选择适合的供受者，即 ABO 血型相符，HLA 型别相同或相近。目前认为 HLA-DR 座位抗原是最重要的，HLA-DQ、DP 在移植中亦有重要意义，其次是 HLA-A、B 抗原，HLA-C 对移植过程无意义。

（一）ABO 血型抗原配型

ABO 血型抗原不仅表达在红细胞表面，也可表达在多种实质脏器细胞和血管内皮细胞表面。如果 ABO 血型不符，可导致超急性移植排斥反应。因此供者和受者的 ABO 血型必须相配。

（二）HLA 抗原的配型

供、受者的 HLA 结构差异的程度决定移植物的免疫原性强弱。因此，HLA 配型成为选择合适供者的重要指标。不同 HLA 基因座位产物对移植排斥的影响各异。骨髓移植物中含大量免疫细胞，若 HLA 不相配，所致 GVHR 特别强烈，且不易被免疫抑制剂所控制，故临床上对同种异基因骨髓移植的 HLA 配型要求最高。其他器官，如肾、心、胰腺等移植时，HLA-A、HLA-B、HLA-DR 三个基因座位上的抗原，尤其是 HLA-DR 越匹配，移植物存活的时间越长。

（三）mH 抗原的配型

在 HLA 尽可能相匹配的前提下，应适当考虑 mH 抗原。例如，女性患者最好选择女性作为供者。因为某些情况下，mH 抗原对 GVHR 的发生起重要作用。

（四）交叉配型

目前的 HLA 分型技术尚难以检出某些同种抗原的差异，故有必要进行交叉配型，这在骨髓移植中尤为重要。交叉配型的方法为：将供者和受者淋巴细胞互为反应细胞，即做两组单向混合淋巴细胞培养，两组中任一组反应过强，均提示供者选择不当。

二、移植物和受者的预处理

供者 APC 直接提呈抗原是激发排斥反应的重要因素，故移植术前应充分清除移植物中残留的过路白细胞，以减轻排斥反应。

实质脏器移植中，供、受者间 ABO 血型物质不符可能导致强的移植排斥反应。某些情况下，为逾越 ABO 屏障而进行实质脏器移植，有必要对受者进行预处理。其方法为：术前给受者输注供者特异性血小板；借助血浆置换术去除受者体内天然抗 A 或抗 B 凝集素；受者脾切除；免疫抑制疗法等。

三、免疫抑制疗法

同种移植术后一般均发生排斥反应，故临床移植术成败在很大程度上有赖于免疫抑制药的合理应用，后者已成为防治排斥反应的常规方法。

（一）化学类免疫抑制药

目前应用于临床的每一种化学免疫抑制剂都是直接干扰、影响移植排斥反应的某个阶段，因为作用机制不同，所以几种药物联合使用可以提高免疫抑制效果。但是这些免疫抑制剂都是非特异的，亦会降低受者全身免疫功能，从而降低受者对感染和肿瘤的抵抗能力，且还存在其他毒副作用。

1. 糖皮质激素 具有抗炎作用，可抑制活化巨噬细胞、降低 MHC 分子表达、逆转 IFN-γ 的炎症因子效应。

2. 真菌性大环内酯类 由土壤微生物所产生，主要包括环孢素 A（cyclosporin A，CsA）和 FK506 等，它们主要通过干扰 T 细胞信号转导而发挥抑制作用。

3. 硫唑嘌呤 是抗增殖药物，可通过插入分化细胞的 DNA 而阻止淋巴细胞增殖。

4. FTY-720 属新型免疫抑制剂，其作用机制可能为抑制淋巴组织中的效应 T 细胞进入外周血；诱导调节性 T 细胞分化并抑制 T_{H_1} 细胞的功能。

（二）抗体及其他生物制剂

抗淋巴细胞抗体及单克隆抗体的应用已成为很有前途的生物免疫抑制疗法。应用抗淋巴细胞抗体及单克隆抗体，与相应的抗原结合，通过破坏或封闭阻断某一致敏阶段的 T 细胞及淋巴细胞因子受体，阻断 T 细胞的活化及排斥反应的进行，从而达到防治排斥反应的目的。某些细胞因子 - 毒素融合蛋白、抗细胞因子抗体、黏附分子 -Ig 融合蛋白（如 CTLA-4-Ig）等也具有抗排斥作用。

（三）中草药类免疫抑制剂

某些中草药具有一定的免疫调节或免疫抑制作用。国内文献已报道，雷公藤、冬虫夏草等可用于器官移植后排斥反应的治疗。最近发现，中药中的落新妇苷可有效抑制活化 T 细胞，具有一定应用前景。

（四）其他免疫抑制方法

临床应用脾切除、放射照射移植物或受者淋巴结、血浆置换、血浆淋巴细胞置换等技术防治排斥反应，均取得一定疗效。在骨髓移植中，为使受者完全丧失对骨髓移植物的免疫应答能力，术前常使用大剂量放射线照射或化学药物，以摧毁患者自身的造血组织。某些组织如胰岛、甲状旁腺组织、卵巢组织及睾丸组织等，经高氧及低温体外短期培养后，其组织内所含过路白细胞明显减少，免疫原性降低，移植后存活时间明显延长。

四、诱导移植耐受的主要策略

器官移植术已成为治疗终末器官衰竭患者的主要手段。现在使用的免疫抑制剂虽然力求能够减少急性排斥反应的发生和建立免疫耐受，但是这些免疫抑制剂是非特异性的，可导致感染和肿瘤等并发症发生，也难以防止慢性排斥反应的进展。多年来对免疫耐受的研究揭示了许多与免疫耐受有关的现象，也建立了一些假说和理论，但尚无一种理论能够完全解释免疫耐受的所有现象，以及成功地指导临床建立移植耐受，因此，诱导受者产生针对移植物的免疫耐受成为移植免疫学研究领域最富挑战性的课题之一。

诱导移植耐受的机制十分复杂，涉及免疫清除、免疫失能和免疫调节等，本节仅简介实验研究中诱导同种移植耐受（或延长移植物存活）的主要策略及其原理。

（一）诱导同种异基因嵌合体

Starzl 于 1992 年报道，在某些肝、肾移植而长期存活患者的皮肤、淋巴结、胸腺等组织中，发现存在供者来源的遗传物质或供者来源的白细胞。取这些患者淋巴细胞与相应供者淋巴细胞在体外进行混合淋巴细胞培养，结果均无反应，提示这些肾移植患者已对供肾者组织抗原产生耐受。由于仅借助 PCR 或其他高灵敏度技术方可检出这种嵌合，故 Starzl 将此现象称为微嵌合状态（图 30-3）。

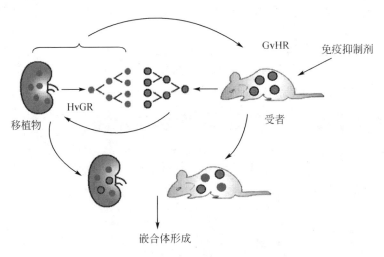

图 30-3　嵌合体形成示意图

Starzl 提出"双向移植排斥模式"解释微嵌合现象：①移植早期，移植物中过路细胞一旦进入受者血循环即分布于全身，刺激受者免疫细胞，使之激活、增殖，发生 HVGR；另一方面，受者白细胞也会进入移植物内，刺激移植物中供者免疫细胞，使之激活、增殖，发生 GVHR；②在持续应用强效免疫抑制药物的情况下，HVGR 和 GVHR 均被抑制，使受者体内同时存在不完全的双向排斥（GVH 和 HVG），最终达到一种无反应的平衡或共存状态，形成供、受者白细胞共存的微嵌合体。长期的微嵌合状态可能导致对移植器官的耐受。

（1）建立同种异基因造血干细胞嵌合体：通过大剂量全身放射以破坏宿主造血系统和免疫系统，然后进行同种异基因型造血干细胞移植，可建立同种异基因型造血干细胞嵌合体。完全造血嵌合体小鼠可接受供者任何组织器官移植而不发生排斥反应。

（2）建立混合造血嵌合体：在持续应用免疫抑制剂的情况下，多次给宿主输注造血干细胞，可建立混合嵌合体。其机制是：功能低下的宿主免疫系统不能完全"消灭"移植物细胞，移植物中少量 T 细胞也不能引起 GVHR，最终形成供、受者免疫细胞共存的混合嵌合状态。

（二）胸腺内诱导耐受

由于 T 细胞在胸腺内经历阴性选择时，TCR 识别并结合自身抗原肽 -MHC 分子复合物，诱导自身反应性 T 细胞凋亡，从而形成自身耐受。据此，通过向胸腺内注射供者抗原或进行同种胸腺移植，可使针对供者同种异型抗原的特异性 T 细胞在成熟过程中被清除，从而建立对供者抗原永久性的耐受。目前已有这类尝试成功的报道，用 MHC 不相容的大鼠进行实验性胰岛移植时选择胸腺作为移植部位之一，结果植入胸腺的移植物获得长期存活，在随后的检查中，意外地发现宿主实际上已对移植的胰岛产生了特异性耐受，将同一品系的胰岛移植物再次植入同一宿主的肾被膜下，排斥反应也不发生，而宿主对来自其他品系供者的胰岛移植物却发生迅速强烈的排斥。

（三）阻断共刺激通路诱导同种反应性 T 细胞失能

通过干扰同种反应性 T 细胞或 APC 表面某些黏附分子（或其配体）表达，或应用抗黏附分子抗体、可溶性配体封闭相应黏附分子，有可能阻断受者同种反应性 T 细胞的共刺激信号，并诱导相应 T 细胞失能而建立移植耐受。动物实验中应用 CTLA-4-Ig 融合蛋白和抗 CD40L 单抗分别阻断 CB7/CD28 和 CD40/CD40L 共刺激通路，可有效抑制急性排斥反应，延长移植物存活时间（图 30-4）。

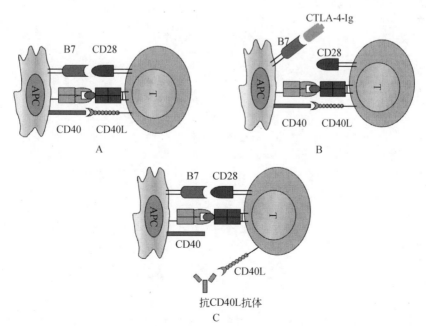

图 30-4　CTLA-4-Ig 融合蛋白和抗 CD40L 单抗阻断共刺激通路

A：正常应答；B：CTLA-4-Ig 融合蛋白阻断共刺激信号；C：抗 CD40L 抗体阻断共刺激信号

（四）抗体诱导耐受

利用直接针对 T 细胞表面分子 CD4、CD8 的单克隆抗体，阻断 T 细胞在同种识别中 CD4 和 CD8 的识别作用，可获得成年动物移植组织耐受，如同种大鼠皮肤移植耐受。

（五）DC 相关的诱导耐受策略

DC 在细胞免疫应答中（包括移植排斥反应）发挥关键作用。近年发现，体内存在某些具有负调节功能的 DC 亚类，又称为耐受型 DC（tolerogenic DC），它们低表达 B7 等共刺激分子和 MHC-Ⅱ类分子，并可分泌具有免疫抑制作用的细胞因子和效应分子。因此，通过诱生或过继耐受型 DC 或使 DC 维持在未成熟状态，均有可能诱导移植耐受。

五、移植后的免疫监测

临床上，移植后的免疫监测极为重要。对排斥反应进行早期诊断和鉴别诊断，对于及时采取防治措施（选择免疫抑制剂的种类、剂量和疗程等）具有重要指导意义。

目前已建立多种免疫监测实验方法，但须结合多项指标及临床表现进行综合分析。临床上常用的免疫学检测指标包括：①淋巴细胞亚群百分比和功能测定；②免疫分子水平测定（如血清中细胞因子、抗体、补体、可溶性 HLA 分子水平，细胞表面黏附分子、细胞因子受体表达水平等）。

必须指出，上述指标均有一定参考价值，但都存在特异性不强、灵敏度不高等问题。临床上亟待建立一套能指导临床器官移植的免疫学监测方法。

思 考 题

1. 临床移植排斥反应包括哪些类型？
2. 如何选择适合的供受者进行器官移植？

（熊阿莉）

第三十一章 衰老与免疫

当前，人类已从细胞学、分子生物学及分子遗传学水平对免疫系统的结构、功能及其自身的调控进行了深入的研究，但对衰老时免疫功能的改变及衰老时神经 - 内分泌系统与免疫系统间的相互影响与调节的认识尚欠不足。尽管衰老的原因至今仍不清楚，但就其病因学而言，自身免疫过程在其中可能起着重要的作用。Wolford 早在 20 世纪 60 年代便首先提出了衰老的免疫学假说，他认为免疫系统从根本上参加了脊椎动物的衰老过程。

第一节 衰老过程中伴随的免疫系统变化特点

人体在衰老时，免疫系统和其他系统一样，也在进行着生理性的衰退，这种免疫系统的衰老又被称为免疫衰老（immunosenescence）。免疫衰老主要表现在以下方面。

一、免疫器官的改变

骨髓和胸腺是机体的中枢免疫器官。随着年龄的增长，正常的骨髓组织被脂肪组织替代，红骨髓容量减少。有人研究发现，随着年龄增长，骨髓中巨噬细胞数量虽然增加，但其分泌肿瘤坏死因子（TNF）的能力却降低，而 TNF、IL-1 对其他骨髓基质成分（如 IL-6、IL-11、巨噬细胞集落刺激因子、粒细胞 - 巨噬细胞集落刺激因子等）的分泌有重要作用。也就是说，随着年龄增长，骨髓基质的成分也将发生改变，其生成细胞的能力明显下降。

在衰老过程中，胸腺老化较早。胸腺出生后随着年龄的增长而变大，青春期达高峰，40 岁后开始萎缩，胸腺细胞产生胸腺素的活性减弱，外周血 $CD3^+$ 及 $CD4^+$T 细胞随增龄而下降，T 细胞功能明显减退，而胸腺衰老的延缓对整个免疫系统起决定性作用。胸腺素被认为是防止衰老最有效的制剂。动物实验已显示，年轻小鼠的骨髓和胸腺移植能使老年鼠恢复青春，延长生存期。

脾脏、淋巴结（尤其生发中心）的淋巴细胞成分也有增龄性变化。Connoy 等发现，随着年龄增长，脾脏中淋巴细胞成分出现 B 细胞和有记忆功能的 $CD4^+$T 细胞比例增加，而 γ/δ T 细胞和幼稚 $CD4^+$T 细胞比例减少，T 细胞表面 CD28 分子表达增多，B 细胞及 $CD8^+$T 细胞表面的 p16 INK4a 表达也增加。Lazuardi 等发现随着年龄增长，淋巴结也会发生改变，这些改变包括 $CD8^+$T 细胞、幼稚 T 细胞、表达 IgM 的 B 细胞减少，生发中心减小等。

二、免疫细胞的改变

老年人免疫功能降低的主要表现为免疫活性细胞功能减退。干细胞和 T 细胞在衰老时变化较为明显，但 B 细胞和巨噬细胞的功能变化相对较少。

（一）衰老对 T 细胞的影响

目前认为，衰老时免疫功能的减退主要与 T 细胞的改变有关。此时，T 细胞数量减少，增殖能力降低，外周血 T 细胞表型及亚群的比值改变，T 细胞产生细胞因子及发挥免疫效应的能力明显降低。

老年人外周血淋巴细胞数常减少，如 ≥ 60 岁老人血循环的淋巴细胞数仅为年轻人的 70%，而此现象可能与骨髓及胸腺功能低下有关。老年人红骨髓容量减少，骨髓中前 T 细胞生成障碍；胸腺明显退化萎缩，由胸腺诱导的前 T 细胞的选择、分化、增殖和成熟过程障碍，导致外周血 T 细胞表型和质量发生改变，T 细胞亚群比例失调，杀伤性 T 细胞（CTL）的免疫杀伤活性明显下降。

目前，对老年人外周血 CD4+/CD8+T 细胞比值变化的研究较多，但结果并不一致。有人发现，老年人 T 细胞数减少以 CD8+T 细胞数减少为主，CD4+/CD8+ 比值明显升高。而 Demellawy 等用免疫荧光法检测不同龄 BALB/c 小鼠胸腺中 CD4+ 及 CD8+T 细胞的数量发现，随年龄增长，CD4+ 及 CD8+T 细胞数量均明显减少。国内的研究表明，健康老人 CD4+T 细胞百分率变化不大，但 CD8+T 细胞百分率明显升高，导致 CD4+/CD8+ 比值下降，并且患病老人的 CD4+/CD8+ 比值降低更为明显。虽然关于老年人 CD4+/CD8+ 比值变化的研究结果不尽一致，但较一致的结论是，老年人单个 T 细胞膜上表达 CD4+ 或 CD8+ 的密度比年轻人明显减少。用莫能菌素和佛波酯刺激已提纯的 CD4+ 和 CD8+T 细胞，将其增殖能力与年轻人比较发现，老年人 CD4+、CD8+T 细胞亚群均降低，但以 CD8+T 细胞亚群降低更为显著。

老年人细胞免疫功能减低主要由 T 细胞功能改变所致，而其 T 细胞功能减低与无能 T 细胞数量增多有关，这些 T 细胞合成与释放 IL-2 及表达 IL-2 受体的能力均降低。同时，实验还发现，外源性 IL-2 可明显增强年轻人淋巴细胞增殖反应，但对老年人的淋巴细胞增殖反应无明显效果。此外，对健康老年人的细胞免疫状态分析显示，老年组淋巴细胞转化率明显低于正常成人组。在培养中，若以正常人的混合血清取代老年人血浆，可使淋巴细胞转化反应增强，甚至接近正常人水平，此结果提示老年人血浆中可能缺少某些能有效协助淋巴细胞转化的成分或存在抑制因子。

伴随衰老，机体细胞免疫功能逐渐减退，因此对某些抗原（如结核菌素、水痘 - 带状疱疹病毒等）的迟发型超敏反应也减弱。老年人免疫应答降低的原因可能与其淋巴细胞分裂增殖能力下降，导致抗原刺激引起的特异性克隆增殖幅度减低及外周血 T_H 细胞和 B 细胞数量减少等因素有关。动物实验显示，老龄鼠迟发型超敏反应降低并非因为 Ts 细胞活性增强，而是 CD4+T_{H_1} 细胞功能降低所致。由此推测，其单个细胞上 CD4+ 或 CD8+ 密度减少可能是老年个体接受抗原刺激时免疫应答减弱的重要原因。

（二）衰老对 B 细胞的影响

老年人 B 细胞功能的变化见图 31-1。总体看来，随着年龄增长，B 细胞总数及特异性抗体数量将减少，但非特异性抗体、自身抗体数量则增加。某些 B 细胞克隆可增加，从而导致恶性淋巴瘤的发生率增加。

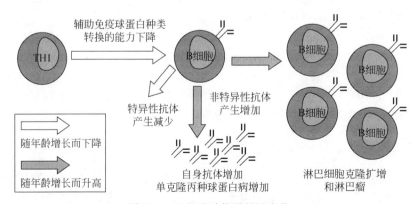

图 31-1　B 细胞功能增龄性变化

老年人外周血及全身淋巴结中的淋巴细胞总数虽明显减少，但 B 细胞数量的改变不如 T 细胞显著。同时，老年人 B 细胞总数减少，但表达 CD5 分子的 B 细胞（B-B1 细胞）却增多，从而使自身抗体产生增多。CD5$^+$B-B1 细胞是一类新发现的年龄相关性 B 细胞亚群，在淋巴结中散在分布，对蛋白质抗原的免疫应答较弱，而对诸如细菌多糖等糖类抗原反应强烈，并可分泌低特异性抗体，产生大量以 IgM 为主的免疫球蛋白，即 B-B1 细胞可能因产生针对糖蛋白类、鞘糖脂、神经节苷脂等糖基化神经抗原的自身抗体而成为自身反应性 B 细胞。

此外，T_H 细胞随增龄而发生的功能改变也是导致 B 细胞功能下降的原因。由于老年人 T_H 细胞的 CD40L 表达障碍，因而不能有效地激活 B 细胞。许多研究已证实，促进 B 细胞活化及抗体产生的 T_H 细胞功能随增龄而降低，T 细胞辅助 B 细胞活化的第二信号也可由活化 T 细胞产生的细胞因子所介导。

老年人 B 细胞数量与功能的改变可导致体液免疫功能紊乱，如高球蛋白血症、自身抗体产生、自身免疫病、淋巴细胞增生性疾病等。老年人免疫球蛋白水平常显著增高，尤其是 IgG（IgG1、IgG2、IgG3）和 IgA。

（三）衰老对自然杀伤（NK）细胞的影响

目前，有关年龄对 NK 细胞功能影响的研究结果不尽一致。动物实验表明，老龄个体 NK 细胞活性的降低与早期蛋白激酶 C 信号活化障碍有关。人类的单个细胞分析法显示，老年人外周血单个核细胞（PBMC）中，NK 细胞功能正常。但有人发现，老年个体的 LAK 细胞活性降低与 T 细胞活性有关。同时，其 T 细胞对植物血凝素（PHA）及刀豆素 A（ConA）反应强烈者，NK 活性也相应较高，反之亦然。此结果似提示，老年人 NK 细胞功能的改变可能与其 T 细胞活性变化有关。还有报道，老年人 NK 细胞活性也与精神状态有关，抑郁型老人的 NK 细胞活性较低。

此外，衰老对其他免疫细胞（如中性粒细胞、单核 - 巨噬细胞等）也有不同程度影响。表 31-1 概括了机体衰老对非 T 细胞性细胞免疫的影响。

表 31-1　衰老对非 T 细胞性细胞免疫的影响

细胞类型	增龄性改变	细胞类型	增龄性改变
中性粒细胞	细胞数正常		p38/ERK-MAPK 信号转导↓
	吞噬能力不变或↓		JAK/STAT 信号转导↓
	趋化作用↓	NK 细胞	细胞数↑
	ROS ↑		细胞毒作用正常或↓
	p38/ERK-MAPK 信号转导↓		对 IL-2 的增殖反应↓
单核 - 巨噬细胞	细胞数正常		IL-8 生成↓
	吞噬能力↓		IFN 生成↓
	趋化作用↓		趋化因子生成↓
	创伤愈合能力↓	NKT 细胞	细胞数↑
	抗原提呈能力↓		IFN 生成↓
	MHC- Ⅱ表达↓		趋化因子生成↓

ROS（reactive oxygen species）：活性氧物质；ERK（extracellular signal-reg-ulated kinase）：细胞外信号调节激酶；MAPK（mitogen-activated protein kinases）：丝裂原活化蛋白激酶；JAK（Janus kinase）：Janus 激酶；STAT（signal transducers and activators of transcription）：信号转导子和转录活化子

三、免疫分子的改变

细胞因子是一组由活化的免疫细胞或非免疫细胞合成和分泌的多肽类因子。作为细胞间联系的信使，细胞因子具有广泛的生理功能，可调节细胞的生长、分化及成熟，在细胞衰老和预期寿命中起着关键和不可替代的作用。然而，伴随衰老，细胞因子及受体可发生重大变化。

机体组织中 IL-2、IL-3 等细胞因子的分泌随年龄增长持续下降，IL-2R（尤其高亲和性受体）减少，特异性抗体生成亦减少，但某些细胞因子（如 IL-6、TNF-α、IL-1 等）水平反而升高。然而，过多的 IL-1 可使成纤维细胞老化，从而阻碍组织的修复。有研究发现，IL-6 和 TNF-α 在骨质疏松症患者轴骨组织中表达增多，提示 IL-6 和 TNF-α 参与了骨质疏松的发病过程。有人认为，Alzheimer 病脑内 IL-1、IL-6、转化生长因子 β（TGF-β）及补体的异常表达是导致其发生慢性炎症反应的分子基础。此外，在免疫衰老的病理生理过程中，突出表现为自身抗体和循环免疫复合物等"微损伤"因子增多，造成组织细胞的损伤和变性，使老化进一步加重。衰老并非细胞死亡和脱落的被动过程，而是最积极的自身破坏过程。1956 年，Denham Harman 就曾提出，衰老过程中的退行性变是由于细胞正常代谢产生的自由基（FR）的有害作用而造成。目前认为，FR 确实与免疫系统的老化密切相关。有人在动物实验中观察到，如果新西兰小鼠（NZB mice）Ts 细胞在生命早期即丧失功能，则其自身抗体水平将很高，寿命亦较短。当给予 FR 抑制剂后，其 Ts 细胞上升，自身抗体下降，寿命延长 32.1%，提示 FR 损害了免疫功能，加速了实验动物的衰老过程。

四、老年人对自身抗原免疫应答增强

健康老年人血清中自身抗体的检出率较年轻人高数倍，如老年人血清 ANA 阳性率为 11%，抗甲状腺球蛋白抗体为 19%，而青年人仅分别为 2.5% 及 6%。此外，老年人群 RF 阳性率为 10%，抗线粒体抗体为 13%，抗平滑肌抗体为 18%，抗胃壁细胞抗体为 10%，抗网硬蛋白抗体为 1%。然而，血清中检出上述自身抗体的老年人不一定合并自身免疫病。有人研究发现，虽然老年人 B 细胞增殖功能较年轻人降低 1/2，但其向 IgG 和 IgA 分泌细胞分化的功能却增强。值得注意的是，老年人 T 细胞分泌 B 细胞分化因子（BBCDF）的能力较年轻人强 3 倍，这可能是老年人体内 IgG 和 IgA 浓度增高及自身抗体阳性率升高的原因之一。

总之，伴随衰老，机体免疫功能改变的特点是免疫细胞均有不同程度质与量的缺陷，因此感染后潜伏病毒不易清除，细胞 DNA 损伤后修复能力降低。机体对外源性抗原的免疫应答能力降低，而对自身抗原的免疫应答能力增强，外源性抗原常可刺激机体产生自身抗体，甚至诱发自身免疫病。

第二节　老年人免疫调节异常相关的疾病

已经证实，老年人免疫功能减退是老年人感染、肿瘤和自身免疫病发病率增高的重要因素。研究表明，伴有免疫功能损害的老年人死亡率明显高于免疫功能正常者，Ts 细胞功能减退者较 Ts 细胞功能正常者寿命缩短，自身抗体阳性者的死亡率亦明显高于无自身抗体者。

一、老年人感染的特点

老年人因免疫功能减退，感染的发病率明显增高。有资料表明，老年人的革兰阴性细菌败血症较中、青年增高 50%，细菌性痢疾发病率增高 3 倍，肺炎死亡率增高 120 倍，感冒和流感增高 160 倍，胃肠道感染增高近 400 倍。

（一）主要特点

老年人感染主要有以下特点：①由外源性感染向内源性感染变迁，宿主感染的病原体由强毒力致病微生物向低毒力条件致病微生物转化。近年来，医院内老年人感染的病原体中，病毒、革兰阴性杆菌、厌氧菌及深部真菌感染相应增多。以往常认为是内源性低毒力的过路菌或正常菌群，现已成为引起自身感染或移居感染的病原体。同时，感染常具多重性，涉及器官多，易反复，且易发生机会性感染。②感染部位相同，但病原体不尽相同。③病原菌耐药谱广，病毒变异日增，治疗困难，病死率高。

（二）主要临床表现

老年人因免疫功能低下而发生感染后，其临床症状和体征均缺乏特异性。常见基础病与新感染疾病的征象交叉混杂，同时具有起病隐袭，表轻里重，体质虚弱，反应迟缓，病程迁延，反复发作，易于恶化，病死率高等特征。其感染后的临床表现多为：①无明显原因的极度疲乏或体重下降、消瘦；②持续数周原因不明的发热或盗汗；③长期黏液样便，或慢性腹泻持续不愈 > 1 个月；④弥漫性淋巴结肿大，尤其颈、腋、腹股沟等部位；⑤不明原因的肌痛、关节痛；⑥反复不愈的口腔、生殖器、肛周疱疹；⑦渐进性性格改变、反应迟钝、精神抑郁、意识障碍等中枢神经系统表现等。需注意的是，老年人在出现感染性休克时，神志常清醒。此外，老年人在器官老化和（或）患有多种慢性疾病的基础上，由某种诱因激发，可在短时间内出现 2 个或 2 个以上器官序贯或同时发生衰竭，此即所谓老年多器官衰竭征象。

（三）实验室检查

1. 白细胞计数　外周血白细胞绝对计数可 < 3×10^9/L。有条件时，应做中性粒细胞的趋化、调理及吞噬细胞杀菌作用试验，以了解其质的缺陷。

2. 淋巴细胞计数及功能　外周血淋巴细胞总数减少，同时还可有：①T 细胞数量及功能均降低，其中 $CD3^+$T 细胞数可明显减少，$CD4^+$/$CD8^+$ 比值明显下降。在 $CD4^+$T 细胞中，T_{H_2} 细胞数量显著减少，T_{H_1} 产生的细胞因子（如 IL-1、IFN-γ 等）水平降低。此外，NK 细胞功能减退，CTL 杀伤靶细胞的功能亦明显下降。多种迟发型皮肤试验呈阴性反应，如旧结核菌素(OT)、二硝基氯苯(DNCB)、PHA 等皮肤试验。②B 细胞数量减少，其产生特异性抗体的能力差，且产生的抗体与抗原的聚和力减低。如用破伤风类毒素免疫，其产生的抗破伤风类毒素抗体（TTAb）明显降低。

3. 免疫球蛋白　血液中免疫球蛋白的组成可有改变，多数老年患者 IgG1、IgG2、IgG3 及 IgA 含量增加，IgM 含量不变，部分老人血清 IgE 含量增加。

二、老年人肿瘤

肿瘤虽可发生于任何年龄，但 > 60 岁老年人的发病率明显增高，且其发病有随年龄增长而增加的趋势。最近报道，> 65 岁老年人肿瘤的患病率高于其他年龄组 4 ～ 6 倍。国外报道，主要恶性肿瘤（如呼吸系统、消化系统、生殖系统肿瘤等）的患者中，> 70 岁老年人占 50%，其病死率居死亡原因的第一或第二位。有人分析了我国 556 例死亡老人的尸检结果发现，其中恶性肿瘤患者共 173 例，占总数的 31.3%，居死亡原因的首位。老年人常见的恶性肿瘤有肺癌、大肠癌、食管癌、胃癌、肝癌、前列腺癌、肾癌、乳腺癌、子宫癌等。20 世纪 50 ～ 60 年代，我国大城市老年人因恶性肿瘤死亡者中，胃癌占首位；而 70 ～ 80 年代，肺癌上升至首位，女性患者中乳腺癌占第一位。

显然，老年肿瘤的高发病率和高死亡率与免疫功能低下关系密切，尤其与作为抗肿瘤免疫主力军的细胞免疫功能显著降低有关。动物实验表明，老龄动物细胞毒性 T 细胞（又称 Tc 细胞）的杀伤力仅为年轻动物的 10%，且各种癌前状态均有 NK 细胞功能的障碍。此外，由于细胞免疫功能减退，巨噬细胞的活化亦受到影响，导致其阻止肿瘤扩散及吞噬、杀伤肿瘤细胞的能力也大大减弱，使得机体丧失了免疫监视作用，造成肿瘤细胞易于繁殖和扩散。

流行病学及临床统计表明，老年人的肿瘤有如下特点：①高龄老人的肿瘤生长速度与转移均较年轻患者缓慢，其机制可能与肿瘤抗原 - 抗体复合物干扰和削弱了肿瘤本身对机体抗肿瘤免疫作用的抵抗，即机体抗肿瘤免疫作用相对增强，阻抑了肿瘤的生长。最新研究表明，宿主免疫反应中的炎性细胞因子对肿瘤的生长起着重要作用，其中 IL-10 生成减少、IL-6 生成增多有利于肿瘤生长，且 IL-10 与 IL-6 之间的平衡与人类寿命密切相关（遗传性 IL-6 增多者少有长寿，而百岁老人的 IL-10 合成明显增多）。②老年机体的器官组织结构及生理功能衰退，常多病共存，使肿瘤手术及化学药物治疗无良好的条件。③因老年人对化疗和放疗耐受性差，故常不能接受有效的抗肿瘤治疗，或治疗剂量不足，或按成人普通剂量便可使骨髓过度抑制而引发感染，上述因素均可导致患者死亡。

三、老年人自身免疫病

临床观察发现，随着年龄的增长，人体的自身抗体不断增多。通常认为，老年人易产生自身抗体的主要原因是胸腺萎缩及抗抑制性 T 细胞（Ts）自身抗体的出现。抗 Ts 细胞抗体可使 Ts 细胞功能降低，从而对机体中抗自身组织的 B 细胞克隆失去控制。如据统计，> 60 岁老年人群糖尿病发病率是 < 40 岁成年人的 8 倍，其中 60%～ 87% 该病老年患者血清中可检出抗胰岛细胞抗体（ICA）和抗胰岛细胞表面抗体（ICSA）。这类自身抗体在 NK 细胞的参与下，可对胰岛 B 细胞发挥杀伤作用，或在补体参与下引起溶细胞作用。上述事实提示，人类胰岛素依赖性糖尿病的本质是自身免疫病。

四、老年人获得性免疫缺陷综合征

老年人获得性免疫缺陷综合征（AIDS）虽多见于青壮年，但近年来已有相当数量的老年人罹患此病。同性恋和接受污染的血液制品是老年人罹患此病的主要原因。老年 AIDS 患者的临床表现与青壮年患者无明显差异。但在疾病的进展中，年龄越大，存活期越短。Saah 等分析了 $CD4^+T$ 细胞数量相近的同性恋男性从 HIV-1 感染发展成 AIDS 的危险因素发现，就年龄而言，每增加 10 岁，发展成为 AIDS 的危险因子便增加 1.2 倍。国外的资料也表明，> 40 岁的 AIDS 患者存活时间缩短。

患 AIDS 的老年人死亡率增高的原因目前还不清楚。老年 AIDS 患者发病率增加可能与某些已知的年龄相关的 T 细胞功能缺陷有关（如 T 细胞增殖、IL-2 产生及 T_H 和 Tc 细胞功能等均可随年龄的增高而下降）。这种免疫功能的"自然"下降，加之某些年龄相关性疾病的作用，可能加剧 HIV-1 的感染，并增加机会性感染的概率。而对潜在 HIV-1 抑制减弱、细胞内病毒复制增强或 $CD4^+T$ 细胞自身破坏增加等可能均是老年 AIDS 患者 $CD4^+T$ 细胞明显下降的机制。

老年 HIV-1 感染者罹患机会性感染的类型虽与青壮年患者相同，但其治疗效果更差，极易复发。同时，由于抗感染药物的毒副作用在老年人更易出现，因而妨碍了疾病的有效控制。已发现，抗病毒药物虽可改善老年 HIV-1 感染者的存活率，但其毒副作用将最终迫使用药剂量减少，甚至终止治疗。

五、老年人神经系统疾病——阿尔茨海默病（AD）

AD 是多种发病因素共同参与的异质性疾病，主要涉及 Tau 蛋白过度磷酸化、炎症反应、神经细胞钙稳态失调和 FR 代谢异常、AD 相关基因突变及多态性、雌激素水平下降、铝中毒等机制。其中，炎症反应是 AD 的核心病理机制，即炎症介质促进了 AD 的发生与发展。AD 患者大脑中存在明显的非特异性免疫炎性反应，主要表现为 IL-1、IL-6 和 TNF-α 等炎性因子在 AD 脑组织反应区上调。流行病学调查显示，应用非甾体类抗炎药（NSAIDs）可降低 AD 的发病率，此结果亦提示炎症反应在 AD 发病机制中起重要作用。然而，目前基于炎症机制开发的药物对 AD 的预防和治疗效果欠佳。

六、老年代谢综合征

代谢综合征主要有如下临床表现：①腹型肥胖；②高脂血症；③低高密度脂蛋白血症；④高血压；⑤高空腹血糖。目前研究表明，炎症因子参与了代谢综合征的发病过程，如 CRP、IL-6、TNF-α 的增加与内脏肥胖有关。目前，人们正对 CRP、IL-6、纤溶酶原激活物抑制物 1（PAI-1）与代谢综合征的关系进行进一步的研究。

七、老年少肌症

最近人们正在研究老年少肌症与炎症反应的关系。研究发现，前炎症因子增多可导致肌肉数量减少，而 TNF-α 与少肌症可能有直接的关系。但是，IL-6 在老年少肌症发病中的作用尚不十分清楚。

第三节　抗衰老保健与延年益寿

近年来，虽然在改善衰老机体的免疫功能方面进行了不少研究，但取得的突破性成果较少。多数研究主要集中在以下方面。

一、控 制 饮 食

1935 年 Mccay 发现，在大白鼠生长期限制热量的摄入可明显延长其生命期。动物实验还表明，从幼年期开始持续或间歇性限食能延长其最高寿命，但中、老年期开始限食则无此效应，且限食幅度至少在 30%～40% 以上方可有增寿作用。限食时间越长，增寿作用越明显。在限制热量并辅以一定营养食谱的鼠中，免疫系统发育缓慢，衰退亦较缓慢，伴随老年而发生的生化改变和疾病也将推迟发生。

二、营　　养

蛋白摄入不足是老年人免疫反应降低的重要原因之一。此外，感染在老年人中的发病率较高，但即使不很严重的感染也有可能损害营养状况，从而进一步影响免疫功能，最终导致炎症的进一步加重。新近的研究表明，脂类对细胞功能具有重要作用。因为，细胞膜主要由磷脂、脂肪酸、胆固醇构成，其在与 FR 接触中发挥重要作用，而细胞膜成分的变化必将影响细胞的功能。而且，每种脂类在细胞中均有其特定的功能，同一种脂类在不同年龄段亦有其不同的作用。虽然营养、免疫功能、感染之间肯定存在相关性，但是量化三者之间的关系并非易事。目前研究较多的营养成分与免疫功能的关系见表 31-2。

表 31-2　部分营养成分与免疫功能的关系

营养成分	对免疫系统的效应	营养成分	对免疫系统的效应
维生素 B$_6$	↑淋巴细胞增殖	锌	↑疫苗反应
维生素 E	↑ PPAR-γ	叶酸	↑对丝裂原的增殖反应
	↓氧自由基生成		↑ T 细胞的分布
	↓前列腺素 E2		↑脾脏中细胞因子的生成
	↓炎症反应	PUFA	↓ T 细胞的激活
DHEA	↓ NF-κB		↓ T 细胞信号
	↓前炎症分子		↓淋巴细胞增殖
维生素 D	↓ IFN-γ	益生菌（双歧杆菌 HN019）	↑ CD4$^+$ 和 CD28$^+$T 细胞的数量
	↓ T$_{H_1}$/T$_{H_2}$ 反应		↑天然杀伤细胞的数量和活性
			↑吞噬能力

注：PPAR-γ（peroxisome proliferators-activated receptor）：过氧化物酶体增殖因子活化受体 -γ；DHEA（dehydroepiandrosterone）：脱氢表雄酮；NF-κB（nuclear factor-κB）：核因子 -κB；PUFA（polyunsaturated fatty acids）：多不饱和脂肪酸

许多研究已证实，锌与免疫系统关系密切，补锌可改善老龄个体的免疫功能。如动物实验发现，老龄鼠血浆锌水平显著降低，而经饲料补锌后其 NK 细胞活性明显提高，同时其胸腺生长、重量增加，且胸腺上皮细胞形态与功能恢复正常，分泌胸腺激素的作用亦随之增强；老年人口服硫酸锌（300mg/d）不但可使血浆锌水平上升，而且其外周血淋巴细胞数上升，NK 细胞活性增高，PHA 皮试反应斑块直径增大。另有实验证实，饮食中适量添加锌还可增加热休克蛋白的水平，抑制免疫系统的衰老。

三、减轻生活压力

各种压力均可通过下丘脑 - 垂体 - 肾上皮腺轴、交感 - 肾上腺髓质轴影响免疫系统。研究表明，心理压力增大可使下丘脑 - 垂体 - 肾上皮腺轴明显激活。慢性疾病导致的交感 - 肾上腺髓质轴的持续激活亦可使免疫系统功能受损，导致肿瘤发生。在有压力的人群中，分裂素刺激的淋巴细胞增殖明显降低，但 IL-1、IL-6 和 TNF-α 水平则明显增高。此外，压力还可导致细胞毒性 T 细胞、NK 细胞的活性降低，从而增加了肿瘤发生的概率。而调节生活方式，适当缓解压力，可减轻免疫功能紊乱程度。

四、适量运动

T 细胞表面的 CD28 分子在免疫调节中具有重要作用。但是，随着年龄的增长，CD28 分子的表达可下降。有研究发现，适量运动可使 T 细胞表面 CD28 分子表达明显增加，且可调节 T_{H_1}/T_{H_2} 细胞的比例，从而使老年人罹患感染性疾病、免疫性疾病的风险降低。

五、激素对老龄个体免疫功能的影响

胸腺喷丁是胸腺上皮细胞分泌的胸腺激素之一，多从动物胸腺提取制备。动物实验表明，胸腺喷丁对淋巴细胞转化率及抗体的产生有显著的增强作用，有望成为一种高效的抗衰老药物。由松果体产生的主要神经激素——褪黑素（MT）能调节血浆锌的含量，影响胸腺功能。动物实验显示，给老龄鼠补充 MT 或将松果体植入老龄鼠胸腺内，均可使老龄鼠血浆锌含量恢复至青壮龄鼠水平，并使胸腺重量增加，胸腺细胞 CD 表型、外周血淋巴细胞数及 T 细胞亚群比值恢复正常，T 细胞对有丝分裂原应答能力增强。

六、抗衰老药物

某些扶正固本的中药均有一定的抗衰老及免疫调节作用。由于每种中药所含成分不同，其作用机制亦有不同。如人参含有多种人参皂苷，其中人参皂苷 Rg1 能显著促进老年人淋巴细胞的增殖、分化，并能增高淋巴细胞膜的通透性。黄芪、灵芝、香菇、银耳等含有多种多糖，它们可通过影响单核/巨噬细胞、细胞免疫系统和体液免疫系统等多种途径发挥免疫调节功能，并具有抗衰老作用。此外，刺五加、党参、商陆、枸杞、当归、柴胡、鹿茸等均具有增强机体免疫功能的作用。

七、胸腺移植

动物实验显示，将能分泌生长激素（GH）的 GH3 垂体腺瘤细胞移植至老龄鼠体内，可见老龄鼠胸腺皮质和髓质细胞增多，脂肪滴减少，淋巴细胞增殖反应有所恢复（但仍达不到成龄鼠水平），IL-2 合成增加。同时，被移植鼠有更高的 Thy-1.1 和 T_H 表型的淋巴细胞比例。另一实验也观察到，同系大鼠垂体移植可使胸腺明显增大，IL-2 合成增加，自发性脾细胞增殖反应增加，而衰老鼠中减低的腹腔巨噬细胞产生 TNF 的能力在垂体移植组中可被逆转。上述结果表明，垂体移植可改善衰老引起的某些免疫学改变。

总之，人在衰老过程中，免疫系统也在衰变，而人类对衰老本质的了解尚处于幼年时期。因此，有关衰老免疫功能改变及衰老与免疫间的内在联系尚需更多且更深入的研究。

思 考 题

1. 什么是"免疫衰老（immunosenescence）"，主要表现在哪些方面？
2. 老年人感染有哪些特点？

（王志刚）

第三十二章　生殖、儿科学与免疫

第一节　妊娠与免疫

从免疫学角度来讲，妊娠被看作半同种移植。现代免疫学观点认为，母体免疫系统对胚胎之父系抗原（对于母体而言是外来抗原）识别所产生的反应，是免疫营养和免疫防护而非免疫攻击，表现为一种特殊类型的免疫耐受即妊娠免疫耐受。妊娠免疫耐受涉及多种机制，各种免疫因素通过有机协调形成网络，达到母胎间免疫关系的平衡，从而使妊娠得以维持。若这种平衡遭到破坏，则胚胎将遭受免疫攻击而发生流产。

胚胎同种抗原是指来源于胚胎期及胚胎组织的一类抗原，主要包括胚胎血型抗原、HLA 抗原、甲胎球蛋白和癌胚抗原等。因血型不合引起的溶血与免疫将在第六节新生儿溶血与免疫一节中讲述。

一、胎母接触面的免疫关系

胎盘母体接触面有三维：①合体滋养叶与母血交界面：人的胎盘绒毛表面为合体滋养叶，其下为一层细胞滋养叶及间质，合体滋养叶直接与母血及其循环免疫细胞接触；②绒毛膜与外包膜交界面：绒毛膜直接与包蜕膜交界；③绒毛外细胞滋养叶与母体蜕膜交界面：绒毛外细胞滋养叶形成细胞柱，侵入母体蜕膜，并可深入子宫肌层内 1/3，在孕 8 周时侵入并取代蜕膜层螺旋小动脉内皮，在孕 16～18 周时，细胞滋养叶可进一步侵入肌层螺旋小动脉，而蜕膜是富有免疫细胞的。在三个胎母接触面中，最有代表性、研究最多的是第三种。

目前已知蜕膜面有四种母体免疫效应细胞：NK 细胞、巨噬细胞、T 细胞、NKT 细胞。与母体直接接触的胎儿抗原主要是滋养叶细胞抗原。

滋养叶细胞抗原根据妊娠进展及滋养叶分布情况，表达抗原差异不同，可分为早孕（即未着床）的滋养叶细胞和着床后滋养叶细胞，后者主要覆盖在绒毛表面称绒毛滋养叶细胞，尚有少数侵入蜕膜血管和子宫肌层称为非绒毛滋养叶细胞。同时，由于胎盘屏障，虽将母血与胎血分离，但屏障尚有细小的缝隙，可使极少数胎儿血细胞进入母血循环，这也是母体接触胎儿抗原的另一途径。

这些抗原主要有：①组织相容性抗原：MHC-Ⅰ类抗原、MHC-Ⅱ类抗原，次要的组织相容性抗原，ABO 血型抗原；②非 MHC 抗原；③癌胚抗原：滋养叶细胞和肿瘤细胞有相似的增殖和浸润的特点。某些恶性组织和细胞株也表达滋养叶细胞上所常见到的表面抗原。这些抗原不一定仅局限于滋养叶细胞与肿瘤细胞上，它们可能涉及肿瘤和胎盘生长之相似免疫自调机制。

MHC-Ⅰ和 MHC-Ⅱ类抗原在免疫反应包括异体组织排斥反应之产生和调节中起重大作用。组织相容性抗原，在非绒毛细胞滋养叶细胞和少数早期绒毛细胞滋养叶细胞膜上表达的一种新的非典型 MHC-Ⅰ型抗体，称 HLA-G。MHC-Ⅱ类抗原在孕中晚期绒毛间质中和羊膜上皮下方的结缔组织可见 HLA-Ⅱ类阳性细胞，这些细胞是一种巨噬细胞。

二、母体致敏的途径

胎儿抗原致敏母体可能的途径有直接接触和通过胎盘屏障进入母体血循环两种（表 32-1）。

（一）直接接触

绒毛合体滋养叶细胞可与母血直接接触，而非绒毛的滋养叶细胞则可与母体蜕膜接触，这些均是引起母体淋巴细胞对滋养叶细胞致敏的重要部位。由于滋养叶细胞缺乏 MHC- Ⅱ抗原，故仅在滋养叶细胞抗原脱落，并由母体巨噬细胞或树突状细胞提呈抗原给母体细胞免疫系统方可发生。

（二）通过胎盘屏障进入血循环

目前，已知在生理情况下胎盘屏障存在一些缝隙可让少数胎儿抗原进入母体血循环，尚存在病理情况，如胎盘出血，则更容易使胎儿抗原进入母体。

滋养叶细胞和偶见的滋养叶细胞碎片可发生脱落并穿过胎盘屏障，进入子宫静脉和造成肺血管内栓子。

表 32-1 母体致敏的途径

方式	参与成分
直接接触	绒毛合体滋养叶细胞与母血
	非绒毛滋养叶细胞与蜕膜
经胎盘屏障	生理情况：缝隙让少数胎儿抗原进入母血
	病理情况：胎盘出血，胎儿抗原进入母血

胎儿红细胞可进入母体血循环中，主要发生在产后，但有时也可发生在早孕期。在孕晚期，进入母体血循环的胎儿血量呈进行性上升。分娩时所发生的胎盘出血也不可避免地使血细胞进入母血循环，这是发生 Rh 同种异体反应的主要原因，所以，孕妇接触胎盘抗原机会比接触滋养叶抗原多。

三、母体对胎儿的免疫反应

（一）抗体反应

在妊娠时，母体可对胎儿（父系）HLA 和胎盘抗原产生抗体反应，但不产生妊娠损害。

针对胎儿（父系）HLA 的抗体反应：细胞毒抗同种反应，约 15% 初孕妇和 60% 经产妇产生此抗体。非细胞毒的同种抗体，其特异性大。这些抗体可能起免疫调节作用。

针对胎盘特异性抗原的产生的同种抗体：胎盘上的抗原是母源性，而滋养叶基膜上抗原是胎儿源性的。

（二）母体细胞中介免疫

细胞中介免疫在组织移植排斥反应和控制肿瘤生长中起重要作用。自然免疫通过自然杀伤细胞（NK）；特异性免疫通过细胞毒 T 淋巴细胞（CTL）。

1. 自然免疫　自然杀伤细胞可不必通过致敏阶段而将一些肿瘤细胞溶解，它与细胞毒 T 细胞不一样，不具有免疫记忆，且能溶解一系列靶细胞。NK 细胞占外周淋巴细胞中 2%～5%，在围排卵期，NK 细胞活力明显下降，并认为与促性腺激素有关。LH 和 HCG 可抑制 NK 细胞的活力，而雌二醇、孕酮和睾酮对其无影响。从孕 16 周直至孕足月，NK 细胞活力呈抑制状态。分娩后 9～40 周恢复正常水平。

早期妊娠蜕膜中含有大量的 NK 细胞，但主要是一种大颗粒淋巴细胞，其细胞比外周血 NK 细胞大，其细胞表型也与外周血相反，有利于胚胎的种植和非绒毛滋养叶细胞的侵入。

2. T 细胞免疫　孕期外周血 T 细胞亚群出现一系列变化，T 抑制细胞数量增加，$CD8^+$ 上升，$CD4^+$ 下降，$CD8^+/CD4^+$ 上升。T_{H_1} 相关细胞因子在孕期下降，T_{H_2} 细胞因子则在孕期上升，T_{H_1}/T_{H_2} 下降。

3. 对胎儿（父系）HLA 之特异免疫　特异的细胞毒 -T- 淋巴细胞可通过溶解作用杀伤异体细胞，可分为增殖阶段和细胞毒阶段。

4. 对滋养叶抗原的特殊免疫　母体淋巴细胞与胎盘短期培养后可以测出一些淋巴因子，但尚不清楚哪种是胎盘刺激抗原。

母体对胎儿（父系）HLA 滋养叶特殊抗原之致敏在正常妊娠中偶然见到。

四、免疫耐受机制

虽然母体接触许多胎儿和胎盘抗原，但孕妇并未对这些抗原产生致敏，即使偶尔发生反应也不会伤害胎盘。这种免疫耐受的机制过去认为是胎盘解剖屏障问题，使母体和胎儿血循环截然分开，以避免大量的胎儿异体抗原进入母血而引发免疫排斥反应。现在随着生殖免疫学的进展，发现这其实是一种免疫屏障问题，它涉及子宫 - 蜕膜 - 母体免疫职能细胞和绒毛滋养叶细胞抗原之间复杂的免疫反应，又称为胎母界面免疫。

（一）胎盘免疫屏障

1. HLA-G 与 NK 细胞和 T 细胞　胎盘由于合体滋养叶细胞缺失经典的 MHC 抗原和非绒毛滋养叶细胞不表达 MHC-Ⅱ类抗原，所以构成对母体免疫识别的主要屏障。非绒毛滋养叶细胞膜上有非典型的 MHC-Ⅰ类抗原，即 HLA-G，目前认为 HLA-G 通过 NK 细胞上的抑制性受体结合，并通过细胞质内免疫受体传导抑制信号，阻抑细胞毒效应，保护滋养细胞免受蜕膜 NK 细胞的杀伤同时还可抑制 $CD8^+T$ 细胞的杀伤功能，使得 HLA-G 即可抑制母体非特异性免疫也可抑制特异性免疫。

2. HLA-E 与 NK 细胞　孕早期母体子宫蜕膜的胎盘绒毛外滋养细胞上表达高水平的 HLA-E，蜕膜中的 NK 细胞通过 CD94/NKG2 受体识别滋养细胞上的 HLA-E，保护滋养细胞不被 NK 细胞杀伤。

3. 胎盘抑制因子　胎盘本身可以释放因子抑制淋巴细胞活化。这种抑制活力可在妊娠早期出现。

4. 胎盘激素　HCG 在生理水平可抑制分裂原所致的淋巴细胞增殖，这可能与 HCG 结合佐细胞进而释放出前列腺素有关。

5. 凋亡受体　母胎界面（蜕膜和滋养细胞）存在凋亡受体，诱导细胞凋亡，使胚胎逃避免疫攻击。

（二）蜕膜抑制因子

在人的妊娠早期，蜕膜也可见到类似细胞中介免疫抑制现象。在月经黄体期可见大的淋巴细胞被认为是激素依赖型，而在复发性流产患者则缺乏此类细胞。

（三）封闭抗体

封闭抗体是维持妊娠所必需的封闭因子，可通过与母体反应的细胞毒性淋巴细胞结合，封闭其细胞毒作用，阻止对胎儿的杀伤，或通过与胚胎抗原结合，达到阻断细胞中介免疫反应的目的。故封闭抗体的主要作用是保护胎儿胎盘功能，使胎儿免受母体免疫系统的攻击，使妊娠得以维持。封闭抗体的本质是 IgG，通过封闭父方来源的胎儿组织相容性的细胞抗原（HLA），使胎儿来自父方的这一半移植物得以逃脱母体免疫系统的攻击。这类抗体的产生将取决于对胎儿抗原的识别。

妊娠血清中的封闭抗体存在以下几种：

（1）非特异性的封闭抗体：以完全非特异方式抑制细胞中介反应。

（2）特异性细胞毒抗体：特异性抑制母 - 父间和母 - 胎间混合淋巴反应。此种抗体是一种经典的妊娠引起的抗 B 细胞的细胞毒抗体，通过结合到刺激抗原而引起封闭作用。

（3）特异性的非细胞毒抗体：对父系 B 细胞呈特异性。

（4）抗独特性抗体：此类抗体与母体 T 细胞上父系 HLA 受体结合，可以调节母体对滋养叶的免疫反应。

（四）免疫职能细胞

免疫职能细胞常见的有 NK 细胞、T 细胞亚群、NKT 细胞、树突状细胞及巨噬细胞。NK 细胞参与胚胎着床。T 细胞对妊娠的影响：一为免疫营养作用，对妊娠有利；二为免疫杀伤作用，对妊娠有害。NKT 细胞可能是在母胎界面原位产生的。树突状细胞具有超强抗原呈递功能，能激活初始化 T 细胞启动保护性免疫应答，在诱导免疫耐受中起重要作用。巨噬细胞是抗原呈递细胞，能激活 T_s 细胞，在孕期和非孕期均稳定表达 MHC- Ⅱ 类抗原，成为子宫内膜主要的抗原提呈细胞。

（五）IDO

表达 IDO 的细胞分布在免疫耐受或豁免的器官，如胸腺、胎盘和前眼房。

（六）补体系统

人类胚胎植入子宫内膜，不发生炎症反应，与补体系统存在正常的调节机制有关。在保护胎儿维持妊娠方面起重要作用。

（七）胎儿因素

同种免疫反应细胞如果穿过胎盘屏障进入胎儿血循环，也可产生一系列问题。然而母体细胞能否进入胎儿存在争议。

免疫调节是复杂的，并通过胎母界面多种免疫耐受环节来实现，但至今尚无法证实何种单一系统是成功妊娠所必备的。然而，倘若任一免疫调节环节出现紊乱，就可能导致病理妊娠。

第二节　免疫学不孕不育

免疫性不孕不育是由于生殖系统抗原的自身免疫或同种免疫引起，是指不育症患者排卵及生殖功能正常，无致病因素出现，配偶精液常规检查在正常范围，但有抗生育免疫证据存在。正常性生活情况下，机体对生殖过程中任一环节产生自发性免疫，延迟受孕两年以上，成为免疫性不育症。

免疫性不孕不育是相对概念，是指免疫使生育力降低，暂时导致不育。不育状态能否持续取决于免疫力与生育力之间的相互作用。若免疫力强于生育力，则不育发生，反之，则妊娠发生。免疫性因素可作为不育症的唯一病因或与其他病因共存。

免疫性不孕不育症在不育症中占 20% 左右。其诊断标准：①不孕期超过 3 年；②需除外不孕不育的其他原因：做精液常规，子宫内膜活检，输卵管通畅试验，子宫输卵管造影，腹腔镜，宫腔镜检查及性交后试验等以排除；③可靠的检测方法证实体内存在抗生育抗体；④体外实验证实抗生育免疫干扰人精卵结合。在上述四种诊断中，满足前 3 项可做出临床诊断，若满足 4 项标准可肯定临床诊断。

根据病因可分为自身免疫性不孕不育和同种免疫性不孕不育。本节重点阐述自身免疫性不孕不育。同种免疫性不孕不育将在相关章节阐述。人体的免疫系统是一个极为复杂的系统，在维持机体的稳态和健康方面起着重要作用。

人体免疫系统主要有三大功能：抵御外来微生物的侵袭，清除自身衰老死亡的细胞及识别并清除突变的细胞，是维持机体内环境稳定的必不可少的生理性防御机制。病因分为原发性和继发性。

1. 原发因素　属于致病的内因。

当系统免疫防御功能发生异常，则会导致一系列免疫病理过程，如感染、免疫缺陷、自身免疫性疾病、生殖障碍，甚至肿瘤等。

自身免疫性疾病多与某些异常缺陷有关，可能存在易感基因。自身免疫异常者其受孕能力下降是生物进化的结果，可以限制疾病易感基因的传代表达。

2. 继发因素　是在原发因素的基础上诱发免疫性不孕不育的因素。一般自身组织不成为抗原，但在某些情况下，如感染，烧伤，经血逆流，药物等，使组织细胞中的蛋白质发生质的变化而成为自身抗原，这些物质进入血循环，刺激机体产生抗体，发生免疫反应。

自身免疫性不孕不育多由于男性精子、精浆或女性卵子，生殖道分泌物溢出生殖道进入周围组织，造成自身的免疫反应，在自身产生相应的抗体，影响精子的活力、卵泡成熟、排卵等。抗体主要有：抗精子抗体、抗子宫内膜抗体、抗透明带抗体、抗卵巢抗体、抗磷脂抗体等，下面就这几种自身抗体做简要介绍。

一、抗精子抗体

男性及女性患者血液和体液中的抗精子抗体是精子、精浆通过自身免疫或同种免疫产生的，抗精子抗体是免疫性不孕不育的重要因素，占不育患者的 10%～ 30% 以上。

抗原除了精子、精浆还有生殖道的多种上皮成分。抗原性十分复杂，主要是精子和精浆所含的抗原物。

（一）男性抗精子抗体的形成

精子对于男性虽属自身抗原，但由于到青春期才出现，因而对于自身免疫系统而言，仍属"异己"，若男性生殖系统的免疫屏障及免疫抑制物受到破坏，则产生抗精子抗体。

男性的血 - 睾屏障可防止精子与免疫系统接触，使淋巴细胞不能识别精子抗原。但当血 - 睾屏障受到破坏，如手术、外伤等，导致精子漏出或巨噬细胞吞噬消化精子细胞，精子抗原激活免疫系统，产生抗精子抗体。男性生殖道组织内淋巴细胞屏障，可阻止自身体液或细胞形成抗精子免疫反应。精浆中的免疫抑制物质性交时随精子一起进入女性生殖道,抑制了局部和全身免疫应答,使精子和受精卵免遭排斥,保障受精卵的着床和发育。细胞免疫功能改变,抑制性 T 细胞数量减少或活性下降,也可产生抗精子抗体。生殖道感染时,可造成抗精子抗体的发生率增加。

（二）女性抗精子抗体的形成

通过性活动,女性生殖道反复接触精子,但在正常情况下,女性生殖道局部的 T、B 淋巴细胞并不对精子抗原识别产生排斥应答,反而保护精卵结合,完成整个受精、胚胎发育等生殖活动。

正常情况下,女性阴道属于免疫系统,完整的黏膜阻止精子进入机体。女性生殖道属于免疫豁免区,维持低水平的免疫活动,保证精子不受攻击和排斥。生殖道的 T_{H_1} 细胞远少于 T_{H_2} 细胞,保护精子在生殖道的正常活动。男性的精浆免疫抑制物随精子进入女性生殖道,保护精子免遭攻击。

（三）抗精子抗体对生殖的影响

在病理情况下,抗精子抗体可以存在于女性和男性体内,从而引起不孕不育。低效价抗体不影响生育,当抗体滴度＞1:32 时,可在生殖道局部起抗生育作用。抗精子抗体通过不同途径影响受精而干扰生殖功能,如影响精子获能和顶体反应,阻止精子穿过宫颈黏液,阻止精子在女性生殖道内运行,影响精卵结合,引起受精卵发育停滞和溶解。

二、抗子宫内膜抗体

抗子宫内膜抗体是以子宫内膜为靶抗原而引起一系列免疫反应的自身抗体。子宫内膜在卵巢激素的调节下产生周期性剥脱,随月经排出体内,一般不诱发抗体产生自身免疫反应。但在某些病理情况下,如子宫内膜异位症患者受到异位内膜的刺激,或经血逆流等导致免疫应答紊乱即可产生抗子宫内膜的自身抗体。

抗子宫内膜抗体属于自身抗体,在正常育龄女性体内可检测到,但在不育不孕人群中尤其是子宫内膜异位症患者中多见。正常情况下机体产生极弱的自身抗体,清除体内衰老变性的成分,若由于某些原因导致机体对自身组织发生过度应答,则导致功能改变。异位的子宫内膜具有抗原性,诱导机体产生子宫内膜抗体。人工流产清宫时,孕囊也可作为抗原刺激机体产生抗体。子宫内膜有炎症时,也可转化成抗原或半抗原,刺激机体产生抗体。

抗子宫内膜抗体达到一定量时与自身的子宫内膜组织发生抗原抗体反应,并激活免疫系统引起损失性效应,造成子宫内膜组织细胞生化代谢及生理功能的损害,干扰和妨碍精卵结合,干扰受精卵的着床和胚胎发育,引起不孕不育和流产。

需要指出的是,抗子宫内膜抗体免疫性不孕不育是相对概念,若生育力强于免疫力,则妊娠发生。

三、抗透明带抗体

透明带是包绕生长卵泡的卵母细胞、卵子、着床前胚胎的一层半透明糖蛋白结构,它对精卵识别、结合、穿透过程及阻止多精受精和保护着床前胚胎方面有重要意义。

女性出生至青春期,卵泡停留在初级卵泡阶段,故卵母细胞的成熟和透明带形成晚于机体的免疫系统的形成与成熟。透明带可作为异物刺激机体产生免疫应答。正常情况下,育龄女性每月排卵一次,极微量的抗原反复刺激,将诱导机体免疫活性细胞对其产生免疫耐受,而非免疫损伤。当机体受到与透明带有交叉抗原性的抗原刺激时或各种致病因子使透明带抗原变性时,导致机体辅助性 T 细胞优势识别，最终机体产生损伤性抗透明带免疫，使生育力降低。

四、抗卵巢抗体

抗卵巢抗体是一种位于卵巢颗粒细胞、卵母细胞、黄体细胞和间质细胞内的自身抗体。在感染、创伤、反复穿刺取卵或促排药物的作用下，造成大量卵巢抗原释放，刺激机体产生抗卵巢抗体。抗卵巢抗体可能影响卵母细胞成熟，并破坏损伤卵子和胚胎。其中 IgG 类抗卵巢抗体可妨碍胚细胞分裂，干扰受精过程，而 IgA 类抗卵巢抗体与卵母细胞变异有关。

抗卵巢抗体引起自身免疫性卵巢炎，局部组织单核细胞、浆细胞浸润，影响卵泡发育、成熟和排出，雌孕激素分泌减少，严重时抗卵巢抗体与自身靶抗原结合形成的抗原抗体反应，可以引起卵巢免疫性损伤，导致成熟前卵泡闭锁、卵子退化和妨碍胚胎分裂，引起成熟卵泡数目减少，最后导致卵巢功能早衰，表现为原发性或继发性闭经。抗卵巢抗体包裹卵细胞影响其排出，防止精子穿入。故抗卵巢抗体可能导致卵巢早衰和卵泡成熟前闭锁而导致不孕不育。

五、抗磷脂抗体

抗磷脂抗体是一种自身免疫性抗体，能与多种含有磷脂结构的抗原物质发生反应，包括抗心磷脂抗体和狼疮抗凝抗体。抗磷脂综合征是一种以反复动脉或静脉血栓，流产，同时伴有心磷脂或狼疮抗凝物实验持续阳性的疾病，可继发于系统性红斑狼疮或其他自身免疫性疾病，也可单独出现。女性发病率明显高于男性。

第三节　避孕与免疫

免疫避孕是利用机体自身的免疫防御机制来阻抑非计划妊娠，是目前国内外科学家重视的，尚处在发展阶段的一类新型生育调节方法。

一、免疫避孕法的基本原理和潜在途径

免疫避孕法的方法学实质是给健康的育龄男、女注射生育预防针，即通过接种疫苗抗生育。基本原理是选择生殖系统或生殖过程的抗原成分改造制成疫苗，调动接受者的免疫系统，通过抗体或细胞介导，对相应的生殖靶抗原进行免疫攻击，从而阻断正常生殖生理过程的某一环节，以达到避孕的目的。

理论上说，应用免疫学原理抗生育有四条途径：调控母体的免疫状态，使母体排斥胎儿；利用动物抗体进行被动免疫；调动生殖道黏膜的局部免疫机制来抑制配子成熟、迁移，或阻断受精、着床；利用生殖系统特异性抗原进行主动免疫，即利用疫苗调控生育，这是人类免疫避孕的一条理想途径。

二、免疫避孕法的潜在优点与不足

（一）免疫避孕法的潜在优点

（1）生殖过程有多个作用位点可选择供免疫攻击。

（2）所用抗原为人体自身所有，为非药理性物质。

（3）免疫后抗体维持时间相当长（至少一年），为长效避孕。一段时间后，需要继续避孕，加强免疫即可。

（4）一经注射疫苗，免疫防御所引起的避孕效果不易受随意性人为因素影响，减少使用者的失败率。

（5）抗生育作用具可逆性，可根据计划解除避孕，恢复生育力。

（6）不引起内分泌和代谢紊乱，不干扰性活动和性反应。

（7）人们已有疫苗注射的概念，对这种方法易于接受。

（8）免疫注射，不需特殊设备，易于推广。

（二）免疫避孕法的潜在不足

（1）与非靶标的交叉抗原发生免疫反应，其后果可诱发自身免疫病，造成相应组织的病理损伤和功能障碍或内分泌紊乱。

（2）抗原过量时，循环血液中若存在自身抗体，易与游离于细胞外的抗原起免疫反应，形成免疫复合物。体内长期积累可能引起机体某些组织出现免疫病理反应。

（3）抗体产生及抗原代谢与避孕效果直接相关。疫苗注射后，抗体产生要经历静止期和指数期，而且不同个体对疫苗反应有很大的强弱差别，接受者接种后抗体升至抗生育水平需要一段时间。抗体滴度下降期若未能及时监测抗体水平和采取补充避孕措施，则容易怀孕。此时期受孕可能会由于抗体与胎儿物质起交叉反应，导致胎儿损失和先天畸形。

（4）免疫反应可能对生殖系统的某些组织细胞造成不可逆的损伤，导致按计划终止妊娠时却不能恢复生育力。

三、避孕疫苗的抗原要求与潜在靶标

免疫避孕所选择的疫苗要满足以下要求：

（1）必须参与生殖过程，或者是在生殖过程中分泌产生的成分。该成分在结构和功能上对某一生殖环节起决定作用。

（2）具有组织特异性。该成分仅由特定的靶细胞所表达或分泌，在其他组织中不存在。

（3）具高度免疫原性，可诱发有效的特异性免疫反应。

（4）该成分可以种属交叉存在，以便建立合适的动物模型，对疫苗做临床前的安全性和有效性评价。

（5）化学结构已完全阐明，可以通过经典的化学合成方法或现代分子生物学技术大规模生产抗原，满足制备避孕疫苗的需要。

生殖过程的特异性分子可作为免疫攻击的潜在靶标，可分为激素类和与配子及胚胎关联的蛋白质。前者主要指对配子发生和成熟起调控作用的激素，以及早期妊娠分泌的激素，如 GnRH、LH、FSH 等。后者指成熟配子和着床前胚胎表达的或存在于它们表面的蛋白质，如精子膜蛋白、精子酶、卵透明带、早孕因子等。

四、抗精子疫苗

动物实验表明，精子具有抗原性并能诱发出特异性抗体而且抗体能影响精子功能。

（一）抗精子疫苗的潜在靶抗原

抗精子疫苗作用于男性，作用环节可以选择睾丸生精细胞发育后期的已分化成睾丸精子阶段，或精子在附睾经历成熟的阶段。由于精子是男性的自身成分，抗精子免疫必须避免诱发睾丸及男性生殖道的自身免疫损伤，以及是曲细精管或附睾管腔内有适当的抗体水平以应对巨大的抗原负荷，才能获得良好的抗精子免疫避孕效果。

抗精子疫苗用于女性，作用环节可选择精子在女性生殖道的迁移过程，或与卵子受精前精子受精经历的事件，或精－卵相互作用过程。精子在女性生殖道迁移，发生获能，在输卵管发生顶体反应，与卵子接触发生精－卵识别。这些过程精子表面所暴露出的特异性蛋白质可作为潜在靶标。

（二）抗精子疫苗的候选特异性抗原

精子对于男性是自身抗原，对于女性是同种异体抗原，精子免疫可导致不育。但是，全精子不能作为抗原用于疫苗，这是因为精子质膜、顶体、核等部位存在一些与全身许多组织所共有的抗原。因此，只有那些是精子特有的关键抗原才具有发展为抗精子疫苗的可能性。

抗精子疫苗应用在男性上可诱发自身免疫，故选择特异性精子成分发展女用疫苗受到重视。性交时进入女性生殖道的精子数以亿计，它们又处于不同的成熟阶段，表达的特异蛋白质各不相同，且在生殖道迁移时抗原也发生了变化。故精子的特异成分复杂且数量众多。目前认为较有希望且与生育有关的几种候选特异精子抗原有：LDH-C4、PH-20、SP-10、FA-1 等。

1. LDH-C4 是乳酸脱氢酶的同工酶，仅存在于人类和哺乳动物的睾丸和精子中。在性成熟后才检测出 LDH-C4 活性。LDH-C4 影响精子能量代谢，但对精子受精有何作用尚不清楚。LDH-C4 具有高度的细胞特异性，与体细胞的特异 LDH 同工酶没有交叉反应。女性不合成 LDH-C4，男性 LDH-C4 位于血 - 睾屏障内，与机体免疫系统相隔离。LDH-C4 是一个自身和同种异体的精子特异性抗原，但它的免疫原性弱。全精子免疫小鼠没有产生特异性抗体，不育患者也没有检测出抗 LDH-C4 抗体。动物实验表明，LDH-C4 抑制生育的机制是抗 LDH-C4 循环抗体从雌性生殖道溢出，在子宫颈、子宫、输卵管等部位与精子结合，制约精子在生殖道中迁移和行使功能，进而阻止受精。

2. PH-20 是一种内膜蛋白质，位于豚鼠精子头部浆膜上，顶体反应后出现在顶体内膜，表现有透明质酸酶活性，是精子特异性抗原。抗 PH-20 抗体在体外可抑制精子与卵透明带结合。

3. SP-10 是由单克隆抗体鉴定的一组人精子蛋白，在生精过程中产生，是一个分化抗原。它位于顶体内膜上。在受精过程，精子要经历顶体反应。顶体反应后，顶体内膜裸露，女性生殖道抗体就可接触到顶体内膜上的抗原，相互结合后影响精子穿透卵透明带。进而影响受精，故 SP-10 是有希望的靶抗原。

4. FA-1 是从啮齿动物和人精子膜中通过单克隆抗体分离提纯的糖蛋白。抗 FA-1 抗体的抗生育机制是影响精子与卵透明带的相互作用，阻止受精。

五、抗卵透明带疫苗

卵透明带是围绕在哺乳动物卵子和着床前胚胎外周的一层透明的细胞外糖蛋白基质。卵透明带具有高度的免疫原性。卵透明带抗原并非高度种属特异。几个种属的动物间存在种间交叉抗原。抗卵透明带抗体具有有效的抗生育潜力。

六、抗 HCG 疫苗

在免疫避孕研究领域，研究最为深入和进入临床试验的是以 HCG 为抗原研制的避孕疫苗。HCG 是受孕后由胎盘合体滋养层细胞分泌的妊娠特异激素，主要功能是通过刺激黄体持续合成孕酮，以维持早期妊娠，而且也可能起到防止母体排斥胚胎及其产物的作用。选择 HCG 作为免疫攻击的靶标，除靶抗原的一般要求外，还有以下特点：HCG 在怀孕时才暂时出现，不干扰排卵和性激素合成等生理过程，机体的其他组织和生理活动中也没有类似的抗原存在。即靶标特异，作用时间局限；受精后的 4～5 天，HCG 在囊胚期的滋养层出现，此时干扰 HCG 作用终止妊娠，抗生育效应阶段不算偏后，妇女仅表现为正常或稍延长的月经周期，对身体没有明显不适的影响和损害，容易接受；HCG 为维持妊娠所必需，阻断此环节容易达到 100% 抗生育；HCG 的化学结构、理化性质和生物活性已基本清楚，便于分析和应用；HCG 可从孕妇尿中提取获得，通过现代分子生物学技术也容易大量制备。

七、避孕疫苗的研究趋势

（1）暴露在分子表面的抗原表位与抗原性强弱有关。

（2）已进入临床试验的 HCG 类避孕疫苗，采用的载体为 TT 或 DT。由于载体大分子蛋白的引入，易于出现载体介导的表位抑制效应及过敏反应。所以无需载体蛋白，又可提高免疫原性的途径是当前重点研究的方向。

（3）目前较有希望的 HCG 类疫苗，其有效阶段在受精后，一些妇女认为这相当于一次流产而难以接受。

（4）国际上避孕疫苗的第一、二期临床试验，包括我国的第一期临床前预初试验，均表现出受试者之间的抗体反应有明显差别，每个个体对疫苗的反应有较大的个体差异。

（5）有效地维持高滴度抗体水平是免疫避孕成功的前提。

（6）区分和确定细胞介导免疫反应与仅是抗体反应，有助于阐明其各自在避孕中的作用和对细胞组织的不良影响。

（7）避孕疫苗所使用的抗原为人体自身成分，而且抗原分子不大，故其免疫原性弱，须与免疫佐剂合用才能提高抗原的免疫原性。

（8）生育可逆性是避孕研究必须考虑的重要问题。

第四节 新生儿溶血与免疫

新生儿溶血是指因各种因素导致的红细胞被破坏，如果红细胞破坏过多、过快超过骨髓造血代偿能力时就产生贫血称溶血性贫血。免疫性溶血性贫血包括同族免疫性溶血性贫血、自身免疫性溶血性贫血和药物引起的溶血性贫血。

一、同族免疫性溶血性贫血

同族免疫性溶血性贫血即新生儿溶血病。多个血型系统均可导致母婴血型不合致溶血，在我国，常见的是 ABO 血型不合，其次是 Rh 等。ABO 血型不合溶血与 RH 血型不合溶血的区别见表32-2。

（一）ABO 血型不合溶血

新生儿溶血病是指由于母婴血型不合引起的胎儿或新生儿同族免疫性溶血病。临床上以胎儿水肿和（或）黄疸、贫血为主要表现，严重者可致死或遗留严重后遗症。至今人类已经发现 26 个红细胞血型系统，其中 ABO 血型不合是新生儿溶血的最常见原因，其次是 Rh 血型不合。

新生儿溶血病的发病机制是母婴血型不合引起的抗原抗体反应，母亲体内不存在胎儿的某些父源性红细胞血型抗原，当胎儿红细胞通过胎盘进入母体循环后或母体通过其他途径（如输血等）接触这些抗原后，母体被抗原致敏，产生相应的抗体以清除这些抗原，但是当此抗体经胎盘进入胎儿血循环时与胎儿红细胞膜上的相应抗原结合，这些被免疫抗体覆盖的红细胞随之被单核 - 巨噬细胞及自然杀伤细胞释放的溶酶体酶溶解破坏引起溶血，溶血严重时出现贫血、水肿、黄疸等一系列表现。

胎儿红细胞在妊娠 30 多天时即有 ABO 和 Rh 系统抗原。母胎间的胎盘屏障并不完善，妊娠早期即可发生母亲致胎儿及胎儿至母亲间的输血。妊娠 3 个月时在母体血液中可检测到胎儿红细胞。大多数孕妇血中的胎儿血量仅 0.1～3.0ml。但若反复多次胎儿血液进入母体，则可使母体致敏。再次怀孕仍为 ABO 血型不合时即发生新生儿溶血。O 型血孕妇所产生的抗 A 或抗 B 免疫抗体为 IgG 抗体，可通过胎盘进入胎儿循环而引起胎儿红细胞凝集溶解。而 A 或 B 型孕妇产生的抗 B 或抗 A IgG 抗体滴度较低。例如，母亲为 AB 型或婴儿为 O 型，则不会发生 ABO 溶血，这是因为其产出的抗体为 IgM，不能通过胎盘。故 ABO 血型不合所致的新生儿溶血多见于 O 型血母亲所生的 A 或 B 型胎儿。

ABO 血型不合的妊娠中，由于 O 型母亲在第一胎妊娠前，可受到自然界 A 或 B 血型物质（如某些植物、寄生虫、伤寒杆菌、破伤风及白喉类毒素等）的刺激，而产生抗 A 或抗 B 抗体（IgG），因此有 40%～50% 的 ABO 溶血发生在第一胎。来自母体的这些免疫抗体在与胎儿红细胞接触前就已被胎儿组织细胞及体液中的抗 A 或抗 B 抗原物质中和，仅少量免疫抗体可与胎儿红细胞结合，或由于胎儿红细胞的抗原数较少，仅为成人的 1/4，不足以与相应免疫抗体结合而产生溶血。故仅有 10%～20% 发生新生儿 ABO 溶血病。

（二）Rh 血型不合溶血

Rh 血型系统具有高度的多态性和高度的免疫原性，是仅次于 ABO 血型系统的重要血型系统。Rh 抗原主要有 5 种，即 D、C、c、E、e 抗原，其中 D 抗原的免疫原性最强，是引起新生儿 Rh 溶血的主要原因之一。Rh 阴性血型发生率在不同种族中存在较大差异：美国白人 15%，黑人 5%，我国汉族仅 0.34%，我国某些少数民族也有 5% 以上。Rh 溶血主要发生于 Rh 阴性母亲和 Rh 阳性胎儿。但 Rh 溶血也可发生在母婴均为 Rh 阳性时，其中以抗 E 较为多见（母亲没有 E 抗原而胎儿有 E 抗原）。

Rh 血型不合溶血的发病机制：妊娠时少量胎儿红细胞通过胎盘进入母体循环。如果胎儿红细胞的 Rh 血型与母亲不合，因抗原性不同使母亲致敏，当母亲再次接受相同抗原的刺激时便产生相应的血型抗体 IgG，该抗体进入胎儿血循环作用于胎儿红细胞并导致胎儿贫血。

虽然胎儿红细胞在妊娠 30 余天即具有 Rh 系统抗原，但 Rh 血型不合的胎儿红细胞经胎盘进入母体循环，被母体脾脏的巨噬细胞吞噬后，需经过相当长的时间才能释放出足量的 Rh 抗原，这个时间常历时 8～9 周甚至长达 6 个月，且所产生的抗体常较弱，且是 IgM 抗体，不能通过胎盘。自然界中不存在类似 Rh 血型的物质，故第 1 胎胎儿分娩时母体仍处于原发免疫反应的潜伏阶段，不会发生溶血病。当母体发生原发免疫反应后再次怀孕时，即使经胎盘输入的血量很少，也可很快发生继发免疫反应，IgG 抗体迅速上升，经胎盘进入胎儿血循环，与胎儿血红细胞上的相应抗原产生凝集使之破坏，导致溶血、贫血、水肿、心力衰竭，甚至流产、死胎。

Rh 溶血病一般不会发生在第一胎，其原因：① Rh 血型物质只存在人类和猿的红细胞上，自然界无 Rh 血型物质；② Rh 阴性母亲首次妊娠，在妊娠末期或胎盘剥离（包括流产及刮宫），接触 Rh 阳性的胎儿血液所需的血量相对多（＞0.5～1ml），产生抗体的速度慢（至少需要 8～9 周），此为初发免疫反应，产生抗体的类型在早期为 IgM 抗体，不能通过胎盘，晚期产生少量 IgG，但胎儿已娩出。③母亲再次妊娠（与第一胎 Rh 血型相同），接触阳性血液的胎儿血液所需的血量相对少（0.05～0.1ml），此为继发免疫反应，产生抗体的速度快（只需几天）。产生大量的 IgG 抗体，通过胎盘引起胎儿溶血。但是既往输过 Rh 阳性血的 Rh 阴性母亲，其第一胎可能发病。极少数 Rh 阴性母亲虽未接触过 Rh 阳性血，但其第一胎也发病，这可能是因为 Rh 阴性孕妇的母亲为 Rh 阳性，其母怀孕时已使孕妇致敏，故其第一胎发病（此为外祖母学说）。此外，即使抗原性最强的 RhD 血型不合者，也仅有 5% 的发病，这与母亲对胎儿红细胞 Rh 抗原的敏感性不同有关。

新生儿溶血母婴血型不合是其根本原因，但该病发病机制涉及以下三个方面：①要产生足够的血型抗体。由父亲遗传而目前所不具有的显性胎儿红细胞抗原，通过胎盘进入母体，刺激母体产生相应的血型抗体。②产生的抗体能通过胎盘。因此必须是不完全性的 IgG 抗体，而非完全性的 IgM 抗体。③抗体能使胎儿或新生儿红细胞致敏，只有红细胞致敏后才能在单核 - 巨噬细胞系统内被破坏，引起溶血。上述三个方面缺一不可，否则不会发病。

表 32-2　ABO 和 RH 溶血的比较

	ABO	RH
初发孕次	第 1 胎	第 2 胎
血型	母亲 O 型，胎儿非 O 型	母亲 RH（－），胎儿 RH（＋）
自然界有无此血型物质	有	无
免疫反应类型	继发	原发
发生率	较高	较低
病情严重程度	轻	重

二、自身免疫性溶血

自身免疫性溶血是免疫性溶血中最常见的一种，是由于机体免疫功能紊乱而产生针对自身红细胞抗原的免疫抗体，与红细胞表面抗原结合和（或）激活补体导致红细胞破坏及寿命缩短，导致的一种溶血性疾病。

新生儿免疫性溶血以继发性多见，可由多种疾病引起，其中感染是主要病因。常见病因：①感染，尤其是病毒和支原体感染；②自身免疫性疾病，如狼疮综合征等；③遗传学代谢性疾病，如半乳糖血症，骨质石化病等。

发病机制是通过遗传基因突变和（或）免疫功能紊乱，和（或）细胞膜的抗原性改变，从而刺激机体产生了相应的红细胞自身抗体或交叉反应抗体，免疫抗体与红细胞表面抗原结合导致红细胞寿命缩短，红细胞破坏加速，而引起血管外或血管内溶血。

三、药物引起的溶血

药物引起的溶血常见的原因有：①药物引起红细胞酶的缺乏；②药物引发不稳定血红蛋白的发生；③药物或其毒素引起免疫性溶血。有时也可是多种原因共同引起。

新生儿期能引起免疫性溶血的药物有很多，常见的药物有：①青霉素：母亲或新生儿使用青霉素后，青霉素作为抗原覆盖在红细胞上与红细胞膜的蛋白质牢固结合成复合物，新生儿或母体产生的抗体（可通过胎盘的）与复合物起反应而发生溶血。临床多在大剂量使用青霉素 1 周以上发生。此种抗体与一般自身抗体不同，是对青霉素特异的，溶血多较轻，停药后抗体虽然存在，但溶血很快消退。若继续使用，溶血加重。②奎宁、磺胺类、头孢菌素及 α- 甲基多巴等，机体对这些药物产生的抗体多为 IgM，在血浆中与药物结合成一种免疫复合物，不牢固地吸附在细胞膜上，激活补体，产生溶血。由于此免疫复合物极易从红细胞上分开，再吸附在其他红细胞上，故少量药物就可引起大量红细胞破坏。此类药物的溶血，发病急，贫血重，多伴发血红蛋白尿和血小板减少性紫癜。

思 考 题

1. 胎盘母体接触面的免疫关系分为哪几个层面？

2. 免疫性不孕不育症的诊断标准什么？

3. 男性和女性抗精子抗体是如何形成的？抗精子抗体对生殖有何影响？

4. ABO 血型不合所致溶血与 RH 血型不合所致溶血有何不同？其发病机制有何差异？

（彭慧兰）

第三十三章　临床输血与免疫学

输血医学的发展离不开免疫学。首先，血液中的多种成分是免疫活性物质，如免疫细胞，包括造血干细胞、淋巴细胞、单核-巨噬细胞、树突状细胞、粒细胞、肥大细胞、红细胞和血小板等；免疫分子，包括免疫球蛋白、补体、细胞因子、黏附分子等。上述免疫活性物质通过血循环到达靶器官和免疫应答部位。其次，临床输血实际上就是一个同种异体移植的过程，属于组织与器官移植的范畴，其所出现的过程及问题涉及免疫应答、超敏反应、自身免疫、免疫耐受和移植免疫等领域。本章将从以下几个部分来做简要介绍。

第一节　血液成分的抗原性

来自同一物种而基因型不同的个体的抗原性物质称之为同种异型抗原，血液成分即属于此类，并且呈现多态性。血液成分中的抗原包括组织相容性抗原（人类白细胞抗原：human leueoeyte antigen，HLA）、组织特异性抗原、分化抗原（分化群：cluster of differentiation，CD）、血型抗原（多为膜表面糖蛋白）等（表33-1）。输血过程中产生的免疫应答通常由同种抗原所诱导，其性质与强度受制于供受者之间的同种抗原的相容性高低。另外，在输血、骨髓与干细胞移植过程中的组织不相容性是双向的，可以是移植物抗宿主，如免疫功能低下者输入了含有活性T淋巴细胞的全血或血液成分引起的输血相关性移植物抗宿主病（transfusion associated graft versus host disease，TA-GVHD）；也可以是宿主抗移植物，如受者体内存在的某些抗供者血液成分的抗体而诱发的输血相关的中毒性肺损伤（transfusion-related toxic lung injury，TRALI）。

表 33-1　血液成分中的抗原

血液成分					抗原	
红细胞	HLA-Ⅰ	HLA-Ⅱ	CD分子	组织特异性抗原	血型抗原	受体-配基蛋白
血小板	–	–	–	–	ABO，Rh，kell等	CRI
粒细胞	+	–	CD51、CD61、CD62p	HPAI-10	+	FeyRⅡ、FeeRII、PAR4、PPAR-y
单核细胞	+	–	Cd16、CD11b	CGA-HH	+	CR1、CR3、FeR
T淋巴细胞	+	+	CD11b	HMA-1 HMA-2	+	CR3、FeR、CKR、PRR
B淋巴细胞	+	+（活化后）	CD2、CD3、DC4、CD7、CD8、CD25、CD28、CD38、CD40L、CD44、CD45、CD56、CD94	–	+	TCR、CR1、CXCR3
DC	+	++	CD19、CD20、CD21、CD35、CD23、CD40、CD45、CD80、CD86	–	–	BCR、CKR、CR1、CR2、FeR、丝裂原受体

续表

血液成分						抗原
NK 细胞	+	++	CD2、CD3、CD8、CD11b、CD38、CD16、CD56、CD57	−	−	FeR、IgE、B7-1、B7-2、ICAM-3
干细胞			CD34、CD35、CD38、CD45、CD117			−
血浆蛋白	±	−	−	−	−	+

CR：补体受体（complement receptor）；Fc R：抗体Fc段受体（fragment of crystalline receptor）；HPA：人类血小板抗原（human platelet antigen）；PAR：蛋白酶体活激受体（protease-activated receptors）；PPAR：过氧化物酶增殖体活激受体（peroxisome proliferator-activated receptors）；HGA：人类粒细胞抗原（human granulocyte antigen）；IIMA：人类单核细胞抗原（human monocyte antigen）；CKR：细胞因子受体（cytokine receptor）；PRR：模式识别受体（patter-recognition receptor）；TCR：T 细胞受体（T cell receptor）；chemotacxis cytokine recertor：趋化性细胞因子受体；BCR：B 细胞受体（B cell receptor）；ICAM（intercellular adhesion molecule）；KIR：杀伤细胞抑制受体（killer inhibitory receptor）；IL：白细胞介素（interleukin）

第二节　输血诱导的免疫应答

免疫应答是指机体免疫系统接受抗原刺激后，淋巴细胞特异性识别抗原，发生活化、增殖、分化或失活、凋亡，进而发挥生物学效应的全过程。根据抗原的质和量、机体的免疫功能状态和反应性，可以产生免疫防御和免疫耐受的正应答或生理性免疫应答，也可以产生免疫损伤、超敏反应、免疫抑制、自身免疫等负应答或病理性免疫应答。输血诱导的免疫应答多属于病理性的，如发热性非溶血性输血反应（FNHTR）、TA-GVHD、移植物抗白血病（GVL）、TRALI、PTR、TRIM 等，而且多与输入的白细胞有关（表 33-2）。我们先来了解学习一下输血与免疫调节的相关内容，主要是输血相关免疫调节的机制。

表 33-2　白细胞引起的不良后果

不良后果	相关细胞	白细胞阈值
FNHTR	粒细胞	2.5×10^8
HLA 免疫		
初次	T、B 淋巴细胞，单核细胞，粒细胞	$(1 \sim 5) \times 10^6$
再次	T、B 淋巴细胞，单核细胞，粒细胞，血小板	1×10^2
TA-GVHD	T 淋巴细胞	$> 1 \times 10^4$
GVL	T 淋巴细胞	不确定
传播病毒		
CMV	粒细胞，单核细胞，T、B 淋巴细胞	$10^6 \sim 10^7$
EBV	T 淋巴细胞	不确定
HTLV-1, HTLV-2	T 淋巴细胞	不确定
免疫抑制		
移植、习惯性流产、HIV 感染者、术后感染、肿瘤复发和转移	细胞表面表达的和可溶性的同种异体抗原	$1 \times 10^9/U$
血液保存：功能与寿命降低、红细胞和血小板浓缩、抗细菌作用	粒细胞	$1 \times 10^7/U$

自 1973 年 Opelz 等报道输血可提高肾移植的存活率以来，对于输血免疫调节作用在临床上的重要意义，直至 20 世纪 80 年代尚无系统论述，仅提出输血可导致癌症复发、感染增多等。90 年代后随着系统的动物研究和随机临床观察的进行，对输血免疫调节改变的机制才有了进一步的认识。近年来输血相关免疫调节抑制的发生机制已引起人们的高度重视。现认为可能的机制有非特异性免疫抑制，封闭性抗体，血浆抑制因子，克隆无能，抗独特型抗体，抑制性淋巴细胞，抑制 NK 细胞的活性和供、受者微嵌合体白细胞的形成等几个方面。

一、非特异性免疫抑制

大多数资料已证明血细胞及血浆成分均在输血介导的免疫抑制中发挥了重要的作用，如血浆（储存血）中的微聚物可致受血者纤维结合蛋白水平降低；纤维蛋白裂解产物可使受者中性粒细胞脱颗粒；异体血输注可使受者单个核细胞功能改变，如自然杀伤细胞（NK）活性下降；巨噬细胞主要组织相容性复合体（MHC）Ⅱ类分子抗原复合物表达减少，减低向 T 辅助细胞（T_H）提呈抗原能力；抑制巨噬细胞的游走功能；改变细胞因子的分泌等，从多方面影响受者非特异性免疫功能。经研究认为白细胞介素 2（IL-2）、前列腺素 E_2（PGE_2）的分泌改变是输血介导非特异性免疫抑制的中心环节。输血可使单核 - 巨噬细胞系统的负荷过重，输入的异体血中单核细胞产生的 PGE_2 增加。PGE_2 有强烈的免疫抑制作用，它可减少巨噬细胞 MHC - Ⅱ类抗原的表达，同时抑制 IL-2 的产生（IL-2 有免疫增强作用），降低靶细胞对 IL-2 的反应性。IL-2 主要由辅助性 T 淋巴细胞（T_H 细胞）产生，它参与 B 细胞的激活、增殖以及细胞毒 T 细胞的生成。输血后 T_H 细胞产生 IL-2 减少，导致 B 细胞激活和抗体减少以及 NK 细胞功能不全，从而引起免疫抑制。同种输血刺激了受者的免疫系统，迫使免疫系统所产生的反应主要是 TH_2 类型，与其相反，TH_1 反应则降低。同种异基因抗原进入到体内，由于组织相容性复合物不同，首先由巨噬细胞等抗原提呈细胞（APC）对其进行处理，并把抗原信息提供给 T 细胞，此时 T 细胞会出现两种反应类型，即 T_{H_1} 和 T_{H_2}。T_{H_1} 和 T_{H_2} 属于 $CD4^+$ 细胞群。T_{H_1} 细胞能合成 IL-2、IFN- γ、LT（淋巴毒素）、IL-3、TNF- α 和 GM-CSF（粒细胞 - 巨噬细胞集落刺激因子），但不能合成 IL-4、IL-5、IL-6、IL-10 和 IL-13；而 T_{H_2} 能合成 TNF- α、IL-3、GM-CSF、IL-4、IL-5、IL-6、IL-10（细胞因子合成抑制因子，CSIF）和 IL-13，不能合成 IL-2、IFN- γ 和 LT。此外，T_{H_1} 和 T_{H_2} 都能分泌三种巨噬细胞炎症蛋白和前脑啡肽原。T_{H_1} 和 T_{H_2} 都能辅助 B 细胞合成抗体，但辅助的强度和性质不同。体外实验表明，IL-4 明显促进 B 细胞合成和分泌 IgE，如使 LPS 刺激小鼠 B 细胞合成 IgE 能力增强 $10 \sim 100$ 倍。少量 IFN- γ 能完全阻断 IL-4 对 IgE 合成的促进。IL-3 和 IL-4 均能促进肥大细胞增殖，且相互有协同作用，IL-5 除辅助 B 细胞合成 IgA 外，还能刺激骨髓嗜酸粒细胞的集落形成，因而 T_{H_2} 与速发型超敏反应关系密切。T_{H_1} 通过产生 IFN- γ 阻断 IgE 合成，对速发型超敏反应有抑制作用。T_{H_1} 与迟发型超敏反应有关，可能与 IL-2、IFN- γ 等对巨噬细胞活化和促进 CTL 分化作用有关，此外 LT 也有直接杀伤靶细胞的作用。两群 T_H 克隆均能诱导抗原提呈细胞（APC）表达 MHC- Ⅱ类抗原：T_{H_1} 通过 IFN- γ 诱导巨噬细胞表达 Ⅰ a 抗原，而 T_{H_2} 通过 IL-4 对巨噬细胞和 B 细胞 Ⅰ a 抗原表达起正调节作用。在人类 T_{H_1} 和 T_{H_2} 细胞亚群尚未得到最后证实。从目前发表资料来看，$CD4^+CD45RO^+$ 亚群细胞中可分为主要分泌 IFN- γ 的 T_{H_1} 和主要分泌 IL-4 的 T_{H_2} 亚群。外源性 IL-4 可使 $CD4^+CD45RO^+$ 前体细胞向 T_{H_2} 效应细胞分化，而 IFN- γ 则对前体细胞向 T_{H_2} 分化过程起抑制作用，因此 IL-4 和 IFN- γ 在决定 $CD4^+CD45RO^+$ 前体细胞向 T_{H_1} 或 T_{H_2} 分化过程中起着重要的调节作用。人 T 细胞经多克隆活化后，在 $CD4^+$ 细胞中 IL-4mRNA 阳性比例不到 5%，而 60% 的 $CD4^+$ 细胞有 IFN- γ 和 IL-2mRNA 的转录。T_{H_1} 反应主要是 T 细胞分泌 IL-2、IL-12 和 IFN- γ，激活细胞毒性 T 细胞和 NK 细胞的活性；而 T_{H_2} 反应主要是 T 细胞分泌 IL-4、

IL-5、IL-6 和 IL-10。它们刺激 B 细胞产生各类抗体，即免疫蛋白（Ig）。所以，广义地讲，T_{H_1} 应答有助于细胞免疫（T 细胞、NK 细胞和巨噬细胞的活化），T_{H_2} 应答有助于体液免疫（免疫球蛋白的分泌）。

早在 20 世纪 90 年代初期已有报告，输血患者表现为 IL-2 分泌缺乏。进一步研究证实这些患者 IL-2 分泌不足时，外周血对特异性抗原反应低下；并且 IL-2 分泌减少时，IL-4 和 IL-10 分泌相应增加，并且具有拮抗 IL-2 的功能，使得细胞免疫功能降低。由于巨噬细胞和 NK 细胞功能降低，免疫系统对来自细菌、病毒和肿瘤细胞危害的细胞防御功能，表现为肿瘤复发和术后感染增加。Brown 等在犬实验中发现失血性休克时在三种液体复苏中异体输血组的 IgA、IgM 较晶体组和自体输血明显升高，而 IgG 在自体输血组较异体输血组和晶体组明显升高；总的淋巴细胞数在自体输血组较晶体组及异体输血组明显升高；而 T4 辅助细胞 /T8 抑制细胞之比在异体输血组明显低于其他两组。

Waymack 等通过动物实验发现，输血后不久大鼠 IL-2 生成即明显减少，而 IL-1 生成和 IL-2 受体正常，大鼠巨噬细胞游走性降低，而 PGE_2 水平升高，故认为输血引起的免疫抑制与 PGE_2 生成增加有关。Gafter 等发现 PGE_2 在输血后立即上升，到第四天达峰值，支持 PGE_2 可能通过抑制细胞或 IL-2 诱导了免疫抑制。一次输血后的非特异性免疫抑制是暂时的，而连续多次输血所致免疫抑制程度日益加重，且持续的时间延长，提示输血与非特异性免疫抑制相关的严重性存在量效关系。有证据表明移植前接受输血的患者非特异性抑制功能增强。但这种应答在大约 20 周时恢复到正常，说明与非特异性免疫抑制相关的临床风险是有时间限制的，就患者处于免疫抑制状态的时间而言，多次少量输血带来的危险理论上等于或大于单次大量输血。

图 33-1 主要是通过表现同种异体抗原如何被 APC 处理及如何提呈给 T 细胞来反映 T_{H_1} 与 T_{H_2} 两种类型反应的不同。同种异体输血主要是引起 T_{H_2} 细胞因子分泌的模式，并相应地下调 T_{H_1} 细胞因子的分泌。

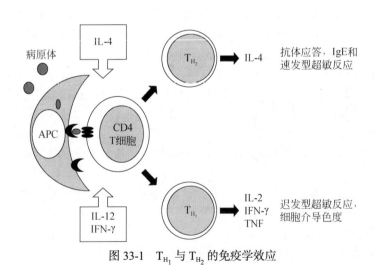

图 33-1 T_{H_1} 与 T_{H_2} 的免疫学效应

二、封闭性抗体

封闭性抗体可通过激活抑制性细胞或封闭淋巴细胞的抗原特异性受体，从而影响机体的免疫功能。T 细胞受体及初次免疫应答产生的针对移植物抗原的抗体，本身又是"新"抗原。针对这种"新"抗原的免疫应答不仅移植抗移植物免疫应答，并且产生记忆细胞，使其后对移植物抗原的应答减弱。按上述理论，输血触发了第一次免疫网络相互作用，其后的输血促进回忆应答，既包括排斥，也包括抑制。由于每一种抗体或 T 细胞都有大量的抗原决定簇，这种网络相互作用涉及的面很广泛，到移植时，这种网络阻抑了大多数的排斥应答。也就是说，输血最初促进免疫应答，在以后多次抗原接触后，则产生抑制作用。在一系列移植前供者特异性输血（即器官移植前多次输入供器官者的血液，donor specific transfusion，DST）后，可以证明某些抗自身抗体存在。在多次输血的尿毒症患者中，可检测到有针对 Fab 片段和 Fc 受体的封闭因子，这种封闭因子可能是非特异性的。

三、血浆抑制因子

　　血液是一种含有多种物质的混合物。研究表明，不仅血液中的白细胞在免疫抑制中起重要作用，血浆同样具有重要作用。输全血或浓缩红细胞均能促进肿瘤患者术后复发或死亡。输全血的复发率高于浓缩红细胞，推测前者血浆成分多，血浆中含有的某些因子可能抑制患者的免疫功能。储存血浆中的纤维蛋白裂解产物可使受血者中性粒细胞脱颗粒。提纯的人血浆纤维结合蛋白可在体外抑制 NK 细胞活性。进一步研究证明，人血浆纤维结合蛋白具有很强的免疫抑制作用。主要是干扰淋巴细胞转化过程，特别是在早期。另外，血浆的免疫抑制效应可能与血浆中 α2 巨球蛋白存在有关。

四、克隆衰竭

　　通过对器官移植前进行特异性供体输血能够延长移植生存时间的研究，发现 MHC 在抗原提呈方面的异常，使 T 淋巴细胞不能有效地发挥功能效应而产生免疫抑制——克隆衰竭。具体的解释为，MHC- Ⅰ类抗原几乎在所有的有核细胞上表达，MHC- Ⅱ类抗原仅在抗原提呈细胞（APC）和 B 细胞上表达。在免疫应答过程中，抗原要先与 MHC- Ⅰ类或 MHC- Ⅱ类分子结合，形成复合物才能被 T 细胞识别，故 MHC 分子参与抗原提呈（图 33-2）。在 IFN- γ 等细胞因子的作用下，不仅在 APC 和 B 细胞上，而且内皮细胞、肾小球系膜细胞、肾小管上皮细胞上 MHC- Ⅱ类抗原明显增强。Ⅱ类抗原的大量表达，使这些细胞可充当非专一性 APC 提呈抗原。非专业一性 APC

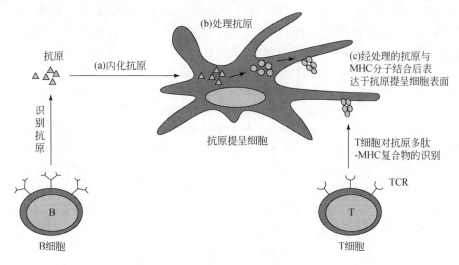

图 33-2　外源性抗原的提呈过程

提呈抗原的结果：一种可能是启动和促进免疫排斥反应；另一种可能是诱导 T 细胞无能。由于非专一性 APC 表面缺乏如 B7 分子共同刺激分子，不能提供合适的刺激信号，结果不但不能激活 T 淋巴细胞，反而使 T 淋巴细胞无能，从而诱发免疫功能抑制。Pyles E 等对同种同系列和同种异系小鼠的感染模型分析输血与存活率的关系后证实，同系小鼠输血的存活率明显高于异系小鼠的存活率，认为输血后由白细胞携带的 MHC 抗原的提呈在免疫调节和细菌感染的敏感性上起着相当大的作用，但未作进一步的分析研究。

五、抗独特性抗体

免疫球蛋白的独特型（idiotype，Id）是位于 IgV 区高变区的遗传标志。本质上，独特型的差异是由于 VL 和 VH 高变区氨基酸序列不同所致。这种氨基酸序列的差异也是抗体特异性的分子基础。独特型可刺激异体乃至同一个体产生相应的抗体，即抗独特型（AId）。独特型抗体（Ab1）是指具有独特型抗原决定簇的抗体，而抗独特型抗体（Ab2）是针对抗体的独特位产生的抗体。输血后机体可能产生抗独特型抗体，此类抗体可与 T 细胞受体结合，阻断 T 细胞对移植物抗原的识别；又可激活 T_S 细胞，从而抑制 T_H 与 T_C 细胞的增殖反应。此抗体在体外可抑制混合淋巴细胞培养反应，在体内能延长移植物成活。关于抗独特型抗体的免疫网络学说认为：在抗原刺激发生之前，机体处于一种相对的免疫稳定状态，当抗原进入机体后打破了这种平衡，导致了特异抗体分子的产生，当达到一定量时将引起抗 Ig 分子独特型的免疫应答，即抗抗体的产生。因此抗体分子在识别抗原的同时，也能被其他抗体分子所识别。在同一动物体内一组抗体分子上独特型决定簇可被另一组抗独特型抗体分子所识别。而一组淋巴细胞表面抗原受体分子亦可被另一组淋巴细胞抗独特型抗体分子所识别。这样在体内就形成了淋巴细胞与抗体分子所成的网络结构。这种抗体的产生在免疫应答的调节中起着重要的作用，使受抗原刺激增殖的克隆受到抑制，而不至于无休止地进行增殖，借以维持免疫应答的稳定平衡。

六、抑制性淋巴细胞

Wood 等证实，单次同种异体输血可诱导小鼠单核 - 巨噬细胞免疫功能的抑制。实验显示，输血鼠和非输血鼠的白细胞及分类，以及中性粒细胞游走活性均无明显差异，但输血组的巨噬细胞功能被抑制，巨噬细胞游走活性下降 73%。由于巨噬细胞不能充分移行至病变部位，从而不能完成其在细胞免疫中的介导作用。有学者认为输血引起机体的免疫抑制有可能是由于巨噬细胞抑制了淋巴细胞对有丝分裂原的应答。巨噬细胞活性的降低，使淋巴细胞胚胎细胞减少，同时巨噬细胞抑制了淋巴细胞对有丝分裂原的应答，输血后导致免疫抑制功能加强，表现为 T_S 细胞增加，T_H 细胞减少，导致 T_H/T_S 下降。T_H 生理功能主要是分泌各种细胞因子如 IL-2、IL-5、IFN、LT 等，通过细胞因子辅助 T_C 细胞发挥杀伤靶细胞功能。人的抑制性 T 细胞表现为 $CD3^+CD4^-CD8^+CD28^-$，属于 $CD8^+$ 细胞群。T_S 细胞不仅对 B 细胞合成和分泌抗体有抑制作用，而且对 T_H 辅助作用、迟发型超敏反应及 T_C 介导的细胞毒作用都有负调节作用。T_S 细胞还可分为 T_{S_1}、T_{S_2} 和 T_{S_3} 不同亚群，分别起着诱导抑制、转导抑制和发挥抑制效应的作用。它们之间相互作用的确切机制还不十分清楚，可能是通过释放可溶性介质相互作用的。T_{S_1}（Tsi，抗原特异性抑制性 T 细胞）分泌 T_SF_1（TsiF，抑制诱导因子），作用于 T_{S_2}（Tst，抑制转导细胞），分泌 T_{ST}（抑制转导细胞），分泌 T_SF_2（TsiF），作用于 T_{S_3}（T_{SE}，抑制效应细胞），分泌 T_S3F（TseF），作用于 T_H 细胞，通过对 T_H 的抑制作用，从而对各种免疫功能起负调节作用。T_S 细胞群具有高度异质性，除 T_{S_1}、T_{S_2}、T_{S_3} 亚群外，还有一群反抑制性 T 细胞亚群（T_{CS}）。T_{CS} 活化后可分泌反抑制性 T 细胞因子 $T_{CS}F$，

直接作用于 T_H 细胞，解除 T_S 细胞的抑制作用，使 T_H 细胞恢复辅助活性。

七、抑制 NK 细胞的活性

NK 细胞是有别于 T、B 细胞的独立淋巴细胞亚群，具有细胞毒性和免疫调节功能，它对 T 细胞、B 细胞、骨髓干细胞等均有调节作用，并通过释放细胞因子（IFN，IL-2）对机体免疫功能进行调节。Tartter 等认为输血导致机体 IL-2 的合成能力明显下降，NK 细胞的活性高度依赖于 IL-2 水平的维持。IL-2 的合成降低将影响 NK 细胞的活性、B 细胞激活以及抗体产生的减少，从而产生免疫抑制。虽然输血对 NK 细胞的数量没有影响，但其活性下降后要至少 3 个月才能恢复。临床研究中，Mathiesen 等发现直肠、结肠癌患者输血后其 NK 细胞活性下降较对照组明显，NK 细胞数也降低，但仍在正常值下限以上。Jensen 等发现直肠、结肠癌患者输血后其 NK 细胞活性在术后 30 天仍显著低下，有的在术后 19 年仍低下，但其数量差别不大。Maeta 等研究肾癌患者围术期输血也发现 NK 细胞活性下降。研究表明，在镰状细胞贫血、结肠癌手术和终末期肾病的患者中，输异体血后 NK 细胞的活性降低，而结肠癌患者输去除白细胞的血液制品，NK 细胞的活性保持正常。已证实 NK 细胞和细胞毒 T 淋巴细胞，在防止肿瘤细胞扩散方面具有重要的作用。因此，测定肿瘤患者 NK 细胞活性的高低，对判断疾病的发生、发展以及预后转归是一项重要指标。

八、供、受者微嵌合体白细胞的形成

供、受者微嵌合体白细胞的形成是指少量异体白细胞长期出现于受者的血液循环和组织中。现已有异体血受体和固体移植物受体内形成微嵌合体白细胞的报道，推测微嵌合体白细胞的形成能够使机体对异体细胞产生耐受和延长移植物的成活率。有学者提出假说认为，除产生 GVHD 和排斥外，异体供者细胞也可产生微嵌合而持续存在。妊娠、肝移植和新生儿换血数年后仍可发现供体细胞，提示供受体间存在免疫耐受，可能是存活的造血前体细胞分化而来。有研究报道严重创伤患者多次输血后发生 1 年以上长期嵌合。单次输血后 1 ～ 8 周，通过 Y 染色体或抗 DRB1 探针仍可检测到循环中的供体细胞。而当供受体的 HLA-B/DR 单倍型相合时，循环中的供体细胞存活时间更长。供者细胞持续存活的临床意义目前尚未明了，对于实体器官移植患者，嵌合是器官移植耐受的诱因还是其结果仍有待进一步研究。研究发现肾移植患者的嵌合甚至与移植肾脏的耐受无关，有学者推测嵌合可能导致自身免疫疾病的发生，如妊娠后女性可发生硬皮病，骨髓造血干细胞移植后的嵌合患者常有自身免疫的表现。

第三节　输血不良反应和相关疾病的免疫学基础

免疫性输血不良反应和相关疾病多属于超敏反应，尤其是 I 、II 型超敏反应，如输血后可发生 I 型超敏反应；溶血反应、AIHA、ITP 等属于 II 型超敏反应。下面对超敏反应作简单介绍，重点介绍 I 、II 型超敏反应和补体系统。

一、超敏反应

超敏反应（hypersensitivity reaction）是机体对某些抗原初次应答后，再接受相同抗原刺激时，发生的一种以机体生理功能紊乱或组织细胞操作为主的特异性免疫应答——变态反应（allergy）或过敏反应（anaphylaxis）。

根据超敏反应发生的机制和临床特点可分为四种类型，即：Ⅰ型，速发型超敏反应；Ⅱ型，细胞毒型或细胞溶解型超敏反应；Ⅲ型，免疫复合物型超敏反应；Ⅳ型，迟发型超敏反应。各型超敏反应的特点见表33-3。

表 33-3　各型超敏反应的特点

分型	抗原类型	参与成分	效应机制	免疫损伤类型	临床疾病
Ⅰ型	可溶性抗原	IgE 或 IgG4、肥大细胞、嗜碱粒细胞	IgE 吸附于肥大细胞或嗜碱粒细胞表面；变应原与细胞表面 IgE 结合；颗粒释放活性物质；作用于效应器官	过敏反应	过敏性休克、哮喘、过敏性鼻炎、荨麻疹食物过敏
Ⅱ型	细胞成基质相关抗原细胞表面受体	IgG 或 IgM、补体、巨噬细胞、NK 细胞	抗体与细胞表面抗原结合，或 Ag-Ab 复合物吸附于细胞表面；补体参与引起细胞溶解或损伤；巨噬细胞吞噬杀伤靶细胞；NK 细胞通过 ADCC 效应杀伤靶细胞	抗体介导的细胞毒反应	药物过敏，慢性荨麻疹，血型抗体溶血反应，药物溶血反应、AIHA、FFP、HDN，新生儿白细胞缺乏症、新生儿血小板减少症，链球菌感染后肾小球肾炎
Ⅲ型	可溶性抗原	IgG、IgM 或 IgA、补体、中性粒细胞、嗜碱粒细胞、血小板	中等大小的 IC 沉积于血管壁基膜或其他组织间隙；激活补体，吸引中性粒细胞，释放溶菌酶，引起炎症反应；血小板凝聚，微血栓形成，从而导致局部缺血、瘀血和出血	免疫复合物反应	Arthus 反应、血清病、免疫复合物性肾小球肾炎
Ⅳ型	可溶性抗原细胞相关抗原	T 细胞：T_{H_1}　T_{H_2}　CTL	抗原使 T 细胞致敏，T 细胞再次与抗原物质相遇直接杀伤靶细胞或产生各种淋巴因子，引起炎症反应	细胞介导的细胞毒反应	Ⅰ期梅毒、实验性变态反应脑脊髓炎、皮肤嗜碱粒细胞超敏反应、慢性过敏性鼻炎、接触性皮炎、桥本甲状腺炎、肉芽肿

（一）Ⅰ型超敏反应

1. 概念　Ⅰ型超敏反应是特异性 IgE 介导的由肥大细胞、嗜碱粒细胞等释放大量过敏介质而造成的一组临床症候群。

2. 发病机制

（1）参与Ⅰ型超敏反应的主要成分

1）变应原：是能够选择性地激发 CD4$^+$T$_{H_2}$ 细胞及 B 细胞，诱导产生特异性 IgE 抗体应答，引起变态反应的抗原物质。天然变应原大多为相对分子质量较小（10 000～20 000）的可溶性蛋白质抗原。某些药物或化学物质与组织蛋白结合获得抗原性也可以成为变应原，如青霉素类药物。变应原多由呼吸道或消化道进入机体，诱发过敏性应答的剂量极小，如花粉、屋尘、动物皮屑或羽毛、真菌及其孢子、食物、药物（青霉素、磺胺）等。

2）IgE 分子及其 Fc 受体：变应原作用于 CD4$^+$T 细胞，后者活化后表达 IL-4R，刺激 T$_{H_2}$ 分泌 IL-4，作用于 B 细胞转化成浆细胞，分泌 IgE 分子。IgE 相对分子质量较大（173 000），与 IgG、IgM 和 IgA 相比，在血清中的半衰期最短（< 2.5d）。它无须与抗原形成免疫复合物就能与肥大细胞、嗜碱和嗜酸粒细胞表面的 IgE 高亲和力受体（FcεR I）结合，使其处于致敏状态。FcεR I 高亲和力受体表达于肥大细胞、嗜碱粒细胞表面，通常嗜酸粒细胞表面不表达。FcεR II 低亲力受体仅为 FcεR I 的 1%，表达范围较广，除 B 细胞、肥大细胞、嗜碱和嗜酸粒细胞外，还有巨噬细胞、NK 细胞、树突细胞和血小板等。

3）细胞及释放的介质：参与 I 型超敏反应的细胞主要为肥大细胞、嗜碱粒细胞和嗜酸粒细胞。肥大细胞又可划分为位于皮下小血管周围的结缔组织中的结缔组织肥大细胞和位于黏膜下层的黏膜肥大细胞两类。两者均表达 Fcε 受体，主要区别在于结缔组织肥大细胞是非 T 细胞依赖性的，胞质内无 IgE 分子。嗜碱粒细胞主要分布于外周血中，占白细胞总数的 0.2%～2%，表面有 FcεR，受刺激时可释放各种生物活性物质，除引起血管反应外还可损伤组织。嗜酸粒细胞主要分布于呼吸道、消化道和泌尿生殖道黏膜组织中。嗜酸粒细胞被一些细胞因子作用后可表达高亲和性 FcεR I，并使 CRI 和 FcγR 表达增加，可使其脱颗粒临界域降低，释放生物活性介质。其中，一类是具有毒性作用的颗粒蛋白及酶类物质，可杀伤寄生虫和病原微生物；另一类介质与肥大细胞和嗜碱粒细胞释放的脂类介质类似。效应细胞释放的过敏介质及其生物学活性作用列于表 33-4 中。

表 33-4　效应细胞释放的过敏介质

分类	介质	生物学活性
颗粒内预先形成储备的介质	组胺	引起即刻相反应的主要介质，使小静脉、毛细血管扩张；刺激支气管、胃肠道、子宫和膀胱平滑肌收缩；腺体分泌增加。作用短暂，可被组胺酶破坏
	激肽释放酶	促使激肽原转化为具有生物活性的激肽，其中缓激肽的主要作用是刺激平滑肌收缩使支气管痉挛；使毛细血管扩张，通透性增加；吸引嗜酸、嗜中性粒细胞等向局部趋化
细胞内合成的介质	白三烯（LT）	由 LTC4、LTD4、LTE4 混合组成，是引起迟发相反应的主要介质，促使支气管平滑肌强烈收缩、毛细血管通透性增加、黏膜腺体分泌增加
	前列腺素 D$_2$（PC D$_2$）	促使支气管平滑肌收缩，使血管扩张、通透性增加
	血小板活化因子（PAF）	凝集和活化血小板，使之释放组胺、5-羟色胺等血管活性物质，增强和扩大 I 型超敏反应
	细胞因子	IL-4、IL-13 扩大 CD4$^+$T$_{H_2}$ 细胞应答和促进 B 细胞发生 IgE 类别转换；IL-3、IL-5 和 CM-CSF 可促进嗜酸粒细胞生成和活化

（2）发病过程：I 型超敏反应的发病过程分为致敏和发敏两个阶段。首先是变应原刺激 CD4$^+$T 细胞，后者活化后表达 IL-4R，刺激 T$_{H_2}$ 分泌 IL-4，作用于 B 细胞转化成浆细胞，分泌 IgE

分子。IgE 分子结合于肥大细胞、嗜碱粒细胞表面，此为致敏阶段。当变应原进入体内时，与肥大细胞、嗜碱粒细胞表面 IgE 分子结合形成桥联反应，细胞内 Ca^{2+} 外漏，细胞脱颗粒，介质释放，产生平滑肌收缩、腺体分泌增加、血管扩张，通透性增加等生物学效应。此为发敏阶段。

3. 临床表现　局部血管扩张，血管通透性增高，器官平滑肌收缩，腺体分泌增强。出现和消退快，只出现功能紊乱性疾病，不出现严重组织细胞损伤；有明显的个体差异和遗传背景。

（1）个体差异：①黏膜 SIgA 缺乏者，伴有蛋白水解酶缺乏。不能被水解的大分子蛋白质充当强的致敏原。②胆碱能神经兴奋性增高或乙酰胆碱酶（AchE）缺乏者，导致 Ach 水平升高且对 Ach 敏感性增强，诱发平滑肌收缩及支气管痉挛，引起呼吸困难和哮喘。③过敏体质者易产生 IgE，接受变应原刺激后易产生大量的 IgE。

（2）IgE 倡导的变态反应的三种类型

1）急性变态反应：为接触变应原几分钟之内。变应原激活致敏的肥大细胞，使其迅速脱颗粒，引发血管平滑肌扩张，黏膜腺体分泌。

2）延迟相变态反应：为急性变态反应之后的几个小时。由合成的新的炎症介质（PGD_2、LT 等）介导炎症细胞的继续浸润。

3）慢性变态反应：即为变应原长期反复刺激的结果。病变部位有各种白细胞浸润，并伴有深层组织累积性实质性改变。

（3）常见 I 型过敏反应

1）过敏性休克：包括药物型和血清型。在青霉素类药物或 TAT、白喉抗毒素、狂犬病抗毒素变应原引发下，效应细胞分泌的生物活性介质使外周毛细血管通透性增加，回心血量减少，导致休克。

2）皮肤超敏反应：主要表现为荨麻疹，即局部皮肤肿胀。

3）消化道超敏反应：如食物过敏引起腹痛、呕吐、腹泻等症状。

4）呼吸道超敏反应：主要表现为哮喘、过敏性鼻炎等。

4. 治疗

（1）避免接触变应原。

（2）药物治疗

1）降低介质释放的药物：包括稳定细胞膜的色甘酸二钠、糖皮质激素；促进 cAMP 合成的儿茶酚胺类、前列腺素类；抑制 cAMP 分解的的氨茶碱、甲基黄嘌呤。

2）介质拮抗药物：包括竞争组胺受体如氯苯那敏（扑尔敏）、苯海拉明；拮抗缓激肽如阿司匹林（乙酰水杨酸）。

3）改善器官反应性的药物：如肾上腺素、麻黄碱，可解除支气管平滑肌痉挛；葡萄糖酸钙、氯化钙、维生素 C，可解痉，降低毛细血管通透性和减轻皮肤黏膜的炎症反应。

（3）免疫治疗

1）变应原免疫疗法：即脱敏治疗；短期内使用变应原，少量多次注入变应原，消耗 IgE 第二次再大量注入变应原。

2）减敏治疗：合成类似的变应原多肽，长期少量注入，使机体产生循环抗体 IgG，阻断 I 型超敏反应的发生。

（二）Ⅱ型超敏反应

Ⅱ型超敏反应是由 IgG 或 IgM 类抗体与宿主体内的细胞或者组织抗原结合后，在补体、吞噬细胞和 NK 细胞参与作用下，引起的以细胞溶解或组织损伤为主的病理性免疫反应。

1. 发病机制

（1）靶细胞及其表面抗原

1）机体细胞表面固有的抗原成分——同种异型抗原，如 ABO 血型抗原、Rh 抗原。

2）感染和理化因素导致的改变的自身抗原。

3）吸附在组织细胞上的外来抗原或半抗原，如某些药物及药物代谢的中间产物。

（2）抗体、补体和效应细胞的作用：抗体以 IgG 为主，部分为 IgM。按其所针对的抗原分为自身抗体、抗同种异型抗体及抗药物抗体。抗体能与相应细胞或组织上的抗原直接作用，在补体、巨噬细胞及 NK 细胞的参与下引起以损伤为主的病理性免疫反应。

2. 临床表现

（1）抗同种异型抗体介导的细胞毒反应

1）输血反应：抗体针对细胞膜抗原引起的溶血反应。针对 ABO 血型抗原的抗体多为 IgM 型；针对 Rh 血型抗原的抗体多为 IgG 型。

2）新生儿溶血病：为母 - 婴血型不合所致。

3）新生儿白细胞缺乏症与新生儿血小板减少症：母体产生了针对父亲白细胞或血小板抗原的抗体，均为 IgG 型抗体，通过激活补体或 ADCC 作用造成病理损伤。

（2）抗药物抗体介导的细胞毒反应

1）半抗原黏附型：药物分子的分子质量不大，以半抗原形式和红细胞膜黏附结合后形成完全抗原，诱导产生溶血反应，如青霉素、非那西丁、异烟肼等引起的溶血反应。

2）免疫复合物吸附型：药物与其相应抗体结合形成免疫复合物吸附于红细胞表面，激活补体后发生溶血反应。使用奎尼丁后可以发生此类超敏反应。

3）补体转运型：免疫复合物激活补体，补体 C3b 片段吸附于红细胞表面，使红细胞被吞噬或发生溶血。

4）自身免疫损伤型：药物表面具有与红细胞膜上某些自身抗原相同或类似的抗原决定簇，可激活抗自身红细胞膜抗原的自身抗体，导致药物性溶血。

（3）自身抗体介导的细胞毒反应

1）自身免疫性溶血性贫血：由改变性质的自身抗原所引起，可以是特发性的，也可与病毒感染有关。

2）链球菌感染后肾小球肾炎：链球菌感染使肾小球基膜结构发生改变，刺激机体产生抗肾小球基膜抗体。抗原 - 抗体复合物激活补体，形成 C5b、C6、C7、C8 和 C9 攻膜复合物，并吸引中性粒细胞，释放溶酶体酶，导致肾小球基膜的炎性损伤。

3）特发性血小板减少性紫癜：急性患者多见于儿童，多有明显的感染史（如风疹等），其血细胞的破坏往往由于免疫复合物的黏附所致；慢性患者，由抗血细胞的自身抗体造成，且多伴有系统性红斑狼疮、白血病、骨髓瘤等疾病。

二、补体系统

补体系统（complement system）是由存在于人或脊椎动物血清与组织液中的一组可溶性蛋白及存在于血细胞与其他细胞表面的一组膜结合蛋白和补体受体所组成。补体是天然免疫的重要组成部分，在机体的免疫系统中担负抗感染和免疫调节作用，并参与免疫病理反应。

（一）组成

补体系统由三部分组成，即固有成分、补体调节蛋白和受体（表 33-5）。

表 33-5 补体系统的组成成分

分类	成分	功能
固有成分	C1~C9、B因子、D因子、P因子、MBL、丝氨酸蛋白酶	参与补体活化
补体调节蛋白	备解素、C1抑制物、I因子、H蛋白、I蛋白、S蛋白和血清羧肽酶、MCP, DAF, HRP	以可溶性或膜结合形式调节补体活性
受体	CR1~5、C3aR、C2aR、C4aR、H因子受体	介导补体活性片段或调节蛋白生物学效应

MBL：甘露聚糖结合凝集素（mannan-binding lectin）；MCP：膜辅因子蛋白（membrane cofactor protein）；DAF：衰变加速因子（decayaccelerating factor）；HRP：辣根过氧化物酶（hoseradish peroxidase）

（二）功能

归纳起来，补体具有五大功能或生物学作用（表33-6）。

表 33-6 补体的生物学功能

功能分类	具体内容
介导细胞溶解	为抵抗微生物感染的重要防御机制。某些活化的补体成分可聚集于靶细胞表面，形成膜攻击复合物，在细胞膜上形成孔道，从而介导细胞溶解
调理作用	补体蛋白与外来微生物或颗粒表面结合后发生的调理作用，促进吞噬细胞的吞噬作用。这些补体蛋白称为调理素（opsonin），包括C3b、C4b和iC3b等，通过受体CR1、CR3、CR4等介导
引起炎症反应	活性片段（C3a、C4a、C5a等）与移动进入外来抗原暴露部位的炎性细胞结合，促进脱颗粒，释放主要作用于血管的炎性化学介质、过敏毒素、C5a、中性粒细胞趋化因子
清除免疫复合物（immuno-complex，IC）	抑制新的IC形成，或使IC中的Ag-Ab含量降低，激活补体→C3b-Ab→CR1、CR3（血细胞）→肝脏内清除IC
免疫调节	APC处理提呈抗原 调节免疫细胞的增殖、分化，如促B细胞（CR1、CR2）增殖分化为浆细胞 调节免疫细胞的效应功能，如杀伤细胞结合C3b后可增强对靶细胞的ADCC作用

（三）激活

如图33-3所示，补体的激活途径有三条，即经典途径、MBL途径、旁路途径。它们共同的末端通路，即为膜攻击复合物的形成及其溶解细胞效应。其核心是C3分子，与输血免疫关系密

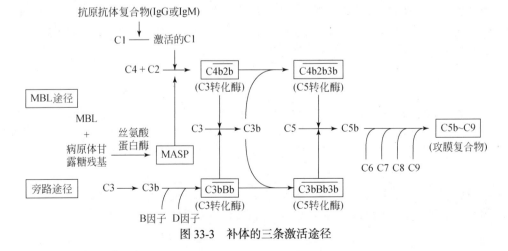

图 33-3　补体的三条激活途径

切的是经典激活途径。

（四）调控

未控制的补体活化能够引起自身组织上膜攻击复合物（MAC）的形成和过量产生炎症介质，这在正常情况下不会发生。因为，经典和替代途径的补体级联反应受到严格的调控，包括补体的自身调控及调节因子的作用，从而有效地维持机体的自稳功能。补体系统的主要调节成分包括在级联反应中不同位置起作用的单个调节蛋白。

1. 补体的自身调控 补体激活过程中的某些中间产物极不稳定，成为各级反应的主要自限因素，如 C3 转化酶（C4b2b、C3bBb）均极易衰变，与细胞膜结合的 C4b、C3b、C5b 也易衰变。C4b、C3b 和 C5b 只有结合于固相才能触发经典途径；旁路途径 C3 转化酶仅在特定的细胞或颗粒表面才具有稳定性，故人体血液中一般不会发生过强的自发性补体激活反应。

2. 补体调节因子的作用 目前已发现 10 余种补体调节因子，主要有三类，即防止或限制补体在液相自发激活的抑制剂、抑制或增强补体对底物正常作用的调节剂和保护机体组织细胞免遭补体破坏作用的抑制剂（表 33-7）。

表 33-7 补体调节因子的作用

作用途径	调节因子	调节作用
经典途径	C1 抑制分子	与活化的 C1r、C1s 稳定结合
		将与 IC 结合的 C1 大分子解聚
		缩短 C1 的半衰期
	抑制 C3 转化酶的形成因子	C4 结合蛋白与 CR1：与 C4b 结合：促进 I 因子对其水解
		I 因子：丝氨酸蛋白酶活性，降解 C4b 和 C3b
		MCP：辅助因子，促进 I 因子的作用
		DAF：和 C2 竞争与 C4b 的结合
旁路 - 途径	抑制 C3 转化酶组装因子	H 因子：可与 B 因子或 Bb 竞争结合 C3h；使 I 因子酶解 CR1 和 DAF；竞争抑制 B 因子与 C3b 结合
	抑制 C3 转化酶的形成因子	I 因子：水解 C3b。H 因子、CR1、MCP 辅助
		CR、MCP：增强 C3b 与 H 因子的亲和力
		机体大多数正常细胞表面高水平 CR1、MCP
		许多病原微生物和外来颗粒缺乏 CR1、MCP
	促进 C3 转化酶解离的因子	CR1 和 DAF 可促进 Bb 的解离
	正性调节因子	备解素（P 因子）：延长 C3bBb 的半衰期 10 倍
膜攻击复合物	同源限制因子	HFR、C8 结合蛋白：干扰 C9 与 C8 结合
	膜反应性溶解抑制物	MIRL：阻碍 C7、C8 与 C5、C6 复合物结合

第四节 输血反应的防治

虽然无偿献血、严格的体检化验、采供血机构的全面质量体系建设、科学合理用血的严格执行临床输血规章制度是安全输血的根本保障，是预防输血反应的前提和基础，但新技术、新方法的应用也是不可或缺的。白细胞去除在预防输血反应中的作用，血液辐照在预防 TA-GVHD 中的作用，病毒灭活在预防输血传播疾病中的作用，及核酸检测在血液筛查中的应用等内容的掌握均有助于输血反应的防治。

思 考 题

1. 血液成分中的抗原包括哪些?
2. 免疫性输血不良反应有哪些?

（李红英）

第三十四章 免疫预防

免疫预防和治疗是在机体免疫应答的全过程中，以人为的方法来建立、增强或抑制机体的免疫应答，调节免疫功能，以达到预防、治疗疾病和提高疗效等目的。

第一节 疫苗的种类以及生产、运输和存储要求

一、疫苗的种类

人们将由病原微生物（病毒、细菌、寄生虫等）制得的、具有刺激机体产生针对病原微生物的特异抗体或细胞免疫的生物制品统称为疫苗（vaccine）。根据技术特点分为传统疫苗和新型疫苗。传统疫苗主要包括灭活疫苗和减毒活疫苗，新型疫苗则以亚单位疫苗、重组基因工程疫苗、核酸疫苗为主，并已出现了以治疗为目的的治疗性疫苗。根据科学发展趋势，将疫苗分为灭活疫苗、减毒活疫苗、血清、亚单位疫苗、合成肽疫苗、结合疫苗、基因工程疫苗（重组抗原疫苗、重组载体疫苗、DNA 疫苗）七大类。

（一）灭活疫苗

灭活疫苗是将免疫原性强的病原微生物（细菌、病毒、立克次体）培养后经化学或物理方法灭活，使之完全丧失对原来靶器官的致病力，而仍保存相应抗原的免疫原性。灭活疫苗免疫效果良好，较稳定易于保存，没有毒力返祖的风险。缺点是对机体刺激时间短，要获得持久免疫力需多次重复接种。细菌性灭活疫苗如伤寒和副伤害疫苗、百日咳疫苗、N 群脑膜炎球菌多糖疫苗和肺炎球菌多糖疫苗等。病毒性灭活疫苗如乙型肝炎灭活疫苗、流行性出血热灭活疫苗、森林脑炎灭活疫苗等。

（二）减毒活疫苗

此类疫苗是将病原微生物（细菌或病毒）在人工培育的条件下，促使产生定向变异，使其最大限度地丧失致病性，但仍保留一定的剩余毒力、免疫原性及繁殖能力。减毒活疫苗接种后，在机体内有一定的生长繁殖能力,可使机体发生类似隐性感染或轻度感染的反应,但不产生临床症状,免疫效果强而持久，一般只需接种一次，且用量较小，免疫效果巩固，维持时间长。缺点是在机体内有毒力恢复的潜在危险性，须在低温条件下保存及运输，有效期相对较短。减毒活疫苗的免疫效果优于灭活疫苗。细菌性减毒活疫苗如卡介苗（BCG）、炭疽减毒活疫苗、鼠疫减毒活疫苗和布氏菌减毒活疫苗等。病毒性减毒活疫苗如麻疹减毒活疫苗（MV）、脊髓灰质炎减毒活疫苗（OPV）、流行性腮腺炎减毒活疫苗、风疹减毒活疫苗、麻疹腮腺炎风疹联合减毒活疫苗（MMR）、甲型肝炎减毒活疫苗（HepA-L）、水痘减毒活疫苗、黄热病减毒活疫苗等。

（三）血清

此类免疫制剂均属特异性免疫球蛋白，具有抗体属性，输入体内使之产生被动免疫，达到预

防或治疗疾病的目的。

1. 类毒素　是指细菌在液体培养条件下，产生外毒素，经提纯、脱毒后仍保留免疫原性，为类毒素。体内吸收慢，能长时间刺激机体，产生更高滴度抗体，增强免疫效果。常用的类毒素有白喉类毒素、破伤风类毒素等。该制剂对人来说是异种蛋白，使用时应注意 I 型超敏反应的发生。

2. 抗血清　用脱毒毒素、细菌和病毒等作为抗原免疫动物，取动物血浆提取其抗免疫球蛋白，如抗蛇毒、抗炭疽和抗狂犬病血清等。

3. 特异性免疫球蛋白　与抗毒素及抗血清不同的是用抗原免疫人体使之产生特异性抗体，取其血浆，提取和抗原相应的特异性免疫球蛋白。此种球蛋白是同种异体的，具有反应小、预防或治疗效果好、注射剂量小和在体内半衰期长等优点，如人血破伤风免疫球蛋白和抗乙型肝炎免疫球蛋白等。

（四）亚单位疫苗

亚单位疫苗是去除病原体中与激发保护性免疫无关的甚至有害的成分，保留有效免疫原成分制作的疫苗。例如，从乙型肝炎病毒表面抗原阳性者血浆中提取表面抗原制成的乙型肝炎疫苗；无细胞百日咳疫苗则由提取百日咳杆菌的丝状血凝素等保护性抗原成分制成，其内毒素含量仅为全菌体疫苗的 1/2000，不良反应明显减少而保护效果相同；提取细菌的多糖成分制作成脑膜炎球菌、肺炎球菌、L 型流感杆菌的多糖疫苗。通过选择合适的裂解剂和裂解条件，将流感病毒膜蛋白 HA 和 NA 裂解下来，制成的流感病毒亚单位佐剂疫苗。亚单位疫苗仅有几种主要表面蛋白质，因而能消除许多无关抗原诱发的抗体，从而减少疫苗的不良反应和疫苗引起的相关疾病。亚单位疫苗的不足之处是免疫原性较低，需与佐剂合用才能产生好的免疫效果。

（五）合成肽疫苗

合成肽疫苗又称抗原肽疫苗，是根据有效免疫原的氨基酸序列设计和合成的免疫原性多肽，以期用具有免疫原性的最小的肽来激发有效的特异性免疫应答。同一种蛋白质抗原的不同位置上有不同免疫细胞识别的表位，如果合成的多肽上既有 B 细胞识别的表位，又有辅助 T 细胞（T_H）、细胞毒 T 细胞（CTL）识别的表位，它就能诱导特异性体液免疫和细胞免疫。目前，在了解人群HLA 单元型表位的基础上，利用计算机演绎法可预测 T 细胞识别的表位，为合成肽疫苗的研制提供了重要手段。合成肽分子小，免疫原性弱，常需交联载体才能诱导免疫应答。常用的载体是脂质体，它可将合成肽分子运送至抗原提呈细胞（APC）的胞质中，使其与 MHC- I 类分子结合，诱导特异性 CTL 应答。根据疟原虫子孢子表位制作的疟疾疫苗正在进行临床试验，细菌毒素、人类免疫缺陷病毒（HIV）和肿瘤等合成肽疫苗也在研制中。

（六）结合疫苗

结合疫苗是将细菌荚膜多糖的水解物化学连接到某一种载体上，使其成为 T 细胞依赖性抗原，载体蛋白有破伤风、白喉类毒素等，又称为多糖 - 蛋白质偶联疫苗。例如，b 型流感嗜血杆菌结合疫苗、脑膜炎球菌结合疫苗和肺炎球菌结合疫苗等。结合疫苗能引起 T、B 细胞的联合识别，B细胞产生 IgG 类抗体，获得了良好的免疫效果。

（七）基因工程疫苗

基因工程疫苗指的是用基因工程的方法，表达出病原物的特定基因序列，将表达产物（多数是无毒性、无感染能力，但具有较强的免疫原性）用作疫苗，主要有重组抗原疫苗、重组载体疫苗、

DNA疫苗。基因工程疫苗具有安全、有效、免疫应答长久、联合免疫易于实现等优点。

在基因工程疫苗中，比较成功的是重组HepBS蛋白（乙型肝炎病毒表面抗原蛋白）乙型肝炎疫苗，具有较好的免疫效果，现全球已有包括中国在内的150余个国家将其列入计划免疫。现正在研究的重组基因工程疫苗包括卡介苗重组疫苗、SARS疫苗、HIV疫苗、高致病性禽流感疫苗等，虽然被批准使用的甚少，但表现出了许多可喜的成绩。

1. 重组抗原疫苗 是利用DNA重组技术制备的只含保护性抗原的纯化疫苗。首先需选定病原体编码有效免疫原的基因片段，将该基因片段引入细菌、酵母或能连续传代的哺乳动物细胞基因组内，通过大量繁殖这些细菌或细胞表达目的基因的产物。最后从细菌或细胞培养物中提取并纯化所需的抗原。重组抗原的表达除大肠杆菌外，还有酵母、体外培养细胞、转基因植物和转基因动物等，各有特点。重组抗原疫苗不含活的病原体和病毒核酸，安全有效，成本低廉。目前获准使用的有乙型肝炎疫苗（重组乙型肝炎病毒表面抗原）、口蹄疫疫苗和莱姆病疫苗。此外，改变有毒分子（如白喉毒素、百日咳毒素、霍乱毒素和大肠杆菌不耐热毒素等）的个别氨基酸使其从而成为基因重组类毒素疫苗等。

2. 重组载体疫苗 是将编码病原体有效免疫原的基因插入载体（减毒的病毒或细菌疫苗株）基因组中，接种后，随疫苗株在体内的增殖，大量所需的抗原得以表达。如果将多种病原体的有关基因插入载体，则成为可表达多种保护性抗原的多价疫苗。目前使用最广的载体是痘苗病毒，用其表达的外源基因很多，已用于甲型和乙型肝炎、麻疹、单纯疱疹等疫苗的研究。利用脊髓灰质炎病毒、伤寒Ty2La疫苗株为载体的口服霍乱疫苗和痢疾疫苗也在研制中。

3. 核酸疫苗 是最近几年从基因治疗研究领域发展起来的一种全新的免疫预防制剂。1990年Wollf等意外地发现将DNA直接注射入小鼠骨骼肌细胞后，可引起特异性的免疫反应。所谓核酸疫苗，是指将含有编码某种抗原蛋白基因序列的质粒载体或基因序列作为疫苗，直接导入受试动物细胞内，通过宿主细胞的转录系统转录并翻译成抗原蛋白，诱导宿主产生对该抗原蛋白的免疫应答，从而使被接种者获得相应的免疫保护。目前研究使用得最多的是DNA或cDNA，它既是基因载体，又是抗原来源，所以核酸疫苗又称为DNA疫苗。核酸疫苗与传统疫苗及基因工程疫苗相比，有许多全新的潜在优势，从而被誉为第三代疫苗。核酸疫苗能诱发包括局部免疫应答和免疫记忆在内全面的免疫应答反应，有关的实验报道已涉及包括细菌、病毒、寄生虫等感染性疾病以及肿瘤预防和治疗等领域。

核酸疫苗具有许多优点，可激发机体全面的免疫应答；表达的抗原接近天然构象，免疫原性强，免疫应答持久；易于实现联合免疫；制备简单，省去了抗原提取和纯化的过程；核酸疫苗不受母源性抗体的抑制，在新生婴儿的感染防治上具有明显的优势。虽然核酸疫苗研究取得了一些可喜的成果，但在实际应用中，短期内它仍不会代替目前使用的传统疫苗。

（1）流感DNA疫苗：是1993年Robinson直接将编码流感病毒血凝素的DNA克隆到表达载体中，注射于小鸡和小鼠体内，结果这些动物产生了抗流感病毒血凝素特异性抗体，并能抵抗致死剂量流感病毒的攻击。还有科学家将流感病毒的核蛋白抗原基因克隆到质粒中。

（2）狂犬病DNA疫苗：是1994年Xing等将编码与致病性有关的狂犬病毒糖蛋白的cDNA插入质粒DNA，用该质粒DNA直接注射小鼠腓肠肌，免疫三次后，小鼠产生了特异性抗体和淋巴细胞。用半致死剂量的病毒攻击，结果均获完全保护。

第二节 疫苗的生产、运输和存储要求

疫苗的生产、运输和存储要求的首要条件是保证冷链要求。冷链系统是储运生物制品、保证疫苗质量必不可少的条件。疫苗从制造部门分发到省、市、地、县直至基层使用部门，在储存、运输和使用过程中均应置于较冷的环境，以维持疫苗效价。疫苗由蛋白质或脂质、多糖组成，进行接种时其中的"活性"物质起到抗原作用，它们多不稳定，受光和热作用使蛋白质变性，或使多糖降解，疫苗不但失去应有的免疫原性，甚至会形成有害物质而发生不良反应。疫苗通常的保存温度为 2～8℃。

百白破制剂、破伤风类毒素或含有吸附制剂的任何一种疫苗应防止冻结。冻结时氢氧化铝颗粒的胶体结构变成晶体，溶解后在疫苗中出现颗粒或薄片状颗粒或出现沉积物，可能在注射部位出现无菌性脓肿并使疫苗失效。非吸附的液体制剂如 BCG 也不要冻结。丙种球蛋白和破伤风类毒素等其免疫学活性虽不致因冻结而影响，但有时冻结可导致蛋白沉淀，在注射后也会出现不良反应。

凡过期、变色、发霉、有摇不散的凝块或异物、无标签或标签不清、安瓿有裂纹时，一律不得使用。含吸附剂疫苗要充分摇匀，防止吸附剂下沉，否则注射后可引起局部严重红肿或无菌性化脓。

疫苗要避免阳光直射，临用时方可从冷藏容器中取出。已开启的生物制品必须在 1h 内用完，活疫苗最好不要超过 30min，用不完的应立即废弃，因开瓶过久，不但影响效果，而且可因细菌污染引起事故。减毒活疫苗内无防腐剂，更易染菌，故应用越早越好。干燥制品在临用前按说明书操作，稀释液应沿安瓿内壁缓缓注入，轻轻摇动，使其完全溶解，避免出现泡沫，一次用完，用不完立即废弃。

我国计划免疫工作对冷链有一定要求，现摘其主要内容供作参考。

（1）低温冰箱（冰排速冻器）储运冻干麻疹疫苗和脊髓灰质炎疫苗；普通冰箱储运冻干卡介苗和百白破混合制剂。

（2）基层卫生单位可用普通冰箱冻结柜储运冻干麻疹疫苗和脊髓灰质炎疫苗；冷藏柜储运冻干卡介苗和百白破混合制剂。

（3）冰箱内储运的疫苗要堆放整齐，疫苗与箱壁，疫苗与疫苗之间应留 1～2cm 的空隙。按品名和失效期分类存放。

（4）冰箱门带物架因门经常开启，温度变化较大，一般不宜放置疫苗。

（5）冰箱储存疫苗的容量一般为冰箱体积的 1/3～1/2。

（6）冰箱中应放置一支温度计，每天上下午两次记录温度。停机时要记录原因和持续时间。

（7）制品应放入冰排（或冰块）的冷藏容箱（冰瓶、上冰箱和冷藏背包）分发至接种区。

（8）脊髓灰质炎疫苗和麻疹疫苗应放置于冷藏容器的底层；卡介苗放在中层；百白破混合制剂和稀释液放在上层。

（9）脊髓灰质炎疫苗应装在小瓶或塑料袋内冷藏。

（10）百白破混合制剂要防止冻结。

（11）如冷藏容器的冰未融化，未用过的疫苗要做好记录，放在冰箱内保存，在下次接种时首先使用。

（12）如冷藏容器内的冰已融化，且时间超过 1 天时，脊髓灰质炎疫苗和麻疹疫苗应全部废弃不用。卡介苗和百白破混合制剂（白破和白类）做好记录，于下次接种时先行使用。

（13）冰箱和冷藏容器应尽量减少开启次数。

一、疫苗的应用

（一）疫苗分类

根据《疫苗流通和预防接种管理条例》规定疾病预防性疫苗分为两类：第一类疫苗和第二类

疫苗。第一类疫苗是指政府免费向公民提供，公民应当依照政府的规定受种的疫苗，包括国家免疫规划确定的疫苗，省、自治区、直辖市人民政府在执行国家免疫规划时增加的疫苗以及县级以上人民政府或者其卫生主管部门组织的应急接种或者群体性预防接种所使用的疫苗；第二类疫苗是指由公民自费并且自愿受种的其他疫苗，包括肺炎疫苗、b 型流感嗜血杆菌疫苗、流感疫苗、狂犬病疫苗等。

（二）疫苗的应用

胎儿期，母亲接种疫苗可预防如 B 群链球菌和呼吸系统合胞病毒（RSV）感染，为婴幼儿提供被动免疫。新生儿被接种预防 RSV、轮状病毒和乙型肝炎病毒感染的疫苗。适合婴幼儿的儿童联疫苗是 DTacp-Hib-IPV- 反应球菌 - 脑膜炎球菌以及其他抗原组分。对于少儿，其包括麻疹 - 腮腺炎 - 风疹 - 水痘。学龄前儿童被推荐使用鼻内流感和口腔 mutans 链球菌和加强的三联疫苗（MMRV）疫苗。青少年注射 STD 疫苗用于预防人免疫缺陷病毒，II 型肝炎病毒（HBV），HSV-2 感染，孕前疫苗将使胎儿免受后继的巨细胞病毒或细小病毒感染。青年人可接种 Tdacp 和幽门螺旋杆菌疫苗。老年人可接种流感、肺炎和带状疱疹水痘疫苗。另外，旅行者疫苗和地方性疾病疫苗用以预防腹泻和媒体传播疾病。

1. 正确地选择和使用疫苗 正确使用疫苗的原则主要有以下三点。

（1）符合流行病学因素：不同国家和地区应根据传染病流行病学特点，包括传染病的流行强度、传染病起始发病年龄、不同年龄发病率、不同传染病发病的周期性、季节性及职业人群，结合本地区的实际情况，研究适合的免疫重点和策略，制定本省、市、自治区的免疫规划。

（2）疫苗的安全性和免疫效果因素：不同减毒活疫苗其免疫应答和反应性与毒种残余毒力有关，因此，需选择毒力温和又具有良好抗原性的毒种，这样生产出来的疫苗接种人体后不良反应较轻，其免疫效果也较好。例如，我国生产的口服脊髓灰质炎减毒活疫苗（live oral polio vaccine，OPV）所用的三型毒种皆为我国自行选育，投产使用至今很受欢迎。20 世纪 60 年代以来，我国选用 OPV 而不是灭活的脊髓灰质炎减毒疫苗（inactivated polio vaccine，IPV），是基于当时我国是高发地区而决定的，它为我国消灭脊髓灰质炎做出了卓越的贡献。

1997 年年初，卫生部发文通知血源性乙型肝炎疫苗在我国停止生产和销售，而基因工程乙型肝炎疫苗取代血源性乙肝疫苗开始应用。选择该疫苗是基于其安全性，抗原纯度可达 99% 以上，杂质极少，是减少不良反应的重要保证。基因工程疫苗制备过程中不使用人源性（血液）物质，所用原材料对人体无害。推广使用后不良反应很低，免疫效果好。此外，其他疫苗如提取细胞壁荚膜多糖抗原制成的 A 群流脑疫苗、伤寒 Vi 多糖疫苗及百日咳无细胞疫苗等均比原疫苗更安全。

（3）经济方面因素：在选择使用疫苗方面，对疫苗的价格和剂型等也应予以考虑。在保证效果和安全的基础上，应选择价廉质佳的疫苗和剂型。国家疾病预防控制中心（CDC）有权选用理想的疫苗以供全国使用，各级 CDC 应根据本地区免疫预防工作需要，适时选用疫苗品种和剂型。

由于现代免疫学和生物化学的发展，国外有些疫苗发展到亚单位水平，推动了分离提纯技术的提高，并且已应用到疫苗的纯化，而亚单位疫苗就是这种技术发展的产物，目前国外已研制出流感、狂犬病亚单位疫苗和霍乱亚单位类毒素等。这些都为正确地选择和使用疫苗提供了良好的条件。

2. 高素质的免疫接种人员 参与免疫预防工作的管理人员及具体实施免疫接种人员，必须具有高素质的思想、知识、技术等水平，必须有严谨的工作态度和开展必要的免疫预防研究的工作能力。管理人员要掌握全面的免疫预防的知识和技能，并能开展培训和现场指导。基层免疫接种人员要重点掌握疫苗正确的保存和使用方法、正确消毒接种器材以及正确实施疫苗接种三大基本操作技能。

3. 严格掌握免疫程序 严格按照免疫程序接种，才能充分发挥疫苗的免疫效果，减少接种不良反应的发生，达到控制传染病流行的目的。我国现行的儿童免疫程序必须严格执行，对暂未列入计划免疫疫苗所推荐的免疫程序也应参照执行。执行实施接种任务的基层专业人员，对接种对象、剂量、次数和间隔时间等不能有丝毫改变，否则会影响免疫效果并增加不良反应。

4. 认真选择接种对象 免疫接种工作要根据传染病的流行情况和特征、对人群健康的危害性、有关主动和被动免疫的原理、免疫制剂的特性、接种的效益和弊端，以及国家和地方疾病控制规划等因素综合考虑后确定。任何免疫接种工作都要对上述因素有足够的科学依据，制订免疫规划及其程序，不能因其他原因或受经济利益的驱动而任意规定，如放宽对某些疫苗的年龄限制，甚至多次反复接种，造成不必要的浪费和不良影响。

（1）规定的接种对象：在我国实行计划免疫使所有儿童都能接种到麻疹、脊髓灰质炎、卡介苗、百白破混合制剂、乙肝疫苗以预防相应的几种传染病。我国规定在城市和冷链装备地区，要求上述5种疫苗在1周岁内完成基础免疫。

（2）我国推荐的免疫程序及需接种的对象：除国家规定儿童免疫程序必须接种的5种疫苗外，还有麻风腮三联疫苗（MMR）、乙型脑炎疫苗（JEV）、流行性脑膜炎疫苗（MCV，a群）、白破二联疫苗（DT）、成人型白喉类毒素疫苗、腮腺炎疫苗（MuV）、风疹疫苗（RuV）等，推荐的免疫程序还包括水痘、流感疫苗等。这些疫苗的接种对象大都是7岁以内儿童。上述有些疫苗不能给大年龄儿童或少年、成人接种，如乙型脑炎疫苗现在推荐仅给7岁以下儿童接种，否则易发生超敏反应等不良反应。

（3）成人接种：在特殊情况下，如疫情流行，则要给易感高危人群予以接种。例如，钩端螺旋体流行地区则规定给流行区农民和接触污染水源的人员（播种、插秧、秋收、排涝和开荒等）接种。此外，在城市农村来源的流动人口中，有部分人员在儿童时未接受BCG免疫，致使现在对结核菌易感；对入伍新兵、大学新生、边远地区派出人员及该地区儿童青少年在进入城市前，均应列为接种BCG对象。

（4）特殊职业人群的免疫接种：某些疫苗还规定给一些特殊职业人群进行接种。乙肝疫苗除给予规定的人群接种外，对接触可疑污染血液或血液制剂的医务人员及肾透析患者也应接种该疫苗。兽医和动物饲养人员应接种狂犬病疫苗，某些野外工作者亦应使用狂犬病疫苗做接触前预防注射，如布氏活疫苗则给长期接触牲畜的放牧人员、饲养人员、屠宰人员和毛皮加工人员等进行接种。

（5）特殊对象的免疫接种：接种要根据疫苗的反应和效果等特殊性质决定接种对象。例如，破伤风抗毒素只限于受伤较重或伤口较深受泥土污染者，进行预防或治疗；又如狂犬病疫苗给狂犬病的动物咬伤或抓伤的对象接种，而不主张给没有这些病史的人接种。

5. 正确掌握禁忌证 为了保证免疫接种的安全，下列禁忌证应给予特别注意。

（1）急性疾病：如接种者正患有发热，特别是高热的患者，或伴有明显的全身不适的急性症状时，应暂缓接种疫苗，以免接种后加剧发热性疾病，且有可能错把发热性疾病误认为疫苗的反应而阻碍了以后的免疫。

（2）过敏性体质：对有过敏体质、支气管哮喘、荨麻疹、血小板性紫癜和食物过敏史者，在接种前应详细询问过敏史，属于含有该变应原的疫苗不予接种。

（3）免疫功能的改变：免疫缺陷症，如联合性免疫缺陷症、无丙种球蛋白血症或低丙种球蛋白血症；白血病、淋巴瘤、霍奇金病和恶性肿瘤患者；由药物引起的免疫抑制，如应用皮质类固醇、烷化剂、抗代谢药物及脾切除者等，上述对象如使用活疫苗可能造成严重后果。

HIV阳性者（无症状或有症状），国外用脊髓灰质炎灭活疫苗（IPV）代替OPV接种。如在罹患结核病地区，一般不推荐接种BCG，有症状的HIV感染者不接种BCG。

（4）既往接种后有严重不良反应者：接种后发生超敏反应、虚脱或休克、脑炎（或脑病）、非热性惊厥史的儿童不再接种同种疫苗。需要连续接种的疫苗（如 DPT 混合制剂），如果前一次接种引起严重不良反应，则不应继续接种。DPT 混合制剂免疫后出现以下任何一种情况者：虚脱、休克、持续性尖叫、高热、惊厥、全身或局部神经症状、超敏反应、溶血性贫血等，应停止随后的 DPT 混合制剂接种。

（5）神经系统疾病：凡患有神经系统疾病，如癫痫、脑病、脑炎后遗症和惊厥等，不要接种乙脑疫苗、A 群流脑多糖疫苗；绝对不要接种含有百日咳抗原的制剂。对有产科外伤性神经或精神后遗症者，至少在出生 1 年后，需在上述特殊保护性措施下进行常规疫苗接种。

（6）重症慢性病患者：患有活动性肺结核、心脏代偿功能不全、急慢性肾脏病变、糖尿病、高血压、肝硬化、血液系统疾病、活动性风湿病和严重化脓性皮肤病等患者，应暂缓接种或慎种。待病情长期稳定，可以接种反应较小的疫苗，如麻疹疫苗、脊髓灰质炎疫苗和乙肝疫苗。凝血功能障碍的患者，因其经常输Ⅷ因子和Ⅸ因子血液制剂，有感染乙型肝炎的可能，对易感者应全程接种乙肝疫苗。注射时最好用细小针头，防止造成皮下瘀血或瘀斑。对少数肾病患者，只有在痊愈的情况下才能接种上述疫苗。

（7）妊娠：由于理论上有危害胎儿的可能性，孕妇的免疫接种应慎重，小剂量的水溶性抗原可导致胎体产生免疫耐受性，异种动物血清容易致敏，一般孕妇均应禁用。麻疹、风疹、水痘和腮腺炎等病毒减毒活疫苗，在妊娠期禁忌使用。但因疏忽或接种了风疹疫苗，一般也不作为终止妊娠的理由。只有在明确被狂犬咬伤的情况下，才给孕妇接种狂犬病疫苗。

（8）早产儿和出生低体重儿：早产儿免疫系统功能比足月儿更不成熟，通过胎盘获得的母传抗体水平比足月产婴儿低且存在时间短，更容易感染各种疾病，因此仍应该尽早给早产儿接种疫苗。其免疫接种的年龄、程序、剂量和注意事项与足月婴儿相同。而出生体重低于 2500g 的早产儿不宜接种 BCG。我国属乙型肝炎高流行区，要求出生时即接种乙肝疫苗，但在完成全程免疫后，应检测抗体水平，对无反应或低反应者（抗 HBs 阴性或滴度小于 10mIU/ml）应加强免疫。

（9）其他禁忌证：凡接种丙种球蛋白者，至少应推迟 4 周注射麻疹、腮腺炎和水痘疫苗。

（三）疾病治疗

1. 用于肿瘤的治疗 抗肿瘤疫苗研究是当今世界医学界重点攻关的防癌治癌难题之一，也是我国重点发展的生物，主要有：①核酸疫苗；②重组病毒、病菌疫苗；③树突状细胞疫苗，此外还有具有潜在的抗肿瘤特性的疫苗。肿瘤疫苗的治疗作用是利用肿瘤抗原进行主动免疫，刺激肌体对肿瘤的主动特异性免疫反应，以阻止肿瘤的生长、扩散与转移。

2. 用于心血管系统疾病的治疗 动脉粥样硬化（AS）是心血管疾病的病理学基础之一。防治 AS 是防治心血管疾病的根本性措施。用疫苗来防治 AS 是一条新途径，在这方面已取得了令人鼓舞的进展。AS 是一种免疫炎症性疾病，免疫应答参与 AS 发展的各个环节，动脉内膜脂质积累和修饰产物的免疫应答是 AS 发生的关键环节。免疫缺陷小鼠与正常小鼠比较，AS 的严重程度减轻 70%，但血清胆固醇水平无变化。鉴于此国内外学者通过干预免疫过程来防治 AS 的发生和发展，文献报道研制中的抗 AS 症的疫苗有四种。

（1）载脂蛋白 B-100 疫苗：载脂蛋白 B-100（apoB-100）是已知人体内最大蛋白质之一，由 4560 个氨基酸组成，是 LDL 的重要成分之一，对于维持结构的完整及血清胆固醇水平相对稳定起重要作用。研究发现，高浓度 apoB100 和 LDL 是早发 AS 的重要危险因素。有研究者构建了包含所有人 apoB-100 蛋白序列由 20 个氨基酸小片段组成的肽库，通过研究发现有 100 个片段能诱导人体的免疫应答。

（2）胆固醇酯转运蛋白疫苗：胆固醇酯（CE）转运蛋白（CETP）的主要功能是参与 HDL、

CE、LDL、TG 之间的交换，决定 HDL、LDL 质和量的变化，在胆固醇逆向转运中起关键作用。Rit-tershaus 等用 CETP 的肽免疫新西兰家兔，结果发现免疫家兔血浆中 CETP 活性明显减弱，血浆脂蛋白发生了变化。在胆固醇喂食的家兔 AS 模型中，实验组家兔与对照组比较，HDL 的水平升高了 42mg/dl，而 LDL 下降了 24mg/dl，且主动脉 AS 病变平均减少 39.6mg/dl。

（3）CD40 疫苗：细胞分化抗原 40（CD40 分子）属 TNFR 超家族成员，为 I 型跨膜糖蛋白，主要表达于 B 细胞、树突状细胞、某些上皮细胞、内皮细胞、成纤维细胞以及活化的单核细胞表面。CD40 配体（CD40L）为 II 型跨膜蛋白，属 TNF 超家族成员，主要表达于活化的 $CD4^+T$ 细胞和肥大细胞表面。CD40-CD40L 相互作用在免疫应答中具有重要作用，CD40L 表达缺失或阻断 CD40L 的作用可导致 T 细胞无能。新近研究认为 AS 是有免疫系统参与的慢性炎症反应，CD40-CD40L 是炎症过程中重要的信号分子，可调节多种炎症反应，它广泛存在于 AS 斑块的各种细胞中，参与了斑块的发生发展。

（4）肺炎衣原体疫苗：肺炎衣原体（Cpn）是一种细胞内寄生的革兰阴性病原体，经呼吸道感染主要引起人的非典型肺炎、支气管炎等呼吸系统疾病，还可引起心包炎、心肌炎、心内膜炎。近年研究发现 Cpn 感染与 AS 密切相关，两者的关系已被国内外流行病学、病理学、分子生物学技术所证实，冠状动脉硬化病灶中存在 Cpn，并且其病理切片用 Cpn 特异性单克隆抗体处理后呈阳性，认为 Cpn 是导致 AS 的危险因素。研究表明 Cpn 能感染血管内皮细胞、平滑肌细胞，通过多种方式促进单核细胞、血管平滑肌细胞等迁入动脉内膜、增殖分化、促进泡沫细胞的形成。

3. 治疗高血压病　血管紧张素疫苗治疗高血压的实验研究，瑞士的 Cytos 生物技术公司称：从 II a 期临床试验研究得到的初步结果表明，一种用于治疗高血压的疫苗 CYT006-AngQb 有良好的临床开发前景：所有使用该疫苗的高血压患者体内均产生了很强的血管紧张素 II（Ang II）抗体，并且使患者在正常活动状态下的日常血压值明显降低，而且血压降低的程度与低剂量肾素 - 血管紧张素抑制剂的作用强度相似。

4. 治疗 1 型糖尿病　目前利用疫苗来预防 1 型糖尿病已取得很大的进展，美国 FDA 公布的已进入临床研究阶段的 1 型糖尿病疫苗已有三种。

当前在全球灭绝天花及消灭脊髓灰质炎的事实告诉人们：有效的疫苗既能控制传染病，也能消灭传染病。因此疫苗对人类健康和社会经济发展的贡献是任何一种医疗措施都无法与之相比的，其对人类的贡献所产生的影响深远而持久。

思　考　题

1. 疫苗有哪些种类？
2. 我国计划免疫工作对冷链有哪些要求？

（陈　莉）

第三十五章 免疫治疗

免疫治疗（immunotherapy）是机体在免疫应答的全过程中，以人为的方法对其某一阶段进行修饰和调节以达到治疗疾病和提高疗效等目的的方法。免疫治疗可分为特异性免疫治疗与非特异性免疫治疗。特异性免疫治疗是通过输入某种抗原物质（如治疗性疫苗）诱导机体产生特异性效应物质或直接输入外源性免疫效应物质，以清除特定的靶细胞或靶分子，前者称为主动免疫治疗，后者称为被动免疫治疗。非特异性免疫治疗则通过应用非特异性免疫增强剂或免疫抑制剂来调节机体，使免疫功能恢复正常的治疗或辅助治疗手段。此外，对某些确诊的免疫缺陷患者，可进行免疫重建或免疫替代。免疫治疗的分类见表35-1。

表 35-1　免疫治疗的分类

名称	治疗范围或特点
免疫增强疗法	感染、肿瘤、免疫缺陷病
免疫抑制疗法	移植排斥、自身免疫病、超敏反应、炎症治疗
主动免疫治疗	输入治疗性疫苗，诱导机体产生特异免疫力
被动免疫治疗	输入免疫效应物质，直接发挥免疫效应
特异性免疫治疗	调整机体免疫功能，所用制剂具有抗原特异性
非特异性免疫治疗	调整机体免疫功能，所用制剂无抗原特异性

第一节　非特异性免疫治疗

非特异性免疫治疗是通过应用非特异性免疫增强剂或抑制剂来调节机体失衡的免疫状态，使其恢复正常功能的治疗手段。非特异性免疫治疗所用制剂无抗原特异性。

一、免疫增强剂

免疫增强剂可普遍增强机体免疫功能，常用的免疫增强剂有以下几种类型。

（一）微生物及其产物

1. 卡介苗（BCG）　作为结核杆菌的减毒活疫苗已广泛用于结核病的预防，此外还具有良好的非特异性免疫增强作用和佐剂效应。卡介苗的免疫增强作用表现为：①促进巨噬细胞活化，增强其吞噬功能；②增强 NK 细胞的杀伤活性；③诱导免疫细胞产生 IL-1、IL-2、TNF 等细胞因子；④促使肿瘤细胞坏死、阻止肿瘤细胞转移、消除机体对肿瘤抗原的耐受性等。此外，BCG 的佐剂作用能增强各种抗原的免疫原性，加速免疫应答，提高免疫水平。BCG 已在多种肿瘤的治疗中应用，如作为黑色素瘤、急性白血病、膀胱癌、肺癌、乳腺癌等肿瘤的辅助治疗。研究表明，卡介苗灌注对防止膀胱癌术后复发具有肯定效果。

2. 短小棒状杆菌　作用与卡介苗相似。对多种实验性肿瘤，如肉瘤、转移乳腺癌、白血病、肝癌等有一定疗效。使用中可出现发热、头痛、恶心、呕吐等不良反应，与化疗药物联合应用，可减少化疗药物剂量，提高疗效，减轻不良反应。

（二）细胞因子

1. 干扰素（IFN） 是 20 世纪 50 年代后期发现的一种具有抗病毒活性及免疫调节作用的糖蛋白。在哺乳动物中分为 α、β、γ 三种。干扰素的免疫增强作用表现为：①激活巨噬细胞和 NK 细胞杀伤肿瘤细胞能力。IFN 本身具有巨噬细胞活化因子的活性，同时可以促进 NK 细胞的生长和活化，促进 NK 细胞的细胞毒因子的释放；②抑制多种致癌性 DNA 病毒和 RNA 病毒复制，减少病毒诱发肿瘤的机会。IFN 可用于慢性活动性肝炎、疱疹性角膜炎、带状疱疹和某些血液肿瘤的辅助，疗效较好。IFN 抑制病毒蛋白合成的机制是诱导小分子阻抑因子的生成和蛋白质因子的磷酸化。其不良反应主要是发热和抑制骨髓造血功能，停用后可以恢复。长期应用干扰素，可诱导抗干扰素抗体的产生，使治疗效果减弱。

2. 胸腺肽 是从小牛或猪等动物胸腺中提取的一种可溶性多肽，可促进前 T 细胞分化发育为成熟 T 细胞。胸腺肽无种属特异性，亦无明显不良反应，可用于慢性持续性感染、肿瘤等疾病的辅助治疗。

3. 转移因子（TF） 是从致敏淋巴细胞中提取的一种小分子多核苷酸和多肽混合物。TF 具有种属特异性，因无免疫原性，可重复使用，不良反应小，可用于慢性黏膜念珠菌病、麻风病、免疫缺陷及一些病毒性疾病的辅助治疗。

4. 肿瘤坏死因子 是一类能直接诱导肿瘤细胞凋亡的细胞因子。根据其结构和来源分为两类：TNF-α 和 TNF-β。TNF-α 可用于肿瘤的辅助治疗，但大剂量可引起发热、恶病质等严重不良反应。

5. IL-2 主要是由 T_H 细胞分泌的参与多种免疫过程的细胞因子。T_H 细胞分泌的 IL-2 通过自分泌作用可促进自身活化增殖，产生免疫放大作用，因此少量 IL-2 即可引起强烈免疫效应。IL-2 在体内的半衰期仅为 20 分钟，临床上多采用大剂量连续输注的方式用于肿瘤或病毒感染的辅助治疗，有一定效果，但治疗费用很高。另外，大剂量应用还会出现发热、水肿、骨髓抑制等不良反应。

6. 免疫核糖核酸 是用抗原（肿瘤细胞或乙型肝炎表面抗原等）免疫动物，然后取其脾和淋巴结分离淋巴细胞，并从细胞中提取核糖核酸获得的。将免疫核糖核酸给患者注射，可增强患者的体液免疫及细胞免疫功能。目前试用于肿瘤及慢性乙型肝炎等疾病的辅助治疗。

（三）化学合成药物

1. 左旋咪唑 于 1966 年合成，作为广谱驱虫剂用于临床。20 世纪 70 年代发现该药有明显免疫增强作用，可增强小鼠接种布氏菌苗的预防作用。在肿瘤的免疫治疗中，左旋咪唑可以通过促进机体未成熟 T 细胞分化为成熟的 T 细胞，提高机体免疫应答能力，达到抗肿瘤的目的。其作用机制：活化巨噬细胞，增强 NK 细胞活性，促进 T 细胞产生细胞因子。左旋咪唑对免疫功能低下者有较好的免疫增强作用，而对正常机体作用不明显，可用于免疫功能低下的辅助治疗。其不良反应主要有恶心、呕吐、厌食、发热、粒细胞减少等，一般停药后可以恢复。

2. 西咪替丁 是一种组胺拮抗剂，可与组胺受体（H_2）结合，抑制组胺作用，临床主要用于治疗胃及十二指肠溃疡。抑制性 T 细胞（T_S 细胞）表面具有 H_2 受体，西咪替丁与之结合后，可以拮抗组胺对 T_S 细胞的活化，从而解除 T_S 的免疫抑制，增强机体的免疫功能。

3. 异丙基苷 可促进 T 细胞增殖、巨噬细胞活化，抑制多种 DNA 病毒和 RNA 病毒复制，主要用于抗病毒辅助治疗。

二、免疫抑制剂

免疫抑制剂是一类能抑制机体免疫功能的药物，主要用于自身免疫病、移植排斥反应及超敏反应的治疗。免疫抑制剂的发展和应用对器官移植和自身免疫性疾病治疗的成功和发展起了决定性的作用。此类药物研究历史较长，成果也较丰富，尤其是以环孢素为代表的选择性免疫抑制剂的诞生，使人们能够选择地抑制免疫应答的某一特定环节，临床应用效果显著。常用的免疫抑制剂如下所述。

（一）细胞毒性药物

1. 硫唑嘌呤和巯嘌呤　巯嘌呤（6MP）是次黄嘌呤的盐酸盐衍生物，硫唑嘌呤（AZA）则是由甲硝唑取代 6-MP 的氢而形成的衍生物。此药物干扰嘌呤代谢的所有环节，抑制嘌呤核苷合成，进而抑制细胞 DNA、RNA 及蛋白质的合成，是周期特异性细胞毒性药物。但小剂量则可产生免疫抑制作用。6-MP 和 AZA 主要作用于 T 细胞，它们对 T 细胞介导的免疫反应比抗体反应敏感。此外，AZA 还有非特异性的抗炎作用，并能有效减少外周血 NK 细胞的数量，主要用于器官移植、慢性移植物抗宿主反应及某些自身免疫病，如 RA、SLE、寻常天疱疹等。不良反应有骨髓移植、消化道反应和肝功能损害。

2. 甲氨蝶呤　是核酸合成拮抗剂，对二氢叶酸还原酶有强力抑制作用。由于二氢叶酸不能转化为四氢叶酸，使胸腺核苷酸及嘌呤核苷酸合成受阻，有效阻挡 DNA 和 RNA 的合成。它是一种周期特异性抗癌药物，主要作用于 S 周期。在临床上广泛用于多种滋生免疫病和皮肤病，如 RA、皮肌炎、银屑病等。甲氨蝶呤的不良反应主要是对增殖旺盛的胃肠道及骨髓细胞有损害，亦可引起肝损害。

3. 环磷酰胺　是烷化剂，具有较强的免疫抑制作用和较高的治疗指数。其作用机制为环磷酰胺可与 DNA、RNA 和蛋白质结合，抑制核酸和蛋白质的结构，影响 DNA、RNA 及蛋白质的合成，干扰细胞增殖，甚至导致细胞死亡。大剂量的环磷酰胺无细胞周期特异性，快速增殖的淋巴细胞、造血细胞、生殖细胞及毛发根细胞均对此药很敏感。环磷酰胺在临床上用于治疗肾炎、肾病综合征、SLE、RA 等，疗效较好。不良反应主要是抑制造血、引起消化系统反应（腹痛、恶心、呕吐等）、不育和致畸、秃发及出血性膀胱炎。

（二）激素制剂

肾上腺糖皮质激素是临床应用最早的非特异性抗炎药物，也是应用最普遍的经典免疫抑制剂。常用的糖皮质激素有氢化可的松、泼尼松、泼尼松龙及甲泼尼龙等制剂。此类药物都具有共同的结构特征，各药的作用特点大致相同，其免疫抑制作用强度与抗炎效果基本成平行关系。

糖皮质激素的亲脂性使其能穿过细胞膜，与胞质中的受体结合，激素与受体结合物转移至细胞核，与 DNA 序列中的调节因子特异结合，上调或者下调多种基因的表达，作用于免疫应答的不同环节：有效减少外周血 T、B 细胞数量；明显降低抗体水平，尤其是初次应答抗体水平；通过抑制巨噬细胞活性抑制迟发型超敏反应。

糖皮质激素常用于治疗自身免疫病以及预防和治疗移植排斥反应。它可以改善多种自身免疫疾病的临床症状，如系统性红斑狼疮、多发性肌炎、皮肌炎等。但是长期使用糖皮质激素可以产生类肾上腺皮质功能亢进、诱发和加重感染、诱发和加重消化道溃疡、肌病和骨质疏松等严重不良反应。

（三）抗生素类制剂

抗生素类免疫抑制剂主要来源于微生物的代谢产物。环孢素 A 和他克莫司均是从真菌代谢产物中提取的。

1. 环孢素 A（CsA） 为第三代免疫抑制剂，可选择性抑制 T_H 细胞，是广为应用的免疫抑制剂。作用机制：抑制 IL-2 记忆转录，阻断 IL-2 合成和分泌，使 T 细胞增殖、分化受阻。另外，还可通过抑制 c-myc 和 IFN-γ 基因转录，影响 T 细胞的活化和增殖。环孢素 A 具有抗有丝分裂及抗炎双重效应，是目前防治急性移植排斥反应的首选药物，亦可用于自身免疫病的治疗，如银屑病、葡萄膜炎、类风湿关节炎等。CsA 引起的不良反应有可逆性的肝肾毒性、多毛、高血压、淋巴瘤的发生增加等。

2. 他克莫司 又称 FK-506，为大环内酯类药物，是 T 细胞特异性免疫抑制剂，活性较环孢素 A 强数十倍至百倍。作用机制：通过作用于细胞质内特异性结合蛋白，抑制 T 细胞内钙依赖信号传递，阻止细胞因子基因转录。FK-506 主要用于抗移植排斥反应，而且持续性使用或周期性用药能诱导移植耐受。FK-506 与 CsA 相比有较高的治疗指数，在临床上可有效地用于实体器官移植。其毒性反应有引起肾功能损伤，改变糖代谢，有神经毒性，发生感染及恶性肿瘤。

（四）抗体

抗体包括抗淋巴细胞血清和单克隆抗体。针对免疫细胞的单克隆抗体可选择性清除特定细胞亚群，抑制相应细胞的免疫功能，临床效果较好。

1. 抗淋巴细胞血清 1967 年，被首次用于临床治疗器官移植排异反应，是使用较早的免疫抑制剂。抗淋巴细胞血清含有多克隆抗淋巴细胞抗体。

2. 抗 CD3 单克隆抗体 OKT3 是第一个用于临床的抗 T 细胞单克隆抗体。OKT3 针对 T 细胞 CD3 抗原，可以逆转同种异体排斥反应，具有中等强度的免疫抑制效应。临床上用于防治心、肝、肾急性移植排斥反应；也可清除骨髓移植物中成熟 T 细胞，防止移植物抗宿主反应。

3. 抗 CD4 单克隆抗体 抗 CD4 单抗能诱导移植耐受。人源化的抗 CD4 单克隆抗体可用于心脏或心肺联合移植的抗排斥治疗，效果优于抗淋巴细胞血清。抗 CD4 单抗还可用于治疗自身免疫病。

4. 抗 CD25 单克隆抗体 CD25 是 IL-2 受体，IL-2 与其结合后可引起 T 细胞增殖。抗 CD25 单抗选择性清除 $CD25^+T$ 细胞，抑制排异反应，临床效果较好。

（五）反义技术

反义技术是在基因水平上设计具有封闭活性的基因片段，选择性抑制特定基因表达的一种高科技生物技术，主要包括寡核苷酸、反义 RNA 及核酶三大技术。反义核苷酸是利用人工合成的核苷酸片段（约 20 个碱基），按照碱基配对的原则，与特定靶序列杂交，从而选择性抑制特定基因表达的技术。该技术因具有更大的应用价值而备受关注。

第二节　特异性免疫治疗

特异性免疫治疗可特异性增强或抑制机体的某种免疫功能，所用制剂具有抗原特异性。特异性免疫治疗分为主动免疫治疗和被动免疫治疗。两者均通过人工干预发挥作用。

一、主动免疫治疗

通过人工输入抗原类制剂（如疫苗）诱导机体自身产生免疫效应物质称为人工主动免疫。主动免疫过去主要用于疾病预防，近年来已开始用于疾病治疗。具有治疗作用的疫苗称为治疗性疫苗。

（一）治疗性疫苗

接种疫苗是提高群体免疫力预防疾病的重要手段，天花的消灭归功于此。通过接种疫苗治疗疾病，是治疗性疫苗的作用。目前，以抗原为治疗剂的相关研究进展迅速，治疗性疫苗已成为 21 世纪医学免疫学的研究热点，并已取得实质性进展。

治疗性疫苗与预防性疫苗的区别见表 35-2。

表 35-2　治疗性疫苗与预防性疫苗的区别

	治疗性疫苗	普通疫苗
使用对象	持续性感染患者或肿瘤患者	健康人群
使用目的	打破对病原体或肿瘤的免疫耐受，提高免疫力，清除病原体或肿瘤细胞	预防疾病
使用对象免疫状态	有不同程度免疫异常（如免疫缺陷或免疫耐受）	免疫功能基本正常
疫苗研制策略	根据需要对抗原进行组合或修饰	利用微生物抗原，模拟自然感染过程
效果监测	需结合临床表现、体征、相关检测指标进行综合分析判断	效果可靠。产生的保护性抗体，可准确检测
免疫应答类型	激发细胞免疫，治疗病毒性疾病或肿瘤	产生保护性抗体，发挥体液免疫效应

（二）治疗性疫苗中佐剂的使用

佐剂是能非特异性增强或延长抗原免疫原性，广泛诱导免疫应答的物质。选用合适的佐剂增强治疗性免疫原性，诱导有效的细胞免疫是制备治疗性疫苗的关键要素之一。许多细胞因子均具有明显的佐剂效应，其作用机制因细胞因子种类不同有所差别。IFN-γ 的佐剂效应与增强抗原提呈细胞表面 MHC-Ⅱ类抗原的表达，激发有效抗原提呈过程有关。IL-2 的佐剂效应以促进细胞免疫应答为主，对抗体产生的促进作用不明显。IL-1 则与刺激 T_{H_2} 细胞增殖，促进抗体的产生有关。

通常情况下，细胞因子半衰期很短，发挥作用时间短暂。将细胞因子基因（一个或多个）插入病毒减毒活疫苗中制成多价疫苗，接种后可持久产生细胞因子，维持佐剂效应。此外，还可采用多次注射、静脉连续注射或使用无生物活性缓释剂等方法延长细胞因子的作用时间、增强其稳定性。

（三）治疗性疫苗的种类

1. 肿瘤疫苗　将经过处理的肿瘤细胞（瘤苗）或提取肿瘤的有效抗原肽制备疫苗，可刺激机体产生肿瘤特异性 CTL 或细胞毒性抗体，杀伤肿瘤细胞发挥治疗作用。

2. 治疗性病毒疫苗　传统的病毒疫苗主要用于预防。近年来，已研制开发具有治疗作用的病毒疫苗，如治疗艾滋病和乙型肝炎的疫苗。此类疫苗制备的关键是筛选出能有效诱导抗病毒免疫的特异性抗原表位。

3. 治疗自身免疫病疫苗　此类疫苗通过诱导免疫耐受发挥治疗作用。如用髓磷脂碱性蛋白致敏的 T 细胞作为疫苗，治疗多发性硬化症；口服 II 型胶原治疗类风湿关节炎等。

二、被动免疫治疗

被动免疫治疗是通过直接输入抗体或激活的淋巴细胞等，以清除致病性抗原或杀伤抗原特异性靶细胞。由于免疫效应物质由外界输入，并非自己产生，故称为被动免疫治疗。主要应用的生物制品如下所述。

（一）抗体类

1. 抗毒素　能中和细菌外毒素的抗体类制剂，临床上常用的有破伤风抗毒素、白喉抗毒素、气性坏疽抗毒素等。此类治疗剂疗效确切。

2. 抗病毒抗体　能阻止病毒感染的中和抗体，如乙型肝炎表面抗体、麻疹病毒抗体等。

3. 单克隆抗体　用于防治移植排斥反应的抗体，如抗 CD3、CD4、CD25 抗体可特异性清除诱导移植排斥反应的 T 细胞；抗 CD4 抗体可用于治疗自身免疫病；抗 CD20 抗体可治疗淋巴瘤。

（二）激活的淋巴细胞

给肿瘤患者输入肿瘤浸润淋巴细胞（TIL）或淋巴因子激活的杀伤细胞（LAK），以增强肿瘤患者的细胞免疫功能，用于肿瘤的辅助治疗。

第三节　免疫重建与免疫替代疗法

通过移植造血干细胞或淋巴干细胞治疗患者免疫缺陷，恢复其免疫功能的方法称为免疫重建。通过输入机体缺乏的免疫活性物质，以暂时维持其免疫功能的方法称为免疫替代疗法。

一、免疫重建

免疫重建的方法依免疫缺陷发生原因的不同，分为以下几种。

（一）免疫器官或组织移植

免疫器官（如胸腺）因先天发育不良或后天原因导致的免疫缺陷，通过移植免疫器官可迅速重建其免疫系统，恢复免疫应答能力，已在临床应用的有胸腺移植和骨髓移植。

1. 胸腺移植　多为非原位移植。将胎儿胸腺进行简单处理后，移植于患者大腿内侧皮下或腹腔大网膜内。一般在移植 1 周内，受体体内即可测出浓度升高的胸腺活性物质。

2. 骨髓移植　取患者自身（预存正常骨髓）或健康人骨髓给患者输入，帮助患者恢复造血能力和免疫功能，此法可用于治疗免疫缺陷病、再生障碍性贫血及白血病等。骨髓移植有以下三种类型。

（1）自体骨髓移植：常用于治疗大剂量放疗或化疗后发生的骨髓损伤。肿瘤患者接受大剂量放疗或化疗前，先将患者自身骨髓取出一部分，低温保存；大剂量放疗或化疗后，再回输自体骨髓细胞；造血干细胞可迅速增殖分化为各系血细胞，重建机体的造血系统和免疫系统。

（2）同种异体骨髓移植：异体骨髓移植必需供、受者双方组织相容性抗原配型完全相同才能成功，否则会发生排斥反应，尤以移植物抗宿主反应最为严重，可危害生命。

（3）造血干细胞移植：脐血干细胞免疫原性较弱，来源方便，脐血干细胞移植有望代替同种异体骨髓移植。

（二）免疫活性细胞移植

在临床上免疫器官移植要求较高，由于无法避免的移植排斥反应，临床效果难以持久。用免疫活性细胞输注替代器官移植，方法简便，成本低廉，只需制备免疫器官的单细胞悬液即可进行，且临床效果良好。临床应用较多的是用胸腺细胞、胎儿肝细胞及新鲜全血输注。现代免疫学认为，免疫系统是一个漂浮的、游动的、循环的系统；一份新鲜全血就是一个完整的免疫系统，它包含了免疫系统的绝大部分功能。因此，输注新鲜全血是极为有效的重建免疫功能方法。

二、免疫替代疗法

输入机体缺乏的免疫活性物质，以暂时维持其免疫功能的方法称为免疫替代疗法。临床常采用某些免疫活性因子来补充患者缺乏的相应因子。例如，给性联先天性无丙种球蛋白血症患者输入正常人免疫球蛋白，可在较长时间内维持生命。此外，临床常用的还有重组细胞因子类药物，如干扰素、集落刺激因子、白细胞介素、肿瘤坏死因子、生长因子、胸腺制剂、转移因子和胎盘因子等。

第四节 中药的免疫治疗作用

许多天然中药具有良好的免疫调节功能，如人参、黄芪、枸杞子、刺五加、淫羊藿等可明显增强机体免疫功能，而雷公藤、川芎等则显示有效的免疫抑制作用。中医中药是人类的天然宝库，应当努力挖掘。

一、调节非特异性免疫的中药

人参、黄芪、云芝、枸杞子、香菇等20多种中药可非特异性增强单核 - 吞噬细胞的吞噬功能，发挥调理吞噬的作用。经过中草药的研究发掘，已发现并分离鉴定了中草药的一些有效成分，如黄芪多糖、人参皂苷等。黄芪多糖是黄芪中免疫活性较强的一类物质。据报道，黄芪多糖能明显提高小鼠腹腔及脾脏中巨噬细胞的功能，使肺部巨噬细胞数量增加、吞噬白色假丝酵母菌的功能明显增强。人参多糖能促进豚鼠补体水平升高，促进中性粒细胞吞噬率的恢复提高，而对正常豚鼠的免疫功能无明显影响，表现出双向调节作用。

二、增强细胞免疫功能的中药

人参、刺五加、黄芪、冬虫夏草、灵芝、百合等30多种中药均可促进淋巴细胞转化。冬虫夏草醇提取物可使小鼠脾脏 T 淋巴细胞增生，对泼尼松引起的脾脏 T 淋巴细胞 E 玫瑰花结形成减少有对抗作用。松杉树芝多糖（灵芝的一种有效成分）可显著增强硝二基氯苯所致的小鼠皮肤迟发型超敏反应，拮抗环磷酰胺对迟发型超敏反应的抑制作用。

三、增强体液免疫功能的中药

人参、刺五加、黄芪、灵芝、云芝、香菇、枸杞子、丹参等20多种中药可增强体液免疫功能。人参茎叶皂苷可使血清特异性抗体水平明显升高，促进小鼠 IgG、IgA、IgM 生成，重建原发性免疫缺陷的自发性高血压大鼠的免疫功能，尤以重建体液免疫的作用较明显。

四、抑制免疫功能的中药

许多中草药具有免疫抑制作用，如青蒿素、大黄、赤芍、雷公藤、汉防已、川芎等，以雷公藤及其组分（如雷公藤多苷）的功效最确切。雷公藤水煎剂对实验性自身免疫性脑脊髓膜炎有明显的预防及治疗作用，雷公藤新碱具有抑制迟发型超敏反应的作用。

思 考 题

1. 试述免疫治疗的分类。
2. 什么是"免疫重建"，什么叫"免疫替代疗法"？

（陈会敏）

第三十六章 ELISA 检测

第一节 概 述

一、原 理

酶免疫技术是以酶标记的抗体（或抗原）作为主要试剂，将抗原抗体反应的特异性和酶高效催化反应的专一性相结合的一种免疫检测技术。它是将酶与抗体（或抗原）结合成酶标记抗体（或抗原），此结合物既保留抗体（或抗原）的免疫学活性，又保留酶对底物的催化活性。在酶标抗体（或抗原）与抗原（或抗体）的特异性反应完成后，加入酶的相应底物，通过酶对底物的显色反应，对抗原（抗体）进行定位、定性或定量的测定分析。它提高了抗原抗体反应的敏感性，在经典的三大标记免疫技术中，它具有敏感、特异、精确、酶标记物的有效期长等优点。

近年来，随着免疫学技术的不断发展，如单克隆抗体、生物素-亲和素放大系统与化学发光分析技术等的问世，促进免疫学检测方法的特异性、灵敏度提高和自动化程度明显提高。酶免疫技术与各种标记免疫技术融合发展，在生物学和医学中的应用日趋广泛。

二、酶及其底物

（一）酶的选择要求

一个酶蛋白分子每分钟可催化 $10^3 \sim 10^4$ 个底物分子转变成有色产物。因此，用酶标记抗体（或抗原）建立酶免疫测定法，可使免疫反应的结果得以放大，保证测定方法的灵敏度，为此用于标记的酶应符合下列要求：

（1）酶活性高，能对低浓度底物产生较高的催化反应率。

（2）具有可与抗原、抗体共价结合的基团，标记后酶活性保持稳定，而且不影响标记抗原与抗体的免疫反应性。

（3）酶催化底物后产生的信号产物易于判定或测量，且方法简单、敏感和重复性好。

（4）酶活性不受样品中其他成分（内源性酶、抑制物）的影响；用于均相酶免疫测定的酶还要求当抗体与酶标抗原结合后，酶活性出现抑制或激活。

（5）酶、辅助因子及其底物均对人体无危害，理化性质稳定，且价廉易得。

（二）常用的酶

1. 辣根过氧化物酶（HRP） HRP 因在蔬菜植物辣根中含量最多而得名。它是由糖蛋白（主酶）和亚铁血红素（辅基）结合而成的复合酶，分子质量约 40kD，等电点为 pH 5.5 ～ 9.0。主酶为无色蛋白，最大吸收光谱为 275nm，辅基是酶的活性中心，最大吸收光谱为 403nm。HRP 的质量常以纯度（RZ）和活性来表示。HRP 的纯度以 $A_{403}nm/A_{275}nm$ 的比值表示，RZ 值越大，酶的纯度越高。用于酶免疫技术的 HRP，其 RZ 应 > 3.0。HRP 的活性则用单位表示，用邻联茴香胺法测定时，在 25℃条件下 1min 将 1μg 底物转化为产物的酶量为一个单位。酶的纯度并不代表酶的活性，因此选用酶不仅要选纯度高，而且还要选活性强的酶。

HRP 与其他的酶相比具有以下优点：①分子质量较小，标记物易透入细胞内；②标记方法简单；③酶及酶标记物比较稳定，易保存；在 pH 3.5 ～ 12.0 范围内、63℃ 15min 条件下稳定，用甲苯与石蜡包埋切片处理，或用纯乙醇及 10%甲醛水溶液固定作冷冻切片，其活性均不受影响；④溶解性好，100ml 缓冲盐溶液中可溶解 5gHRP；⑤价格较低且已商品化，易得；⑥底物种类多，可供不同的实验选择。因此，HRP 是目前 ELISA 及 EIHCT 中最常用的酶。氧化物、硫化物、氟化物及叠氮化物等可抑制 HRP 的活性，故不能用 NaN₃ 类防腐剂。

2. 碱性磷酸酶（AP） 是一种磷酸酯的水解酶。因其分子质量较大（80 ～ 100kD），不易透入细胞内，故很少用于 EIH，但因其敏感性高、空白值低，也常用于 EIA。

3. β 半乳糖苷酶（β-Gal） 源于大肠埃希菌，分子质量 540kD，最适作用 pH 6 ～ 8。因人血中缺乏此酶，以其制备的酶标记物在测定时不易受到内源性酶的干扰，因此也常用于均相酶免疫测定。

4. 其他的酶 常用于 EIHCT 的还有葡萄糖氧化酶（GOD），以及用于均相酶免疫测定的 6- 磷酸葡萄糖脱氢酶、溶菌酶、苹果酸脱氢酶等。

（三）常用的底物

1. HRP 的底物 为过氧化物和供氢体（DH₂）。HRP 的真正底物是 H₂O₂，但人们习惯把供氢体称为底物或统称供氢体底物。

（1）过氧化物：目前常用的是过氧化氢（H₂O₂）和过氧化氢尿素（CH₆N₂O₃）。H₂O₂ 应用液很不稳定，须在用前临时配制。在过氧化氢尿素中约含 35%的 H₂O₂，将其配制成保存液或应用液可较长时期保存。

（2）供氢体：在 ELISA 中常用的供氢体为邻苯二胺（OPD）和四甲基联苯胺（TMB）。OPD 是 ELISA 中应用最多的供氢体，其灵敏度高，测定方便。其缺点为配成应用液后不稳定，常在数小时内自然产生黄色。TMB 无此缺点，经酶作用后由无色变蓝色，目测对比度鲜明，加酸终止酶反应后变黄色，易比色定量测定。

HRP 的供氢体很多，多用无色的还原型染料，经反应生成有色的氧化型染料。常用的供氢体底物及反应产物见表 36-1。

表 36-1 HRP 常用的供氢体底物及其反应产物

供氢体底物	反应产物	终止剂	测读波长
二氨基联苯胺（diamido-benzidine，DAB）	棕色、不溶性	24mol/L	492nm
联苯胺（benzidine）	蓝色、不溶性	HCl 或 H₂SO₄	450nm
邻苯二胺（O-phenylenediamin，OPD）	黄色、可溶性	同上	450nm
四甲基联苯胺（3, 3, 5, 5-tetramethyl-benzidine，TMB）	蓝色（黄色）、可溶性	同上	460nm
四甲基联苯胺硫酸盐（TMBS）	蓝色、可溶性	3mol/L	460nm
5- 氨基水杨酸（5-aminosalicylic acid，5-ASA）	棕色、可溶性	NaOH	550nm
ABTS［2, 2-azino-bis（3-ethyl benzithiazoline-6-sulfonic acd］	绿色、可溶性	1% SDS	405nm

注：反应产物括号内为终止后的显色及测读波长

以 DAB 为供氢体的反应产物为不溶性的棕色吩嗪衍生物，可用普通光镜观察；此种多聚物并能还原和螯合四氧化锇（OsO_4），形成具有电子密度的产物，很适合电镜检查。以 OPD、TMB、ABTS 为供氢体的反应产物为可溶性显色溶液，可进行比色测定。

2. AP 的底物　常用的为对 - 硝基苯磷酸酯（PNP），其反应产物为黄色的对硝基酚，测读波长为 405nm。

3. β 半乳糖苷酶底物　常用底物为 4- 甲伞酮基 -β-D- 半乳糖苷（4MUG），酶作用后，生成高强度荧光物 4- 甲基伞形酮（4MU），其敏感性较 HRP 者高 30 ～ 50 倍，但测量时需用荧光计。

4.GOD 的底物　为葡萄糖，供氢体为对硝基蓝四氮唑，反应产物为不溶性的蓝色沉淀。

三、酶标记抗体（抗原）的方法

酶标记的抗体或抗原也称为酶的结合物，是酶免疫技术的关键试剂，其质量优劣直接影响酶免疫技术方法的应用效果。酶标记抗体（抗原）的方法有多种，常因酶不同而采用不同的标记方法。常采用的标记方法一般应符合：①技术方法简单产率高；②不影响酶和抗体（抗原）的生物活性；③酶标记物稳定，本身不发生聚合；④较少形成酶与酶、抗体与抗体或抗原与抗原的聚合物。

高质量的酶标抗体（抗原）又同酶、抗体（抗原）等原材料的特性及制备方法密切相关。用于制备酶结合物的抗体不仅需特异性好、效价高、亲和力强及比活性较高，而且还要能批量生产和易于分离纯化。目前常根据具体方法要求选用单克隆抗体、多克隆抗体经纯化的 Ig 组分、Ig 的 Fab' 和 F（ab'）$_2$ 片段等。抗原则要求纯度高，抗原性完整（半抗原需先与大分子载体蛋白交联）。

（一）戊二醛交联标记法

此法是以双功能交联剂为桥，使酶与抗体（抗原）结合。最常用的交联剂是戊二醛。它具有两个活性醛基，可分别与酶分子和抗体（抗原）分子上的氨基结合形成 Schiff's 碱，将两个分子以五碳桥连接起来。戊二醛法又根据试剂加入的方法分为一步法和二步法。

1.一步法　将抗体(抗原)、酶和戊二醛同时混合。此法操作简便，广泛用于 HRP、AP 与抗体(抗原）的交联。但酶标记物的产率低，由于结合物立体构型障碍，酶和抗体容易失活，且酶标记物的聚合较多，易发生自身交联，酶和抗体交联时分子间的比例不严格，结合物分子质量大小不一，多数较大，因此穿透力较小。

2.二步法　先将过量的戊二醛与酶反应，让酶分子上的氨基仅与戊二醛分子上的醛基结合，不发生酶与酶的结合，除去未与酶结合的多余戊二醛后，再加入抗体（抗原），形成酶–戊二醛–抗体（抗原）结合物。其优点是酶标记物均一，无自身聚合，分子质量小易穿透细胞膜，灵敏度与活性均较高，但其产率更低。

（二）改良过碘酸钠标记法

该法仅用于 HRP 的标记。HRP 是一种糖蛋白，含 18% 的糖，过碘酸钠可将与酶活性无关的多糖羟基氧化为醛基。此醛基很活泼，再与抗体蛋白的游离氨基结合，形成 HRP-CH$_2$-NH-IgG。为防止酶蛋白氨基与醛基反应发生自身偶联，常在标记前先用二硝基氟苯（DNFB）封闭酶蛋白上的 α 和 ε- 氨基。酶与抗体的结合反应后，再加入硼氢化钠（NaHB$_4$）还原后，即生成稳定的酶标记物。此法酶标记物产率较高，为常用的酶标记抗体的方法。但纯化后仍有少量游离 IgG，部分结合物可能聚合，抗体的活性可能有所降低。

如以酶作为抗原与其相应抗体形成的免疫复合物代替酶标记物，就可提高酶免疫方法的灵敏度，减少化学偶联反应对酶和抗体活性的影响。因酶和抗酶抗体不用任何化学交联剂处理就可特异性结合，其活性不受影响。因此 HRP- 抗 HRP（PAP）、AP- 抗 AP（APAAP）已广泛用于酶免疫技术中。近来又有人将双特异性抗体或杂交抗体用于酶免疫技术中，使酶免疫方法更加简便、特异性与灵敏性大大提高。

标记抗体鉴定，通常采用棋盘滴定法进行筛选。

四、酶标记物的纯化与鉴定

（一）酶标记物的纯化

标记完成后应除去反应溶液中的游离酶、游离抗体（抗原）、酶聚合物及抗体（抗原）聚合物，避免游离酶增加非特异显色，以及游离抗体（抗原）起竞争作用而降低特异性染色强度。常用的纯化方法有葡聚糖凝胶 G-200/G-150 过柱层析纯化和 50% 饱和硫酸铵沉淀提纯等。

（二）酶标记物的鉴定

每批制备的酶标志物都要进行质量和标记率的鉴定，质量鉴定包括酶活性和抗体（抗原）的免疫活性鉴定。

1. 质量鉴定　常用免疫电泳或双扩散法，出现沉淀线表示酶标记物中的抗体（抗原）具有免疫活性。沉淀线经生理盐水反复漂洗后，滴加酶的底物溶液，若在沉淀线上能显色，表示酶标记物中酶的活性仍保留。也可直接用 ELISA 方法测定。

2. 酶标记率的测定　常用分光光度法分别测定酶标记物中酶和抗体（抗原）蛋白的含量，再按公式计算其标记率。

一般酶量为 1 mg/ml、HRP/IgG 在 1.5 ～ 2.0、酶的标记率大于 0.3 时，酶联免疫吸附试验(enzyme linked immunosorbent assay，ELISA) 的结果最好。

五、固相酶免疫测定仪

在 ELISA 测定过程中，需经过固相载体的洗涤和分离，分析仪的设计和制造较为困难，因此 ELISA 自动分析仪的问世较迟。随着电子技术、计算机技术和免疫学技术的不断进步，ELISA 也有了长足的发展。由于测定所用的固相载体的不同，各种 ELISA 分析仪在设计和结构上有很大差异，分述如下。

（一）微孔板固相酶免疫测定仪器

国际上微孔板式 ELISA 使用的载体为 96 孔板，采用直接对板孔测定吸光度（A）的比色计，称为 ELISA 测读仪（ELISA reader）。这种对微孔板 ELISA 试剂通用的仪器 20 世纪 80 年代初期即有商品问世，经过不断改进，已发展为自动化、高效率、高精密度的测定仪。ELISA 中的洗涤步骤繁琐而不易标准化。代替手工操作的洗板机亦已在实验室中普遍采用。洗板机要求洗涤后固相表面非特异性物质洗涤干净，吸液后每孔中残留的液量极小。较精密的洗板机有可调节的定时、洗涤液定量及振荡微孔板的功能。

半自动微孔板式 ELISA 分析仪由加液器、温育器、洗板机和测读仪组成。测定中一个步骤完成后由手工将微孔板移至下一步骤的仪器中。

目前实验室中已很少全部应用手工操作（洗板和用目视比色）的方法。测试标本较少的，一般均用 ELISA 测读仪定量测定结果，并用洗板机代替手工洗涤。20 世纪 90 年代末全自动微孔板式 ELISA 分析仪问世，在大批量标本的检测中，不但提高了工作效率，而且测定的精密度亦得到改善。

板式 ELISA 仪器均为开放式的，即适用于所有微板式 ELISA 试剂。ELISA 检测结果的精密度主要取决于试剂的质量。全自动 ELISA 仪器本身的精密度一般在 3% 左右。

应用优质试剂测定结果的精密度，定量测定可达到 7% 以下；常用的定性测定为感染性疾病抗原、抗体的检测，精密度在 10% 左右。

（二）管式固相酶免疫测定仪器

应用管式固相载体的 ELISA 分析仪器不多。

（1）1990 年德国宝灵曼公司推出了全自动管式 ELISA 分析系统，ES-300 仪器和配套试剂 Enzymun-Test。试剂包括用链霉亲和素包被的聚苯乙烯管、生物素结合的抗原或抗体，辣根过氧化物酶标记的抗体和显色底物 ABTS。测定中标准曲线可使用两个星期，每次测定只需一点定标。测定的精密度 CV 在 3% 左右。测定项目齐全，包括激素、肿瘤标志、心肌标志和感染性疾病的抗原、抗体等。

（2）法国 Bio-Mereux 公司生产的 Vidas 是一种特殊形状的管式全自动 ELISA 的分析仪，配套使用一个特别的"试剂条"。

（三）小珠固相酶免疫测定仪器

珠式固相的特点是均一性优于板孔；以在容器中成批包被；洗涤时可在洗液中滚动，效果更好。小珠表面经磨砂处理后吸附面积增大。

早年美国 Abbott 公司生产的珠式半自动 ELISA 仪器称为 Quantum，国内主要用于肝炎标志物的检测。现有 IMX 自动分析系统和 Roche 公司推出的珠式全自动 ELISA 分析仪 Cobas Core Ⅰ、Cobas Core Ⅱ，深受检验实验室欢迎。

（四）微粒固相酶免疫测定仪器

用微粒作为固相的优点已如前所述，但其与液相的分离较为困难，一般需经过复杂的离心步骤。美国 Abbott 公司的 IMx 自动酶免疫分析仪应用聚苯乙烯微粒（粒径 0.47μm）作为固相，特异抗体或抗原包被在微粒上。第一次抗原抗体反应后，将反应液通过特制的玻璃纤维膜，聚苯乙烯微粒吸附在玻璃纤维膜上，液体则通过膜滤出。以后的反应在膜上进行，用过滤方式洗涤。标记酶为碱性磷酸酶，底物为 4- 甲基伞酮磷酸酶，反应后进行荧光测定。IMx 推出后被广泛采用。其后 Abbott 公司将该公司生产的用作药物测定的 TDx 荧光偏振分析仪与 IMx 组成一体多项目全自动免疫分析仪称为 Axsym，也在检验实验室广泛应用。

（五）磁微粒固相酶免疫测定仪器

磁微粒可用磁铁吸引与液相分离，是免疫测定中较为理想的固相载体，现已广泛应用于各种固相免疫测定中。较早应用磁微粒作为酶免疫测定固相的是瑞士 Serono 公司，出品的 Serozyme 分析系统由分光光度测读仪、磁铁板和试剂 3 部分组成。试剂包括抗 FITC（荧光素）抗体，特异抗体或抗原包被的磁微粒（粒径 1μm）FITC，结合的特异抗体或抗原，碱性磷酸酶标记的特异抗体或抗原及底物酚肽磷酸酯。在 Serozyme 中应用的抗 FITC-FITC 是与亲和素 - 生物素原理相同的间接包被系统，反应模式与电化学发光免疫测定亦相似。反应在试管中进行，基本上用手工操作。

反应结束后将试管架放在磁铁板上，磁微粒被磁铁吸引至管底，完成固相与液相的分离。酶作用后反应液呈粉红色，在分光光度计中进行测定。

六、酶免疫技术的类型

酶免疫技术是利用酶的高效催化和放大作用与特异性抗原 - 抗体反应相结合而建立的一种标记免疫技术。由于是用酶促反应的放大作用来显示初级免疫学反应，因此酶免疫技术一般由两部分组成：首先是抗原、抗体之间的一次或数次免疫学反应（其中包含有酶标抗原或抗体的参与）形成复合物；然后加入酶作用底物，酶标抗原或抗体中的酶即催化其发生呈色反应，而产物的色泽程度与抗原抗体复合物中酶标记物的酶活性相关，因此可以通过测定酶活性来确定待检抗原或抗体的存在或含量。酶免疫技术按实际用途分为酶免疫测定（EIA）和酶免疫组织化学（EIHCT）两大类。

EIA 是用酶标记抗原或抗体作标记物，用于检测液体样品中可溶性抗原或抗体含量的微量分析技术。EIA 反应系统中，酶标抗体（抗原）经反应后，可与相应的抗原（抗体）形成免疫复合物，通过测量复合物中标记酶催化底物水解呈色的深浅，可以推算待测抗原或抗体含量。根据抗原抗体反应后是否需将结合和游离的酶标物分离，EIA 一般可分为均相和异相两大类。以标记抗体检测样品中抗原为例，EIA 反应原理简示如下（标记抗体过量）：

$$Ag+Ab^{-E} \Longrightarrow AgAb^{-E}+Ab^{-E}$$

上式中 Ag 为待检测抗原，$AgAb^{-E}$ 为被结合酶标抗体，Ab^{-E} 为游离酶标抗体。异相 EIA 为抗原抗体反应后，需先将 $AgAb^{-E}$ 与 Ab^{-E} 分离，然后再测定 $AgAb^{-E}$ 或 Ab^{-E} 催化底物显色的活性，最后推算样品中 Ag 的含量。它又可分为液相异相 EIA 和固相 EIA。前者反应原理同放射免疫分析，试剂抗原（抗体）和待测抗体（抗原）均为液体，免疫反应在液体中进行，最后需用分离剂将游离与结合标记物分离后进行测定。固相 EIA 则先需制备一种固相的试剂抗原（抗体），再与样品待测抗体（抗原）及酶标抗原（抗体）反应，经洗涤除去未结合的游离标记物后，即可对结合于固相载体的抗原抗体复合物进行测定。

均相法则是利用 Ab^{-E} 结合 Ag 形成 $AgAb^{-E}$ 复合物后，标记酶（E）的活性会发生改变的基本原理，可以在不将 $AgAb^{-E}$ 与 Ab^{-E} 分离的情况下，通过直接测定系统中总的标记酶活性改变，即可确定 $AgAb^{-E}$ 的形成量，并进而推算出样品中待检 Ag 浓度。

综上所述，酶免疫技术的分类可概括如图 36-1。

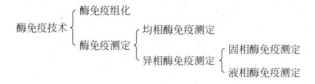

图 36-1 酶免疫技术的分类

（一）均相酶免疫测定

均相酶免疫测定属于竞争结合分析方法。其基本原理是：酶标抗原（Ab^{-E}）和非标记抗原（Ag）具有相同的与限量抗体（Ab）竞争结合的能力。而 Ab^{-E} 与 Ab 结合形成 $AgAb^{-E}$ 后，其中的酶（E）活性将被减弱或增强。因此，不需对反应液中的 $AgAb^{-E}$ 和 Ab^{-E} 进行分离，直接测定反应系中总酶活性的变化，即可推算出被测样品中 Ag 的含量。均相酶免疫测定主要用于小分子激素和半抗原（如药物）的测定。它由于勿需分离反应体种结合和游离的酶标抗原，不仅简化了操作步骤、减少了分离操作误差，还易于自动化分析，灵敏度可达 10^{-9}mol/L。但其最大缺点，是易受样品中非特异的内源性酶、酶抑制剂及交叉反应物的干扰，而且由于采用竞争性结合分析原理，灵敏度不及异相酶免疫测定。以下简介几种常用的均相酶免疫测定模式的方法学原理。

1. 酶增强免疫测定技术（EMIT） 是最早且应用最广的均相 EIA，其基本原理是具抗原及酶活性的 Ab^{-E} 与 Ab 结合形成 $AgAb^{-E}$ 后，所标的酶（E）因与 Ab 接触紧密，空间位阻影响了酶的活性中心，酶活性受到抑制（图 36-2）。加入未标记抗原（标准或样品中的 Ag）后，Ag 即与 Ab^{-E} 竞争结合反应系统中限量的 Ab 形成 AbAg，从而使反应液中 $AgAb^{-E}$（酶活性被抑制）的比例减少，具酶活性的游离 Ab^{-E} 增多。因此，最终测得的酶活性随着反应体系中未标记抗原（Ag）浓度的升高而增强。

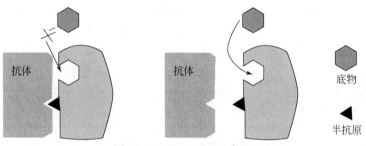

图 36-2 EMIT 原理示意图

2. 克隆酶供体免疫分析 克隆酶供体免疫分析（CEDIA）的基本原理是：DNA 重组技术可分别合成某种功能性酶（如 β-D- 半乳糖苷酶）分子的两个片段，大片段称为酶受体（EA），小片段称为酶供体（ED）。单独的 EA 和 ED 均无酶活性，但在一定条件下可结合形成具酶活性的四聚体。CEDIA 即是用 ED 标记抗原（Ag^{-ED}），反应系统中再加入相应的 EA、Ab 及样品抗原 Ag（未标记），反应时由于抗原抗体间的亲和力大于 ED 与 EA 者，因此 Ag^{-ED} 和 Ag 易与 Ab 结合形成复合物。而 $AbAg^{-ED}$ 中的 Ag^{-ED} 由于空间位阻的干扰不能与 EA 结合，而游离的 Ag^{-ED} 则可与 EA 结合成具有活性的全酶。由于反应属竞争结合，故反应液中游离的 Ag^{-ED} 随着未标记 Ag 量的增多而增加，使最终加入底物后测得的酶活性高低与样品 Ag 含量成正比（图 36-3）。

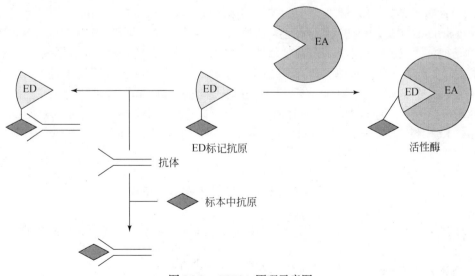

图 36-3 CEDIA 原理示意图

（二）异相酶免疫测定

异相酶免疫测定是目前应用最广泛的一类标记免疫测定技术，其基本原理是抗原抗体反应平衡后，需采用适当的方法分离游离的和与抗原（或抗体）结合形成复合物的酶标记物，然后对经酶催化的底物显色程度进行测定，再推算出样品中待测抗原（或抗体）的含量。依据测定方法是否采用固相材料以吸附抗原或抗体，又分为液相和固相酶免疫测定两类。

1. 异相液相酶免疫测定　该方法主要用于检测样品中极微量的短肽激素和某些药物等小分子半抗原，近年来的发展使其灵敏度可达 ng 至 pg 水平，与放射免疫测定相近。但因酶标记物具更好的稳定性，且无放射性污染，故近年有取代放射免疫测定的趋势。

异相液相酶免疫测定根据样品抗原加样顺序及温育反应时相不同而有平衡法和非平衡法两种。前者系将待测样品（或标准品）抗原、酶标抗原及特异性抗体相继加入后，进行一次性温育，待反应达平衡后，再加分离剂。经离心沉淀后，吸弃上清液（含未与抗体结合的游离酶标抗原），测定沉淀物（酶标抗原抗体复合物）中加入酶底物液后的呈色光密度（OD）值，绘制标准曲线，即可测得样品中待检抗原含量。非平衡法则是先将样品（或标准品）与抗体混合反应达平衡，然后加入酶标记抗原继续温育一段时间，最后同平衡法进行分离游离、结合的酶标记物并测定底物显色等步骤。一般而言，非平衡法可提高分析测定的灵敏度。

2. 固相酶免疫测定（SPEIA）　是利用固相支持物作载体预先吸附抗原或抗体，使测定时的免疫反应在其表面进行并形成抗原抗体复合物，洗涤去除反应液中无关物质并加入酶底物后，通过测定固相载体上的酶标记物催化底物生成的有色产物，确定样品中抗原或抗体的含量。目前应用最广泛的是以聚苯乙烯等材料作固相载体的酶联免疫吸附试验（ELISA）。

第二节　酶联免疫吸附试验

一、基本原理

酶联免疫吸附试验（ELISA）于 1971 年分别由瑞典学者 Engrall 和 Perlmann，荷兰学者 Van Weeman 和 Schuurs 报道。该法运用酶标记免疫技术进行液体标本中微量物质测定的实验方法。其基本原理是把抗原或抗体在不损坏其免疫活性的条件下预先结合到某种固相载体表面；测定时，将受检样品（含待测抗体或抗原）和酶标抗原或抗体按一定程序与结合在固相载体上的抗原或抗体起反应形成抗原或抗体复合物；反应终止时，固相载体上酶标抗原或抗体被结合量（免疫复合物）即与标本中待检抗体或抗原的量成一定比例；经洗涤去除反应液中其他物质，加入酶反应底物后，底物即被固相载体上的酶催化变为有色产物，最后通过定性或定量分析有色产物量即可确定样品中待测物质含量。

二、方法类型及其反应原理

依据上述基本原理，ELISA 可用于样品中抗体或抗原的检测。根据不同的检测目的、试剂来源和实验条件，可设计出多种类型的 ELISA，以下举例介绍几种常用的测定方法。

1. 双抗体夹心法　属非竞争结合测定。它是检测抗原最常用的 ELISA，适用于检测分子中具有至少两个抗原决定簇的多价抗原，但不能用于小分子半抗原的检测。

　　其基本工作原理是利用包被在固相载体上的抗体和酶标抗体可分别与样品中被检测抗原分子上两个不同抗原决定簇结合，形成固相抗体 - 抗原 - 酶标抗体免疫复合物。由于反应系统中固相抗体和酶标抗体的量相对于待检抗原是过量的，因此复合物的形成量与待检抗原的含量成正比（在方法可检测范围内）。最后加入酶的作用底物，底物在酶的催化作用下生成的有色产物量与待检抗原的量（OD值）成正比，据此可确定待检抗原存在及其含量（图36-4）。

图 36-4　双抗体夹心法测抗原示意图

　　双抗体夹心法是检测抗原最常用的方法，操作步骤如下：
　　（1）将特异性抗体与固相载体连接，形成固相抗体：洗涤除去未结合的抗体及杂质。
　　（2）加受检标本：使之与固相抗体接触反应一段时间，让标本中的抗原与固相载体上的抗体结合，形成固相抗原复合物。洗涤除去其他未结合的物质。
　　（3）加酶标抗体：使固相免疫复合物上的抗原与酶标抗体结合。彻底洗涤未结合的酶标抗体。此时固相载体上带有的酶量与标本中受检物质的量正相关。
　　（4）加底物：夹心式复合物中的酶催化底物成为有色产物。根据颜色反应的程度进行该抗原的定性或定量。
　　根据同样原理，将大分子抗原分别制备固相抗原和酶标抗原结合物，即可用双抗原夹心法测定标本中的抗体。
　　现多数试剂生产厂家采用针对单一抗原决定簇特异性的单克隆抗体作固相化和酶标抗体，受检样品和酶标抗体可一次性加入，简化流程，缩短反应时间。但若标本中待测抗原浓度过高，抗原易分别与酶标抗体和固相抗体结合而不形成上述夹心复合物（与免疫沉淀反应中抗原过剩时的后带现象类似），使最终测定结果低于实际含量（钩状效应），因此对此类标本应适当稀释后再测定。
　　2. 间接法　该方法是测定抗体最常用的方法。其原理是将抗原联接到固相载体上，样品中待检抗体与之结合成固相抗原 - 受检抗体复合物，再用酶标二抗（针对受检抗体的抗体，如羊抗人IgG抗体）与固相免疫复合物中的抗体结合，形成固相抗原 - 受检抗体 - 酶标二抗复合物，测定加底物后的显色程度（OD值），确定待检抗体含量（图36-5）。

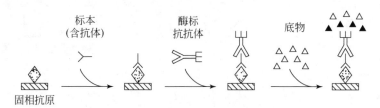

图 36-5　间接法测抗体示意图

　　间接法是检测抗体最常用的方法，其原理为利用酶标记的抗抗体以检测已与固相结合的受检抗体，故称为间接法。操作步骤如下：
　　（1）将特异性抗原与固相载体连接，形成固相抗原：洗涤除去未结合的抗原及杂质。
　　（2）加稀释的受检血清：其中的特异抗体与抗原结合，形成固相抗原抗体复合物。经洗涤后，固相载体上只留下特异性抗体。其他免疫球蛋白及血清中的杂质由于不能与固相抗原结合，在洗涤过程中被洗去。

（3）加酶标抗抗体：与固相复合物中的抗体结合，从而使该抗体间接地标记上酶。洗涤后，固相载体上的酶量就代表特异性抗体的量。例如，欲测人对某种疾病的抗体，可用酶标羊抗人IgG抗体。

（4）加底物显色：颜色深度代表标本中受检抗体的量。

间接法由于采用的酶标二抗是针对一类免疫球蛋白分子（如抗人IgG），因此该法只需变换固相抗原，即可用一种酶标二抗检测各种与抗原相应的抗体，具有更广的通用性。

3. 竞争法　竞争法 ELISA 可用于抗原和半抗原的定量测定，也可对抗体进行测定。其方法学特点是：酶标记抗原（或抗体）与样品或标准品中的非标记抗原或抗体具有相同的与固相抗体（或抗原）结合的能力；反应体系中，固相抗体（或抗原）和酶标抗原（或抗体）是固定限量，且前者的结合位点少于酶标记与非标记抗原（抗体）的分子数量和；免疫反应后，结合于固相载体上的复合物中被测定的酶标抗原（或抗体）的量与样品中抗原（或抗体）的浓度成反比。

以抗原测定为例，先将特异性抗体连接于固相载体，分别设置阴性对照管和样品测定管；阴性对照管中仅加酶标抗原，加样后，无非标记抗原竞争，酶标抗原即与固相抗体充分结合；而测定管中加有被检抗原和酶标抗原，由于非标记被检抗原可竞争性地占据固相抗体结合位点，使酶标抗原与后者的结合受到抑制而减少。加酶底物显色后，阴性对照管因固相抗体上结合的酶标抗原量多，显色深；测定管则由于被检抗原和酶标抗原竞争结合固相抗体的程度不同而显色深浅不同。被检抗原越多，酶标抗原与固相抗体结合越少，底物显色反应越弱；反之则显色越强。即结合于固相载体上的酶标抗原量与样品中被检抗原浓度呈负相关。计算测定管与对照管颜色深度（OD 值）之差，即可确定被检抗原量（图 36-6）。

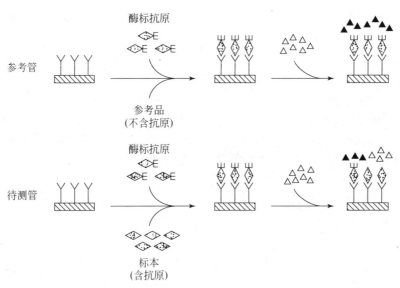

图 36-6　竞争法测抗原示意图

操作步骤如下：

（1）将特异抗体与固相载体连接，形成固相抗体。洗涤。

（2）待测管中加受检标本和一定量酶标抗原的混合溶液，使之与固相抗体反应。如受检标本中无抗原，则酶标抗原能顺利地与固相抗体结合。如受检标本中含有抗原，则与酶标抗原以同样的机会与固相抗体结合，竞争性地占去了酶标抗原与固相载体结合的机会，使酶标抗原与固相载体的结合量减少。参考管中只加酶标抗原，保温后，酶标抗原与固相抗体的结合可达最充分的量。洗涤。

（3）加底物显色：参考管中由于结合的酶标抗原最多，故颜色最深。参考管颜色深度与待测管颜色深度之差，代表受检标本抗原的量。待测管颜色越淡，表示标本中抗原含量越多。

4. 捕获法 捕获法 ELISA，主要用于血清中某种抗体亚型成分（如 IgM）的测定。以目前最常用的 IgM 测定为例，因血清中针对某种抗原的特异性 IgM 和 IgG 同时存在，后者可干扰 IgM 的测定。其原理如下：先将针对 IgM 的第二抗体（如人 IgM μ 链抗体）结合于固相载体，加入样品，样品中所有 IgM（特异的和非特异的）则被捕获。洗涤去除 IgG 等无关物质，然后加入特异抗原与待检 IgM 结合；再加入抗原特异的酶标抗体，最后形成固相二抗 -IgM- 抗原 - 酶标抗体复合物，加入酶的作用底物显色后，即可对样品中待检 IgM 的存在及其含量进行测定（图 36-7）。

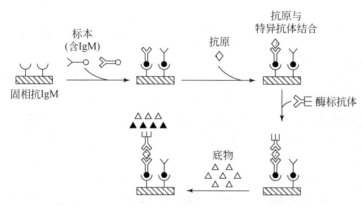

图 36-7 捕获夹心法检测 IgM 抗体示意图

5. 其他 ELISA 由于 ELISA 法具有灵敏度高、特异强、操作简便、易于自动化，且无核素污染等优点，成为目前应用最广而且发展最快的一种免疫测定技术。而且在方法学上不断改进和衍化，建立了各具特色的新的检测模式。例如，应用生物素 - 亲和素放大系统（BAS）的 ELISA，利用酶催化底物发荧光的酶联免疫荧光测定（ELFIA），斑点 -ELISA（dot-ELISA）和酶联免疫电转移印迹法（EITB）以及酶联免疫化学发光测定（ELICLA）等。新方法不仅进一步提高了测定灵敏度、特异性，而且使 ELISA 技术自动化程度不断提高，加上合理的设计，更便于单份样本测定，尤其适用于急诊、社区诊所及家庭化验。

三、技术要点

（一）固相载体

除均相酶免疫测定外，各种异相酶免疫测定反应最后都需分离游离和结合的酶标记物。固相抗体（抗原）作为最有效和简便的分离方法是固相酶免疫测定必不可少的组成，因此对固相材料和固相化方法的选择是酶免疫测定的基础。

1. 固相载体的要求 理想的固相载体应具备如下特点：①与抗体（抗原）有较高的结合容量，且结合稳定极少脱落；②可结合抗原或抗体免疫反应物，以及如亲和素或链霉亲和素等大分子蛋白质；③生物大分子固相化后仍应保持活性，而且为有利于反应充分进行，最好其活性基团朝向反应溶液；④固相化方法应简便易行、快速经济。

2. 固相载体的种类和选择

（1）塑料制品：抗体或蛋白质抗原可通过非共价或物理吸附机制结合到固相载体表面因材料经济、方法简便、操作及测定易于自动化，迄今用聚苯乙烯制成的小试管、小珠和微量反应板仍是异相酶免疫测定方法最常用的固相载体。以酶联免疫吸附实验（ELISA）为例，现使用最多的固相载体是微量反应板（也称为 ELISA 板，8×12 的 96 孔）或条（8 或 12 孔），其优点是便于批量标本测定，并可在特定的比色计上迅速测定结果。此外，易与自动化仪器配套使用，有利于 ELISA 测定时各操作步骤的标准化。此类固相载体的主要缺点是抗体（抗原）结合容量不高，测定反应过程中固相抗体（抗原）脱吸附率较高且不均一，从而影响测定的灵敏度、精确性及检测范围等；此外，由于制作时配料及生产工艺的差别，各种聚苯乙烯 ELISA 板的质量差异大，常需在使用前检测每一批号的制品（以一定浓度人 IgG 包被各孔后，加入酶标抗人 IgG 抗体反应，经洗涤显色，最后测各孔溶液的吸光度，其与全板平均吸光度的差异应小于 10%）。

目前，已有经预处理后带有不同结合蛋白质功能基团（如肼基或烷胺基）的塑料固相载体市售。抗体（抗原）通过化学偶联方式与固相载体上的功能基团结合，可明显提高固相化抗体（抗原）的结合量、均一性和牢固程序，降低反应时的脱吸附率，提高测定的灵敏度、精密度和检测范围。

（2）微颗粒：此类固相载体系由高分子单体聚合成的微球或颗粒。其直径多为微米（μm），由于带有能与蛋白质结合功能团（如 $-NH_2$、$-COOH$、$-OH$、$-CHO$ 或 $-NH-NH_2$ 等），易与抗体（抗原）形成化学偶联，且结合容量大。此外，固相微颗粒在反应时，可以均匀地分散到整个反应溶液中，因此反应速度快。加之可在其中包裹磁性物质，制成磁化微颗粒，从而使分离步骤得以简单地用一般磁板或自动化磁板完成，因此这类固相载体正日渐普遍地应用于自动化程序较高的荧光酶免疫测定，以及化学发光酶免疫测定等新技术中。

（3）膜载体：包括硝酸纤维素膜（NC）、玻璃纤维素膜及尼龙膜等微孔滤膜。它们也是通过非共价键吸附抗体（抗原），但吸附能力强，如 NC 对大多数抗体（抗原）的吸附近 100%，而且当样品量微少（＜1μl）时，吸附也完全，故已广泛应用于定性或半定量斑点 ELISA（详见第三十六章第四节）的固相载体。

（二）免疫吸附剂

免疫吸附剂是指与固相载体结合的抗原或抗体，而将抗原或抗体固相化的过程称为包被。包被的方法依所用固相载体种类而有不同，可以是非共价键吸附，也可是共价键化学偶联。目前普遍使用的聚苯乙烯固相载体（如 ELISA 板）即多采用吸附方式包被抗原或抗体。除固相载体的理化性质外，包被缓冲液的 pH、离子强度、温育温度和时间均对包被效果有影响，一般多采用偏碱性（pH 9.6）的碳酸盐溶液作抗原或抗体包被时的稀释液，包被反应温度和时间多选用 4℃ 过夜或 37℃ 2～6 小时；用于包被的蛋白质（抗原或抗体）浓度不宜过大，以免过多的蛋白质分子在固相载体表面形成多层聚集，洗涤时易脱落，影响反应时形成的免疫复合物的稳定性和均一性，包被用抗原或抗体的最适应用浓度，最好经预实验筛选确定。用抗原或抗体包被后，固相载体表面常余少量未吸附位点，可非特异地吸附测定时加入的标本和酶标记物中的蛋白质，导致本底偏高。因此需用 1%～5% 牛血清白蛋白或 5%～20% 小牛血清等包被一次，消除上述干扰，此过程称为封闭（blocking）。包被好的固相载体，加防腐缓冲液在低温可放置一段时间而不丧失免疫活性。

（三）最佳工作浓度的选定

ELISA 反应试剂多，其工作浓度不同对结果影响较大，因此必须对包被抗原（抗体）和酶标抗体（抗抗体或抗原）进行最佳工作浓度的滴定和选择，以达到最佳的测定条件。

1. 方阵（棋盘）滴定法选择包被抗原的工作浓度　用包被液将抗原作一系列稀释（1：800～1：50）后，按行进行包被、洗涤。按列分别加入用稀释液1：100稀释的强阳性、弱阳性、阴性参考血清及稀释液（作空白对照），保温，洗涤。加工作浓度酶标抗人IgG，洗涤，加底物显色，加酸终止反应后读取A值。选择强阳性参考血清A值为0.8左右，阴性参考血清A值＜0.1的包被抗原稀释度为工作浓度。如表36-2中包被抗原的最适工作浓度为1：200。

表 36-2　间接法测抗原包被抗原最适工作浓度的选择

各参考血清	抗	原	稀	释	度
	1：50	1：100	1：200	1：400	1：800
强阳性	1.22	1.06	0.85	0.68	0.42
弱阳性	0.65	0.42	0.31	0.22	0.19
阴　性	0.23	0.14	0.08	0.06	0.05
稀释液	0.08	0.02	0.02	0.02	0.04

2. 酶标抗抗体工作浓度的选择　用100μg/L人IgG包被，加入不同稀释浓度（1：640～1：20）的酶标羊抗人IgG，加底物显色，加酸终止反应后测492nm A值，取A值为1.0时的浓度为酶标抗抗体的工作浓度。

3. 方阵（棋盘）法选择包被抗体和酶标抗体的工作浓度　将抗体用包被液稀释为10mg/L、1mg/L、0.1mg/L三个浓度按行包被，每一个浓度包被三行（每行3孔），分别在每个浓度包被的第一、二、三行中分别加入强阳性抗原，弱阳性抗原和阴性对照，将酶标抗体用稀释液稀释为1：1000、1：5000、1：25 000三个浓度，分别加入每个浓度包被的第一、二、三列中。加底物显色，加酸终止反应，分别读取A值。以强阳性抗原液A值在0.8左右，阴性参考A值＜0.1的条件为最适条件。据此选择包被抗体和酶标抗体的最佳工作浓度，由表36-3可知包被抗体与酶标抗体的最佳工作浓度分别是1mg/L与1：5000。

表 36-3　夹心法测抗原包被抗体和酶标抗体工作浓度的选择

包被抗体浓度	酶标抗抗体稀释度	强阳性抗原	弱阳性抗原	阴性对照
10mg/L	1：1000	1.20	0.16	0.08
	1：5000	0.48	0.04	0
	1：25 000	0.13	0	0
1mg/L	1：1000	＞2	0.26	0.10
	1：5000	0.90	0.12	0.01
	1：25 000	0.24	0.01	0
0.1mg/L	1：100	0.43	0.13	0.12
	1：5000	0.11	0.04	0.02
	1：25 000	0.03	0	0

四、方法评价

ELISA具有操作简便、快速、敏感性高、特异性强、实验设备要求较简单、应用范围广泛、无放射性同位素污染等优点，可对多种物质进行定性及半微量、微量、超微量定量分析，为临床诊断和基础研究提供可靠的实验依据。目前已成为普及应用最广、发展最快的免疫学实验技术之一。

第三节　膜载体的酶免疫测定

固相膜免疫测定（solid phase membrane-based immunoassay）与固相酶免疫测定（ELISA）相类似，其特点是以微孔膜作为固相。标记物可用酶和各种有色微粒子，如彩色胶乳、胶体金、胶体硒等，以红色的胶体金最为常用。固相膜的特点在于其多孔性，如滤纸一样。固相膜可被液体穿过流出，液体也可以通过毛细管作用在膜上向前移行。利用这种性能建立了两种不同类型的快速检验方法。常用的固相膜为硝酸纤维素（NC）膜。

在固相膜免疫测定中，对穿流形式的，称为免疫渗滤试验（IFA）；对横流形式的，称为免疫层析试验（ICA）。

一、斑点－酶免疫吸附试验

斑点 -ELISA（dot-ELISA）实验原理与常规 ELISA 相似，不同之处在于斑点 -ELISA 所用固相载体为对蛋白质具极强吸附力（近 100%）的硝酸纤维素（NC）膜，此外酶作用底物后形成有色的沉淀物，可使 NC 染色。实验方法为（以检测抗体为例）：加少量（1～2μl）抗原于膜上，干燥后进行封闭；然后滴加样品血清，待检样品中抗体即与 NC 膜上的抗原结合；洗涤后再滴加酶标二抗，最后滴加能形成不溶有色产物的底物溶液（如 HRP 标记物，常用二氨基联苯胺）；阳性者即可在膜上出现肉眼可见的有色斑点（图 36-8）。斑点 -ELISA 的优点为：NC 膜吸附蛋白力强，微量抗原吸附完全，故检出灵敏度可较普通 ELISA 高 6～8 倍；试剂用量较 ELISA 节约 10 倍左右；操作简便，试验及结果判断不需特殊设备条件；吸附抗原（抗体）或已有结果的 NC 膜可长期保存（-20℃可达半年），不影响其活性。

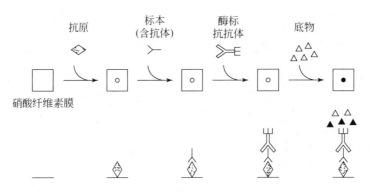

图 36-8　斑点－酶联免疫吸附试验示意图

二、斑点－酶免疫渗滤试验

免疫渗滤试验（IFA）的基本原理是：以硝酸纤维素（NC）膜为载体，利用微孔滤膜的可滤过性，使抗原抗体反应和洗涤在一特殊的渗滤装置上以液体渗滤过膜的方式迅速完成。免疫渗滤试验最初是从斑点 ELISA 基础上发展建立起来的，应用的结合物是酶标记。20 世纪 90 年代初发展了以胶体金为标记物的金免疫渗滤试验（GIFA），省却了酶对底物的反应，更加简便、快速。渗滤装置是 IFA 中的主要试剂成分之一，由塑料小盒、吸水垫料和点加了抗原或抗体的硝酸纤维素膜片三部分组成。塑料小盒可以是多种形状的，盒盖的中央有一直径 0.4～0.8cm 的小圆吸孔，盒内垫放吸水垫料，NC 膜片安放在正对盒盖的圆孔下，紧密关闭盒盖，使 NC 膜片贴紧水垫料。如此即制备成一渗滤装置。整个反应过程都在渗滤装置上进行，因此又常称此扁平长方形渗滤装置为反应板。

以双抗体夹心法测 HCG 为例，于小孔内滴加标本 1～2 滴，待完全渗入。此时标本中的 HCG 与 NC 膜上的抗 β-HCG 相结合。再于小孔内滴加结合物试剂 1～2 滴，待完全渗入。金标记的抗 α-HCG 抗体与 NC 膜上的 HCG 形成双抗体夹心复合物。因胶体金为红色，在 NC 膜上出现红色斑点。在膜中央有清晰的淡红色或红色斑点显示者判断为阳性反应；反之，则为阴性反应，斑点呈色的深浅相应地提示阳性强度。有将包被斑点由圆点式改成短线条式的：质控斑点横向包被成横线条，如"—"；反应斑点纵向包被成竖线条，如"|"；两者相交成"+"。这样，阳性反应结果在膜上显示红色的正号（+），阴性结果则为负号（−），目视判断直观、明了。

三、免疫层析试验

免疫层析试验（ICA）是继免疫渗滤试验（IFA）之后发展起来的另一种膜固相免疫测定。与 IFA 利用微孔膜的过滤行不同，ICA 中滴加在膜一端的样品溶液受膜的毛细管作用向另一端移动，如层析一般。移动过程中待测物与固定于膜上某一区域的抗原或抗体结合而被固相化，无关物质则越过该区域而被分离，然后通过标记物的显色来判定试验结果。以胶体金为标记物的试验称为金免疫层析试验（GICA）。ICA 中所用的试剂全部为干试剂，它们被组合在一试剂条上。试剂条的底板为一单面胶塑料片，A、B 两端粘贴有吸水材料。加样端 A 为样品垫，可用的材料有滤纸、多孔聚乙烯和玻璃纤维等，按待测物和试剂的不同选择合适的材料。B 端为吸水垫，材料则以吸水性强的滤纸为佳。G 处为结合物垫，胶体金结合物干燥固定在玻璃纤维膜等材料上。G、B 之间粘贴吸附有抗原或抗体的硝酸纤维素膜，抗原或抗体往往以直线的形式包被在膜上。以双抗体夹心法测 HCG 为例。试条中 G 处为金标记的抗 α-HCG，NC 膜上 T 处包被抗 β-HCG，C 处包被抗小鼠 IgG 抗体。测试时在 A 端加尿液（或将 A 端浸入尿液中），通过层析作用，尿液向 B 端移动，流经 G 区时将金标记抗 αHCG 复溶，若尿液中含 HCG，即形成金抗 αHCG-HCG 复合物；移行至 T 区，形成金–抗 αHCG-HCG-抗 βHCG 复合物，在 T 区显示红色线条，为阳性反应。多余的金标记抗 α-HCG 移行至 C 区时被抗小鼠 IgG 抗体捕获，而显示出红色对照线条。如尿液中不含 HCG，在 T 区不出现红色线条，仅在 C 区出现红色线条，试验结果为阴性。如 C 区无红色线条出现，表示试验无效。

四、免疫印迹法

免疫印迹法（IBT）亦称酶联免疫电转移印斑法（EITB），亦称为 Western blot。免疫印迹法是由十二烷基磺酸钠-聚丙烯酰胺凝胶电泳（SDS-PAGE）、蛋白质转运和酶免疫测定三项技术结合而成。其基本原理是蛋白质样品经 SDS-PAGE，其中的抗原按分子质量及带电荷量大小不同而被分离，通过转移电泳原位转印至固相介质（如硝酸纤维素膜）上，并保持生物学活性，然后用酶免疫测定进行特异性检测。其方法主要分三阶段进行：首先抗原等蛋白样品经 SDS 处理后带阴电荷，在聚丙烯酰胺凝胶（具分子筛作用）电泳时从阴极向阳极泳动，分子量小者，泳动速度快。然后将凝胶中已经分离的蛋白质条带在电场作用下转移至硝酸纤维素膜上（低电压和大电流）；最后将印有蛋白质条带的硝酸纤维素膜（相当于包被了抗原的固相载体）依次与特异性抗体和酶标第二抗体作用后，加入能形成不溶性显色物的酶反应底物，使区带染色。常用的 HRP 底物为 3, 3′- 二氨基联胺（呈棕色）和 4- 氯 -1- 萘酚（呈蓝紫色）。阳性反应的条带染色清晰，并可根据电泳时加入的分子质量标准，确定各组分的分子质量。该法具有高分辨力、高特异性及敏感性等优点，广泛用于抗原组分及其免疫活性的测定，并广泛应用于疾病的诊断。

第四节　生物素亲和素系统酶联免疫吸附试验

生物素亲和素系统酶联免疫吸附试验是生物素 – 亲和素系统（BAS）与 ELISA 的组合应用技术，大大提高了检测的灵敏度，比普通 ELISA 敏感 4 ～ 16 倍。

（一）BAS

1. 生物素（biotin，B）　是一种小分子生长因子，又称维生素 H 或辅酶 R，其相对分子质量为 244.3，等电点为 pH 3.5。生物素结构中的咪唑酮环是与亲和素的结合部位；四氢噻唑吩环的侧链末端羧基是与抗体等蛋白质或酶的唯一结合部位。利用生物素的羧基加以化学修饰可制成各种活性基团的衍生物，称为活化生物素，以适合于各种生物大分子结合的需要。主要有生物素 N- 羟基丁二酰亚胺酯 BNHS、长臂活化生物素（BCNHS）、生物素酰肼（BHZ）和肼化生物素（BCHZ），前两者用于标记带氨基的蛋白质，如抗体、中性或偏碱性抗原等，BCNHS 可减少位阻效应，增加了检测的灵敏度和特异性；后两者用于标记带有醛基、巯基和糖基的蛋白质如偏酸性抗原等。活化生物素可以和各种蛋白质（如抗体、SPA、酶、激素）、多肽、多糖、核酸及同位素、荧光素、胶体金等结合。这些物质与活化生物素结合称之为生物素化。

2. 亲和素（avidin，A）　常用的有两种：

（1）卵白亲和素：又称抗生物素，分子质量为 68kD，等电点为 pH 10 ～ 10.5，由 4 个相同的亚基组成，能结合 4 个分子的生物素，亲和素与生物素之间的亲和力极强，比抗原与抗体的亲和力至少高 1 万倍，且具有高度特异性和稳定性。亲和素富含色氨酸，藉助色氨酸残基与生物素的咪唑酮环结合。

（2）链霉亲和素（streptavidin，SA）：是链霉菌在培养过程中分泌的一种蛋白质产物，分子质量为 65kD，由 4 条序列相同的肽链组成，每条肽链都可结合 1 个分子生物素，SA 的特点是酸性氨基酸含量较多，其等电点为 pH 6.0，而且不带任何糖基，在检测中出现的非特异性结合明显少于卵白亲和素。

（二）BAS-ELISA

1. BA-ELISA　固相抗体 + 待测抗原 + 生物素化抗体 + 酶标亲和素 + 底物显色。

2. BAB-ELISA　固相抗体 + 待测抗原 + 生物素化抗体 + 亲和素 + 生物素化酶 + 底物显色。

3. ABC-ELISA　固相抗体 + 待测抗原 + 生物素化抗体 + 亲和素 - 生物素化酶复合物 + 底物显色。ABC 为亲和素 - 生物素化酶复合物（图 36-9）。

以上是用于检测未知抗原的三种技术方法。也可标记抗原检测未知抗体，其方法与上述方法相似。

此外，BAS 已广泛用于免疫组织化学技术、分子生物学技术（核酸探针技术）、体内肿瘤的免疫诊断以及作为亲和分离制剂用于相应配基的分离和纯化。

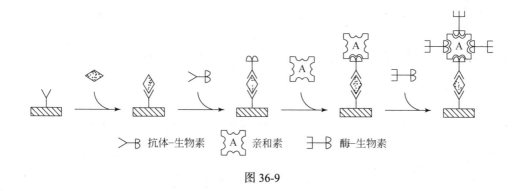

> B 抗体-生物素　　A 亲和素　　B 酶-生物素

图 36-9

第五节　酶免疫测定的应用

酶免疫测定具有高度的敏感性高和特异性强的优点，几乎所有的可溶性抗原抗体系统均可用该法检测。其检出限量达 ng 甚至 pg 水平。与放射免疫分析相比，酶免疫测定的优点是标记试剂比较稳定，且无放射性危害。因此，酶免疫测定的应用日新月异，酶免疫测定的新方法、新技术不断发展。但酶免疫测定在医学检验中的普及应归功于商品试剂盒和自动或半自动检测仪器的问世。另外酶免疫测定步骤复杂，试剂制备困难。只有用符合要求的试剂和标准化的操作，才能获得满意的结果。商品 ELISA 试剂盒中应包含包被好的固相载体、酶结合物底物和洗涤液等。先进的试剂盒不仅提供全部试剂成分，而且所有试剂均已配制成应用液，并在各种试剂中加色素，使之呈现不同的颜色。ELISA 操作步骤多，所需试剂也多，这种有色试剂既方便操作又有利于减少操作错误。ELISA 所有仪器除定量测定中必需的比色仪（专用的称为 ELISA 测读仪）外，洗板也极有用。洗板机的使用不仅省时省工，而且也利于操作标准化，对中小型实验室是实用且易于接受的。但应注意在采用洗板机前，应先对洗板机的性能加以检定，确认各孔的洗涤效果是否彻底，且重复性好。

半自动和自动化 ELISA 分析仪亦趋成熟，并在大中型临床检验实验室中取得应用。自动化 ELISA 分析仪有开放系统和封闭系统两类。前者适用于所有的 96 孔板的 ELISA 测定；后者只与特定试剂配套使用。均相酶免疫测定主要用于药物和小分子物质的检测。ELISA 在临床上主要用于：

1.病原体及其抗体测定　广泛应用于传染病的诊断。病毒如肝炎病毒、风疹病毒、疱疹病毒、轮状病毒等；细菌如链球菌、结核分枝杆菌、幽门螺杆菌和布氏杆菌等；寄生虫如弓形体、阿米巴、疟原虫等。

2.蛋白质测定　各种免疫球蛋白、补体组分、肿瘤标志物（如甲胎蛋白、癌胚抗原、前列腺特异性抗原等）、各种血浆蛋白质、同工酶（如肌酸激酶 MB）、激素（如 HGG、FSH、TSH）。

3.非肽类激素测定　如 T3、T4、雌激素、皮质醇等。

4.药物和毒品测定　如地高辛、苯巴比妥、庆大霉素、吗啡等。

思　考　题

1. 试述酶免疫技术的分类。
2. 酶联免疫吸附试验（ELISA）的原理是什么？

（江绍伟）

第三十七章 免疫组织化学技术

免疫组织化学技术（immunohistochemistry technique）又称免疫细胞化学技术，是依据抗原抗体免疫反应原理，用标记的抗体（或抗原）与细胞或组织内的相应抗原（或抗体）经过组织化学的呈色反应之后，用显微镜、荧光显微镜或电子显微镜观察，从而对相应抗原（或抗体）进行定性、定位或定量检测。凡是能作抗原、半抗原的物质，如蛋白质、多肽、核酸、酶、激素、磷脂、多糖、受体及病原体等都可用相应的特异性抗体在组织、细胞内将其用免疫组织化学手段检出和研究。按标记物标记的是抗体还是抗原，可将免疫组织化学分为标记抗体法与标记抗原法两种，一般多为标记抗体法。由于免疫组织化学技术所鉴定的物质非常广泛，其应用范围显著扩大，而且它能在细胞、染色体或亚细胞水平原位检测抗原分子，在细胞、基因和分子水平同时显示基因及其表达产物，为生物学、医学和各领域分子水平的研究与诊断开拓了广阔的前景。

第一节 免疫组化技术的原理

免疫组织化学（简称免疫组化）技术中根据标记物的不同，可分为免疫荧光组织化学技术、酶免疫组织化学技术、免疫金（银）组织化学技术、亲和免疫细胞化学技术、免疫电子显微镜技术等。近年来，核酸分子原位杂交技术采用生物素、地高辛等非放射性物质标记探针，与免疫细胞化学技术密切结合，发展为杂交免疫细胞化学技术。不同的免疫细胞化学技术，各具有独特的试剂和方法，但其基本技术方法相似。特别是近几年来，分子生物学基因探针、核酸分子杂交、原位 PCR、原位端粒重复序列扩增法、组织芯片、冷冻细胞芯片、显微切割技术、活细胞原位荧光杂交等技术的成熟与免疫组织化学相结合，使免疫组化技术进入一个新的发展阶段。图像分析、流式细胞仪的运用，使免疫细胞化学定量分析技术提高到更精确的水平。免疫组织化学的基本过程包括：①抗原的提取与纯化；②免疫动物或细胞融合，制备特异性抗体及抗体的纯化；③将标记物与抗体结合形成标记抗体；④标本的处理与制备；⑤抗原抗体免疫学反应及标记物呈色反应；⑥观察结果。

一、标本的处理

（一）标本的主要来源

组织材料处理是获得良好免疫细胞组织化学分析的保障。在组织细胞材料准备的过程中，不仅要求保持组织细胞形态的完整，更要保持细胞或组织成分的抗原性完整。标本的来源主要有以下几种：

1. 活体组织 各种实验动物和人体活检组织。标本应取材于病变组织及病变与正常组织交界处，大小适中，应减少对组织标本的损伤与挤压。

2. 各种体液、穿刺液 标本量少可直接涂片或经离心后取沉淀物涂片。

3. 培养细胞 悬浮培养的细胞经离心沉淀后作细胞涂片，盖玻片上的单层培养细胞直接固定，吹干后保存备用。

（二）标本的固定与保存

1. 标本固定的目的　取材后的组织需立刻投于固定剂中。良好的固定是免疫组织化学结果可靠的重要保证。固定可使组织和细胞的蛋白质凝固，终止内源性或外源性酶反应，防止组织自溶或异溶，以保持原有结构和形态，更有原位保存抗原的作用，避免抗原失活或弥散；防止标本脱落；除去妨碍抗体结合的类脂，便于保存；抑制组织中细菌的繁殖，防止组织腐败和在后续组织制备中的细胞结构和成分的改变。

2. 固定剂的选择　标本固定必须根据其性质及所进行的组化反应选择适当的固定剂。固定剂的种类很多，但多属于醛类和醇类。其固定原理不同，各有优缺点。蛋白质类抗原，可用乙醇或甲醇固定；微生物抗原可用丙酮或三氯化碳固定；如需除去病毒的蛋白质外壳，可使用胰蛋白酶；多糖类抗原用 10% 福尔马林（甲醛溶液）固定或以微火加热固定；如有黏液物质存在，应用透明质酸酶等处理除去；类脂质丰富的组织蛋白、多糖抗原检测时，需用有机溶剂（乙醚、丙酮等）处理除去类脂。

3. 制片方法的评价　冷冻和石蜡切片是免疫组化最常用的制片方法。为了使抗原达到最大限度的保存，首选的制片方法是冷冻切片。其操作简便，可避免石蜡切片因固定、脱水、浸蜡等对抗原所造成的损失，适用于不稳定的抗原。石蜡切片是制作组织标本最常用、最基本的方法，对于组织形态保存好，且能作连续切片，有利于各种染色对照观察；还能长期存档，供回顾性研究；石蜡切片制作过程对组织内抗原暴露有一定的影响，但可进行抗原修复，是大多数免疫组化中首选的组织标本制作方法。但对抗原的保存不如冷冻切片。

二、抗原的保存与修复

在制片过程中，由于广泛的蛋白交联可使组织中某些抗原决定簇发生遮蔽，致使抗原信号减弱或消失。因此，使组织抗原决定簇重新暴露（即抗原修复）是免疫组织化学技术中的重要步骤。常用的抗原暴露、修复方法有：①酶消化法；②盐酸水解法；③微波法；④高压锅法；⑤煮沸法等。

三、抗体的处理与保存

（一）抗体的选择

选择抗体时应注意选择具有高度特异性和稳定的优质抗体，根据需要决定采用单克隆或多克隆抗体。多克隆抗体广泛用于石蜡包埋的组织切片，假阴性概率低，但特异性不如单克隆抗体，有时会造成抗体的交叉反应，单克隆抗体特异性强，但敏感性不够高。

（二）抗体的稀释

抗原抗体反应要求有正确的比例，过量或不足均不能达到预期结果。实际操作中需进行预实验，摸索抗体的最佳稀释度，以便达到最小背景染色下的最强特异性染色。

（三）抗体的保存

抗体是一种具有生物活性的蛋白质，在保存抗体时，要特别注意保持抗体的生物活性，防止抗体蛋白质变性，否则会降低抗体效价，甚至失效。

四、免疫荧光组织化学技术

免疫荧光组化技术是根据抗原抗体反应原理，先将已知的抗体标记上荧光素，制成荧光抗体，再用这种荧光抗体作为探针与细胞或组织内相应抗原结合，在细胞或组织中形成的抗原抗体复合物上含有标记的荧光素，利用荧光显微镜观察标本（荧光素受荧光显微镜激发光的照射而发出一定波长的荧光），从而可确定组织中某种抗原的定位，进而还可进行定量分析。该技术已成为检验医学、科学研究中很有实用价值的测定方法之一。

（一）组织处理

免疫荧光组化技术主要靠观察标本的荧光抗体染色结果作为抗原的鉴定和定位，因此标本的制作十分重要。在制作标本过程中应尽量保持抗原的完整性，在染色、洗涤和包埋过程中不发生溶解和变性，也不扩散至邻近细胞或组织间隙中。标本要求尽量薄些，以利于抗原抗体接触和镜检。要充分洗去标本中干扰抗原抗体反应的物质，有传染性的标本要注意安全。

（二）标本的类型

基质标本是指固定在玻片上用作抗原的组织、细胞和微生物等。常用于荧光免疫组化技术的基质标本有以下几种：

1. 涂片和印片　血液、细菌培养物、脑脊液、体腔渗出液和细胞悬液等均可涂抹在玻片上，干燥固定后即可用于荧光抗体染色。脑脊液、脏器（肝、脾、淋巴结等）、细菌菌落或尸体病变组织可把新鲜切面压印于玻片上作成印片，经固定后再染色。

2. 组织切片　这是组织学和细胞学最常用的显微镜标本片。主要有以下两种：①冷冻切片：为了使抗原最大量地保存，首选的制片方法是冷冻切片，其操作简单，组织的抗原性保存好，自发荧光较少，特异荧光强，同时适用于不稳定的抗原，缺点是组织结构欠清晰；②石蜡切片：是研究形态学的主要制片方法，它不但是观察组织结构的理想方法，而且可进行回顾性研究。其优点是组织细胞的精细结构显现清楚，但对抗原的保存量不如冷冻切片，并有组织自发荧光和非特异性荧光，需加酶消化处理。

3. 细胞培养标本　比如用 Hep-2 细胞或 Hela 细胞培养，待细胞在玻片上形成单层，固定后用作抗核抗体等检测的抗原片。还可使细胞单层生长在玻片上，再用病毒或病人标本感染，固定后用荧光抗体染色法检测病毒。

4. 活细胞染色　检查淋巴细胞表面抗原以及免疫球蛋白受体、癌细胞表面抗原、血清中抗癌细胞抗体等，均可用活细胞荧光抗体染色法。当同时观察细胞表面两种抗原的分布和相互关系时，可用双标记法进行染色。

（三）标本的保存

标本在固定干燥后，最好立即进行荧光抗体染色及镜检。如必须保存时，则应保持干燥，置4℃以下保存。一般细菌涂片或器官组织切片经固定后可保存 1 个月以上。但病毒和某些组织抗原标本抗原性丧失很快，数天后就失去其抗原性，需在 -20℃以下保存。

（四）荧光抗体的标记及染色

详见第三十七章第三节相关内容。

五、酶免疫组织化学技术

酶免疫组化技术是在一定条件下，先以酶标记的抗体与组织或细胞作用，然后加入酶的底物，生成有色的不溶性产物或具有一定电子密度的颗粒，通过光镜或电镜，对细胞表面和细胞内的各种抗原成分进行定位研究。

（一）组织处理

酶免疫组化技术主要用于标本中抗原（抗体）的定位和定性检测，其技术与荧光免疫技术相似，常用的标本有组织切片、组织印片和细胞涂片等，其固定及标本制作方法见本章前述。与荧光免疫组化技术相比，酶免疫组化技术具有染色标本可长期保存，可用普通光镜观察结果，可观察组织细胞的细微结构等优点，尤其是非标记抗体酶免疫组化法的敏感性更优于荧光免疫组化技术。酶免疫组化技术可分为酶标记抗体免疫组化技术和非标记抗体酶免疫组化技术两种类型。

（二）酶标记抗体免疫组化染色

借助交联剂共价键将酶直接连接在抗体上，酶标抗体与靶抗原反应后，通过酶对底物的特异性催化作用，生成不溶性有色产物，沉淀在靶抗原位置，从而对抗原进行定性、定量、定位的检测。常用方法有直接法和间接法两种。

1. 直接法　将酶直接标记在特异性一抗上，与标本中的抗原结合，让酶催化底物反应产生有色产物，沉淀在抗原 - 抗体反应部位，即可在镜下对标本中的抗原进行检测。直接法的优点是操作简便、特异性强；缺点是敏感性较低，制备的抗体种类有限。

2. 间接法　先用未标记的特异性一抗与标本中相应抗原结合，再用酶标记的抗球蛋白抗体（二抗）结合，然后再加酶的底物显示抗原 - 抗体 - 抗抗体复合物存在的部位，以对抗原进行检测。间接法的优点为敏感性高，制备一种酶标二抗可检测多种抗原或抗体。缺点是特异性不如直接法，且操作较为繁琐。

（三）非标记抗体免疫酶组化染色

非标记抗体免疫酶组化技术中，酶不是标记在抗体上，而是首先用酶免疫动物，制备效价高、特异性强的抗酶抗体，通过免疫学反应将抗酶抗体与组织抗原联系在一起。该方法避免了酶标记时对抗体的损伤，同时也提高了方法的敏感性。它有以下几种技术类型：

1. 酶桥法　抗酶抗体作为第三抗体，通过桥抗体（第二抗体），将特异性识别组织抗原的第一抗体与第三抗体连接起来，形成酶联的抗原 - 抗体复合物，加底物显色（图 37-1）。

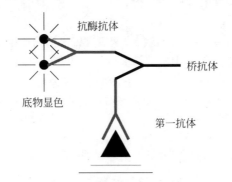

图 37-1　酶桥法示意图

酶桥法的敏感性高于酶标法，但操作步骤较为繁琐。在酶桥法中，如果抗酶抗体与酶结合弱，在操作中酶常被冲洗掉；如果酶标记在非特异性抗体上就会存在背景着色问题；如果抗酶抗体的非特异性成分与桥抗体结合，就会与抗酶抗体竞争桥抗体结合位点，影响方法的敏感性。

2. PAP法 是在酶桥法基础上的改良。该法首先将酶桥法的第三抗体（抗酶抗体）与酶组成可溶性复合物（PAP复合物，图37-2）。

图 37-2　PAP 复合物示意图

该复合物由 2 个抗酶抗体和 3 个过氧化物酶分子组成，呈五角形结构，非常稳定。通过桥抗体（第二抗体），将特异性识别组织抗原的第一抗体与 PAP 复合物的抗酶抗体连接起来。试验中要求特异性第一抗体与第三抗体的动物种属相同（图37-3）。

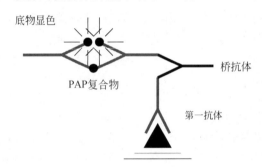

图 37-3　PAP 法示意图

与酶桥法相比，PAP 法操作简便，分三步；PAP 复合物结构稳定，避免了酶桥法中标记易脱落的弊端；敏感性高；背景着色淡，因为即使桥抗体存在有非特异性抗体的可能，但因其与第一抗体并非同种属，故不能与抗酶抗体结合。并且，如果抗酶抗体中存在着非抗酶抗体，当其与桥抗体或组织成分结合时，由于其不能与酶结合，也不会产生非特异性反应。

3. 双桥 PAPS 该法建立在 PAP 法的基础之上。其基本原理是在 PAP 法中通过两次连接桥抗体和 PAP 复合物而建立起来的，通过双桥可结合更多的 PAP 复合物于抗原分子上，以增强敏感性。这种放大方式重复使用桥抗体，使桥抗体与 PAP 复合物中抗酶抗体的未充分饱和 Fc 段结合，或桥抗体与特异性第一抗体尚未饱和的 Fc 段结合，因而对抗原有明显放大作用，对于组织细胞微量抗原的检测有实用价值。

4. 碱性磷酸酶抗碱性磷酶法（APAAP 法） 辣根过氧化物酶（HRP）是免疫组化的首选用酶，但有些组织细胞含内源性过氧化物酶限制了 HRP 的广泛应用。骨髓等造血组织由于含有大量的类过氧化物酶，染色时不宜使用 HRP 结合物。为此需选用其他酶免疫组织化学反应。APAAP 法就是用碱性磷酸酶代替 HRP 建立的碱性磷酸酶（AP）- 抗碱性磷酸酶（AAP）法，即简称 APAAP，其技术要点与 PAP 法相似。

（四）酶免疫组化染色中常用的酶及显色底物

酶免疫组化技术中最常用的酶是辣根过氧化物酶（HRP），常用的供氢体有二氨基联苯胺

（DAB），反应产物呈棕色；氨基乙基卡巴唑（AEC），反应产物呈橘红色；4-氯-1-萘酚，反应产物为灰蓝色。其他标记酶还有葡萄糖氧化酶（GO）、β-半乳糖酶等，前者底物为葡萄糖，配以NBT和PMS，呈蓝色沉淀。

对含有丰富内源性过氧化物酶的组织切片（如淋巴组织和肿瘤组织），则首选AP标记的免疫组化方法。理论上AP最为敏感，但HRP比AP染色结果保存时间长。GO则存在敏感性不够高，显色底物不易保存等缺点。AP和HRP结合可进行双重或三重免疫组化标记。

六、亲和免疫组化技术

亲和免疫组化技术是利用两种物质之间的高度亲和力而建立的方法。一些具有双价或多价结合力的物质如植物凝集素、生物素和葡萄球菌A蛋白（SPA）等，都对某种组织成分具有高亲和力，可以与标记物如荧光素、酶、放射性核素、铁蛋白及胶体金等结合，利用荧光显微镜、酶加底物的显色反应、放射自显影或电子显微镜，在细胞或亚细胞水平进行对应亲和物质的定位、定性或定量分析。广义的亲和组织化学染色包括：抗原与抗体、植物凝集素与糖类、生物素与亲合素、SPA与IgG、阳离子与阴离子、配体与受体等。此类方法具有高敏感性、操作简便、省时，对抗原定性、定位或定量分析准确、清晰等优点。

（一）生物素–亲合素法

生物素（biotin）即维生素H，是一种分子质量为244Da的小分子维生素。亲合素（avidin）也被称为抗生物素，是一种糖蛋白，分子质量为68KDa，由四个亚单位组成。生物素与亲合素有很强的亲和力，两者一旦结合就很难解离。同时，生物素具有与酶和抗体结合的能力，这样抗生物素分子与多个生物素结合，生物素又可大量结合酶标记物，起到多级放大作用，因而敏感性强。此外，它们都具有与其他示踪剂结合的能力。常用的技术类型有：

1. 亲合素–生物素–氧化酶复合物技术（ABC）ABC法的反应原理是：按一定比例将亲合素与酶标生物素结合，形成可溶性亲合素–生物素–过氧化物酶复合物（ABC）。当其与检测反应体系中的生物素化抗体（直接法，见图37-4）或生物素化第二抗体（间接法）相遇时，ABC中未饱和的亲合素结合部位即可与抗体上的生物素结合，使抗原抗体反应体系与ABC标记体系连成一体进行检测。

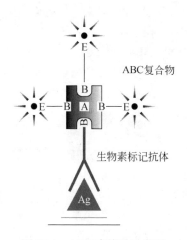

ABC复合物

生物素标记抗体

图 37-4　ABC 直接法示意图

ABC 法的优点：敏感性高，这种技术是将亲合素作为"桥"把生物素化的抗体与生物素结合的酶连接起来。生物素与亲合素的结合十分牢固，并且 1 个分子的亲合素有 4 个生物素结合位点，可以分别和生物素化的抗体与酶结合，1 个过氧化物酶或免疫球蛋白分子又可结合多个生物素分子，从而形成网络状复合物。

因此，将 ABC 复合体应用于免疫检测体系时，可极大地提高酶在抗原 - 抗体反应中的浓度，提高检测敏感性。同时 ABC 复合物分子质量较 PAP 要小，易于渗透，因此大大增强了方法的敏感性。此外，ABC 法还具有亲和力强、特异性高、第一抗体和第二抗体工作浓度低、操作时间短、可以多重标记等特点。需注意的是有些组织如肝、肾、白细胞、脂肪组织和乳腺等含有内源性生物素活性，染色时需要对组织进行预处理。此外，要注意 ABC 复合物在中性时带正电荷，容易与细胞核等带负电荷结构非特异结合。亲合素为糖蛋白，其也可与凝集素等碳水化合物结合。

2. 桥联亲合素 - 生物素技术（BRAB 技术）　该技术不同于 ABC 法，是以游离的亲合素作为桥联剂，利用亲合素的多价性，将检测反应体系中抗原、生物素化抗体复合物与标记生物素（如酶标生物素）联结起来，以达到检测反应分子的目的。由于生物素化抗体分子上连有多个生物素，因此最终形成的抗原－生物素化抗体－亲合素－酶标生物素复合物可积聚大量的酶分子，加入相应酶作用底物后，即会产生强烈的酶促反应，从而提高检测的灵敏度。间接 BRAB 法则是在抗原与特异性抗体结合反应后，再用生物素化的第二抗体与抗原抗体复合物结合，使反应增加一个层次，从而使灵敏度进一步提高。

3. 标记亲合素 - 生物素技术（LAB 技术）　是以标记亲合素直接与免疫复合物中的生物素化抗体连接进行检测。该法具有相当高的灵敏度，由于省略了加标记生物素步骤，操作较 BRAB 法简便。间接 LAB 法采用的是生物素化的第二抗体，可以进一步提高检测灵敏度。

（二）葡萄球菌蛋白 A 法

葡萄球菌蛋白 A（SPA）是一种从金黄色葡萄球菌细胞壁分离的蛋白质，由于它独特的免疫学特性，目前已成为免疫学上一种极为有用的工具。葡萄球菌 A 蛋白技术是根据 SPA 能与多种动物 IgG 的 Fc 段结合的原理，用 SPA 标记物（酶、荧光素、放射性物质等）显示抗原与抗体结合反应的免疫检测实验。SPA 具有和人及多种动物如豚鼠、兔、猪、犬、小鼠、猴等 IgG 结合的能力，可解决不同动物检测时，需分别标记相对应的第二抗体的问题。SPA 结合部位是 Fc 段，这种结合不会影响抗体的活性。SPA 具双价结合能力，每个 SPA 分子可以同时结合两个 IgG 分子，也可一方面同 IgG 相结合，一方面与标记物如荧光素、过氧化物酶、胶体金和铁蛋白等结合。但需注意的是 SPA 对 IgG 亚型的结合有选择性，如 SPA 与人 IgG1、IgG2 和 IgG4 有结合力，但不结合 IgG3。结合 IgA2，但不结合 IgA1。SPA 与禽类血清 IgG 不结合。因此应注意可能出现的假阴性结果。SPA 常用 HRP 标记，可应用于间接法。SPA 法的染色程序基本同酶标抗体法，仅第二抗体改用 SPA-HRP。

（三）凝集素法

凝集素是一类从各种植物种子、无脊椎动物和较高等动物组织中提纯的糖蛋白或结合糖的蛋白质。它可使红细胞凝集故称凝集素。凝集素的命名多按照其提取的植物名称，如花生凝集素（PNA）、刀豆素（ConA）等。凝集素具有与特定糖基专一结合的特性，同时所有生物膜都有含糖结合物，主要以糖蛋白或糖脂形式存在。因此凝集素可以作为一种探针来研究细胞上的糖基，特别是细胞膜的微小化合物结构，从而探索细胞的生物学结构和演变过程。

凝集素受体是存在于细胞膜上的糖蛋白和糖脂中的寡糖，其在胚胎不同发育阶段、细胞成熟过程及代谢改变、细胞恶性转化等过程中都有不同程度的改变。其在肿瘤研究中对肿瘤细胞的起源以及良、恶性肿瘤的分化都可以进行标记,凝集素是研究肿瘤细胞膜糖分子变化的一种理想工具。

凝集素可采用直接法和间接法进行细胞化学染色。①直接法:将标记物直接结合在凝集素上,使其与组织细胞相应的糖蛋白或糖脂相结合;②间接法:先将凝集素与组织细胞膜糖基结合,然后再用标记的抗凝集素抗体(即用凝集素免疫动物制备抗凝集素抗体)与结合在细胞上的凝集素反应。间接法还有糖 – 凝集素 – 糖法,该方法是利用生物细胞膜的特殊糖基与凝集素结合后,再用标记的已知糖基与其反应,形成一个"三明治样"结合物。

(四)链霉亲合素 – 生物素法

链霉亲合素(streptavidim SA)是从链霉菌培养物提取的一种纯蛋白,不含糖基,有 4 个生物素结合位点,并且具有高度的亲和力,其功能类似亲合素。利用生物素结合的第二抗体与酶标记的链霉亲合素蛋白就构成了酶标链霉亲合素 – 生物素方法(LSAB)。

LSAB 法是近年发展迅速的一种理想的亲合组织化学染色技术。具有以下特点:

1. 敏感性高 由于酶直接标记链霉亲合素,它与生物素结合的所有位点都呈游离状态,与 ABC 法相比,可结合更多的生物素化的第二抗体,因此放大效应远远超过 ABC 法。同时链霉亲合素分子质量小,易于穿透组织、细胞,也可增强其敏感性。

2. 低背景着色 链霉亲合的等电点为 6 ~ 6.5,而亲合素的等电点为 10,因此 LSAB 法所带正电荷比 ABC 复合物少得多,从而与组织内结缔组织的负电荷静电吸引少,明显减少非特异着色,染色背景清晰。

3. 一抗体工作浓度低 与 ABC 法相比其第一抗体的工作浓度低,不仅节约了抗体也明显降低了背景着色。

4. 操作简便 ABC 法的流程大约需近 100min,而 LSAB 法加微波技术仅需 35min,对于快速诊断非常实用。

七、免疫标记电镜技术

免疫电子显微镜(IEM)技术是利用高电子密度的颗粒性标记物(如胶体金、铁蛋白等)标记抗体,或用经免疫组织 / 细胞化学反应能产生高电子密度产物者如辣根过氧化物酶标记抗体,在电子显微镜下对抗原抗体反应中的高电子密度标记的抗原(抗体)进行亚细胞水平定位的技术。IEM 较之免疫组织化学在光镜下的定位更为精确,可定位至细胞膜、细胞器,在探索病因、发病机制、组织发生等方面有其独特的优点。常用的技术有:免疫铁蛋白技术、免疫胶体金技术及酶免疫电镜技术等。

第二节 免疫组化技术的结果判断

一、对照的设立

设立对照的目的在于证明和肯定阳性结果的特异性,主要针对第一抗体进行,常用的对照有阳性对照和阴性对照。

（一）阳性对照

采用已知抗原阳性的标本与待检标本同时进行免疫组化染色，对照切片的阳性将证明整个显色程序的正确。尤其在待检标本呈阴性结果时，阳性对照尤为重要。

（二）阴性对照

用确证不含已知抗原的标本作对照，结果呈阴性。只有在阴性对照成立时方可判定检测结果。主要目的在于排除假阳性。

（三）其他

空白、替代、吸收或阻断试验均为确证试验。

1. 空白试验　是用 0.01mol/L，pH 7.4 的 PBS 代替第一抗体进行免疫组化染色，以排除组织细胞内所含的生物素或内源性酶等。

2. 替代试验　即用与待测抗原的同一动物免疫前血清或同种动物非免疫血清，替代第一抗体进行免疫组化染色，以确认阳性反应不是异嗜性抗原所致的非特异性反应。

3. 吸收试验　也称阻断试验。先用过量已知抗原（可溶性抗原）与第一抗体在 4℃下充分反应，离心后再进行免疫组化染色。此时的已知阳性标本应呈阴性或弱阳性反应。其目的在于确认免疫组化的阳性反应是与天然抗原相同的抗原抗体反应。

二、阳性结果

阳性细胞的显色分布有三种类型：①细胞质；②细胞核；③细胞膜表面。免疫组织化学的呈色深浅可反映抗原存在的数量，可作为定性、定位和定量的依据。阳性细胞可呈散在、灶性和弥漫性分布。

三、阴性结果及抗原不表达

阴性结果不能简单地认为具有否定意义，因为阳性表达有强弱、多少之分，哪怕只有少数细胞阳性（只要是在抗原所在部位）也应视为阳性表达。

四、特异性和非特异性显色的鉴别

（1）特异性反应常分布于特定抗原部位，如细胞质、细胞核和细胞表面，具有结构性。非特异性反应无一定的分布规律，常为切片边缘、刀痕或皱褶部位，坏死或挤压的细胞区域，常成片均匀着色。

（2）非特异性反应由于细胞内抗原含量不同，特异性反应的显色强度不一。如果细胞之间显色强度相同或者细胞和周围结缔组织无明显区别的着色，常提示为非特异性反应。

（3）其他过大的组织块、中心固定不良也会导致非特异性显色，有时可见非特异性显色和特异性显色同时存在，过强的非特异性显色背景可影响结果判断。

五、免疫组化结果与 HE 切片结果

当免疫组化诊断结果与 HE 切片诊断不一致时，应结合临床资料，如性别、年龄、部位、X 线等影像学及实验室结果综合分析，不能简单地用免疫组化检查结果推翻 HE 切片诊断。

第三节 免疫组化技术在临床中的应用

免疫组织化学技术在生物学领域尤其是医学领域发挥着重要的作用，为疾病尤其是肿瘤的诊断、鉴别诊断及发病机制的研究提供了强有力的手段。

一、荧光免疫组织化学技术的应用

（一）血清中自身抗体的检测

对自身免疫性疾病患者进行组织或器官的细针穿刺，用获得的组织细胞标本制片，检测组织中的自身抗体。补体荧光法等可检测免疫复合物沉积在组织器官细胞上的位置，对于了解肾小球性肾炎、类风湿关节炎病变侵犯和病变基础与程度极有帮助。

（二）各种微生物的快速检查和鉴定

在细菌学诊断方面，可用于脑膜炎奈菌、痢疾志贺菌、淋病双球菌、百日咳杆菌、梅毒螺旋体等的快速诊断。免疫荧光技术在病毒诊断领域应用更为广泛，可用于病毒和病毒抗原在感染细胞内的定位，也可用于病毒感染过程的研究。

（三）寄生虫的检测与研究

免疫荧光技术在寄生虫研究方面应用极广，可用于疟原虫、阿米巴、利什曼、纤毛虫、滴虫、钩虫、绦虫、蠕虫等的诊断。近来在血吸虫及疟原虫方面研究较多，是目前公认的最有效的检测疟疾抗体的方法。

（四）白细胞分化抗原的检测

用白细胞分化抗原(CD 分子)相应的单克隆抗体可对血液中 B 细胞和 T 细胞等进行鉴定和分群。

此外，还用于人类白细胞抗原（HLA）、肿瘤组织中肿瘤抗原、组织中免疫球蛋白和补体组分、激素和酶的组织定位等的检测。

二、酶免疫组织化学技术的应用

由于酶免疫组化技术的特点，其在临床诊断中较荧光免疫技术有着更为广泛的应用范围，在生物医学研究和临床病理学、微生物学诊断中，日益显示出巨大的实用价值。

（一）提高病理诊断准确性

石蜡切片病理诊断仅仅依靠形态学的判断可能误诊。采用酶免疫组织化学技术对肿瘤特异性

相关抗原进行识别、定位，可以大大提高肿瘤的诊断水平。比如用免疫组化技术对肿瘤的组织起源进行鉴别诊断，如上皮性、间叶性、肌源性、血管源性、淋巴细胞源性等。此外还可以对肿瘤的良恶性进行综合判断，如 CEA、AFP 的检测等。

（二）癌基因蛋白的临床应用

癌基因在肿瘤生物学中的价值已有大量的研究，其常表现为癌基因的扩增、突变、移位等，活性异常可通过癌蛋白的 mRNA 及蛋白水平变化显示，采用酶免疫组化方法可对这些癌蛋白进行定位和定量检测，以探讨其临床意义。

（三）对肿瘤细胞增生程度的评价

肿瘤细胞增殖的活跃程度直接影响着临床的治疗和预后。传统方法是依靠病理组织学观察细胞分裂象的多少来决定的，但由于记数不准确及影响因素太多，临床应用价值有限。其他方法还有核仁组成区嗜银蛋白的染色、³H- 胸腺嘧啶摄入放射自显影、流式细胞术等，但实践证明其中以酶免疫组化法对瘤细胞增生抗原进行定位、定量最为简便、可靠，如 Ki-67、PCNA 等抗体对肿瘤增生程度的判断。

（四）发现微小转移灶

某些癌的早期转移有时与淋巴结内窦性组织细胞增生不易区别。用常规病理组织学方法要在一个组织中认出单个转移性肿瘤细胞或几个细胞是不可能的，而采用酶免疫组化方法则十分有助于微小（癌）转移灶的发现，这对于进一步的治疗和预后的判断都有十分重要的意义。

（五）确定肿瘤分期

判断肿瘤是原位还是浸润及有无血管、淋巴管侵袭与肿瘤分期密切相关。用常规病理方法判断有时十分困难，但用酶免疫组化技术可获得明确结果。如采用层粘连蛋白和Ⅳ型胶原的单克隆抗体可清楚显示基膜的主要成分，一旦证实上皮性癌突破了基膜，就不是原位癌，而是浸润癌了，其预后是不同的。用Ⅷ因子相关蛋白、荆豆凝集素等显示血管和淋巴管内皮细胞的标记物则可清楚显示肿瘤对血管或淋巴管的浸润。对许多肿瘤的良恶性鉴别以及有无血管或淋巴管浸润，这是主要的鉴别依据，同时对临床选择治疗方案、估计预后也有十分重要的意义。

（六）指导肿瘤的治疗

目前肿瘤的靶向治疗已经引起人们的重视，许多靶向药物逐渐应用于临床治疗。第一个靶向治疗的药物是治疗淋巴瘤的抗 CD20 嵌和性抗体—— Rituxan（利妥昔单抗，Rituximab）。而抗肿瘤单抗偶联物 Zevalin（ibritumomab tiuxetan）则用于 Rituxan 治疗无效或复发的低度恶性 B 细胞瘤。此外，抗血管内皮生长因子（VEGF）重组人源化单抗 Avastin（Bevacizumab）因具有抗肿瘤新生血管形成的作用，也被批准为治疗转移性结直肠癌的一线药物。抗表皮生长因子受体（EGFR）嵌合性单抗 Erbitux（Cetuximab）可用于治疗标准化疗无效，且 EGFR 阳性的转移性结直肠癌。Herceptin 是一种人源化单抗，用于治疗 HER-2 高表达的乳腺癌和其他实体瘤如卵巢癌、前列腺癌和非小细胞肺癌。

应用酶免疫组化方法，对肿瘤内各种激素受体与生长因子进行定位、定量分析有很好的临床应用前景。比如雌、孕激素受体阳性的乳腺癌患者 90% 对他莫昔芬（三苯氧胺）类药物疗效好。随着生物学标记及靶向药物的发展，免疫诊断对选择和制订治疗方案、监控疗效及个体化医疗具有重大的意义。

（七）辅助诊断免疫性疾病和感染性疾病

可用酶免疫组化方法辅助诊断人体的免疫性疾病，如肾小球肾炎、皮肤自身免疫性疾病等，检测患者病变组织细胞内的免疫球蛋白、补体、免疫复合物，对某些感染性疾病进行病原微生物的检查。

思 考 题

1. 免疫组织化学技术有几个主要步骤？

2. 何为直接法、间接法、酶免疫组织化学技术？其各自的优缺点如何？

3. 何为酶桥法、PAP、APAAP 法技术？其各自的优缺点如何？

4. 何为生物素－亲合素法？常用的技术类型及特点如何？

5. 免疫电镜技术的原理是什么？肢体金技术的特点如何？

6. 免疫组织化学技术的临床应用如何？

（高尚民）

第三十八章 免疫细胞功能的检测

免疫细胞是指所有参与免疫应答或与免疫应答有关的细胞及其前体，主要包括淋巴细胞、树突状细胞、单核 - 吞噬细胞、各种粒细胞、肥大细胞和红细胞等。各类免疫细胞在体积、形态、相对密度、表面电荷、黏附能力，特别是细胞膜表面的特异性标志存在着差异，故可以用体外或体内不同的方法将各种免疫细胞从血液或脏器中分离出来，对其数量和功能进行检测，是判断机体免疫功能状态的重要指标，也是细胞生物学、免疫学中进行细胞分离、培养和建立细胞株等研究的基本技术之一。人体外周血是免疫细胞的主要来源，实验动物还可以取胸腺、脾脏和淋巴结等作为标本。

第一节　分离免疫细胞的方法

由于检测的目的和方法不同，分离细胞的需求和技术也各异。分离细胞选用的方法应力求简便易行，收获细胞后应尽量保持其活力（性），保证较高的纯度和较高的获取率以用于实验研究。分离细胞的原则一是根据各类细胞的大小、沉降率、黏附和吞噬能力加以粗分，二是按照各类细胞的表面标志（表面抗原和受体）加以选择性分离。

免疫细胞的分离方法很多，采用何种方法，应根据实验的目的及所需细胞的种类、纯度及数量等要求来确定。

一、外周血单个核细胞的分离

体外检测淋巴细胞，首先需制备外周血单个核细胞（PBMC）。外周血单个核细胞主要指淋巴细胞和单核细胞，是免疫学实验中最常用的细胞群，也是进行 T 细胞和 B 细胞分离纯化的重要环节。

红细胞和多型核白细胞的比重（约 1.092）大于 PBMC 的密度（1.075），将抗凝血叠加于比重为 1.077 的分离液液面上，可通过低速离心而将不同的细胞分层：红细胞沉于管底；多型核白细胞密集分布于红细胞层与分离液之间；血小板悬浮于血浆中；PBMC 则密集分布于血浆层与分离液界面，从而可使不同类别的血细胞按其相应密度分布，从而被分离。常用的方法有聚蔗糖 - 泛影葡胺（又称淋巴细胞分离液）密度梯度离心法。

聚蔗糖 - 泛影葡胺（F-H）分层液法是分离 PBMC 的一种单次密度梯度离心分离法。首先配制密度合适的聚蔗糖 - 泛影葡胺分层液，分离人外周血淋巴细胞以密度为 1.077 ± 0.001 的分层液为最佳。不同动物血中的单个核细胞对分离液的密度要求各不相同，如小鼠为 1.088，马为 1.090。

分离细胞时，将肝素抗凝的稀释全血缓慢叠加在等量的分层液上，使两者形成一个清晰的界面。水平离心后，形成不同层次的液体和细胞区带，从而分离出 PBMC（图 38-1）。红细胞和粒细胞密度大于分层液，同时因红细胞遇聚蔗糖 - 泛影葡胺分层液而凝集成串钱状，沉积于分层液底部；血小板因密度小而悬浮于血浆中；PBMC 的密度在 1.076 ~ 1.090，稍低于分层液，故位于血浆层和分层液的界面中，呈白膜状。吸出单个核细胞，计数，用台盼蓝染色检查细胞活力。

该法是目前临床和科研实验中最常用的方法，分离淋巴细胞的纯度可达 95%，细胞获取率可达 80% 以上。

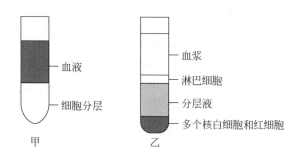

图 38-1　Ficoll 分层液分离单个核细胞示意图

二、淋巴细胞的纯化与亚群分离

如前所述，根据密度梯度离心分离原理得到的淋巴细胞主要存在于单个核细胞中，但一般还混杂有数量不等的单核细胞及少量粒细胞、红细胞和血小板。为获得高纯度的淋巴细胞或其亚群，可采用如下分离去除方法。

（一）红细胞的去除

一般采用无菌蒸馏水低渗裂解法或 0.83% 氯化铵处理法。

（二）血小板的去除

将 PBMC 悬液通过离心洗涤 2～3 次，常可去除 PBMC 中绝大部分混杂的血小板。在某些疾病状态下，若外周血中血小板数量异常增多，可采用胎牛血清（FCS）梯度离心法去除 PBMC 中混杂的血小板。

（三）单核细胞和粒细胞的去除

1. 黏附去除法　利用单核细胞和粒细胞具有黏附玻璃、塑料和葡聚糖凝胶的特性，通过 PBMC 与玻璃或塑料平皿的黏附作用，采集的非黏附细胞即为淋巴细胞。亦可应用玻璃纤维或葡聚糖凝胶 Sephadex G-10 柱，清除黏附的细胞，洗脱液中主要是淋巴细胞。此法简便易行，对细胞损伤极少，缺点是 B 细胞也有较弱的黏附能力，因此有部分 B 细胞丢失。该法去除单核细胞后，大约 95% 的单个核细胞为淋巴细胞，活性大于 95%。

2. 羰基铁粉吞噬法　单核细胞具有吞噬羰基铁粉的能力，吞噬羰基铁粉后的单核细胞密度增大，再经聚蔗糖－泛影葡胺分层液密度梯度离心后，则单核细胞沉积于管底而被去除。也可在单核细胞悬液内加入羰基铁粉颗粒，待单核细胞充分吞噬羰基铁粉后，用磁铁将细胞吸至管底，上层液中即含较纯的淋巴细胞。

3. Percoll 分离液法　是经过聚乙烯吡咯烷酮（PVP）处理的硅胶颗粒混悬液，对细胞无毒性和刺激性。Percoll 混悬液的硅胶颗粒大小不一，经过高速离心后，可形成一个连续密度梯度，将密度不同的细胞分离纯化。该法是分离淋巴细胞和单核细胞的一种较好的方法，淋巴细胞纯度高达 98%，单核细胞纯度可达 78%。但操作流程较长，步骤较烦琐，试剂耗费亦较大，使实际应用受到限制。

（四）淋巴细胞亚群的分离

淋巴细胞是不均一的细胞群体，包括许多形态相似而表面标志和功能各异的细胞群和亚群。根据细胞表面标志和功能差异，可借助多种方法分离淋巴细胞亚群。

1. E 花环分离法　人成熟的 T 细胞表面表达绵羊红细胞（SRBC）受体，即 E 受体。经聚蔗糖 - 泛影胺葡胺分层液密度梯度离心，E 花环形成细胞因比重增大而沉积于管底，与其他细胞分离，再用低渗法裂解花环中的 SRBC，即可获得纯化的 T 细胞，悬浮在分层液界面的细胞群富含 B 细胞。该方法简便易行，所获细胞的纯度可达 95%～99%，可同时获得 B 细胞。缺点是 E 花环形成后可能使 T 细胞活化。

2. 尼龙棉柱分离法　将淋巴细胞悬液通过尼龙棉柱，B 细胞易黏附于尼龙棉纤维（聚酰胺纤维）表面，而 T 细胞则不黏附，借此可分离 T 细胞与 B 细胞。该法简便易行，不需特殊仪器，淋巴细胞活性不受影响，所获 T 细胞纯度可达 90% 以上，B 细胞纯度可达 80%。缺点是尼龙棉可能选择性滞留于某些 T 细胞亚群，尼龙棉黏附的细胞（B 细胞和巨噬细胞）的回收率低，且可能混杂有未洗尽的 T 细胞和死亡细胞。

3. 亲和板结合分离法　分为直接法和间接法。直接法是用特异性抗体包被塑料平皿或细胞培养板，表达特定膜抗原的细胞即与相应抗体结合而被吸附于平皿或培养板表面，悬液中为不表达特定膜抗原的细胞。间接法是用羊（或兔）抗鼠 IgG 抗体（第二抗体）包被平皿，将预先与特异性单克隆抗体结合的淋巴细胞与之反应后，可发生吸附固定，从而被分离。该方法的优点是可同时进行细胞的阳性分选和阴性分选，且所获细胞量较大。缺点是将吸附固定于亲和板上的细胞进行机械性分离或胰酶处理，可能损伤细胞膜，导致细胞活性降低。细胞受体与特异性抗原结合，可引起细胞激活。采用间接法所获洗脱细胞，其表面带有抗原 - 抗体复合物，可能对细胞功能产生一定影响。因此，亲和板结合分离法一般适合进行阴性分选。

4. 免疫磁珠分离法　将特异性抗体与磁性微粒（平均直径小于 1.5 μm）交联，形成免疫磁珠（IMB）。IMB 可与表达相应膜抗原的细胞结合，用强磁场分离 IMB 及其所吸附的细胞，从而对特定细胞进行分选，此为直接分离法。若用第二抗体包被磁性微粒，与任何已结合鼠源性单克隆抗体（第一抗体）的细胞发生反应，从而对细胞进行分离，则为间接分离法（图 38-2）。

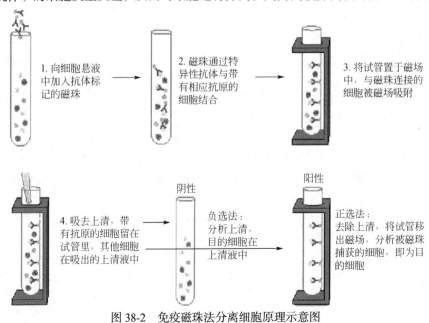

图 38-2　免疫磁珠法分离细胞原理示意图

该方法的优点是可同时进行细胞的阳性分选和阴性分选，所获细胞的纯度可达93%～99%，收获率高达90%，活细胞率大于95%，其分离效果可与流式细胞术媲美，但比后者省时且费用低，操作简便、快速，无需特殊设备。缺点是阳性分选中抗体可导致细胞活化或细胞凋亡。该法近年来在细胞生物学、血液学及免疫学的研究中已广泛采用。

5. 流式细胞术分离法　流式细胞术（FCM）是以流式细胞仪为检测手段的一项能快速、精确的对单个细胞理化特性（如大小、内部结构、DNA、RNA、蛋白质、抗原等）进行多参数定量分析和分选的新技术。流式细胞术最大的特点是能在保持细胞及细胞器或微粒的结构及功能不被破坏的状态下，通过荧光探针的协助，从分子水平上获取多种信号对细胞进行定量分析或纯化分选。流式细胞仪是测量染色细胞标记物荧光强度的细胞分析仪，是集激光技术、电子物理技术、光电测量技术、电子计算机技术、细胞荧光化学技术、单克隆抗体技术为一体的一种新型高科技仪器。样品与经多种荧光素标记的抗体反应，因荧光素发射光谱的波长不同，信号能同时被接收，从而可分选出用特异性荧光抗体标记的阳性细胞。该法可检测各类免疫细胞、细胞亚类及其比率。此外，借助光电效应，微滴通过电场时出现不同偏向，可分类收集所需细胞（图38-3）。该法优点是分离细胞准确、快速，纯度达90%～100%，回收率高，所分离的细胞可保持无菌，细胞结构和生物学活性不受影响。缺点是费用昂贵，拟分离的细胞在混合群体中含量过低时，耗时较长才能获得所需数量细胞。流式细胞术广泛应用在免疫学、细胞遗传学、肿瘤生物学和血液学等多学科领域。

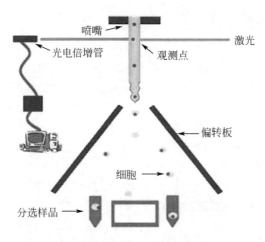

图 38-3　流式细胞仪工作原理示意图

三、吞噬细胞的分离

体内具有吞噬功能的细胞群按其形态的大小分为两类：一类为大吞噬细胞，即血液中的单核细胞和组织中的巨噬细胞；另一类为小吞噬细胞，即中性粒细胞。这两类细胞在形态上各具特征，其分类和计数对诊断大多数感染性疾病具有重要参考价值。

（一）单核细胞的分离

用Percoll分层液法或黏附去除法可获取人外周血单核细胞，但所获得的细胞数量较少。

（二）巨噬细胞的分离

体外研究某些药物或免疫调节剂活化巨噬细胞的作用和抗病能力，常需分离并检测巨噬细胞的功能。采用斑蝥敷贴法可从人体组织渗出液中收集巨噬细胞。用斑蝥乙醇浸液刺激前臂内侧皮肤，诱发无菌性皮炎，从皮泡渗出液中可获取巨噬细胞。该法获取的巨噬细胞数量较多且纯度较高，但对皮肤有一定损害，有时可引起局部感染，应慎用。用腹腔渗出法可从试验动物（小鼠、大鼠、豚鼠和家兔等）腹腔渗出液中分离巨噬细胞。用无菌液体石蜡或淀粉等刺激剂注入小鼠腹腔，引起无菌性炎性渗出，从腹腔渗出液中可获取大量巨噬细胞，所得细胞悬液中 70%～ 80% 为巨噬细胞。

第二节　免疫细胞的功能检测

一、T 细胞功能检测

淋巴细胞功能测定（assay of immunity cell faction）可分为体内试验和体外试验两大类型。体内试验主要是进行迟发型超敏反应，间接反应 T 细胞的功能状况；体外试验主要包括淋巴细胞的增殖试验、细胞毒试验以及激活的淋巴细胞分泌细胞因子能力的测定。

（一）T 细胞增殖试验

此法是检测细胞免疫功能的常用技术。体外刺激 T 细胞增殖的刺激物可分为两类：①非特异性刺激物：如各种丝裂原（PHA、ConA、PWM、LPS 等）、抗 CD2、CD3 等细胞表面标志的抗体以及某些细胞因子等；②特异性刺激物：主要是特异性可溶性抗原和细胞表面抗原。T 细胞在体外受到有丝分裂原或抗原的刺激后，细胞的代谢和形态发生变化，主要表现为胞内蛋白质和核酸合成增加，发生一系列增殖反应，如细胞变大、胞质增多、胞质现空泡、核染色质疏松、核仁明显，并转化为淋巴母细胞。因此，淋巴细胞增殖反应又称淋巴细胞母细胞转化。

检测 T 细胞增殖反应的方法如下：

1. 形态学检查法　分离 PBMC，与适量 PHA 混合，置 37℃培养 72h。取培养细胞作涂片染色，借助光学显微镜进行检测。根据细胞的大小、核与胞质的比例、胞质的染色性以及有无核仁等特征进行判断（表 38-1）。

表 38-1　未转化和转化淋巴细胞的形态特征

转化的淋巴细胞		未转化的淋巴细胞
淋巴母细胞	过渡型	
12～20 个	12～16 个	6～8 个
增大、疏松	增大、疏松	不增大、密集
清晰、1～4 个	有或无	无
有或无	无	无
增多、嗜碱	增多、嗜碱	极少、天青色
有或无	有或无	无
有或无	有或无	无

分别计数未转化的淋巴细胞和转化的淋巴细胞，每份标本计数 200 个细胞，按公式计算淋巴细胞转化率。转化率在一定程度上可反映细胞免疫功能，正常人的 T 细胞转化率为 60%～80%，小于 50% 可视为降低。

$$转化率 = \frac{转化的淋巴细胞数}{转化和未转化的淋巴细胞数} \times 100\%$$

形态学方法简便易行，普通光学显微镜便能观察结果，适于基层实验室应用。缺点是依靠肉眼观察形态学变化，判断结果易受主观因素影响，重复性和准确性较差。

2. ^{3}H-TdR 掺入法　T 细胞在增殖过程中，胞内 DNA 合成明显增加，应用 ^{3}H 标记的胸腺嘧啶核苷（^{3}H-TdR）加入到培养液中，即被转化的淋巴细胞摄取而掺入到新合成的 DNA 中，所掺入放射性核素的量与细胞增殖水平成正比。培养结束后，用液体闪烁仪测定淋巴细胞内放射性核素量，记录每分钟脉冲数（cpm），计算刺激指数（SI），判断淋巴细胞的转化程度。

$$SI = PHA 刺激管 cpm 均值 / 对照管 cpm 均值$$

^{3}H-TdR 掺入法敏感性高，客观性强，重复性好，可自动操作。但需一定设备条件，受放射性核素半衰期和污染的影响。

3. MTT 比色法　MTT 是一种噻唑盐，化学名为 3-(4,5-二甲基-2-噻唑)-2,5-二苯基溴化四唑。将淋巴细胞与丝裂原共同培养，在细胞培养终止前数小时加入 MTT，混匀继续培养，MTT 作为细胞内线粒体琥珀酸脱氢酶的底物参与反应，形成蓝黑色的甲臜颗粒，并沉积于细胞内或细胞周围。甲臜可被随后加入的盐酸异丙醇或二甲基亚砜完全溶解，用酶标测定仪测定细胞培养物的 A_{570nm} 值。因甲臜的生成量与细胞增殖水平呈正相关，故样品的 A_{570n} 值可反映细胞增殖水平，以刺激指数（SI）判断淋巴细胞增殖程度。

$$SI = 试验孔 A_{570nm} 均值 / 对照孔 A_{570nm} 均值$$

该方法的敏感性虽不及 ^{3}H-TdR 掺入法，但操作简便，无放射性污染。

（二）T 细胞介导的细胞毒试验

T 细胞介导的细胞毒性是细胞毒性 T 细胞（CTL）的特性，CTL 经抗原刺激后可表现出对靶细胞的破坏和溶解作用。该试验是评价机体细胞免疫水平的一种常用指标，特别是测定肿瘤患者 CTL 杀伤肿瘤细胞的能力，常作为判断预后和观察疗效的指标之一。试验时选用适当的靶细胞（常用可传代的已建株的人肿瘤细胞如人肝癌细胞、食管癌、胃癌等细胞株），经培养后制成单个核细胞悬液，按一定比例与待检的淋巴细胞混合，共温一定时间，观察肿瘤细胞被杀伤情况。

1. 形态学检查法　将待检细胞与相应靶细胞（如肿瘤细胞等）混合共育后，用瑞氏染液染色，在显微镜下计数残留的肿瘤细胞数，通过计算淋巴细胞对肿瘤细胞生长的抑制率，判断效应细胞的杀伤活性。

2. ^{51}Cr 释放法　用 $Na_2^{51}CrO_4$ 标记靶细胞，被效应细胞杀伤的靶细胞释放 ^{51}Cr，用 γ 计数仪测定靶细胞释放的 ^{51}Cr 放射活性。靶细胞溶解破坏越多，^{51}Cr 释放越多，上清液的放射活性越强，通过计算 ^{51}Cr 特异释放率，判断淋巴细胞的杀伤活性。

3. 细胞凋亡检查法

（1）形态学方法：将待检淋巴细胞和靶细胞按比例混合培养一定时间后，取培养物涂片，借助普通光学显微镜（HE 染色）、荧光显微镜（碘化丙锭染色）或透射电镜可对细胞进行形态学观察，凋亡细胞表现为核致密浓染、核碎裂等。该法简便、经济，可定性，但不能定量。

（2）电泳法：将待检淋巴细胞和靶细胞按比例混合培养一定时间后，对凋亡细胞的基因组 DNA 进行琼脂糖凝胶电泳。由于内源性核酸酶的激活，DNA 链被切割成为 180～200bp 或其倍数的 DNA 片段，故在琼脂糖电泳中呈现 "DNA 梯状图谱"，借此可反映细胞凋亡。该法简便，可定性和定量，但无法显示凋亡细胞的形态及结构。

（3）ELISA 法：凋亡细胞内 DNA 裂解产生单 / 低聚体核小体片段，核小体 DNA 与组蛋白形成紧密结合物而不被核酸内切酶裂解。采用双抗体夹心 ELISA 法，应用抗组蛋白和抗 DNA 单克隆抗体，可特异性检测细胞溶解物中的核小体，该法可定性和定量。

（4）TUNEL 法：将待检效应细胞和靶细胞按比例混合培养一定时间后，取培养物涂片。凋亡细胞由于内源性核酸酶的激活，核 DNA 被切割，其每个片段均含有 3′-OH 末端，加入末端脱氧核苷酸转移酶（TdT）和生物素标记的核苷酸（dUTP-biotin），TdT 能在 3′-OH 末端连接上生物素标记的核苷酸，利用亲合素 - 生物素 - 酶放大系统，在 DNA 断裂处显色，可原位特异地显示出凋亡细胞。正常细胞无 DNA 断裂，则不显色。光镜下检查计数凋亡细胞，可反映待检细胞的杀伤活性。该法所用标记核苷酸多为 dUTP，故称 TUNEL 法。该法测定凋亡细胞数目特异性强，灵敏度高，形态上尚未发生典型变化的凋亡细胞也可以早期显示，但试剂昂贵。上述方法中也可将生物素标以荧光素，用流式细胞仪直接测定凋亡细胞数。

（5）流式细胞术：凋亡细胞因核断裂，呈亚二倍体，因此可用流式细胞仪分析亚二倍体数目，指示细胞凋亡程度。流式细胞仪检测凋亡细胞敏感性高、可自动化操作，已成为研究凋亡的重要手段之一。

（三）T 细胞分泌功能测定

T 细胞的重要功能之一是能分泌各种细胞因子和生物活性物质。测定体外培养的 T 细胞经各种丝裂原或抗原刺激后所分泌的各种细胞因子，可反映 T 细胞的功能。可借助免疫学、细胞生物学及分子生物学技术分别检测细胞因子的含量、生物学活性或基因表达水平。

（四）体内试验

正常机体对特定抗原产生细胞免疫应答后，如用相同抗原做皮肤试验时，常出现以局部红肿为特征的迟发型超敏反应，细胞免疫低下者呈阴性反应。该试验方法简便，不仅可以检查受试者是否对某种抗原具有特异性细胞免疫应答能力，而且可以检查受试者总体细胞免疫状态。目前临床上常用于诊断某些病原微生物感染（结核杆菌、麻风杆菌等）和细胞免疫缺陷等疾病，也常用于观察细胞免疫功能在治疗过程中的变化及判断预后等。

1. 特异性抗原皮肤试验　常用的试验为结核菌素皮肤试验。将定量旧结核菌素（OT）注射到受试者前臂皮内，24 ～ 48h 局部出现红肿硬结，以硬结直径大于 0.5cm 者为阳性反应。其他还有白色念珠菌素、皮肤毛癣菌素、腮腺炎病毒等皮试抗原。受试者对所试抗原过去的致敏情况直接影响试验结果。若受试者从未接触过该抗原，则不会出现阳性反应。因此阴性者也不一定表明细胞免疫功能低下。为避免判断错误，往往需用两种以上抗原进行皮试，综合判断结果。

2. PHA 皮肤试验　将定量 PHA 注射到受试者前臂皮内，可非特异性刺激 T 细胞发生母细胞转化，呈现以单个核细胞浸润为主的炎性反应。一般在注射后 6 ～ 12h 局部出现红斑和硬结，24 ～ 48h 达高峰。通常以硬结直径大于 15mm 者为阳性反应。PHA 皮肤试验敏感性高，比较安全可靠，临床常用于检测机体的细胞免疫水平。

二、B 细胞功能检测

B 细胞主要产生 Ig 参与机体的体液免疫应答，B 细胞功能低下或缺乏者对外源性抗原刺激的应答能力减弱或缺陷，特异性抗体减少或缺如，故 B 细胞功能试验方法有受试者血清 Ig 含量检测和体外 B 细胞增殖和产生抗体能力的检测等。

（一）B 细胞增殖试验

与 T 细胞增殖试验相同，但刺激物不同。小鼠 B 细胞可用细菌脂多糖（LPS）作为刺激物，人 B 细胞则用含 SPA 的金黄色葡萄球菌菌体及抗 IgM 抗体刺激。

（二）溶血空斑试验

1. 经典溶血空斑形成试验 该试验用于检测实验动物抗体形成细胞的功能。将 SRBC 免疫的小鼠脾脏制成单个细胞悬液，与 SRBC 在琼脂糖凝胶内混合倾注于小平皿或玻片上。脾细胞中的抗体生成细胞释放抗 SRBC 抗体，使其周围的 SRBC 致敏，在补体参与下可将 SRBC 溶解，形成肉眼可见的溶血空斑。每一个空斑中央含一个抗体形成细胞，空斑数目即为抗体形成细胞数。空斑大小表示抗体形成细胞产生抗体的多少。这种直接法所测到的细胞为 IgM 类抗体形成细胞，其他类型的 Ig 由于溶血效应较低，不能直接检测，可用间接法，即在小鼠脾细胞和 SRBC 混合时，再加抗鼠 Ig 抗体（如兔抗鼠 Ig），使抗体产生细胞所产生的 IgG 或 IgA 与抗 Ig 抗体结合成复合物，此时能活化补体导致溶血，称间接溶血空斑试验。上述直接法和间接法都只能检测抗 RBC 抗体的产生细胞，而且需要事先免疫，难以检测人类的抗体产生情况（图 38-4）。

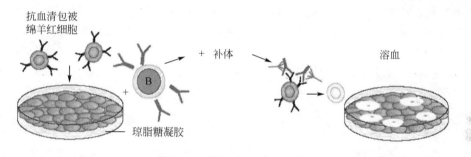

图 38-4　溶血空斑形成试验

2. 被动溶血空斑试验 是抗体形成细胞产生的 Ig 与 SRBC 上的抗原结合，在补体参与下出现溶血反应。方法是将吸附有已知抗原的 SRBC、待检 B 细胞、补体及适量琼脂糖液混合，倾注平皿，温育 1 ~ 3h 后，形成肉眼可见的溶血空斑。这种非红细胞抗体性溶血空斑试验可检测 SRBC 上抗原相应的抗体形成细胞，因此应用范围较广。

3. 反向空斑形成试验 首先制备 SPA 致敏的绵羊红细胞（SPA-SRBC）。然后将 SPA-SRBC、待检 B 细胞、抗 Ig 抗体、补体及适量琼脂糖液混合，倾注平皿，温育。抗体形成细胞产生的 Ig 与抗 Ig 抗体结合形成复合物，复合物上的 Fc 片段又与 SRBC-SPA 结合，同时激活补体，使 SRBC 溶解形成空斑。该法可用于检测人类 IgG 形成细胞，与抗体的特异性无关。如用抗 IgA、IgG 或 IgM 抗体包被 SRBC，可测定相应免疫球蛋白的产生细胞。

溶血空斑试验主要用于测定药物和手术等因素对体液免疫功能的影响，评价免疫治疗或免疫重建后机体产生抗体的能力。

（三）酶联免疫斑点试验

用抗原包被固相载体，加入待检的抗体产生细胞，即可诱导抗体的分泌。分泌的抗体与包被抗原结合，在抗体分泌细胞周围形成抗原抗体复合物，使细胞吸附于载体上，加入酶标记的第二抗体与细胞上的抗体结合，通过底物显色反应的深浅，可测定出生成的抗体量，并可在镜下计数着色的斑点形成细胞。该方法既可检测抗体分泌细胞，又可检测抗体分泌量，其优点是稳定、特异、抗原用量少；可同时检测不同抗原诱导的不同抗体分泌，并可定量；可检测组织切片中分泌抗体的单个细胞。

（四）体内试验

B 细胞功能减低或缺陷，可表现为体内 Ig 和血型抗体量下降或缺如，患者对外源性抗原的应答能力减弱或缺如，仅产生极低或不能产生特异性抗体。故临床定量测定受检者血清中各种 Ig 量和相应血型抗体可判断 B 细胞功能，也是诊断体液免疫缺陷的重要指标。反之，如血清中一种或多种 Ig 或轻、重链片段异常增高，表明 B 细胞产生 Ig 的功能异常增高。常用于体内抗体产生的特异性抗原有白喉类毒素、破伤风类毒素、多价肺炎链球菌菌苗等。将适量抗原皮下或肌内注射免疫，并于免疫前及免疫后 1 周、2 周、3 周分别采血，分离血清，测定受检者免疫前后相应抗体的效价，判断受检者体内 B 细胞的功能。

三、自然杀伤（NK）细胞活性测定

NK 细胞表面至少存在 CD2、CD11b、CD11c、CD16、CD56 和 CD59 等多种抗原，但均非 NK 细胞所特有，因此现今极少以 CD 系列抗原为指标鉴定和计数 NK 细胞，而多检测 NK 细胞活性。NK 细胞具有细胞介导的细胞毒作用，能直接杀伤靶细胞。体外检测 NK 细胞活性的方法有形态学法、酶释放法、放射性核素释放法、化学发光法、时间分辨荧光免疫分析法及流式细胞术等。测定人 NK 细胞活性多以 K562 细胞株作为靶细胞，而测定小鼠 NK 细胞活性常采用 YAC-1 细胞株作为靶细胞。

（一）形态学法

以人 PBMC 或小鼠脾细胞作为效应细胞，与靶细胞按一定比例混合温育，用台盼蓝或伊红 Y 等活细胞拒染的染料处理，光镜下观察着染的死亡细胞，计算出靶细胞的死亡率即为 NK 细胞的活性。该法简便易于掌握，但结果判断具有一定的主观性，且无法计数轻微损伤的细胞。

（二）酶释放法

乳酸脱氢酶（LDH）是活细胞细胞质内含酶之一。正常情况下，LDH 不能透过细胞膜。当靶细胞受到效应细胞的攻击而损伤时，细胞膜通透性改变，LDH 从细胞质中释出。测定培养液中的 LDH，经过计算即可得知 NK 细胞杀伤靶细胞的活性。该法具有经济、快速、简便，并可做定量测定等优点。缺点是 LDH 分子较大，靶细胞膜严重破损时才能被释出，故此法敏感性较低。

也可采用 NAG 酶荧光比色法测定 NK 细胞活性。NAG 酶（N- 乙酰 -β-D- 氨基己糖酶）存在于溶酶体中，当其由受损的靶细胞释出后，可与底物作用而生成荧光物质，应用荧光光度计测定，重复性好。

（三）时间分辨荧光免疫分析法

将靶细胞用镧系元素铕（Eu^{3+}）的螯合物标记，经与效应细胞共温后，用时间分辨荧光分析仪检测荧光，可除去非特异性荧光本底。该法实验时间短，效靶细胞仅需共温 2h，检测速度快，特异性强。

（四）放射性核素释放法

将用放射性核素 ^{51}Cr 或 ^{125}I-UdR 标记的靶细胞与 NK 细胞共同培养时，靶细胞可被 NK 细胞杀伤，释放出放射性核素，其释放的量与 NK 细胞活性成正比。通过测定上清和细胞部分的放射性强度（以 cpm 值表示）即可计算 NK 细胞的活性。该法敏感性较高，结果客观精确。缺点是靶细胞的放射性核素自然释放率较高，^{51}Cr 半衰期短，试验设备要求较高，并存在放射性核素污染。

（五）流式细胞术

试验中选用 K562 细胞株作为测定 NK 细胞活性的靶细胞，利用碘化丙啶染料排斥法（碘化丙啶只能渗透到死亡细胞内并与 DNA 和 RNA 结合），用流式细胞仪检测被 NK 细胞杀伤后靶细胞的死亡率来反映 NK 细胞的活性。

四、吞噬细胞功能检测

吞噬细胞的吞噬运动大致分为趋化、吞噬和胞内杀伤作用三个阶段，可分别对这三个阶段进行功能检测。

（一）中性粒细胞功能检测

1. 趋化功能检测　在趋化因子（如微生物的细胞成分及其代谢产物、补体活性片段 C5a、C3a、某些细胞因子等）的吸引下，中性粒细胞向趋化因子做定向移动。根据其移动的距离，即可判定其趋化功能。

（1）滤膜渗透法：又称 Boyden 小室法。特制的 Boyden 小室由上、下两室组成，室间隔以微孔滤膜，上室加待检细胞（中性粒细胞悬液），下室加趋化因子。反应后，取滤膜清洗、固定、染色和透明，在高倍镜观察细胞穿越滤膜的移动距离，从而判断其趋化功能。

（2）琼脂糖平板法：将琼脂糖溶液倾倒在玻片上制成琼脂糖凝胶平板，在中央内孔加白细胞悬液，两侧孔内分别加趋化因子或对照液。反应后通过固定和染色，测量白细胞向左侧孔移动距离即趋向移动距离（A）和向右侧孔移动的距离即自发移动距离（B），计算趋化指数（A/B），判断细胞的定向移动能力。

2. 吞噬和杀菌功能测定

（1）显微镜检查法：将白细胞与葡萄球菌或白色念珠菌悬液混合温育，涂片，固定，碱性美兰液染色。在油镜下观察靶细胞对细菌的吞噬情况，计数吞噬细菌和未吞噬细菌的白细胞数。对有吞噬作用的白细胞，应同时记录所吞噬的细菌数。计算吞噬率和吞噬指数，还可根据被吞噬的细菌是否着色测定杀菌率。

$$吞噬率（\%）= \frac{吞噬细菌的白细胞数}{计数的白细胞数} \times 100$$

$$吞噬指数 = \frac{吞噬的细菌总数}{计数的白细胞数}$$

$$杀菌率（\%）= \frac{胞内含着染菌体的细胞数}{计数的白细胞数} \times 100$$

（2）溶菌法：将白细胞悬液与经新鲜人血清调理过的细菌（大肠杆菌或金黄色葡萄球菌）按一定比例混合，温育。每隔一定时间取定量培养物，稀释后接种固体平板培养基。37℃培养18h后，计数生长菌落数，以了解中性粒细胞的杀菌能力。

$$杀菌率（\%）=\left(1-\frac{作用30min、60min或90min菌落落数}{0min菌落数}\right)\times100\%$$

（3）NBT还原试验：中性粒细胞在吞噬杀菌过程中，细胞内氧化代谢明显增加，磷酸戊糖旁路被激活，细胞内氧消耗，产生大量H_2O_2，并在过氧化物酶作用下释放大量单体氧，使原来呈淡黄色的硝基蓝四氮唑（NBT）还原成蓝黑色的甲䐶颗粒，沉积于中性粒细胞胞质中，称NBT阳性细胞。NBT阳性细胞百分率可反映中性粒细胞杀菌功能，正常参考值为7%～15%，平均为10%，慢性肉芽肿病患者NBT阳性细胞百分率显著降低，甚至为零。

（4）化学发光测定法：中性粒细胞在活化、吞噬过程中，出现呼吸爆发，产生大量活性氧自由基，参与胞内杀菌作用，同时与细胞内某些可激发物质发生反应，产生微弱的发光现象。加入鲁米诺可使发光强度大大增强，发光强度与中性粒细胞的杀菌能力相关。化学发光测定法具有准确灵敏、操作简便快速、样品用量少等优点，其敏感性高于NBT还原试验。

（二）巨噬细胞功能检测

1. 碳粒廓清试验　正常小鼠肝中库普弗细胞可吞噬清除90%碳粒，脾巨噬细胞约吞噬清除10%碳粒。据此给小鼠定量静脉注射印度墨汁（碳粒悬液），间隔一定时间反复取静脉血，测定血中碳粒的浓度，根据血流中碳粒被廓清的速度，判断巨噬细胞的功能。

2. 吞噬功能检测　巨噬细胞对颗粒性抗原物质具有很强的吞噬功能。将巨噬细胞与某种可被吞噬而又易于计数的颗粒（如鸡红细胞）悬液在体外混合，温育，涂片，染色，油镜下观察、计数，通过计算吞噬率和吞噬指数反映巨噬细胞的吞噬功能。并通过观察鸡红细胞的消化程度，判断巨噬细胞消化功能。

（三）巨噬细胞溶酶体酶的测定

巨噬细胞富含溶酶体酶，如酸性磷酸酶、非特异性酯酶和溶菌酶等，测定这些酶的活性也是衡量巨噬细胞功能的指标之一。

1. 酸性磷酸酶的测定

（1）硝酸铅法：在适当的酸性条件下，巨噬细胞内的酸性磷酸酶能水解β-甘油磷酸钠形成磷酸盐。后者与硝酸铅反应产生磷酸铅。磷酸铅再与硫化铵反应形成黑色硫化铅，沉积在细胞内酸性磷酸酶所在处，显示棕黑色颗粒。酶活性强弱可根据颗粒的数量和粗细不同而分级判断，颗粒数量少且细者为"+"，颗粒多而粗者为"++"，颗粒很多且很粗者为"+++"。该法的优点是使用普通试剂，价格便宜，一般实验室均能开展。封固后可较长时间保存，并可用电子显微镜研究观察细胞的超微结构。缺点是细胞必须固定，而且固定条件要求严格，如处理不当酶活性易消失，反应步骤也较多。

（2）偶氮法：反应物中的底物α-萘磷酸钠被酸性磷酸酶分解后，形成萘酚和磷酸盐，而萘酚结构中的羟基（—OH）邻近的活泼碳原子立即与偶氮染料起反应，产生鲜艳的棕红色沉积在酶所在处。该法操作简便，缺点是封固后保存时间短。

2. 非特异性酯酶的测定　该酶比较稳定，酶活性丧失较慢，细胞经涂片干燥，置室温至少可保存半天至一天，因此特别有利于临床检验室采用。常用α-萘醋酸法，该酶可将α-萘醋酸分解成萘酚和醋酸，萘酚迅速与偶氮染料结合，形成有色反应而沉积。

（四）细胞毒作用测定

用 IFN-γ 激活小鼠巨噬细胞，观察其对 ^{125}I-UdR 标记的 DBA/2 小鼠肥大细胞瘤 P815 的杀伤活性。

第三节　检测免疫细胞功能的临床应用

免疫细胞为机体的免疫功能的主要参与者，免疫细胞功能的检测可以反映机体免疫功能状态，同时还可用于肿瘤、免疫缺陷病等疾病的诊断和预后监测。例如，免疫细胞的功能试验可帮助免疫缺陷病的诊断；肿瘤患者的细胞免疫功能状态监测有助于了解肿瘤的发展与预后判断；组织器官移植后对受者的细胞免疫学功能监测则有利于排斥反应的早期发现，以便及时采取有效措施。

思　考　题

1. Ficoll 分层液法分离 PBMC 的原理是什么？

2. 将细胞分离的方法有哪些？各有什么特点？

3. T 淋巴细胞转化试验的原理是什么？

4. T 细胞功能检测指标有哪些？方法和原理是什么？

5. 吞噬细胞功能检查方法及相应原理有哪些？

6. 何谓结核菌素皮肤试验？

7. 免疫细胞数量和功能检测的临床应用有哪些？

（高尚民）

第三十九章　免疫电泳技术

免疫电泳技术（immunoelectrophoresis technique）是电泳分析与沉淀反应的结合产物，是将可溶性抗原和抗体在凝胶中的扩散置于直流电场中进行。该技术有以下优点：一是加快了沉淀反应的速度；二是电场规定了抗原抗体的扩散方向，使其集中，提高了灵敏度；三是可利用某些蛋白质所带电荷的不同而将其分离，再分别与抗体反应，以作更细微的分析。该法既具有抗原抗体反应的高度特异性，又具有电泳技术的高分辨率和快速、微量等特性，因此其应用范围日益扩大。免疫电泳技术包括对流免疫电泳（CIEP）、火箭免疫电泳（RIE）、免疫电泳（IEP）、免疫固定电泳（IFE）等多项实验技术，广泛应用于科学研究和临床实验诊断分析中。

第一节　免疫电泳技术的原理

电泳法，是指带电荷的供试品（蛋白质、核苷酸等）在惰性支持介质（如纸、醋酸纤维素、琼脂糖凝胶、聚丙烯酰胺凝胶等）中，于电场的作用下，向其对应的电极方向按各自的速度进行泳动，使组分分离成狭窄的区带，用适宜的检测方法记录其电泳区带图谱或计算其百分含量的方法。

一、电泳技术的基本原理和分类

蛋白质是一种两性电解质，它同时具有游离氨基和羧基。每种蛋白质都有它自己的等电点。等电点的高低取决于蛋白质的性质，在等电点时，蛋白质所带的正负电荷相等。在 pH 大于等电点溶液中，羧基解离多，此时蛋白质带负电荷，带负电荷的蛋白质在电场中向正极移动。反之，在 pH 小于等电点的溶液中，氨基解离多，此时蛋白质带正电荷，在电场中向负极移动。这种带电质点在电场中向着带异相电荷的电场移动，称为电泳。带电质点之所以能在电场中移动以及具有一定的移动速度，取决于其本身所带的电荷、电场强度、溶液的 pH、黏度及电渗等因素。

电泳法可分为自由电泳（无支持体）及区带电泳（有支持体）两大类。前者包括 Tise-leas 式微量电泳、显微电泳、等电聚焦电泳、等速电泳及密度梯度电泳。区带电泳则包括滤纸电泳（常压及高压）、薄层电泳（薄膜及薄板）、凝胶电泳（琼脂、琼脂糖、淀粉胶、聚丙烯酰胺凝胶）等。自由电泳法的发展并不迅速，因为其电泳仪构造复杂、体积庞大，操作要求严格，价格昂贵等。而区带电泳可用各种类型的物质作支持体，其应用比较广泛。

二、影响电泳迁移率的因素

不同带电质点在同一电场中的迁移率（或泳动度）不同，影响迁移率的因素如下所述。

（一）带电质点的性质

带电质点的性质即颗粒所带净电荷的量，颗粒大小及形状等。带电荷越多，分子越小，泳动速度越快。

（二）电场强度

电场强度是指单位长度（cm）的电位降，也称电势梯度。例如，以滤纸作支持物，其两端浸入到电极液中，电极液与滤纸交界面的纸长为20cm，测得的电位降为200V，那么电场强度为200V/20cm=10V/cm。当电压在500V以下，电场强度在 2 ～ 10V/cm 时为常压电泳。电压在500V以上，电场强度在 20 ～ 200V/cm 时为高压电泳。电场强度大，带电质点的迁移率加速，因此省时，但因产生大量热量，应配备冷却装置以维持恒温。

（三）溶液的pH

溶液的pH决定被分离物质的解离程度和质点的带电性质及所带净电荷量。例如,蛋白质分子,它是既有酸性基团（—COOH），又有碱性基团（—NH$_2$）的两性电解质，在某一溶液中所带正负电荷相等，即分子的净电荷等于零，此时，蛋白质在电场中不再移动，溶液的这一 pH 为该蛋白质的等电点（pI）。若溶液 pH 处于等电点酸侧，即 pH < pI，则蛋白质带正电荷，在电场中向负极移动；若溶液 pH 处于等电点碱侧，即 pH > pI，则蛋白质带负电荷，向正极移动。溶液的 pH离 pI 越远，质点所带净电荷越多，电泳迁移率越大。因此在电泳时，应根据样品性质，选择合适的 pH 缓冲液。

（四）溶液的离子强度

电泳液中的离子浓度增加时会引起质点迁移率的降低。其原因是带电质点吸引相反符合的离子聚集其周围，形成一个与运动质点符合相反的离子氛。离子氛不仅降低质点的带电量，同时增加质点前移的阻力，甚至使其不能泳动。然而离子浓度过低，会降低缓冲液的总浓度及缓冲容量，不易维持溶液的 pH，影响质点的带电量，改变泳动速度。离子的这种障碍效应与其浓度和价数相关。可用离子强度 I 表示。

（五）电渗

在电场作用下液体对于固体支持物的相对移动称为电渗。其产生的原因是固体支持物多孔，且带有可解离的化学基团，因此常吸附溶液中的正离子或负离子，使溶液相对带负电或正电。例如，以滤纸作支持物时，纸上纤维素吸附 OH$^-$ 带负电荷，与纸接触的水溶液因产生 H$_3$O$^+$，带正电荷移向负极，若质点原来在电场中移向负极，结果质点的表现速度比其固有速度要快，若质点原来移向正极，表现速度比其固有速度要慢，可见应尽可能选择低电渗作用的支持物以减少电渗的影响。

（六）吸附作用

吸附作用即介质对样品的滞留作用。它导致了样品的拖尾现象而降低了分辨率。纸的吸附作用最大，醋酸纤维膜的吸附作用较小或无。

（七）电泳时间

电泳时间与迁移率成正比。

下面对常用的几种区带电泳分别加以叙述。

三、对流免疫电泳

对流免疫电泳实质上是将双向琼脂免疫扩散与电泳相结合，在直流电场中定向加速的双向免疫扩散技术。在 pH 8.6 的缓冲液中，大部分蛋白质抗原等电点较低，带较强的负电荷，且分子较小，在电场中向正极移动的速度大于向负极的电渗作用，故向正极移动；而作为抗体的 IgG，等电点偏高（为 pH 6～7），在 pH 8.6 时带负电荷较少，且分子质量较大，移动速度慢，所以它本身向正极移动缓慢甚至不移动，这样它就会在凝胶的电渗作用下，随水流向负极，电渗引向负极移动的液流速度超过了 IgG 向正极的移动，因此抗体移向负极，在抗原抗体最适比处形成沉淀线，从沉淀线相对于两孔的位置还可大致判断抗原抗体的比例关系。实验时在琼脂板上打两排孔，标记上正极与负极，将抗原溶液加入负极侧的孔内，相应抗体加入正极侧的孔内，通电后，带负电荷的抗原向正极泳动，而抗体借电渗作用向负极泳动，在两者之间或抗体的另一侧（抗原过量时）形成沉淀线（图 39-1）。在抗原浓度超过抗体时，沉淀线靠近抗体孔，抗原浓度越高，在抗体孔边沿出现弧形沉淀线，甚至超越抗体孔。

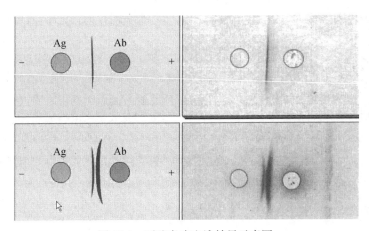

图 39-1　对流免疫电泳结果示意图

IgG 作为蛋白质在电泳中比较特殊，4 个亚型有不同的表现，IgG3 和 IgG4 与一般蛋白质无异，泳向正极，而 IgG1 和 IgG2 则因其带电荷少，受电渗的作用力大于电泳，所以被水分子携裹向负极移动。这就形成了 IgG 的特殊电泳形式：一部分泳向正极，另一部分泳向负极，在抗体孔两侧都有抗体存在，因此所谓对流只是部分 IgG 的电渗作用所致。该试验简便、快速，灵敏度比琼脂双向免疫扩散法高 8～16 倍，可检出 2.5～5 μg/ml 蛋白质抗原。

四、火箭免疫电泳

火箭免疫电泳是将单向免疫扩散和电泳相结合的一种定量检测技术。其基本原理是：电泳时，含于琼脂凝胶中的抗体不发生移动，而样品孔中的抗原在电场的作用下向正极泳动，并与琼脂中的抗体发生反应，当两者达到适当比例时，即形成一个状如火箭的不溶性免疫复合物沉淀峰（图 39-2）。峰的高度与检样中的抗原浓度呈正相关。用已知量标准抗原作对照，绘制标准曲线，根据样品的沉淀峰长度即可计算出待测抗原的含量。反之，当琼脂中抗原浓度固定时，便可测定待检抗体的含量（即反向火箭免疫电泳）。

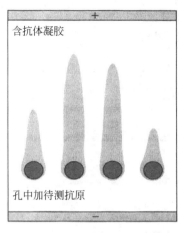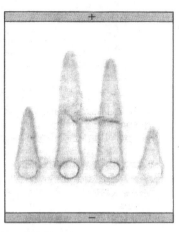

图 39-2　火箭免疫电泳结果示意图

影响火箭电泳的因素很多，因此在操作时应注意以下几点：①所用琼脂应是无电渗或电渗很小的，否则火箭形状不规则。②注意电泳终点时间的确定，如火箭电泳顶部呈不清晰的云雾状或圆形，则表示未达终点。③待测标本数量多时，电泳板应先置电泳槽上搭桥并开启电源（电流要小）后加样，否则易形成宽底峰形，使定量不准。④作 IgG 定量时，由于抗原和抗体的性质相同，火箭峰因电渗呈纺锤状，为了纠正这种现象，可用甲醛与 IgG 上的氨基结合（甲酰化），使本来带两性电荷的 IgG 变为只带负电荷，加快了电泳速度，抵消了电渗作用，而出现伸向正极的火箭峰。火箭电泳作为抗原定量只能测定 pg/ml 以上的含量，如低于此水平则难以形成可见的沉淀峰。加入少量 ^{125}I 标记的标准抗原共同电泳，则可在含抗体的琼脂中形成不可见的火箭峰，经洗涤干燥后，用 X 线胶片显影，可出现放射显影，这就是目前采用的免疫自显影技术，根据自显影火箭峰降低的程度（竞争法）可计算出抗原的浓度。免疫自显影技术可测出 ng/ml 的抗原浓度。

五、免疫电泳

免疫电泳技术是区带电泳与免疫双扩散相结合的一种免疫分析技术。检测原理是先用区带电泳技术将蛋白质抗原按其所带电荷、分子质量和构型不同在凝胶中电泳，分成肉眼不可见的若干区带，电泳停止后，沿电泳方向挖一与之平行的抗体槽，加入相应抗血清，置室温或 37℃ 作双向扩散，经 18～24h 后，已分离成区带的各种抗原成分与相应抗体在琼脂中扩散后相遇，在两者比例合适处形成肉眼可见的弧形沉淀线（图 39-3）。根据沉淀线的数量、位置和形状，与已知的标准（或正常）抗原、抗体形成的沉淀线比较，即可对样品中所含成分的种类及其性质进行分析、鉴定。

免疫电泳沉淀线的数目和分辨率受许多因素的影响：首先是抗原抗体比例不当可使某些成分不出现沉淀线，因此要预测抗体与抗原的最适比；其次是抗血清的抗体谱，一只动物的抗血清往往缺乏某些抗体，如将几只动物或几种动物的抗血清混合使用则分离效果更好；再者电泳条件，如缓冲液、琼脂和电泳等均可直接影响分辨率。免疫电泳为定性试验，目前主要应用于纯化抗原和抗体成分的分析及正常和异常体液蛋白的识别、鉴定等方面。例如，多发性骨髓瘤患者血清在免疫电泳后，可观察到异常的 M 蛋白沉淀弧（图 39-4）。

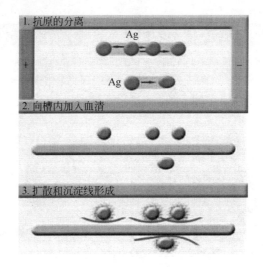

图 39-3　免疫电泳原理示意图

图 39-4　免疫电泳结果示意图

M 为 IgG 骨髓瘤患者血清免疫电泳图；N 为正常人对照血清免疫电泳图

六、免疫固定电泳

免疫固定电泳是 Alper 和 Johnson 于 1969 年推荐的一项具有实用价值的区带电泳与免疫沉淀反应相结合的技术。该法原理与免疫电泳类似，不同之处是区带电泳后，直接用抗血清作用于被组分的蛋白质，或将浸有抗血清的滤纸贴于其上，抗原与对应抗体直接发生沉淀反应，使抗原在电泳位置上被免疫固定。免疫固定后的区带为单一免疫复合物沉淀带，与同时电泳而未经免疫固定的标本比较，可判明该蛋白为何种成分，以对样品中所含成分及其性质进行分析、鉴定（图 39-5 ）。

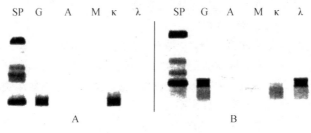

图 39-5　免疫固定电泳结果示意图

A. IgGκ 型；B. IgGλ 型

免疫固定电泳最常用于 M 蛋白的鉴定。方法是：①先将患者血清或血浆在醋酸纤维膜或琼脂上作区带电泳（6 孔），根据血清蛋白质的电荷不同将其分开；②将 IgG、IgA、IgM、κ 轻链和 λ 轻链的抗血清加于分离的蛋白质泳道上，参考泳道加抗正常人全血清用于区带对照；③作用 30min 后，洗去游离蛋白质，待干燥后用氨基黑染色；④结果判断：M 蛋白被固定，形成窄而致密的沉淀带。

该法可用于鉴定迁移率近似的蛋白和 M 蛋白，免疫球蛋白轻链，尿液、脑脊液等微量蛋白，游离轻链，补体裂解产物等。免疫固定电泳最大的优势是分辨率强，敏感度高，操作周期短，仅需数小时，结果易于分析，目前已作为常规检测。

七、交叉免疫电泳

交叉免疫电泳（CIEP）是将区带电泳和火箭免疫电泳相结合的免疫电泳分析技术。CIEP 是一种有效的抗原蛋白定量技术，可一次同时对多种抗原定量。分辨率较高，适用于比较各种蛋白组分，定性分析蛋白质遗传多态性、微小异质性、裂解产物和不正常片段等。

八、自动化免疫电泳

近年来由于自动化免疫电泳仪的推出，使得自动化免疫电泳技术得到了广泛的推广，其解决了传统电泳技术手工操作不易标准化和耗时长的弊端，只需人工进行加标本、固定剂和抗血清，其余步骤均实现自动化，它包括电泳系统（自动化电泳仪）和光密度扫描系统，具有分辨率高、重复性好等优点。

第二节　免疫电泳技术的临床应用

电泳技术与抗原抗体的沉淀反应相结合，由电流来加速待测抗原与抗体的扩散，扩大了电泳技术的临床应用范围，但是对流免疫电泳与火箭免疫电泳技术由于电渗的缘故，目前已不推荐使用。而免疫电泳所需扩散时间长，沉淀线的数目和分辨率又受许多因素影响，且结果较难分析，必须积累经验，才能做出恰当的结论。

随着新的电泳技术的出现，各种自动化电泳分析仪问世并相继被引入临床实验室，电泳技术在临床疾病的诊断中正发挥越来越重要的作用，特别是为各种体液蛋白质、同工酶等的检测提供了新的手段。临床主要应用于以下几方面。

（一）血清蛋白电泳

新鲜血清经醋酸纤维薄膜或琼脂糖电泳、染色后，常见白蛋白、α1、α2、β 和 γ 球蛋白 5 条带。血清蛋白质电冰图谱是了解患者血清蛋白质全貌的有价值的方法，可用为初筛试验。急性炎症或急性时相反应时常以 α1、α2 区带加深为特征；妊娠型 α1 区带增高，伴有 β 区带增高；肾病综合征、慢性肾小球肾炎时呈现白蛋白下降，α1、β 球蛋白升高；缺铁性贫血时可由于转铁蛋白的升高而呈现 β 区带增高，而慢性肝病或肝硬化呈现白蛋白显著降低，γ 球蛋白升高 2～3 倍，示免疫球蛋白（Ig）多克隆高，甚至可见 β～γ 桥，还可在 γ 区呈现细而密的寡克隆区带；单克隆 Ig 异常症（M 蛋白血症）则在电冰区带 α～γ 区呈现致密而深染，高度集中的蛋白克隆增生区带（M 蛋白区带）。

（二）尿蛋白电泳

尿蛋白电泳的主要目的是在无损伤的情况下，协助临床判断肾脏病变的严重程度。当不能进行肾活检时，尿蛋白电泳结果能很好地协助临床判断肾脏的主要损害。尿蛋白电泳后呈现出中、高分子蛋白区带主要反映肾小球病变，呈现出低分子蛋白区带可见于肾小管病变或溢出性蛋白尿（如本周蛋白）；混合性蛋白尿可见到各种分子质量区带，示肾小球和肾小管均受累及。对临床症状不典型的患者及微量蛋白尿患者的诊断和各种肾脏疾病治疗过程中病情的动态分析也具有很大价值。

（三）脑脊液蛋白电泳

若在脑脊液（CSF）标本中检出寡克隆区带，而其相应血标本中未能检出区带，反映是由中枢神经系统本身合成的 Ig，具有重要临床意义。但为保证正确的比较与分析，须将患者血清和 CSF 在同一天同步进行分析，以论证不同来源的 Ig。中枢合成 Ig 是中枢神经系统疾患的一个重要信号，主要用于多发性硬化症、痴呆、脊髓炎、亚急性脑白质炎、神经性梅毒等中枢神经系统疾患的诊断和鉴别诊断。

（四）血红蛋白及糖化血红蛋白电泳

应用电泳法鉴别患者血液中 Hb 的类型及含量对于贫血类型的临床诊断及治疗具有重大意义。HbA2 增高是 β2 轻型地中海贫血的一个重要特征，HbA2 减低见于缺铁性贫血及其他 Hb 合成障碍性疾病（常见如 α2 地中海贫血）。电泳发现异常 Hb 如 HbC、HbD、HbE、HbK 和 HbS 等则可诊断为相应的 Hb 分子病。在酸性条件下电泳，可将糖化血红蛋白的不同组分 HbA1a、HbA1b 和 HbA1c 分离开来，HbA1c 的形成与红细胞内葡萄糖有关，可特异性反映测定前 6～8 周体内葡萄糖水平。此外，糖化血红蛋白可对某些患者因 HbF 增高所造成 HbA1c 假性升高作出解释。

（五）免疫固定电泳

可对各类 Ig 及其轻链进行分型，最常用于临床常规 M 蛋白的分型与鉴定。一般用于单克隆 Ig 增殖病、单克隆 Ig 病、本周蛋白和游离轻链病、多组分单克隆 Ig 病、重链病、CSF 寡克隆蛋白鉴别、多克隆 Ig 病的诊断和鉴别诊断。

（六）同工酶电泳

临床上用于同工酶或同工酶亚型分析：①乳酸脱氢酶（LD/LDH）同工酶：用琼脂糖凝胶电泳（AGE）法可分离出 5 种同工酶区带（LD1～LD5）。主要用于急性心肌梗死（LD1 > LD2）及骨骼肌疾病（LD5 升高）的诊断和鉴别诊断。恶性肿瘤、肝硬化时可见 LD5 明显升高，或在胸腔积液、腹水中出现一条异常 LD6 区带。②肌酸激酶（CK）同工酶：采用 AGE 法可分离出 3 种 CK 同工酶。当出现异常同工酶如肌酸激酶 1（CK1）、CK2 等时，从电泳图谱上很容易发现。CK2MB 在心肌梗死早期增加和短时间内达峰值也是心肌再灌注的指征。CK2BB 增高见于脑胶质细胞瘤、小细胞肺癌和胃肠道恶性肿瘤，后者还常有 CK2Mt 增高。③CK 同工酶亚型：指 CK2MM 亚型（CK2MM1、CK2MM2、CK2MM3）和 CK2MB 亚型（CK2MB1、CK2MB2），常采用琼脂糖凝胶 IEF 或高压电泳。采用琼脂糖凝胶高压电泳可进行 CK 同工酶亚型的常规快速分析，用于临床早期心肌损伤的临床诊断与鉴别诊断，主要用于急性心肌梗死的早期诊断，也可用于确定心肌再灌注、溶栓治疗后的病情观察。④碱性磷酸酶（ALP）同工酶：可采用 AGE 法进行

ALP 同工酶的常规快速分析。肝外阻塞性黄疸、转移性肝癌、肝脓疡和胆石症时胆汁 ALP 检出率很高，并伴有肝 ALP 增加，而肝内胆汁淤积、急性肝炎、原发性肝癌等主要表现为肝 ALP 增多，大多数不出现胆汁 ALP。甲状腺功能亢进、恶性骨损伤、佝偻病、骨折、肢端肥大症所致骨损伤等，均引起骨 ALP 同工酶增加。骨 ALP、高分子 ALP 同工酶对恶性肿瘤骨转移或肝转移的阳性预示值较总 ALP 高。胃肠道肿瘤、肺癌等恶性肿瘤时出现类肠型 ALP。⑤ γ2 谷氨酰转肽酶（γ2GT/GGT）同工酶：用 CAE 或 AGE 法可将 γ2GT 同工酶分离为 γ2GT1 ～ γ2GT4，正常人只见 γ2GT2 和 γ2GT3，重症肝胆疾病和肝癌时常有 γ2GT1 出现，γ2GT4 与胆红素增高密切相关。

（七）脂蛋白电泳

脂蛋白电泳检测各种脂蛋白（包括胆固醇和 TG）主要用于高脂血症的分型、冠心病危险性估计，以及动脉粥样硬化性及相关疾病的发生、发展、诊断和治疗（包括治疗性生活方式改变、饮食及调脂药物治疗）效果观察的研究等。

思 考 题

1. 与相关的免疫学试验进行比较，探讨免疫电泳的主要优点。
2. 对流免疫电泳技术中，抗体为什么会泳向阴极？
3. 简述火箭免疫电泳技术的原理。
4. 简述免疫固定电泳的原理及临床应用价值。

（高尚民）

第四十章 免疫荧光

第一节 免疫荧光的原理

免疫荧光技术（immunofluorescence technique）是标记免疫技术中发展最早的一种，可应用于生物学的各个领域。该技术在医学和生物学中的应用已有近60年的历史，随着荧光物质的发现及标记方法的不断改进和发展，逐渐成为微生物学、免疫学、病理学及免疫理化中常用的一种免疫学技术。

该技术始创于20世纪40年代初，由Coous等（1941）首次用异氰酸荧光物质标记抗体，检查小鼠组织切片中的可溶性肺炎球菌多糖抗原。最初因荧光标记物的性能较差，未能推广应用。直至20世纪50年代末期，Riggs等（1958）合成性能较为优良的异硫氰酸荧光黄（FITC），并由Marshall等（1958）对荧光抗体的标记方法进行了改进，从而使这一技术逐渐推广应用。20世纪70年代以来，在传统荧光标记技术的基础上，根据放射免疫和酶免疫测定的原理，以各种荧光素为标记物发展建立了各种免疫荧光测定法（IFA），可用于体液中抗原或抗体的定量测定，使这一方法实现了仪器自动化，使其应用前景更广。同时荧光标记技术近年来在免疫学领域，尤其是各种自身抗体的检测，以及在流式细胞仪上的应用，使之在临床检验工作中的作用更加突出。

一、免疫荧光技术的基本原理

免疫荧光技术的基本原理是抗原-抗体反应。由于抗原-抗体反应具有高度的特异性，所以当抗原抗体发生反应时，只要知道其中的一个因素，就可以检测出另一个因素。

免疫荧光技术是将不影响抗原抗体活性的荧光物质标记在已知的抗体（或抗原）上，与其相应的抗原（或抗体）结合后，应用荧光显微镜直接观察，根据呈现特异性荧光的抗原抗体复合物存在与否及存在部位来检测或鉴定抗原或抗体存在与否（定性检测），或运用流式细胞仪自动化电子成像计算机，根据发出的荧光强度的强弱，经与标准品对照对待测物质进行定量测定。

二、荧光与荧光染料

荧光是指由荧光物质的一个分子或原子，受到照射并吸收了给予的能量后，即刻引起自身发射的一种波长较长且不具有明显惯性的光线；停止能量供给，发光亦瞬即停止。根据来源不同，分为原发荧光与激发荧光。在未经处理的标本上观察到的荧光现象，称为原发荧光（自然荧光、固有荧光）或自发荧光。如果荧光是用发生荧光的物质人工引起，则称为激发荧光。Haitinger称这类物质为荧光染料。荧光素或荧光染料是一种具有共轭双键化学结构的有机化合物，当接受紫外光等照射后能吸收光能，由低能量级的基态向高能量级跃迁，形成激发态；当从激发态恢复至基态时，释放光子产生荧光，并能作为染料使用。在这个过程中丢失了一部分能量，因而释放的光子比激发光的波长更长。前后两者波长之差是荧光物质的特征，称为"stokes"改变。各种荧光物质所发射的荧光半衰期有所不同，这与物理环境有关，利用这一特征，出现了"立即"和"延迟"

两大类荧光测定仪。此外，荧光向所有方向发散，因而可在样品的任意方向置放检测器，而不在激发光的直线上。

适用对抗体进行标记的荧光素所必须具备的条件：①能简单、迅速而稳定地与抗体蛋白结合；②即使较长时间保存也不会改变抗体的特性（即具有恒定的亲和性与亲合力）；③有强的荧光效应，即使标记后也不出现非特异性染色；④容易与其他荧光染料及自发荧光相区别（如双重标记时）；⑤尽可能少褪色；⑥容易制备，耐久，有良好的水溶性，纯净，可用标准试剂检验，价廉。目前常用的荧光素有异硫氰酸荧光黄（FITC）、四乙基罗丹明（tetraethlroda mine B200，RB200）及四甲基异硫氰酸罗丹明（TRITC）。实际上应用最广的只有 FITC 一种，罗丹明常作为衬比染色或双标记。

（一）异硫氰酸荧光黄（FITC）

FITC 为黄、橙黄或褐黄色结晶粉末，相对分子质量为389.4，有两种异物体，其中异物体 I 的荧光效应较高，与蛋白质结合更稳定，易溶于水和乙醇等溶剂，性质稳定，低温干燥条件下可保存多年，最大的吸收光谱为490～495nm，最大发射光谱为520～530nm，产生发亮的黄绿色荧光(苹果绿色)。在碱性条件下,FITC 的异硫氰基(—N=C=S)活性基因与抗体蛋白的自由氨基(主要是赖氨酸：ε-氨基)经碳酸氨化而形成稳定的硫碳氨酸基键。1 个 Ig 分子中有86 个赖氨酸残基，但最多可标记15～20 个荧光素分子。

（二）四乙基罗丹明（RB200）

RB200 为褐红色粉末，不溶于水，易溶于乙醇和丙酮。相对分子质量为580，最大吸收光谱为570～575nm，激发产生的荧光波长为595～600nm，呈橙红色荧光，该品性质稳定，可长期保存。RB200 为磺酸钠盐，其磺酸基不能直接与蛋白质结合，需先将 RB200 与过氯化磷（PCL5）作用，变为硫酰氯（—SO_2Cl）后，储存在碱性条件下（pH=8.5），易与蛋白质的赖氨酸 ε-氨基反应形成稳定的硫氨键，并基本保持 RB200 的结构不变，对抗体蛋白也无明显的变性作用。但由于荧光效率较低，一般不单独使用，多用于 FITC 的衬比染色或双标记。

（三）四甲基异硫氰酸罗丹明（TRITC）

TRITC 为 RB200 的衍生物，紫红色粉末，性质稳定，可长期保存，相对分子质量为376.4，最大吸收光谱为550nm，激发产生的荧光波长为620nm，呈橙红色荧光，与 FITC 的黄绿色荧光对比清晰。TRITC 的激发峰与荧光距离较大，有利于选择滤光系统，通过分子中的异硫氰基（—N=C=S）易与蛋白质的氨基结合，较 RB200 使用方便，近年来常用于免疫荧光双标记技术。TRITC 与蛋白质结合的方式与 FITC 相同。

（四）其他荧光素

作为 FITC 的其他代用品,有二氯三嗪烯基胺荧光素（DTAF）及新近生产的碳花青苷（CY2），具有光稳定性。较新的荧光染料首选的是吲哚碳花青苷（cyanin，CY5）及其他，其中最好的是氨基 -4 甲基香豆素醋酸（AMCA）。还有藻红蛋白（PE），它是从红藻中提取的一种藻胆蛋白，是天然荧光素，最大吸收光谱为490～565nm，激发产生的红色荧光波长为595nm。CY3 最大吸收光谱为550nm，激发产生的红色荧光波长为570nm，AMCA 最大吸收光谱为354nm，激发产生的蓝色荧光波长为430nm,AMC 为黄色结晶固体。PE 和 FITC 同时用于对各种抗体或配体进行双标记，在流式细胞仪（FCM）中较常用，发蓝色荧光的 AMCA 的优点是可以参与混合染色，特别是作三重标记时。对于共聚焦激光显微镜而言，目前应用 CY2、CY3、CY5 作三重标记最合适。

某些化合物本身无荧光效应，一旦经酶作用便形成具有强荧光的物质。例如，4- 甲基伞酮 - β -D 半乳糖苷受 β - 半乳糖苷酶的作用分解成 4- 甲基伞酮，后者可发出荧光，激发光波长为 360nm，发射光波长为 450nm。其他如碱性酸酶的底物 4- 甲基伞酮磷酸盐和辣根过氧化物酶的底物对羟基苯乙酸等。

镧系螯合物，如某些 3 价稀土镧系元素铕（Eu^{3+}）、铽（Tb^{3+}）、铈（Ce^{3+}）等的螯合物经激发后也可发射特征性荧光，其中以 Eu^{3+} 应用最广。Eu^{3+} 螯合物的激发光波长范围宽，发射光波长范围窄，荧光衰变时间长，最适合用于分辨荧光免疫测定。

三、荧光抗体

抗体抗血清的质量对于免疫荧光检查能否成功具有决定性意义。用于制备荧光素结合物的抗体要求特异性强，纯度高，效价满意。制备抗体有很多方法。现在已有越来越多的高质量抗血清商品供应，但有时还必须自行制备特异性抗血清。一般是从特异性抗血清或抗人（及其他动物）Ig 的免疫血清中提纯的（亦可用葡萄球菌 A 蛋白代替），或其相应的单克隆抗体（McAb）用于标记荧光素。

（一）抗血清的制备

（1）抗血清根据制备的原理和方法可分为多克隆抗体、单克隆抗体和基因工程抗体。Hümans 等介绍了一种获取抗人 IgG 的简单方法。具体步骤如下：

将 50mg 葡聚糖凝胶和 2mg IgG 置于 2ml PBS 中，在冰浴的条件下，不断搅拌并点滴加入 2ml 完全弗氏佐剂，形成稳定的乳剂。将此混悬液约 0.2ml 皮内注射于每只家兔的足趾间，另取 2ml 皮内注射于剃毛的家兔背部皮肤，其余的注射于家兔大腿肌肉内。此后每隔 10 天，用半剂量对家兔作重复注射。20 天后，如特别重视抗体和 L 链，则需补作静脉注射。方法是在 2.5ml PBS 中加入 10mg IgG，再加入 15ml 1mol L 的碳酸氢盐溶液，静脉滴注加入 10% 硫酸铝钾溶液 2.5ml，制成的混悬液置冰箱过夜，离心（1500g）沉淀 30min，将沉淀物置于 4ml PBS 中重新混悬。第一周 0.05ml 及 0.1ml，第二周 0.1ml 和 0.2ml，第三周 0.2ml 和 0.4ml 分别作静脉注射。最迟在末次注射 1 ～ 2 周后进行第一次采血样，运用双向扩散法进行抗体的效价鉴定，血清于 -20℃保存。此法获得的抗体为多克隆抗体。近年来，随着 DNA 重组和蛋白质技术的发展，基因工程抗体已构建成功。

（2）Hebert 等 1972 年介绍了用硫酸铵沉淀法获取丙种球蛋白的方法。具体做法为：取 55g 纯（NH_4）$_2SO_4$ 溶入蒸馏水中制成饱和溶液，室温放置一段时间，每天进行多次搅拌，3 ～ 4 天后倾出上清液调至 pH 为 5.8 备用，此即为硫酸铵原液。在 10ml 家兔血清中不断搅拌滴入 10ml 70% 的饱和硫酸铵溶液，室温静置至少 4h，4℃下离心（1400g）30min。经反复多次洗涤沉淀后，即可制备出免疫球蛋白液。

（二）荧光标记抗体的制备

1. FITC 标记法　关于与 FITC 的耦联有不同的规定，一般要求在耦联时 pH 为 9 ～ 9.5，蛋白含量应为 10 ～ 40mg/ml（每毫升含蛋白 10 ～ 40mg；即 1%～ 4%）。

FITC 的量则取决于所期望的荧光染料与蛋白之比，此时必须注意到染料的纯度及预期耦联程度并无直接联系。其中，反应时间与温度有关，在 25℃时，30 ～ 60min 已足够（"快标记"）；

在 4℃ 时，为 12h（"慢标记"）。方法分为直接标记法（Marshal 法，Chadwick 法）和半透膜渗透标记法（Clark 法）。

（1）Marshall 法：①取提纯的 IgG 适量，用生理盐水和 0.5mol/L pH 9.5 碳酸缓冲液（9∶1）稀释为 10～20mg/ml，将容器放冰浴内；②用少许 0.5mol/L pH 9.5 的碳酸缓冲液溶解 FITC，按每毫克抗体蛋白内加入 0.01～0.02mg FITC（即两者比例为 1∶0～1∶00）的比例缓慢地加入蛋白液内，边加边搅拌混匀，避免产生气泡，在 5～10min 内加完；③将容器及电磁搅拌器移入 4～6℃ 冰箱内，继续缓慢搅拌结合 12～18h（若在 20～25℃ 室温下，搅拌结合 2～4h 亦可）；④去除游离荧光素，将结合物 3000rpm、20min 离心除去沉淀物，取上清置于透析袋内，4℃ 条件下用 0.01mol/L pH 7.2 的 PBS 透析 3～5 天（PBS 液量为结合物的 100 倍，其间需多次更换透析液），也可将结合物用 Sephadex G50 或 Sephadex G25 凝胶柱层析，收集第 1 洗脱峰，合并即为荧光抗体。

（2）Chadwick 法：①用预冷至 0～4℃ 的 0.01mol/L pH 8.0 的 PBS 将抗体蛋白稀释为 30～40mg/ml，置于三角烧瓶内放入冰浴；②用 3% 重碳酸钠水溶液溶解 FITC，按每毫克抗体蛋白内加入 0.01mg FITC 的比例加入蛋白液内；③蛋白液与荧光素溶液按等量混合，瓶口加塞密闭，于 0～4℃ 冰箱内电磁缓慢搅拌结合 18～24h；④如同 Marshall 法去除结合物中游离的荧光素。

（3）半透膜渗透标记法（clark）：①用 0.025mol/L pH 9.6 碳酸盐缓冲液将 FITC 配成 0.1mg/ml 浓度的溶液；②用相同缓冲液将抗体蛋白稀释为 10mg/ml，装入透析袋后将袋口扎紧，仅留少量空隙；③将透析袋浸没于装有 FITC 溶液的烧杯内（FITC 溶液量与抗体蛋白液量之比为 10∶1），置于 4～6℃ 冰箱，在电磁缓慢搅拌下平衡结合 18～24h 后取出；④吸出透析袋内结合物，用 Sephadex G50 凝胶柱层析获得标记抗体；也可将透析袋另置入 0.01mol/L pH 7.4 的 PBS 溶液中，以便终止荧光素标记反应，4℃ 条件下每日换液 3～4 次，直至透析外液在紫外线照射下无荧光为止，即可过滤保存备用。

（4）FITC 标记 SPA 法：①用 0.5mol/L pH 9.0 碳酸盐缓冲液将纯化的 SPA 配成终浓度为 10mg/ml 的溶液；②用少量碳酸盐缓冲液溶解 FITC，再逐滴加入 SPA 液内，两者比例为 4∶1，室温下继续搅拌结合 3～6h；③将结合物通过 Sephadex G25 或 G50 凝胶柱层析，收集第一洗脱峰合并即得到标记的 SPA。

2. TRITC 标记法　用 TRITC 标记的原理和方法与 FITC 基本相同，即在碱性条件下（pH 8.2～9.3），通过 TRITC 的异硫氰基与抗体蛋白的氨基结合，结合比例为 1mg TRITC 100mg 蛋白的比例。

3. RB200 标记法　①取 0.5g RB200 和 0.1g PCl_5 置于乳钵中，研磨约 5min，加入无水丙酮 5ml，搅拌混合，使溶解成为紫褐色溶液；②用滤纸过滤（或离心沉淀）的方法来除去不溶性杂质，澄清的滤液即是磺酰氯化的 RB200；③取待标记的蛋白（10～20mg/ml）与 0.5mol/L pH 9.5 的 CB 按 1∶2 的体积比例混合，加入磺酰化的 RB200（0.1ml 50～60mg 蛋白），在电磁搅拌下逐滴加入 RB200，滴加完毕后，继续搅拌 30min，同时注意检测 pH，加入 CB 调节使结合物的 pH 不低于 8.5；④加入标记蛋白 12 倍量的活性炭于标记溶液中继续搅拌 1h，4000rpm 离心 30min，取上清液装入透析袋，用 0.01mol/L，pH 7.4 PBS，4℃ 透析 4h；⑤用 SephadexG50 凝胶柱层析或用 40% 饱和度的硫酸铵沉淀 PBS 中，再凝胶过滤或透析脱盐，最终得到标记好的 RB200 标记抗体。

4. 藻红蛋白（PE）标记技术

（1）PE-IgG 标记法：①巯基化 PE 的制备。取 600μl 氯化硫醇亚胺（15.5mg/ml），加至 1.2ml PE 内（3.6mg/ml，溶于 125mmol/L pH 6.8 的 PBS 中），室温 90min；用 5mmol/L pH 6.8 PBS，4℃ 透析过夜，换用 pH 7.5 的 PBS 透析平衡 6h，每个 PE 分子中可结合 8 个巯基。②PE-IgG 结合物的制备。取 30μl 异型双功能交联 SPDP（1.1mg/ml 乙醇溶液）加至 700μl IgG 内（4.2mg/ml，溶 PBS 于 50mmol/L pH 7.5 PBS 中），室温反应 2.5h；加入 100μl 50mmol/L 碘乙酸钠封闭残余巯基。4℃ 透析过夜。

（2）PE-SPA 标记法：①在 0.5ml PE（4.08mg/ml，溶于 0.1mol/L pH 7.4 PBS，含 0.1mol NaCl）内加入 10μl SPDP（2.65mg/ml，溶于无水甲醇），室温 22℃反应 5 min。通过 Sephadex G50 凝胶柱用上述 PBS 平衡及洗脱，收集 PE 蛋白峰。②在 0.5 ml SPA（2 mg/ml，溶于同上述 PBS）内加入 2.6μl SPDP 甲醇溶液，室温反应 40min；加入 25μl 1M 硫苏糖醇（DTT，溶于同上述 PBS），室温反应 25 min。通过凝胶柱层析，收集 SPA 洗脱峰。③活化 PE，巯基化 SPA 的克分子比为 1：2，取 0.77mg/ml PE 和 0.27mg/ml SPA 混合，室温反应 6h。结合物置 4℃保存。

以上两种 PE 标记制剂用 10 mmol/L pH 7.4 PBS（内含 0.1 mol/L EDTA、1M 硫乙酰胺、1% BSA 及 0.1% NAN$_3$）配制，0～5℃保存备用。

5. AMC 标记法　①称取 7- 氨基 -4- 甲基香豆素（AMC）260μg 溶解于 25μl 二甲亚砜；②用 0.5 mol/L pH 8.5 的巴比妥缓冲液将 IgG 稀释为 50～100mg/ml；③将 AMC 溶液加入 IgG 液内，室温下反应 2h；④通过 Sephadex G50 凝胶柱层析，收集第一峰洗脱液，即得到标记抗体。

（三）抗血清及耦联物的纯化及质量鉴定

抗体及耦联物的纯度与质量好坏是决定荧光标记技术成功与否的关键。因此必须对抗血清与耦联物的纯度及质量进行鉴定。同时为了使不同实验室室间及室内工作的重复性具有可比性，必须用相同特异性和性能的耦联物。为了标准化，必须有相应的国际标准或至少是参照血清，还要遵守统一的相似性测定方法。

1. 抗血清及耦联物的纯化　纯化的目的在于清除未结合的游离荧光素，结合荧光素过多的抗体，以及非特异性交叉反应的标记抗体。

（1）去除游离的荧光素：①透析法：将荧光素标记的抗体装入透析袋中，先用流水透析 10 min，再用 0.01mol/L pH 7.1 的 PBS 或生理盐水透析 1 周左右，其间每天换液 3 次，直至外透液在紫外灯下不发射荧光为止；② Sephadex G25 或 G50 滤过法：原理为用横向交联的右旋糖酐进行分离，后者在水中膨化后可起分子筛的作用，因其能构成不溶性的、具有一定大小微孔的凝胶，小分子（如游离的 FITC）可进入这些微孔，而较大的分子（如与蛋白结合的 FITC）则不能进入而被洗脱下来，收集到的洗脱液即是已标记好的蛋白。

（2）去除过度标记的蛋白：抗体蛋白质每结合 1 分子荧光素，就可增加 2 个单位的负电荷。因此，结合荧光素越多，标记蛋白质的负电荷越强。采用离子交换层析法，可分离各种离子化高分子物质。其原理在于各种蛋白质的等电点不同，在不同的 pH 和离子强度的溶液中，能够可逆地吸附和解离，据此可将其分离。中间被洗脱下来的部分是荧光素标记适当的抗体部分，常用的离子交换剂有 DEAE-CeUulose 和 DEAE-Sephadex A50。

（3）去除非特异性交叉反应的标记抗体：在用特异性抗原免疫动物时，某些非特异的微量抗原被带入动物体内，诱导产生了相应的抗体，这些抗体也会引起交叉荧光反应，需清除。常用的清除方法有：①组织制剂吸收法。常用的组织制剂是干粉，用干粉与标记过的抗体混合，吸收掉与同种脏器组织成分有交叉或额外特异性反应的标记抗体；②免疫吸附法。该法对吸附剂有要求，所用吸附剂不得同时将特异性抗体除去或减少，也不可在操作过程中带入具干扰性的试剂、抗原或免疫复合物。此法主要用来除去可溶性共同抗原所引起的交叉反应。免疫吸附剂比较理想的是不溶性基质，通过一定的化学反应与可溶性抗原或抗体连接，形成稳定的不溶性复合物，利用此复合物特异地吸附抗原或抗体，然后，再通过一定条件的溶液，使抗原抗体复合物解离，从而洗脱出纯的抗原或抗体。常用的免疫吸附剂是 DEAE 纤维素和琼脂糖。

2. 抗血清及耦联物的质量鉴定

（1）抗血清含量及效价的鉴定：抗体的效价一般用琼脂双向扩散法测定。抗体浓度越大，标记抗体在应用时特异性就越高，非特异荧光越少。理想的抗体效价为 1：32～1：16。

（2）荧光素标记抗体的效价测定：通常采用检测抗核抗体的方法测定荧光素标记抗体的效价。直接法时，将标记抗体作倍比稀释（1：256～1：40），分别用于 ANA 阳性标本及阴性标本染色，出现清晰明亮的特异性荧光（"+++"）的最高稀释度，即为该抗体的染色滴度或单位。间接法时，将抗核抗体阳性血清按 1：10、1：40、1：160、1：640 稀释，然后分别将此不同稀释度的 ANA 阳性血清加入涂有细胞的玻片上，将此玻片置于湿盒中，37℃温育 30min，用 PBS 冲洗，再将不同稀释度的荧光素标记抗体（1：256～1：4）分别加入标本片中，温育 37℃ 30min，用 PBS 冲洗，用荧光显微镜观察，凡能显示最清晰明亮的阳性细胞核，而非特异性细胞核，且非特异性荧光最弱的最高稀释度即为使用效价。

（3）标记抗体的特异性鉴定：①吸收试验：在标记抗体内加入过量的相应抗原进行吸收后，再用于阳性标本染色，应不出现明显荧光;②抑制试验:阳性标本先加适当稀释的同种未标记抗体，作用一定时间后洗去，再加标记抗体染色，应受到明显抑制。

（4）标记抗体的荧光素（F）与蛋白质（P）结合比率（F/P 值）的测定：F（荧光素）和 P（抗体蛋白）的克分子比值反映荧光抗体的特异性染色质量，一般要求 F/P 的克分子比值为 1～2。过高时，非特异性染色增强；过低时，荧光很弱，降低敏感性。一般采用紫外分光光度计测定和换算的简便方法。如 FITC 标记抗体时，将 FITC 标记抗体适当稀释，使其 280nm OD 值接近 1.0，先在 $\lambda=495nm$ 测定 FITC（F）的 OD 值，再于 $\lambda=280nm$ 读取蛋白质（P）的 OD 值。然后按下式计算 F/P 比值

$$（FITC）F/P=\frac{2.87 \times A495}{A280-0.35 \times A495}$$

F/P 值越高，说明抗体分子上结合的荧光素越多，反之则越少。检查组织细胞抗原成分时，以 F/P=1～2 为合适；检查细菌涂片时，以 F/P=2～3 为合适。如用 TRITC 标记抗体，计算公式则为：$F/P=OD_{515}nm/OD_{280}nm$。此比值在 2.1～9.4 均可用，但以数值较低者为佳。

（5）标记抗体的保存：荧光抗体的保存应注意防止抗体失活和防止荧光猝灭。鉴定合格的荧光抗体，可加入 0.01% 硫柳汞或 0.1% NAN₃ 防腐，小量分装（0.5ml 瓶），0～4℃条件下可保存 1 年左右，-20℃可保存 2～3 年，但使用时应避免反复冻融。

3. 免疫荧光技术检测的标本及处理

（1）荧光标记技术标本的处理：荧光抗体技术应用范围十分广泛，常用于测定细胞表面的抗原和受体，各种病原微生物、组织内抗原的定性和定位，以及各种自身抗体。因此可用此技术检查的标本种类很多，包括各种细胞、细菌涂片、组织印片或切片（常用冷冻切片法，标本厚度不超过 10cm）以及感染病毒的单层培养细胞及血清和全血。对于所有的血清标本，采血离心分离时应保存于 -20℃条件下，避免反复冻融，以免 AK 活性受到破坏，同时耦联物，阳性、阴性对照均应以恰当的检测剂量冻存。对于组织、细菌、细胞标本要求取材新鲜，并立即处理或冷藏，以保持其抗原性和细胞及组织的结构完整。除活细胞外，标本片应在染色前以恰当方式固定，对制作好的标本应尽快染色检查，或置 -20℃以下低温保存。组织样本保存在液氮（-196℃）内最为理想，通常多数抗原在 -30～-20℃条件下只保存几周，也可在 -90～-70℃保存，以免抗原性减弱，非特异性染色增强，影响检查效果。

（2）荧光抗体染色：于已固定的标本上滴加适当稀释的荧光抗体。置湿盒内，在一定温度下温育一定时间，一般可为 25～37℃ 30min，不耐热抗原的检测则以 4℃过夜为宜。用 PBS 充分洗涤，干燥。

（3）荧光显微镜检查：经荧光抗体染色的标本，需要在荧光显微镜下观察。最好在染色当天即作镜检，以防荧光消退，影响结果。

荧光显微镜观察由短波长（紫外、紫、蓝等）激发的生物物质或经荧光剂（荧光染料）标记（染

色）的物质所发生的荧光。

荧光显微镜检查应在通风良好的暗室内进行。首先要选择好光源或滤光片。滤光片的正确选择是获得良好荧光观察效果的重要条件。在光源前面的一组激发滤光片，其作用是提供合适的激发光。激发滤光片有两种，UV 为紫外光滤片，只允许波长 275～400nm 的紫外光通过，最大透光度在 365nm；BG 为蓝紫外光滤片，只允许波长 325～500nm 的蓝外光通过，最大透光度为410nm。靠近目镜的一组发射滤光片（又称吸收滤光片或抑制滤光片）的作用是滤除激发光，只允许荧光通过，透光范围为 410～650nm，代号有 OG（橙黄色）和 GG（淡绿黄色）两种。观察FITC 标记物可选用激发滤光片 BG12，配以吸收滤光片 OG4 或 GG9；观察 RB200 标记物时，可选用 BG12 与 OG5 配合。

使用荧光显微镜的注意事项：①光源应安装稳压器，以保持电压稳定；②光源灯室注意不要碰撞、漏光，如高压汞灯等高压光源一次启动不成功或关灯后，至少要半小时后再启动使用，开启后至少要 15min 才可关闭；③长时间的激发光照射可使荧光衰减或消失，因此应尽量缩短观察时间。

4. 荧光抗体染色方法　免疫荧光抗体检测的原理有异源性、同源性、竞争性等。所用方法有直接法、间接法和补体法三种。

（1）直接法：这是荧光抗体技术最简单基本的方法。于待检标本片上直接滴加上荧光抗体，经 37℃孵育反应和洗涤后封固，在荧光显微镜下观察。例如，在镜下见有荧光的抗原抗体复合物存在，则表明标本中有相应的抗原存在，即为阳性。它的优点是方法简便、特异、快速；缺点是需制备每种抗原相应的特异性荧光抗体，敏感性较间接法低。临床上细菌、病毒等的快速检查和淋巴细胞表面抗原与受体的检测常用此法。

（2）间接法（两步法）：荧光抗体为抗抗体。检测过程有二：第一，将待测抗体加在含有已知抗原的标本片上，孵育一定时间后，洗涤去除未结合的抗体；第二，滴加上标记抗抗体，孵育洗涤后封固用显微镜检查，如发现有特异荧光的抗原 - 抗体 - 抗抗体复合物存在，则表明标本有相应的抗体存在。它的优点是，敏感性较直接法高，只需制备一种荧光标记的抗抗体，即可检测同种动物的多种抗原抗体系统；缺点是易产生非特异性荧光，操作略繁琐。临床上常用于各种自身抗体的检测，以及 EB 病毒、CMV、肺炎衣原体及军团菌、腺病毒等的检测。

（3）补体法：此方法是一种改良的间接法，是利用补体结合反应的原理，来检测补体结合抗体。但应注意所有的抗血清首先必须在 56℃条件下灭活 30min，所有的稀释液和清洗过程均应使用巴比妥缓冲液（pH 7.4），荧光标记的物质为抗补体抗体，优点是只需制备一种荧光物质标记的抗补体抗体，即可检测各种能固定补体的抗原抗体系统，不受抗体来源的动物种属限制，敏感性也较高；缺点是容易出现非特异荧光，加之补体不稳定，每次需采新鲜豚鼠血清，操作较复杂。

（4）特殊方法：在同一标本内检测两种以上抗原时，需要用多标记法，如流式细胞仪的双标记、三标记法。主要用于细胞表面的抗原和受体的研究以及某些疾病的诊断。20 世纪 70 年代以来，随着技术的进步，根据放射免疫和酶免疫测定的原理，在传统荧光抗体技术的基础上，又建立了各种免疫荧光测定法使免疫荧光分析进入了一个标准化、定量化、自动化阶段，用于体液中抗原或抗体的定量测定。主要的仪器有时间分辨荧光测定仪、荧光偏振免疫分析仪、作用于荧光底物的酶免疫测定仪及流式细胞仪。

四、免疫荧光测定仪器

近年来，随着一系列新仪器和新方法的建立，各种免疫荧光测定技术有很大改进和发展。目前，用于医学检验的免疫荧光测定仪器主要可分为三类：①时间分辨免疫荧光测定仪；②荧光偏振免疫分析仪；③酶免疫荧光分析系统。

（一）时间分辨荧光免疫测定仪

时间分辨荧光免疫测定（TRFIA）是 20 世纪 80 年代初期发展建立的一种新型免疫分析技术。其基本原理和方法与传统的免疫荧光法不同，所用示踪剂不是荧光素，而是采用镧系稀土元素铕（Eu^{3+}）、钐（Sm^{2+}）、铽（Tb^{3+}）等标记抗体或抗原，并利用时间分辨荧光计测量法排除样本中非特异荧光的干扰，最大限度地提高了测定方法的特异性和灵敏度。TRFIA 法在灵敏度、特异性、稳定性等方面都可与放射免疫测定（RIA）相媲美，而其标准曲线范围（跨越 4 ～ 5 个数量级）、最小检出值（可达 $10 \sim 18mol/L$）和分析速度等则远远超过 RIA 和 EIA，并具有结合物制备较简便、有效使用期长、无放射性污染、应用范围宽等优点。

1. 基本原理 采用镧系稀土元素铕（Eu^{3+}）、钐（Sm^{2+}）、铽（Tb^{3+}）等具有双功能基团的螯合剂，与抗体（或抗原）分子以共轭双键结合形成标记物，而此类螯合物在紫外光（340nm）激发下，不仅能发射出高强度的荧光（613nm），且衰变时间也较长（$10 \sim 1000 \mu s$）。延缓测量时间，待所测样品中蛋白质等自然发生的短寿命荧光（$1 \sim 10ns$）全部衰变后，再测量稀土元素螯合物的特异荧光，这样可以完全排除非特异本底荧光的干扰。此外，Eu^{3+} 或 Sm^{2+} 的激发光与发射光之间有很大的 stokes（约 270nm）位移，激发光的光谱较宽，有利于增高激发能，增强镧系标记物的比活性，因发射荧光的谱带很窄，又有助于降低本底，从而提高分析的特异性和灵敏度。但是稀土元素离子不能与蛋白质直接连接，而需要利用具有双功能基团的螯合剂与抗体或抗原分子的氨基连接。

常用的螯合剂有：①多羧基酸类螯合剂：异硫氰酸苯基，EDTA，异硫氰酸苯基 -DTTA 和二乙烯三胺五乙酸（DPTA）及其环酐（CDPTA）等；② β - 二酮体类螯合剂：2- 萘酚三氟丙酮（2-NTA）是 DELFIA 免疫检测系统荧光增强液的主要成分；③其他：W1174 及（4,7）- 双（氯化苯酚磺酸盐）1,10 菲洛林（简称 BCPDA）是加拿大 CyberFluor 分析系统的主要螯合剂。

2. 标记方法 有一步法和二步法。标记抗原与抗体的方法相同，小分子半抗原则需先与大分子载体蛋白，如 BSA、多聚赖氨酸等连接，再标记 Eu^{3+}。

（1）一步标记法：取纯化抗体配成含 IgG 1mg/ml 的溶液。加入 Eu^{3+}-DTTA 螯合物 $250 \sim 350 \mu g$。用 0.25mol/L NaOH 调 pH 至 9.5，置 4℃ 反应过夜。通过 Sephacryl S-200 凝胶柱（$1.0cm \times 42cm$）层析分离，用 50mmol/L、pH 7.75 Tris-HCl 缓冲液（含 0.9% NaCl 及 0.05% NaN_3）洗脱。收集含蛋白的洗脱液，同时取样加荧光增强液测定 Eu^{3+} 含量。计算标记率（Eu^{3+}IgG）=Eu^{3+}（$\mu mol/L$）蛋白（$\mu mol/L$），一般为 10.0 左右，合并峰管，每毫升结合物加 1mg BSA，放入 $0 \sim 4℃$ 冰箱或 -20℃ 保存备用。

（2）二步标记法：取浓度为 10mg/ml 的纯化 IgG 溶液 $100 \mu l$，DPTA 螯合剂 $260 \mu g$。用 0.25mol/L NaOH 调 pH 至 7.0，快速旋动混合 1min，再置室温反应 30min。将反应液装入透析袋，用 1L 50mmol/L、pH 6.0 枸橼酸盐缓冲液于 4℃ 透 4h。换液一次，4℃ 继续透析 24h，除去未结合的 DPTA。加入用同样缓冲液配制的 33mmol/L $EuCl_3$（或 $SmCl_3$）$25 \sim 50 \mu l$。室温下搅拌反应 30min。通过 Sephadex G-50 柱（$2cm \times 30cm$）层析，用 50mmol/L 磷酸盐缓冲液（pH 8.3）洗脱，其余步骤同一步法。

3. 反应过程 增强液的作用是使荧光信号增强。因为免疫反应完成后，生成的抗原－抗体－铕标记物复合物在弱碱性溶液中，经激发后所产生的荧光信号甚弱。在增强液中可至 pH 2 ～ 3，铕离子很容易解离出来，并与增强液中的 β - 二酮体生成带有强烈荧光的新铕螯合物，大大有利于荧光测量。

所用检测仪器为时间分辨荧光计，与一般的荧光分光光度计不同，采用脉冲光源（每秒闪烁 1000 次的氙灯），照射样品后即短暂熄灭，以电子设备控制延缓时间，待非特异本底荧光衰退后，再测定样品发出的长镧系荧光。检测灵敏度可达 0.2 ～ 1 ng/ml。

（二）荧光偏振免疫分析仪

荧光偏振免疫测定（FPIA）是根据荧光物质经单一波长（蓝光）的偏振光照射后，能吸收光能并发射出相应的偏振荧光，其强弱度与荧光分子的大小呈正相关，由此而建立的一种定量免疫分析技术。

荧光偏振利用了荧光分子的 3 个特征：①光量子；②吸收和发散的时间差；③发散光与激发光的波长差异。分子吸收激发光的能量而上升至激发状态，相对于激发光而言，分子有一定的方向。正常光是各个方向光线的混合，如果在光源和样品之间放置一块偏振滤光片，则只有一个方向的电磁波照射到样品上。由于分子转动，且分子从激发态回到基态需要一定时间，因而得到的荧光是各个方向电磁波的混合物。如果在样品和检测器之间放置另一块偏振滤片，则只检测一定方向的荧光。因此，偏振荧光信号的强度与分子的方向相关。也就是说，如果能降低荧光分子转动的速率，使之发荧光时保持最初的方向，则荧光信号强度增强。在荧光偏振免疫检测法中，分析物标记上快速转动的小分子荧光物质，极少分子发射出能检测到的偏振光线。然而，一旦这些标记的分析物分子结合了抗体，发射动能显著增加，从而使转动下降，具有方向的分子数量增加，荧光强度增强。在这种情况下建立竞争性免疫检测法，在缺乏未标记分析物时荧光信号最强；当加入未标记分析物时，在已标记和未标记样品之间的竞争将减弱荧光信号。分析物的浓度与荧光信号强度成正比，通过与标准曲线比较而得到定量值。

此技术常用于免疫复合物的定量测定，如半抗原药物的浓度测定。利用竞争结合反应的原理，反应系统内除待测药物外，同时加入一定量用荧光物质标记的相应药物（小分子），使两者与有限量的特异性抗体（大分子）竞争结合。当待测药物浓度高时，经过竞争反应，大部分抗体被其结合，而荧光物质标记的药物多呈游离的小分子状态，由于其分子小，在液相中转动速度较快，测量到的荧光偏振程度也较低。反之，如待测药物浓度低时，大部分荧光物质标记药物与抗体结合，形成大分子的标记抗原抗体复合物，此时检测到的荧光偏振程度也较高。荧光偏振程度与药物浓度呈反比关系，以药物浓度为横坐标，荧光偏振强度为纵坐标，绘制竞争结合抑制标准曲线。通过测定反应系统的偏振光大小，从标准曲线上就可精确地得知样品中待测药物的相应含量。FPIA 法的优点是，血清标本无需进行分离提取便可直接用于测定，且样品用量少，测定用时短，精密度高，仪器不需每日校准；但缺点是仪器设备昂贵，药品试剂盒专属性强，尚需从国外进口，难以普及。FPIA 测定的灵敏度很高，可达 0.2ng/ml。

（三）酶免疫荧光分析系统

美国 Abbott 公司 20 世纪 90 年代中期推出多功能高自动化的免疫测定仪器 -AXSYM 及 IMx。该方法是以微粒子为固相，以荧光物质为底物的微粒子酶免疫测定仪，应用于激素、病毒标志、肿瘤标志、心肌标志等的测定。酶免疫荧光测定（MEIA）法使用的抗体包括单克隆抗体和多克隆抗体，用单克隆抗体包被塑料微粒，用碱性磷酸酶标记多克隆抗体。4- 甲基伞酮磷酸盐（4-MUP）为荧光底物。MEIA 法是用直径为 0.5μm 的塑料微粒作为固相载体，其表面多孔，从而大大增加了反应的表面积，提高了反应的灵敏度，缩短了反应的时间。微粒由高分子塑料制成，具有很好的亲水性，且比重与水相仿，悬源性好。微粒在参与抗原抗体反应后需通过玻璃纤维进行分离和洗涤。由于微粒与玻璃纤维结合不可逆，因此分离效果好。未结合的抗原抗体容易被洗下来。结合在玻璃纤维上的塑料微粒，经过洗涤后与加入的底物液 4-MUP 发生反应，底物被塑料微粒上的碱性磷酸酶分解，去掉磷酸基因生成 4-MU，它被 360nm 的激发光照射后发出 448nm 的荧光，由荧光信号读数仪记录 2s 内的荧光强度，每秒连续记录 8 次，每次 500ms，因此大大提高了读数的准确性。该法的优点是血清样本可直接用于测定，无需样本分离，准确度高，测定用时少，仪器精密度高，不需要每日校准。仪器价格适中，测定项目较多，便于在县级以上医院检验科使用。

（四）荧光激活细胞分析仪

荧光激活细胞分析仪（FACS），即流式细胞仪（FCM），是将免疫荧光与细胞生物学、流体力学、激光和计算机信息处理系统等多学科高新技术融为一体，进行细胞和分子水平基础理论与应用研究的一种新的先进仪器。在这种分析方法中，检测仪器不是荧光显微镜，检测对象不是固定了的标本，而是将游离细胞作荧光抗体特异染色后，在特殊设计的仪器中通过喷嘴逐个流出，经单色激光照射发出的荧光信号由荧光检测计检测，并自动处理各处数据。这种方法可用于检测细胞大小、折散率、黏滞度等，更常用于 T 细胞亚群、HLA-B27、白血病分型、细胞因子及肿瘤患者染色体及 DNA 等的检测。流式细胞仪因其方法简便，用途广泛，目前也逐步由科研发展到实际临床应用中来。近年来，在医学和生物学各领域中的应用日益广泛。

第二节　免疫荧光的临床应用

一、免疫荧光技术的应用

（一）传统荧光显微技术的临床应用

传统的荧光显微技术，虽然是进行定性测定，但其测定标本范围宽，观察结果直观，无需大批量标本，灵活性大，试剂浪费小，只需一台荧光显微镜即可，仪器、试剂成本低，在基层医院即可开展。

1. 细菌学应用　在细菌学检验中主要用于菌种的鉴定。标本材料可以是培养物、感染组织、患者分泌排泄物等。该法较其他鉴定细菌的血清学方法速度快、操作简单、敏感性高，但在细菌实验诊断中，一般只能作为一种补充手段使用，而不能代替常规诊断。荧光抗体染色法对脑膜炎奈菌、痢疾志贺菌、霍乱弧菌、布氏杆菌和炭疽杆菌等的实验诊断有较好效果。荧光间接染色法测定血清中的抗体，可用于流行病学调查和临床回顾诊断。免疫荧光用于梅毒螺旋体抗体的检测是梅毒特异性诊断常用方法之一。目前临床上常用的有运用二步标记法检测军团菌、肺炎衣原体、立克次体等。

2. 病毒学应用　免疫荧光技术在病毒学检验中有重要意义，因为普通光学显微镜看不到病毒，用荧光抗体染色法可检出病毒及其繁殖情况。在病毒领域应用最广泛，目前临床上常用的有巨细胞病毒、EB 病毒、腺病毒、艾滋病病毒等。

3. 免疫病理方面的应用　对于免疫复合物病如肾小球肾炎、类风湿关节炎、红斑性狼疮疾病，利用补体荧光法定位免疫复合物沉着的位置，以了解病变侵犯部位和病变基础。

4. 自身免疫病中的应用　自身免疫病所出现的抗体有两类，一类游离在外周血中，一类固定在组织中。检查血循环中的抗体，其抗原组织是人或动物的相应组织，标记抗体是用抗 X 的 γ 球蛋白或抗 IgG、抗 IgA、抗 IgM 等，采用间接荧光染色法。免疫荧光法还是检测自身抗体的好工具，在自身免疫病的实验诊断中应用广泛。其突出优点是能以简单方法同时检测抗体和与抗体起特异反应的组织成分，并能在同一组织中同时检查抗不同组织成分的抗体。主要有抗核抗体、抗平滑肌抗体和抗线粒体抗体等。抗核抗体的检测最常采用鼠肝作核抗原，可做成冷冻切片、印片或匀浆。用组织培养细胞如 Hep-2 细胞或 Hela 细胞涂片还可检出抗着丝点抗体、抗中性粒细胞胞浆抗体等。应用免疫荧光技术可以检出的其他自身抗体有抗（胃）壁细胞抗体、抗双链 DNA 抗体、抗甲状腺球蛋白抗体、抗甲状腺微粒体抗体、抗骨骼肌抗体及抗肾上腺抗体等。各种自身抗体的免疫荧光模式和相关的疾病诊断见表 40-1。

表 40-1 各种自身抗体

抗体	使用的抗原底物	荧光模式	常见疾病
肝细胞膜	自体细胞或兔肝细胞	颗粒状	慢性侵袭性肝炎
甲状腺细胞膜	人甲状腺细胞	线状	毒性甲状腺肿
淋巴细胞膜抗原	自体淋巴细胞	线状	病毒性疾病，LED
肿瘤细胞膜	自体或培养肿瘤细胞	线状或颗粒状	成黑色素细胞瘤，乳腺癌
胃壁细胞微粒体	人胃底部、胃十二指肠手术取材或器官组织	壁细胞胞质	恶性贫血，慢性萎缩性胃炎，甲状腺疾病，60 岁以上健康人
血小板	自体巨核细胞（胸骨骨髓）分离的血小板	细胞质	特发性血小板减少性紫癜
细胞核	大鼠肾、兔肝和小鼠胃或 Hep-2 细胞	均质，边缘，斑点状，点状	播散性红斑狼疮疮硬皮病，类风湿关节炎，混合性结缔组织病，结节性动脉炎，重症肌无力，慢性进行性肝炎
平滑肌	大鼠肾组织，兔肝和小鼠胃	肌层和黏膜肌层，黏膜间隔，小动脉，肾小球系膜	慢性侵袭性肝炎，病毒性肝炎，急性病毒感染，恶性肿瘤
骨骼肌	人或牛骨骼肌，人胸腺	横纹，运动终板	重症肌无力，皮肌炎

5. 在寄生虫学的应用 在寄生虫感染诊断中，间接荧光抗体染色法有非常广泛的应用。间接免疫荧光试验（IFAT）是当前公认的最有效的检测疟疾抗体的方法。常用抗原为疟疾患者血液中红内期裂殖体抗原。IFAT 对肠外阿米巴，尤其是阿米巴肝脓肿也有很高的诊断价值，所用抗原是阿米巴培养物悬液或提取的可溶性抗原。

（二）定量荧光免疫分析技术的临床应用

随着新技术新方法的建立及近年来一系列新仪器的问世，IFA 技术有了很大改进和发展。荧光标记技术的应用更加广泛，荧光免疫分析进入了标准化、定量化和自动化的一个崭新阶段。近年来，国内已有一些单位开展 TRFIA 技术的应用研究。在临床检验中，应用 AXSYM 或 IMx、FPIA、EIA 方法可用于血清 T_3、T_4、TSH、孕酮、乙肝病毒的五项定量、血清同型半胱氨酸、CEA、AFP、PSA、叶酸、维生素 B_{12}、铁蛋白等几十个项目的检测。运用 TRFIA 法用于药物的检测，运用 FCM 用于 T 细胞亚群、HLA-B27、白血病的分型标记检测。李振甲等（1992）报道应用国产试剂自行合成了环化二乙烯三胺五醋酸酚 CDTPA 酚，并利用所标记的 EU^{3+} 示踪物先后建立了 HBsAg、抗 HBc、CEA 和 AFP 的 TRFIA 测定方法。张安胜等（1991）报道将生物素 - 亲合素系统与荧光增强液融为一体，建立了检测 CEA 的新型 TRFIA 技术，明显提高了方法的灵敏度和稳定性。通过国产化试剂和检测仪器的进一步研制和开发，相信在短期内这一新型免疫分析技术将在我国逐步推广应用。

二、荧光技术的局限性

（1）荧光对温度和黏滞度敏感，因此反应条件必须严格控制在一定范围内。

（2）多数生物样品中所含物质能产生自然荧光，如血清或血浆中的胆红素能产生荧光而形成显著的背景信号，因此需进行质控或数据校正以将检测物信号与背景信号分开。

（3）内部滤光片效应。由于生物制品多存在吸收荧光物质发射的荧光分子，但多吸收较短波长的可见光，因此可选择较长波长荧光的荧光标记物以减少此效应。

思　考　题

1. 免疫荧光技术的基本原理是什么？

2. 试述荧光技术的局限性。

（杨慧敏）

参 考 文 献

毕胜利.2007.临床检验免疫学.北京:高等教育出版社

曹雪涛.2013.医学免疫学.第6版.北京:人民卫生出版社

曹泽毅.2004.中华妇产科学(上册).第2版.北京:人民卫生出版社

陈灏珠,林为果,王吉耀.2013.实用内科学.第14版.北京:人民卫生出版社

冯学斌.2007.儿科学.北京:科学出版社

龚非力.2003.医学免疫学.北京:科学出版社

郝钰,关洪全,万红娇.2013.医学免疫学与病原生物学.第3版.北京:科学出版社

金伯泉.2008.医学免疫学.第5版.北京:人民卫生出版社

康熙雄.2010.临床免疫学.北京:人民卫生出版社

倪灿荣,马大烈,戴一民.2006.免疫组织化学试验技术及应用.北京:化学工业出版社

田兆嵩.1998.临床输血学.北京:人民卫生出版社

王兰兰,许化溪.2012.临床免疫学检验.第5版.北京:人民卫生出版社

王全立.2007.临床输血与免疫.西安:西安第四军医大学出版社:21-27

吴长友,杨安钢.2011.临床免疫学.北京:人民卫生出版社

吴俊英.2008.免疫学检验.北京:高等教育出版社

赵富玺,许礼发.2013.医学免疫学.第5版.北京:人民卫生出版社

朱平.林文棠.2011.临床免疫学.北京:高等教育出版社

Abul K A, Andrew H L, Shiv P. 2014. Cellular and molecular immunology. 8th. Philadelphia: Elsevier-Health Sciences Division

Fiorentino DF, Zlotnik A, Vieira P, et al. 1991. IL-10 acts on the antigen-presenting cell to inhibit cytokine production by T_{H_1} cells. The Journal of Immunology, 146(10): 3444-3451

Fong FLY, Shah NP, Kirjavainen P, et al. 2015. Mechanism of action of probiotic bacteria on intestinal and systemic immunities and antigen-presenting cells. International Reviews of Immunology, 1-11

Harding CV, Unanue ER. 1990. Quantitation of antigen-presenting cell MHC class II /peptide complexes necessary for T-cell stimulation. Nature,346(346):574-576

Kasper D L, Braun-wald E, Fauci A, et al. 2004. Harrison, Sprinciples of internal medicine. 16th. New York: McGraw-Hill Companies

Kenneth Murphy. 2012. Janeway,Simmunobiology. 8th. New York: Garland Science

Maston R J, Broadd-us V, Martin T. 2010. Mason: murray and nadel,Stextbook of respiratory medicine, 4th. New York: W. B Saunders Company

Rossjohn J, Gras S, Miles J J, et al. 2015. T cell antigen receptor recognition of antigen-presenting molecules. Annual Review of Immunology, 33(33): 169-200

Salio M, Speak AO, Shepherd D, et al. 2007. Modulation of human natural killer T cell ligands on TLR-mediated antigen-presenting cell activation. Proceedings of the National Academy of Sciences, 104(51): 20490-20495